LUST AN DER ERKENNTNIS:
Triumph und Krise der Mechanik

SERIE PIPER
Band 1146

Zu diesem Buch

In diesem Lesebuch wird ein entscheidender Abschnitt in der Geschichte der Physik behandelt: der Aufstieg und die Krise der klassischen Mechanik. Der Physikhistoriker Karl von Meyenn hat 118 Texte in sieben Kapiteln zusammengestellt. Alle einschlägigen Physiker von Kepler über Galilei, Newton, Maxwell, Poincaré bis Boltzmann und Planck kommen zu Wort, außerdem eine Reihe von Philosophen wie Descartes, Kant oder Hegel.

In seiner Einführung faßt der Herausgeber die Geschichte der Physik im Zeitalter der Mechanik zusammen und erläutert, warum diese in eine Krise geriet, die schließlich zur Entwicklung der Quantentheorie und zur Aufgabe des mechanistischen Weltbildes führte. Dem Band »Triumph und Krise der Mechanik« sollen weitere Lesebücher zur Feldtheorie, Elementarteilchenphysik, Kern- und Astrophysik und zur Kosmologie folgen.

Karl von Meyenn, geboren 1937 in Potsdam, Physik-Diplom 1965 in Santiago/Chile, Promotion 1971 in Freiburg, bis 1985 wiss. Mitarbeiter an der Universität Stuttgart, jetzt Professor für Geschichte der Physik an der Autonomen Universität von Barcelona. Herausgeber u. a. der Briefe von Wolfgang Pauli.

LUST AN DER ERKENNTNIS:

Triumph und Krise der Mechanik

Ein Lesebuch zur Geschichte der Physik

Herausgegeben von Karl von Meyenn
Mit 23 Abbildungen

Piper
München Zürich

In der Reihe »Lust an der Erkenntnis« liegen
in der Serie Piper bereits vor:

Die Philosophie des 20. Jahrhunderts (547)
Die Theologie des 20. Jahrhunderts (646)
Klassische deutsche Philosophie (750)
Russisches Christentum (866)
Jüdische Theologie im 20. Jahrhundert (879)
Die Psychologie des 20. Jahrhunderts (1063)

Weitere Bände sind in Vorbereitung.

Zur Umschlagabbildung: Skizze des Boltzmannschen Bicykels
von Victor Hausmaninger. Aus einer Mitschrift der Vorlesung über
elektromagnetische Lichttheorie, die Boltzmann im Wintersemester
1889/90 an der Universität Graz gehalten hatte. (Die Vorlage stellte
Prof. Adolf Hohenester aus Graz zur Verfügung.)

ISBN 3-492-11146-7
Originalausgabe
Februar 1990
© R. Piper GmbH & Co. KG, München 1990
Umschlag: Federico Luci,
unter Verwendung einer Skizze von Victor Hausmaninger
Gesamtherstellung: Clausen & Bosse, Leck
Printed in Germany

Dem Andenken
an
Roman U. Sexl
(† 1985)
gewidmet

Inhalt

Kapitel II   Empirismus kontra Rationalismus

Kapitel III   Das Zeitalter Newtons

Kapitel IV   Die beste aller Welten

Kapitel V Der Kampf der Weltgeister

Kapitel VII   Wolken über der Mechanik

VORWORT

Erst heute, nachdem drei Jahrhunderte vergangen sind, seitdem Isaac Newton sein berühmtes Werk über die »Mathematischen Prinzipien der Naturphilosophie« veröffentlicht hat, ist das Ausmaß des Einflusses sichtbar geworden, den die darin zusammengefaßten mechanischen Grundsätze auf die Naturauffassung und auf die gesamte Lebensgestaltung der neuzeitlichen Menschheit ausgeübt haben. Mehr noch als von einer kopernikanischen ist man deshalb geneigt, heute von einer newtonschen Revolution zu sprechen, wenn man die Entwicklungen im Bereich des naturwissenschaftlichen Denkens ins Auge faßt, die sich über diesen Zeitraum von 300 Jahren erstrecken und die erst durch die Theorien der modernen Physik des 20. Jahrhunderts ihren endgültigen Abschluß fanden.

Mit einer bis dahin ungekannten Genauigkeit erlaubte diese auf Newtons Prinzipien gegründete Art der mechanischen Naturbetrachtung die gedankliche Rekonstruktion und Vorhersage eines großen Bereiches der himmlischen und irdischen Vorgänge. Damit hat sie jedoch Erwartungen geweckt, die weit über die Leistungsfähigkeit dieser Theorie hinausgingen. So gelang weder die Entwicklung einer auf der Atomvorstellung aufgebauten Mechanik des Mikrokosmos und noch viel weniger die Errichtung einer mechanistischen Theorie der Lebensprozesse, welche den Philosophen der Aufklärungszeit noch vorschwebte. Das gegen Ende des 18. Jahrhunderts von Laplace formulierte Programm einer solchen Mikromechanik auf der Grundlage der newtonschen Mechanik geriet nach einigen anfänglichen Teilerfolgen bald zum Stillstand.

Zunächst versuchte man daraufhin mit Hilfe der raumüberspannenden Feldvorstellungen die Theorie der Materie voranzubringen.

Doch auch hier erwies sich der mechanistische Rahmen als zu eng. Alle Versuche, diese Felder als Bewegungszustände eines allgegenwärtigen mechanischen Äthers zu interpretieren, führten zu unüberwindlichen Schwierigkeiten. Besonders in der Wärmetheorie war die Vorstellung eines solchen Ätherkontinuums nicht mit der beobachteten Struktur der Wärmestrahlung zu vereinbaren. Die große Modellvielfalt, die man zur mechanischen Veranschaulichung der Funktionsweise eines solchen Äthers heranziehen konnte, machte die Fragwürdigkeit solcher Unternehmungen deutlich. Sie ließen in der Folge den Wunsch nach einer modellunabhängigen Formulierung der Theorien aufkommen, eine Tendenz, die gegen Ende des Jahrhunderts besonders deutlich bei Gustav Kirchhoff, Heinrich Hertz, Ernst Mach und Henri Poincaré zum Tragen kam und die die Krise der mechanistischen Naturauffassung einleitete. Nach einem kurzen Übergangsstadium – das durch die sogenannte elektromagnetische Naturauffassung gekennzeichnet ist – wird die mechanistische Grundlage der Naturwissenschaft schließlich ganz aufgegeben. Während der ersten Jahrzehnte unseres Jahrhunderts erfolgte ihre Ersetzung durch das quantentheoretische Weltbild, das als wesentliche Neuheit den Indeterminismus in die Grundlagen der Theorie einbaute und damit den mikro- und makrophysikalischen Erfahrungsbereich gleichermaßen umspannen konnte.

Obwohl die hiermit skizzierte Entwicklung bereits in umfangreichen Studien und zahlreichen Fachveröffentlichungen bearbeitet worden ist (die zum Teil in dem beigefügten Literaturverzeichnis aufgeführt sind), besteht noch immer ein großer Mangel an leicht zugänglichen und leicht faßbaren Darstellungen, welche ein Verständnis dieses Prozesses aus der Sicht der beteiligten Naturforscher gestatten. Dem allgemein interessierten Leser, der keine speziellen Kenntnisse auf dem Gebiete der exakten Naturwissenschaften mitbringt, will die vorliegende Auswahl von Texten den Zugang zum historischen Verständnis dieses spannenden Kapitels unserer Geistesgeschichte eröffnen.

Der vorliegende Band wurde in einer Reihe von insgesamt fünf Bänden konzipiert, welche dem Leser auf ähnliche Weise weitere Bereiche der Physik auf dem Wege der unterhaltsamen Lektüre von Originalschriften erschließen möchten. So sollen in jeweils einem gesonderten Band auch noch die Feldtheorie, die Elementarteilchenphysik, die Kern- und Astrophysik und die Kosmologie zur Sprache kommen.

Die einzelnen Texte sind den deutschsprachigen Ausgaben der klassischen Schriften großer Naturforscher entnommen. Genaue Literaturhinweise sollen den Zugang für weiterführende Studien erleichtern und gegebenenfalls auch die Zitierfähigkeit der Texte bei wissenschaftlichem Gebrauch gewährleisten.

In der Einführung wird versucht, einen kurzen Überblick über die Gesamtentwicklung zu vermitteln und auf einige wichtige Beiträge zur Sekundärliteratur aufmerksam zu machen. Den Abschnitten 13–15 liegt ein Aufsatz zugrunde, den der Verfasser zum 300jährigen Jubiläum der »Principia« in den Physikalischen Blättern *43*, S. 441–445, (1987) veröffentlichte. (Der Abdruck erfolgt mit freundlicher Genehmigung der VCH Verlagsgesellschaft, Weinheim.)

Natürlich mußte bei der großen Fülle des Stoffes eine sehr enge Auswahl vorgenommen werden. Dabei war darauf zu achten, daß eine gewisse Kontinuität der Entwicklung als auch eine leichte Lesbarkeit der Texte gewahrt blieben. Statt eines Kommentars sind zuweilen auch Auszüge aus den Darstellungen von einigen herausragenden Gelehrten eingestreut worden, welche die Entwicklung aus ihrer jeweiligen historischen Warte beurteilt haben.

Da es das Ziel einer solchen Sammlung von Lesestücken nicht sein kann, eine systematische Entwicklung eines so umfangreichen Gebietes wie der Geschichte der Mechanik darzustellen, möchte ich an dieser Stelle auf die in begrifflicher Hinsicht ausgezeichneten Werke von Clifford Truesdell [1968] und von István Szabó [1977] verweisen. (Alle Literaturangaben beziehen sich auf das im Anhang beigegebene Literaturverzeichnis. Jahreszahlen in eckigen Klammern verweisen auf Buchveröffentlichungen, in runde Klammern eingeschlossene Angaben auf Zeitschriftenaufsätze und Beiträge zu anderen Sammelwerken.) Ergänzend zu diesem Unternehmen mag auch noch auf die von Samuel Sambursky [1975] sorgfältig zusammengestellte Anthologie zur Geschichte der gesamten Physik verwiesen werden, die in nur einem einzigen Band 318 Textauszüge der wichtigsten Beiträge – von Anaximander bis Pauli – aus einem Entwicklungszeitraum von 2500 Jahren wiedergibt. Doch anders als bei der vorliegenden Auswahl wurde dort mehr Gewicht auf die Dokumentation der entscheidenden Entdeckungen und Erfindungen als auf die Wiedergabe von leicht verständlichen Darstellungen naturwissenschaftlicher Sachverhalte gelegt, so daß diese beiden Werke sich in gewisser Weise ergänzen dürften.

Barcelona, März 1989   Karl von Meyenn

Einführung

1. Die Stellung der Mechanik innerhalb der Wissenschaften der Antike und des Mittelalters

Der durch die aristotelische Wissenseinteilung geprägte Physikbegriff hat im Laufe der Geschichte einen mehrfachen Bedeutungswandel durchgemacht. Obwohl man auch schon in der Antike vereinzelt experimentierte und physikalische Apparate für praktische und wissenschaftliche Zwecke anfertigte, wurde diese Tätigkeit nicht der Physik, sondern als handwerkliche Verrichtung den Herstellungslehren zugerechnet. Die Physik und insbesondere die später von den Aristotelikern hoch ausgebildete Bewegungslehre gehörten dagegen – ebenso wie die Metaphysik und die Mathematik – zu den theoretischen Wissenschaften. Andererseits faßte man auch die Optik, die Musiklehre und die Astronomie als Teilgebiete der Mathematik auf.[1]

Durch diese Gliederung waren natürlich die experimentellen und theoretischen Erfahrungsbereiche viel schärfer voneinander getrennt, als es in der heute üblichen Einteilung in experimentelle und theoretische Physik geschieht. Wegen des Fehlens einer empirischen Grundlegung der physikalischen Prinzipien waren allerdings auch die Grenzen zu den spekulativen Wissenschaften und zur Philosophie fließend.

Auch die Mechanik gehörte gemäß der antiken Anschauung nicht zur Physik, weil sie sich mit den »unnatürlichen«, d. h. durch künstliche Eingriffe hervorgerufenen Bewegungen befaßte. Insbesondere ging es dabei um die Herstellung und um den Umgang mit Hebelwerkzeugen, Kriegsmaschinen, Automaten und anderen Vorrichtungen zur »Überlistung« der Natur, wie schon das (List oder Mittel bedeutende) griechische Wort Mechanik andeutet.

Diese Sonderstellung der Mechanik als Lehre von den erzwungenen Vorgängen im Gegensatz zur Physik als der Wissenschaft von den natürlichen Vorgängen wurde erst zu Beginn der Neuzeit durch Galilei aufgehoben.[2] Eine solche Unterscheidung hat man auch als Spiegelbild der damaligen Gesellschaftsstruktur von Freien und von Hörigen und damit als Zeichen für die soziale Bedingtheit unserer Naturauffassung gedeutet.[3]

2. Magie und Mystik

Vor diesem Hintergrund entwickelten sich die Experimentalwissenschaften lange Zeit außerhalb der eigentlichen Physik. Besonders die seit dem 16. Jahrhundert weit verbreitete natürliche Magie hat viel zur Verbreitung experimenteller Fertigkeiten beigetragen. Darunter verstand man zunächst die Kunst, mit Hilfe physikalischer und chemischer Methoden geheimnisvolle Naturkräfte zu erzeugen. Insbesondere handelte es sich dabei um Erscheinungen wie den Magnetismus, Vergrößerungen durch Lupen, optische Täuschungen, Spiegelungen und den Antrieb mechanischer Spielzeuge und Automaten mit Hilfe von Luft- und Wasserkräften. Man unterschied dabei nach Porta zwischen übernatürlicher und natürlicher Magie: »Die eine ist schädlich und unheilbringend, denn sie hat mit üblen Geistern zu tun und besteht aus Zauberei und verruchter Neugierde; die nennt man Hexerei. ... Die andere Magie ist natürlich, und alle hervorragenden und klugen Männer heißen sie gut, beschäftigen sich mit ihr und zollen ihr großen Beifall.«[4]

Die große Verbreitung, die das 1558 erstmals veröffentlichte Werk des italienischen Gelehrten Giovanni Battista Della Porta »Magia naturalis sive de miraculis verum naturalium libri IV« trotz der vielen Ungereimtheiten auch noch im 17. Jahrhundert fand,[5] weist auf ein wachsendes Interesse an derartigen Darbietungen hin.[6] Die »Magia naturalis« ist sogar noch in manchen naturwissenschaftlichen Lehrbüchern des 18. Jahrhunderts vertreten.[7]

Die Vorliebe jener Zeit für das Mystische, für das Wunderbare und für das Unterhaltsame offenbarte sich auch bei der Vorführung spielerischer Natureffekte zur allgemeinen Belustigung. Sie

Abb. 1 Eine bildliche Darstellung des Verhältnisses von mathematischen und philosophischen Wissenschaften im frühen 16. Jahrhundert aus Niccolò Tartaglias Werk Nova Scientia (1537). Während Euklid hier am Eingang zu den mathematischen Wissenschaften steht, bewachen Aristoteles und Plato den Eingang zur Philosophie. Tartaglia gilt als Vorläufer Galileis, der die aristotelische Bewegungslehre modifizierte, indem er anstelle eines Bewegers eine den Körpern mitgegebene Schwungkraft für die fortgesetzte Bewegung verantwortlich macht.

übte auch Einfluß auf die Entwicklung der Wissenschaft aus, weil sie die Lust zur Beschäftigung mit naturwissenschaftlichen Fragen in breiteren Kreisen weckte.[8]

3. Die sogenannte Wiederbelebung der Wissenschaften zu Beginn der Neuzeit

Während das scholastische Lehrgebäude des Mittelalters schon durch Einbeziehung des Glaubens wichtige Abänderungen gegenüber der ursprünglichen aristotelischen Lehre erfuhr und dadurch neuartige Fragestellungen hervorrief[9], bahnte sich zu Beginn der Neuzeit ein weiterer und noch grundlegenderer Wandel in der Einstellung zur Natur an.

Die Ursachen für diesen Wandel aber hat man auf die besondere geistige Entwicklung des Abendlandes zurückzuführen gesucht. Die Durchmischung unterschiedlicher Kulturtraditionen während der Völkerwanderung und die Wiederbelebung der antiken Wissenschaften, die auf dem Umweg über die arabische Gelehrsamkeit in das christliche Abendland gelangten, schufen günstige Voraussetzungen für die Entstehung eines neuen wissenschaftlichen Weltbildes. »Auf dem Nährboden vorwiegend technischer Überlieferungen, wie sie von Byzanz ausgingen, und auf der Grundlage der theoretischen Lehren, die in den Texten der antiken Autoren erhalten waren und durch eine rege Übersetzertätigkeit dem christlichen Abendlande erschlossen wurden, entfaltete sich in der Epoche der Scholastik die erste Blüte neuer wissenschaftlicher und damit zugleich neuer naturwissenschaftlicher Erkenntnis.«[10]

4. Auswirkungen der Erfindung der Buchdruckerkunst

Die Entfaltung der Naturwissenschaften wurde durch die Erfindung der Buchdruckerkunst im 15. Jahrhundert ganz entscheidend beeinflußt. Hatten sich die Humanisten und Gelehrten der Renaissancezeit bisher noch im wesentlichen auf das Auffinden, Übersetzen und Wiederherstellen alter griechischer und lateinischer Texte beschränkt, so konnten sie jetzt das ihnen aufbereitete Wissen an eine breitere Leserschaft weitergeben. Die Herstellung einheitlicher Textvorlagen lieferte andererseits eine verbindliche Grund-

Abb. 2   Titelblatt einer englischen Ausgabe von Giovanni Battista
Della Portas vielgelesener Natürliche Magie (1658). Im Geiste seiner
Zeit unterschied er zwischen der reinen Magie, »die mit üblen Geistern
zu tun hat und aus Zauberei und verruchter Neugierde besteht«, und der
natürlichen Magie, welche auf einer Ausnutzung der Naturkräfte be-
ruhte und so die Experimentalwissenschaften förderte.

lage für eine konstruktive Kritik und damit für die Weiterführung des überlieferten Wissens.

Zunächst wurden nach Drucklegung der Mainzer Gutenbergbibel um 1455 auch die Werke der griechischen und lateinischen Klassiker in Angriff genommen. So erschien bereits 1469 eine dreibändige Ausgabe der »Naturgeschichte« des älteren Plinius, die eine Art Enzyklopädie des gesamten Wissens der antiken Welt – mit ausführlichen Inhaltsverzeichnissen und genauen Quellenangaben – darstellt. Auch andere ältere enzyklopädische Werke des Mittelalters wie das schon im 13. Jahrhundert verfaßte »Catholicon« (1472) des Johannes Balbus aus Genua, das aus etwa der gleichen Zeit stammende Werk »De Proprietatibus Rerum« (1483) des Franziskaners Bartholomäus de Glanville und das noch ältere und wohl einflußreichste Werk des Mittelalters, die große »Etymologiae« (1472) des Isidorus von Sevilla, gelangten im Abstand von nur wenigen Jahren zum Druck.

Von großem Einfluß für die Auseinandersetzung mit dem antiken Gedankengut waren auch die Ausgaben naturwissenschaftlicher Werke der großen Klassiker des Altertums. Die erstmals 1482 gedruckten »Elemente« des Euklid galten weiterhin als Vorbild für den deduktiven Aufbau einer Wissenschaft. Der frühe Druck von Platons »Opera« (1484), die noch vor der großen fünfbändigen Ausgabe der »Opera Omnia« (1495–1498) des Aristoteles erschienen, weist auf das neu erwachende Interesse der Renaissance-Gelehrten an diesem Philosophen hin. Besondere Bedeutung für die Entstehung des neuen Weltbildes und der neuzeitlichen Wissenschaft erlangte eine kommentierte Ausgabe des »Almagest« (1496) durch Regiomontanus, die das gesamte überlieferte astronomische Wissen vermittelte, und eine vollständige Ausgabe der Werke des Archimedes (1544), den man als Wegbereiter der theoretischen Mechanik und als Vorläufer der Infinitesimalrechnung betrachten kann. In seiner »Sandrechnung« hatte Archimedes auch auf das heliozentrische Weltbild des Aristarch aufmerksam gemacht.

Es wurden natürlich nicht nur solche Werke verlegt, die vor allem eine Wiederherstellung des Wissens der Antike zum Ziel hatten. So wurden auch die beiden Hauptwerke von Albertus Magnus gedruckt, der als größter Universalgelehrter seiner Zeit den Aristotelismus mit dem christlichen Glauben in Einklang zu bringen

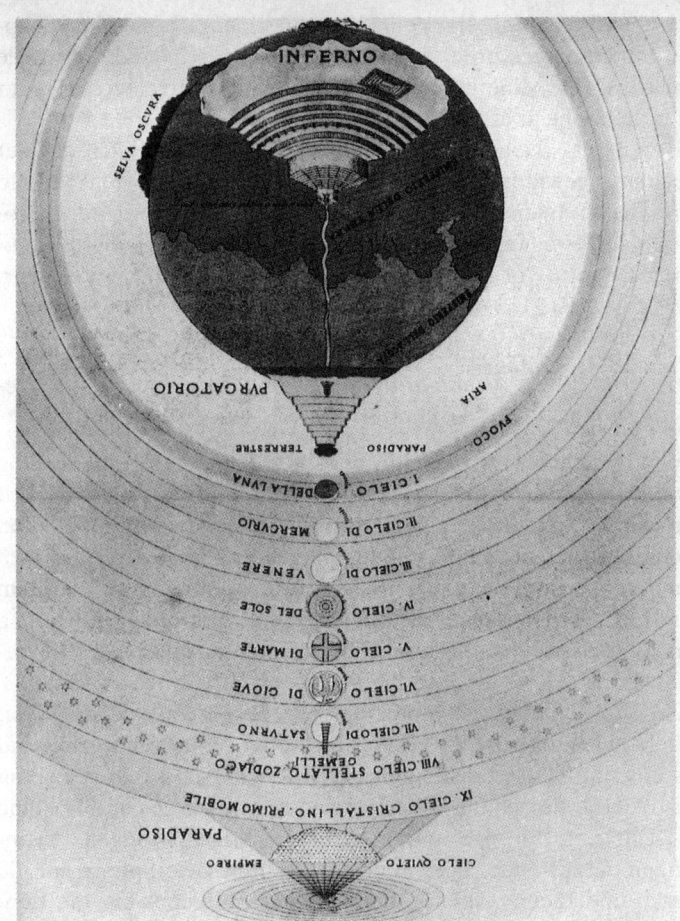

Abb. 3 Eine neuere Darstellung (nach einer Studie von M. Caetani aus dem Jahre 1872) des mittelalterlichen Weltbildes, wie es uns beispielsweise in Dantes Divina Commedia (1472) entgegentritt. Die Hölle ist als umgestülpter Kegel mit seiner Spitze im Mittelpunkt der Welt zu sehen. Dantes Werk war damals Gegenstand zahlreicher wissenschaftlicher Erörterungen. Der vierundzwanzigjährige Galileo wurde beispielsweise von der Florentiner Literaturakademie aufgefordert, einen mathematischen Vortrag über die Lage, Größe und Anordnung von Dantes Inferno zu halten.

suchte und damit als einer der Begründer der europäischen Scholastik angesehen werden kann. Innerhalb von 100 Jahren wurde sein Werk »De Mineralibus« (1476) siebenmal aufgelegt und sogar ins Italienische übersetzt.

Bereits als »Neue Wissenschaft« (1537) kündigte sich das der Mechanik gewidmete Werk des italienischen Gelehrten Niccolo Tartaglia an. In dieser Schrift übte er nicht nur Kritik an der aristotelischen Bewegungslehre, sondern er bereitete auch die dynamischen Begriffe vor, die von Galilei später weiterentwickelt wurden.

5. *Leonardo da Vinci und die Künstleringenieure der Renaissance*

Die zahlreichen und vielseitig begabten Künstleringenieure, die damals an den Höfen der Renaissancefürsten öfters die Tätigkeit von Malern, Architekten, Bildhauern, Geologen, Anatomen und Technikern in einer Person versahen, gehören ohne Zweifel mit zu den Wegbereitern der neuzeitlichen Naturwissenschaft. Vor allem durch sie wurde nämlich die noch fehlende Verbindung zwischen den theoretischen und den angewandten Wissenschaften hergestellt.

Zu den bekanntesten unter ihnen gehört Leonardo da Vinci, (1452–1519), obwohl vieles, was man über seine technischen und wissenschaftlichen Leistungen geschrieben hat, inzwischen von der neueren Forschung widerlegt wurde.[11] Denn nicht alle Pläne und Entwürfe, die Leonardo zeichnete, brauchen eigene Erfindungen darzustellen. Und in der Tat deuten viele Spuren auf die Werke und Ideen seiner Vorgänger und Zeitgenossen, die Leonardo in seinen unzähligen Manuskripten und Notizbüchern festgehalten hat. »Leonardo zeichnete alle interessanten mechanischen Verrichtungen auf, die er kennenlernte oder von denen er während seiner häufigen Kontakte mit Künstlern, Gelehrten und Handwerkern hörte. Solche Aufzeichnungen und Skizzen weisen selten auf eine Quelle hin, zumal Leonardo sie nicht veröffentlichte. Sie waren nur für seinen privaten Gebrauch bestimmt, und es verbleibt jetzt den Historikern die Aufgabe, ihre Herkunft zu erforschen. Dennoch müssen wir auch heute noch die unbestreit-

Abb. 4   Darstellung einer Druckerpresse aus dem Jahre 1522. Schon um 1470 gab es in Deutschland Buchdruckereien mit zahlreichen Angestellten. Bei Anton Koberger in Nürnberg beispielsweise arbeiteten etwa 100 Gesellen an 24 Druckerpressen.

bare Tatsache anerkennen: Selbst wenn wir die nur unvollständige und bruchstückhafte Hinterlassenschaft Leonardos durchmustern, werden wir mit einer beeindruckenden Zahl von technologischen Ideen konfrontiert, für die es keine Vorgänger gibt... Sofern wir bereit wären, ohne Leidenschaft und ohne Vorurteile zu urteilen, könnten Leonardo da Vincis Entwürfe und Aufzeichnungen als die wichtigste Dokumentensammlung zum Studium der mittelalterlichen und der Renaissance-Technik dienen.«[12]

Weil Leonardo seine Beobachtungen und Überlegungen meist nur in wenigen Sätzen und ohne weitere Erläuterungen mitteilte, muß jede Auslegung derselben sehr willkürlich bleiben. Es wäre beispielsweise unangebracht, ihn als den Entdecker des Fermatschen Prinzips anzusehen, nur weil er einmal den Satz aufnotierte: »Jede Wirkung in der Natur geschieht auf dem kürzesten Weg.«[13] Da er weder den Begriff der Wirkung noch den des Weges definiert hat, darf man diesen auch nicht die ihnen später zukommende Bedeutung unterlegen.

Obwohl Leonardo der Mathematik große Bedeutung für die Naturwissenschaften zuerkennt – denn im Geiste des Renaissance-Platonismus glaubte er an eine nach mathematischen Mustern gestaltete Welt –, so kann er doch mangels hinreichender Kenntnisse nur wenig Nutzen daraus ziehen.

»Auf dem Gebiet der Physik«, schreibt der Wissenschaftshistoriker Friedrich Klemm, »ist er vornehmlich mit Optik und Mechanik beschäftigt. ...Die Mechanik bezeichnet er als das ›Paradies der mathematischen Wissenschaften; denn durch sie gelangt man zur mathematischen Frucht‹.

In der Behandlung der einfachen Maschinen, wie Hebel, schiefe Ebene, ist er sehr von Vorgängern abhängig; von den Griechen, von den Arabern, von Jordanus Nemorarius (13. Jahrhundert). Er sucht Berechnungen durch den Versuch zu beweisen. Aber neben Richtigem steht manches Falsche. Indem er die ersten experimentellen Forschungen über die Reibung anstellt, wird er zum Vorläufer der Amontons (1699) und Coulomb (1781). Zu richtigen Ergebnissen führen ihn seine Betrachtungen über den Auflagedruck eines unsymmetrisch unterstützten Trägers. Auch die Tragfähigkeit von Stützen und Trägern sucht er durch Berechnung und Versuch zu ermitteln.

In der Dynamik schließt sich Leonardo teils an Aristoteles, teils an Philoponos (6. Jahrhundert), teils an die Naturphilosophen des 14. Jahrhunderts (wie Johannes Buridan und Nikolaus von Oresme) an. Eine dauernd wirkende Kraft erzeugt für ihn, wie das Aristoteles ja auch meint, eine konstante Geschwindigkeit (also nicht eine Beschleunigung). Beim Fall eines Körpers scheint er anzunehmen, daß sich die Wege, die in aufeinanderfolgenden gleichen Zeiten zurückgelegt werden, wie die aufeinanderfolgenden Zahlen der Zahlenreihe (1, 2, 3, 4 usw.) verhalten. Da von ihm mittlere Geschwindigkeit und momentane Geschwindigkeit noch nicht auseinandergehalten werden, kann er nicht zum richtigen Fallgesetz kommen. Überhaupt fehlen ihm und seiner Zeit noch scharf umrissene physikalische Begriffe . . .

Daß Leonardos Mechanik noch mancherlei an phantastischen, allegorischen und anthropomorphen Elementen enthält, darf uns nicht überraschen. Noch stehen wir weit über ein Jahrhundert vor Galilei. Im Hinblick auf das Perpetuum mobile ist Leonardo, der Praktiker, übrigens recht skeptisch. Er meint, die Erfinder von solcherlei eitlen Entwürfen sollten sich zu den Goldmachern zugesellen.

Leonardo betont zwar immer wieder die einfache und die experimentelle Erfahrung; insofern weist er in die Zukunft. Aber er umfaßt das Phänomen anschaulich in seiner ganzen Fülle und vermag nicht von einzelnen Sinneswahrnehmungen zu abstrahieren, um zur abstrakten Formel zu kommen, wie das in der neuen Physik Galileis geschieht.«[14]

6. Die »verzögerte kopernikanische Revolution«

»Zumitten aller Himmelskörper thront die Sonne. Wer hätte in diesem prachtvollen Tempel diese Lampe an einen besseren Platz stellen können als dorthin, von wo aus sie alles zugleich beleuchten kann? Wahrlich nicht zu Unrecht haben manche sie das Licht der Welt, andere den Geist, wieder andere deren Herrscher genannt. Trismegistos nennt sie den sichtbaren Gott, Sophokles' Elektra, die Allsehende. Wahrhaftig so, als säße sie auf einem königlichen Thron, regiert die Sonne das Geschlecht der Sterne, die sie umgeben.«[15]

Mit solchen poetisch ausgeschmückten Worten kündigte Kopernikus seine neue Konzeption des Sonnensystems an, die als »epochemachender Wendepunkt in der intellektuellen Entwicklung des abendländischen Menschen« gilt und eine Neuorientierung des Menschen in Beziehung zu seiner Umwelt zur Folge haben sollte.[16]

Das berühmte Lebenswerk des Kopernikus »De revolutionibus orbium coelestium libri VI« war 1543 erschienen, zu einem Zeitpunkt, als seine neue Lehre von der Erdbewegung in Gelehrtenkreisen bereits eifrig diskutiert wurde.[17] Wenige Tage vor seinem Tode, am 24.5.1543, soll er noch einen Probedruck des Werkes gesehen haben. Die Arbeit selbst war zwar schon viele Jahre vorher abgeschlossen, wie er in seiner Widmung an den Papst Paul III. erklärte, aber er zögerte mit dem Druck wahrscheinlich so lange, weil er die Reaktion der Öffentlichkeit erst abwarten wollte. Ein handschriftlicher Entwurf der Theorie lag schon um 1514 nach seiner endgültigen Rückkehr aus Italien im sog. »Commentariolus« vor.[18] Abschriften davon waren bekannt geworden und erregten im Zusammenhang mit der damals auf dem Laterankonzil geplanten Kalenderreform das Interesse des Papstes. Man hoffte vor allem, durch die größere Einfachheit der heliozentrischen Auffassung auch eine einfachere und genauere Bestimmung der Planetenstellungen zu erhalten. Daß dieses neue Weltbild als ein Angriff gegen die Grundlehre der Kirche aufgefaßt werden könnte, hat man damals noch nicht geahnt. Der römische Kardinal Nicolaus Schonberg bat daraufhin im Jahre 1536 Kopernikus um eine Abschrift seiner »Nachtarbeiten über den Bau der Welt« (siehe den auf S. 113 wiedergegebenen Brief).

Damals erhielt auch der junge Wittenberger Mathematikprofessor Georg Joachim von Lauchen (1514–1576), der sich nach üblichem humanistischen Brauch den Namen Rhetikus zulegte, erstmals Kunde von Kopernikus' neuem Weltsystem. Das geschah, als er sich 1535 zu Johannes Schöner, dem Herausgeber der Werke des berühmten Regiomontanus (1436–1476), nach Nürnberg begab. Bereits vier Jahre später reiste er zu Kopernikus nach Frauenburg, um dort Genaueres über die neue kopernikanische Lehre von ihrem Urheber zu erfahren. Der »Erste Bericht«, den Rhetikus schon nach wenigen Wochen an Johannes Schöner nach Nürnberg

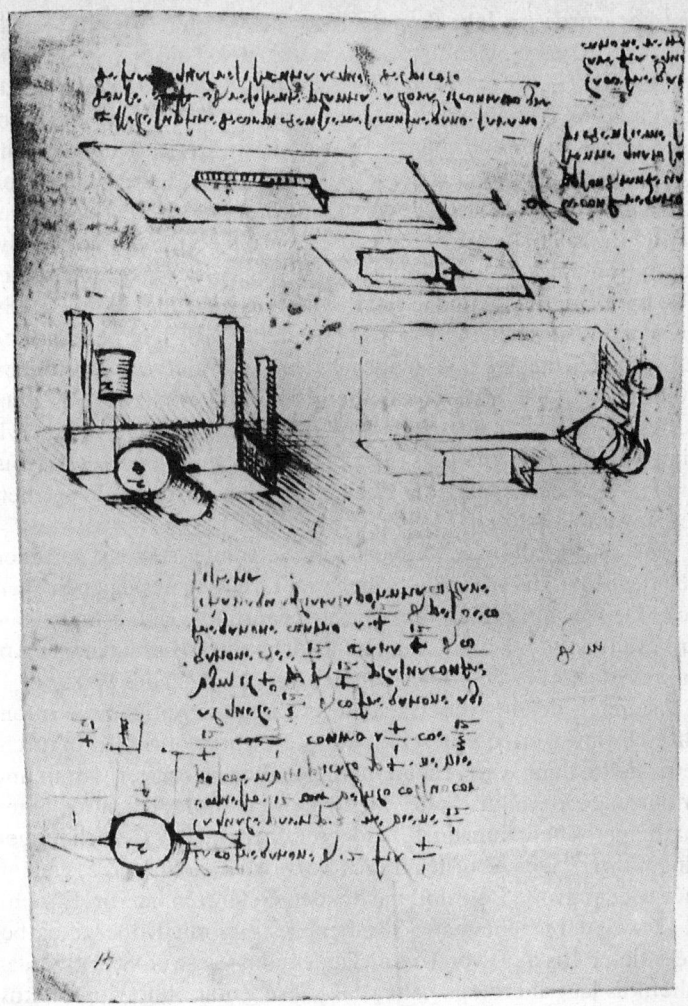

Abb. 5   Skizzen über Reibungsversuche aus Leonardo da Vincis Notizbüchern. Trotz dieser detailreichen Aufzeichnungen gibt es keinerlei Hinweise, daß Leonardo tatsächlich Experimente ausgeführt hat.

sandte, wurde im Jahr darauf (1540) als offener Brief in Danzig gedruckt. Diese »Narratio prima« war zugleich die erste gedruckte Version des heliozentrischen Systems des Kopernikus. Sie wurde nochmals im Anhang zu der Basler Ausgabe (1566) von »De revolutionibus« wiedergegeben.[19] Dieser »Erste Bericht« enthält eine kurze Zusammenfassung der kopernikanischen Lehre. Wegen seiner Kürze und seiner leicht verständlichen Darstellungsweise war er anfangs auch der bevorzugte Zugang zum kopernikanischen System. Johannes Kepler lobte ihn später in der Vorrede seines »Weltgeheimnisses« und meinte, Rhetikus habe in seinem Bericht die Vorzüge des neuen Systems besonders deutlich herausgearbeitet. »Am leichtesten überzeuge ich den Leser hiervon«, meinte er, »wenn ich ihn veranlasse und überrede, den Bericht des Rhetikus zu lesen.« Diesem Ratschlag wollen auch wir folgen, indem wir einige Teile aus Rhetikus' Bericht hier wiedergeben. (Die auf S. 115 ff. wiedergegebenen Textstellen sind der deutschen Übersetzung von Karl Zeller [1943] entnommen.)

Der schon alternde Kopernikus vertraute seinem getreuen Schüler Rhetikus schließlich auch den Druck seines eigenen Werkes »De revolutionibus« an. Dieser beauftragte daraufhin seinen Freund Johannes Schöner und den Nürnberger Mathematiker Andreas Osiander (1498–1552) mit der Drucklegung des Werkes.

Osiander, der in Anbetracht der Religionsstreitigkeiten offenbar Schwierigkeiten von seiten der geistlichen Obrigkeit befürchtete, stellte dem Werk ein anonym gehaltenes Vorwort voran und erklärte, Kopernikus habe die Erdbewegung lediglich als einen mathematischen Kunstgriff zur Vereinfachung der Berechnungen eingeführt.[20] Der Abdruck dieses Vorwortes (siehe S. 125) rief immer wieder große Befremdung bei den Gelehrten hervor. Ein (auf S. 134 wiedergegebenes) Schreiben des eng mit Kopernikus befreundeten Bischofs von Culm, Tiedemann Giese (1480–1550), an Rhetikus legt allerdings nahe, daß diese Zutat ohne Kopernikus' Wissen erfolgte. Man glaubte diesem Umstand auch die zunächst nicht stattfindende umwälzende Wirkung der kopernikanischen Lehre zuschreiben zu müssen. Doch die wirkliche Ursache dieser Verzögerung dürfte vielmehr das Ausbleiben der erwarteten besseren Vorherbestimmung der Planetenbahnen und der Mangel an empirischen Beweisen gewesen sein.[21] Erst durch die Fülle neuer astronomischer Entdeckungen nach Erfindung des Fernrohrs und die mathematische Ausgestaltung der Theorie, die eine bessere Einordnung der Tatsachen erlaubte, wurde die Allgemeinheit auf die kopernikanische Lehre aufmerksam.

»Doch ist es nicht die Verbreitung des copernicanischen Systems, die erneuerte Lehre von einer Centralsonne (von der täglichen und jährlichen Bewegung der Erde) gewesen«, bemerkte treffend Alexander von Humboldt in seinem »Kosmos«, »welche etwas mehr als ein halbes Jahrhundert nach seinem ersten Erscheinen zu den glänzenden Entdeckungen in den Himmelsräumen geführt hat, die den Anfang des 17. Jahrhunderts bezeichnen. Diese Entdeckungen sind die Folge einer zufällig gemachten Erfindung, des Fernrohrs, gewesen. Sie haben die Lehre des Copernicus vervollkommnet und erweitert. Durch die Resultate der *physischen Astronomie* (durch das aufgefundene Satelliten-System des Jupiter und die Phasen der Vernus) bekräftigt und erweitert, haben die Grundansichten des Copernicus der *theoretischen Astronomie* Wege vorgezeichnet, die zu sicherem Ziele führen mußten; ja zur Lösung von Problemen anregten, welche die Vervollkommnung des analytischen Calcüls nothwendig machten.«[22]

Im Stile seiner Zeit verfaßte Kopernikus eine Vorrede zu seinem Werk (S. 127) und widmete es dem Papst Paul III. Wenn er dort angibt, er habe der Veröffentlichung des Werkes nach langem Zaudern und Widerstreben erst auf Drängen seiner Freunde hin zugestimmt, so folgte er mit dieser Bemerkung einer verbreiteten Sitte der Renaissancegelehrten. Deshalb sollte man daraus keine weitgehenden Schlüsse ziehen, wie es vielfach in der Literatur geschehen ist.[23]

7. Galilei und die naturwissenschaftliche Methode

Der Geist der neuzeitlichen Naturwissenschaft tritt uns jedoch am deutlichsten in der Gestalt des Galilei entgegen. Obwohl selbst noch weitgehend in der scholastischen Tradition verhaftet, herrschte bei ihm bereits ein starkes Interesse für die experimentelle Seite der Naturwissenschaft vor. Nach Meinung von Edgar Zilsel werden »seine Beziehungen zum Handwerk und zur Technologie oft unterschätzt. ... Während seiner Studentenzeit gab es in Pisa keinerlei mathematischen Unterricht. Er lernte die Mathematik auf privatem Wege, und sein Hauslehrer Ostilio Ricci war Architekt und Lehrer an der Accademia del disegno, die im Jahre 1562 von dem Maler Vasari gegründet worden war und ein Mittelding zwischen einer modernen Akademie der Künste und einem technischen College war.

Galileis erste mathematische Ausbildung wurde also von Künstleringenieuren geleitet. Als junger Professor in Padua hielt er an der Universität Vorlesungen über Mathematik und Astronomie und gab zu Hause Privatunterricht im Ingenieurwesen. Für seine experimentellen Forschungen richtete er in seinem Hause Arbeitsräume ein und stellte Handwerker als Assistenten an. Dies war das erste Universitätslaboratorium in der Geschichte. Galileis wissenschaftliche Forschung begann mit Arbeiten über Pumpen, über die Regulierung von Flüssen und die Konstruktion von Festungen. Seit seiner Studentenzeit besuchte er gern Werften und Zeughäuser. Seine erste gedruckte Veröffentlichung (1606) beschreibt ein neues Meßgerät für militärische Zwecke. Noch in seiner letzten Arbeit (1638), die die moderne Mechanik einleitet, bildet das Arsenal von Venedig den äußeren Rahmen der Diskussion. Seine größte Leistung, die Entdeckung des Fallgesetzes, entsprang der Verbindung mit der zeitgenössischen Technologie. Unter den Geschützexperimenten dieser Zeit wurde viel über die Form der Geschoßbahn diskutiert. Galilei bemerkte, daß diese Frage unbeantwortbar ist, solange das Problem der fallenden Körper ungelöst ist. Der freie Fall jedoch war für eine genaue Messung zu schnell. Um die Geschwindigkeit zu verringern, nahm Galilei Messingkugeln, ließ sie eine geneigte Rille hinabrollen und maß die Abstände, die Zeiten und die Geschwindigkeiten. Es gelang ihm, seine Meßergebnisse in mathematischen Formulierungen einander zuzuordnen. In dieser klassischen Untersuchung Galileis zeichnen sich die beiden Pfeiler ab, auf die die moderne Wissenschaft gestützt ist: das Experiment und die mathematische Analyse. Die Experimente der Handwerker allein wären niemals in die Wissenschaft übergegangen.«[24] Galileis Erfolg gründet sich also vor allem darauf, daß er komplexe Phänomene durch möglichst einfache Versuchsanordnungen der gezielten Beobachtung zugänglich machte, um sie anschließend einer mathematischen Analyse unterwerfen zu können.

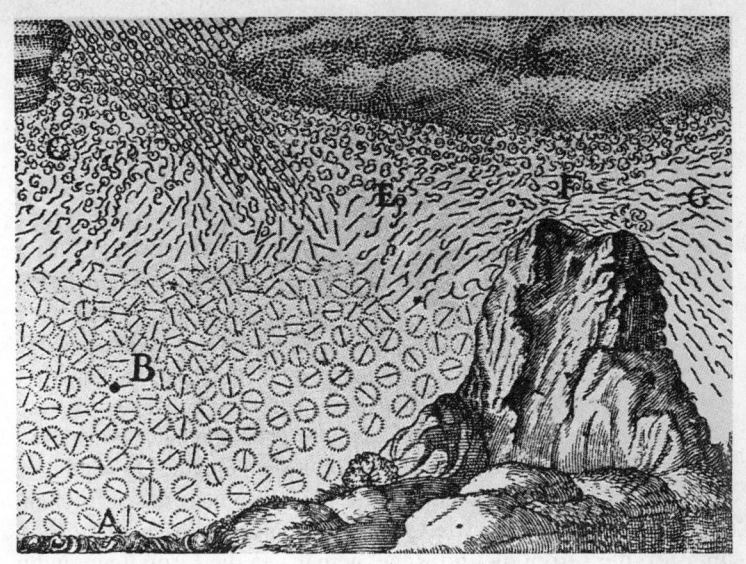

Abb. 6   Eine Landschaft mit cartesischen Teilchen aus dem Traktat Les Météores *(1637). Descartes' Korpuskulartheorie war der erste Versuch einer rationalen Rekonstruktion des gesamten Naturgeschehens auf der Grundlage von Elementarteilchen, die den Gesetzen der Mechanik unterworfen waren. Seine noch unvollkommenen Ansätze enthielten im Programm das mechanistische Weltbild, das besonders von seinen Nachfahren Huygens und Newton ausgebaut wurde.*

8. Keplers Weltgeheimnis

Während Galilei so schon einen typischen Vertreter des neuen Zeitgeistes verkörperte, war sein großer Zeitgenosse Johannes Kepler noch viel stärker in der Tradition seiner Vorgänger verwurzelt. In seiner »Weltharmonik« läßt er Gott das Universum gemäß dem Prinzip der geometrischen Schönheit anordnen. Als Pythagoräer und gläubiger Christ hat er in seinem Frühwerk die Struktur des Sonnensystems mit Hilfe der fünf platonischen Körper zu erklären versucht.

»Mysterium Cosmographicum« (1596) lautet charakteristischerweise der Titel dieser ersten größeren Schrift, die er im Alter von 25 Jahren vollendete. Noch ganz dem Geiste der neuplatonischen und neupythagoräischen Strömungen seiner Zeit verhaftet, hatte er versucht, die Zahl, die Entfernungen und die Bewegungen der Planeten durch harmonische Beziehungen auszudrücken: »Denn wir sehen hier, wie Gott gleich einem menschlichen Baumeister, der Ordnung und Regel gemäß, an die Grundlegung der Welt herangetreten ist und jegliches so ausgemessen hat, daß man meinen könnte, nicht die Kunst nehme sich die Natur zum Vorbild, sondern Gott selber habe bei der Schöpfung auf die Bauweise des kommenden Menschen geschaut.«[25]

Im ersten Teil des »Weltgeheimnisses« (Kap. 2–13) entwickelte Kepler seine Behauptungen rein deduktiv, um sie dann im zweiten Teil (Kap. 14–19) auf ihre Übereinstimmung mit den Beobachtungen zu prüfen. Viele spätere Entdeckungen (Keplersche Gesetze, Trägheitsprinzip, Gravitationsgesetz) sind in dieser Schrift bereits andeutungsweise enthalten. Obwohl er noch ganz unter dem Einfluß der mystisch-metaphysischen Naturauffassung seiner Zeit stand, ebneten seine Auffassungen der Idee der mathematisch-mechanischen Beschreibbarkeit der Natur den Weg.

Auch wenn Kepler bei seinen Folgerungen die empirische Beobachtung gebührend berücksichtigte, sind seine Anschauungen über die Naturgesetzlichkeit noch von animistischen Vorstellungen durchsetzt. In diesem Sinne hat er die Planetenbewegung als ein Ringen des »Planetengeistes« mit seinen tierischen und seinen magnetischen Fähigkeiten beschrieben. Die Geometrie betrachtete Kepler als das wahre Mittel zur Erkenntnis der Weltstruktur. Die

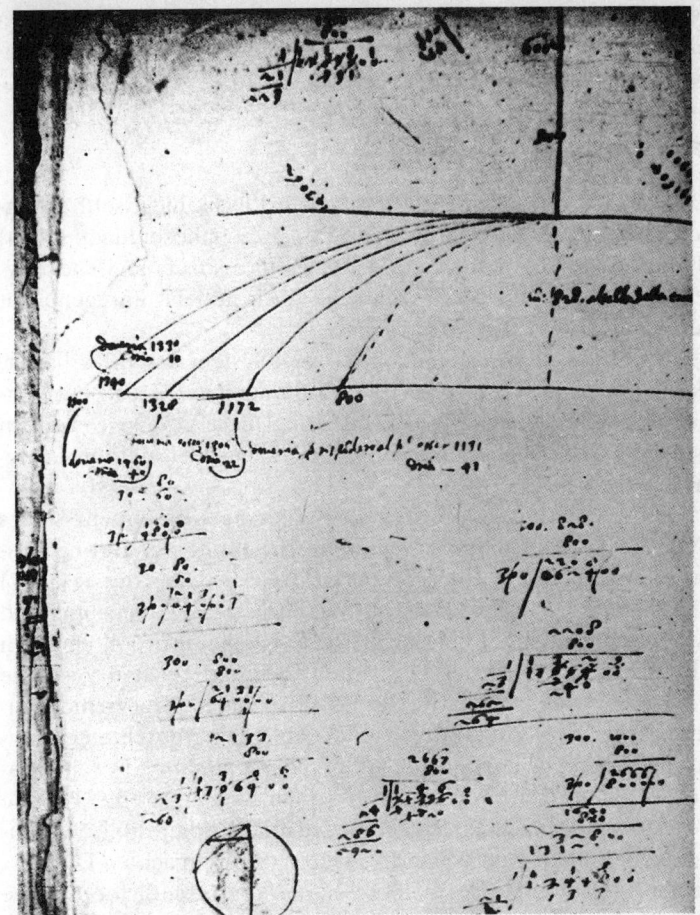

Abb. 7 Ein bislang unveröffentlichtes Manuskript aus dem Galilei-Nachlaß der Florentiner Nationalbibliothek, aus dem hervorgeht, daß Galilei tatsächlich das Gesetz der parabolischen Bahn eines Projektils auf experimentellem Wege gefunden hat. Die Skizze enthält die erwarteten und die gemessenen Werte der zurückgelegten Entfernung einer von einer Tischkante mit verschiedener Geschwindigkeit in horizontaler Richtung bewegten Kugel. Die verschiedenen Geschwindigkeiten der auf dem Tisch rollenden Kugel wurden durch eine unterschiedlich geneigte schiefe Ebene erzeugt.

Naturerkenntnis war ihm aber nichts anderes, als die Gedanken Gottes nachzuvollziehen. Von dieser Idee wird sein ganzes wissenschaftliches Denken geleitet.

9. Das kartesische Weltbild

Obwohl Descartes' eigene Beiträge zur Physik nicht sehr erfolgreich waren, so hat sein in den »Principia philosophiae« (1644) dargelegtes Programm zum Aufbau eines kosmologischen Systems auf mechanischer Grundlage doch äußerst anregend auf seine Zeitgenossen gewirkt.[26]

Descartes war seinem metaphysischen System so sehr verhaftet, daß er weder das Gesetz des freien Falls noch das Gesetz der Pendelbewegung zulassen wollte, weil Galilei diese Vorgänge in einem von der kartesischen Lehre nicht zugelassenen leeren Raum analysiert hatte.

Dennoch konnte Descartes als natürliche Konsequenz seines Systems das Trägheitsgesetz und die Erhaltung der Bewegungsgröße antizipieren.[27] Ebenso legte er in seiner »Dioptrique« (1637) eine mechanische Erklärung für das Gesetz der Spiegelung und der Brechung des Lichtes vor. Beide Erscheinungen sollten durch die Bewegung kleinster elastischer Lichtpartikelchen zustande kommen, die entweder von der reflektierenden Grenzschicht zurückgeworfen werden oder – unter Ablenkung durch eine kurzreichweitige Anziehungskraft – durch diese hindurch in den Glaskörper eindringen. Auch verdankt man Descartes eine Theorie des Regenbogens durch Brechung und innere Spiegelung des Sonnenlichtes an kleinen Wassertröpfchen, die er im achten Discours seiner Abhandlung »Les météores« (1637) veröffentlichte.[28] Seine Bemühungen um die richtigen Stoßgesetze wurden später von seinem Schüler Christiaan Huygens mit größerem Erfolg fortgesetzt.[29] Die Entdeckung offensichtlicher Mängel seiner Theorie hat zweifellos die Aufgabe des kartesischen Weltbildes trotz seiner bestechenden Einheitlichkeit im folgenden Jahrhundert beschleunigt. Was blieb, war die mechanistische Denkweise, die »keine anderen Erklärungsprinzipien als die Grundbegriffe und Axiome der Mechanik« toleriert. »Diese Physik erkennt in der Natur nur das als tatsächlich bestehend an, was mit den genannten Begriffen zu

Abb. 8   Hinweis auf Sonne, Mond und Sterne als Zeichen der Erdrotation nach einem Holzschnitt von Hans Holbein dem Jüngeren (1497–1543).

beschreiben und zu erklären ist. Sie schaltet nicht nur jeden Gedanken an Beseeltheit, innere Spontaneität und Zielstrebigkeit aus, sondern sie leugnet auch jede innere Änderung in den Materieteilchen, die sie als letztendliche Bausteine der wahrnehmbaren Körper betrachtet.«

Ein weiteres Merkmal dieser Physik ist die Simulation eines Naturvorgangs in einem mechanischen Modell. »Hiermit ist ein fundamentales methodisches Prinzip der Naturerklärung ausgesprochen, das die Physik lange Zeit beherrschen wird: von den physikalischen Erklärungsprinzipien wird vor allem Anschaulichkeit verlangt; die Naturvorgänge müssen von einem geschickten Bastler in einem Modell nachgeahmt werden können.«[30]

Noch nachhaltiger als sein System war der methodische Ansatz, alles naturwissenschaftliche Denken in mathematische Bahnen zu lenken.[31] Neben der besonders durch Galilei vorangebrachten empirischen Vorgangsweise war es diese Mathematisierung, welche den großen Aufschwung der neuzeitlichen Naturwissenschaft bewirkte.

Die »Prinzipien der Philosophie«, denen die hier wiedergegebenen Textauszüge entnommen sind, erschienen 1644 bei dem berühmten holländischen Verleger Elzevier in Amsterdam. Sie waren in dieser ersten Ausgabe entsprechend ihrer Bestimmung als Studientext für Studenten noch in lateinischer Sprache abgefaßt. Drei Jahre später ließ Descartes eine französische Übersetzung durch seinen Freund in Paris, den Abbé Picot, besorgen. Das Werk besteht aus vier Teilen:

I   Über die Prinzipien der menschlichen Erkenntnis
II   Über die Prinzipien der körperlichen Dinge
III Von der sichtbaren Welt
IV   Über die Erde;

den Inhalt faßte Descartes in seinem Vorwort zur französischen Ausgabe von 1647 zusammen.

Von Bedeutung für die Entstehung des mechanistischen Weltbildes ist aber besonders der Teil II gewesen, der als Voraussetzung die kartesische Materie- und Bewegungslehre enthält. Die hier von Descartes formulierten Bewegungsgesetze erwiesen sich zwar zum Teil als falsch[32], aber für die weitere Entwicklung waren sie von unschätzbarem Wert, weil sie erstmals das Programm eines

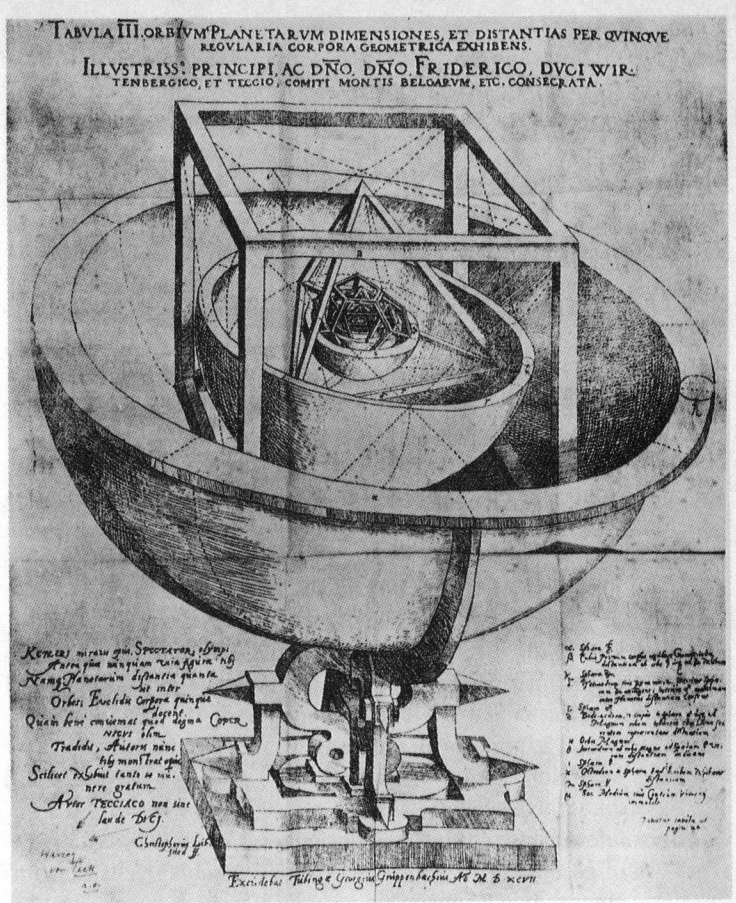

Abb. 9   Keplers Planetenmodell nach einem Kupferstich aus dem Jahre 1596, der seinem spekulativen Frühwerk Mysterium Cosmographicum *beigefügt wurde. Dieser Darstellung der durch die fünf regulären pythagoräischen Körper festgelegten Planetenbahnen liegt ein Planetarium zugrunde, das der italienische Mathematiker F. Turrianus für Kaiser Karl V. konstruiert hatte.*

allumfassenden Systems einer universellen Mechanik begründeten. Dieser Teil II gliedert sich in 64 Abschnitte, von denen wir nur einige wiedergeben. Aus den 157 bzw. 207 Abschnitte umfassenden Teilen III und IV wurde eine Auswahl getroffen, welche die Theorie der Materie und die erkenntnistheoretische Position von Descartes enthält.

10. Bacon als »Erneuerer der Wissenschaften«

Francis Bacon selbst hat keine bahnbrechenden Beiträge zur Naturwissenschaft geleistet. Seine Bedeutung liegt vielmehr darin, daß er seine Zeitgenossen für die praktische Seite der Naturwissenschaft empfänglich machte und dadurch den Bruch mit der traditionellen scholastischen Denkweise beschleunigte.

Sein wissenschaftliches Hauptwerk ist die unvollendet gebliebene »Instauratio Magna« (1620), eine »vollständige Neuordnung der Wissenschaften, Künste und des menschlichen Wissens..., um Macht und Herrschaft des Menschengeschlechtes über das Universum auszudehnen«. Das Werk sollte die folgenden sechs Teile enthalten:

1. Eine vollständige Bestandsaufnahme allen menschlichen Wissens. (Ein Entwurf dieses Teils findet man in der bereits 1605 veröffentlichten Schrift »The Advancement of Learning«.)
2. Eine neue Methode zur Erlangung wahrer Erkenntnis.
3. Eine Sammlung empirischer Tatsachen sowie eine Natur- und Experimentalgeschichte.
4. Beispiele zur Forschung nach der neuen Methode.
5. Vorläufige Spekulationen und Lösungsvorschläge zur Begründung einer neuen Philosophie.
6. Die neue Philosophie.

Von den geplanten sechs Teilen ist lediglich der zweite Teil, das »Novum Organum« mit den in zwei Bücher gegliederten »Aphorismen über die Interpretation der Natur und das Reich des Menschen« (1620), fertig geworden. Die darin enthaltenen Sätze entwerfen das Programm des Empirismus. Die auf Erfahrung gestützte Naturwissenschaft soll immer den stetigen Fortschritt und die fruchtbare Anwendung der Erkenntnisse im Auge behalten. Statt die Natur allein durch reines Denken zu konstruieren, schlägt

Bacon ein »induktives« Forschungs- und Beweisverfahren vor, das stufenweise von den Einzelbeobachtungen über Gesetzesaussagen zu den obersten Prinzipien vordringen soll.

Das erste Buch der »Aphorismen« gilt im wesentlichen der Kritik an der überlieferten Naturbetrachtung und dient damit der Vorbereitung für einen Neubeginn. In seiner Lehre von den »Idolen« bekämpft er die Vorurteile, die bisher der wahren Erkenntnis im Wege standen.

Im zweiten Buch wird eine neue Methode vorgeschlagen. Durch Aufstellung von Eigenschaftstafeln sollen Aussagen über die allgemeinen Eigenschaften des Forschungsgegenstandes gewonnen werden. Diese Methode hat sich allerdings nicht bewährt.

Die Physik wird in Bacons System zusammen mit der Metaphysik den philosophischen Wissenschaften zugerechnet. Aufgabe der Physik ist es, den Wirkungsursachen (causae efficientes) der Naturvorgänge nachzuspüren; der Metaphysik sind dagegen die Form- und Zweckursachen (causae formales) vorbehalten.

Ebenso wie seine Zeitgenossen hat sich auch Bacon ausgiebig mit dem Problem der Materie auseinandergesetzt. In seinen frühen Schriften zeigt er sich noch ganz als ein Anhänger der Atomistik. Er legte sich bereits die Frage nach der Größe der Atome vor. Die pythagoräische Auffassung von der Gleichheit *aller* Atome ist ihm besonders willkommen, weil sie die Verwandelbarkeit der Substanzen nahelegt. Später, in seinem »Novum Organum«, wird seine Einstellung zu den Atomen kritischer.[33]

So wie die Mechanik der Physik als praktische Wissenschaft und Kunst zugeordnet ist, will Bacon auch die natürliche Magie in Beziehung zur Metaphysik setzen. Darunter versteht er »eine Wissenschaft, welche aus der Kenntnis der verborgenen Formen erstaunliche Operationen ableitet«[34]. Sein Interesse richtet sich dabei vor allem auf die Verwandlung von Metallen in Gold.

11. Christiaan Huygens als Wegbereiter der mechanistischen Physik

Christiaan Huygens, der schon im jugendlichen Alter eine große mathematische Begabung zeigte, hörte in Leiden bei Franz van Schooten von Descartes und dessen Schriften. Bereits mit 22 Jahren veröffentlichte er seine erste mathematische Abhandlung. Ähnlich wie Newton hat auch er Fernrohre konstruiert. Zusammen mit seinem Bruder Constantin stellte er Himmelsbeobachtungen an und erkannte dabei als erster die rätselhaften »Henkel« des Saturns als einen frei schwebenden Ring.

Wichtiger noch als diese astronomischen Entdeckungen war seine Erfindung der Pendeluhr und ihrer Verbesserungen bis hin zur Einführung einer Spiralfeder als Unruh, welche die Konstruktion von transportablen Taschenuhren erlaubte. Die Theorie der Pendelbewegungen, die in einem seiner bedeutendsten Werke, dem »Horologium oscillatorium« (1673), dargestellt ist, gab wichtige Anregungen zur Entwicklung der Dynamik. Insbesondere findet man hier, allerdings noch ohne Beweis, den Ausdruck für die Größe der Zentrifugalkraft. Über Descartes hinausgehend fand Huygens auch die korrekten Gesetze für den elastischen Zusammenstoß von Teilchen, die ihm als Grundlage für eine mechanische Erklärung der Naturerscheinungen im Sinne des kartesischen Programms dienten. Insbesondere hat er in seinem »Discours de la cause de la pesanteur« (1678), der während seines langjährigen Aufenthaltes in Paris als Mitglied der Französischen Akademie der Wissenschaften entstand, eine Gravitationstheorie gemäß dem Vorbild der kartesischen Wirbel aufgestellt. Auch in seinem »Traité de la lumière« (1690) folgte er dem kartesischen Prinzip, »die Ursache aller natürlichen Wirkungen auf mechanische Gründe zurückzuführen«.

Sein gewaltiges wissenschaftliches Werk, das erstmalig in seiner Gesamtheit zwischen 1888 und 1950 in 22 prächtigen Bänden von der Holländischen Gesellschaft für Wissenschaften publiziert wurde, läßt den nachhaltigen Einfluß ahnen, den er auf das mechanistische Denken seiner Zeit ausübte.[35] Mit der Ablösung der kartesischen Naturauffassung durch Newton gerieten aber auch Huygens Verdienste bald in Vergessenheit, obwohl dieser Fortschritt im wesentlichen durch sie bedingt war.

Abb. 10 Titelbild zu Bacons Instauratio magna (1620). Ein bei vollem Winde segelndes Schiff gelangt durch die Säulen des Herkules hindurch von der Alten in die Neue Welt. Diese Abbildung ist Ausdruck des optimistischen Zeitgeistes und will auf die unbegrenzten Möglichkeiten der neuen Wissenschaft aufmerksam machen.

12. Newton und die newtonsche Revolution

Was zunächst nur in vereinzelten mechanistischen Ansätzen verschiedener Autoren vorlag, wurde schließlich durch Isaac Newton zu einem vollendeten Gedankengebäude zusammengefügt, das mehr als 200 Jahre lang als verbindliche Grundlage für die gesamte Physik dienen sollte. In seinen »Principia« von 1687 hat Newton die grundlegenden Prinzipien der Dynamik festgelegt und auf dieser Grundlage sein eigenes dem kartesischen Weltsystem gegenübergestellt.[36] Statt der Ätherwirbel postulierte er den Begriff der universellen Gravitation als einer neuen, nicht weiter reduzierbaren Eigenschaft der Materie. Als die beeindruckenste Leistung der Newtonschen Mechanik wurde aber die Herleitung der keplerschen Planetengesetze angesehen. Aber auch die Erklärung vieler anderer himmlischer und irdischer Erscheinungen, wie die der Gezeiten, der Präzession der Erdachse, der Fallgesetze, der Abplattung der Erdkugel und der Mondbewegung, stärkte das Vertrauen in die neue Theorie. Die von Descartes angestrebte einheitliche Erklärung der gesamten Naturerscheinungen aus einigen wenigen Prinzipien schien jetzt in eine greifbare Nähe gerückt zu sein.

Das 18. Jahrhundert ist von dem großen Optimismus getragen, den die Verwirklichung eines solchen Programmes in Aussicht stellte. Die Auswirkungen der newtonschen Lehre auf alle Bereiche der Naturwissenschaften und der Gesellschaft leiteten einen Wandel ein, den man später als newtonsche Revolution bezeichnet hat.[37]

13. Newton, Leibniz und die Entwicklung der Wissenschaft im frühen 18. Jahrhundert

Trotz der überragenden Bedeutung Newtons für die Naturwissenschaft der Aufklärungszeit läßt sich diese natürlich nicht allein als eine Assimilation, Fortentwicklung und Kritik newtonscher Ideen verstehen. Neben Newton waren es vor allem auch die Lehren von Descartes und Leibniz, welche hier miteinander konkurrierend die Entwicklung der verschiedenen Zweige der Naturwissenschaften beeinflußten. Außerdem ist zu beachten, daß die als Newtonianismus, Kartesianismus und Leibnizianismus bezeichneten Ge-

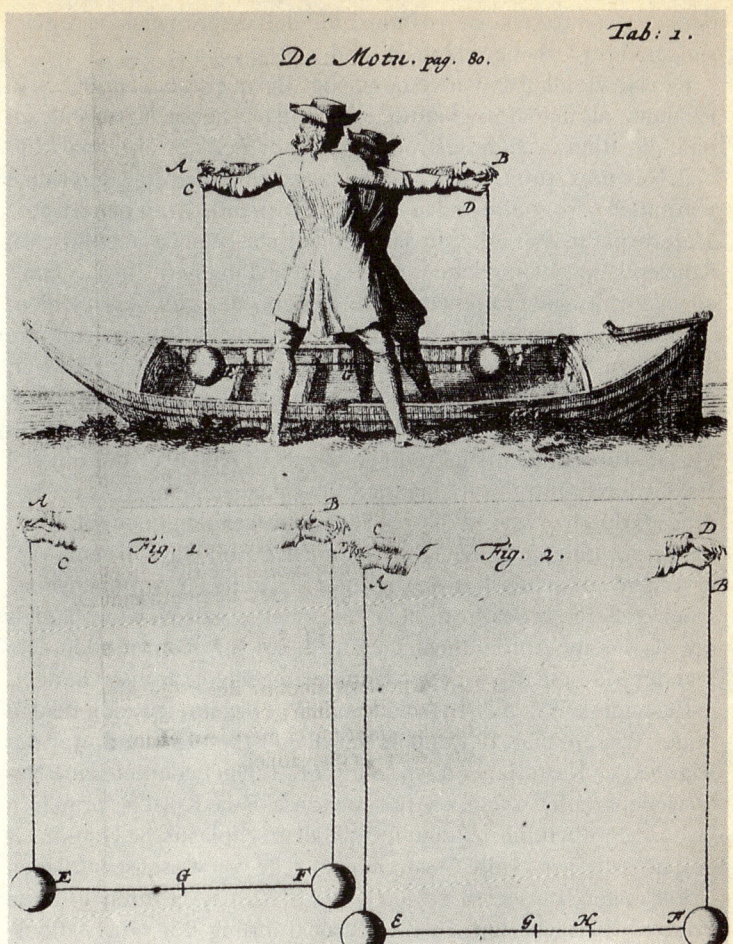

Abb. 11 Darstellung eines frühen Gedankenexperiments zur Veranschaulichung der Relativbewegung von Christiaan Huygens. Zwei an einem Faden hängende Kugeln werden von dem Mann in dem (mit Geschwindigkeit v bewegten) Boot mit einer Geschwindigkeit v aufeinander zu bewegt. Nach dem (elastischen) Zusammenstoß bewegen sich die Kugeln in entgegengesetzter Richtung. Der am Ufer stehende (ruhende) Beobachter sieht stets eine der Kugeln in Ruhe, während die andere für ihn mit der doppelten Geschwindigkeit 2 v bewegt ist.

dankensysteme keineswegs immer mit den ursprünglichen Auffassungen ihrer Urheber identisch sind.

Der Newtonianismus als eine geistige Bewegung begann zuerst in England, als man dort glaubte, mit Hilfe der neuen Naturphilosophie die atheistischen Bestrebungen jener Zeit abwehren zu können. Newtons Auffassung von einer passiven, trägen und durch eine von außen vermittelte und in die Ferne wirkende Kraft beherrschte Materie paßte vorzüglich in das theologische (und staatspolitische) Konzept seiner Umgebung, weil sie den ständigen Eingriff eines allgegenwärtigen Gottes (bzw. Herrschers) zu legitimieren schien.

In diesem Sinne wurden nach Robert Boyles Tod die von ihm gestifteten Boyle-Lectures abgehalten. Ihr vorrangiges Ziel war, den aufkommenden Atheismus wissenschaftlich zu bekämpfen, indem die Macht und Weisheit Gottes in seinen Werken nachgewiesen wurde. Der erste Prediger, der diese Aufgabe 1692 mit viel Erfolg durchführte, war ein junger Philologe namens Bentley. Besonders durch seinen zu diesem Zweck aufgenommenen (und später veröffentlichten) Briefwechsel mit Newton wurden seine Ansprachen die wichtigsten Wegbereiter des frühen Newtonianismus. Doch außerhalb des britischen Inselreiches galt Newton damals nur als der außerordentliche Gelehrte, der vor allem auf dem Gebiet der Mathematik wichtige Entdeckungen vorzuweisen hatte.

Besonders in den Niederlanden und in Frankreich, den beiden in der Wissenschaft führenden Nationen neben England, war der Einfluß der Kartesianer noch sehr groß. Ihnen bedeutete eine Naturwissenschaft, welche wie die newtonsche die Kraft als primären Grundbegriff einführte, einen Rückfall in scholastische Denkkategorien, weil sie okkulte Qualitäten anstelle von wissenschaftlichen Erklärungen zu setzen schien (vgl. S. 328). Als ihren größten Triumph betrachteten sie die Zurückführung der Gravitationskraft auf die Wirkung komplizierter kartesischer Wirbel eines alldurchdringenden Äthers.

Leibniz als der dritte unter den einflußreichsten Denkern dieser Epoche war sowohl in mathematischer wie in naturwissenschaftlicher Hinsicht ein ebenbürtiger Konkurrent Newtons. Frühzeitig hatte er sich von der kartesischen Lehre gelöst und sein eigenes philosophisches System aufgestellt. Die Monaden anstelle der Atome spielen als körperlich-seelische Grundeinheiten in diesem

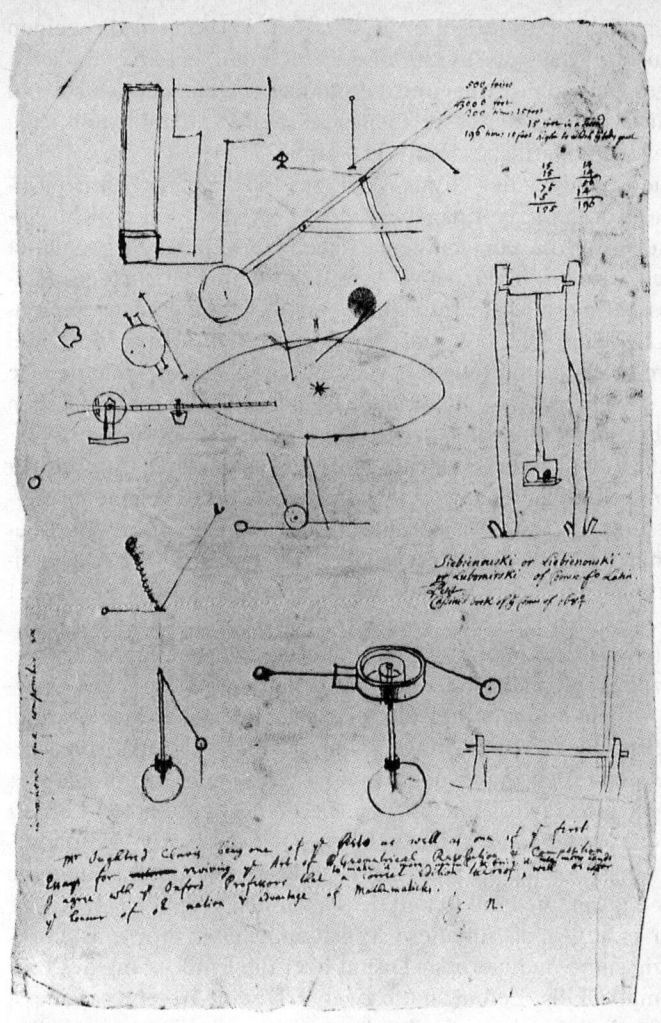

Abb. 12 Newtons wahrscheinlich um 1685 angefertigte Aufzeichnungen über Experimente mit Pendeln und über die Wirkung der Zentrifugalkraft.

System eine zentrale Rolle. Desgleichen bestimmen die beiden Grundsätze, daß selbst Gott an die von ihm in einem einmaligen Akt geschaffenen Natur- und Vernunftsgesetze gebunden sei und daß die wirkliche die beste aller möglichen Welten darstellt, sein naturwissenschaftliches Weltbild (vgl. S. 273ff.).

»Die Prinzipien der Physik«, heißt es 1687 in einer Schrift, welche das Kontinuitätsprinzip begründete, »können selbst nicht weiter aus Gesetzen von mathematischer Notwendigkeit abgeleitet werden, sondern bedürfen zu ihrer Begründung letztlich des Hinweises auf die höchste Intelligenz: hierin liegt die echte Versöhnung zwischen Glauben und Vernunft. Hätten Henry More und andere gelehrte und religiöse Männer dies beachtet, so hätten sie nicht so sehr gefürchtet, daß die Fortschritte der mechanischen Korpuskular-Philosophie der Religion Abbruch tun würden.«

Auf die Ansichten von Henry More und der anderen Cambridger Platonisten stützte sich aber Newton, als er Clarke (in seinem Briefwechsel mit Leibniz) den Raum als ein »Sensorium« Gottes bezeichnen ließ, mit dem dieser jederzeit vermöge seiner Allgegenwart in das physikalische Geschehen eingreifen könne (vgl. S. 241 und 304f.).

Eine weitere Konsequenz der leibnizschen Metaphysik war die Überzeugung von der Existenz von Erhaltungssätzen. Nach Newtons Ansicht war andererseits eine ständige Überwachung und Korrektur der Abweichungen von den naturgesetzlich vorgeschriebenen Bewegungen notwendig, damit die Harmonie des Weltalls erhalten bleibt. Wegen dieser Eigenart hatte Leibniz Newtons Gott einen schlechten Uhrmacher gescholten. Besonders diese auch in seinem »Essai de Theodicée« von 1710 enthaltene Kritik zog ihm die Feindschaft der Newtonianer zu.

Der erste Anlaß für diese Mißstimmigkeiten war ein bereits zwanzig Jahre andauernder Disput über die Entdeckung des Infinitesimalkalküls. Leibniz hatte zwar 1684 seine Ergebnisse zuerst veröffentlicht, und sein Kalkül hatte sich rasch unter seinem Namen auf dem europäischen Festland verbreitet, doch Newtons Freunde begannen nun verstärkt auf die Priorität ihres Meisters hinzuweisen. Von der reinen Prioritätsfrage verlagerte sich der Streit immer mehr auf die grundsätzlichen Gegensätze der newtonschen und leibnizschen Naturauffassung.[38] Inzwischen han-

REGVLÆ PHILOSOPHANDI.

HYPOTHESES.

~~Hypoth.~~ *Reg.* I. *Causas rerum naturalium non plures admitti debere, quàm quæ & veræ sint & earum Phænomenis explicandis sufficiant.*

~ *Natura enim simplex est & rerum causis superfluis non luxuriat.*

~~Hypoth.~~ *Reg.* II. *Ideoque effectuum naturalium ejusdem generis eædem sunt causæ.*

Uti respirationis in Homine & in Bestia ; descensûs lapidum in *Europa* & in *America* ; Lucis in Igne culinari & in Sole ; reflexionis lucis in Terra & in Planetis.

Hypoth. III. *Corpus omne in alterius cujuscunque generis corpus transformari posse, & qualitatum gradus omnes intermedios successivè induere.*

Hypoth. IV. *Centrum Systematis Mundani quiescere.*

Hoc ab omnibus concessum est, dum aliqui Terram alii Solem in centro quiescere contendant. *PHÆNOMENA.*

~~Hypoth.~~ *Phænom.* VI. *Planetas circumjoviales, radiis ad centrum Jovis ductis, areas describere temporibus proportionales, eorumque tempora periodica esse in ratione sesquialtera distantiarum ab ipsius centro.*

Constat ex observationibus Astronomicis. Orbes horum Planetarum non differunt sensibiliter à circulis Jovi concentricis, & motus eorum in his circulis uniformes deprehenduntur. Tempora verò periodica esse in ratione sesquialtera semidiametrorum orbium consentiunt Astronomici : & ~~Flamstedius, qui omnia Micrometro & per Eclipses Satellitum accuratius definivit, literis ad me datis, quinetiam numeris suis mecum communicatis, significavit rationem illam sesquialteram tam accuratè obtinere, quàm sit possibile sensu deprehendere. Id quod~~ ex Tabula sequente manifestum est.

Satellitum

delte es sich nicht mehr um eine »querelle entre Mr. Newton et moy, mais entre l'Allemagne et l'Angleterre«, wie Leibniz am 10. Mai 1715 an die Prinzessin von Wales schrieb.

Viel schwieriger als in Frankreich ist das Eindringen des newtonschen Einflusses im deutschen Sprachraum zu verfolgen. Das Deutsche Reich bestand damals aus einem ziemlich losen Staatenverband mit sehr unterschiedlichen kulturellen Traditionen. Selbst die Sprache war zur Darstellung theoretischer und wissenschaftlicher Sachverhalte ungeeignet. Unter anderen hatte Leibniz in einer Denkschrift aus dem Jahre 1697 entsprechende Vorschläge zur Verbesserung der Sprache gemacht, die er als einen Spiegel des Völkerverstandes bezeichnete. Deshalb blieb das Latein länger als in England und Frankreich die allgemeinverbindliche Gelehrtensprache des Reiches.

Trotz der verheerenden Auswirkungen des 30jährigen Krieges war aber schon im ausgehenden 17. Jahrhundert ein allgemeiner kultureller Aufschwung zu verzeichnen. Mit Christian Thomasius und Christian Wolff, die beide mit Leibniz in unmittelbarer Beziehung standen, nahm nun auch in Deutschland die Aufklärung ihren Einzug. Besonders Wolff beherrschte als Mathematiker und Philosoph leibnizscher Prägung durch seine stark besuchten Vorlesungen und vielgelesenen Schriften das »vernünftige« Denken seiner Zeit. Im In- wie im Ausland suchte man seinen Rat, wenn es darum ging, neue Stellungen zu besetzen oder gelehrte Fragen zu beantworten. Sein bedeutendster Schüler, Georg Bilfinger aus Tübingen, ging 1725 nach Petersburg und suchte dort im Sinne seines Lehrmeisters die Verbreitung der newtonschen Lehre zu bekämpfen.

Während so das Vordringen der newtonschen Naturphilosophie in Zentraleuropa vorerst noch durch Leibniz' Einfluß stark behindert war, fanden die in Newtons Optik exemplifizierten experimentellen Methoden rasch großen Zuspruch bei den mehr empirisch eingestellten Forschern. Besonders die 1720 von dem holländischen Experimentalphysiker Willem Jakob s'Gravesande in einem Lehrbuch zusammengestellten Demonstrationsversuche illustrierten in mustergültiger Weise das induktive Verfahren Newtons. Noch im 19. Jahrhundert beherrschten sie den experimentellen Physikunterricht in ganz Europa. Deshalb stand Newton hier anfangs in dem Ruf eines großen Experimentalphysikers.

Die in den »Principia« dargelegten Erkenntnisse und Methoden kamen dagegen erst später zur Entfaltung. Den Zugang dazu förderte eine kleine Gruppe von Wissenschaftlern aus dem Umkreis der Basler Mathematikerfamilie der Bernoulli, die zeigte, wie man mechanische Probleme viel vorteilhafter mit Hilfe des leibnizschen Infinitesimalkalküls behandeln kann.

Newton hatte bekanntlich seine Ergebnisse in den »Principia« noch gemäß der traditionellen und schon zu seinen Lebzeiten veralteten synthetischen Methode vorgetragen. Er habe diese Darstellungsweise gewählt, behauptete er später (1715), »weil die Alten nichts in der Geometrie zugelassen hätten, was nicht synthetisch bewiesen wäre«.

Johann Bernoullis Meisterschüler Leonhard Euler war es vorbehalten, Newtons Mechanik in die Sprache der Analysis zu übertragen. Schon während seiner frühzeitigen Studien habe er mit Hilfe von Newtons Prinzipien und Hermanns Phoronomie die Auflösung vieler Aufgaben genügend verstanden, berichtete er später; allein solche Aufgaben, welche nur ein wenig verschieden waren, konnte er nicht lösen. »Schon seit jener Zeit versuchte ich, soweit ich es vermochte, aus der synthetischen Methode die Analysis herzuleiten und zu meinem Nutzen dieselben Sätze analytisch zu behandeln, wodurch sich meine Einsicht bedeutend vermehrte.«

Die Befreiung von dem »synthetischen Ballast, der den Leser anödete«, wurde dann auch 1738 in einer äußerst lobenden Rezension des eulerschen Werkes über »Mechanik« in den Nova acta eruditorum hervorgehoben. Die größere Flexibilität und die Zuverlässigkeit, die Euler der newtonschen Mechanik damit verlieh, machte sie erst als allgemeines Verfahren zur Behandlung beliebiger mechanischer Probleme brauchbar. Eulers Vertrauen auf die Sicherheit der theoretischen Methode war schon damals so groß, daß er es nicht für nötig hielt, »diese meine Theorie durch das Experiment zu bestätigen; denn sie ist ganz aus den sichersten Prinzipien der Mechanik abgeleitet, weshalb der Zweifel, ob sie wahr sei und in der Praxis statthabe, in keiner Weise aufgeworfen werden kann«.

Ein wichtiger Gegensatz zwischen Newtonianern und Leibnizianern bestand in der Frage nach dem »wahren Kraftmaß«. Der Streit geht auf eine Kritik zurück, die Leibniz 1686 an den kartesischen Begriffen von »Bewegungsquantität« und »bewegender Kraft« geübt hatte. Darüber hinaus bezichtigte er die Kartesianer, daß sie öfters »den Peripatetikern« gleich ... die Gewohnheit annehmen, statt der Vernunft und der Natur mehr den Büchern des Meisters« zu vertrauen. Leibniz bestritt, daß es sich bei den beiden von Descartes eingeführten Kraftmaßen um ein und dieselbe Größe handelte, und führte als neue Größe die »vis viva« oder bewegende Kraft ein. Nur diese als Produkt aus Masse und Geschwindigkeitsquadrat definierte Größe – und nicht Descartes' Bewegungsgröße – sei als echte Erhaltungsgröße zu betrachten. Besonders weil dieses Erhaltungsprinzip »etwas voraussetzt, was keine unbedingte geometrische Notwendigkeit hat«, wurde es von Leibniz als »ein wunderbarer Beweis für ein einsichtiges und freies Wesen« geschätzt. Der Rückgriff auf derartige metaphysische Begründungen ist übrigens ganz charakteristisch für die damalige »Naturphilosophie«.

Diese ursprünglich gegen das kartesische System gerichtete Kritik wandelte sich in einen Angriff auf das newtonsche System, als 1717 nach Leibniz Tod dessen polemischer Briefwechsel mit dem Newtonianer Clarke über die Stellung Gottes in der Natur veröffentlicht wurde (vgl. S. 300 ff.). Leibniz hatte nämlich bei dieser Gelegenheit sein Erhaltungsprinzip anstelle des newtonschen Uhrmachers zur Stabilisierung des Weltalls ins Spiel gebracht, »denn mit Wundern kann man von allem ohne große Mühe Rechenschaft geben. Geschieht es aber auf natürlichem Wege, so wird Gott kein außerweltliches Verstandeswesen mehr sein.« Die Prüfung, ob die Erhaltung der lebendigen Kraft ein geeignetes Mittel zur Aufrechterhaltung »der erhabenen prästabilierten Ordnung« sein könne, schien deshalb ein geeignetes Mittel zur Entscheidung zwischen den beiden Systemen zu sein.

Nachdem die Pariser Akademie in mehreren Preisausschreibungen auf die Wichtigkeit des Problems aufmerksam gemacht hatte, wurden Anfang der 20er Jahre zwei Experimente bekannt, die man zugunsten der leibnizschen Auffassung deutete. Eines derselben war von dem oben erwähnten s'Gravesande mit fallenden Kugeln ausgeführt worden, aus deren Abdrücken in einer weichen Tonschicht man auf das ihnen eigene »Kraftmaß« schließen konnte. Es stellte sich heraus, daß immer gleich tiefe Abdrücke einen gleichen Wert der »vis viva« entsprachen. s'Gravesande, der bisher als einer der führenden Newtonianer auf dem Kontinent galt, bekannte daraufhin 1722 öffentlich seinen Übertritt zu den Leibnizianern und begann, seine mathematischen und naturphilosophischen Ansichten mit ihrem System in Übereinstimmung zu bringen. Wegen s'Gravesandes großer Bekanntheit wurde dieser Vorgang natürlich in ganz Europa beachtet.

Doch auch auf der Gegenseite konnten die Newtonianer bald zeigen, daß sich diese Fallversuche ebenso mit dem newtonschen Kraftbegriff vereinbaren lassen. Für diese rasche Hilfestellung wurde Henry Pemberton von Newton mit der Herausgabe der 3. Auflage seiner »Principia« (1726) betraut.

Doch die Fronten zwischen den Parteien waren damals so verhärtet, daß man nicht zu erkennen vermochte, daß beide Interpretationen ohne weiteres mit den allgemeinen Prinzipien der Mechanik im Einklang waren. Die Debatte zog sich über viele Jahre hin und veranlaßte u. a. auch Kant zur Veröffentlichung seiner »Gedanken von der wahren Schätzung der lebendigen Kräfte« (1747), bis Jean d'Alembert schließlich in der 2. Auflage seines »Traité de dynamique« (1758) die endgültige Aufklärung lieferte. So hatte dieser scheinbar nutzlose Streit am Ende doch auf die Bedeutung von Erhaltungssätzen aufmerksam gemacht.

Hatten sich die bisher erwähnten Auseinandersetzungen mit Newtons mathematischer Naturphilosophie noch in engeren Fachkreisen abgespielt, so änderte sich diese Situation mit der Thronbesteigung Friedrichs des Großen im Jahre 1740. Als aufgeklärter Fürst und Verehrer der französischen Kultur war er bestrebt, die unter seinem Vorgänger vernachlässigte Berliner Akademie der Wissenschaften zu einer Institution ersten Ranges zu erheben. Noch im Jahr seines Regierungsantritts bestellte er Voltaire und Pierre-Louis Moreau de Maupertuis, die beiden bekanntesten Newtonianer Frankreichs, zu einer Besprechung, um sich mit ihnen über die Reorganisation der Akademie zu beraten.

Voltaire hatte in mehreren allgemeinverständlichen Schriften für die newtonsche Lehre geworben und stand in engerer Beziehung zu der gelehrten Marquise du Châtelet, die damals an einer französischen Übersetzung der »Principia« arbeitete (vgl. S. 315 ff.). Auch Friedrich, der schon seit längerer Zeit mit Voltaire korrespondierte, war durch ihn zum Anhänger Newtons geworden. Maupertuis andererseits hatte der newtonschen Lehre in den wissenschaftlichen Kreisen Frankreichs die volle Anerkennung verschafft. In einer theoretischen Untersuchung hatte er 1732 die Gestalt rotierender Massen nach newtonscher und kartesischer Methode behandelt. Wird die Gravitation durch kartesische Wirbel verursacht, so sollte unser Planet eine geringere Abplattung aufweisen, als ihm infolge der newtonschen Massenanziehung zukommt. Die 1736/37 unter Maupertuis und Alexis Clairaut durchgeführte Lappland-Expedition zur Bestimmung des Längengradunterschieds bestätigten die newtonsche Auffassung. Die Veröffentlichung eines Berichtes von dieser abenteuerlichen Reise, der 1741 auch in einer deutschen Übersetzung erschien, trug Maupertuis große Berühmtheit ein. Seine Ernennung zum Präsidenten der preußischen Akademie (1746) kann deshalb als ein entscheidendes Ereignis für die Ausbreitung der newtonschen Lehre in Deutschland betrachtet werden, zumal Friedrichs Absicht, neben ihm auch Christian Wolff aus Marburg nach Berlin zu berufen, gescheitert war.

14. Leonhard Euler erschließt die newtonsche Mechanik für die Anwendungen

Von größter Tragweite für die Verbreitung der mathematischen Physik in den deutschsprachigen Ländern war die Berufung Leonhard Eulers, der bis dahin die mathematischen Disziplinen an der Petersburger Akademie vertreten hatte. Euler, der damals auf dem Höhepunkt seiner Schaffenskraft stand, kam schon im Sommer 1741 mit seiner vielköpfigen Familie »zu Wasser« nach Berlin. Da Friedrich jedoch mehr als den mathematisch-physikalischen Sachverstand seines »grand algébriste« den Umgang mit seinen französischen Akademikern schätzte, konnte Euler sich um so ungestörter während seines 25jährigen Berliner Aufenthaltes mit der Weiterentwicklung der durch Newton begründeten Mechanik befassen.

Die von Euler mit »nötigen Erläuterungen und vielen Anmerkungen« versehene Übersetzung eines Werkes über die »Neuen Grundsätze der Artillerie« (1745) wurde für viele Jahrzehnte das maßgebliche Handbuch der Artillerieschulen und illustrierte auf

Discite Juſtitiam, moniti — — —
Virg.

à HAMBOURG,

MDCCLIII,

Abb. 14   *Titelblatt einer gegen den Akademiepräsidenten Maupertuis gerichteten Spottschrift. Durch persönliche Eitelkeit und einen umstrittenen Prioritätsanspruch als Entdecker des Prinzips der kleinsten Wirkung hatte sich der Präsident den Haß vieler Zeitgenossen zugezogen. Die Beschäftigung mit diesem Streit, an dem sich äußerst wirkungsvoll auch Voltaire beteiligte, hat eine umfangreiche Literatur – wie auch diesen Sammelband von Streitschriften – erzeugt.*

diese Weise den praktischen Nutzen der newtonschen Mechanik. Weitere Anwendungen führte er in seiner »Schiffstheorie« (1749) und in seinen Schriften über den Turbinenbau (1753) vor, die wegen ihrer Vollkommenheit noch heute Bewunderung erregen.

Ebenso verdanken wir Euler die Theorie des Kreisels (1758) und die systematische Behandlung der Mechanik starrer Körper (1760). Diese Arbeiten waren es, die der newtonschen Mechanik eigentlich erst den Zugang zum praktischen Anwendungsbereich erschlossen haben.

Eulers Mondtheorie (1753) trug dazu bei, gewisse, durch die Unregelmäßigkeiten der Mondbewegung aufgeworfene Zweifel an der allgemeinen Gültigkeit des newtonschen Gravitationsgesetzes zu zerstreuen. Die von ihm bei dieser Gelegenheit entwickelten Näherungsmethoden zur Behandlung des berüchtigten Dreikörperproblems stellen die Anfänge einer systematischen Störungstheorie dar, die später in den Händen von Laplace den Triumph Newtons in der Astronomie ermöglichten. Mit ihrer Hilfe berechnete der Göttinger Astronom Johann Tobias Mayer auch seine Mondtafeln, die ein Jahrhundert lang zur geographischen Längenbestimmung von Schiffspositionen dienten.

Größte Bedeutung für die weitere Entwicklung der Physik in der zweiten Jahrhunderthälfte erlangten aber die von Euler mit Hilfe von partiellen Differentialgleichungen formulierten Grundgesetze der Flüssigkeitsmechanik. Durch diese theoretischen Vorarbeiten wurde nämlich das Zeitalter der sog. Fluida und Imponderabilienphysik eingeleitet, die für lange Zeit das physikalische Denken beherrschen sollte.

Den ersten Anstoß zu dieser Entwicklung gab Euler selbst, als während der täglichen Tischrunde in seinem Hause Fragen der neu aufkommenden Elektrizitätslehre diskutiert wurden. Dieses Gebiet war noch von den mehr qualitativen Ätherströmungstheorien des Abbé Jean Nollet beherrscht, als Euler eine hydrodynamische Theorie dieser Erscheinungen ausarbeitete. Er ließ die Arbeit durch seinen Sohn Johann Albrecht bei der Petersburger Akademie einreichen, der damit den für das Jahr 1755 ausgeschriebenen Preis gewann.

Dieser Erfolg regte offenbar auch die beiden anderen Tischgenossen Franz Aepinus und Johann Carl Wilcke zur weiteren Beschäftigung mit diesem Thema an. So entstand hier für kurze Dauer eine kleine Arbeitsgemeinschaft, die erstmals experimentell und theoretisch über elektrische Probleme zusammenarbeitete. Die in den Jahren 1756/57 veröffentlichten Ergebnisse stellten wichtige Vorarbeiten zur theoretischen Grundlegung dieses neuen Zweiges der Physik dar. Nachdem Aepinus 1757 an die Petersburger Akademie berufen worden war, vollendete er dort seinen berühmten »Tentamen theoriae electricitatis et magnetismi« (1759), worin er allerdings das eulersche Äthermodell wieder zugunsten der newtonschen Fernwirkungsauffassung aufgab. Auf diesem Umweg war schließlich auch die Elektrizitätslehre in ein fruchtbares Anwendungsgebiet der mathematischen Naturphilosophie verwandelt worden. Obwohl Euler die mathematische Physik als neue Disziplin in Deutschland einführte, kann er deshalb nicht einfach als Wegbereiter der newtonschen Lehre betrachtet werden. Schon als junger Magister hatte er sich mit den vor- und Nachteilen der newtonschen gegenüber der kartesischen Auffassung beschäftigt. Dem berühmten Prioritätenstreit zwischen Leibniz und Newton hatte er an der Seite seines Baslers Lehrers Johann Bernoulli beigewohnt, der stets für Leibniz Partei ergriffen hatte. Wie bei keinem anderen Zeitgenossen kommen diese verschiedenartigen Einflüsse auch in seinem wissenschaftlichen Werk zum Tragen.

Eulers Vorliebe für die Äthertheorien weist eindeutig auf die kartesische Tradition hin. Deshalb kann Euler sich auch nicht mit der newtonschen Fernwirkungshypothese anfreunden, denn Wirkungen ohne einen Übertragungsmechanismus sind ihm unvorstellbar. »Wenn man in das Innere der Natur eindringen will«, schreibt er in seinem 54. Brief an eine deutsche Prinzessin, »so ist es von großer Wichtigkeit, zu wissen, ob die himmlischen Körper durch Stoß oder durch das Anziehen aufeinander wirken. ...Heutzutage sind alle Engländer eifrige Attraktionisten, ob sie gleich zugestehen, daß es weder Seile noch andere zum Ziehen dienliche Maschinen gebe.« Das Widersinnige einer solchen Auffassung wird dann an einem Wagen erläutert, den man »den Pferden folgen sähe, ohne daß sie angespannt wären, und man sähe weder Seile noch irgend etwas, wodurch zwischen dem Wagen und den Pferden eine Verbindung gemacht würde: so würde man weit eher glauben, der Wagen würde von irgend einer Kraft... fortgestoßen, es müßte denn ein Spiel der Zauberei sein«[39].

Noch entschiedener lehnt Euler die newtonsche Emissionstheorie des Lichtes ab: »Nach meinem Systeme sind die Sonnenstrahlen, die wir auf unserer Erde empfinden, nie in der Sonne gewesen; es sind bloße Teilchen des Äthers, die... in eine schwingende Bewegung gebracht werden« (134. Brief). Doch Eulers Wellentheorie konnte sich damals nicht gegen Newtons weitverbreitete Ansicht durchsetzen. Ebenso hat Euler trotz seiner großen Bewunderung für Leibniz' mathematische und physikalische Leistungen die von ihm vertretene Monadenlehre aufs schärfste bekämpft.

Es wäre falsch zu glauben, daß die durch Euler vertretene Art der mathematischen Naturbeschreibung sich schon zu seinen Lebzeiten durchgesetzt hätte. Nur selten waren die Erwartungen von Auftraggebern zu erfüllen, welche eine unmittelbare Umsetzung der Theorie in die Praxis für möglich hielten. Selbst Friedrich der Große amüsierte sich, weil »die Engländer Schiffe nach dem vorteilhaftesten Schnitt bauten, den Newton angegeben hatte; ihre Admirale versicherten mir, daß diese Schiffe längst nicht so gut segelten als die nach den Regeln der Erfahrung konstruierten«. Aber auch Euler blieb bei dieser Gelegenheit nicht verschont. »Ich wollte in meinem Garten einen Springbrunnen anlegen; Euler berechnete die Leistung der Räder, die das Wasser in ein Becken heben, von welchem es in die Kanäle geleitet werden sollte, um die Springbrunnen in Sans-Souci zu speisen. Mein Hebewerk war nach genauen mathematischen Angaben ausgeführt und hat doch keinen Tropfen Wasser bis auf fünfzig Schritte weit vom Behälter befördern können. Überheblichkeit der Überheblichkeiten! Überheblichkeit der Mathematik!«

Es bedurfte noch großer Anstrengungen, bevor der Nutzen der theoretischen Mechanik bei der Lösung praktischer Probleme das Vertrauen in ihre Leistungsfähigkeit soweit stärkte, daß sie als verbindliche Grundlage für die gesamte exakte Naturforschung auftreten konnte.

Einen noch nachhaltigeren Einfluß auf das naturwissenschaftliche Denken seiner Zeit übten Eulers »Briefe an eine deutsche Prinzessin« (1769/72) aus, die eine der meistgelesenen populärwissenschaftlichen Darstellungen des Wissens seiner Zeit waren. Durch sie erst wurde ein neuer wissenschaftlicher Geist in Deutschland erweckt. Der französische Wissenschaftshistoriker Alexandre Koyré rechnet sie deshalb neben den Schriften von Voltaire und Laplace zu den wirkungsvollsten Wegbereitern der newtonschen Wissenschaft des 18. Jahrhunderts.

Als der fast 60jährige Euler 1766 nach Rußland zurückkehrte, konnte Friedrich seinen Ärger nicht zurückhalten, und über den Verlust seiner Manuskripte während der Überreise nach Petersburg spottend bemerkte er:»Ein Fahrzeug, das seine x, z und seine kk trug, hat Schiffbruch gelitten und alles ging zugrunde, was sehr schade ist; denn es war genügend Stoff da, um sechs Bände in Folio von einem Ende zum anderen mit Ziffern zu füllen, und Europa wird nun voraussichtlich dem Genuß dieser angenehmen Lektüre entsagen müssen.«

15. Die romantische Naturphilosophie und die Naturwissenschaft im frühen 19. Jahrhundert

Eulers Werk wurde von seinem Berliner Nachfolger Joseph Louis Lagrange fortgeführt, der in jungen Jahren schon Newtons Theorie der Schallausbreitung vervollkommnet hatte und für seine Theorie der Mondlibration 1764 mit dem großen Preis der Pariser Akademie ausgezeichnet worden war. François Arago reihte ihn unter die fünf Mathematiker ein, welche die von Newton enthüllte Welt unter sich aufteilten. Als nach Friedrichs Tod die neuen Verhältnisse 1787 seinen Rücktritt veranlaßten, begann sich in Deutschland eine mehr spekulative Tendenz in der Naturwissenschaft durchzusetzen, die vorwiegend an den Schriften des Königsberger Philosophen Kant orientiert war (vgl. S. 343 f.).

Die Schriften dieser sogenannten Dynamisten begannen die Zeitschriften zu überfluten und die an Newton orientierte Richtung der Atomisten zu verdrängen. Der Unverträglichkeit des leibnizschen Kontinuitätsprinzips mit der Vorstellung unveränderlicher, starrer Atome suchte man durch die Einführung immaterieller anziehender und abstoßender Grundkräfte zu entgehen. Auch glaubte die von Schelling angeführte Bewegung der zunehmenden Entfremdung zwischen Geist und Natur entgegenwirken zu müssen, die durch die mechanische Naturanschauung eingetreten sei; denn »statt der Phantasie ist nun der scharfe, mathematische Verstand tätig, welcher aus dem ganzen Reichtume der bunten Erscheinung immer nur die Seite heraushebt, die sich der Rechnung, den mathematischen Gesetzen unterwirft«.

Durch ihre Betonung der Einheit aller Naturerscheinungen haben die Dynamisten dem sich in der atomistisch inspirierten Imponderabilienphysik abzeichnenden Zerfall der Disziplin in immer mehr Einzelgebiete entgegengewirkt. Beispielsweise haben solche naturphilosophischen Vorstellungen Oersted geleitet, als er durch seine bekannten Versuche die damals schon durch spezifische Fluida festgeschriebene Trennung der elektrischen und magnetischen Erscheinungen aufhob und den Zugang zu der allgemeineren elektrodynamischen Auffassung eröffnete.[40]

Solche Teilerfolge haben den Naturphilosophen besonders in Deutschland großen Zulauf verschafft. Selbst große Gelehrte wie Alexander von Humboldt haben sich eine Zeitlang ihrem Einfluß nicht entziehen können. Doch auf die Dauer erwiesen sich die Methoden der mathematischen Physik als weit überlegener, und so konnte die Wende nicht ausbleiben. Im frühen 19. Jahrhundert waren es besonders die großen Erfolge der französischen Schule um Laplace, welche die deutsche Naturforschung der newtonschen Methode wieder zuführte und jetzt zur vollen Entfaltung brachte.

Rückblickend hat Hermann von Helmholtz wie die meisten seiner Zeitgenossen die naturphilosophische Episode als eine bedauerliche Begleiterscheinung der allgemeinen Ohnmacht des deutschen Volkes während der napoleonischen Kriege angesehen. »Wir können aber den Mechanismus der Materie nicht dadurch besiegen«, heißt es in einer seiner Reden aus dem Jahre 1853, »daß wir ihn wegleugnen. Wir müssen seine Hebel und Stricke kennenlernen, wenn es auch die dichterische Naturbetrachtung stören sollte, um sie nach unserem eigenen Willen regieren zu können.«

Bei Helmholtz als Repräsentanten der Wissenschaft des 19. Jahrhunderts sind sowohl newtonsche als auch leibnizsche Einflüsse bereits zu einer Einheit verschmolzen. Als Newtons Erbe betrachtete er die »vollendete Formulierung der allgemeinen Gesetze in durchsichtiger induktiver Form«. An Leibniz knüpfte er an, wenn er in seinem Prinzip von der Erhaltung der lebendigen Kräfte ein

Neue Grundsätze
der
ARTILLERIE

enthaltend

die Bestimmung der Gewalt des Pulvers

nebst

einer Untersuchung

über den Unterscheid des Wiederstands der Luft in schnellen und
langsamen Bewegungen

aus dem Englischen des Hrn. Benjamin Robins
übersetzt und mit den nöthigen Erläuterungen und
vielen Anmerkungen versehen

von

Leonhard Euler

Königlichem Professor in Berlin.

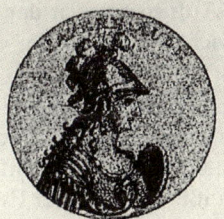

Berlin bey A. Haude
Königl. und der Academie der Wissenschaften
privil. Buchhändler. 1745.

Abb. 15   Titelblatt der von Leonhard Eulers übertragenen und erläuterten Neue Grundsätze der Artillerie *von Benjamin Robins. Das Werk diente für lange Zeit an den Militärakademien als Einführung in die Ballistik und machte auf diese Weise die jungen Offiziere mit der newtonschen Mechanik vertraut.*

allgemeines Naturgesetz erblickt, welches das »Wirken sämtlicher Naturkräfte in ihren gegenwärtigen Beziehungen zueinander« beherrscht.[41]

Doch die Physik dieser Zeit hatte sich bereits zu weit von ihren großen Vorläufern des 17. und 18. Jahrhunderts entfernt, um jetzt noch die Einflüsse der verschiedenen Schulen sinnvoll voneinander trennen zu können. In diesem Sinn kann man die Physik des 19. Jahrhunderts als eine Synthese der durch Descartes, Newton und Leibniz erweckten Naturwissenschaft betrachten.

16. Vom Wärmestoff zur kinetischen Gastheorie

Die ersten Ansätze für eine mechanistische Wärmetheorie finden wir bereits bei den Atomisten des 17. Jahrhunderts. Hatte man bislang den atmosphärischen Luftdruck nach scholastischer Denkart einer verborgenen Eigenschaft, dem sogenannten »horror vacui«, zugeschrieben, so deutete man ihn jetzt im Geiste der neuen Wissenschaft als Folge des Gewichtes und der Bewegung kleinster Teilchen. Nach dieser Auffassung war der Luftdruck nichts anderes als das eigene Gewicht der Lufthülle, von der die Erde umgeben ist.

Bereits Galilei hatte in seinen »Discorsi« auf die maximale Hubhöhe einer Wasserpumpe hingewiesen, die nicht überschritten werden darf, weil sonst die Wassersäule infolge ihrer eigenen Last wie ein langes Seil zerreißt. Sein Schüler Evangelista Torricelli gab für diese Erscheinung eine einleuchtende Erklärung. Er vermutete, daß wir auf dem Boden einer die Erde umgebenden Lufthülle leben. Ihre Höhe vermochte er sogar aus den Dämmerungserscheinungen abzuschätzen. Das Gewicht der Luftsäule wurde um 1643 nach Torricellis Angaben von seinem Freund Vincenzio Viviani mit der nach ihm benannten Quecksilbersäule ermittelt. Ein längeres mit Quecksilber gefülltes Glasrohr wurde verschlossen in einen mit Quecksilber gefüllten Napf umgestürzt. Nach der Öffnung sank das Quecksilber zunächst, blieb dann aber immer auf einer bestimmten Höhe stehen. Aus der Höhe ließ sich das Gewicht der Quecksilbersäule bestimmen, welche sich im Gleichgewicht mit der erwähnten Luftsäule befindet. Der oberhalb der

Physikalisches Wörterbuch

oder

Erklärung der vornehmsten zur Physik gehörigen Begriffe und Kunstwörter

sowohl

nach atomistischer als auch nach dynamischer Lehrart betrachtet

mit

kurzen beygefügten Nachrichten von der Geschichte der Erfindungen und Beschreibungen der Werkzeuge

in

alphabetischer Ordnung

von

D. Johann Carl Fischer

der Philosophie Prof. zu Jena, der mathematisch - physikalischen Gesellschaft zu Erfurth, der mineralogischen Gesellschaft zu Jena und der naturforschenden Gesellschaft Westphalens Ehrenmitgliede.

Dritter Theil.
Von J. bis Plat.

Mit sechs Kupfertafeln in Quart.

Göttingen
bey Johann Christian Dieterich
1800.

Abb. 16 Titelblatt eines der ersten größeren Physikalischen Wörter-
bücher *in deutscher Sprache von Johann Carl Fischer (1760–1833), das
zwischen 1798 und 1804 in fünf Teilen (und später durch weitere vier
Supplementbände ergänzt) erschien und in dem die physikalischen Begriffe noch gemäß der damaligen Auffassung »sowohl nach atomistischer als auch nach dynamischer Lehrart« erklärt wurden.*

Quecksilbersäule verbleibende Hohlraum wurde in der Folge als Torricellische Leere bezeichnet.

Weitere Versuche, welche die Existenz dieser Luftsäule beweisen sollten, hatte unter anderen auch René Descartes angeregt. Unter Anleitung seiner Freunde Marin Mersenne und Blaise Pascal wurden auf dem im südlichen Frankreich gelegenen Puy de Dôme Versuche angestellt, welche die Verminderung des Luftdruckes mit zunehmender Höhe bestätigten. Die Ergebnisse veröffentlichte Pascal 1648 in seinem »Récit de la grande expérience de l'équilibre des liqueurs«.

In diese Epoche fallen auch die eindrucksvollen Experimente von Otto von Guericke mit den Magdeburger Halbkugeln (1657). Robert Boyle und Robert Hooke experimentierten damals ebenfalls mit Luftpumpen. Das 1660 in Boyles Buch über »New Experiments Physico-Mechanical, touching the Spring of the Air, and its Effects« veröffentlichte Ergebnis dieser Versuche führte Richard Townley zur Formulierung des sogenannten Boyle-Mariottschen Gasgesetzes, das den Zusammenhang zwischen ausgeübtem Druck und eingeschlossenem Gasvolumen herstellte.[42]

Nun war es natürlich naheliegend, auch eine korpuskular-mechanische Erklärung für das Zustandekommen des Luftdruckes anzubieten. Boyle betrachtete zunächst einen Haufen ruhender elastischer Teilchen, welche ihrerseits Träger der selbstausdehnenden Kraft der Luft sein sollten. »Es gibt jedoch noch eine andere Erklärungsmöglichkeit für die Spannkraft der Luft«, wie Boyle beiläufig in seinen »New Experiments« erwähnt, »indem wir nämlich mit dem äußerst geistreichen, ehrenwerten Monsieur Descartes annehmen, ... daß die Luft nichts weiter als ein Gemengsel oder Haufen von kleinen und (in der Mehrzahl) biegsamen Teilchen ist, die verschiedene Größe haben und von beliebiger Gestalt sein können, die durch die Wärme (speziell durch die der Sonne) in jenen flüssigen und feinen ätherischen Körper gehoben werden, der unsere Erde umgibt. Und durch die ruhelose Wärmebewegung dieses himmlischen Materials, in dem jene Teilchen schwimmen, werden sie so herumgewirbelt, daß jedes Teilchen bestrebt ist, alle anderen am Eindringen in die kleine Kugel zu hindern, die es für seine Bewegung um sein eigenes Zentrum benötigt. Falls aber irgendein Teilchen durch das Eindringen in diese Kugel dessen freie

Rotation behindern würde, so würde es hinausgestoßen und zurückgetrieben. Es ist somit nach dieser Lehre von geringer Bedeutung, ob die Luftteilchen die für eine Feder charakteristische Struktur besitzen oder ob sie von irgendeiner anderen Form sind (wie ungleichmäßig diese auch immer sei), weil ihre Elastizität nicht von ihrer Gestalt oder Struktur, sondern von der raschen Wärmebewegung und (sofern vorhanden) der Schwingungsbewegung abhängen soll, die sie vom flüssigen Äther bekommen, der schnell zwischen ihnen fließt und, indem er jedes von ihnen (unabhängig von den übrigen) umherwirbelt, nicht nur solche schlankeren Luftpartikel freisetzt und sich ausdehnen läßt (wenigstens so weit, wie es die Nachbarteilchen erlauben), die sonst wegen ihrer Biegsamkeit und ihres Gewichtes erschlaffen oder sich kräuseln würden, sondern auch bewirkt, daß sie aneinanderstoßen und sich gegenseitig schlagen und damit mehr Raum beanspruchen, als sie im zusammengedrückten Zustand einnehmen würden.«

Auch Newton diskutierte 1687 in seinen »Principia« in Übereinstimmung mit Boyles Vorstellungen einen mit dem Boyle-Mariottschen Gesetz verträglichen Ansatz für die abstoßende Kraft zwischen den atomaren Teilchen. Während alle diese Vorläufer nur Bewegungen um eine Gleichgewichtslage betrachteten, hat erst Daniel Bernoulli 1738 eine wirklich kinetische Theorie der Gase in seiner »Hydrodynamica« entwickelt. Das wesentliche Merkmal einer solchen Theorie ist die freie Beweglichkeit der Teilchen während der längsten Zeit ihrer Bewegung. Nur für diesen Fall war eine einwandfreie mathematische Behandlung auf der Grundlage der von Huygens aufgestellten Stoßgesetze durchführbar.

Doch Bernoullis Ideen blieben lange Zeit unbeachtet, weil sie den damaligen Anschauungen über das Wesen der Wärme widersprachen. Schon Aristoteles hatte für Feuer und Wärme ein eigenes Element eingeführt. Auch bei Descartes waren solche Feuerteilchen Träger der Wärmeerscheinungen. Für die Korpuskularphilosophen des 17. und 18. Jahrhunderts bestand die Wärme teils aus feurigen Ausflüssen, teils aus Schwingungen, die entweder den Körperteilen beigelegt oder einem speziellen, elastischen Medium, dem sogenannten Äther, übermittelt wurden. Da diese Vibrationstheorie jedoch nicht die Wärmeumwandlung bei chemischen Prozessen erklären konnte, wurde sie gegen Ende des 18. Jahrhunderts immer mehr von der Wärmestofftheorie verdrängt. Besonders die bemerkenswerten Erscheinungen beim Gefrieren und Schmelzen des Wassers haben den Glauben in diese Lehre gefestigt. »Ihnen zufolge sieht man jetzt den Wärmestoff als etwas an, das sich mit den Körpern nach seiner Verwandtschaft chymisch verbinden, und dadurch die Wirksamkeit, die es im freyen Zustande zeigt, verlieren kan, d. h. man betrachtet ihn als ein Auflösungsmittel der Körper. Dies hat sich nun durch alle bisherige Untersuchungen so wohl bestätigt, daß wenige Physiker mehr das Daseyn eines eignen Wärmestofs bezweifeln werden. Man kan auch eben nicht sagen, daß dieser Stof ganz hypothetisch sey, da er sich dem Sinne des Gefühls auf eine so deutliche Art zu erkennen giebt, die sich schwerlich für Wirkung irgend einer anderen Materie erklären läßt. Dennoch läßt er sich nicht dem Auge darstellen, in Gefäße einschließen und unmittelbaren Versuchen unterwerfen.«[43] Lange Zeit war man im Zweifel, ob dieser Wärmestoff auch der Wirkung der Schwere unterliegt. Insbesondere sollte der Wärmestoff auch für die Ausdehnung, Schmelzung und Verflüchtigung der Körper verantwortlich sein. In den Lehrbüchern der damaligen Zeit wird der Wärmestoff folgerichtig als ein dem Lichtstoff verwandtes chemisches Element abgehandelt, das eine chemische Trennung der Körper durch Lösung bewirken kann.[44]

Eine besondere Ausprägung erhielt die Wärmestofftheorie durch Pierre Simon Laplace, der sie im Rahmen seines »Weltsystems« einordnete.[45] »Einige Geometer haben, um von den [chemischen] Verwandtschaften Rechenschaft zu geben, zu dem Gesetze der Attraktion im umgekehrten Verhältnis des Quadrats der Entfernungen neue, nur in sehr kleinen Entfernungen merkliche Glieder hinzugesetzt.« Das einfachste Mittel zur Bestimmung dieser Ausdrücke »scheint die Vergleichung dieser Kraft mit der zurückstoßenden Kraft der Wärme zu sein, die man stets wiederum mit der Schwere vergleichen kann. Einige mit diesem Mittel bereits gemachte Versuche lassen hoffen, daß dieses Gesetz einst vollkommen wird bekannt werden, alsdann könnte man, durch Anwendung der Rechnung auf dasselbige, die Physik der Erdkörper zu eben dem Grade der Vollkommenheit erheben, den die Entdeckung der allgemeinen Schwere der Physik des Himmels verschafft hat.«

In diesem Sinne wurde also der Wärmestoff als allgemeine Ursache der inneren Abstoßung der Körper angesehen, welche mit den anziehenden Kräften beständig das Gleichgewicht halten sollte. Nachdem aber die sorgfältigsten Wägungen keine Gewichtsveränderung bei Erhitzung der Körper zeigten, rechnete man den Wärmestoff (oder Caloricum) zu den unwägbaren Stoffen, den sogenannten Imponderabilien wie den Lichtstoff und die anderen hypothetischen Flüssigkeiten, die zur Erklärung der elektrischen und magnetischen Eigenschaften der Materie dienten.[46]

Das Ende der Wärmestofftheorie leiteten schließlich die Beobachtungen von Benjamin Thomson, dem späteren Grafen von Rumford, ein, als er die unerschöpfliche Wärmeerzeugung beim Bohren von Geschützrohren feststellte. Wärme konnte demzufolge nur eine Bewegungserscheinung sein. Die ersten Wiederbelebungsversuche der kinetischen Wärmetheorie durch John Herapath und John James Waterston blieben noch weitgehend unbeachtet. Auch die fundamentale Abhandlung von Sadi Carnot aus dem Jahre 1824, »Réflexions sur la puissance motrice du feu«, in der die Unmöglichkeit eines Perpetuum mobile zweiter Art mit Hilfe der Wärmestofftheorie nachgewiesen wurde, hatte zunächst das gleiche Schicksal.

Erst in den 30er Jahren des vergangenen Jahrhunderts hat sich die Auffassung von der Wärme als Bewegungsenergie der kleinsten Körperatome durchgesetzt. Zunächst dachte man dabei vorwiegend nur an Vibrationsschwingungen der kleinen Teilchen um eine feste Gleichgewichtslage. Nachdem aber alle Versuche scheiterten, aus einer solchen Annahme auch das bekannte Gasgesetz von Boyle und Mariotte herzuleiten, wurde in den 60er Jahren diese Vibrationstheorie durch die kinetische Gastheorie verdrängt. Diese besonders durch Arbeiten von Rudolf Clausius begründete Theorie nimmt für den Gaszustand anstelle der gebundenen Schwingungen eine freie Translationsbewegung der Gasmoleküle an. Die konsequente Durchführung einer solchen Konzeption erforderte jedoch neue Beschreibungsweisen, die bereits über den Rahmen der klassischen Mechanik hinausführten.[47] Die statistischen Verfahren, die bisher nur in der Fehler- und Wahrscheinlichkeitsrechnung zur Erfassung unbekannter Ursachen verwendet worden waren, erwiesen sich nämlich in der kinetischen Gastheorie als ein unentbehrliches Mittel zum Verständnis der makroskopisch beobachteten Irreversibilität physikalischer Vorgänge, welche in prägnanter Form durch den von Rudolf Clausius formulierten zweiten Hauptsatz der Wärmetheorie ausgedrückt werden konnte. Die Erklärung dieser vom Standpunkt der Mechanik aus unverständlichen Zusammenhänge hat die größten Geister des vergangenen Jahrhunderts beschäftigt. Albert Einstein, der damals seine wissenschaftliche Laufbahn begann, berichtet, nachdem auf diese Weise »den Physikern bewußt geworden war, daß eine Theorie allen Anforderungen der Klarheit und Vollständigkeit genügen kann, ohne auf Mechanik gegründet zu sein, lehnten sie auf allen Gebieten der Physik mechanische Theorien überhaupt ab«[48]. Erst durch die grundlegenden Arbeiten zur statistischen Mechanik von Ludwig Boltzmann und Josiah Willard Gibbs haben diese Fragen ihren endgültigen Abschluß erhalten.[49]

17. Die Krise der mechanistischen Betrachtungsweise und ihre Ablösung durch die moderne Physik

Die deduktiv-atomistische Methode suchte die sichtbaren Erscheinungen aus der Bewegung kleinster, hypothetischer, der newtonschen Mechanik gehorchender Teilchen zu erklären. Das induktiv-phänomenologische Verfahren andererseits sucht von den Erscheinungen ausgehend nach Beziehungen zwischen beobachteten Größen in Form von Naturgesetzen, welche sich im allgemeinen als Differentialgleichungen ausdrücken lassen. Beide Methoden haben ihre Stärken und ihre Schwächen. Während die Atomistik von hypothetischen Annahmen über Struktur und Eigenschaften der kleinsten Teilchen und der sie bestimmenden Gesetze ausgeht, die allenfalls durch ihre Folgerungen zu rechtfertigen sind, müssen die phänomenologischen Theorien eine unübersehbare Fülle von zusätzlichen Größen, die sogenannten Materialkonstanten, einführen, die nicht weiter durch die Theorie begründet werden können. Diese zuerst durch Jean Baptiste Fourier eingeführte phänomenologische Methode zur Beschreibung der Wärmeleitungsphänomene eignete sich besonders für die Behandlung praktischer physikalischer Aufgaben und steht deshalb bei den mathematisch ausgerichteten Forschern noch heute in hohem Ansehen.

Die gleichzeitige Anwendung dieser beiden methodischen An-

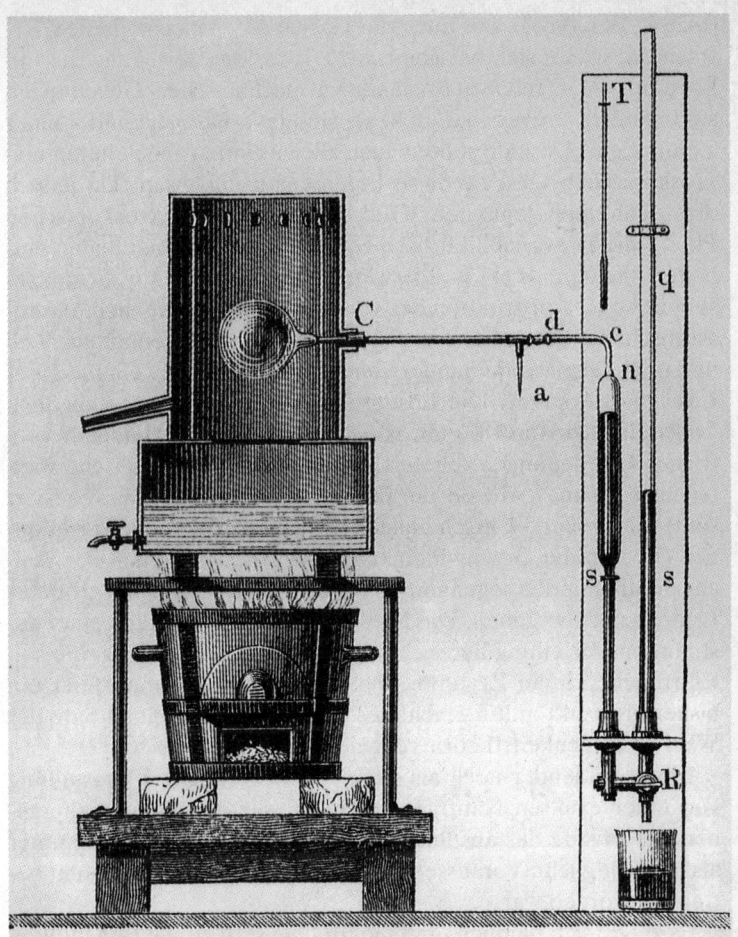

Abb. 17 Ein 1862 von Hermann von Helmholtz in einer Vorlesung vorgeführtes Experiment zum Nachweis der Umwandlung von Wärme in mechanische Arbeit. In der Glaskugel befindet sich ein Gas, welches durch Erhitzen ausgedehnt wird. Die in einem U-förmigen Rohre befindliche Quecksilbersäule wird um einen der zugeführten Wärme proportionalen Betrag angehoben.

sätze in der Physik hat auch die Grenzen der mechanischen Betrachtungsweise sichtbar gemacht. Die für die Bewegung der mikroskopischen Teilchen zuständigen mechanischen Gleichungen sind nämlich irreversibel, d. h. sie sind invariant gegenüber einer Zeitumkehr. Deshalb sollten auch alle aus ihnen abgeleiteten makroskopischen Gesetze diese Eigenschaft aufweisen. Da jedoch die phänomenologischen Gleichungen der makroskopischen Physik die Irreversibilität der beobachtbaren Erscheinungen enthalten, stellte dies ein unüberwindliches Hindernis für die mikroskopische Rekonstruktion der von uns wahrgenommenen makroskopischen Welt dar. Dieser Sachverhalt wurde offenbar zugleich und unabhängig voneinander von James Clerk Maxwell und Josef Loschmidt erkannt. Die Lösung des Paradoxons hat schließlich Ludwig Boltzmann 1877 mit Hilfe von wahrscheinlichkeitstheoretischen Überlegungen geliefert. Er zeigte, daß physikalische Vielteilchensysteme (wie sie beispielsweise durch ein Gas realisiert sind) mit großer Wahrscheinlichkeit von geordneteren Verteilungen (in dem die Geschwindigkeiten und die Positionen der Teilchen enthaltenden sogenannten Phasenraum) zu solchen größerer Unordnung übergehen. Das Maß der Wahrscheinlichkeit einer bestimmten Verteilung ließ sich mit dem von Clausius eingeführten Entropiebegriff in Zusammenhang bringen. So konnte hier ein bisher als exakt gültig erachtetes Naturgesetz auf einen Satz der Wahrscheinlichkeitstheorie reduziert werden.

Einschneidender noch als diese Auflockerung der Vorstellung von einer exakten Naturgesetzlichkeit war die damit einhergehende Aufgabe des absoluten Determinismus, der bisher immer als unabdingliche Voraussetzung jeglicher Naturbeschreibung betrachtet worden war.[50]

Es zeigte sich nämlich, daß die für eine statistische Behandlung erforderliche gleichmäßige Verteilung aller Systeme auf die Zustände gleicher Energie nur durch die sogenannte Hypothese der molekularen Unordnung zu erreichen war. Damit aber war die Annahme des streng determinierten Einzelvorganges nicht mehr notwendig, um die makroskopische Kausalität zu erklären. Auf die Möglichkeit, makroskopische Kausalität durch mikroskopischen Indeterminismus zu erzeugen, wurde zuerst von dem Wiener Physiker Franz Seraphim Exner hingewiesen. Insbesondere ist

Wolken über der mechanischen Theorie der Wärme und der des Lichtes im neunzehnten Jahrhundert.

(Freitagsabend-Vorlesung, Royal Institution, 27. April 1900.)

[In der vorliegenden Abhandlung ist der Gegenstand der Vorlesung — mit umfangreichen Ergänzungen, in denen die zu Anfang des verflossenen Jahres begonnene und nach der Vorlesung dreizehn Monate hindurch bis zum heutigen Tage fortgeführte Arbeit sich ausspricht — nebst Resultaten, die die Schlüsse bestätigen und die in der Vorlesung gegebenen Erläuterungen bedeutend erweitern, wiederholt. Ich möchte diese Gelegenheit wahrnehmen, Herrn William Anderson, meinem Sekretär und Assistenten meinen Dank auszusprechen für den mathematischen Takt und Eifer, die Genauigkeit im geometrischen Zeichnen und die unermüdliche Ausdauer bei den lange fortgesetzten und immer wieder abgeänderten Reihen von Zeichnungen und algebraischen und arithmetischen Rechnungen, wie sie auf den folgenden Seiten dargestellt sind. Die gesamte Arbeit, die die Bestimmung von Resultaten enthält, die durch mehr als fünftausend Versuche gewonnen sind, ist von Herrn Anderson ausgeführt worden. — K. 2. Febr. 1901.]

§ 1. Die Schönheit und Klarheit der mechanischen Theorie, die behauptet, daß Wärme und Licht Arten von Bewegung sind, ist bis jetzt durch zwei Wolken verdunkelt worden. I. Die erste entstand zugleich mit der Wellentheorie des Lichtes und wurde von Fresnel und Dr. Thomas Young bemerkt; sie enthält die Frage: Wie kann sich die Erde durch einen elastischen Festkörper, wie es der Lichtäther seinem Wesen nach ist, hindurchbewegen? II. Die zweite geht aus der Maxwell-Boltzmannschen Lehre von der Energieverteilung hervor.

Wolke I. — Relative Bewegung von Äther und ponderablen Körpern (als da sind bewegliche Körper an der Erdoberfläche, Steine, Metalle, Flüssigkeiten, Gase; die die Erde umhüllende Atmosphäre; die Erde selbst als Ganzes; Meteoriten, der Mond, die Sonne und andere Himmelskörper).

§ 2. Wir können uns ja vorstellen, die Frage sei zufriedenstellend beantwortet, wenn wir annehmen, der Äther besitze praktisch vollkommene Elastizität für die äußerst schnellen Schwingungen mit der äußerst kleinen Verdrehung, die das Licht ausmachen, daß er sich aber andrerseits fast ganz wie eine Flüssigkeit von sehr kleiner Viskosität verhält, und nur äußerst geringen Widerstand, praktisch gar keinen Widerstand Körpern bietet, die sich langsam oder selbst so schnell wie die schnellsten Himmelskörper durch ihn bewegen. Gegen diese Annahme bestehen jedoch viele sehr schwere Bedenken; unter ihnen eins, das zwar am meisten bemerkt worden ist, viel-

Abb. 18 Der berühmte britische Gelehrte Lord Kelvin hatte 1884 in Amerika seine sog. Baltimore Lectures *über* Molecular Dynamics and the Wave Theory of Light *an der John Hopkins Universität gehalten. Als er diese Vorträge dann 1904 in Buchform veröffentlichte (eine deutsche Übersetzung folgte 1909), wurde im Anhang auch die oben genannte Vorlesung aus dem Jahre 1900 wiedergegeben. Kelvin rekapituliert die Errungenschaften der Physik des 19. Jahrhunderts und spricht bereits von zwei Wolken, welche die »Schönheit und Klarheit der mechanischen Theorie« verdunkeln.*

sie dann von seinem Schüler Erwin Schrödinger aufgegriffen worden, der sie als eine der wichtigsten Erkenntnisse der modernen Physik bezeichnete, deren Bedeutung vielleicht noch weiter reicht als die gesamte einsteinsche Relativitätstheorie.

Dieses Versagen der mechanischen Erklärungsprinzipien bei der Begründung der Irreversibilität und die allmähliche Aufweichung des Determinismus haben gegen die Jahrhundertwende zunehmend das Vertrauen in die Leistungsfähigkeit der newtonschen Mechanik geschwächt und eine größere Bereitschaft für die Aufnahme von Ideen erzeugt, welche dieses grandiose Gedankengebäude in Frage stellten. Hierzu kam noch die Unfähigkeit, die Vielfalt und Komplexität der Atomspektren und der spektralen Energieverteilung in der Hohlraumstrahlung auf der Grundlage von schwingenden mechanischen Atommodellen zu erklären. Dieses weitere Versagen der klassischen Mechanik führte schließlich zu einer Krise, die zur Entwicklung einer leistungsfähigeren Quantentheorie und zur Aufgabe des mechanistischen Weltbildes führte.

Obwohl die Mechanik auch noch weiterhin einen gewichtigen Platz im Gefüge der modernen theoretischen Physik einnimmt und besonders in den letzten Jahren wieder ein interessantes Forschungsgebiet geworden ist, hat sie ihre zentrale Stellung als allgemeingültiges Erklärungsprinzip für die gesamte Naturwissenschaft für immer eingebüßt.[51]

Anmerkungen

1 Siehe hierzu Grant [1980].
2 Siehe hierzu Klemm (1970), S. 17.
3 Zilsel [1976] hat diesen Zusammenhang besonders eingehend anhand der Entstehung des physikalischen Gesetzesbegriffes untersucht. Ebenso wie bei der Abhängigkeit der naturwissenschaftlichen Beschreibungen von den gesellschaftlichen Verhältnissen hat man versucht, eine Beziehung zwischen dem geozentrischen Weltbild mit der Erde als Mittelpunkt der Welt und der damaligen Überzeugung von der Ausnahmestellung des Menschen zu Gott herzustellen. (Vgl. Schimank [1930], S. 11.)
4 Zitiert nach Boas [1965], S. 202.
5 Der italienische Mathematiker Graf Libri sagt in Band IV, S. 16 seiner berühmten »Histoire des sciences mathématiques en Italie depuis la renais-

Abb. 19   Einer der von G. Ch. Lichtenberg erläuterten Stiche von William Hogarth aus dem Jahre 1764, auf dem in allegorischer Weise das Ende der Zeit und damit das Ende der Welt dargestellt wird. Selbst der mit seinen abgewetzten Schwingen an einer Säule lehnende Zeitgott Chronos ist am Ende. Auf dem Testament, das er in seiner Hand hält, liest man: »all and every atom thereof to Chaos whom I appoint my sole Executor.« Als Zeugen werden die drei Schicksalsgöttinnen der Antike Klotho, Lachesis und Athropos aufgerufen.

sance des lettres jusqu' à la fin du XVII siècle«, Paris 1838–1841: »Von allen Werken Portas hatte dieses den meisten Erfolg; es wurde mit soviel Eifer gelesen und ging durch soviel Hände, daß der unaufhörliche Gebrauch die ersten Ausgaben ganz zerstört hat und daß man nur Nachdrucke davon noch kennt. Man hat heutzutage Mühe, diese Art der Zerstörung eines Buches, und noch dazu eines Buches über natürliche Magie, auch nur zu verstehen; aber Alle, die sich mit Bibliographie beschäftigen, wissen, daß fast alle Werke über die ›geheimen Wissenschaften‹ dasselbe Los erlitten haben und daß nicht immer die Inquisitatoren allein an der Seltenheit dieser Bücher schuld sind.« (Zitiert nach Rosenberger [1882/1890], 1. Teil, S. 138.)

6 Z. B. Schott [1657], Wiegleb [1779] und Halle [1784/1787].

7 Vgl. hierzu Schimank (1969), S. 462.

8 Auch die damalige Literatur ist reich an solchen unterhaltsamen Werken. Vgl. Schwenter [1651], Voigt [1670] und Guyot [1770/1777].

9 So ließ sich beispielsweise das Trägheitsprinzip wegen der Annahme eines natürlichen Ortes, den Aristoteles jedem Körper zuspricht, nicht in die scholastische Physik einbauen.

10 Schimank [1930], S. 5f.

11 Siehe beispielsweise Truesdell (1968a).

12 Reti (1967).

13 Vgl. Truesdell (1968a), S. 23.

14 Klemm (1967), S. 16; 18.

15 Kopernikus [1543], Kap. X.

16 Kuhn [1981], S. 1.

17 Der Titel der bisherigen deutschen Übersetzung von C. L. Menzzer [1879/ 1939] und ihrer Überarbeitung durch G. Klaus [1959] lautet »Über die Kreisbewegungen der Weltkörper«. Doch diese Bezeichnung ist irreführend, da Kopernikus nicht die »Umwälzung« der Himmelskörper, sondern der »Himmelssphären« (also der Exzenter und Epizykel der älteren Auffassung) gemeint hat. (Vgl. hierzu die Darstellung bei Krafft und Meyer-Abich [1970], S. 199.)

18 Zwei je 8 Blätter umfassende Abschriften mit dem Titel »Nicolai Copernici de hypothesibus motuum coelestium a se contitutis commentariolus« sind noch erhalten. Vgl. hierzu Roßmann (1947).

19 Außerdem erschien der »Erste Bericht« auch als Anhang zu den ersten beiden Ausgaben von Keplers »Weltgeheimnis« (1596 und 1621).

20 Siehe hierzu Armitage [1972], S. 108f.

21 Siehe hierzu Kuhn [1981].

22 Humboldt [1845/1862], 2. Band, S. 344f.

23 So die unkritischen Deutungen bei Arago [1854/1860], 3. Band, S. 140 und in der noch älteren Kopernikus-Biographie von P. Gassendi (1655), welches gute Beispiele für die Entstehung der verbreiteten wissenschaftshistorischen Mythen sind.

24 Zilsel [1976], S. 161f.

25 Kepler [1936], S. 6.

26 Vgl. hierzu Dijksterhuis [1956], S. 456.

27 Siehe hierzu v. Brockdorff [1923], S. 76 und Koyré [1966].

28 Die erforderlichen Reflexionswinkel im inneren eines Tröpfchens suchte Descartes mit Hilfe einer wassergefüllten Glaskugel zu bestimmen.

29 Descartes hatte nämlich den Vektorcharakter des Impulses bei dem Satz von der Impulserhaltung außer acht gelassen.

30 Dijksterhuis [1956], S. 463 f.

31 Siehe hierzu insbesondere Dijksterhuis [1956], S. 452 f.

32 So ist beispielsweise das in §40 formulierte dritte Naturgesetz unrichtig. Wahrscheinlich wurde Descartes zu dieser Behauptung durch sein Reflexionsgesetz beim Licht inspiriert, wo wegen der Kleinheit der Lichtkorpuskeln der Impulsübertrag auf das reflektierende Medium vernachlässigbar ist.

33 Siehe Rees (1977), (1980).

34 Zitiert nach Frost [1927], S. 167.

35 Vgl. hierzu Bos (1972).

36 Eine gute Zusammenstellung von Newtons Schriften findet man bei Cohen und Schofield [1978].

37 Vgl. Cohen [1985].

38 Vgl. Hall [1980].

39 Siehe Euler [1986].

40 Vgl. Williams (1962) und Herivel (1966).

41 Siehe hierzu Elkana [1974].

42 Der französische Physiker Edmé Mariotte hatte in seinem »Essai de la nature de l'air« lediglich für die allgemeine Verbreitung des Gesetzes gesorgt. Siehe Brush [1970], Band I, S. 19.

43 Gehler [1787/1795], 4. Teil, S. 545.

44 Siehe z. B. Girtanner [1795], S. 3.

45 Laplace [1797], S. 211 f.

46 Siehe Rosenberger [1882/1890], 3. Teil, S. 56 ff.

47 Siehe hierzu Brush [1976], insbesondere Kapitel 14.

48 Einstein (1917), S. 737.

49 Siehe hierzu Klein (1970, 1973).

50 Siehe Brush (1976) und Hanle (1979).

51 Vgl. hierzu Frank (1935) und Klein (1972). – Die neuen Perspektiven der Mechanik durch die Entwicklungen auf dem Gebiet der Kathastrophentheorie und der Chaosforschung werden in leicht verständlicher Weise bei Ekeland [1985] und Gleick [1988] dargestellt.

Kapitel I

Von der Mystik zur exakten Naturwissenschaft

ERNST CASSIRER (1874–1945)
Die Antike und die Entstehung der exakten Wissenschaft (1932)

[1]* Der Wettstreit zwischen der Antike und den Modernen

In dem Wettstreit zwischen der Antike und den Modernen um den 11
Vorrang im Gebiet der Künste und Wissenschaften besitzen die
»Modernen« einen, wie es scheint, unangreifbaren Stützpunkt –
einen Ruhmestitel, der ihnen selbst von den entschiedensten Ver-
ehrern des Altertums nicht bestritten werden kann. Mag die Antike in der bildenden Kunst, in der Dichtung, ja selbst in der Philosophie das Höchste erreicht und mag sie hier eine bleibende Norm,
ein für alle Zeiten gültiges Muster und Vorbild aufgestellt haben,
so bleibt doch den Modernen ein Gebiet, in dem sie ganz auf sich
selbst stehen, und in dem sie zu einer Höhe gelangt sind, von der
sie mit Stolz auf die Vergangenheit herabblicken können. Wir mögen die Alten noch so sehr bewundern: was ihnen mangelt und was
ihnen notwendig mangeln mußte, war der Schatz der Erfahrung,
über den wir gebieten, und damit die unerläßliche Bedingung und
die unersetzliche Grundlage für jedwede Wissenschaft von der Natur. Eine solche Wissenschaft hat erst der moderne Geist begründet und sie bildet seinen eigentlichen Triumph, seine Vollendung
und seine Mündigkeit. Die neuere Philosophie setzt in Bacons
Schrift »De dignitate et augmentis scientiarum« und in seinem
»Novum Organon« mit diesem Gedanken ein, der gleich einem
hellen Fanfarenklang den Kampf einleitet. Was die Menschen bisher in ihrem wissenschaftlichen Fortschritt gehemmt hat – so heißt
es hier – was sie zurückgehalten und fast mit einem Zauberbann
belegt hat, das ist die Verehrung des Altertums und die Autorität,

---

* Cassirer [1969], S. 11–13

die sich die antiken Denker erworben haben. Aber hierbei verfahren die Menschen so unbesonnen, daß sie sich sogar im Gebrauch der Worte widersprechen. Denn als das wahre Alter der Menschheit müssen wir jene Epoche betrachten, in der die Welt volljährig geworden und zu ihrer Reife gelangt ist: in diesem Sinne aber kommt uns, nicht unseren Vorfahren, der Titel des Alters zu. Denn die Griechen sind zwar verglichen mit uns die älteren; im Hinblick auf die Welt hingegen ist ihr Zeitalter das Zeitalter der Jugend, das wir überschritten und hinter uns gelassen haben. Damit war ein Motiv angeschlagen, das fortan im Kampf der Geister nicht wieder verstummt ist. Es wird, etwa ein Menschenalter später, von Pascal in der Vorrede zu seiner »Abhandlung über den leeren Raum« wieder aufgenommen – und es lebt in den mannigfachsten Variationen in der sogenannten »Querelle des anciens et des modernes« weiter, die im 17. Jahrhundert in Frankreich mit Leidenschaft und Erbitterung geführt wird. Pascals Worte sind hierbei geschichtlich um so bedeutsamer, als sie die vielleicht erste ganz scharfe Formulierung des modernen Fortschrittgedankens in sich schließen. »Es ist ein besonderes Vorrecht des Menschen« – so sagt er – »daß nicht nur jeder Einzelne von Tag zu Tag sein Wissen vermehrt, sondern daß auch das Geschlecht als Ganzes in dem Maße, als die Welt älter wird, in einem stetigen Fortschritt begriffen ist. Man kann daher die gesamte Reihe der Menschen, im Verlauf von so vielen Jahrhunderten, wie ein einziges Individuum betrachten, das immer besteht und stetig lernt. Hieraus sieht man, wie unbillig es ist, wenn wir das Altertum in seinen Denkern verehren: denn da das Alter diejenige Zeit des Lebens ist, die am weitesten von der Kindheit entfernt ist, so ist ersichtlich, daß, hinsichtlich des allgemeinen Menschen (des »homme universel«), dieses Alter erst von uns erreicht worden ist. Diejenigen, die wir die Alten nennen, waren daher in Wahrheit Neulinge in allen Dingen und bildeten die eigentliche Kindheit der Menschheit; in uns dagegen, die wir ihre Kenntnisse durch die Erfahrung von Jahrhunderten vermehrt und bereichert haben, in uns kann man füglich jenes Alter finden, das wir in anderen verehren.«

Mit dieser scharf zugespitzten Antithese war ein Kampfwort und ein Schlagwort geprägt, das seine Kraft noch keineswegs eingebüßt hat. Aber lassen sich wirklich die Rollen in dem großen

Wettstreit zwischen Antike und Moderne so einfach verteilen, wie es in den eben angeführten Sätzen von Bacon und Pascal geschieht? Dürfen wir uns damit begnügen, die Antike im Gebiete der Naturbetrachtung und der Naturforschung als das Zeitalter der Spekulation zu betrachten, dem wir unsere eigene Zeit als das Zeitalter der Erfahrung gegenüberstellen dürfen und müssen? Oder ist nicht eine solche Gegenüberstellung historisch wie systematisch bedenklich und fragwürdig? Steht es so, daß wir im Aufbau der Naturerkenntnis »Erfahrung« und »Denken« als ein bloßes Nebeneinander oder Nacheinander ansehen könnten – oder sind nicht vielmehr beide Momente von Anfang an aufeinander bezogen und aufeinander angewiesen; bilden sie nicht die verschiedenen Ausdrücke eines Grundverhältnisses, die Elemente einer unlöslichen Wechselbeziehung? Goethe sagt einmal, daß, wie durch die Pendelschläge die Zeit bestimmt wird, so durch das Wechselspiel von »Idee« und »Erfahrung« die sittliche und wissenschaftliche Welt regiert werde. In jeder wahrhaft fruchtbaren Epoche läßt sich in der Tat dieses Wechselspiel, läßt sich diese geistige Oszillation beobachten. Nur das Maß des Ausschlags nach der einen oder der anderen Seite ist jeweilig verschieden; nur das dynamische Verhältnis zwischen den beiden Grundmomenten ändert sich. Eine solche Wandlung, eine derartige Verschiebung des Akzents ist es, die wir in den Jahrhunderten, die die Begründung der neuen Naturwissenschaft vollzogen haben, deutlich verfolgen können.

[2]* Der Kampf gegen das scholastische Bildungsideal

Der Kampf gegen das scholastische Bildungsideal und gegen die überlieferte Form der aristotelisch-scholastischen Physik ist allen großen Naturforschern der Renaissance gemeinsam. Galilei und Kepler begegnen sich in diesem Kampf. »Ich danke Dir« – so schreibt Galilei an Kepler, nachdem er seine ersten großen astronomischen Entdeckungen publiziert hat – »daß Du als Erster, ja fast als Einziger, mir zur Seite getreten bist. Was aber wirst Du zu

---

* Cassirer [1969], S. 13–16

den ersten Philosophen unserer hiesigen Hochschule sagen, die trotz tausendfacher Aufforderung sich sträuben, jemals einen Blick durch das Fernrohr zu tun und die somit ihr Auge mit Gewalt gegen das Licht der Wahrheit verschließen? Diese Sorte Menschen glaubt, die Philosophie sei ein Buch, gleich der Aeneis oder der Odyssee; und die Wahrheit sei nicht in der Welt oder in der Natur, sondern (das sind ihre eigenen Worte!) durch die Vergleichung der Texte zu finden.« Aber nicht so liegt die Sache. Die Philosophie ist in dem großen Buche des Universums enthalten, das beständig vor unser aller Augen offen liegt: aber um sie zu verstehen, muß man freilich zuvor die Sprache erlernt haben, in der dies Buch verfaßt, und die Schriftzüge, in denen es geschrieben ist. Sie ist in mathematischer Sprache geschrieben, und die Schrift besteht aus Dreiecken, Kreisen und anderen mathematischen Figuren, ohne welche es unmöglich ist, ein einziges Wort der Natur in menschlicher Weise zu verstehen. Der Kampf zwischen der Philologie und Historie auf der einen Seite, der Mathematik und Experimentalphysik auf der anderen Seite ist damit in aller Schärfe erklärt – und dieser Kampf bestimmt fortan Galileis gesamte Lebensarbeit. Er hat ihn wahrlich nicht leicht genommen; er hat sich insbesondere über die Autorität des Aristoteles nicht leichten Herzens hinweggesetzt, sondern er hat in geduldigster Prüfung immer wieder alle aristotelischen Theorien und Beweisgründe erwogen. Seinen Gegnern, den Anhängern der scholastischen Physik, gegenüber durfte er sich mit Recht auf diese seine aristotelische Forschungsarbeit berufen: er hat ihnen einmal entgegengehalten, er habe mehr Jahre auf das Studium der aristotelischen Philosophie als Monate auf die Physik verwandt. Und auch nachdem er endgültig den Bruch mit der aristotelischen Physik und der aristotelischen Kosmologie vollzogen hat, glaubt er damit dem Geist des Aristoteles nicht untreu geworden zu sein. Denn immer wieder betont er, daß dieser nicht an den bloßen Resultaten der Forschung zu messen sei, sondern an der Forschergesinnung, die hinter diesen Resultaten steht. Zweifellos ist Galilei in der Deutung dieser Gesinnung dem echten, dem historischen Aristoteles weit näher gekommen, als es seine Gegner vermochten. Immer wieder appelliert er

von dem traditionellen, dem durch die Brille der scholastischen Überlieferung gesehenen Aristoteles an den wahren Aristoteles, an den großen Empiriker, dem er sich innerlich wahlverwandt fühlt – und er ist sicher, daß das Urteil dieses Aristoteles, wenn es auf Grund der neuen Beobachtungen und Erkenntnisse gefällt würde, das seinige bestätigen würde. Auch Kepler wird nicht müde, den Anhängern der peripatetischen Physik diesen Umstand entgegenzuhalten. In dem wissenschaftlichen und philosophischen Kommentar, den Kepler in seiner Schrift »De stella nova in pede Serpentarii« zu Galileis Entdeckungen gegeben hat, betont er, daß diese Entdeckungen der Physik des Aristoteles freilich zuwiderlaufen: »Aber die Wahrheit zu sagen sind sie mehr der Lehre als ihrem Führer feind. Erwecke mir den Aristoteles selbst zum Leben, und beim Gelingen meiner astronomischen Arbeit: ich hoffe ihn von der Wahrheit zu überzeugen. So geht es stets: der Gips nimmt, solange er noch frisch ist, jeglichen Eindruck auf; ist er einmal fest und hart geworden, so stößt er jede neue Gestalt von sich aus. So lassen sich auch die Sätze der Philosophen, solange sie noch aus ihrem eigenen Munde fließen, leicht berichtigen, sind sie aber einmal von ihren Schülern aufgenommen, so werden sie härter als Stein und lassen sich durch keinerlei Beweisgründe mehr erschüttern. Aristoteles selbst hätte, wenn man ihm die Beobachtungen der künftigen Jahrhunderte oder die Veränderungen am Himmel hätte vorweisen können, gern seine Ansicht über die Unveränderlichkeit des Himmels berichtigt; heute aber wagen es seine Schüler, der Erfahrung zu widersprechen und sie mit tausend nichtigen Gründen zu bestreiten; indem sie einen Satz, den er aus der Erfahrung geschöpft hatte, willkürlich zum philosophischen Dogma erheben.«

In solchen Sätzen drückt sich auf seiten der Begründer der modernen Naturanschauung die gleiche Haltung gegenüber Aristoteles aus, wie sie im 17. Jahrhundert auch von den Erneuerern der Ethik, des Naturrechts und der Geisteswissenschaft festgehalten wird. So rühmt etwa Hugo Grotius in seinem großen Werk »De jure belli ac pacis« die methodische Sicherheit, den Scharfsinn und die Tiefe des Aristoteles und er spricht ihm aus diesen Gründen unter allen Philosophen noch immer den ersten Rang zu; aber er fügt hinzu, daß die Herrschaft des Aristoteles seit einigen Jahrhunderten in eine wahre Tyrannei ausgeartet sei; so daß die Wahrheit, der er selbst einzig nachstrebte, durch nichts so großen Schaden

16

wie durch seinen Namen erlitten habe. (De jure belli ac pacis, Proleg. § 42) »Wir wollen den Aristoteles hoch halten – aber mit jener Freiheit des Geistes, die er selbst stets gegen seine eigenen Lehrer bewiesen hat« (ebenda § 46). Kepler, Galilei, Grotius, sie alle müssen ihre Grundanschauungen im Kampf gegen die aristotelische Autorität durchfechten; aber sie haben mitten in diesem Kampf ein neues Bild des Aristoteles geschaffen, das dem unseren weit näher steht als jener scholastische Aristoteles, gegen den sie sich zur Wehr setzen.

[3]* Einflüsse der platonischen Naturphilosophie

Aber freilich tritt uns noch ein anderes und ein noch wesentlich tieferes und intimeres Verhältnis zur Antike entgegen, sobald wir die Beziehungen Keplers und Galileis zu Platon ins Auge fassen. Beide haben sich ihr Leben lang zu Platon bekannt und als echte Platoniker gefühlt. Will man über das historische Recht dieses Gefühls urteilen, so genügt es hierfür freilich nicht, wenn man sich an die an der Oberfläche liegenden Erscheinungen hält – wenn man lediglich dasjenige ins Auge faßt, was unmittelbar von platonischen Einzellehren in die Wissenschaft Galileis und Keplers übergegangen ist. Weit bedeutsamer und wichtiger als diese sozusagen dokumentarische Verwandtschaft ist auch hier die Verwandtschaft der methodischen Gesinnung. Und sie liegt freilich tief versteckt; ja sie scheint auf den ersten Blick schlechterdings unmöglich. Denn welche Verwandtschaft – so darf man mit Recht fragen – kann zwischen den Männern bestehen, die zuerst die Möglichkeit einer strengen Wissenschaft der Natur entdeckt und sichergestellt haben, und jenem Denker, der eben diese Möglichkeit grundsätzlich verneint und geleugnet hatte? Hatte nicht Platon gelehrt, daß es für den Gedanken unmöglich sei, sein Ideal der Reinheit, der Bestimmtheit, der Deutlichkeit, seine Forderung des σαψές und ἀκριβές in der Natur wiederfinden zu wollen? Hatte er nicht das Wissen in seiner strengen, in seiner allein wahrhaften Bedeutung auf das Reich des Seins, des immer sich-selbst-Gleichen und mit

17

---

* Cassirer [1969], S. 16–20

sich Identischen, beschränkt und alles Werden vom Wissen ausgestoßen, um es der bloßen »Meinung« zu überliefern? Gab es eine Brücke von dieser prinzipiellen Verneinung zu dem positiven Aufbau der Physik, den Kepler und Galilei zu leisten hatten? Oder waren nicht vielmehr beide in einer seltsamen Selbsttäuschung befangen, wenn sie die Hüter und Mehrer platonischen Geistes zu sein glaubten? Man glaube nicht, diese Fragen einfach damit beantworten zu können, daß man auf die unverkennbaren inhaltlichen Abhängigkeiten verweist, die zwischen der Naturphilosophie Keplers und Galileis und der platonischen Naturphilosophie bestehen. Gewiß: schon von seinem Jugendwerk, vom »Mysterium Cosmographicum« an greift Kepler auf bestimmte platonische Grundlehren zurück. Die Lehre von den »fünf platonischen Körpern«, wie sie der Timäus entwickelt hatte, lieferte ihm den ersten Ansatz seiner Kosmographie; sie wird für ihn zu dem ideellen Schema, in das er die Welt, in das er die Planeten und ihre Abstände einzuzeichnen versucht. Und er hat diesem seinem ersten Versuch niemals völlig entsagt; er hat ihn immer wieder berichtigt – und er ist von hier aus, wenngleich auf seltsamen Umwegen, zuletzt zu einem seiner wichtigsten und grundlegenden empirischen Resultate: zur Entdeckung des sogenannten dritten keplerischen Gesetzes geführt worden. Aber mochte immerhin Kepler in diesem Sinne Platon als Führer brauchen, so bleibt es doch unverkennbar, daß beide in ihrem eigentlichen Ziel auseinandergehen mußten. Denn was Kepler suchte, das war eine neue Form der Physik und der Kosmologie, die in ihrem reinen Erkenntniswert der Mathematik ebenbürtig sein, die hinter ihrer spezifischen Gewißheit nicht zurückstehen sollte. Er wollte die gleiche Harmonie, die die Pythagoreer in den reinen Zahlen entdeckt hatten – er wollte die unverbrüchliche Sicherheit, die Platon der Geometrie, als der »Wissenschaft vom immer Seienden« zugesprochen hatte, unmittelbar an den Erscheinungen des Himmels wiederfinden und sie in ihnen sichtbar machen. Für Platon aber gab es eine derartige unmittelbare Verkörperung des Ideellen im Sinnlichen nicht. Seine Naturtheorie läßt die Trennung, läßt den χωρισμός von Idee und Erscheinung bestehen; sie verleugnet und sie heilt diese Trennung nicht; denn sie spricht den Theorien über den sinnlichen Kosmos, wenngleich sie sich in mathematischer Form aussprechen las- 18 sen, doch niemals die gleiche Notwendigkeit und die gleiche Evidenz zu, die die reine Mathematik für sich in Anspruch nimmt. Von der Natur, von der Physik als dem Reich des Werdens gibt es demgemäß für Platon keine Erkenntnis, keine ἐπιστήμη in strengem Sinn; ihr Wissen fällt nicht unter den Oberbegriff des Logos sondern unter den des Mythos; ihre Geltung ist nicht die der reinen Wahrheit, sondern sie bleibt in den Kreis der bloßen Wahrscheinlichkeit gebannt. An jener berühmten Stelle der »Republik«, an der Platon zum ersten Mal die Astronomie einführt, hat er ausdrücklich dieses ihres nur bedingten Wissenschaftscharakters gedacht, hat er ihn aufs neue befestigt. Wenn Glaukon hier die Sternkunde preist, weil sie wie keine andere Wissenschaft den Geist über das Irdische erhebe und ihn nötige, nach oben zu sehen, so wird dieses Lob von Platon berichtigt und ironisch abgelehnt. »Gar vornehm« – so erwidert Sokrates dem Glaukon – »scheinst du mir die Kenntnis von dem was droben ist bei dir selbst zu bestimmen, was sie ist. Denn du wirst wohl auch, wenn einer Gemälde an der Decke betrachtet und hinaufgereckt etwas unterscheidet, glauben, daß der mit der Vernunft betrachtet und nicht mit den Augen. Vielleicht nun ist deine Ansicht die rechte, meine aber einfältig. Denn ich kann wieder nicht glauben, daß irgendeine andere Kenntnis die Seele nach oben schauen mache als die des Seienden und Unsichtbaren. Wenn aber einer noch so sehr nach oben gereckt nur irgend Wahrnehmbares in sich aufzunehmen trachte, so leugne ich, daß er etwas lernen wird, weil es von nichts dergleichen eine Wissenschaft gibt, und daß je seine Seele aufwärts schaue, sondern abwärts schaut er, und wenn er auch auf dem Rücken liegend studierte zu Wasser oder zu Lande. – Da ist mir recht geschehen, sagte Glaukon, und wohlverdient hast du mich gescholten. Aber wie meinst du, müsse man die Sternkunde anders lernen als jetzt geschieht, wenn sie mit Augen für das, was wir wollen, erlernt werden soll? So, sprach ich, daß man diese Gebilde am Himmel, da sie doch am Sichtbaren gebildet sind, zwar für das Beste und Vollkommenste in dieser Art halte, aber doch weit hinter dem Wahrhaften zurückbleibend ... denn dieses ist nur mit der Vernunft zu fassen, mit dem Gesicht aber nicht ... Also jene bunte Arbeit am Himmel muß man nur als Beispiel gebrauchen, um ein anderes an ihm zu lernen. Wenn ein Geometer z. B.

schöne Gemälde sieht, so wird er wohl finden, daß sie vortrefflich gearbeitet sind; aber lächerlich wäre es doch, sie im Ernst darauf anzusehen, als ob man darin das Wesen des Gleichen oder Doppelten oder irgendeines anderen Verhältnisses fassen könnte. Und ebenso wird es auch dem wahrhaft Sternkundigen ergehen, wenn er die Bewegungen der Gestirne betrachtet. Denn er wird zwar glauben, daß diese Werke so vortrefflich als nur immer von dem Bildner des Himmels zusammengesetzt worden sind; aber für ungereimt wird er es doch halten, wenn jemand behauptet, daß alle diese Bewegungen immer auf die gleiche Weise erfolgen, ohne je um das mindeste abzuweichen, da sie doch Körper haben und sichtbar sind. So wollen wir, was die Sternkunde darbietet, als Aufgaben benutzen; was aber am Himmel ist, das wollen wir lassen, wenn es uns anders darum zu tun ist, wahrhaft der Sternkunde uns befleißigend das von Natur Vernünftige in unserer Seele aus Unbrauchbarem brauchbar zu machen.« Das ist der relative, der bedingte Wert, den Platon der Astronomie allein zusprechen kann. Sie enthält den großen Wert des Beispiels, des παράδειγμα; sie wird zur Aufgabe, zum Problem für den denkenden Verstand, an dem er sich seiner eigenen Mittel bewußt wird, an dem er lernen kann, wie er das Chaos der Sinnenwelt lichten, wie er in ihr Gesetz und Ordnung, Maß und Gestalt wiederfinden kann. Aber er darf nicht glauben, daß, was er in dieser Weise in ihr findet, aus ihr selbst stammt. Es ist kein selbständiges, sondern nur ein reflektiertes, ein erborgtes Licht, was ihm hier entgegenstrahlt. Und so hat denn die Sinnenwelt zwar am Mathematischen teil; aber der Gegensatz ihrer Natur zum reinen Wesen des Mathematischen bleibt nichtsdestoweniger bestehen. Eine exakte Wissenschaft vom Sinnlichen als solchem bedeutet demgemäß eine unerfüllbare Forderung: sie ist und bleibt eine contradictio in adjecto.

20

ERNST MACH (1838–1916)
Die Principien der Wärmelehre (1896)

[4] *   *Der Sinn für das Wunderbare*

367 1. Von dem Neuen, von dem Ungewöhnlichen, von dem Unverstandenen geht aller Reiz zur Forschung aus. Das Gewöhnliche, dem wir angepasst sind, geht fast spurlos an uns vorbei; nur das Neue reizt uns stärker, und erregt unsere Aufmerksamkeit. Der allgemein verbreitete Sinn für das *Wunderbare* ist auch für die Entwicklungsgeschichte der Wissenschaft von grösster Bedeutung. In unserer Jugend locken uns zunächst die merkwürdigen Formen und Farben der Pflanzen und Thiere, überraschende chemische und physikalische Processe an. Erst in der Vergleichung mit dem Alltäglichen entsteht dann allmälig der Trieb nach *Aufklärung*.

2. Die Anfänge aller Naturwissenschaft sind mit *Zauberei* verbunden. *Heron* von Alexandrien benützt seine Kenntniss der Luftausdehnung durch Wärme zur Herstellung von Zauberkunststükken; *Porta* beschreibt seine schönen optischen Entdeckungen in der »Magia naturalis«; *Kircher* verwerthet sein physikalisches Wissen zur Construktion der »laterna magica«; in den »Récréations mathématiques« oder in *Ensl's* »Thaumaturgus« dienen die merkwürdigsten naturwissenschaftlichen Thatsachen lediglich dem Zweck, Uneingeweihte in Verwunderung zu setzen. Zu dem Reiz des Merkwürdigen gesellte sich für jenen, dem es zuerst auffiel, allzuleicht der Trieb, sich durch *Geheimhaltung* desselben ein *höheres Ansehen* zu geben, dadurch ungewöhnliche Wirkungen herzubringen, hieraus Nutzen zu ziehen, eine grössere Macht oder doch den Schein einer solchen zu erwerben. Ein wirklicher kleiner Erfolg dieser Art erregte wohl die Phantasie und die Hoffnung der

---

* Mach [1900], S. 367–372

Erreichung eines ganz ungewöhnlichen Zieles, mit welcher der darnach Strebende vielleicht sich und andere zugleich betrog. So entsteht wohl durch Beobachtung einer auffallenden unverstandenen materiellen Umwandlung die Alchemie mit ihrem Streben Metalle in Gold zu verwandeln, eine Universalmedicin zu finden u. s. w. Auf Grund der glücklichen Lösung einer harmlosen geometrischen Aufgabe entwickelt sich vielleicht der Gedanke der *alles* berechnenden Punktirkunst in »Tausend und eine Nacht«, der Astrologie u. s. w. Dass »malefici et mathematici« gelegentlich von einem römischen Gesetz in einem Athem genannt werden[1], wird hierdurch erklärlich. Auch in der dunklen Zeit des mittelalterlichen Teufels- und Hexenglaubens erlischt die Naturforschung nicht; sie erscheint vielmehr mit dem besondern Reiz des Geheimnisvollen und Wunderbaren umgeben, und nimmt einen neuen Aufschwung.

3. Das blosse Auftreten einer ungewöhnlichen Thatsache ist noch kein Wunder. Das Wunder liegt nicht in der Thatsache, sondern im Beschauer. Wunderbar erscheint eine Thatsache dem, dessen ganzes Denken durch dieselbe erschüttert, und aus der gewohnten geläufigen Bahn gedrängt wird. Der betroffene Beschauer glaubt nicht etwa an *gar keinen* Zusammenhang des Gesehenen mit andern Thatsachen, sondern, weil er keinen wahrnimmt, und doch zu sehr an einen solchen gewöhnt ist, verfällt er auf ausserordentliche (falsche) Vermuthungen. Die Art dieser Vermuthungen *kann* natürlich unendlich mannigfaltig sein. Da jedoch die psychische Organisation den allgemeinen Lebensbedingungen entsprechend überall dieselbe, und da die jungen Individuen und Stämme, deren psychische Organisation noch die einfachste ist, am meisten in die Lage kommen, sich zu verwundern, so wiederholen sich auch überall fast dieselben psychischen Situationen.

4. Diese psychischen Situationen hat *A. Comte*[2] und später auf Grund sehr ausgedehnter Beobachtungen an Volksstämmen niederer Cultur *Tylor*[3] untersucht. Die auffallendsten am meisten unvermittelten Vorgänge, welche den Naturmenschen unausgesetzt umgeben, sind jene, welche er *selbst*, seine Mitmenschen und die Thiere in der Natur einleiten. Er ist sich seines *Willens* und seiner *Muskelkraft* bewusst, und erklärt daher gern jeden auffallenden

Vorgang durch den Willen eines ihm ähnlichen lebenden Wesens. Seine geringe Fähigkeit seine Gedanken, Stimmungen, ja sogar seine Träume von den Wahrnehmungen scharf zu scheiden, führt ihn dazu, die im Traume erscheinenden Bilder abwesender oder verstorbener Genossen, selbst verlorener oder zu Grunde gegangener Gegenstände für wirkliche schattenhafte Wesen, für *Seelen* zu halten. Aus dem hierauf sich gründenden Todtencultus entwickelt sich der Cultus von Dämonen, Nationalgöttern u. s. w. Der Gedanke des *Opfers*, welcher in den modernen Religionen schon ganz unverständlich ist, wird begreiflich durch die continuirliche Entwicklung aus dem rührenden Todtenopfer. Dem Todten gab man gern die Gegenstände mit, welche sein Schatten im Traum begehrte, damit er sich an deren Schatten erfreue. Diese Neigung, alles als uns gleichartig, belebt, beseelt zu betrachten, überträgt sich auf dem angedeuteten Wege auch auf jeden nützlichen oder schädlichen Gegenstand, und führt zum *Fetischismus*. Ein Zug von Fetischismus reicht selbst bis in die Theorien der Physik. So lange wir die Wärme, die Elektricität, den Magnetismus als geheimnissvolle ungreifbare Wesen betrachten, welche in den Körpern sitzen, und ihnen die bekannten wunderbaren Eigenschaften ertheilen, stehen wir noch auf dem Standpunkt des Fetischismus. Allerdings schreiben wir diesen Wesen schon einen festern Charakter zu, und denken nicht mehr an ein so launenhaftes Verhalten, wie es bei lebenden Wesen für möglich gehalten wird. Aber erst wenn die genaue Erforschung der Bedingungen einer Erscheinung auf Grund von Maassbegriffen an die Stelle dieser Vorstellungen tritt, wird der bezeichnete Standpunkt ganz verlassen.

Die geringe Scheidung der *eigenen Gedanken* und Stimmungen von den *Thatsachen der Wahrnehmung*, die selbst in wissenschaftlichen Theorien der Gegenwart noch merklich ist, spielt in der Weltauffassung jugendlicher Individuen und Völker eine maassgebende Rolle. Was in irgend einer Weise *ähnlich erscheint*, wird für verwandt und auch in der *Natur zusammenhängend* gehalten. Pflanzen, die irgend eine Formähnlichkeit mit einem Körpertheil des Menschen haben, gelten als Medicin für ein örtliches Leiden. Das Herz des Löwen stärkt den Muth, der Penis des Esels heilt die Impotenz u. s. w. Die altägyptischen medicinischen Papyrusse, de- ren Recepte sich bei *Plinius* und noch in *Paulini* »heilsame Dreckapotheke« wiederfinden, geben darüber reichliche Belehrung. Was wünschenswerth aber schwer erreichbar scheint, sucht man durch die wunderlichsten schwer zu beschaffenden Mittel und Combinationen zu erreichen, wie die Recepte der Alchimisten zeigen. Wer sich seiner frühen Jugend erinnert, dem ist diese Denkweise aus eigener Erfahrung vertraut.

Das geistige Verhalten des Wilden ist sehr ähnlich jenem des Kindes. Der eine schlägt den Fetisch, der seiner Meinung nach ihn betrogen, das andere den Tisch, an dem es sich gestossen. Beide sprechen Bäume wie Personen an. Beide halten es für möglich mit Hülfe eines hohen Baumes in den Himmel zu klettern; die Traumwelt des Märchens und die Wirklichkeit ist ihnen nicht streng geschieden. Wir kennen diesen Zustand ganz wohl aus unserer Kindheit. Bedenkt man, dass die *Kinder* jeder Zeit stets geneigt sind, derartige Gedanken zu pflegen, dass ein guter Theil selbst eines hoch cultivirten Volkes keine eigentlich intellektuelle Cultur, sondern nur den äusseren Schein derselben annimmt, dass es ferner immer eine beträchtliche Anzahl Menschen giebt, in deren Vortheil es liegt, die Ueberreste der Ansichten des menschlichen Urzustandes zu pflegen, ja dass sich zu deren Erhaltung so zu sagen Wissenschaften des Betruges herausgebildet haben, so begreift man, warum diese Vorstellungen noch immer nicht ganz ausgestorben sind. In der That können wir in *Petronius'* »Gastmahl des Trimalchio« und in *Lucians* »Lügenfreund« dieselben Schauermärchen lesen, welche auch heute noch erzählt werden, und der Hexenglaube des heutigen Centralafrika ist derselbe, der unsere Vorfahren gepeinigt hat. Dieselben Vorstellungen finden sich, wenig verändert, auch im modernen Spiritismus wieder.

Aus unsern Lebensäusserungen analogen Aeusserungen wird der grossartige wichtige werthvolle und *zweckmässige* Schluss auf ein dem unsrigen analoges *fremdes Ich* gezogen. Der Schluss wird aber wie alle zweckmässigen Gewohnheiten auch dort noch ausgeführt, wo die Prämissen zu demselben nicht mehr berechtigen. Zwar stehen die Vorgänge der unorganischen Welt bestimmt in einer gewissen Parallele zu jenen der organischen; doch werden dieselben der einfachern Umstände wegen viel elementareren Gesetzen unterliegen. Etwas einem Willen Analoges wird auch hier 371 bestehen; der Schluss auf eine volle Persönlichkeit einem Baum oder Stein gegenüber erscheint aber auf unserer Culturstufe unbegründet. Auch der moderne kritische Intellekt schliesst bei spiritistischen Vorgängen auf die Wirksamkeit eines fremden Ich, aber nicht auf jenes eines Geistes, sondern auf jenes des Gauklers.

Darwin[4] hat hinreichend nachgewiesen, dass ursprünglich zweckmässige Gewohnheiten fortbestehen, wo dieselben schon nutzlos und gleichgültig sind. Ja es ist kein Zweifel, dass dieselben noch fortbestehen können, wo sie sogar schädlich sind, sofern sie nur die Art nicht zum Erlöschen bringen. Alle obigen Vorstellungen beruhen in ihren Elementen auf *zweckmässigen* psychischen Funktionen, wie ungeheuerlich sie sich auch entwickelt haben. Doch wird niemand sagen, dass durch die Menschenopfer in Dahomey, und durch die derselben würdigen von der Kirche inaugurirten Hexen- und Inquisitionsprocesse die menschliche Art erhalten oder gar verbessert worden ist. Sie ist eben durch diese Erfingungen nur noch nicht zu Grunde gegangen.

5. Wer etwa glaubt, dass die hier vorgebrachten Erörterungen einem wissenschaftlich gebildeten Leserkreis gegenüber gegenstandslos sind, ist gewiss im Irrthum. Denn die Wissenschaft ist nie isolirt von dem alltäglichen Leben; sie ist eine Blüthe des letztern, und wird von dessen Anschauungen durchdrungen. Wenn ein Chemiker, der durch schöne Entdeckungen in seinem Fach berühmt ist, sich dem Spiritismus ergibt, wenn man dasselbe von einem namhaften Physiker sagen kann, wenn ein hochberühmter Forscher auf dem Gebiete der Biologie, nachdem er uns die Herrlichkeit der *Darwin*'schen Theorie in überzeugender Weise dargelegt hat, mit der Erklärung schliesst, dass alles dies nur auf das organische, nicht aber auf das geistige Element im Menschen Anwendung findet, wenn dieser ebenfalls ein offener Bekenner des Spiritismus ist, wenn bekannte Nervenpathologen stets geneigt sind, irgend einer Gauklerin sofort ausserordentliche Nervenkräfte zuzuschreiben – so sitzt der intellektuelle Schaden sehr tief, nicht allein im unwissenschaftlichen Publikum. Der Schaden scheint in der Mehrzahl der Fälle auf einer zu einseitigen intellektuellen Cultur, auf Mangel an philosophischer Erziehung zu beruhen. Derselbe ist in diesem Fall durch das Studium der *Tylor*'schen Schriften, welche die psychologische *Entstehung* der fraglichen Anschauungen in klarer Weise darlegen, und diese eben dadurch der

Kritik zugänglich machen, zu beseitigen. Oft mag die Sache aber auch anders liegen. Ein Forscher hat z. B. die Ansicht vom Lottospiel der Atome, welche auf einem kleinen Gebiet recht förderlich sein kann, zu seiner *Weltanschauung* erhoben. Kein Wunder, dass ihm dieselbe einmal zu öde, zu seicht und unzureichend erscheint, dass ihm der Spiritismus ein intellektuelles oder gar ein *Gemüthsbedürfnis* befriedigt. Dann wird Aufklärung schwer anzubringen sein.

Anmerkungen

1 *Hankel*, Geschichte der Mathematik. Leipzig 1874, S. 301.
2 *Comte*, Philosophie positive. Paris 1852.
3 *Tylor*, Anfänge der Cultur. Leipzig 1873.
4 *Darwin*, Der Ausdruck der Gemüthsbewegungen.

JOHANN WOLFGANG VON GOETHE
(1749 – 1832)

Materialien zur Geschichte der Farbenlehre

[5]* Lust am Geheimnis

605 Das Überlieferte war schon zu einer großen Masse angewachsen, die Schriften aber, die es enthielten, nur im Besitz von wenigen; jene Schätze, die von Griechen, Römern und Arabern übrig geblieben waren, sah man nur durch einen Flor; die vermittelnden Kenntnisse mangelten; es fehlte völlig an Kritik; apokryphische Schriften galten den echten gleich, ja es fand sich mehr Neigung zu jenen als zu diesen.

Ebenso drängten sich die Beobachtungen einer erst wieder neu und frisch erblickten Natur auf. Wer wollte sie sondern, ordnen und nutzen? Was jeder einzelne erfahren hatte, wollte er auch sich zu Vorteil und Ehre gebrauchen; beides wird mehr durch Vorurteile als durch Wahrhaftigkeit erlangt. Wie nun die Früheren, um die Gewandtheit ihrer dialektischen Formen zu zeigen, auf allen Kathedern sich öffentlich hören ließen; so fühlte man später, daß man mit einem gehaltreichen Besitz Ursach' hatte sparsamer umzugehen. Man verbarg, was dem Verbergenden selbst noch halb verborgen war, und weil es bei einem großen Ernst an einer vollkommenen Einsicht in die Sache fehlte; so entstand, was uns bei Betrachtung jener Bemühungen irre macht und verwirrt, der seltsame Fall, daß man verwechselte, was sich zu esoterischer und was sich zu exoterischer Überlieferung qualifiziert. Man verhehlte das Gemeine und sprach das Ungemeine laut, wiederholt und dringend aus.

Wir werden in der Folge Gelegenheit nehmen, die mancherlei Arten dieses Versteckens näher zu betrachten. Symbolik, Allego-

---

* Goethe [1963], Band I, S. 605–606

rie, Rätsel, Attrappe, Chiffrieren wurden in Übung gesetzt. Apprehension gegen Kunstverwandte, Marktschreierei, Dünkel, Witz und Geist hatten alle gleiches Interesse, sich auf diese Weise zu üben und geltend zu machen, so daß der Gebrauch dieser Verheimlichungskünste sehr lebhaft bis in das siebzehnte Jahrhundert hinübergeht, und sich zum Teil noch in den Kanzleien der Diplomatiker erhält. 606

Aber auch bei dieser Gelegenheit können wir nicht umhin, unsern Roger Baco, von dem nicht genug Gutes zu sagen ist, höchlich zu rühmen, daß er sich dieser falschen und schiefen Überlieferungsweise gänzlich enthalten, so sehr, daß wir wohl behaupten können, der Schluß seiner höchstschätzbaren Schrift *De mirabili potestate artis et naturae* gehöre nicht ihm, sondern einem Verfälscher, der dadurch diesen kleinen Traktat an eine Reihe alchymistischer Schriften anschließen wollen.

An dieser Stelle müssen wir manches, was sich in unsern Kollektaneen vorfindet, beiseite legen, weil es uns zu weit von dem vorgesteckten Ziele ablenken würde. Vielleicht zeigt sich eine andere Gelegenheit, die Lücke, die auch hier abermals entsteht, auf eine schickliche Weise auszufüllen.

DAVID BREWSTER (1781–1868)
Briefe über die natürliche Magie (1833)

[6]* Die Physik als natürliche Erklärung des Wunderbaren

Der Gegenstand der natürlichen Magie ist von großer Ausdeh-
5 nung und hohem Interesse. In seinem weitesten Umfange umfaßt
dieser Zweig des menschlichen Wissens: die Geschichte der Regie-
rungen und des Aberglaubens älterer Zeiten; – so wie der Mittel,
durch welche sie ihren Einfluß auf das menschliche Gemüth bewirken. – Angaben der Unterstützung, welche Künste und Wissenschaften, so wie die Kenntnis der Kräfte und Erscheinungen der
Natur diesen Zwecken gewähren. Wollten oder konnten die Tyrannen des Alterthums ihre Oberherrschaft nicht auf die Neigungen und das Interesse ihrer Völker gründen, so verschanzten sie
sich in der Veste des übernatürlichen Einflusses, und herrschten
mit der ihnen von der Gottheit überwiesenen Gewalt. Ein inniges
Bündniß, um Finsterniß zu erhalten und die Menschengattung zu
täuschen und zu unterjochen, vereinigte Priester, Fürsten und Gelehrte. Der Mensch, welcher verweigert haben würde, sich einem
zu derselben Gattung mit ihm gehörenden Wesen zu unterwerfen,
gab sich dem geistigen Despoten willig zum Sklaven hin, und
schmiegte sich ohne Murren in Fesseln, sobald er diese von der
Gottheit geschmiedet glaubte.

Die Unwissenheit dieser älteren Zeiten begünstigte dieses System des Truges ungemein. Zu jeder Zeit liebte der Mensch das
Wunderbare, und häufig ist es die Anhänglichkeit an die Wahrheit
selbst, welche zum Maaßstabe der Leichtgläubigkeit des Individu-
ums dienen kann. So lange Kenntnisse das ausschließende Eigen-

---

* Brewster [1833a], S. 4–11

thum einer Kaste waren, so war es gar nicht schwer, sie zur Unterjochung der großen Masse der Gesellschaft zu mißbrauchen. Bekanntschaft mit den Bewegungen der himmlischen Körper und den Veränderungen im Zustande der Atmosphäre, befähigten den, welcher sich im Besitz derselben befand, häufig und genau astronomische und meteorologische Erscheinungen vorher zu verkünden, die ihm den Schein einer näheren Verwandtschaft mit der Gottheit verliehen. Das Vermögen, selbst dann, wenn der elektrische Einfluß sich im Zustande der Ruhe befand, Feuer vom Himmel herabzulocken, konnte nur als besondere Gabe des Himmels betrachtet werden. Die Kunst, den menschlichen Körper unempfindlich gegen Feuer zu machen, war ein unwiderstehliches Mittel in den Händen des Betruges. So fanden ferner die Zauberer des Alterthumes, in den Verbindungen der Chemie, so wie in der Wirkung von Arzneimitteln und narkotischer Einreibungen in den menschlichen Körper, die kräftigsten Hülfsmittel für ihre Täuschungen.

Das Geheimniß, welches die Anwendung wissenschaftlicher Entdeckungen und merkwürdiger Erfindungen umhüllte, hat wahrscheinlich verhindert, daß die Kenntniß mehrerer derselben sich nicht bis auf unsere Zeit erhalten hat. Sind wir gleich nur mangelhaft in Hinsicht der Fortschritte der Alten in mehreren Zweigen der physischen Wissenschaften unterrichtet; so besitzen wir doch hinreichende Ueberzeugung, daß fast jeder Zweig der Kenntnisse seine Wunder dem Vorrathe magischer Kenntnisse gezollt habe; ja wir gelangen sogar zu einiger Einsicht des wissenschaftlichen Erwerbes jener früheren Zeiten, wenn wir fleißig die Fabeln und Wunder derselben studiren. Die *Akustik* gewährte den Zauberern der Vorzeit einige ihrer vorzüglichen Täuschungsmittel. Die Nachahmung des Donners in ihren unterirdischen Tempeln mußte die Gegenwart übernatürlicher Kräfte bekunden. Die goldenen Jungfrauen, deren entzückende Stimmen durch den delphischen Tempel ertönten; – der Stein aus dem Flusse *Pactolus*, dessen Trompeten-Töne die Räuber von den durch ihn bewachten Schätzen zurücktrieben; – der sprechende Kopf, welcher seine Orakel zu Lesbos ertheilte; und die klingende Statue des *Memnon*, welche mit ihren Tönen die aufgehende Sonne begrüßte, – waren sämmtlich Täuschungen, bewirkt theils durch wissenschaftliche Kenntnisse, theils durch fleißige Beobachtung der Naturerscheinungen.

Die Gesetze der *Hydrostatik* wurden ebenfalls zu Täuschungen benutzt. Die wunderbare Quelle auf der Insel *Andros*, von welcher *Plinius* erzählt, daß sie sieben Tage Wein, den übrigen Theil des Jahres Wasser gab; – die *Oelquelle*, welche, um die Rückkehr *Augustus* vom sicilianischen Kriege zu feiern, in *Rom* hervorbrach; – die drei leeren Urnen, welche sich in der Stadt *Elis*, bei dem Jahresfeste des *Bachus*, mit Wein füllten; – das gläserne Grab des *Belus*, welches voll Oel war, und das, einst von *Xerxes* geleert, nicht wieder angefüllt werden konnte; – die weinenden Statuen und die ewigen Lampen der Alten – waren offenbar Wirkungen vom Gleichgewichte und Druck der Flüssigkeiten.

9 Ungeachtet uns direkte Beweise, wie weit sich die Kenntnisse der alten Weisen in der *Mechanik* erstreckt haben, mangeln; so geben doch die Errichtung der ägyptischen Obelisken, die Fortschaffung großer Steinmassen und die nachmalige Erhebung derselben auf bedeutende Höhen in ihren Tempeln, unzweideutige Anzeigen, daß sie auch in diesem Zweige des menschlichen Wissens nicht unerfahren waren. Die Kräfte, welche sie anwandten, die Maschinen, deren sie sich bedienten, wurden von ihnen sorgfältig verheimlicht; daß sie dergleichen haben mußten, ersieht man aus den sonst unerklärbaren Ergebnissen. Ergänzende Bestätigungen dieser Behauptung liefern die mechanischen Anordnungen, welche einen Theil ihrer religiösen Betrügereien ausgemacht zu haben scheinen.

Wenn in einigen der schändlichen Mysterien des alten Roms das unglückliche Opfer von den Göttern entführt wurde; so hat man Grund zu glauben, daß dieses durch Hülfe von Maschinerien bewirkt wurde. Wenn *Apollonius*, von den indischen Weisen in den Tempel ihres Gottes geführt, die Erde unter seinen Füßen, wie ein empörtes Meer sich senken und heben fühlte, so befand er sich wahrscheinlich auf einem beweglichen Boden, der das Schwellen der Wogen nachahmte. Das rasche Niedersteigen derer, welche das Orakel in der Höle des *Trophonius* befragten – die beweglichen Dreifüße, welche *Apollonius* in den indischen Tempeln sah – die wandelnden Bildsäulen von *Antium* und in dem Tempel von *Hierapolis*, – und die hölzerne Taube des *Archytas*, sind Beispiele der mechanischen Hülfsmittel der alten Magier.

10 Unter allen Wissenschaften bietet jedoch die *Optik* die bewun-

dernswürdigsten Hülfsmittel dar. Das Vermögen, die entferntesten Gegenstände dem Beobachter so zu nähern, daß er sie mit den Händen glaubt greifen zu können; die Vergrößerung fast unsichtbarer Gegenstände der Körperwelt, zu gigantischen Gestaltungen, erfüllen selbst diese stets mit Bewunderung, welche die Mittel kennen, durch welche diese Erscheinungen bewirkt werden. Zwar war den Alten die Verbindung von Linsen und Spiegeln unbekannt, welche in unseren Mikroskopen und Teleskopen statt findet; allein die Eigenschaften der Linsen und Spiegel, aufrechte und verkehrte Bilder der Gegenstände zu bilden, muß ihnen nicht fremd gewesen seyn. Man hat Grund zu glauben, daß sie sich derselben bedienten, um ihre Göttererscheinungen zu bewirken; und in einigen Beschreibungen der optischen Darstellungen, welche in mehreren alten Tempeln die Schaulustigen unterhielten, erblicken wir alle Verwandelungen der neueren Phantasmagorie.

Es wäre eine interessante Untersuchung, die Nachrichten, welche uns die Geschichte in Hinsicht der Fabeln und Zaubereien des Aberglaubens der Vorzeit überliefert, zu sammeln, und zu zeigen, in wiefern sie sich aus dem Stande der damaligen wissenschaftlichen Kenntnisse erklären lassen. Bis zu einem gewissen Umfange ist dieses in einem vor Kurzem erschienenen Werke des Herrn *Eusebius Salverte*, über *die geheimen Wissenschaften*, geschehen. Allein ungeachtet der Freimüthigkeit und Gelehrsamkeit, mit welchen dasselbe verfaßt ist, sind doch die einzelnen Thatsachen zu sparsam, als daß dadurch die Theorie des Verfassers gehörig unterstützt wird, die Beschreibungen zu mager, um die Wißbegierde des Lesers zu befriedigen.

11

JOHANN SAMUEL TRAUGOTT GEHLER
(1751–1795)

Physikalisches Wörterbuch
Erster Theil (1787)

*[7]** *Alchymie*

Alchymie, Alchymia, Alchymie. Diesen Namen, der wegen des
vorgesetzten arabischen Artikels so viel, als *Chymie im vorzüglichen Verstande (Chymie par excellence)* bedeutet, legen die sogenannten Adepten ihrer vermeinten Wissenschaft bey, durch welche sie die Operationen der Natur im Innern der Erde, Erzeugung
und Verwandlung der Metalle u. dgl. nachzuahmen und auszuführen suchen. Seitdem man dem Golde durch einstimmigen Vergleich einen so hohen Werth beygelegt hat, seitdem hat auch die
der aufgeklärten Chymie so schädliche Raserey des Goldmachens
gewüthet. Ohne die noch bis jetzt unentschiedene Frage von der
Möglichkeit desselben zu untersuchen, überließen sich oft Köpfe,
92 die auf einem bessern Wege mehr zu leisten vermocht hätten, den
Trieben der Gewinnsucht, zogen ihre Untersuchungen gänzlich auf
den engen Punkt des Goldmachens zusammen, versteckten sich
bey ihren fehlgeschlagenen Erwartungen hinter den Schleyer einer
geheimnißvollen und räthselhaften Sprache, oder täuschten auch
wohl leichtgläubige Menschen durch kühne Betrügereyen. Um ihrer eitlen Kunst Ansehen zu verschaffen, schrieben sie ihr ein ho-
hes Alter zu, und suchten sie in den Lehren des *Hermes* und in der
Weisheit der alten Egyptier zu finden. Leider hat die Geschichte
der Chymie bis ins sechszehnte Jahrhundert keine andern als al-
chymistische Schriften aufzuweisen, in welchen durch eine Menge
von unverständlichen Worten und seltsamen Ideen nur hin und
wieder eine oder die andere nützliche Wahrheit durchschimmert.
Theophrastus Paracelsus Bombast von Hohenheim, ein berüchtig-

---

* Gehler [1787/1795], Erster Theil, S. 91–94

ter Alchymist des sechszehnten Jahrhunderts und ein Mann von ausschweifender Lebhaftigkeit, setzte zu den vorigen Thorheiten noch die vorgebliche Erfindung einer Universalmedicin hinzu, verbrannte in einem Anfalle von Raserey die Bücher der alten Aerzte, und ward, ob er gleich im acht und vierzigsten Jahre starb, dennoch der Stifter einer Secte, welche durch einen und ebendenselben Proceß sich Gold und Unsterblichkeit zu verschaffen suchte. Diejenigen unter seinen Nachfolgern, welche sich ihren Endzweck erreicht zu haben rühmten, nannten sich *Adepten,* und das Mittel, welches ihnen die Erfüllung ihrer Wünsche verschaffen sollte, den *Stein der Weisen,* so wie sie auch sich selbst den Namen der Feuerphilosophen *(Philosophi per ignem)* beylegten. So nannten sich in ältern Zeiten die Sterndeuter Mathematiker, wie Sextus Empirikus sagt, *magnifico nomine artis vanitatem exornaturi.*

Inzwischen ist doch unsere neuere durch Bemühungen verdienstvoller Männer so sehr aufgeklärte Chymie eine Tochter dieser übelberüchtigten Mutter, obgleich beyde mit einander nichts mehr, als den Namen, und einige im Gebrauch gebliebene Kunstworte und Bezeichnungen gemein haben. Schon im sechszehnten Jahrhundert, und zu den Zeiten des *Paracelsus* selbst, fiengen einige verständige und gelehrte Männer, z. B. *Agricola, Erker etc.* an, einen bessern Weg zu bezeichnen, indem sie zuerst deutlich und genau die Arbeiten des Bergbaues und der chymischen Bereitung der Erze beschrieben, welche bis dahin in einem stillen aber ununterbrochenen Fortgange getrieben und schon zu einer ziemlichen Vollkommenheit gebracht worden waren. Der Geschmack an den nützlichen Wissenschaften erweckte nach und nach mehrere, welche die bisher in den Händen gemeiner Arbeiter und Handwerker verborgen gelegnen technischen Handgriffe öffentlich bekannt machten, und weitere Untersuchungen darüber veranlaßten. Dies ist der eigentliche Ursprung der ächten neuern Chymie, mit welcher jedoch noch viele, wie *Libavius, Van Helmont, Borrichius* u. a. die alten alchymistischen Thorheiten zu vereinigen suchten.

Durch das ganze siebzehnte Jahrhundert hindurch hat der Streit zwischen Wahrheit und Irrthum in diesem Fache mit voller Lebhaftigkeit fortgedauret. Auf der einen Seite verbreiteten die Expe-

93

rimentaluntersuchungen der Naturforscher, die wichtigen Entdeckungen so vieler neuen Wahrheiten, der Umsturz eben so vieler alten Hypothesen etc. ein ganz unerwartetes Licht über die Naturlehre und Chymie; auf der andern sahe man noch oft die besten Köpfe den alten Ungereimtheiten nachhängen, und die sogenannte Gesellschaft der Rosencreuzer, die sich besonderer Geheimnisse rühmte, riß einige der größten Männer zu ihren Thorheiten hin. *Conring (De hermetica Aegyptiorum et nova Paracelsicorum medicina. Helmst. 1669.)* bestritt die Alchymie mit Gründlichkeit und Beyfall; da er aber die historischen Zeugnisse, auf welche sich die Alchymisten stützen, nicht genug zu entkräften gesucht hatte, so fand *Olaus Borrichius (De Hermetis, Aegyptiorum et Chemicorum, sapientia. Hafn. 1674.)* noch Stof genug zu einer Vertheidigung. Dennoch hat sich seit Conrings Widerlegung das herabgesunkene Ansehen der Alchymie unter den Gelehrten nie wieder ganz emporheben können; und die großen Erweiterungen, welche die ächte Chymie seit *Stahls* und *Boerhavens* Zeiten erhalten hat, haben dasselbe gänzlich zu Boden geschlagen.

94

Es hat inzwischen bis auf den heutigen Tag sowohl Betrüger als Betrogene gegeben, welche die alten Vorurtheile zu erneuern bemüht gewesen sind; und noch itzt schleicht im Dunkeln ein Hang zu vermeinten Geheimnissen und verborgenen Künsten, welche, so sehr sie auch von den wahren Gelehrten verachtet werden, dennoch einen großen Theil der Menschen an sich ziehen. Beweise hievon sind die Menge unverständlicher alchymistischer Schriften, welche noch jezt gesammlet, wieder aufgelegt, und mit Begierde gekauft und gelesen werden, die Entstehung eines eignen alchymistischen Magazins (*Schröters* neue Sammlung für die höhere Naturwissenschaft und Chemie, Frkf. u. Leipz. seit 1775. 8.), und Geschichten wie die des *Price* (s. Göttingisches Magazin 3ten Jahrgangs 3tes Stück), welche mit der so gepriesenen Aufklärung unsers Zeitalters in einem sonderbaren Contraste stehen. Diesen Thorheiten haben schon mehrere einsichtsvolle Chymiker, z. B. Herr *Wiegleb* (Historisch-kritische Untersuchung der Alchemie, oder eingebildeten Goldmacherkunst. Weimar 1777. 8.) zu steuren gesucht, und vielleicht darf man hoffen, in Zukunft durch mehrere Verbreitung der Wahrheit, und Entlarvung des unter der Decke vermeinter Geheimnisse verborgnen Betrugs, alle diese traurigen Ueberbleibsel der Barbarey und des Fanatismus gånzlich ausgetilget zu sehen.

[8] * Astrologie

Astrologie, Sterndeutekunst, Astrologia judiciaria s. genethliaca, Astrologie. Dies ist der Name der eitlen und betrügerischen Kunst, aus den Stellungen der Gestirne zukůnftige Dinge vorherzusagen.

Der Wahn, daß die Gestirne sowohl auf die Begebenheiten ganzer Völker, als auf die Sitten und Schicksale einzelner Menschen Einflůsse hätten, ist sehr alt, und nach *Bailly* (Geschichte der Sternkunde des Alterthums, 1. B. aus dem Franz. Leipzig 1777. 8. S. 310.) aus der Wahrnehmung ihrer Einflůsse auf Jahreszeiten, Witterung und Fruchtbarkeit entstanden. Ein Beweis dieses hohen Alters ist, daß sich die meisten astrologischen Vorhersagungen auf die Stellung der Sterne gegen den Horizont gründen, welches der erste Kreis war, den man am Himmel kennen lernte. Die Astrologie hat sich, nach den einstimmigen Zeugnissen der Alten, von den Chaldåern aus über die Nationen der folgenden Zeiten verbreitet. Die Sterndeuter werden auch bey den åltern Schriftstellern durchgångig *Chaldaei*, sonst genethliaci, genannt. In der Folge, da sich bald Gewinnsucht und vorsetzliche Betrügereien mit einmischten, gaben sie sich den Namen *Mathematici*, unter welchem sie zu den Zeiten der rômischen Kayser allgemein bekannt waren. *Vulgus, quos Chaldaeos gentilitio vocabulo dicere oportet, mathematicos vocat*, sagt *Gellius (Noct Act. L. I. c. 9.)*. Ihr Unfug war so groß, daß sie Tiber aus Rom vertrieb (*Sueton. vita Tib. c. 36.*). Der achtzehnte Titel des neunten Buchs im Codex ist *de maleficis et mathematicis* überschrieben; doch unterscheidet das zweyte Gesetz desselben ausdrücklich die geometrische Kunst von dieser sogenannten mathematischen. Für die Astronomie ist diese Vermischung mit Sterndeuterey mehr vortheilhaft als nachtheilig gewesen. Sie hat mehr Theilnehmung an den Himmelsgegebenheiten, mithin mehr Aufmerksamkeit auf dieselben, und mehr Be-   138

---

* Gehler [1787/1795], Erster Theil, S. 137–139

obachtungen veranlasset, auch der Astronomie bey manchen Nationen Beyfall und Ansehen verschaft.

Im mittlern Zeitalter erhielten sich die astrologischen Träumereien mit der Sternkunde zugleich unter den Arabern, von welchen uns verschiedene Schriften davon, hauptsåchlich Commentarien über des Ptolemåus Tetrabiblos, übriggeblieben sind. *Scaliger (Prolegom. ad Manil. p. 9.)* erzåhlt, daß im Jahre 1179 alle orientalische, christliche, jüdische und arabische Astrologen Briefe ausgesendet, und durch Verkündigung einer fürchterlichen Revolution auf das Jahr 1186, ein allgemeines Schrecken verbreitet håtten. Sollte man sich bey den berufenen *Ziehenschen* Prophezeihungen, wobey die Kabbala, das Buch Chevilla und der Stern Capella so låcherlich durcheinander geworfen werden, nicht um volle 600 Jahre zurückversetzt glauben?

Unter den ersten Beförderern der Sternkunde im Occident hiengen noch viele fest an diesem Aberglauben. Zwar bestritt schon gegen das Ende des funfzehnten Jahrhunderts *Pico*, Graf von Mirandola, die Irrthümer der Astrologie sehr gründlich, fand aber damals noch viel Widerspruch. Im 16ten Jahrhundert waren *Leovitius, Gauricus, Cardan* eifrige Vertheidiger des Sterndeutens. Der letztere trieb diese Thorheiten so weit, daß er dem Heilande der Welt die Nativität stellte *(Scaliger proleg. ad Manil. p. 8.)*, und soll sich zu Tode gehungert haben, um sein vorhergesagtes Sterbejahr nicht zu überleben. *Caspar Peucer (De praecipuis divinationum generibus. Viteb. 1560. 8.)* hat von der Astrologie mit vieler Gelehrsamkeit gehandlet. Noch im vorigen Jahrhunderte hiengen selbst große Astronomen an der Sterndeuterey, wovon sich in *Keplers* Briefwechsel (*Epistolae al Keplerum. ed. a Hanschio. Lipsiae 1817. fol.)* håufige Spuren finden. *Kepler* selbst stellte Nativitåten, wenn es verlangt ward, und soll sich Wallensteinen, der ihn 1629 nach Sagan berief, durch Vorhersagung seines Glücks zum Gönner *gemacht haben. Origanus (Ephemerides Brandenburg. Frf. 1605. gr. 4.)* setzte seinen Ephemeriden eine, sonst in guter Ordnung geschriebene, Einleitung in die Astrologie vor. *Morin (Astrologia Gallica. Hag. Com. 1661. fol.)* suchte die Sterndeutekunst aus physischen und mathematischen Gründen zu erweisen; zu seinem Werke soll die Königin von Polen Maria von Gonzaga eine ansehnliche Geldsumme hergegeben haben. Die

139

Astrologie galt etwas bey den Großen. Daher hat Herr *Kästner* (Schriften der götting. deutschen Gesellsch. II. Samml. 2.), gefragt: ob die Astronomen klug daran gethan haben, daß sie so ehrlich gewesen sind, die Astrologie aufzugeben. Endlich hat die völlige Bestätigung des Copernikanischen Systems und die allgemeinere Verbreitung der bessern Astronomie diese Thorheiten unterdrückt, und nur selten gelingt es noch der Schwärmerey oder dem Betruge, die Leichtgläubigen damit zu hintergehen.

EDUARD JAN DIJKSTERHUIS (1892–1965)
Die Mechanisierung des Weltbildes (1956)

[9]* Leonardo da Vinci

Es ist nicht leicht, sich eine einigermaßen deutliche Vorstellung über Inhalt und Bedeutung von *Leonardos* naturwissenschaftlichem Denken zu bilden. Die Notizbüchlein, in denen er alle Bemerkungen zu notieren pflegte, zu denen die Lektüre von Schriften anderer oder eigene Betrachtungen ihm Anlaß gaben, enthalten zwar zahllose Passagen über physikalische und technische Gegenstände, aber diese hängen untereinander oft so wenig zusammen, sind so fragmentarischer Art und bieten nicht selten so große Schwierigkeiten in der Interpretation, daß sich aus ihrem Studium nicht leicht ein scharfes Bild seiner wissenschaftlichen Persönlichkeit formt. Anfänglich fühlt man sich teils verwirrt durch die Vielheit der angeschnittenen Probleme und durch das immer wiederkehrende Abbrechen der Erörterung, teils überwältigt durch den Reichtum der entwickelten Gedanken, die Lebendigkeit und den bildhaften Charakter des Stils und den unverkennbaren Atem von Genialität, der alles durchdringt. Hat man bei fortgesetzter Lektüre diese beiden Ursachen der Trübung des kritischen Sinnes überwunden, dann erweist es sich immer noch als schwierig, zu einem richtigen Urteil über den wissenschaftlichen und historischen Wert des Gelesenen zu gelangen: es ist oft nicht möglich, durch die Unbestimmtheit der manchmal zu lyrischem Schwung gesteigerten Ausdrucksweise zum Gedanken des Verfassers durchzudringen; immer wieder bleibt man im ungewissen über die Bedeutung, die er verschiedenen, oft gebrauchten Ausdrücken beimißt, und es gelingt oft nicht, den logischen Zusammenhang zwi-

---

* Dijksterhuis [1956], S. 282–283

schen den demselben Thema gewidmeten Betrachtungen zu finden. Wenn man aber zum Schlusse, nachdem man sich dem suggestiven Einfluß der vielen, der naturwissenschaftlichen Betätigung *Leonardos* gewidmeten Studien, in denen seine Leistungen auf diesem Gebiet panegyrisch verherrlicht werden, so gut wie möglich entzogen hat, die nüchterne Frage stellt, was nun eigentlich das Resultat dieser seitenlangen Ergüsse, Betrachtungen und Probleme ist, welche positiven Beiträge zur Entwicklung der Naturwissenschaft in ihnen geliefert werden, dann kann man schwerlich zu einem anderen Ergebnis kommen, als daß diese an Zahl und Bedeutung geringer sind, als man auf Grund des Ansehens, das er überall genießt, erwarten dürfte.

Art und Inhalt seiner Aufzeichungen machen es ferner auch schwer, der verbreiteten Behauptung zuzustimmen, daß sie, wenn sie nur beizeiten bekannt geworden wären, die Geburt der klassischen Naturwissenschaft um ein oder anderthalb Jahrhunderte hätten beschleunigen können. Es ist kaum anzunehmen, daß diese chaotische Sammlung von Notizen, in der geniale Einfälle und ganz gewöhnliche Auszüge aus allbekannten Werken aufeinander folgen, in den Händen anderer das allgemeine Niveau des Wissenschaftsbetriebes mehr gehoben hätten, als jetzt, da der Autor sie sein ganzes Leben lang in Verwahrung gehalten hat und sie erst nach seinem Tode durch verschiedene Kanäle doch noch bekannt geworden sind. Oder meint man, daß sie eine solche Beschleunigung hätten bewirken können, wenn *Leonardo* sich daran gemacht hätte, seine Gedanken systematisch zu ordnen und in Buchform bekannt zu machen? Dann geht man von der Annahme aus, daß er für seine eigene Person zu einer genügend klaren und umfassenden Einsicht hätte kommen können oder vielleicht gekommen ist, um die notwendige Abrundung und Systematisierung wirklich auszuführen; diese Annahme wird aber gerade durch den chaotischen Charakter der Aufzeichnungen, durch die vielen darin vorkommenden Widersprüche, durch die Verschwommenheit der angewandten Terminologie, durch das Fehlen jeder Spur von logischem Aufbau sehr unwahrscheinlich gemacht. Darum kann man auch nicht, wie dies wohl geschieht, eine Kritik des in den Notizbüchern Niedergelegten auf Grund der Erwägung von der Hand weisen, daß sie eine Sammlung von Skizzen und Notizen enthalten, die ihren logischen Zusammenhang erst bei der Ausarbeitung zu einem Buche erhalten hätten. Unzweifelhaft ist ein Buch mehr als die Ansammlung von Aufzeichnungen und Entwürfen, aus denen es entstanden ist, aber ist anzunehmen, daß es Einsichten enthalten würde, von denen in diesen Aufzeichnungen und Entwürfen nichts zu verspüren ist? Es ist auch nicht richtig, zu behaupten, daß *Leonardo* seine Notizen nur für den persönlichen Gebrauch machte: als er am 22. März 1508 in Florenz das Manuskript beginnt, das heute als Arundel Manuskript 263 im Britischen Museum ruht, wendet er sich gleich zu Anfang an den Leser, und man begegnet zu oft verschiedenen Fassungen desselben Gedankens, um in ihnen keine Entwürfe für eine Publikation zu sehen. Sein Freund, der Mathematiker *Luca Pacioli*, erwähnt ein Werk über lokale Bewegung, Stoß und Gewicht und alle anderen Kräfte, das er zu vollenden suchte. Es hat unzweifelhaft symptomatische Bedeutung für die Struktur seines wissenschaftlichen Denkens, daß solche Publikationen nie fertig geworden sind.

NIKOLAUS SCHONBERG (1472–1537)
Kopernikus' Nachtarbeiten über den Weltenbau
(1536)

[10]* *Schonbergs Schreiben vom 1. November 1536 an*
  Kopernikus

Als vor einigen Jahren aus Aller Munde mir über Deine Tüchtigkeit berichtet wurde, begann ich Dich im höheren Masse geistig
lieb zu gewinnen, und auch unsern Zeitgenossen, unter denen Du
Dich mit so grossem Ruhme bedeckst, Glück zu wünschen. Denn
ich hatte erfahren, dass Du nicht nur die Theorieen der alten Mathematiker ausgezeichnet kennst: sondern dass Du auch eine neue
Weltanschauung begründet hast, nach welcher Du lehrst, dass sich
die Erde bewege, dass die Sonne den untersten und demnach den
mittelsten Ort der Welt einnehme, dass der achte Himmel unbewegt und ewig fest bleibe, und dass der Mond, zugleich mit den
von seiner Bahn eingeschlossenen Elementen, zwischen dem Himmel des Mars und dem der Venus gelegen, im jährlichen Laufe um
die Sonne sich bewege. Und über diese ganze Anschauungsweise
der Astronomie sollst Du Commentare geschrieben, und die berechneten Bewegungen der Planeten in Tafeln zusammengestellt
haben, zur grössten Bewunderung Aller. Deshalb, gelehrter
Mann, bitte ich Dich, wenn ich Dir nicht lästig falle inständigst,
dass Du diese Deine Entdeckung der gelehrten Welt mittheilst,
und Deine Nachtarbeiten über den Bau der Welt, zugleich mit den
Tafeln, und wenn Du sonst noch etwas hast, was sich auf denselben Gegenstand bezieht, sobald als möglich mir zuschickst. Ich
habe aber Dietrich von Rheden beauftragt, dass Alles auf meine
Kosten dort abgeschrieben und mir überbracht werde. Wenn Du
mir in dieser Angelegenheit willfahren wirst, so sollst Du sehen,

---

* Menzzer [1879/1939], S. 3

dass Du es mit einem Manne zu thun hast, dem Dein Name am Herzen liegt, und der so grosser Tüchtigkeit gerecht zu werden wünscht. Lebe wohl.

Rom, den 1. November 1536.

GEORG JOACHIM RHETIKUS (1514–1576)
Erster Bericht (1540)

[11] *   *Ein Buch zur Rettung der Beobachtungen*

Dem hochberühmten Herrn   30
Johannes Schöner
sagt in kindlicher Verehrung Gruß
Georg Joachim Rhetikus

Am 14. Mai sandte ich in Posen einen Brief an Dich ab, in dem ich Dir meine Reise nach Preußen mitgeteilt und versprochen habe, mich so bald als möglich darüber zu äußern, ob der Erfolg dem Hörensagen und meiner Erwartung entspreche. Zwar konnte ich nunmehr kaum 10 Wochen auf das Studium des astronomischen Werkes des H. Doctor [Kopernikus], zu dem ich mich zurückgezogen habe, verwenden sowohl wegen einer leichten Unpäßlichkeit als besonders, weil ich auf den ehrenvollen Ruf des hochwürdigsten Herrn, H. Tiedemann Giese, des Bischofs von Kulm, zusammen mit meinem H. Lehrer nach Löbau gereist bin und einige Wochen von meinen Studien ausgeruht habe; nun will ich aber doch, um endlich mein Versprechen zu erfüllen und Deinen Wünschen zu genügen, so kurz und klar als möglich die Ansicht meines H. Lehrers über die Fragen, die ich studierte, darlegen.

Zuerst möchte ich, daß Du, hochgelehrter H. Schöner, Dir diesen Mann, dessen Betreuung ich mich jetzt erfreue, in jedem Zweig der Wissenschaften und in der Kenntnis der Astronomie ebenso bedeutend wie Regiomontan vorstellst. Lieber jedoch vergleiche ich ihn mit Ptolemäus, nicht weil ich Regiomontan für ge-

---

* Zeller [1943], S. 30–32

ringer halte als Ptolemäus, sondern weil mein Lehrer dieses Glück mit Ptolemäus gemeinsam hat, daß er die in Angriff genommene Verbesserung der Astronomie mit Hilfe der göttlichen Güte vollendet hat, während – o grausames Schicksal – Regiomontan vor Vollendung seines Werkes aus dem Leben schied.

Der H. Doctor, mein Lehrer, hat 6 Bücher verfaßt, in denen er die ganze Astronomie vollständig behandelt hat, indem er in Nachahmung des Ptolemäus die Einzelfragen mathematisch und geometrisch darlegt und erklärt.

Das erste Buch enthält eine allgemeine Beschreibung des Weltalls und die Grundsätze, mit deren Hilfe er es unternehmen will, die Beobachtungen und Erscheinungen aller Zeiten zu retten.

Danach schließt er die nach seiner Ansicht für sein Vorhaben nötigen Abschnitte aus der Lehre von den Sinus, den ebenen und den sphärischen Dreiecken an.

Das zweite behandelt die Lehre von der ersten Bewegung und die Erscheinungen bei den Fixsternen, die er an dieser Stelle anzuführen für geboten hielt.

Das dritte handelt von der Bewegung der Sonne, und da die Erfahrung ihn lehrte, daß die Länge des von den Nachtgleichen an berechneten Jahres auch von der Bewegung der Fixsterne abhängt, zeigt er im ersten Teil dieses Buches, wie man durch eine richtige Methode und mit wahrhaft göttlicher Geschicklichkeit die Fixsternbewegungen und die Änderungen der Wendepunkte und der Nachtgleichen erforscht.

Das vierte Buch behandelt die Bewegung des Mondes und der Finsternisse.

Das fünfte Buch die Bewegungen der übrigen Planeten.

Das sechste die Breiten.

Die drei ersten Bücher habe ich durchstudiert, von dem vierten den Hauptgedanken erfaßt, von den übrigen aber zunächst die Hypothesen begriffen. Über die beiden ersten glaube ich Dir nichts schreiben zu müssen; und zwar teils wegen einer ganz besonderen Absicht von mir[1], teils weil die Lehre von der ersten Bewegung von der allgemeinen und überkommenen Art nur darin abweicht, daß er die Tabellen der Deklinationen, der Rektaszensionen, der Aszensionaldifferenzen und die übrigen zu diesem Teil der Lehre gehörenden Tafeln neu so aufstellte, daß sie an die Beobachtungen aller Zeiten durch einen verhältnismäßigen Anteil angeglichen werden können. So weit ich für jetzt den Inhalt des dritten Buches mit den jetzigen schwachen Kräften meines Geistes verstehen kann, werde ich ihn Dir zusammen mit den Hypothesen aller übrigen Bewegungen mit Gottes Hilfe verständlich berichten.

[12]* Die neuen Hypothesen der Astronomie

Ich unterbreche Deine Gedanken, hochberühmter Herr; denn beim Anhören der Gründe für die Erneuerung der Hypothesen der Astronomie, die von meinem H. Lehrer mit vortrefflicher Gelehrsamkeit und höchstem Eifer aufgespürt wurden, denkst Du, wie ich sehe, im Geiste bei Dir darüber nach, welches denn eigentlich das wohlgefügte Hypothesensystem der astronomischen Wiedergeburt sein wird; ebenso wie die anderen echten Mathematiker und alle wackeren Männer bist Du der Ansicht, daß jene Menschensorte, welche die Sterne allzumal nach ihrer Willkür wie am Gängelband im Äther herumzuführen versucht, eher Mitleid als Haß verdient. Da Du wohl weißt, welche Bedeutung die Hypothesen oder Theorien bei den Astronomen haben, und wie sehr der Mathematiker sich vom Physiker unterscheidet, stellst Du, wie ich fühle, auch das fest, daß man sich der Annahme, auf welche die Beobachtungen und Zeugnisse des Himmels selbst immer wieder hinweisen, anschließen und unter Gottes Führung und mit der Mathematik und unermüdlichem Eifer als Genossen jede Schwierigkeit mit Ausdauer überwinden müsse. Wenn nun einer glaubt, über das höchste und vornehmste Ziel der Astronomie nachdenken zu müssen, dann wird er mit uns dem H. Doktor, meinem Lehrer, Dank wissen und bedenken, daß auch für ihn jenes Wort des Aristoteles[2] gelte, »daß man den Entdeckern dankbar sein müsse, wenn einer auf die genaueren Naturgesetze stoße«. Auch bestärkt uns Aristoteles[3] durch des Kalippus und sein eigenes Beispiel in der Überzeugung, daß die Wiederherstellung der Astronomie einzurichten sei nach den Ursachen der Erscheinungen, die man bestimmen muß, je nachdem sich die verschiedenen Bewe-

60

---

* Zeller [1943], S. 59–61

gungen der Himmelskörper dargeboten haben. Deshalb möchte ich hoffen, daß auch Averroes[4], der nicht gerade milde Aristarch[5] des Ptolemäus, die Hypothesen des H. Lehrers nicht allzu streng aufnehmen würde, wenn anders er die Naturlehre gerecht beurteilen möchte. Nach meiner Meinung wäre Ptolemäus, wenn ihm die Rückkehr ins Leben gegeben würde, gerade auf seine eigenen Theorien so wenig versessen und verschworen, daß er zum Aufbau einer wahren Himmelslehre, sobald er den königlichen Weg durch die Trümmer so vieler Jahrhunderte behindert und ungangbar gemacht fände, nicht auch noch einen anderen Weg über Länder und Meere suchen würde, da man ja über die Lüfte und den freien Himmel weniger gut zum gewünschten Ziele aufsteigen kann.

Was anderes soll ich denn über ihn feststellen, von dem die folgenden Worte stammen[6]: »Auch die unbewiesenen Voraussetzungen können, wenn sie sich einmal mit der Erscheinungswelt in Übereinstimmung befinden, nicht ohne irgendeine Methode und Überlegung gefunden worden sein, auch wenn die Art und Weise ihrer Auffindung schwer herauszubringen ist. Da ja überhaupt die Ursache der ersten Anfänge von Natur aus entweder gar nicht vorhanden oder nur schwer zu erklären ist.« Wie ehrfürchtig aber und wie klug Aristoteles über die Lehre von den himmlischen Bewegungen spricht, ist überall in seinen Büchern zu lesen. Auch sagt er anderswo[7]: »Denn es ist die Aufgabe des Gebildeten, auf jedem Gebiet bis zu dem Grad der Genauigkeit zu forschen, welchen die Natur des Gegenstandes zuläßt«. Da man aber sowohl in der Naturkunde wie in der Astronomie meistens von den Wirkungen und Beobachtungen zu den Grundgesetzen fortschreitet, so glaube ich sicher, daß Aristoteles, wenn er die Gründe für die neuen Hypothesen gehört hätte, so wie er die Abhandlungen über das Schwere, das Leichte, die Kreisbewegung, über Bewegung und Ruhe der Erde mit größter Gewissenhaftigkeit ausgearbeitet hat, auch ganz zweifellos offen bekennen würde, was von ihm auf dem vorliegenden Gebiet bewiesen worden ist, und was er als Grundsatz ohne Beweis angenommen hat. Deshalb möchte ich glauben, daß er auch meinem H. Lehrer zustimmen würde, da ja nach den Berichten feststeht, daß von Plato mit vollem Recht gesagt wurde, Aristoteles sei der Philosoph der Wahrheit. Wenn er dagegen in sehr harte Worte ausbrechen würde, so könnte ich nicht anders glauben, als daß er den Zustand dieses schönsten Teils der Philosophie mit folgenden Worten laut beklagen würde: »Ganz treffend wird von Plato behauptet[8], daß die Geometrie und die von ihr abhängigen Wissenschaften zwar über das Seiende träumen, daß sie aber darüber hinaus nichts erkennen können, solange sie Hypothesen benützen, die sie unverändert lassen, obwohl sie einen Grund für sie nicht angeben können«, und hinzufügen würde: »Man muß den unsterblichen Göttern dafür sehr dankbar sein, daß man den ausreichenden Grund der Erscheinungen kennt«. Da nun aber diese Dinge nicht so sehr hierher als zu einer ganz anderen Untersuchung gehören, will ich fortfahren, die Hypothesen des H. Doktors, meines Lehrers, welche noch weiterhin ausstehen, frei und der Reihe nach darzulegen, damit auch auf das oben Gesagte einiges Licht fällt.

[13]* Die Einteilung des Weltalls

Aristoteles sagt[9]: »Am wahrsten ist das, was die Begründung für spätere Wahrheiten ist.« So ist es, wenn mein H. Lehrer sich vornahm, er müsse solche Hypothesen annehmen, welche die Gründe 62 in sich enthielten, daß die Wahrheit der Beobachtungen der früheren Jahrhunderte bestätigt würde, und die, wie zu hoffen, die Ursachen wären, daß für die Zukunft alle astronomischen Vorhersagungen über die Erscheinungen sich als wahr erweisen. Zuerst stellte er nach Überwindung nicht geringer Schwierigkeiten durch eine Hypothese fest: Die Fixsternsphäre, die wir gewöhnlich die achte nennen, ist von Gott deswegen geschaffen, daß sie jener Raum ist, der in seiner Wölbung die ganze Schöpfung umfaßt; er hat sie daher als den Ort des All fest und unbeweglich gegründet. Und da nun eine Bewegung nur durch Vergleich mit irgendeinem festen Ding wahrgenommen wird, wie die Seefahrer[10], »für die keine Länder mehr, nur Himmel ringsum und rimgsum Meer sichtbar sind«, im windstillen Ozean keine Bewegung des Schiffes merken, obwohl sie mit so großer Geschwindigkeit fahren, daß sie in einer Stunde sogar einige große Meilen durchmessen: so hat Gott,

* Zeller [1943], S. 61–66

119

um unseretwillen freilich, dieses Rund mit so vielen strahlenden Kügelchen ausgeschmückt, daß wir an ihnen, die ohne Zweifel an ihrem Platz festhaften, die Stellungen und Bewegungen anderer eingeschlossener Planetenbahnen wahrnehmen.

Ferner hat Gott, was gewiß hiermit übereinstimmt, in die Mitte dieses Schauplatzes die Sonne, die in göttlicher Majestät erstrahlt, gestellt als seinen Statthalter in der Natur und Herrscher des Weltalls, daß

> »Schreiten nach ihren Takt die Götter beim Tanz, und das All sich
> Beug dem Gesetz, das sie gibt, und lauf die gebotenen Bahnen«.[11]

Die übrigen Kreisbahnen sind in folgender Weise verteilt: Den ersten Platz unter dem Firmament oder Sternhimmel hat die Bahn des Saturn erhalten, unter ihr hat die des Jupiter, dann die des Mars ihren Platz, die Sonne wird aber durch die Kreisbahn des Merkur und die der Venus umgeben, so daß die Mittelpunkte der fünf Planetenbahnen sich in der Umgebung der Sonne befinden. Aber da zwischen dem konkaven Umfang der Mars- und dem konvexen der Venusbahn ein hinreichend weiter Raum übrig ist, wird die Erdkugel mit den zugehörigen Elementen, umgeben von der Bahn des Mondes, von einer sehr großen Bahn, die in sich die Bahnen des Merkur und der Venus und ebenso die Sonne einschließt, herumgeführt, so daß sie nicht anders als einer von den Sternen inmitten der Planeten ihre eigene Bewegung ausführt.

Wenn ich diese Verteilung des ganzen Universums nach dem Sinn meines Lehrers etwas gründlich überdenke, erkenne ich, daß Plinius[12] zugleich klar und richtig gedacht hat, wenn er sagt: »Die Dinge außer der Welt oder dem Himmel, durch dessen Wölbung die ganze Schöpfung überspannt wird, zu untersuchen, ist für den Menschen weder wichtig, noch kann der menschliche Geist etwas über sie vermuten«, und er fügt an: »Heilig ist sie, unermeßlich, ganz im Ganzen, ja fürwahr selbst das Ganze, endlich und dem Unendlichen ähnlich usw.«. Denn wenn wir uns an meinen Herrn Lehrer anschließen, wird es außerhalb der Höhlung des Sternenhimmels nichts geben, was wir erforschen können, außer was die

Hl. Schriften uns über diese Dinge wissen lassen wollten; dann wird auch der Weg verschlossen sein, außerhalb dieser Höhlung irgendwelche Feststellungen zu treffen. Deshalb werden wir als hochheilig mit Dank gegen Gott bewundern und betrachten diese ganze übrige von Gott in den Sternenhimmel eingeschlossene Natur, zu deren Erforschung und Erkenntnis er uns mit vielen Untersuchungsmethoden, unzähligen Werkzeugen und Gaben überhäuft und befähigt hat, und wir werden gewiß so weit fortschreiten, wie er selbst gewollt hat, und nicht versuchen, die von ihm gesetzten Grenzen zu überschreiten.

Daß außerdem die Welt, auch was ihren hohlen Innenraum betrifft, unermeßlich und dem wahrhaft Unendlichen ähnlich ist, ist ja schon deshalb unzweifelhaft, weil alle Sterne flimmern mit Ausnahme der Planeten, auch des Saturn, der sich im größten Kreis bewegt, weil er ihrer Himmelswölbung am nächsten ist. Aber diese gleiche Tatsache geht noch viel klarer durch Beweise aus den Annahmen meines Herrn Lehrers hervor. Die »große Bahn«, welche die Erde trägt, hat nämlich zu den Kreisen der fünf Planeten ein wahrnehmbares Verhältnis, von dem nämlich jede Ungleichmäßigkeit der Erscheinungen bei diesen Planeten herrührt, wie man mit Hilfe ihrer Stellungen zur Sonne beweist; ferner teilt jeder Horizont auf der Erde wie ein Großkreis des Universums die Himmelskugel in gleiche Teile; auch wird bewiesen, daß die Bahnen ihrer Bewegungen gegen die Fixsterne Gleichmäßigkeit besitzen: aus diesen Gründen ist es klar genug, daß der Fixsternhimmel dem Unendlichen am allermeisten gleicht, weil ja die »große Bahn« im Vergleich mit ihm verschwindet und alle Erscheinungen nicht anders wahrgenommen werden, als habe die Erde ihren Sitz inmitten des Weltalls aufgeschlagen.

Ferner möchte ich zwar behaupten, daß die bewundernswerte und sowohl Gottes, des Baumeisters, wie dieser göttlichen Körper ganz würdige Symmetrie und Verflechtung der Bewegungen und Bahnen, die durch die Annahme der vorgenannten Hypothesen aufrechterhalten wird, rascher im Geiste (wegen der Verwandtschaft, die er mit dem Himmel hat) begriffen, als durch irgendeine menschliche Sprache geschildert werden kann; so prägen sie sich gewöhnlich bei den Beweisführungen unserem Geist nicht so sehr durch Worte, als durch die – um mich so auszudrücken – vollkommenen und reinen Vorstellungen dieser lieblichsten Erscheinungen ein; aber trotzdem ist auch bei einer allgemeinen Betrachtung der Hypothesen zu sehen, auf welche Weise sich die in der Tat unaussprechliche Übereinstimmung und Harmonie aller zeigt. Denn abgesehen davon, daß bei den gewöhnlichen Hypothesen kein Ende der zu ersinnenden Kugeln zu sehen war, drehten sich die Bahnen, deren Unermeßlichkeit durch keinen Sinn und Verstand erfaßt werden konnte, in sehr langsamen und sehr schnellen Bewegungen herum, und andere stellten die Behauptung auf, daß alle unteren Sphären von der oberen beweglichen bei der täglichen Bewegung mitgerissen werden; trotzdem konnte man durch die 65 größte Menge von Streitgesprächen, die immer wieder über diese Frage angeregt wurden, noch nicht bestimmen, in welcher Weise eine obere Kugel Einfluß auf eine untere ausübe; andere wie Eudoxus und seine Anhänger sprachen jedem einzelnen Stern eine eigene Bahn zu, durch deren Drehung er sich in einem natürlichen Tag einmal um die Erde bewegen sollte. Überdies, ihr unsterblichen Götter, welcher Waffenlärm, welch großer Streit war bis jetzt über die Lage der Bahnen der Venus und des Merkur und ihre Stellung zur Sonne! Wahrlich heute noch ist der Streit unentschieden, und wen gibt es fürderhin, der nicht sähe, daß es ziemlich schwer und geradezu unmöglich ist, diesen Streit jemals unter Aufrechterhaltung dieser gewöhnlichen Hypothesen zu schlichten. Was würde nämlich entgegenstehen, wenn jemand, jedoch unter Beibehaltung des gegenseitigen Verhältnisses der Bahnen und Epizykel, den Saturn sogar unter die Sonne stellen würde, da in eben diesen Hypothesen die gemeinsame gegenseitige Ausmessung der Planetenbahnen noch nicht so nachgewiesen ist, daß durch sie jede beliebige Bahn an ihrem Ort geometrisch abgegrenzt würde. Laßt mich immerhin hier mit Schweigen übergehen, welche Tragödien die Schmäher dieses schönsten und lieblichsten Teils der Philosophie aufgeführt haben wegen der Größe des Epizykels der Venus und wegen der Behauptung, daß die Bewegungen der himmlischen Bahnen um die eigenen Mittelpunkte durch die Annahme von Ausgleichkreisen als ungleichmäßig angesehen wurden.

In den Hypothesen meines H. Lehrers ist aber, wie gesagt, der Kreis der Fixsterne als die Grenze festgelegt, und jede beliebige

Planetenbahn schreitet in der ihr von der Natur erteilten Bewegung gleichförmig einher, vollendet ihren Umlauf und leidet keinerlei Zwang von einer oberen Bahn, so daß sie nach verkehrter Seite gerissen würde. Nimm dazu, daß die größeren Bahnen die Umläufe langsamer, die der Sonne, von der, wie man sagen könnte, die Bewegung und das Licht ihren Anfang nehmen, näheren aber, wie es sich gehörte, ihre Umgänge schneller vollenden. Daher legt Saturn in voller Freiheit seinen Weg unter der Ekliptik zurück und vollendet einen Umlauf in 30 Jahren, Jupiter in 12, Mars in zwei, der Mittelpunkt der Erde aber bestimmt die Dauer des Sternjahres. Die Venus durchläuft den Tierkreis in 9 Monaten, Merkur, der auf dem kleinsten Kreis die Sonne umgibt, durchwandelt die Welt in 80 Tagen. Und es sind so nur 6 Kreise, welche die Sonne, den Mittelpunkt des Weltalls, umgeben; von ihnen ist die »große Bahn«, welche die Erde trägt, das gemeinsame Maß; ebenso ist der Halbmesser der Erdkugel das der Mondbahnen und auch das des Abstandes der Sonne vom Mond usw.

Und wahrlich wer hätte eine zweite geschicktere und würdigere Zahl als die Sechs wählen können oder eine, mit der man leichter die Sterblichen überzeugen könnte, daß dieses ganze Weltall von Gott, dem Gründer und Schöpfer der Welt, in seine Kreisbahnen eingeteilt worden ist? Denn diese Zahl wird sowohl in den heiligen Weissagungen Gottes wie von den Pythagoräern und den übrigen Philosophen am allermeisten gerühmt. Was ziemt sich aber für diesen Gottschöpfer mehr, als daß dieses sein vornehmstes und vollkommenstes Werk in die vornehmste und zugleich vollkommenste Zahl eingeschlossen wird! Dazu kommt, daß auf diese Weise von den vorgenannten sechs beweglichen Kreisbahnen die himmlische Harmonie bewirkt wird, bei der alle Bahnen sich in der Art folgen, daß von der einen zur anderen kein unermeßlicher Zwischenraum bleibt und jede, durch Geometrie abgegrenzt, ihren Platz derart wahrt, daß man mit dem Versuch, irgendeine von ihrer Stelle zu bewegen, zugleich das ganze System zerrüttet. Nach diesen allgemeinen Kostproben laßt uns nun zur Aufzählung der Kreisbewegungen schreiten, die zu den einzelnen Bahnen und den anhängenden und daraufliegenden Körpern gehören. Zuerst aber werden wir über die Hypothesen der Bewegungen der Erdkugel, auf der wir seßhaft sind, sprechen.

Anmerkungen

1 Zeller schließt sich der Auffassung an, Rhetikus habe sich hier auf seinen Plan bezogen, ein trigonometrisches Werk herauszugeben.

2 Aristoteles, Über den Himmel; Buch 1, Kap. V.

3 Aristoteles, Metaphysik; Buch 12, Kap. VIII. Dort bemerkt Aristoteles, daß nach Kalippus zu den Sphären des Endoxus bei Sonne und Mond noch zwei weitere Sphären hinzugefügt werden müßten, um die Erscheinungen zu erklären.

4 Der in Cordoba wirkende Gelehrte (1126–1198) hatte einen Kommentar zum Almagest verfaßt.

5 Es handelt sich hier um den weniger bekannten Literaturkritiker Aristarch von Samothrake und nicht um den gleichnamigen Astronomen.

6 Ptolemäus, Almagest; Buch 9, Kap. II.

7 Aristoteles, Ethik; Buch 1, Kap. I.

8 Plato, Staat; Buch 7.

9 Aristoteles, Metaphysik; Buch 2, Kap. I

10 Das »Seefahrer-Gleichnis« wurde u. a. auch schon bei Nikolaus von Kusa angeführt.

11 Pontanus, An den Himmel, Wiedergegeben in Opera Omnia, Venedig 1513. Dort S. 6.

12 Plinius, Hist. nat.; Buch 2, Kap. 1.

ANDREAS OSIANDER (1498–1552)
Ein unerbetenes Vorwort (1543)

[14]* Hypothesen sind keine Glaubensartikel, sondern Grundlage für die Berechnungen

Ich zweifle nicht, dass manche Gelehrte über den schon allgemein verbreiteten Ruf von der Neuheit der Hypothesen dieses Werkes, welches die Erde als beweglich, die Sonne dagegen als in der Mitte des Universums unbeweglich hinstellt, sehr aufgebracht und der Meinung sein mögen, dass die freien und schon vor Zeiten richtig begründeten Wissenschaften nicht hätten gestört werden sollen. Wenn sie aber die Sache genau erwägen wollten, würden sie finden, dass der Verfasser dieses Werkes nichts unternommen hat, was getadelt zu werden verdiente. Denn es ist des Astronomen eigentlicher Beruf, die Geschichte der Himmelsbewegungen nach gewissenhaften und scharfen Beobachtungen zusammenzutragen, und hierauf die Ursachen derselben, oder Hypothesen darüber, wenn er die wahren Ursachen nicht finden kann, zu ersinnen und zusammen zu stellen, aus deren Grundlagen eben jene Bewegungen nach den Lehrsätzen der Geometrie, wie für die Zukunft, so auch für die Vergangenheit richtig berechnet werden können. In beiden Beziehungen hat aber dieser Meister Ausgezeichnetes geleistet. Es ist nämlich nicht erforderlich, dass diese Hypothesen wahr, ja nicht einmal, dass sie wahrscheinlich sind, sondern es reicht schon allein hin, wenn sie eine mit den Beobachtungen übereinstimmende Rechnung ergeben; es müsste denn Jemand in der Geometrie und Optik so unwissend sein, dass er den Epicyclus der Venus für wahrscheinlich und ihn für die Ursache davon hielte, dass sie um vierzig Grade und darüber zuweilen der Sonne voraus-

---

* Menzzer [1879/1939], S. 1–2

geht; zuweilen ihr nachfolgt. Denn wer sieht nicht, wie bei dieser Annahme nothwendig folgen würde, dass der Durchmesser dieses Planeten in der Erdnähe mehr als viermal, der Körper selbst aber mehr als sechszehnmal so gross erscheinen müsste, als in der Erdferne, und dem widerspricht doch die Erfahrung jeden Zeitalters. Es giebt auch noch andere, nicht geringere Widersprüche in dieser Lehre, welche wir hier nicht zu erörtern brauchen. Denn es ist hinlänglich bekannt, dass diese Lehre die Ursachen der scheinbar ungleichmässigen Bewegungen einfach gar nicht kennt; und wenn sie welche in der Vorstellung erdenkt, wie sie denn sicherlich sehr viele erdenkt: so erdenkt sie dieselben keineswegs zu dem Zwecke, um irgend Jemanden zu überreden, dass es so sei, sondern nur dazu, damit sie die Rechnung richtig begründen. Da aber für eine und dieselbe Bewegung sich zuweilen verschiedene Hypothesen darbieten, wie bei der Bewegung der Sonne die Excentricität und der Epicyclus, so wird der Astronom diejenige am liebsten annehmen, welche dem Verständnis am Leichtesten ist. Der Philosoph wird vielleicht mehr Wahrscheinlichkeit verlangen, keiner von Beiden wird jedoch etwas Gewisses erreichen, oder lehren, wenn es ihm nicht durch göttliche Eingebung enthüllt worden ist. Gestatten wir daher auch diesen Hypothesen, unter den, durch Nichts wahrscheinlicheren, alten bekannt zu werden, zumal da sie zugleich bewundrungswürdig und leicht sind, und einen ungeheuren Schatz der gelehrtesten Beobachtungen mit sich bringen.

Möge Niemand in Betreff der Hypothesen etwas Gewisses von der Astronomie erwarten, da sie Nichts dergleichen leisten kann, damit er nicht, wenn er das zu anderen Zwecken Erdachte für Wahrheit nimmt, thörichter aus dieser Lehre hervorgehe, als er gekommen ist.   Lebe wohl.

NIKOLAUS KOPERNIKUS (1473–1543)
De Revolutionibus (1543)

[15]* *Argumente für die Erdbewegung*

VORREDE VON NICOLAUS COPERNICUS 5
ZU DEN
BÜCHERN DER KREISBEWEGUNGEN
AN DEN PONTIFEX MAXIMUS PAPST PAUL III.

Heiligster Vater, ich kann mir zur Genüge denken, daß gewisse
Leute, sobald sie erfahren, daß ich in diesen meinen Büchern, die
ich über die Kreisbewegungen der Sphären des Weltalls[1] geschrieben habe, der Erdkugel gewisse Bewegungen beilege, sogleich erklären möchten, ich sei mit solcher Meinung zu verwerfen. Ich bin
mit meinen Arbeiten nicht in dem Maße zufrieden, daß ich nicht
wohl erwägen sollte, wie andere über sie urteilen werden. Und
obgleich ich weiß, daß die Einsicht des Philosophen dem Urteil der
Menge entzogen ist, weil sein Bestreben darin liegt, die Wahrheit
in allen Dingen, soweit dies der menschlichen Vernunft von Gott
erlaubt ist, zu erforschen, so halte ich doch dafür, daß man Meinungen vermeiden müsse, die weit davon entfernt sind, richtig zu
sein. Als ich daher mit mir selbst zurate ging, für welch »mißtönen-
den Ohrenschmaus« diejenigen, die die Meinung von der Unbe-
weglichkeit der Erde auf Grund des Urteils vieler Jahrhunderte für
bestätigt annehmen, es halten werden, wenn ich dagegen behaupte, die Erde bewege sich, so war ich lange unschlüssig, ob ich
meine Kommentare, die ich zum Beweis ihrer Bewegung geschrieben habe, herausgeben solle, oder ob es besser wäre, dem Beispiel

---

* Klaus [1959], S. 5–17. Das Manuskript dieser Vorrede wurde wahrscheinlich
1542 abgefasst.

der Pythagoreer und einiger anderer zu folgen, welche die Geheimnisse der Philosophie nur ihren Verwandten und Freunden, nicht schriftlich, sondern mündlich zu überliefern pflegten, wie dies der Brief des Lysis an Hipparch[2] beweist. Sie scheinen mir dies nämlich nicht, wie einige glauben, um der Deutlichkeit der zu vermittelnden Lehren willen getan zu haben, sondern damit die schönsten und durch eifriges Studium bedeutender Männer erforschten Dinge nicht von denen verachtet würden, die es entweder verdrießt, anderen als einträglichen Wissenschaften große Mühe zu widmen, oder die, wenn sie durch Ermahnungen und durch das Beispiel anderer zu dem freien Studium der Philosophie getrieben werden, dennoch wegen der Beschränktheit ihres Geistes sich unter den Philosophen ausnehmen wie die Drohnen unter den Bienen. Als ich mir das also reiflich überlegte, hätte mich die Verachtung, die ich wegen der Neuheit und scheinbaren Widersinnigkeit meiner Meinung zu befürchten hatte, fast bewogen, das fertige Werk ganz beiseite zu legen.

Aber meine Freunde brachten mich, der ich lange zauderte und sogar mich widersetzte, davon wieder ab. Unter ihnen war es vor allem der auf allen Wissensgebieten berühmte Kardinal von Capua, Nicolaus Schonberg; nächst ihm mein sehr geliebter Tidemann Giese, Bischof von Kulm, der sich mit gleich hohem Eifer der Theologie und allen guten Wissenschaften widmet. Dieser nun hat mich oft ermahnt und zuweilen unter Vorwürfen dringend verlangt, dieses Buch endlich herauszugeben, das bei mir nicht nur neun Jahre[3], sondern bereits in das vierte Jahrneunt hinein verborgen lag. Dasselbe verlangten von mir nicht wenige andere ausgezeichnete und sehr gelehrte Männer, indem sie mich ermahnten, mich nicht länger wegen der gehegten Besorgnis zu weigern, mein Werk dem allgemeinen Nutzen der Mathematiker zugänglich zu machen. Je widersinniger jetzt meine Lehre von der Bewegung der Erde den meisten erscheine, meinten sie, desto mehr Bewunderung und Dank werde sie ernten, wenn jene durch die Herausgabe meiner Kommentare den Nebel des Widersinnigen durch die klarsten Beweise beseitigt sehen würden. Solche Ermahnungen also und diese Hoffnung bewogen mich, meinen Freunden endlich zu erlauben, die Herausgabe des Werkes, die sie so lange schon von mir gewünscht hatten, zu besorgen.

Aber Deine Heiligkeit wird vielleicht nicht so sehr darüber ver-
wundert sein, daß ich es gewagt habe, diese meine Nachtarbeiten
zutage zu fördern, nachdem ich mir bei der Ausarbeitung derselben soviel Mühe gegeben habe, daß ich ohne Scheu meine Gedanken über die Bewegung der Erde den Wissenschaften anvertrauen
kann, sondern sie erwartet vielmehr von mir zu hören, wie es mir
in den Sinn gekommen ist zu wagen, gegen die angenommene Meinung der Mathematiker, ja beinahe gegen den gemeinen Menschenverstand, mir irgendeine Bewegung der Erde vorzustellen.
Deshalb will ich Deiner Heiligkeit nicht verhehlen, daß mich zum
Nachdenken über eine andere Art, die Bewegungen der Sphären
des Weltalls zu berechnen, nichts anderes bewogen hat als die Einsicht, daß sich selbst die Mathematiker bei ihren Untersuchungen
hierüber nicht einig sind. Denn erstens sind sie über die Bewegung
der Sonne und des Mondes so im ungewissen, daß sie die ewige
Größe des vollen Jahres nicht abzuleiten und zu beobachten vermögen. Zweitens wenden sie bei Feststellung der Bewegungen sowohl jener als auch der übrigen fünf Planeten weder dieselben
Grund- und Folgesätze noch dieselben Beweise für die zu beobachtenden Umkreisungen und Bewegungen an. Die einen bedienen sich nämlich nur der konzentrischen, die anderen der exzentrischen und epizyklischen Kreise, durch die sie jedoch das Erstrebte
nicht völlig erreichen. Denn diejenigen, die sich zu den konzentrischen Kreisen[4] bekennen, obgleich sie beweisen, daß einige un-
gleichmäßige Bewegungen aus ihnen zusammengesetzt werden
können, haben dennoch daraus nichts Bestimmtes festzustellen
vermocht, was unzweifelhaft den Beobachtungen entspräche.
Diejenigen aber, welche die exzentrischen Kreise[5] ersannen, haben, obgleich sie durch dieselben die zu beobachtenden Bewegungen zum großen Teil mit zutreffenden Zahlen gelöst zu haben
scheinen, dennoch sehr vieles herbeigebracht, was den ersten
Grundsätzen über die Gleichförmigkeit der Bewegung zu widersprechen scheint.[6] Auch konnten sie die Hauptsache, nämlich die
Gestalt der Welt und die tatsächliche Symmetrie ihrer Teile, weder
finden noch aus jenen berechnen, sondern es erging ihnen so, als
wenn jemand von verschiedenen Orten her Hände, Füße, Kopf
und andere Körperteile, zwar sehr schön, aber nicht in der Proportion eines bestimmten Körpers gezeichnet, nähme und, ohne daß

sie sich irgendwie entsprächen, mehr ein Monstrum als einen Menschen daraus zusammensetzte.[7] Daher zeigt es sich, daß sie in der Beweisführung, die man Methode nennt, entweder etwas Notwendiges übergangen oder etwas Fremdartiges und zur Sache nicht Gehörendes hinzugesetzt haben, was ihnen gewiß nicht widerfahren wäre, wenn sie sichere Prinzipien befolgt hätten. Wenn aber ihre angewandten Hypothesen nicht trügerisch wären, so hätte sich alles, was daraus folgt, unzweifelhaft bewährt. Es mag, was ich hier sage, dunkel sein, es wird aber gegebenenorts klar werden.

Als ich mir nun diese Unsicherheit der mathematischen Überlieferungen über die zu berechnenden Umläufe der Sphären lange überlegte, begann es mir schließlich widerlich zu werden, daß die Philosophen, die sonst alles, was sich auf jene Kreisbewegung bezieht, bis ins kleinste so sorgfältig erforschten, keinen sicheren Grund für die Bewegungen der Weltmaschine hätten, die doch unsertwegen von dem größten und nach genauesten Gesetzen zu Werke gehenden Meister geschaffen ist. Daher machte ich mir die Mühe, die Bücher aller Philosophen, derer ich habhaft werden konnte, von neuem zu lesen, um nachzusuchen, ob nicht irgendeiner einmal die Ansicht vertreten hätte, die Bewegungen der Sphären des Weltalls seien anders geartet als diejenigen annehmen, die in den Schulen die mathematischen Wissenschaften gelehrt haben. Da fand ich denn zuerst bei Cicero, daß Nicetas[8] geglaubt habe, die Erde bewege sich. Sodann fand ich auch bei Plutarch[9], daß einige andere ebenfalls dieser Meinung gewesen seien. Seine Worte will ich, um sie allen vorzulegen, hier anführen: »Andere glauben, die Erde stehe still, der Pythagoreer Philolaos[10] aber behauptet, sie bewege sich um das Feuer in einem geneigten Kreis, ähnlich wie die Sonne und der Mond. Herakleides Pontikos und der Pythagoreer Ekphantos[11] lassen die Erde sich zwar nicht fortschreitend, aber doch nach Art eines Rades eingegrenzt zwischen Niedergang und Aufgang um ihren eigenen Mittelpunkt bewegen.«

Von hier also den Anlaß nehmend, fing auch ich an, über die Beweglichkeit der Erde nachzudenken. Und obgleich die Ansicht widersinnig schien, so tat ich es doch, weil ich wußte, daß schon anderen vor mir die Freiheit vergönnt gewesen war, beliebige Kreisbewegungen zur Erklärung der Erscheinungen der Gestirne

13

anzunehmen. Ich war der Meinung, daß es auch mir wohl erlaubt wäre zu versuchen, ob unter Voraussetzung irgendeiner Bewegung der Erde zuverlässigere Deutungen für die Kreisbewegung der Weltkörper gefunden werden könnten als bisher.

Und so habe ich denn unter Annahme der Bewegungen, die ich im nachstehenden Werk der Erde zuschreibe, und durch viele und lange fortgesetzte Beobachtungen endlich gefunden, daß, wenn die Bewegungen der übrigen Planeten auf den Kreislauf der Erde bezogen und dieser dem Kreislauf jedes einzelnen Gestirnes zugrunde gelegt wird, nicht nur die Erscheinungen jener daraus folgen, sondern auch die Gesetze und Größen der Gestirne und all ihrer Bahnen und der Himmel selbst so zusammenhängen, daß in keinem seiner Teile ohne Verwirrung der übrigen Teile und des ganzen Universums irgend etwas verändert werden könnte. Demzufolge bin ich auch im Verlauf des Werkes der Ordnung gefolgt, daß ich im ersten Buch alle Positionen der Bahnen beschreibe, unter Einschluß der Bewegungen, die ich der Erde beilege, so daß dieses Buch gleichsam die allgemeine Verfassung des Universums enthält. In den übrigen Büchern aber lege ich sodann die Bewegungen der übrigen Gestirne und aller Bahnen unter Einschluß der Bewegungen der Erde dar, damit daraus erkannt werden kann, inwiefern die Bewegungen und Stellungen der übrigen Gestirne und Bahnen beibehalten werden können, wenn sie auf die Bewegungen der Erde bezogen werden. Ich zweifle nicht, daß geistreiche und gelehrte Mathematiker mir beipflichten werden, wenn sie, was die Philosophie vor allem verlangt, nicht oberflächlich, sondern gründlich durchdenken und erwägen wollen, was zum Beweis dieser Gegenstände in dem vorliegenden Werk von mir beigebracht wird. Damit aber in gleicher Weise Gelehrte und Ungelehrte sehen, daß ich durchaus niemandes Urteil scheue, so wollte ich diese meine Nachtarbeiten lieber Deiner Heiligkeit als irgendeinem anderen widmen, weil Du auch in diesem sehr entlegenen Winkel der Erde, in dem ich wirke, an Würde des Ranges und an Liebe zu allen Wissenschaften und zur Mathematik für den Erhabensten gehalten wirst, so daß Du durch Dein Ansehen und Urteil die Bisse der Verleumder leicht unterdrücken kannst, obgleich das Sprichwort sagt, es gäbe kein Mittel gegen den Biß des Verleumders.

15

Wenn aber vielleicht Schwätzer kommen, die, obgleich in allen mathematischen Wissenschaften unwissend, sich dennoch ein Urteil darüber anmaßen und es wagen sollten, wegen einer Stelle der Schrift, die sie zugunsten ihrer These übel verdreht haben, dieses mein Werk zu tadeln oder anzugreifen, so mache ich mir nichts aus ihnen, und zwar in solchem Maße nicht, daß ich sogar ihr Urteil als ein dummdreistes verachte. Denn es ist nicht unbekannt, daß Lactantius[12], übrigens ein berühmter Schriftsteller, aber ein schwacher Mathematiker, sehr kindlich über die Form der Erde spricht, indem er diejenigen verspottet, die gesagt haben, die Erde habe die Gestalt einer Kugel.[13] Es darf daher die Wißbegierigen nicht wundern, wenn dergleichen Leute auch uns verspotten. Mathematische Dinge werden für Mathematiker geschrieben, die, wenn mich meine Meinung nicht täuscht, einsehen werden, daß diese unsere Arbeiten auch an dem kirchlichen Staate mitbauen, dessen höchste Stelle Deine Heiligkeit jetzt einnimmt. Denn als vor gar nicht langer Zeit unter Leo X. im lateranischen Konzil[14] die Frage der Verbesserung des Kirchenkalenders erörtert wurde, blieb sie nur deshalb unerledigt, weil die Länge des Jahres und des Monats und die Bewegungen der Sonne und des Mondes für noch nicht hinreichend genau bestimmt erachtet wurden. Angeregt durch den berühmten Herrn Paulus, Bischof von Fossombrone[15], der damals jener Angelegenheit vorstand, befaßte ich mich seit jener Zeit damit, diese Gegenstände genauer zu beobachten. Was ich in dieser Sache geleistet habe, das stelle ich nun vor allem dem Urteil Deiner Heiligkeit und aller anderen gelehrten Mathematiker anheim, und damit ich bei Deiner Heiligkeit nicht den Anschein erwecke, über den Nutzen des Werkes mehr vorausgeschickt zu haben, als ich leisten könnte, so gehe ich jetzt zu dem Werk selbst über.

Anmerkungen

1 Wegen der Übersetzung des Titels von »De revolutionibus« siehe die Anm. 17 auf S. 78 der Einführung.

2 Im handschriftlichen Original folgt hier eine längere Streichung, die u. a. eine lateinische Übersetzung des genannten Schreibens an Hipparch wiedergibt. Es handelt sich dabei um einen Schüler des Pythagoras und nicht um den bekannten Astronomen.

3 Kopernikus spielt hier auf einen Rat des Horaz (De Arte Poetica, Vers 388/ 389) an, eine Schrift erst nach neun Jahren zu veröffentlichen, um sie in der Zwischenzeit in jeder Hinsicht vollkommen zu gestalten.

4 Dieses System des Eudoxos aus Knidos und des Kallippos aus Kysikos aus dem 4. Jahrhundert v. Chr. wurde auch von Aristoteles in seinen Schriften (Vom Himmel und Metaphysik) vertreten. Obwohl es seit Ptolomäus von den Fachastronomen wegen seiner Unvollkommenheiten abgelehnt wurde, haben es die Aristoteles-Kommentatoren immer wieder aufgegriffen.

5 Dieses ist das im »Almagest« beschriebene System.

6 Obwohl Ptolomäus den Begriff der gleichförmigen Bewegung kannte, hat er sich in seiner Planetentheorie nicht an die Vorschrift von den gleichförmigen Himmelsbewegungen gehalten, die von Aristoteles gefordert worden war.

7 Ein Gleichnis, das bereits Horaz, »De Arte Poetica« V. 1–5 verwendet.

8 Wahrscheinlich meint Cicero (Academica Prioru questiones; Buch II, § 123) den auch bei Diogenes Laertius (Vitae philosophorum VIII, S. 85) erwähnten Pytharoräer Hiketas. Die antiken Vorläufer des Kopernikus werden z. B. in einem Aufsatz von Van der Waerden (1943) behandelt.

9 Plutarch, De placitis philosophorum; Lib. III, Cap. 13.

10 Philoloas aus Kroton lebte im 5. Jahrhundert v. Chr. und war einer der letzten Schüler des Pythagoras.

11 Herakleides Pontikos, ein Zeitgenosse des Aristoteles, erneuerte die Lehren des Hiketas und Ekphantos.

12 L. C. F. Lactantius (4. Jahrhundert) wurde wegen seines eleganten lateinischen Stils als christlicher Cicero bezeichnet.

13 Lactantius, Divinarum institutionum; Libri VII, Buch III, Kap. 24.

14 Das 5. lateranische Konzil wurde im März 1517 durch den Papst Leo X. abgeschlossen.

15 Paul von Middelburg leitete während des 5. lateranischen Konzils eine Kommission zur Kalenderreform. Die Antwort einer Anfrage, die auch an Kopernikus verschickt worden war, ist nicht erhalten.

TIDEMANN GIESE (1480–1550)

Ein Schreiben an Rhetikus vom 26. Juli 1543

[16]* Empörung über das Osiandersche Vorwort

Von der Vermählungsfeier des Königs aus Krakau zurückgekehrt, finde ich die beiden von Dir übersandten Exemplare des jüngst gedruckten Werkes von unserem Copernicus, dessen Hinscheiden ich nicht eher vernahm, als bis ich den preussischen Boden betreten hatte. Den Schmerz über den Verlust des Bruders und grossen Mannes hätte ich durch Lesung des Buches, das mir ihn lebend wieder vorzuführen schien, ausgleichen können; aber gleich im Eingange bemerkte ich die Untreue und – Du bedienst Dich des rechten Ausdrucks – die Ruchlosigkeit des Petrejus, die einen Unwillen, grösser, als die vorhergehende Traurigkeit bei mir erregte. Denn wer möchte nicht ergrimmen über eine so grosse, unter dem Schutze des Vertrauens begangene Schandthat? Doch ist sie vielleicht nicht sowohl diesem Drucker, der von Andern abhängig ist, als dem Neide eines Mannes zuzuschreiben, der vielleicht aus Schmerz darüber, von dem alten Bekenntniss ablassen zu müssen, falls dieses Buch Ruf erlangen sollte, die Einfalt des Druckers missbraucht hat, um dem Werke das Vertrauen zu ihm zu entziehen. Damit aber derjenige nicht straflos ausgehe, der sich so durch fremden Betrug hat bestechen lassen, habe ich an den Senat in Nürnberg geschrieben, und in dem Schreiben angegeben, was meines Erachtens nothwendig ist, um das Vertrauen zu dem Verfasser herzustellen. Ich übersende den Brief mit einem Exemplare des Werkes an Dich, auf dass Du nach den Umständen ermessen mögest, wie die Sache einzuleiten ist. Denn zur Betreibung derselben bei dem Senate scheint mir Keiner so geeignet oder so willfährig zu

---

* Beckmann [1861], S. 42–43

134

sein, als Du bist, der Du die Rolle des Chorführers bei der Aufführung des Stückes gespielt hast, so dass Dir nicht weniger, als dem Verfasser an der Herstellung dessen liegen muss, was entstellt worden ist. Wenn Dir aber daran gelegen ist, so ersuche ich Dich angelegentlichst, Alles mit der grössten Sorgfalt auszuführen. Wenn die umzudruckenden ersten Blätter anlangen werden, hast Du, scheint mir, eine Vorrede beizufügen, damit auch die schon ausgegebenen Exemplare von dem Fehler der Entstellung befreit werden. Ja, ich wünsche sogar, es möge der Lebenslauf des Verfassers vorausgeschickt werden, den ich in der anziehenden Abfassung von Deiner Hand gelesen habe; ich glaube, es fehlt daran weiter Nichts, als das Lebensende, das durch einen Blutsturz mit hinzugetretener Lähmung der rechten Seite am 24. Mai herbeigeführt ist, nachdem schon viele Tage vorher Gedächtniss und geistige Regsamkeit geschwunden waren. Das Werk in seiner Vollendung hat er nur beim letzten Athemzuge gesehen an demselben Tage, an dem er verschieden ist. Dass es vor seinem Tode gedruckt erschienen ist, kommt nicht in Betracht; denn das Jahr stimmt, und den Tag, an dem der Druck vollendet ist, hat der Drucker nicht beigefügt. Ich wünsche, es möge auch das Schriftchen, durch das Du die Bewegung der Erde von dem Vorwurfe eines Widerspruches mit der heiligen Schrift befreit hast, hinzugefügt werden. So erhält das Werk den rechten Umfang und Du wirst zugleich den Uebelstand gut machen, dass in der Vorrede des Werkes der Lehrer Deiner nicht erwähnt hat, was er meines Erachtens nicht aus Gleichgültigkeit gegen Dich, sondern in Folge seiner Schwerfälligkeit und Sorglosigkeit, zumal da er schon matt war, unterlassen hat, indem ich wohl weiss, wie hoch er Deinen Beistand und Deine Gefälligkeit zu schätzen gewohnt war. Für die mir zugesandten Exemplare statte ich dem Geber grossen Dank ab; sie werden mir als immerwährendes Denkmal dienen zur Erinnerung nicht nur an den Verfasser, den ich stets geliebt habe, sondern auch an Dich, der Du ihm bei seiner Arbeit als Theseus kräftig zur Seite gestanden, und jetzt durch Deine Bemühungen und durch Deine Sorgfalt dazu mitgewirkt hast, dass wir den Genuss des vollendeten Werkes nicht entbehren. Wie viel wir Alle Dir für diese Deine Bemühungen zu danken haben, liegt nicht im Dunkeln. Ich wünsche, Du mögest mich benachrichtigen, ob dem 43

Papste das Werk übersandt worden ist; denn, wenn es nicht geschehen ist, so möchte ich dem Hingeschiedenen diesen Dienst
erweisen. Lebe wohl!

Löbau den 26. Juli 1543.

JOHANNES KEPLER (1571–1630)
Das Weltgeheimnis (1596)

[17]* Planetenbahnen und platonische Körper

Lieber Leser! Ich habe mir vorgenommen in diesem Büchlein zu beweisen, daß Gott der Allgütige und Allmächtige bei der Erschaffung unserer beweglichen Welt und bei der Anordnung der Himmelsbahnen jene fünf regelmäßigen Körper, die seit Pythagoras und Plato bis auf unsere Tage so hohen Ruhm gefunden haben, zu Grunde gelegt und ihrer Natur Zahl und Proportionen der Himmelsbahnen, sowie das Verhältnis der Bewegungen angepaßt hat. Doch ehe ich dich mit der Sache selber vertraut mache, möchte ich dir über die Veranlassung zu meinem Büchlein und über die Art meines Vorgehens einiges erzählen, was, wie ich denke, dein Verständnis, wie die Bekanntschaft mit meiner Person fördern wird.

Schon zu der Zeit, als ich mich vor sechs Jahren in Tübingen eifrig dem Verkehr mit dem hochberühmten Magister Michael Mästlin widmete, empfand ich, wie ungeschickt in vieler Hinsicht die bisher übliche Ansicht über den Bau der Welt ist. Ich ward daher von Kopernikus, den mein Lehrer sehr oft in seinen Vorlesungen erwähnte, so sehr entzückt, daß ich nicht nur häufig seine Ansichten in den physikalischen Disputationen der Kandidaten verteidigte, sondern auch eine sorgfältige Disputation über die These, daß die »erste Bewegung« von der Umdrehung der Erde herrühre, verfaßte. Ich ging schon daran, der Erde aus physikalischen oder, wenn es dir besser gefällt, aus metaphysischen Gründen auch die Bewegung der Sonne zuzuschreiben, wie es Kopernikus aus mathematischen Gründen tut. Zu diesem Zwecke habe ich, nach und nach, teils aus dem Vortrag Mästlins, teils durch ei-

---

* Kepler [1936], S. 19–21; 23–24

gene kühne Versuche, alle die Vorzüge zusammengetragen, die Kopernikus in mathematischer Hinsicht vor Ptolemäus voraus hat. Von dieser Arbeit hätte mich Joachim Rhätikus leicht befreien können, der das alles im einzelnen kurz und klar schon in seiner »Narratio« besorgt hat. Während ich diesen Block wälzte, so nebenher, neben der Theologie, traf es sich geschickt, daß ich nach Graz als Nachfolger von Georg Stadius kam. Hier veranlaßte mich die Pflicht meines Amtes, mich inniger mit diesen Studien abzugeben. Bei der Darlegung der Grundlehren der Astronomie war mir hier all das von großem Nutzen, was ich von Mästlin gehört oder mir durch eigenes Nachdenken angeeignet hatte. Und wie bei Vergil die Fama dadurch, daß sie sich rührt, erstarkt und im Weiterschreiten sich Kräfte erwirbt, so wurde auch mir fleißiges Nachdenken über diese Dinge Anlaß zu weiterem Nachdenken. Endlich habe ich mich im Jahre 1595 mit der ganzen Wucht meines Geistes auf diesen Gegenstand geworfen, da ich die von Unterrichtsstunden freie Zeit gut und im Sinne meines Amtes zubringen wollte.

Drei Dinge waren es vor allem, deren Ursachen, warum sie so und nicht anders sind, ich unablässig erforschte, nämlich die *Anzahl, Größe* und *Bewegung* der Bahnen. Dies zu wagen bestimmte mich jene schöne Harmonie der ruhenden Dinge, nämlich der Sonne, der Fixsterne und des Zwischenraumes mit Gott dem Vater, dem Sohne und dem hl. Geist. Ich werde diese Analogie in meine Kosmographie weiter verfolgen. Da sich die ruhenden Dinge so verhielten, zweifelte ich nicht an einer entsprechenden Harmonie der bewegten Dinge. Zuerst habe ich die Sache mit Zahlen versucht und nachgeschaut, ob vielleicht eine Bahn das Zweifache, Dreifache, Vierfache usw. einer anderen sei, und um wie viel irgend eine Bahn von einer beliebigen anderen abweiche. Viel Zeit habe ich mit dieser Arbeit, mit diesem Zahlenspiel, verloren; es ergab sich weder in den Verhältnissen selber noch bei den Unterschieden eine Gesetzmäßigkeit. So kam dabei nur der eine Nutzen heraus, daß sich mir die Entfernungen, wie sie Kopernikus angibt, tief ins Gedächtnis einprägten, und daß du, lieber Leser, durch die Aufzählung meiner verschiedenen Versuche mit deinem Beifall ängstlich hin- und hergeworfen wirst, wie von Meereswellen, so daß du dich schließlich ermüdet um so lieber zu den in diesem Büchlein dargelegten Ursachen, wie in einen sicheren Hafen, begibst. Mir selber hat alsbald Trost und feste Hoffnung außer anderen später zu besprechenden Gründen die Beobachtung gewährt, daß immer die Bewegung der Entfernung zu folgen schien, und daß immer da, wo sich zwischen den Bahnen ein großer Sprung zeigte, auch in den Bewegungen ein solcher auftrat. Wenn nun, so dachte ich mir, Gott bei den Bahnen die Bewegungen den Entfernungen angepaßt hat, so muß er sicher auch die Entfernungen irgend einem anderen Ding angepaßt haben.

Da ich also auf diesem Wege nicht ans Ziel kam, versuchte ich einen erstaunlich kühnen Ausweg. Ich schob zwischen Jupiter und Mars, sowie zwischen Venus und Merkur zwei neue Planeten ein, die beide wegen ihrer Kleinheit unsichtbar seien, und schrieb ihnen ihre Umlaufszeiten zu. So glaubte ich, in den Verhältnissen eine Gesetzmäßigkeit erzielen zu können, so daß die Verhältnisse zwischen je zwei Bahnen gegen die Sonne zu abnehmen, gegen die Fixsterne zu wachsen, wie ja das Verhältnis der Erdbahn zur Venusbahn kleiner ist, als das Verhältnis der Marsbahn zur Erdbahn. Jedoch genügte es nicht, in die ungeheure Lücke zwischen Jupiter und Mars einen einzigen Planeten einzuschieben. Das Verhältnis der Jupiterbahn zur Bahn des neuen Planeten war immer noch größer als das Verhältnis der Saturnbahn zur Jupiterbahn. Und wenn ich auch durch dieses Verfahren irgend eine Proportion erhielt, so führte doch diese Rechnung nie zu einem Ende; es würde sich keine bestimmte Zahl der beweglichen Sterne ergeben, weder gegen die Fixsterne zu, bis man bei diesen selber angelangt wäre, noch je gegen die Sonne zu, da die Teilung des Raums hinter Merkur nach diesem Verhältnis ins Unendliche fortschreiten würde. Auch gibt es keine Zahl von solcher Vortrefflichkeit, daß ich daraus einen Schluß ziehen könnte, warum es statt unendlich vieler gerade nur soviele bewegliche Sterne gibt. Und wenn Rhätikus in seiner »Narratio« von der Heiligkeit der Sechszahl auf die Sechszahl der Himmelsbahnen schließt, so erscheint mir auch dies unwahrscheinlich. Denn wenn man über den Aufbau der Welt spricht, darf man seine Beweise nicht von den Zahlen ableiten, die eine besondere Bedeutung aus Dingen, die nach der Welt entstanden sind, erlangt haben.

. . .

Fast den ganzen Sommer habe ich mit dieser schweren Arbeit verloren. Schließlich kam ich bei einer ganz unwichtigen Gelegenheit dem wahren Sachverhalt näher. Ich glaube, durch göttliche Fügung ist es so gekommen, daß ich durch Zufall bekam, was ich durch keine Mühe vorher erreichen konnte; ich glaubte das um so eher, weil ich immer zu Gott gebetet hatte, er möge meinen Plan gelingen lassen, wenn Kopernikus die Wahrheit verkündet habe. Da, als ich am 9. (19.) Juli 1595 meinen Zuhörern zeigen wollte, wie die großen Konjunktionen immer acht Zeichen überspringen und nach und nach von einem Dreieck zu einem anderen übergehen, zeichnete ich in einen Kreis viele Dreiecke, wenn man sie so nennen darf, so daß das Ende des einen immer den Anfang des nächsten bildet. Nun entstand durch die Punkte, in denen sich die Dreiecksseiten schnitten, ein kleiner Kreis; denn der Halbmesser des einem solchen Dreieck einbeschriebenen Kreises ist die Hälfte des Halbmessers des umbeschriebenen Kreises. Das Verhältnis zwischen den beiden Kreisen war für den Augenschein ganz ähnlich jenem, das zwischen Saturn und Jupiter besteht, und das Dreieck ist die erste der geometrischen Figuren, wie Saturn und Jupiter die ersten Planeten sind. Gleich habe ich mit einem Viereck die zweite Entfernung zwischen Mars und Jupiter, mit einem Fünfeck die dritte, mit einem Sechseck die vierte ausprobiert. Da es bei der zweiten Entfernung zwischen Jupiter und Mars auch das Auge verlangt, habe ich ein Quadrat an das Dreieck und an das Fünfeck gefügt. Es nähme kein Ende, wollte ich alles im einzelnen durchgehen.

Das Ende dieses vergeblichen Versuchs war zugleich der Anfang eines letzten, glücklichen. Ich dachte nämlich, daß ich auf diesem Wege niemals bis zur Sonne gelangen würde, wenn ich die Ordnung unter den Figuren einhalten wollte, und daß ich keinen Grund finden würde, warum es eher 6 als 20 oder 100 Planeten geben solle. Jedoch gefielen mir die Figuren, sind sie doch Quantitäten, und etwas, was vor dem Himmel da war. Denn die Quantität ist am Anfang mit dem Körper geschaffen worden, der Himmel am zweiten Tag. Wenn sich nun, dachte ich, für die Größe und das Verhältnis der sechs Himmelsbahnen, die Kopernikus annimmt, fünf Figuren unter den übrigen unendlich vielen ausfindig machen ließen, die vor den anderen besondere Eigenschaften voraus hätten, so ginge die Sache nach Wunsch. Nun aber drängte ich aufs neue vorwärts. Was sollen ebene Figuren bei den räumlichen Bahnen? Man muß eher zu festen Körpern greifen. Siehe, lieber Leser, nun hast du meine Entdeckung und den Stoff zum ganzen vorliegenden Büchlein! Denn wenn man einem, der die Geometrie auch nur wenig kennt, das sagt, so treten ihm sogleich die fünf regulären Körper mit ihrem Verhältnis der um- und einbeschriebenen Kugeln vor Augen; sofort erinnert er sich an jenen bekannten Zusatz Euklids zum Lehrsatz 18 Buch 13, wo bewiesen wird, daß unmöglich mehr als fünf reguläre Körper existieren oder ausgedacht werden können. Es ist erstaunlich: obwohl ich mit mir über die Rangordnung der einzelnen Körper noch nicht im klaren war, habe ich doch auf Grund einer noch jeder Bestätigung baren Mutmaßung, die ich aus den bekannten Entfernungen der Planeten herleitete, mein Ziel in Anordnung der Körper so glücklich getroffen, daß ich später, als ich mit ausgesuchten Gründen die Sache untersuchte, nichts mehr daran zu ändern hatte. Zur Erinnerung hieran teile ich dir einen Satz mit so, wie er mir einfiel und wie ich ihn in jenem Augenblick in Worte faßte: »Die Erde ist das Maß für alle andere Bahnen. Ihr umschreibe ein Dodekaeder; die dieses umspannende Sphäre ist der Mars. Der Marsbahn umschreibe ein Tetraeder; die dieses umspannende Sphäre ist der Jupiter. Der Jupiterbahn umschreibe einen Würfel; die diesen umspannende Sphäre ist der Saturn. Nun lege in die Erdbahn ein Ikosaeder; die diesem einbeschriebene Sphäre ist die Venus. In die Venusbahn lege ein Oktaeder, die diesem einbeschriebene Sphäre ist der Merkur.« Da hast du den Grund für die Anzahl von Planeten.

Auf diese Weise bin ich zum Erfolg meines Bemühens gelangt. Nun vernimm auch, was ich mir in diesem Büchlein vorgenommen habe. Den Genuß, den ich aus meiner Entdeckung geschöpft habe, mit Worten zu beschreiben, wird mir nie möglich sein. Nun reute mich nicht mehr die verlorene Zeit; ich empfand keinen Ueberdruß mehr an der Arbeit, keine noch so beschwerliche Rechnung scheute ich. Tage und Nächte habe ich mit Rechnen zugebracht, bis ich sah, ob der in Worte gefaßte Satz mit den Bahnen des Kopernikus übereinstimmte, oder ob die Winde meine Freude davontrügen. Für den Fall, daß ich, wie ich glaubte, die Sache richtig erfaßt hatte, machte ich Gott dem Allmächtigen und Allgütigen das Gelübde, bei der ersten Gelegenheit dieses bewundernswerte Beispiel seiner Weisheit im Druck den Menschen zu verkünden. Wenn auch diese Untersuchungen noch keineswegs abgeschlossen sind und noch manche Folgerungen aus meinen Grundgedanken ausstehen, deren Entdeckung ich mir vorbehalten könnte, so sollen doch andere, die den Geist dazu haben, zur Verherrlichung des Namens Gottes so bald als möglich zusammen mit mir soviele Entdeckungen als möglich machen und einstimmig Lob und Preis dem allweisen Schöpfer singen. In wenigen Tagen nun klappte die Sache. Ich sah, wie genau ein Körper nach dem andern zwischen die entsprechenden Planeten paßte, und gab der ganzen Arbeit die Form des vorliegenden Werkchens. Es fand die Billigung des berühmten Mathematikers Mästlin. Und nun siehst du, lieber Leser, bin ich durch mein Gelübde gebunden und kann nicht dem Satyrendichter willfahren, der verlangt, man solle seine Bücher neun Jahre lang zurückhalten.

JOHANNES KEPLER (1571–1630)
Neue Astronomie (1609)

[18]* Die physikalischen Ursachen der Planetenbewegung

Wer aber zu einfältig ist, um die astronomische Wissenschaft zu verstehen, oder zu kleinmütig, um ohne Ärgernis für seine Frömmigkeit dem Kopernikus zu glauben, dem gebe ich den Rat, er möge die Schule der Astronomie verlassen, ruhig nach Gutdünken philosophische Lehren verdammen und sich seinen Geschäften widmen. Er möge von unserer Wanderung durch die Welt abstehen, sich nach Hause zurückziehen und dort seine Äckerlein bebauen. Er möge aber seine Augen, mit denen allein er ja sieht, zu dem sichtbaren Himmel erheben und sich mit vollem Herzen ganz dem Dank und Lob Gottes des Schöpfers hingeben, wobei er überzeugt sein darf, daß er Gott keine geringere Verehrung erweist als der Astronom, dem Gott die Gabe verlieh, daß er mit dem Auge des Verstandes schärfer sieht und über seinen Entdeckungen auch seinerseits seinen Gott feiern kann und will.

Aus diesem Grund soll den Gelehrten in gewissem Maß, freilich nicht zu wenig, die Ansicht Brahes über das Weltbild empfohlen sein. Sie schlägt gewissermaßen einen mittleren Weg ein. Auf der einen Seite befreit sie die Astronomen soweit als möglich von dem unnützen Hausrat so vieler Epizykel, nimmt mit Kopernikus Bewegungsursachen an, die dem Ptolemäus unbekannt waren, und gibt auch physikalischen Untersuchungen einen gewissen Raum, indem sie die Sonne in den Mittelpunkt des Planetensystems setzt. Auf der anderen Seite aber dient sie der großen Masse der Gebildeten und beseitigt die Bewegung der Erde, weil sie schwer zu glau-

---

* Kepler [1929], S. 33–34

ben sei, wobei freilich die Planetentheorien in den astronomischen Untersuchungen und Beweisen in viele Schwierigkeiten verwikkelt werden und die Himmelsphysik nicht wenig in Verwirrung gerät.

Soviel über die Autorität der Hl. Schrift. Auf die Meinungen der Heiligen aber über diese natürlichen Dinge antworte ich mit dem einzigen Wort: In der Theologie gilt das Gewicht der Autoritäten, in der Philosophie aber das der Vernunftgründe. Heilig ist nun zwar Laktanz, der die Kugelgestalt der Erde leugnete, heilig Augustinus, der die Kugelgestalt zugab, aber Antipoden leugnete, heilig das Offizium unserer Tage, das die Kleinheit der Erde zugibt, aber ihre Bewegung leugnet. Aber heiliger ist mir die Wahrheit, wenn ich, bei aller Ehrfurcht vor den Kirchenlehrern, aus der Philosophie beweise, daß die Erde rund, ringsum von Antipoden bewohnt, ganz unbedeutend und klein ist und auch durch die Gestirne hin eilt.

Doch genug von der Wahrheit der kopernikanischen Hypothese. Wir müssen zu dem Zweck zurückkehren, von dem wir bei dieser Einleitung ausgegangen sind. Ich habe eingangs gesagt, daß ich die ganze Astronomie nicht in erdichteten Hypothesen, sondern mit physikalischen Gründen darstelle und daß ich dieses Ziel in zwei Stufen zu erreichen gesucht hätte. Die erste Stufe bestehe in der Entdeckung, daß die Exzenter der Planeten im Sonnenkörper zusammenlaufen, die zweite in der Erkenntnis, daß der Theorie der Erde ein Ausgleichkreis zukomme und die Exzentrizität zu halbieren sei. Nun sei die dritte Stufe genannt; aus der Vergleichung des II. Teiles mit dem IV. habe ich den ganz sicheren Beweis erbracht, daß auch die Exzentrizität des Ausgleichkreises beim Mars genau zu halbieren ist, was Brahe lange und Kopernikus überhaupt in Zweifel gezogen hatte. Daher habe ich auf Grund eines Induktionsschlusses für alle Planeten im III. Teil vorgreifend den Beweis geführt: Da es keine festen Bahnen gibt, wie Brahe aus den Bahnen der Kometen bewies, so ist der Sonnenkörper die Quelle der Kraft, die alle Planeten herumführt. Das Wie habe ich mit Gründen in der Weise näher bestimmt, daß die Sonne zwar an ihrem Platz bleibe, sich aber wie in einer Drehbank drehe und aus sich in die Weite der Welt eine immaterielle Spezies ihres Körpers, analog der immateriellen Spezies ihres Lichts, aussende. Diese

34

Spezies drehe sich bei der Rotation des Sonnenkörpers ebenfalls nach Art eines reißenden Strudels, der sich über die ganze Weite der Welt hin erstrecke, und trage gleichzeitig die Planetenkörper im Kreis herum mit sich fort, in stärkerem oder schwächerem Zug, je nachdem sie nach dem Gesetz ihrer Ausströmung dichter oder dünner ist.

Nachdem die gemeinsame Kraft ermittelt war, durch die alle Planeten, jeder in seinem Kreis, um die Sonne getragen werden, war es eine notwendige Folgerung aus meinen Beweisgängen, daß jedem Planeten je ein besonderer Beweger zugeteilt wurde, der in den Planetenkugeln selber seinen Sitz hat; die festen Bahnen habe ich ja, Brahes Lehre folgend, bereits verworfen ...

Es ist ganz unglaublich, wieviel Mühe mir die durch das angegebene Schlußverfahren eingeführten Beweger im IV. Teil gemacht haben, als sie die Abstände der Planeten von der Sonne und die Gleichungen des Exzenters liefern sollten, sie aber falsch lieferten und von den Beobachtungen abwichen. Das rührte jedoch nicht daher, daß sie fälschlicherweise eingeführt worden waren, sondern daher, daß ich, von der herkömmlichen Meinung behext, sie sozusagen an den Mühlrädern der Kreise festband. Mit solchen Fußfesseln konnten sie ihren Dienst nicht tun.

Nicht eher nahm meine ermüdende Arbeit ein Ende, als bis ich eine vierte Stufe zu den physikalischen Hypothesen legte; durch höchst mühsame Beweise unter Verarbeitung von sehr vielen Beobachtungen fand ich, daß der Weg des Planeten am Himmel kein Kreis ist, sondern eine *ovale*, vollkommen *elliptische Bahn*.

Die Geometrie kam hinzu und lehrte, eine solche Bahn ergebe sich, wenn wir den besonderen Bewegern der Planeten die Aufgabe zuweisen, ihren Körper auf einer nach der Sonne zu gerichteten Geraden hin und her schwanken zu lassen. Aber nicht nur das, auch die Gleichungen des Exzenters kommen bei einer derartigen Schwankung richtig und den Beobachtungen entsprechend heraus.

Schließlich nun wurde dem Gebäude das Dach aufgesetzt und geometrisch bewiesen, daß eine derartige Schwankung von einer magnetischen körperlichen Kraft verursacht zu werden pflegt. Damit ist gezeigt, daß die besonderen Beweger der Planeten höchstwahrscheinlich in nichts anderem bestehen, als in einer Disposition der Planetenkörper selber, wie sie im Magnet vorhanden ist, der nach dem Pol weist und das Eisen anzieht. Danach wird die ganze Art der Himmelsbewegungen von rein körperlichen, d. h. *magnetischen* Kräften besorgt, ausgenommen allein die Drehung des Sonnenkörpers an seinem Ort, wofür eine Lebenskraft notwendig zu sein scheint.

JOHANNES KEPLER (1571–1630)
Weltharmonik (1619)

[19]* Die vollkommenste Harmonie in den himmlischen Bewegungen

Denn wie es das Leben ist, das die Körper der Lebewesen vollkommen ausbildet, weil diese zum Leben geboren sind (dies folgt
aus dem Urbild der Welt, das Gottes Wesenheit selber ist), so ist es
die Bewegung, welche den den Planeten zugeteilten Bereichen ihr
Maß gibt, jedem das seine, weil dem Gestirn deswegen sein Bereich zugewiesen wurde, damit es sich bewegen kann. Nun aber
beziehen sich die fünf räumlichen Figuren, der Wortbedeutung
nach, auf die Raumausdehnung der Bereiche, auf deren Zahl wie
auf die Zahl der Planetenkörper; die Harmonien aber beziehen
sich auf die Bewegungen. Ein weiterer Punkt: wie die Materie an
sich diffus und unbestimmt ist, die Form aber bestimmt und geschlossen ist und der Materie Grenzen gibt, so gibt es auch der
geometrischen Proportionen unbestimmt viele, der Harmonien
aber nur wenige. Wohl werden die geometrischen Proportionen
nach bestimmten Graden definiert, gebildet und eingeschränkt,
und es kann nicht mehr als drei Grade geben bei der Zuordnung
der Sphären zu den regulären Figuren. Allein auch diese Proportionen haben mit allen übrigen das gemein, daß unendlich viele
Teilungen der Quantitäten als möglich vorausgesetzt werden; ja
dies tritt in gewisser Weise aktual in Erscheinung bei jenen Proportionen, deren Bezugsglieder inkommensurabel sind. Die harmoni-
schen Proportionen dagegen sind alle aussprechbar, bei allen sind
die Glieder kommensurabel und einer wohlbestimmten Art von
ebenen Figuren entnommen. Die unendliche Teilungsmöglichkeit

---

* Kepler [1939], S. 348–350

aber repräsentiert die Materie, die Kommensurabilität oder Aussprechbarkeit der Glieder die Form. Wie also die Materie nach der Form, der rohe Stein geeigneter Größe nach dem Bild des menschlichen Körpers verlangt, so die figürlichen geometrischen Proportionen nach den Harmonien. Nicht daß diese von jenen gestaltet und gebildet werden. Nein, sondern weil diese Materie zu dieser Form, diese Größe des Steins zu diesem Bild, diese Figurenproportion zu dieser Harmonie am besten paßt, findet eine Steigerung der Gestaltung und Bildung statt, der Materie durch ihre Form, des Steins durch seine Ausmeißlung nach der Gestalt eines Lebewesens, der Proportion der Figurenkugeln aber durch ihre, d. h. der ihr verwandten und angemessenen Harmonie.

Das bisher Gesagte wird klarer aus der Entstehungsgeschichte meiner Entdeckungen. Als ich vor 24 Jahren auf diese Betrachtung verfiel, habe ich zuerst untersucht, ob die einzelnen Planetensphären um gleiche Beträge voneinander abstehen (sie stehen ja nach Kopernikus voneinander ab und berühren sich nicht); denn ich glaubte, nichts wäre schöner als das Verhältnis der Gleichheit. Doch hiebei fehlt Kopf und Schwanz. Denn diese materiale Gleichheit lieferte keine bestimmte Anzahl beweglicher Körper, keine bestimmte Größe für die Abstände. Ich dachte daher an die Ähnlichkeit der Abstände mit den Bahnen, d. i. an Proportionalität. Es erhob sich aber die gleiche Klage. Die Abstände zwischen den Bahnen wurden zwar ungleich, aber nicht in ungleicher Weise ungleich, wie Kopernikus verlangt; auch ergab sich kein Wert für die Größe der Proportion, noch für die Anzahl der Bahnen. Dann ging ich zu den ebenen regulären Figuren über. Sie bildeten mit den ein- und umbeschriebenen Kreisen gewisse Abstände, aber immer noch nicht in einer bestimmten Zahl. Schließlich kam ich zu den fünf räumlichen Figuren. Hier ergab sich eine bestimmte Zahl der Planetenkörper und eine Größe der Abstände, die nahezu richtig war, so nahe richtig, daß ich wegen der noch bestehenden Abweichung an eine vollkommene Astronomie appellierte. Die Astronomie wurde nun in den vergangenen 20 Jahren vervollkommnet; aber siehe da, die Abstände stimmten immer noch nicht mit den räumlichen Figuren; auch zeigten sich keine Ursachen für die in so ungleicher Weise auf die Planeten verteilten Exzentrizitäten. Ich hatte eben an diesem Haus der Welt nichts als Steine ge-

349

sucht, zwar solche von gefälliger Form, aber eben doch nur von einer Form, wie sie Steine haben. Ich wußte nicht, daß der Weltbaumeister die Steine nach dem wohlgegliederten Bild eines belebten Körpers gestaltet hatte. So kam ich allmählich, besonders in den letzten drei Jahren auf die Harmonien, indem ich ganz kleine Abweichungen der räumlichen Figuren duldete. Dazu bestimmte mich einerseits der Gedanke, daß die Harmonien die Rolle der Form spielten, die die letzte Hand anlegte, die Figuren dagegen die Rolle der Materie, die in der Welt die Zahl der Planetenkörper und die rohe Ausdehnung der räumlichen Bereiche ist. Andererseits lieferten die Harmonien auch die Exzentrizitäten, welche die räumlichen Figuren nicht einmal in Aussicht stellten. Oder: die Harmonien gaben der Statue Nase, Augen und die übrigen Glieder, während die räumlichen Figuren nur die äußere Größe der rohen Masse vorgeschrieben hatten.

Wie es nun keine Körper von Lebewesen und für gewöhnlich keine Steinblöcke gibt, die genau nach der Norm irgendeiner geometrischen Figur gebildet sind, sondern der runden äußeren Figur, so gefällig sie ist (unter Belassung der richtigen Größe ihrer Masse) etwas genommen wird, so daß der Körper die zum Leben notwendigen Organe, der Stein das Bild des Lebewesens erhalten kann, so mußten auch die Proportionen, welche die räumlichen Figuren den Planetenbahnen vorschreiben sollten, als etwas Untergeordnetes und nur auf das Körperliche und die Materie Bezügliches den Harmonien nachgeben, soweit es dazu nötig war, daß die Harmonien neben ihnen bestehen und die Bewegungen der Himmelskugeln schmücken konnten.

Der zweite Teil unseres Schlußsatzes, der sich auf die Gesamtharmonien bezieht, läßt sich in ähnlicher Weise begründen. Denn in erster Linie gebührt doch dem sozusagen die letzte Hand, was besser geeignet ist, die Welt vollkommen zu machen, während man dem, was hiebei an zweiter Stelle steht, etwas abzwacken darf (falls dies schon beim einen oder anderen notwendig ist). Nun aber tragen zur Vervollkommnung der Welt mehr die Gesamtharmonien aller Planeten bei als die einzelnen Harmonien bei je zwei und die Paare von Harmonien bei je zwei benachbarten Planeten. Denn die Harmonie ist gewissermaßen ein Band der Vereinigung. Es liegt aber eine weitergehende Vereinigung vor, wenn die Planeten alle miteinander eine Harmonie bilden, als wenn immer je zwei für sich in doppelter Weise harmonieren. Im Widerstreit dieser Harmonien mußte daher von den beiden Harmoniereihen, die die Planetenpaare miteinander bilden, die eine oder andere nachgeben, damit die Gesamtharmonien aller bestehen konnten. Und zwar mußten eher die großen Harmonien, das sind die der divergenten Bewegungen, nachgeben als die kleinen, die der konvergenten. Denn wenn die Bewegungen divergieren, so sind sie auf Planeten nicht des vorgelegten Paares, sondern auf andere benachbarte zu gerichtet. Wenn sie aber konvergieren, so sind die Bewegungen der beiden Planeten aufeinander zu gerichtet. Wenn z. B. Jupiter in sein Aphel und Mars in sein Perihel gelangt, so ist die Bewegung des ersteren auf den Saturn zu und die des letzteren auf die Erde zu gerichtet. Gelangt aber Jupiter in sein Perihel und Mars in sein Aphel, so sind die Bewegungen aufeinander zu gerichtet. Die Harmonie der letzteren Bewegungen ist also dem Jupiter und Mars mehr eigen; die der ersteren, divergenten aber liegt ihnen gewissermaßen ferner. Das Band der Vereinigung, das immer zwei benachbarte Planeten miteinander verbindet, wurde aber weniger verletzt, wenn man die Harmonie aufblähte, die den einzelnen Paaren jeweils ferner liegt als die ihnen eigene, d. h. als die, welche zwischen näher benachbarten Bewegungen benachbarter Planeten besteht. Übrigens war diese Aufblähung gar nicht so groß. Es wurde ja eine Einrichtung getroffen, die sowohl den Bestand von Gesamtharmonien aller Planeten sicherstellte, und zwar nach beiden Tongeschlechtern und mit einem gewissen wenigstens ein Komma betragenden Spielraum, als auch einzelne Paare von Harmonien je zweier Planeten beibehielt. Und zwar blieben bestehen in den konvergenten Bewegungen vollkommene Harmonien bei vier Planetenpaaren; in den Aphelbewegungen gleichfalls vollkommene Harmonien bei einem, in den Perihelbewegungen bei zwei Paaren. Bei den divergenten Bewegungen aber ergaben sich bei vier Paaren Proportionen, die von einer vollkommenen Harmonie um weniger als eine Diesis abweichen, die doch so klein ist, daß die menschliche Stimme beim figurierten Gesang fast immer um diesen Betrag fehlt. Nur bei den divergenten Bewegungen von Jupiter und Mars betrug die Abweichung von einer vollkommenen Harmonie ein Intervall zwischen Diesis und Halbton. Somit ist klar, daß dieses gegenseitige Nachgeben durchweg sehr gut ist.

Kapitel II

Empirismus kontra Rationalismus

Empirische Kontextanalyse III

GALILEO GALILEI (1564–1642)
Dialog über die beiden hauptsächlichsten Weltsysteme (1632)

[20]* Die Annahme der Erdbewegung erklärt vieles einfacher

Salviati. ...Ich will vom Allgemeinsten ausgehend die Gründe vortragen, welche zu Gunsten der Bewegung der Erde zu sprechen scheinen, um sodann von Signore Simplicio die Gegengründe zu vernehmen. Erstlich also: wenn wir bloß den ungeheueren Umfang der Sternensphäre betrachten im Vergleich zu der Kleinheit des Erdballs, welcher in jener viele Millionen Mal enthalten ist, und sodann an die Geschwindigkeit der Bewegung denken, infolge deren in einem Tage und einer Nacht eine ganze Umdrehung vollzogen wird, so kann ich mir nicht einreden, wie es jemand für vernünftiger und glaublicher halten kann, daß die Himmelssphäre es sei, die sich dreht, der Erdball hingegen fest bleibt.

Sagredo. Wenn sämtliche Naturerscheinungen, die von diesen Bewegungen abhängig sind, genau ebenso gut aus der einen Annahme wie aus der anderen sich erklären lassen, so möchte ich nach dem ersten allgemeinen Eindruck die Ansicht, welche das ganze Weltall sich bewegen läßt, um die Festigkeit der Erde aufrecht zu erhalten, für noch unvernünftiger halten, als wenn jemand auf die Spitze Euerer Kuppel stiege, bloß zu dem Zwecke, um eine Aussicht auf die Stadt und ihre Umgebung zu haben, und nun verlangte, daß man die ganze Gegend sich um ihn drehen lasse, damit er nicht die Mühe hätte, den Kopf zu wenden. Es müßten jedenfalls viele große Vorzüge mit dieser Annahme verbunden sein, welche jener abgehen, damit eine solche Absurdität in meinen Augen ausgeglichen und aufgewogen würde, und sie mir

---

* Galilei [1982], S.120–122

glaublicher vorkäme als die entgegengesetzte Ansicht. Aber Aristoteles, Ptolemäus und Signore Simplicio müssen doch wohl ihren Vorteil dabei finden und es wird gut sein, daß auch wir diese Vorzüge hören, wenn solche vorhanden sind, oder daß man mir erklärt, warum sie nicht vorhanden sind und nicht vorhanden sein können.

121 *Salviati.* Wie ich trotz alles Nachdenkens keinerlei Verschiedenheit habe finden können, so glaube ich sogar gefunden zu haben, daß eine solche Verschiedenheit unmöglich vorhanden sein kann. Nach meiner Ansicht ist es daher vergeblich, fernerhin darnach zu suchen: merkt also auf. Die Bewegung ist nur insofern Bewegung und wirkt als solche, als sie in Bezug steht zu Dingen, die ihrer ermangeln. Unter Dingen aber, die alle gleichmäßig von ihr ergriffen sind, ist sie wirkungslos, so gut als ob sie nicht stattfände. Die Waren, mit welchen ein Schiff beladen ist, bewegen sich insofern, als sie von Venedig abgehen und über Korfu, Kandia, Cypern nach Aleppo gelangen; denn Venedig, Korfu, Kandia usw. bleiben und bewegen sich nicht mit dem Schiffe. Hingegen ist für die Warenballen, Kisten und sonstigen Gepäckstücke, die als Ladung oder Ballast auf dem Schiffe sind, bezüglich des Schiffes selbst die Bewegung von Venedig nach Syrien so gut wie nicht vorhanden, ihre gegenseitige Lage ändert sich in keiner Weise; und zwar rührt dies daher, daß die Bewegung eine gemeinschaftliche ist, an welcher sich alles beteiligt. Wenn von den im Schiffe befindlichen Waren ein Ballen nur einen Zoll von einer Kiste sich entfernt, so wird dies für ihn eine größere Bewegung in Bezug auf die Kiste sein, als die Reise von zweitausend Miglien, die sie in Gemeinschaft zurücklegen.

Simplicio. Diese Lehre ist richtig, wohl begründet und durchaus peripatetisch.

Salviati. Ich halte sie für älter und vermute, daß Aristoteles, als er sie von irgend welcher guten Schule übernahm, sie nicht völlig verstand, sie darum in veränderter Form niederschrieb und so die Ursache einer verworrenen Auffassung geworden ist unter Beihilfe derer, die jedes seiner Worte aufrecht erhalten wollen. Wenn er schreibt, daß alles, was sich bewegt, sich auf etwas Unbewegtem bewege, so vermute ich, daß dies mißverständlich gesagt ist statt: alles, was sich bewegt, bewegt sich in Bezug auf etwas Unbewegtes. Diese Behauptung hat nicht die geringste Schwierigkeit, die andere ihrer viele.

Sagredo. Ich bitte Euch, laßt uns nicht den Faden verlieren und setzt die begonnene Untersuchung fort.

Salviati. Da also offenbar die Bewegung, welche vielen beweglichen Körpern gemeinsam zukommt, wirkungslos und in Bezug auf die relative Lage derselben gegen einander so gut wie nicht vorhanden ist – es ändert sich ja nichts unter ihnen – und da sie bloß auf die relative Lage zu solchen Körpern wirkt, die sich an der Bewegung nicht beteiligen – hier nämlich ändert sich das gegenseitige Verhältnis – da wir ferner das Weltall in zwei Teile zerlegt haben, deren einer unbedingt beweglich, der andere unbeweglich sein muß, so kommt es für alle Folgen dieser Bewegung auf dasselbe hinaus, ob man die Erde allein sich bewegen läßt oder das ganze übrige Weltall. Denn die Wirkung einer solchen Bewegung besteht in nichts anderem als in der gegenseitigen Lage, in welche die Erde und die Himmelskörper geraten, und außer dieser gegenseitigen Lage ändert sich nichts. Wenn es nun zur Erzielung genau derselben Folgen gleichgültig ist, ob die Erde allein sich bewegt und das ganze übrige Weltall ruht oder die Erde ruht und das ganze Weltall in gemeinsamer Bewegung begriffen ist: wer möchte dann glauben, die Natur – welche doch nach allgemeiner Ansicht nicht viele Mittel aufbietet, wo sie mit wenigen auskommen kann – habe es vorgezogen, eine unermeßliche Zahl gewaltigster Körper sich bewegen zu lassen und zwar mit unglaublicher Geschwindigkeit, um zu bewirken, was durch die mäßige Bewegung eines einzigen um seinen eigenen Mittelpunkt sich erreichen ließe?

*[21]** Die Vorzüge des kopernikanischen Systems*

Salviati. ... Ihr seht nun, in wie wunderbarem Einklang mit dem kopernikanischen Systeme die drei von uns berührten Saiten stehen, die anfangs solchen Mißklang zu geben schienen. Gleichzeitig wird Signore Simplicio daraus entnehmen können, wie wahrscheinlich die Schlußfolgerung ist, daß nicht die Erde, sondern die

---

* Galilei [1982], S. 355–358

Sonne im Mittelpunkte der Planetenbahnen steht. Da nun die Erde zwischen Weltkörper zu stehen kommt, die sich unzweifelhaft um die Sonne bewegen, nämlich über Merkur und Venus, hingegen unter Saturn, Jupiter und Mars, wie sollte es nicht für höchst wahrscheinlich, ja vielleicht für notwendig zu gelten haben, daß auch sie um die Sonne läuft?

Simplicio. Es handelt sich um so bedeutende und in die Augen fallende Vorgänge, daß Ptolemäus und seine Anhänger unmöglich in Unkenntnis darüber gewesen sein können; und hatten sie Kenntnis davon, so müssen sie doch notwendig eine Art und Weise ausfindig gemacht haben, um von derartigen, so handgreiflichen Erscheinungen befriedigend Rechenschaft zu geben; ihre Erklärung muß sogar sehr wohl mit den Thatsachen übereinstimmen und große Wahrscheinlichkeit für sich haben, da sie so lange Zeit hindurch so viele, viele Anhänger gefunden hat.

Salviati. Euere Bemerkungen sind ganz richtig. Ihr müßt aber wissen, daß hauptsächliche Ziel der Astronomen von Fach kein anderes ist, als nur Rechenschaft von den Erscheinungen an den Himmelskörpern abzulegen. Um diese und die Bewegungen der Gestirne zu erklären, suchen sie einen passenden Aufbau durch Zusammensetzung von Kreisen herzustellen, derart daß die auf Grund einer solchen Annahme gewonnenen Rechnungsergebnisse Bewegungen liefern, die mit den Erscheinungen selbst übereinstimmen, wobei ihnen wenig darauf ankommt, irgend welche ganz ungeheuerliche Hypothese zu benutzen, die thatsächlich aus anderen Rücksichten Anstoß erregend sein könnte. Kopernikus selbst schreibt, er habe bei seinen ersten Studien die astronomische Wissenschaft auf Grund der unveränderten Voraussetzungen des Ptolemäus neu zu gestalten gesucht und die Bewegungstheorien der Planeten derart verbessert, daß die Rechnungen mit den Erscheinungen und die Erscheinungen mit den Rechnungen sehr wohl übereinstimmten, nur insoweit jedoch als man einzeln Planet für Planet vornahm. Er fügt aber hinzu, daß er danach versucht habe, den gesamten Bau aus den Einzelkonstruktionen zusammenzufügen; da sei daraus ein Ungetüm, eine Chimäre entsprungen, zusammengesetzt aus den ungleichartigsten, völlig unvereinbaren Gliedern, sodaß zwar die Aufgabe des rechnenden Fachastronomen eine befriedigende Lösung gefunden habe, nicht aber habe der

Astronom als Philosoph sich daran genügen lassen können. Da er aber sehr wohl einsah, daß, wenn schon die Himmelserscheinungen aus falschen Annahmen heraus allenfalls eine Erklärung finden konnten, dies noch weit besser auf Grund wirklich zutreffender Voraussetzungen möglich sein müsse, so begann er sorgfältig nachzuforschen, ob einer der bedeutenden Männer des Altertums der Welt einen anderen Bau zugeschrieben habe als den allgemein gebilligten des Ptolemäus. Er fand nun, daß einige Pythagoreer der Erde speciell die tägliche Umdrehung, andere ihr auch die jährliche Bewegung beigelegt hatten; da machte er sich denn daran, mit diesen beiden neuen Voraussetzungen die Erscheinungen und Besonderheiten der Planeten in Übereinstimmung zu bringen, Dinge, welche ihm alle bequem zur Hand waren. Als er nun schließlich sah, daß das Ganze auf wunderbar einfache Weise in Harmonie stand mit seinen Teilen, so nahm er dieses neue Weltsystem an und fand in ihm Befriedigung.

Simplicio. Was aber haften dem ptolemäischen Systeme für Ungeheuerlichkeiten an, die in diesem Systeme des Kopernikus nicht überboten würden?

Salviati. Bei Ptolemäus finden sich die Übel, bei Kopernikus ihre Heilung. Werden nicht erstlich alle Philosophenschulen es als großen Mißstand bezeichnen, daß ein Körper, der sich von Natur im Kreise dreht, eine unregelmäßige Bewegung um seinen eigenen Mittelpunkt, eine regelmäßige Bewegung hingegen um einen anderen Punkt ausführt? Und doch kommen solche mißgestaltete Bewegungen in dem Bau des Ptolemäus vor, bei Kopernikus hingegen sind sie alle um ihren eigenen Mittelpunkt gleichförmig. Bei Ptolemäus muß man den Himmelskörpern entgegengesetzte Bewegungen zuschreiben und sie alle von Osten nach Westen sich bewegen lassen und dabei gleichzeitig von Westen nach Osten, während bei Kopernikus alle Umdrehungen nach einer Richtung von Abend nach Morgen gerichtet sind. Wie steht es nun aber gar mit der so mißgestalteten scheinbaren Bewegung der Planeten, welche nicht nur bald schneller, bald langsamer vorwärtsgehen, sondern bisweilen vollständig stehen bleiben und nachher sogar eine bedeutende Strecke rückwärts gehen? Um diesen Erscheinungen Rechnung zu tragen, hat Ptolemäus eine Menge von Epicykeln eingeführt, welche er der Reihe nach für jeden besonderen

Planeten nach etlichen schlecht zusammenstimmenden Bewegungsgesetzen zurechtstutzte: diese werden sämtlich durch eine höchst einfache, der Erde beigelegte Bewegung beseitigt. Müßt Ihr ferner, Signore Simplicio, es nicht für eine außerordentliche Absurdität erklären, wenn man auf Grund des ptolemäischen Systems, in welchem jedem Planeten besondere Sphären angewiesen sind, gleichwohl häufig sagen muß, daß Mars, welcher über der Sphäre der Sonne untergebracht ist, tiefer herabsteigt als die Sonne, also deren Sphäre durchbricht und der Erde näher kommt als der Sonnenball, kurz darauf aber wieder über die Maßen höher hinansteigt als diese? Und doch wird diesen und ähnlichen Monstrositäten durch die alleinige, höchst einfache jährliche Erdbewegung abgeholfen.

GALILEO GALILEI (1564–1642)
Unterredungen und mathematische Demonstrationen (1638)

[22]* Die Widerlegung der aristotelischen Bewegungslehre im Gedankenexperiment

Simplicio. Aristoteles bekämpft die Meinung einiger älterer Philosophen, die das Vacuum als nothwendig einführten, damit eine Bewegung zu Stande komme, da ohne dasselbe eine Bewegung unmöglich sei. Im Gegensatz hierzu beweist er, dass gerade die Thatsache der Bewegung die Annahme eines Vacuums widerlege; sein Beweis ist folgender. Er discutirt zwei Fälle: erstens lässt er verschiedene Massen in ein und demselben Medium sich bewegen: zweitens ein und dieselbe Masse in verschiedenen Medien. Im ersten Falle behauptet er, dass verschiedene Körper in ein und demselben Medium mit verschiedener Geschwindigkeit sich bewegen, und zwar stets proportional den Gewichten (le gravità); so dass z. B. ein 10 mal grösseres Gewicht sich 10 mal schneller bewege. Im anderen Falle nimmt er an, dass die Geschwindigkeiten ein und derselben Masse in verschiedenen Medien sich umgekehrt wie die Dichtigkeiten verhalten; so dass, wenn z. B. die Dichtigkeit des Wassers 10 mal so gross ist als die der Luft, die Geschwindigkeit in der Luft 10 mal grösser sei, als die Geschwindigkeit im Wasser. Die zweite Behauptung weist er folgender Art nach: Da die Feinheit des Vacuums um ein unendlich kleines Intervall sich unterscheidet von dem körperlich mit allerfeinster Masse erfüllten Raume, so wird jeder Körper, der im erfüllten Medium in einiger Zeit eine gewisse Strecke zurücklegt, im Vacuum sich momentan bewegen; aber eine instantane Bewegung ist unmöglich; mithin ist es unmöglich, dass in Folge der Bewegung ein Vacuum sich bilde.

---

* Galilei [1964], S. 56–59

Salviati. Der Beweis ist, wie man sieht, »ad hominem«, d. h. gegen diejenigen gerichtet, welche das Vacuum als für die Bewegung nothwendig erachteten. Wenn ich nun die Schlussfolgerung anerkenne, indem ich zugleich zugebe, dass eine Bewegung im Vacuum nicht statthabe, so wird damit die Annahme eines Vacuums im absoluten Sinne, ohne Rücksicht auf Bewegung, keineswegs widerlegt. Um etwa im Sinne jener Alten zu reden und um besser zu durchschauen, wieviel *Aristoteles* beweist, scheint mir, könnte man alle beide Meinungen verwerfen. Zunächst zweifele ich sehr daran, dass *Aristoteles* je experimentell nachgesehen habe, ob zwei Steine, von denen der eine ein 10 mal so grosses Gewicht hat, als der andere, wenn man sie in ein und demselben Augenblick fallen liesse, z. B. 100 Ellen hoch herab, so verschieden in ihrer Bewegung sein sollten, dass bei der Ankunft des grösseren der kleinere erst 10 Ellen zurückgelegt hätte.

Simplicio. Man sieht's aus Ihrer Darstellung, dass Ihr darüber experimentirt habt, sonst würdet Ihr nicht reden vom Nachsehen.

Sagredo. Aber ich, Herr *Simplicio*, der ich keinen Versuch angestellt habe, versichere Euch, dass eine Kanonenkugel von 100, 200 und mehr Pfund um keine Spanne vor einer Flintenkugel von einem halben Pfund Gewicht die Erde erreichen wird, wenn beide aus 200 Ellen Höhe herabkommen.

Salviati. Ohne viel Versuche können wir durch eine kurze, bindende Schlussfolgerung nachweisen, wie unmöglich es sei, dass ein grösseres Gewicht sich schneller bewege, als ein kleineres, wenn beide aus gleichem Stoff bestehen; und überhaupt alle jene Körper, von denen Aristoteles spricht. Denn sagt mir, Herr *Simplicio*, gebt Ihr zu, dass jeder fallende Körper eine von Natur ihm zukommende Geschwindigkeit habe; so dass, wenn dieselbe vermehrt oder vermindert werden soll, eine Kraft angewandt werden muss oder ein Hemmniss.

Simplicio. Unzweifelhaft hat ein Körper in einem gewissen Mittel eine von Natur bestimmte Geschwindigkeit, die nur mit einem neuen Antrieb vermehrt, oder durch ein Hinderniss vermindert werden kann.

Salviati. Wenn wir zwei Körper haben, deren natürliche Geschwindigkeit verschieden sei, so ist es klar, dass, wenn wir den langsameren mit dem geschwinderen vereinigen, dieser letztere von jenem verzögert werden müsste, und jener, der langsamere, müsste vom schnelleren beschleunigt werden. Seid Ihr hierin mit mir einverstanden?

Simplicio. Mir scheint die Consequenz völlig richtig.

Salviati. Aber wenn dieses richtig ist, und wenn es wahr wäre, dass ein grosser Stein sich z. B. mit 8 Maass Geschwindigkeit bewegt, und ein kleinerer Stein mit 4 Maass, so würden beide vereinigt eine Geschwindigkeit von weniger als 8 Maass haben müssen; aber die beiden Steine zusammen sind doch grösser, als jener grössere Stein war, der 8 Maass Geschwindigkeit hatte; mithin würde sich nun der grössere langsamer bewegen, als der kleinere; was gegen Eure Voraussetzung wäre. Ihr seht also, wie aus der Annahme, ein grösserer Körper habe eine grössere Geschwindigkeit, als ein kleiner Körper, ich Euch weiter folgern lassen konnte, dass ein grösserer Körper langsamer sich bewege als ein kleinerer.

Simplicio. Ich bin ganz verwirrt, denn mir will es nun scheinen, als ob der kleine Stein, dem grösseren zugefügt, dessen Gewicht und daher durchaus auch dessen Geschwindigkeit vermehre, oder jedenfalls, als ob letztere nicht vermindert werden müsse.

Salviati. Hier begeht Ihr einen neuen Fehler. Herr *Simplicio*, denn es ist nicht richtig, dass der kleine Stein das Gewicht des grösseren vermehre.

Simplicio. So? das überschreitet meinen Horizont.

Salviati. Keineswegs, sobald ich Euch von dem Irrthume, in dem Ihr Euch bewegt, befreit haben werde: und merket wohl, dass man hier unterscheiden müsse, ob ein Körper sich bereits bewege, oder ob er in Ruhe sei. Wenn wir einen Stein auf eine Wagschale thun, so wird das Gewicht durch Hinzufügung eines zweiten Steines vermehrt, ja selbst die Zulage eines Stückes Werch wird das Gewicht um die 6–10 Unzen anwachsen lassen, die das Werchstück hat. Wenn Ihr aber den Stein mitsammt dem Werch von einer grossen Höhe frei herabfallen lasset, glaubt Ihr, dass während der Bewegung das Werch den Stein drücke, und dessen Bewegung beschleunige: oder glaubt Ihr, dass der Stein aufgehalten wird, indem das Werchstück ihn trägt? Fühlen wir nicht die Last auf unseren Schultern, wenn wir uns stemmen wollen gegen die Bewegung derselben; wenn wir aber mit derselben Geschwindigkeit uns bewegen, wie die Last auf unserem Rücken, wie soll dann letztere uns drücken und beschweren? Seht Ihr nicht, dass das ähnlich wäre, wie wenn wir den mit der Lanze treffen wollten, der mit derselben Geschwindigkeit vor uns herflieht? Zieht also den Schluss, dass beim freien Fall ein kleiner Stein den grossen nicht drücke und nicht sein Gewicht, so wie in der Ruhe, vermehre.

59 *Simplicio.* Aber wenn der grössere Stein auf dem kleineren ruht?

Salviati. So würde er das Gewicht vermehren müssen, wenn seine Geschwindigkeit überwöge; aber wir fanden schon, dass, wenn die kleinere Last langsamer fiele, sie die Geschwindigkeit der grossen vermindern müsste, und mithin die zusammengesetzte Menge weniger rasch sich bewegte, als ein Theil; was gegen Eure Annahme spricht. Lasst uns also feststellen, dass grosse und kleine Körper, von gleichem specifischen Gewicht, mit gleicher Geschwindigkeit sich bewegen.

Simplicio. Eure Herleitung ist wirklich vortrefflich: und doch ist es mir schwer zu glauben, dass ein Bleikorn so schnell wie eine Kanonenkugel fallen solle.

[23]* Der Isochronismus der Pendelschwingungen

Salviati. ...Endlich habe ich zwei Kugeln genommen, eine aus Blei und eine aus Kork, jene gegen 100mal schwerer als diese, und habe beide an zwei gleiche feine Fäden von 4 bis 5 Ellen Länge befestigt und aufgehängt; entfernte ich nun beide Kugeln aus der senkrechten Stellung und liess sie zugleich los, so wurden Kreise von gleichen Halbmessern beschrieben, die Kugeln schwangen über die Senkrechte hinaus, kehrten auf denselben Wegen zurück, und nachdem sie wohl 100mal hin- und hergegangen waren, zeigte sich deutlich, dass der schwerere Körper so sehr mit dem leichten übereinstimmte, dass weder in 100 noch in 1000 Schwingungen die kleinste Verschiedenheit zu merken war; sie bewegten sich in völlig gleichem Schritt. Man bemerkt wohl einen Einfluss des Mediums, welches einen Widerstand darbietet der Bewegung und weit merklicher die Schwingungen der Korkkugel vermindert, als

---

* Galilei [1964], S. 75–76; 85–86

die des Bleies, aber dadurch werden sie nicht mehr oder minder häufig, selbst wenn die vom Kork zurückgelegten Bögen nur 5 oder 6 Grad betragen, und die des Bleies 50 oder 60 Grad, sie werden sämmtlich in ein und derselben Zeit zurückgelegt.

Simplicio. Wenn das der Fall ist, so muss die Geschwindigkeit des Bleies grösser als die des Korkes sein, da jenes 60 Grad zurücklegt, und dieser kaum 6 beschreibt.

Salviati. Was sagt Ihr aber dazu, Herr *Simplicio*, dass beide in gleichen Zeiten ihre Schwingungen ausführen, auch wenn der Kork bei 30 Grad Amplitude 60 Grad durchlaufen müsste, und das Blei bei nur 2 Grad Amplitude nur 4 Grad beschriebe? Alsdann müsste wohl der Kork der geschwinder sich bewegende Körper sein? Und der Versuch bestätigt meine Behauptung; deshalb merkt Euch folgendes: Hat man das Pendel aus Blei um 50 Grad aus dem Loth entfernt, und hat es frei schwingen lassen, so beschreibt es jenseits des Lothes gleichfalls nahezu 50 Grad, im Ganzen also fast 100 Grad, und zurückkehrend einen etwas kleineren 76 Bogen, und nach einer grossen Anzahl von Schwingungen kommt es schliesslich zur Ruhe. Jede dieser Schwingungen kommt in einer gewissen sich stets gleich bleibenden Zeit zu Stande, sowohl die von 90 Grad Weite, als die von 50, 20, 10, 4 Grad: so dass die Geschwindigkeit allmählich abnimmt, da in gleichen Zeiten immer kleinere Bögen beschrieben werden. Einen ähnlichen, ja ganz denselben Vorgang nehmen wir beim Korke wahr, wenn er an einem ebenso langen Faden befestigt ist, nur dass er nach einer kleineren Anzahl von Schwingungen den Ruhezustand erreicht, da er wegen seiner Leichtigkeit weniger Macht hat, den Widerstand der Luft zu überwinden: also alle Schwingungen geschehen in gleichen Zeiten und noch dazu in derselben Zeit, wie die des Bleies....

Sagredo. Wie oft gebt Ihr mir Gelegenheit den Reichthum und 85 zugleich die Freigebigkeit der Natur zu bewundern, indem Ihr über einfache, ja fast triviale Dinge so merkwürdige, völlig neue, der Einbildungskraft fernliegende Betrachtungen anstellt. Wohl tausendmal habe ich Schwingungen beobachtet, besonders bei den Kronleuchtern in den Kirchen, die oft so sehr lang sind, aber mehr habe ich nicht gefunden als die Unwahrscheinlichkeit der Ansicht, dass ähnliche Bewegungen vom umgebenden Mittel, hier also von der Luft unterhalten werden; ich denke, die Luft müsste sicheres Urtheil und zugleich wenig sonst zu thun haben, um nur die Zeit zu vertreiben, und die Zeitstunden mit dem Hin und Her eines Gewichtes mit grosser Genauigkeit auszufüllen, dass aber ein und derselbe Körper, an einem 100 Ellen langen Faden, stets gleiche Zeit gebraucht, sei es dass er 90 Grad abweicht, oder 1 Grad, das hätte ich nimmer gefunden, und immer wieder kommt es mir wie unmöglich vor.

Nun bin ich begierig zu hören, wie diese einfachen Beziehungen mir jene akustischen Phänomene erklären können.

Salviati. Vor allem müssen wir constatiren, dass jedes Pendel eine so feste und bestimmte Schwingungsdauer hat, dass man dasselbe in keiner Weise in einer anderen Periode schwingen lassen kann, als nur in der ihm von Natur eigenen. Man nehme ein beliebiges Pendel in die Hand, und versuche die Zahl der Schwingungen zu vermehren oder zu vermindern, es wird verlorene Mühe sein; aber einem ruhenden, noch so schweren Pendel können wir durch blosses Anblasen eine Bewegung ertheilen, und zwar eine recht beträchtliche, wenn wir das Blasen einstellen, sobald das Pendel zurückkehrt, und immer wieder blasen in der dem Pendel eigenthümlichen Zeit; wenn auch beim ersten Blasen wir das Pendel nur um einen halben Zoll entfernt haben von der Ruhelage, so werden wir, nach der Rückkehr desselben es nochmals anblasend, die Bewegung vermehren, und so weiter; aber zur bestimmten Zeit, und nur nicht wenn das Pendel auf uns zu schwingt (denn in diesem Falle würden wir die Bewegung hemmen und nicht vermehren), und endlich wird eine so starke Schwingung hervorgerufen sein, dass eine sehr viel grössere Kraft, als die eines einmaligen Anblasens erforderlich wäre, um die Ruhe wiederherzustellen.

Sagredo. Schon als Kind habe ich gesehen, wie ein einziger Mann durch rechtzeitige Anstösse eine immense Kirchenglocke zum Läuten brachte, und um sie anzuhalten hingen sich 4 oder 6 andre Männer an, wurden aber sämmtlich mehrere Mal in die Höhe gehoben, und konnten die Glocke, die ein Einziger in regelmässigen Intervallen bewegt hatte, nicht sogleich zur Ruhe bringen.

86

Simplicio. Ich habe wirklich mehr Geschmack gefunden an der einfachen und klaren Ueberlegung des Herrn *Sagredo* als an der mir etwas dunklen Beweisführung unseres Autors: so dass ich recht fest davon überzeugt bin, dass der Vorgang ein solcher sein müsse, vorausgesetzt nur, die Definition der gleichförmig beschleunigten Bewegung sei zugelassen. Ob aber die Beschleunigung, deren die Natur sich bedient, beim Fall der Körper eine solche sei, das bezweifle ich noch, und deshalb würden ich und Andere, die mir ähnlich denken, es für sehr erwünscht halten, jetzt einen Versuch herbeizuziehen, deren es so viele geben soll, und die sich mit den Beweisen decken sollen.

Salviati. Ihr stellt in der That, als Mann der Wissenschaft, eine berechtigte Forderung auf, und so muss es geschehen in den Wissensgebieten, in welchen auf natürliche Consequenzen mathematische Beweise angewandt werden; so sieht man es bei Allen, die Perspective, Astronomie, Mechanik, Musik und Anderes betreiben; diese alle erhärten ihre Principien durch Experimente, und diese bilden das Fundament des ganzen späteren Aufbaues; lasst uns es nicht für überflüssig halten, wenn wir mit grosser Ausführlichkeit diesen ersten und fundamentalen Gegenstand behandelt haben, auf welchem das immense Gebiet zahlloser Schlussfolgerungen ruht, von denen ein kleiner Theil von unserem Autor im vorliegenden Buche behandelt wird; genug, dass er den Eingang und die bisher den spekulativen Geistern verschlossene Pforte geöffnet hat. Der Autor hat es nicht unterlassen, Versuche anzustellen, und um mich davon zu überzeugen, dass die gleichförmig beschleunigte Bewegung in oben geschildertem Verhältniss vor sich gehe, bin ich wiederholt in Gemeinschaft mit unserem Autor in folgender Weise vorgegangen:

Auf einem Lineale, oder sagen wir auf einem Holzbrette von 12 Ellen Länge, bei einer halben Elle Breite und drei Zoll Dicke, war auf dieser letzten schmalen Seite eine Rinne von etwas mehr als einem Zoll Breite eingegraben. Dieselbe war sehr gerade gezogen, und um die Fläche recht glatt zu haben, war inwendig ein sehr glat-

162

---

* Galilei [1964], S. 161–163

tes und reines Pergament aufgeklebt; in dieser Rinne liess man eine sehr harte, völlig runde und glattpolirte Messingkugel laufen. Nach Aufstellung des Brettes wurde dasselbe einerseits gehoben, bald eine, bald zwei Ellen hoch; dann liess man die Kugel durch den Kanal fallen und verzeichnete in sogleich zu beschreibender Weise die Fallzeit für die ganze Strecke; häufig wiederholten wir den einzelnen Versuch, zur genaueren Ermittelung der Zeit, und fanden gar keine Unterschiede, auch nicht einmal von einem Zehntheil eines Pulsschlages. Darauf liessen wir die Kugel nur durch ein Viertel der Strecke laufen, und fanden stets genau die halbe Fallzeit gegen früher. Dann wählten wir andere Strecken, und verglichen die gemessene Fallzeit mit der zuletzt erhaltenen und mit denen von ⅔ oder ¾ oder irgend anderen Bruchtheilen; bei

163 wohl hundertfacher Wiederholung fanden wir stets, dass die Strecken sich verhielten wie die Quadrate der Zeiten: und dieses zwar für jedwede Neigung der Ebene, d. h. des Kanales, in dem die Kugel lief. Hierbei fanden wir ausserdem, dass auch die bei verschiedenen Neigungen beobachteten Fallzeiten sich genau so zu einander verhielten, wie weiter unten unser Autor dasselbe andeutet und beweist. Zur Ausmessung der Zeit stellten wir einen Eimer voll Wasser auf, in dessen Boden ein enger Kanal angebracht war, durch den ein feiner Wasserstrahl sich ergoss, der mit einem kleinen Becher aufgefangen wurde, während einer jeden beobachteten Fallzeit: das dieser Art aufgesammelte Wasser wurde auf einer sehr genauen Waage gewogen; aus den Differenzen der Wägungen erhielten wir die Verhältnisse der Gewichte und die Verhältnisse der Zeiten, und zwar mit solcher Genauigkeit, dass die zahlreichen Beobachtungen niemals merklich (di un notabile momento) von einander abwichen.

Simplicio. Wie gern hätte ich diesen Versuchen beigewohnt; aber da ich von Eurer Sorgfalt und Eurer wahrheitsgetreuen Wiedergabe überzeugt bin, beruhige ich mich und nehme dieselben als völlig sicher und wahr an.

FRANCIS BACON (1561–1626)
Die »Große Erneuerung der Wissenschaften« (1620)

[25]* *Darlegung des Vorhabens*

Ich erkannte, daß des Menschen Verstand ihm selbst viel Last be- 3
reitet und er wahre Hilfsmittel, die an sich im menschlichen Bereich liegen, nicht weise und erfolgbringend zu nützen vermag.
Daraus entsteht vielfältige Unkenntnis der Dinge und infolgedessen ungemessener Nachteil.

So glaubte ich, alle Kraft müsse darauf gerichtet sein, auf
irgendeine Weise die Verbindung zwischen dem Geist und den
Dingen in der richtigen Weise wieder herzustellen oder zumindest
zu einer besseren Beschaffenheit zu führen, als sie jetzt ist. Kaum
etwas auf der Erde, auch nur Ähnliches findet sich, das soviel Nutzen bringen könnte, wie die auf dies Ziel gerichtete Mühe.

Daß aber Irrtümer, die wie Unkraut gewuchert sind und bis in
alle Zeiten hinein wuchern werden, einer nach dem andern sich
selbst verbessern könnten, wenn der Geist nur ans Werk geht, war
eine hoffnungslose Sache, soweit man sich dabei auf die eigene
Kraft des Verstandes oder auf die Hilfsmittel und Stützen der Dia-
lektik verließ.

So bleiben die obersten Begriffe der Dinge, die der Verstand
leicht und oberflächlich aufnimmt, behält und aufspeichert – woraus denn alles andere sich herleitet – fehlerhaft, ungeordnet und
wenig gründliche Abstraktionen. In den zweiten und folgenden
Begriffen herrscht die gleiche Willkür und Unbeständigkeit. Deshalb bleibt das ganze Verfahren, das wir zur Erforschung der Natur
einsetzen, nicht gut eingerichtet. Es gleicht einem äußerlich präch- 4
tigen Bau ohne sicheres Fundament. Denn, indem die Menschen

---

* Bacon [1982], S. 3–5

falsch geleitete Kräfte des Verstandes bewundern und preisen, gehen sie an dem wirklich Wertvollen zerstörend vorüber, welches in ihrem Bereich liegt, wenn sie nur dem Geist die nötige Hilfe gewähren und ihn der Natur unterordnen würden, statt vergeblich zu versuchen, sie zu beherrschen. Abhilfe konnte nur so kommen, daß man an die Dinge mit neuen Methoden in der lauteren Absicht heranging, zu einer vollständigen Erneuerung der Wissenschaften und Künste, überhaupt der ganzen menschlichen Gelehrsamkeit, auf gesicherten Grundlagen zu kommen.

Es könnte scheinen, als ob das zu einer immerwährenden Umwälzung führen müsse, die weit über Menschenkraft hinausginge. Bei der Ausführung wird es sich aber als gesünder und maßvoller erweisen als alles, was bisher geschehen ist. Denn hier sieht man ein Ziel vor Augen, während in der Art, wie jetzt die Wissenschaften betrieben werden, sich alles im Kreise dreht und ein ständiges Schwanken besteht.

Und obwohl ich weiß, wie einsam ich bei diesem Unternehmen stehe und wie hart und unwahrscheinlich es ist, hier Zutrauen zu gewinnen, bin ich doch entschlossen, weder den Gegenstand noch mich selbst aufzugeben. Ich will einen Weg finden, der für den menschlichen Geist gangbar ist.

Ist es doch wertvoller, einen Anfang zu machen, der vielleicht Erfolg und Aufstieg in sich birgt, als seine Kräfte an Aussichtslosem zu zerreiben. Die Wege der Betrachtung entsprechen den beiden so oft besungenen Wegen des Lebens. Der eine führt – am Anfang wohl steil und mühselig – in die Ebene, der andere, anscheinend zunächst leicht und glatt, führt in wegelose Abgründe. Weil nun aber nicht abzusehen ist, wann jemand späterhin solche Gedanken aufnehmen würde und da ich bisher niemand getroffen habe, der sich damit beschäftigt hätte, so habe ich gemeint, meine Gedanken der Öffentlichkeit zugänglich machen zu sollen. Die Eile, mit der es geschieht, beruht nicht auf falschem Ehrgeiz, sie ist in ernster Sorge begründet. Sollte mir doch etwas Menschliches alsbald widerfahren, wäre dann wenigstens das niedergelegt und aufgezeichnet, was mich bewegt hat. Das sollte zugleich ein Dokument meines ehrlichen Willens sein, dem Wohle der Menschheit nach Kräften zu dienen. Allerdings erschien mir jeder andere Ehrgeiz armselig im Vergleich mit dem Werk, das ich in meinen Händen hielt, denn entweder ist der vorliegende Gegenstand wertlos, oder er ist so groß und bedeutsam, daß er in einer gewissen Genugtuung nicht nach anderem zu suchen braucht.

FRANCIS BACON (1561–1626)
Neu-Atlantis (1627)

[26] *   *Aus dem Vorwort des Sekretärs*

32 Damit du, mein Sohn, über das wahre Wesen des Hauses Salomon völlige Aufklärung erhältst, werde ich folgendermaßen vorgehen: zuerst werde ich dir den Zweck unserer Gründung auseinandersetzen, dann die Vorrichtungen und Mittel, die uns für unsere Arbeit zur Verfügung stehen, drittens die verschiedenen Obliegenheiten und Ämter, die unsern Mitgliedern zugewiesen sind, und endlich die Weihen und Zeremonien, die bei uns üblich sind.

Unsere Gründung hat den Zweck, die Ursachen des Naturgeschehens zu ergründen, die Veränderungen in der Natur und die Naturkräfte zu erforschen und die Grenzen der menschlichen Macht so weit wie möglich auszudehnen.

Wir haben geräumige und tiefe unterirdische Höhlen, von denen die tiefsten bis zu einer Tiefe von sechshundert Klafter hinabgehen. Manche sind unter großen Bergen angelegt. Diese Höhlen nennt man die »tiefste Zone«. Wir benutzen sie dazu, alle möglichen Substanzen zum Gerinnen zu bringen, zu härten und abzukühlen, sowie Körper zu konservieren. Ferner verwenden wir sie dazu, natürliche Mineralien künstlich herzustellen und neue künstliche Metalle aus Gesteinen zu erzeugen. Wir benutzen sie manchmal auch dazu, gewisse Krankheiten zu heilen oder in manchen Fällen das Leben zu verlängern.

In unseren Maschinenhäusern stehen Maschinen und Apparate, mit deren Hilfe wir Bewegungen jeder Art hervorbringen können; wir erzielen damit größere Geschwindigkeiten als ihr mit euren kleinen Flinten oder anderen Vorrichtungen. Wir suchen die Be-

---

* Hunger [1964/1966], 1. Band, S. 32–33

wegungsvorgänge reibungsloser und wirksamer zu gestalten und ihre Nutzleistung durch Räder und auf andere Weise auf ein Vielfaches zu steigern. Wir ahmen auch den Vogelflug nach. Wir besitzen Schiffe und Boote, die unter Wasser fahren können. Erwähnenswert sind unsere vorzüglichen Uhren. Auch das Perpetuum mobile haben wir in mehreren Ausführungen. Schließlich haben wir auch noch Möglichkeiten, Bewegungen in außerordentlicher Gleichförmigkeit und Genauigkeit zu erzeugen. Über die Tätigkeit und die Aufgaben unserer Mitglieder kann ich dir folgendes berichten. Zwölf Mitglieder reisen unter Angabe einer anderen Nationalität – unser Land geben wir nicht bekannt – in fremde Länder, um uns Bücher, Material und Musterstücke von Erfindungen zu besorgen. Wir nennen sie die »Lichtkäufer«. Drei sind dafür da, alle Versuche, die in den Büchern beschrieben sind, zusammenzustellen. Sie heißen die »Ausbeuter«.

Drei sammeln Material über Versuche auf dem Gebiet der reinen Wissenschaft, der ganzen mechanischen Technik und der übrigen praktischen Anwendungen der Wissenschaft. Dies sind die sogenannten »Jäger«. Drei beschäftigen sich mit neuen Versuchen, deren Ausführung ihnen aussichtsreich erscheint. Sie heißen »Schatzgräber«. Drei registrieren die Versuchsergebnisse der anderen, nach Stichworten und in Tabellen, um sie übersichtlicher zu gestalten, so daß man daraus besser Beobachtungen und allgemeine Regeln entnehmen kann. Sie heißen »Ordner«. Drei andere, die sogenannten »Wohltäter«, haben den Auftrag, die Versuche ihrer Kollegen zu überprüfen und daraus diejenigen Entdeckungen herauszusuchen oder herzuleiten, die sich für die praktische Verwertung im täglichen Leben eignen oder dem Fortschritt der Wissenschaft dienen. Hierbei denken wir nicht nur an Werke der Technik, sondern legen besonderen Wert darauf, den kausalen Zusammenhang der Dinge möglichst klarzulegen, der Natur ihre tiefsten Geheimnisse zu entlocken und eine leichtverständliche, eindeutige Auskunft über die unbekannten Bestandteile und Kräfte in den verschiedenen Körpern zu erhalten.

Nach zahlreichen Versammlungen und Beratungen der ganzen Brüderschaft, in denen die Arbeiten und die zusammenfassenden Vorberichte gründlich nachgeprüft und noch einmal besprochen worden sind, beginnt die Tätigkeit der drei »Leuchten«, denen die

Aufgabe zufällt, auf Grund des nunmehr vorliegenden Materials – von einem höheren Gesichtspunkt aus – neue Versuche anzuregen und zu leiten, die tiefer in die Natur eindringen sollen. Drei andere, die »Pfropfer«, führen die so beschlossenen und in Auftrag gegebenen Untersuchungen aus und berichten über ihr Ergebnis. Schließlich sind noch drei sogenannte »Erklärer der Natur« da, die nach vorhergegangener Aussprache mit allen Mitgliedern die Entdeckungen und Aufschlüsse über die Natur, zu denen man durch den Versuch gelangt ist, zu größeren Erfahrungskomplexen erweitern und in die Form von allgemein gültigen Regeln oder Grundsätzen bringen.

EDUARD JAN DIJKSTERHUIS (1892–1965)
Die Mechanisierung des Weltbildes (1956)

[27] * *Korpuskulartheorien im 17. Jahrhundert*

Nachdem wir zunächst in den mathematischen Regionen der kinematischen Astronomie und der rationalen Mechanik verweilt haben, wo die Art des Stofflichen keine große Rolle spielte, sehen wir uns durch die Betrachtungen *Descartes'* wieder dem alten Problem der Zusammensetzung der Materie gegenübergestellt, die aber jetzt nicht mehr in irdische und himmlische eingeteilt wird. Wir werden jetzt erst untersuchen müssen, wie dieses Problem sich seit dem Beginn der neuen Zeit, wo wir seine Behandlung unterbrachen, weiterentwickelt hat.

Zu Anfang des siebzehnten Jahrhunderts konnten wir bei verschiedenen Chemikern eine bewußte Opposition gegen *Aristoteles* und bei einer noch größeren Zahl Empfänglichkeit für korpuskulartheoretische Vorstellungen konstatieren. Diese Tendenz findet eine Parallele bei den Physikern; die Art der sie beschäftigenden Probleme bringt es indessen mit sich, daß sie mehr dazu neigen, speziell zur demokritisch-epikureischen Atomistik zurückzukehren.

Einen Einfluß demokritischer Ideen, der aber noch nicht zu ihrer uneingeschränkten Annahme führt, finden wir im Werke *Galileis*; ihre endgültige Wiederbelebung erfahren sie durch *Gassend*. Wir geben hier eine kurze Übersicht über diejenigen Arbeiten beider Forscher, welche die Struktur der Materie betreffen....

Hatte die mechanistische Betrachtungsweise für die Naturwissenschaft die Bedeutung eines stimulierenden Programms, das auch tatsächlich nicht verfehlt hat, ihr Wachstum zu fördern, so   484

---

* Dijksterhuis [1956], S. 468; 484

wurde die Philosophie durch sie vor das schwierige Problem gestellt, wie nun eigentlich die Welt unseres Bewußtseins, unserer Wahrnehmungen und Gefühle, mit der so völlig anders gearteten Welt der mechanischen Prozesse außerhalb von uns zusammenhängt. Die Naturwissenschaften standen vor der zwar schweren, aber erfolgversprechenden Aufgabe, mechanische Systeme zu erfinden, durch welche physikalische Tatsachen erklärt werden konnten, die Philosophie aber vor dem hoffnungslosen Problem, psychische Erscheinungen aus physikalischen abzuleiten. Es ist kein Wunder, daß ihre Wege sich trennten, daß die Naturwissenschaft ihre eigene Richtung einschlug, ohne sich viel um die philosophische Rechtmäßigkeit ihres Tuns zu kümmern, und daß die Philosophie immer weniger in der Lage war, dem Studium der Natur gegenüber die führende Stellung einzunehmen, die ihr bei einer idealen Zusammenarbeit aller geistigen Kräfte hätte zufallen müssen.

Die mechanistische Naturwissenschaft war begreiflicherweise bestrebt, das Gebiet, worauf ihre Erklärungsprinzipien noch anwendbar waren, möglichst weit nach der Richtung des wahrnehmenden Subjekts auszudehnen. Sie hat Wahrnehmungstheorien aufgestellt, nach denen Atome von außen her in die Poren und Kanäle der Sinnesorgane eindringen und dadurch eine Bewegung in den Nerven und den materiell gedachten *spiritus animales* erwecken, die durch diese ins Gehirn und von dort aus eventuell noch durch Arterien zum Herzen übertragen wird. Es ist aber klar, daß dadurch die Trennungslinie, vor welcher das mechanistische Denken unwiderruflich haltmachen muß, nur ein Stück weiter nach innen verschoben wurde, daß aber das metaphysische Problem des Zusammenhanges zwischen dem Physischen und dem Psychischen genau so ungelöst blieb. Auf die verschiedenen im siebzehnten Jahrhundert unternommenen Versuche, von diesem Zusammenhange dennoch Rechenschaft zu geben, wollen wir hier nicht eingehen.

RENÉ DESCARTES (1596–1650)
Brief an Marin Mersenne (1647)

[28] * *Ein Experiment zur Messung des Luftdruckes*

(Egmond, 13. Dezember 1647)   402

Mein Ehrwürdiger Vater,

es ist schon einige Zeit her, daß Herr de Zuylichem mir die Druckschrift von Herrn Pascal gesandt hat, wofür ich dem Verfasser danke, da sie mir von seiner Seite aus geschickt worden ist. Er scheint darin meine feine Materie bekämpfen zu wollen, und ich weiß ihm dafür durchaus Dank; ich bitte ihn aber, nicht zu vergessen, diesbezüglich alle seine besten Gründe vorzubringen, und es dann nicht zu tadeln, wenn ich zu gegebener Zeit und an gegebenem Ort alles erkläre, was ich als für meine Verteidigung geeignet halten werde.

Sie verlangen ein Schreiben bezüglich der Erfahrungen über Quecksilber von mir und zögern doch, mir Ihre Erfahrungen mitzuteilen, als ob ich sie erraten sollte; ich darf mich dabei aber nicht dem Zufall aussetzen, weil man, falls ich auf die Wahrheit stieße, meinen könnte, daß ich die Erfahrungen darüber hier gemacht hätte, und wenn ich sie verfehlte, würde man von mir dann eine umso weniger gute Meinung haben; wenn Sie mich aber gefälligerweise unbefangen an allem teilnehmen lassen, was Sie beobachtet haben, werde ich Ihnen dafür zu Dank verpflichtet sein; und für den Fall, daß ich mich dessen bedienen sollte, werde ich nicht vergessen, zur Kenntnis zu bringen, von wem ich es habe. 403

Ich hatte Herrn Pascal benachrichtigt, den Versuch anzustellen, ob das Quecksilber ebenso hoch stiege, wenn man sich auf einem Berge befindet, wie wenn man ganz unten steht; ich weiß nicht, ob

---

* Descartes [1949], S. 402–404

er es gemacht hat. Damit wir aber auch erfahren können, ob der Wechsel des Wetters und der Orte etwas dazu beitrage, schicke ich Ihnen einen Maßstab aus Papier von zwei und ein halb Fuß, wo der dritte und vierte Zoll über die zwei Fuß hinaus in Linien geteilt sind, und ich behalte einen anderen völlig gleichen hier, damit wir sehen können, ob unsere Beobachtungen übereinstimmen. Ich bitte Sie also, bei kaltem und warmem Wetter und bei Süd- und Nordwind beobachten zu wollen, bis zu welcher Stelle des Maßstabes das Quecksilber steigen wird; und damit Sie wissen, daß sich Unterschiede ergeben werden, und verpflichtet sind, mir ebenfalls ganz offen Ihre Beobachtungen zu schreiben, will ich Ihnen sagen, daß am letzten Montag die Höhe des Quecksilbers nach diesem Maßstab genau zwei Fuß drei Zoll war, und daß sie gestern am Donnerstag ein wenig oberhalb von zwei Fuß und vier Zoll war; heute aber ist sie um drei oder vier Linien gesunken. Ich habe ein Rohr, das Tag und Nacht an der gleichen Stelle befestigt bleibt, um diese Beobachtungen anzustellen, die wir nach meiner Meinung nicht allzu schnell zu verbreiten brauchen; es wird besser sein, die Veröffentlichung des Buches von Herrn Pascal abzuwarten.

Ich möchte auch, daß Sie versuchen, Feuer in Ihrem luftleeren Raum anzuzünden und zu beobachten, ob der Rauch nach oben oder nach unten zieht und von welcher Gestalt die Flamme sein wird. Man kann diesen Versuch anstellen, indem man ein wenig Schwefel oder Kampfer am Ende eines Fadens in den luftleeren Raum hineinhängen läßt und ihn mit einem Spiegel oder Brennglas durch das Glas hindurch in Brand steckt. Ich kann das hier nicht machen, weil die Sonne nicht warm genug ist und ich das mit der Flasche zusammengepaßte Rohr noch nicht habe erhalten können.

404 Ich bin erstaunt darüber, daß Sie dieses Experiment, wie Herr Pascal behauptet, vier Jahre behütet haben, ohne mir jemals etwas darüber mitzuteilen, nicht aber darüber, daß Sie es vor diesem Sommer begonnen haben; denn sobald Sie mir davon sprachen, war es mir deutlich, daß es Folgen haben mußte und für die Bestätigung dessen, was ich über Physik geschrieben habe, außerordentlich dienlich sein konnte.

RENÉ DESCARTES (1596–1650)
Die Prinzipien der Philosophie (1644)

[29] * *Über die Prinzipien der körperlichen Dinge*

§ 1 Die wirkliche Existenz der Körper

Wenn auch jedermann von dem Dasein der körperlichen Dinge
überzeugt ist, so haben wir dasselbe doch kürzlich bezweifelt und
zu den Vorurteilen aus der Kinderzeit gerechnet; deshalb sind nun
die Gründe aufzusuchen, wodurch wir hierüber Gewißheit erlangen. Was wir nämlich empfinden, kommt unzweifelhaft von einer
Sache, welche von unserer Seele verschieden ist; denn es steht
nicht in unserer Gewalt, das eine eher als das andere zu empfinden; vielmehr hängt es von der Sache ab, was unsere Sinne erregt.
Man kann allerdings fragen, ob diese Sache Gott oder etwas von
Gott Verschiedenes ist. Da wir indes empfinden oder vielmehr auf
Antrieb der Sinne klar und deutlich eine gewisse Materie wahrnehmen, die in die Länge, Breite und Tiefe sich ausdehnt, deren
Teile verschiedene Gestalten haben, in verschiedener Weise sich
bewegen und auch bewirken, daß wir mancherlei Empfindungen
von Farben, Gerüchen, Schmerzen usw. haben, so würde, wenn
Gott die Idee dieser ausgedehnten Materie unserer Seele unmittelbar durch sich selbst zuführte oder nur bewirkte, daß dies von
einer Sache geschähe, welche nichts von Ausdehnung, Gestalt und
Bewegung enthielte, sich kein Grund aufzeigen lassen, weshalb er
nicht als Betrüger gelten müßte. Denn wir erkennen diese Sache
klar als von Gott und von uns oder unserem Geiste verschieden,
und wir meinen auch klar zu sehen, daß diese Idee sich in uns bei
Gelegenheit der außen befindlichen Körper bildet, denen sie ganz
ähnlich ist. Schon früher ist aber bemerkt worden, daß es der

---

* Descartes [1908], S. 31–33; 38; 40–43; 45–46; 48–52.

32

Natur Gottes durchaus widerspricht, betrügerisch zu sein. Deshalb müssen wir hier unbedingt den Schluß ziehen, daß es eine solche Sache gibt, die nach Länge, Breite und Tiefe ausgedehnt ist und alle die Eigenschaften hat, welche wir, als einem ausgedehnten Gegenstand zugehörig, klar erkennen. Und dies ist die ausgedehnte Sache, die wir Körper oder Materie nennen.

§ 2 Über die Verbindung von Seele und Körper

Ebenso kann man aus dem Umstande, daß uns plötzlich ein Schmerz oder eine andere sinnliche Empfindung kommt, folgern, daß mit unserer Seele ein gewisser Körper enger als die übrigen Körper verbunden ist; denn die Seele ist sich bewußt, daß jene Empfindungen nicht von ihr selbst kommen, und daß sie nicht deshalb zu ihr gehören können, weil sie ein denkendes Wesen ist, sondern nur, weil sie mit einem gewissen anderen ausgedehnten und beweglichen Gegenstande verbunden ist, welcher der menschliche Körper genannt wird. Indes gehört das Genauere nicht hierher.

§ 3 Nicht unsere Sinne, sondern allein unser Verstand kann uns über das Wesen der Dinge belehren

Es genügt, wenn wir beachten, daß die sinnlichen Wahrnehmungen nur jener Verbindung des menschlichen Körpers mit dem Geiste zukommen und uns in der Regel sagen, inwiefern äußere Körper demselben nützen oder schaden können, aber nur bisweilen und zufällig uns darüber belehren, was sie ihrem Wesen nach sind. So werden wir die Vorurteile leicht ablegen, die sich nur auf die Sinne gründen und hier uns nur des Verstandes bedienen, um sein Wesen zu untersuchen, weil allein in ihm sich die ersten Begriffe oder Ideen von Natur befinden, die gleichsam die ersten Samenkörner der Wahrheiten sind, die wir zu erkennen vermögen.

§ 4 Das Wesen der Körper ist ihre Ausdehnung

Wir werden dann erkennen, daß die Natur der Materie oder des Körpers überhaupt nicht in Härte, Gewicht, Farbe oder einer anderen sinnlichen Eigenschaft besteht, sondern nur in seiner Ausdehnung in die Länge, Breite und Tiefe. Denn von der Härte lehrt uns unsere Wahrnehmung nur, daß die Teile der harten Körper bei dem Druck von unseren Händen der Bewegung widerstehen; denn wenn bei der Bewegung unserer Hände gegen einen Teil alle dort befindlichen Körper mit derselben Schnelligkeit zurückwichen, mit der jene sich vorwärts bewegen, so würden wir keine Härte fühlen, und trotzdem haben wir keinen Grund, anzunehmen, daß die Körper, weil sie sich so zurückziehen, deshalb dasjenige verlieren, was sie zu Körpern macht. Daraus folgt, daß ihre Natur nicht in der Härte besteht, die wir bisweilen bei ihrer Gelegenheit fühlen, noch auch in der Schwere, Farbe oder anderen derartigen Qualitäten, die man in der körperlichen Materie wahrnimmt; denn bei jedem beliebigen Körper können wir denken, daß er keine dieser Qualitäten in sich hat, und dennoch erkennen wir klar und deutlich, daß er alles hat, was ihn zum Körper macht, wenn er nur Ausdehnung nach Länge, Breite und Tiefe hat; daraus folgt dann, daß er, um zu sein, der ersterwähnten Qualitäten in keiner Weise bedarf, und daß sein Wesen allein darin besteht, daß er eine ausgedehnte Substanz ist.

...

§ 16 Leere als Raum ohne Substanz ist vernunftwidrig

Ein *Leeres* (*vacuum*) im philosophischen Sinne, d. h. ein solches, in dem sich keine Substanz befindet, kann es offenbar nicht geben, weil die Ausdehnung des Raumes oder inneren Ortes von der Ausdehnung des Körpers nicht verschieden ist. Denn da man schon aus der Ausdehnung des Körpers nach Länge, Breite und Tiefe richtig folgert, daß er eine Substanz ist, weil es widersprechend ist, daß das Nichts eine Ausdehnung habe, so muß dasselbe auch von dem Raume gelten, der als leer angenommen wird, nämlich daß, da eine Ausdehnung in ihm ist, notwendig auch eine Substanz in ihm sein muß.

...

§ 20 Gründe, die gegen die Existenz der Atome sprechen

Wir erkennen auch die Unmöglichkeit, daß ein Atom oder materielles Teilchen seiner Natur nach unteilbar sei. Denn da, wenn es Atome gibt, sie ausgedehnt sein müssen, so können wir, mögen sie auch noch so klein gedacht werden, die einzelnen Atome doch in Gedanken in zwei oder mehr kleinere teilen und daraus ihre Teilbarkeit erkennen. Denn was in Gedanken geteilt werden kann, ist auch *teilbar*; wollten wir es also für unteilbar halten, so widerspräche dies unserer eigenen Erkenntnis. Ja, selbst wenn wir annähmen, Gott habe bewirken wollen, daß gewisse Teile der Materie nicht weiter geteilt werden können, so würde man sie doch nicht eigentlich unteilbar nennen können. Denn wenn dann seine Geschöpfe sie auch nicht teilen könnten, so könnte er sich selbst doch diese Macht, sie zu teilen, nicht nehmen; denn es ist unmöglich, daß er seine eigene Macht vermindert, wie oben gezeigt worden. 41 Also bleibt es uneingeschränkt gültig, daß die Materie teilbar ist, weil ihre Natur so beschaffen ist.

. . .

§ 23 Die Bewegung als alleiniges Unterscheidungsmerkmal der Materie

In der ganzen Welt gibt es also nur ein und dieselbe Materie, die allein daran erkannt wird, daß sie ausgedehnt ist. Alle in ihr klar erkannten Eigenschaften laufen also darauf hinaus, daß sie teilbar und in ihren Teilen beweglich und deshalb all der Zustände fähig ist, die aus der Bewegung ihrer Teile folgen. Denn die bloß in Gedanken geschehende Teilung ändert nichts, sondern alle Mannigfaltigkeit oder aller Unterschied ihrer Gestalten hängt von der Bewegung ab. Dies ist schon hin und wieder von den Philosophen bemerkt worden, wenn sie behaupteten, daß die Natur das Prinzip der Bewegung und der Ruhe sei. Sie verstanden dann unter Natur das, wonach alle körperlichen Sachen sich so gestalten, wie wir sie wahrnehmen.

24. Die Bewegung (nämlich die örtliche, denn eine andere kann ich mir nicht denken und deshalb auch in der natürlichen Welt nicht annehmen), also die Bewegung, sage ich, ist im gewöhn- 42 lichen Sinne nur *eine Tätigkeit, wodurch ein Körper aus einem Ort an einen anderen übergeht.* So wie man nach dem Obigen von der- selben Sache zugleich aussagen kann, daß sie ihren Ort verändert und nicht verändert, ebenso kann man von ihr zugleich Bewegung und Ruhe aussagen. Wer z. B. auf einem aus dem Hafen fahrenden Schiff sitzt, meint, daß er sich bewege, wenn er nach der Küste blickt und diese für ruhend ansieht; aber nicht, wenn er nur das Schiff beachtet, zu dessen Teilen er immer dieselbe Lage behält. Ja, insofern wir in jeder Bewegung eine Tätigkeit annehmen und in der Ruhe das Aufhören einer solchen, wird dann richtiger ge- sagt, daß er ruht, als daß er sich bewegt, weil er keine Tätigkeit an sich wahrnimmt.

25. Betrachten wir jedoch nicht nach der gewöhnlichen Auffas- sung, sondern der Wahrheit nach das, was unter Bewegung zu ver- stehen ist, um ihr eine bestimmte Natur zuzusprechen, so kann man sagen, *sie sei die Überführung eines Teiles der Materie oder eines Körpers aus der Nachbarschaft der Körper, die ihn unmittel- bar berühren, und die als ruhend angesehen werden, in die Nach- barschaft anderer.* Ich verstehe hier unter *einem* Körper oder *einem* Teile der Materie alles das, was gleichzeitig übergeführt wird, wenn es auch aus vielen Teilen besteht, die untereinander andere Bewegungen haben. Ich sage »*Überführung*« und nicht: die Kraft oder Tätigkeit, welche überführt, um zu zeigen, daß die Be- wegung immer in der bewegten, nicht in der bewegenden Sache ist, welche beide man nicht sorgfältig genug unterscheidet, und daß sie bloß ein Zustand ist und keine für sich bestehende Sache, ähnlich wie die Gestalt nur ein Zustand der gestalteten Sache, und die Ruhe nur ein Zustand der ruhenden Sache ist.

26. Denn es ist hier zu bemerken, daß wir an einem großen Vor- urteile leiden, indem wir zur Bewegung mehr Tätigkeit wie zur Ruhe für erforderlich halten. Man hat dies von Kindheit so ange- nommen, weil unser Körper von unserem Willen bewegt wird, dessen wir uns genau bewußt sind, und weil er ruht, bloß weil er

43 durch seine Schwere an der Erde haftet, deren Kraft wir nicht wahrnehmen. Denn die Schwere und andere von uns nicht bemerkte Ursachen widerstehen den Bewegungen, die wir in unseren Gliedern erwecken wollen, und bewirken die Müdigkeit; deshalb halten wir eine größere Tätigkeit oder Kraft zur Erregung der Bewegung als zur Hemmung derselben für erforderlich, indem wir die Anstrengung als Tätigkeit nehmen, die wir zur Bewegung unserer Glieder und mittelbar anderer Körper anwenden. Man kann sich von diesem Vorurteil leicht befreien, wenn man bedenkt, daß wir diese Anstrengung nicht bloß zur Bewegung fremder Körper, sondern auch zur Hemmung ihrer Bewegungen bedürfen, soweit diese nicht durch die Schwere oder eine andere Ursache gehemmt werden. So bedürfen wir z. B. keiner größeren Tätigkeit, um ein im stillen Wasser ruhig liegendes Fahrzeug fortzustoßen, als um es in seiner Bewegung plötzlich aufzuhalten, oder wenigstens keiner viel größeren; denn es ist hier die Schwere des von ihm gehobenen Wassers und dessen Trägheit abzuziehen, welche es allmählich zum Stillstand bringen würden.

27. Da es sich hier indes nicht um die Tätigkeit handelt, welche in dem Bewegenden oder in dem die Bewegung Aufhaltenden angenommen wird, sondern nur um die Überführung und das Nichtsein der Überführung oder die Ruhe, so ist klar, daß diese nicht außerhalb des bewegten Körpers sein kann, und daß dieser Körper bei seiner Überführung sich in einem anderen Zustand befindet, als wenn er nicht übergeführt wird oder wenn er ruht, so daß Bewegung und Ruhe nur zwei verschiedene Zustände desselben sind.
...

§ 32 Die Zusammensetzung von Bewegungen

Es kann ferner diese *eine* dem Körper eigene Bewegung anstatt
46 vieler gelten. So unterscheiden wir an den Wagenrädern zwei verschiedene Bewegungen, eine kreisrunde um die Achse und eine längs des gefahrenen Weges. Allein diese beiden Bewegungen sind darum noch nicht wirklich verschieden; denn ein bestimmter Punkt des bewegten Körpers beschreibt nur *eine* Linie. Es ist dabei gleichgültig, daß diese Linie oft in sich zurückbiegt und deshalb aus mehreren Bewegungen entsprungen zu sein scheint; denn man

kann sich vorstellen, daß auf diese Weise jede Linie, selbst die gerade, die einfachste von allen, aus unendlich vielen Bewegungen entstanden ist. Wenn z. B. die Linie AB (Figur) sich nach CD bewegt, und gleichzeitig der Punkt A nach B, so wird die gerade Linie AD, welche dieser Punkt A beschreiben wird, nicht weniger von zwei geraden Bewegungen von A nach B und von AB nach CD abhängen, als die von einem Punkt des Rades beschriebene krumme Linie von einer geraden und kreisrunden Bewegung abhängt. Es ist deshalb zum leichteren Verständnis oft nützlich, *eine* Bewegung auf diese Weise in mehrere aufzulösen; absolut gesprochen gibt es aber an jedem Körper nur *eine* einzige Bewegung.

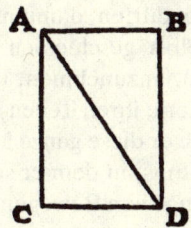

...

§ 36 Erhaltung der Bewegungsgröße des gesamten Universums

Nachdem so die Natur der Bewegung erkannt worden ist, gilt es, ihre Ursache zu betrachten, die eine zwiefache ist. Zuerst die allgemeine und ursprüngliche, welche die gemeinsame Ursache aller Bewegungen in der Welt ist; dann die besondere, von der einzelne Teile der Materie eine Bewegung erhalten, die sie früher nicht hatten. Die allgemeine Ursache kann offenbar keine andere als Gott sein, welcher die Materie zugleich mit der Bewegung und Ruhe im Anfang erschaffen hat, und der durch seinen gewöhnlichen Beistand so viel Bewegung und Ruhe im ganzen erhält, als er damals geschaffen hat. Denn wenn auch diese Bewegung nur ein Zustand zu der bewegten Materie ist, so hat sie doch eine feste und bestimmte Menge (quantitas), die sehr wohl in der ganzen Welt zusammen die gleiche bleiben kann, wenn sie sich auch bei den einzelnen Teilen verändert, nämlich in der Art, daß bei der doppelt so

49

schnellen Bewegung eines Teiles gegen einen anderen, und bei der doppelten Größe dieses gegenüber dem ersten man annimmt, daß in dem kleinen so viel Bewegung wie in dem großen ist, und daß, um so viel als die Bewegung eines Teiles langsamer wird, ebensoviel die Bewegung eines anderen ebenso großen Teiles schneller werden muß. Wir erkennen es auch als eine Vollkommenheit in Gott, daß er nicht bloß an sich selbst unveränderlich ist, sondern daß er auch auf die möglichst feste und unveränderliche Weise wirkt, so daß mit Ausnahme der Veränderungen, welche die klare Erfahrung (*evidens experientia*) oder die göttliche Offenbarung ergeben, und welche nach unserer Einsicht oder Glauben ohne eine Veränderung in dem Schöpfer geschehen, wir keine weiteren in seinen Werken annehmen dürfen, damit nicht darauf auf eine Unbeständigkeit in ihm selbst geschlossen werde. Deshalb ist es durchaus vernunftgemäß, anzunehmen, daß Gott, so wie er bei der Erschaffung der Materie ihren Teilen verschiedene Bewegungen zugeteilt hat, und wie er diese ganze Materie in derselben Art und in demselben Verhältnis, in dem er sie geschaffen, erhält, so auch immer dieselbe Menge von Bewegung in ihr erhält.

§ 37–40 Das Trägheitsgesetz

37. Aus derselben Unveränderlichkeit Gottes können wir gewisse Regeln als Naturgesetze entnehmen, welche die zweiten und besonderen Ursachen der verschiedenen Bewegungen sind, die wir an den einzelnen Körpern bemerken. Das *erste* dieser Gesetze ist, daß jede Sache, sofern sie einfach und unteilbar ist, so viel von ihr abhängt, stets in demselben Zustand verharrt und diesen nur infolge äußerer Ursachen verändert. Ist daher irgend ein materieller Teil viereckig, so sehen wir leicht ein, daß er immer viereckig bleiben wird, solange nicht von außen etwas hinzukommt, was seine Gestalt verändert. Ruht er, so sind wir überzeugt, daß er sich nicht zu bewegen anfangen wird, wenn nicht eine Ursache ihn dazu antreibt. Und aus demselben Grunde nehmen wir auch an, daß eine
50 bewegte Sache niemals von selbst und ohne von einer anderen gehemmt zu werden, ihre Bewegung aussetzen wird. Daraus folgt, daß das Bewegte, soviel an ihm ist, sich immer bewegen wird. Allein da wir hier auf der Erde uns befinden, die so eingerichtet ist,

daß alle in ihrer Nähe vor sich gehenden Bewegungen bald erlahmen, und zwar oft aus Ursachen, die sich unserer Wahrnehmung entziehen, so haben wir seit unserer Kindheit angenommen, daß solche Bewegungen, die aus unbekannten Ursachen gehemmt worden sind, von selbst aufgehört haben, und sind deshalb geneigt, das bei vielem Bemerkte von allem anzunehmen, nämlich daß alle Bewegung von Natur aufhört oder nach der Ruhe strebt. Dies ist indes den Naturgesetzen geradezu zuwider; denn die Ruhe ist der Gegensatz der Bewegung, und sie kann aus ihrer eignen Natur nichts zu ihrem Gegenteil oder zur Zerstörung ihrer selbst beitragen.

38. Auch bestätigt die tägliche Erfahrung an den geworfenen Gegenständen unsere Regel vollständig. Denn das Geworfene beharrt, nachdem es von der werfenden Hand getrennt ist, nur deshalb eine Zeitlang in der Bewegung, weil das einmal Bewegte in der Bewegung anhält, bis es von entgegenstehenden Körpern gehemmt wird, und es ist offenbar, daß es von der Luft und anderen flüssigen Körpern, in denen es sich bewegt, allmählich gehemmt wird und deshalb seine Bewegung nicht lange dauern kann. Denn daß die Luft den Bewegungen anderer Körper Widerstand leistet, kann man schon durch das Gefühl wahrnehmen, wenn man sie mit einem Fächer schlägt; auch der Flug der Vögel bestätigt das, und jeder andere flüssige Körper widersteht noch deutlicher als die Luft den Bewegungen der geworfenen Körper.

39. Das *zweite* Naturgesetz ist, daß jeder materielle Teil, für sich betrachtet, nur in gerader Richtung, aber nie in gekrümmter seine Bewegung fortzusetzen strebt, wenn auch viele durch die Bewegung mit anderen davon abzuweichen genötigt werden, und bei jeder Bewegung nach dem obigen sich eine Art Kreis aus der ganzen, zugleich bewegten Masse der Materie bildet. Der Grund zu diesem Gesetz ist derselbe wie bei dem ersten, nämlich die Unveränderlichkeit und Einfachheit der Wirksamkeit, mit der Gott die Bewegung in der Materie erhält. Denn er erhält die Bewegung genau in der Art, wie sie in dem Augenblick ist, wo er sie erhält, ohne Rücksicht auf die Art, die sie vielleicht vorher hatte. Und wenn auch keine Bewegung in einem *Zeitpunkte* (*in instanti*) geschieht, so ist doch offenbar jedes Bewegte in den einzelnen Zeitpunkten, die man während seiner Bewegung setzen kann, geneigt, seine Bewegung in der geraden Linie, niemals aber in einer Kurve

51

fortzusetzen. So ist z. B. (Figur) der Stein A, der in der Schleuder EA in dem Kreise ABF gedreht wird, in dem Augenblick, wo er in dem Punkt A ist, zu der Bewegung in einer Richtung geneigt, nämlich in der geraden Linie nach C, so daß die Gerade AC eine Tangente des Kreises ist. Man kann aber nicht annehmen, daß er zu irgend einer krummen Bewegung geneigt sei; denn wenn er auch vorher von L nach A auf einer krummen Linie gekommen ist, so kann man doch nicht einsehen, daß etwas von dieser Krümmung in ihm bleibt, wenn er sich in dem Punkt A befindet. Auch die Erfahrung bestätigt dies, weil, wenn er in A die Schleuder verläßt, er in seiner Bewegung nicht nach B weitergeht, sondern nach C. Hieraus erhellt, daß jeder im Kreise bewegte Körper fortwährend bestrebt ist, sich von dem Mittelpunkt des beschriebenen Kreises zu entfernen. Dies fühlen wir selbst in der Hand, wenn wir den Stein in der Schleuder herumdrehen. Da dieses Gesetz später eine wichtige Anwendung finden wird, so ist es sorgfältig festzuhalten, und es wird weiter unten noch ausführlicher erörtert werden.

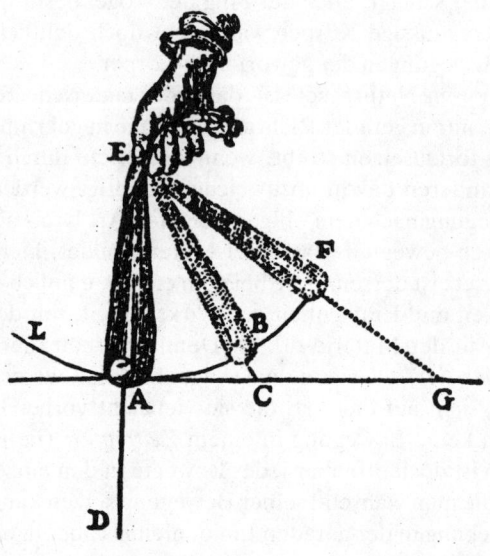

40. Ein *drittes* Naturgesetz ist, daß, wenn ein Körper einem anderen begegnet und seine Kraft, in gerader Linie sich fortzubewegen, geringer ist als die Kraft des anderen, ihm zu widerstehen, er in eine andere Richtung ausbiegt, wobei er seine Bewegung behält und nur die frühere Richtung verliert; ist seine Kraft aber größer, so bewegt er den anderen Körper mit sich fort und verliert selbst so viel von seiner Bewegung, als er ihm gibt. So sehen wir, daß, wenn harte Körper geworfen werden und auf einen anderen harten Körper aufstoßen, sie deshalb nicht sich zu bewegen aufhören, sondern nach der entgegengesetzten Seite zurückprallen; treffen sie aber auf einen weichen Körper, so gelangen sie gleich zur Ruhe, weil sie ihre ganze Bewegung diesem ohne weiteres mitteilen. In diesem dritten Gesetz sind alle besonderen Ursachen der in den Körpern eintretenden Veränderungen enthalten, wenigstens derer, die selbst körperlich sind; denn die Kraft, mit welcher die Seelen der Menschen oder Engel die Körper bewegen, untersuchen wir jetzt nicht, sondern behalten sie der Abhandlung über den Menschen vor.

[30]* Die Beschaffenheit der Materie

§ 48 Die kugelförmigen Himmelsteilchen

Um nun mit der Darlegung der Wirksamkeit der Naturgesetze bei dieser Hypothese zu beginnen, so bedenke man, daß die Teilchen, in die die ganze Materie der Welt im Anfange geteilt angenommen worden, damals Kugelgestalt nicht gehabt haben können, weil mehrere Kugeln nebeneinander den Raum nicht ausfüllen. Welcher Gestalt sie aber auch gewesen sind, so mußten sie doch im Laufe der Zeit rund werden, da sie mannigfache in sich zurücklaufende Bewegungen hatten. Wenn sie nämlich im Beginn mit genügend starker Kraft bewegt worden sind, so daß das eine sich von dem anderen trennte und diese Kraft anhielt, so war sie unzweifelhaft auch stark genug, um alle ihre Ecken bei ihrer späteren gegenseitigen Bewegung abzuschleifen; denn dazu gehörte nicht so viel Kraft wie zu jener. Und aus dieser Abreibung der Ecken allein

---

* Descartes [1908], S. 83–85; 92–93; 108–110.

sieht man leicht, wie der Körper endlich rund werden mußte, weil hier unter Ecke alles über die Kugelgestalt an einem solchen Körper Hervorstehende zu verstehen ist.

§ 49 Die staubförmigen »Äther«teilchen

Da es aber keine durchaus leeren Räume geben kann und diese runden Stoffteilchen miteinander verbunden waren, so werden sie keine Zwischenräume behalten haben, und diese mußten also von anderen, ganz kleinen Abgängen des Stoffes, welche die zur Ausfüllung nötige Gestalt hatten und diese nach Verhältnis der auszufüllenden Raumstelle fortwährend wechselten, ausgefüllt werden. Während nämlich die Stoffteilchen, welche rund werden, ihre Ekken allmählich abreiben, ist das davon Abgeriebene so klein und erlangt eine solche Geschwindigkeit, daß es durch die bloße Kraft seiner Bewegung in unzählige Stückchen sich trennt und so alle Lücken ausfüllt, wohin die anderen Stoffteilchen nicht eindringen können.

§ 50 Die leichte Teilbarkeit der Ätherteilchen

Denn man muß daran festhalten, daß, je kleiner die Abgänge der Teilchen sind, sie um so leichter sich bewegen und in noch kleinere sich trennen können. Denn je kleiner sie sind, desto größer ist ihre Oberfläche im Verhältnis zur Masse; und sie begegnen anderen Körpern nach dem Verhältnis ihrer Oberfläche und teilen sich nach dem ihrer Masse.

§ 51 Die rasche Bewegung der Ätherteilchen

Sie bewegen sich auch viel schneller als die anderen Stoffteilchen, von denen sie doch ihre Bewegung erhalten; denn während letztere in geraden und offenen Bahnen sich bewegen, stoßen sie jene in schiefe und enge ab. Aus demselben Grunde sehen wir aus einem Blasebalg, wenn er auch nur langsam geschlossen wird, doch die Luft wegen der Enge des Weges, auf dem sie herauskommt, schnell heraustreten, und schon oben ist gezeigt worden, daß ein Teil der Materie sich sehr schnell bewegen und von selbst in zahllose Teilchen sich trennen muß, damit die verschiedenen ungleichen Kreisbewegungen ohne Verdünnung oder Leeres geschehen können, und dazu ist dieser Teil der Materie am besten geeignet.

§ 52 Die »groben« Partikel und die Zusammensetzung der
    Körper der sichtbaren Welt aus den drei Teilchenarten

So haben wir bereits zwei sehr verschiedene Arten der Materie, welche die zwei ersten Elemente dieser sichtbaren Welt genannt werden können; die erste Art ist die, welche solche Stärke der Bewegung hat, daß sie bei der Begegnung mit anderen Körpern in Stückchen von endloser Kleinheit zerspringt und ihre Gestalt der Enge der von jenen freigelassenen Lücken anpaßt. Die andere Art   85 ist die, welche in kugelige, und zwar im Vergleich mit den sichtbaren Körpern in sehr kleine Teilchen geteilt ist. Diese Teilchen haben aber doch eine feste und bestimmte Größe und sind in viel kleinere teilbar. Eine dritte Art, die entweder aus stärkeren Stükken oder aus einer weniger zur Bewegung geeigneten Gestalt besteht, wird sich bald ergeben, und wir werden zeigen, daß aus diesen dreien alle Körper der sichtbaren Welt sich bilden. Aus der ersten Art entstehen nämlich die Sonne und die Fixsterne, aus der zweiten der Himmel, aus der dritten die Erde mit den Planeten und Kometen. Denn da die Sonne und die Fixsterne Licht von sich aussenden, die Himmel es weitersenden, die Erde, die Planeten und Kometen es aber zurücksenden, so wird dieser dreifache dem Anblick sich darbietende Unterschied nicht mit Unrecht auf drei Elemente zurückzuführen sein.

§ 64 Das Licht und seine Eigenschaften

Hieraus ergibt sich deutlich, wie die Tätigkeit (*actio*) – denn als   92 eine solche sehe ich das Licht an – von dem Körper der Sonne oder eines Fixsternes nach allen Richtungen sich gleichmäßig ausbreitet und in dem kleinsten Zeitraume sich in jede Entfernung erstreckt, und weshalb dies in geraden Linien geschieht, nicht bloß von dem Mittelpunkt des leuchtenden Körpers aus, sondern auch von allen Punkten seiner Oberfläche. Hieraus können alle übrigen Eigenschaften des Lichtes abgeleitet werden. Und dies würde, so sonderbar es klingt, auch dann mit der Himmelsmaterie sich so verhalten, wenn in der Sonne oder einem anderen Stern, um den sie kreist, gar keine Kraft enthalten wäre; ja, wenn der Körpr der Sonne nur ein leerer Raum wäre, so würde dennoch sein Licht, wenn auch etwas schwächer, aber im übrigen wie jetzt gesehen werden, wenigstens in dem Kreise, in dem sich die Himmelsmaterie bewegt; denn wir betrachten hier noch nicht alle Richtungen der Kugel. Um indes auch erklären zu können, was das in der Sonne und den Sternen ist, was diese Kraft des Lichts verstärkt und nach allen Richtungen der Kugel ausgießt, ist einiges über die Himmelsbewegung vorauszuschicken.

§ 88 Entstehung einer weiteren Teilchenart

So gibt es also in der Materie ersten Elementes einzelne Stückchen, die weniger geteilt und weniger schnell bewegt sind als die anderen. Da man annimmt, daß sie aus den Ecken der Stückchen zweiten Grades entstanden sind, als diese noch nicht zu Kugeln abgedreht waren, sondern allen Raum allein ausfüllten, so müssen sie sehr eckige und zur Bewegung ungeschickte Gestalten haben. Sie bleiben deshalb leicht aneinander hängen und übertragen einen großen Teil ihrer Bewegung auf die kleinsten und schnellsten Stückchen. Denn nach den Naturgesetzen übertragen die größeren Körper leichter ihre Bewegung auf kleinere, als daß sie eine neue Bewegung von diesen erhalten.

§ 89 Wo im Raume diese »gerieften« Teilchen besonders häufig anzutreffen sind

Dergleichen größere Stückchen befinden sich vorzüglich in der Materie ersten Elementes, die von den Polen nach der Mitte des Himmels in Geraden sich bewegt; denn da dessen Teile die geringste Bewegung haben, so genügt dies zur geraden Bewegung, aber nicht zu den krummlinigen und anderen, die an anderen Stellen geschehen. Deshalb werden sie von dort auf diesem geradlinigen Wege ausgestoßen und vereinigen sich dort zu kleinen Massen, deren Gestalt ich hier genauer betrachten will.

Da sie nämlich oft durch jene engen dreieckigen Räume hindurchgehen, welche sich zwischen den Kügelchen zweiten Elementes,
die sich berühren, befinden, so müssen sie nach Breite und Tiefe
die dreieckige Gestalt annehmen; in bezug auf die Länge ist sie
aber nicht leicht zu bestimmen, weil sie nur von der Menge der
Materie, aus der diese Teilchen sich bilden, abzuhängen scheint; es
genügt, wenn man sie sich als dünne Säulen vorstellt, die an ihrer
Oberfläche drei vertiefte, nach Art der Schneckenhäuser gewun-
dene Rinnen haben, so daß sie drehend durch jene Gänge hin-
durchkommen können und die Gestalt des krummlinigen Drei-
ecks FGI (Figur) haben, wie sie zwischen drei sich berührenden
Kügelchen zweiten Elementes immer sich befinden.

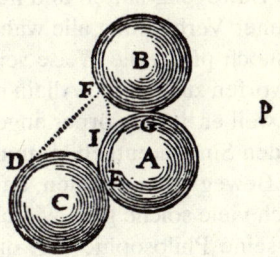

Da sie länglich sind und deshalb schnell zwischen diesen Kügelchen zweiten Elementes hindurchgehen, während sie selbst sich
um die Himmelspole drehen, so erhellt, daß ihre Rinnen nach Art
der Schneckenhäuser gewunden sein müssen, und zwar mehr oder
weniger, je nachdem sie zwischen Kügelchen, die von der Achse
des Wirbels mehr oder weniger entfernt sind, durchgehen, da
diese Kügelchen dort schneller als hier nach dem oben Bemerkten
den Umlauf machen.

§ 91 Ihr Zusammenhang mit den magnetischen Eigenschaften der Materie

Auch können, weil sie gegen die Mitte des Himmels aus entgegengesetzten Richtungen kommen, und zwar ein Teil von der süd-

lichen, der andere von der nördlichen Seite, während inzwischen der ganze Wirbel sich um seine Achse in ein und derselben Richtung dreht, wie erhellt, die vom Südpol kommenden nicht in derselben Richtung gewunden sein, wie die vom Nordpol kommenden, sondern in der entgegengesetzten. Dies ist sehr bemerkenswert, weil die später zu erklärenden Kräfte des Magneten davon abhängen.

[31]* Atomismus und andere Erklärungsmöglichkeiten der sichtbaren Erscheinungen

§ 202 Einwände gegen den Atomismus des Demokrit

244 Selbst *Demokrit* nahm kleine Körperchen an, welche verschiedene Größe, Gestalt und Bewegung hatten und ließ aus deren Anhäufung und verschiedener Verbindung alle wahrnehmbaren Körper entstehen, und dennoch pflegt die Weise seines Philosophierens meist von allen verworfen zu werden. Allein noch niemand hat sie deshalb verworfen, weil er in ihr Körper angenommen hat, die so klein sind, daß sie den Sinnen entgehen, und die verschieden an Größe, Gestalt und Bewegung sein sollen, da niemand bezweifeln kann, daß es wirklich viele solche gibt, wie oben gezeigt worden. Vielmehr hat man seine Philosophie verworfen, weil er erstens diese Körperchen für unteilbar annahm, und deshalb verwerfe auch ich sie; dann, weil er ein Leeres um sie herum annahm, dessen Unmöglichkeit ich dargelegt habe; drittens, weil er ihnen Schwere beilegte, die ich in keinem Körper für sich anerkenne, sondern nur, soweit er von der Lage und Bewegung anderer Körper abhängt und darauf bezogen wird; endlich, weil er nicht zeigte, wie die einzelnen Dinge aus der bloßen Verbindung der Körperchen hervorgehen, und weil, soweit er dies bei einigen tat, seine Gründe unter sich nicht übereinstimmten; soweit sich wenigstens nach dem urteilen läßt, was über seine Ansichten zu unserer Kenntnis gekommen ist. Ob aber das, was ich bisher in der Philosophie geschrieben habe, genügend zusammenhängt, überlasse ich dem Urteil anderer.

---

* Descartes [1908], S. 244–248.

§ 203 Über die Wahrnehmung der Wirkungen unsichtbarer Teilchen

Wenn ich den unsichtbaren Körperteilchen eine bestimmte Gestalt, Größe und Bewegung zuteile, als wenn ich sie gesehen hätte, und dennoch anerkenne, daß sie nicht wahrnehmbar sind, so wird man vielleicht die Frage erheben, woher ich denn diese Eigenschaften kenne. Ich antworte darauf, daß ich zunächst ganz allgemein alle die klaren und deutlichen Begriffe betrachtet habe, die in unserem Verstande betreffs der materiellen Dinge vorhanden sein können, und daß ich, da ich keine andren gefunden habe, als die der Gestalten, der Größen und der Bewegungen und Regeln, gemäß denen diese drei Dinge durch einander verändert werden können, welche Regeln die Prinzipien der Geometrie und der Mechanik sind, den Schluß gezogen habe, daß notwendig alle Erkenntnis, die wir von der Natur haben können, allein daraus gezogen werden kann, weil alle andren Begriffe, die wir von den sinnlichen Dingen haben, da sie verworren und dunkel sind, uns nicht dazu dienen können, uns die Erkenntnis irgend einer Sache außer uns zu geben, vielmehr eine solche nur zu hindern vermögen. Darauf habe ich untersucht, welches die vornehmsten Unterschiede in der Größe, Gestalt und Lage der nur wegen ihrer Kleinheit nicht wahrnehmbaren Körper sein könnten, und welche wahrnehmbaren Wirkungen aus ihrem mannigfachen Zusammentreffen sich ergeben können. Da ich nun dergleichen Wirkungen an einigen wahrnehmbaren Dingen bemerkte, so nahm ich an, daß sie aus einem solchen Zusammentreffen von dergleichen Körperchen hervorgegangen sein können, zumal da sich keine andere Weise für ihre Erklärung auffinden ließ. Dabei haben mich die durch Kunst gefertigten Werke nicht wenig unterstützt; denn ich fand nur den Unterschied zwischen ihnen und den natürlichen Körpern, daß die Wirkungen der Maschinen lediglich von der Tätigkeit von Röhren, Federn und andrer Werkzeuge abhängen, die, da sie in gewissem Verhältnis zu den Händen stehen müssen, die sie herstellten, stets so groß sind, daß ihre Gestalten und Bewegungen leicht wahrgenommen werden können; dagegen hängen die natürlichen Wirkungen beinahe immer von gewissen so kleinen Organen ab, daß sie nicht wahrgenommen werden können. Denn es gibt in der Mechanik keine Gesetze, die nicht auch in der Physik gälten, von der sie nur ein Teil oder eine Unterart ist, und es ist daher der aus diesen und jenen Rädern zusammengesetzten Uhr ebenso natürlich, die Stunden anzuzeigen, als es dem aus diesem oder jenem Samen aufgewachsenen Baum natürlich ist, diese Früchte zu tragen. So wie nun die, welche in der Betrachtung der Automaten geübt sind, aus dem Gebrauche einer Maschine und einzelner ihrer Teile, die sie kennen, leicht abnehmen, wie die anderen Teile, die sie nicht sehen, gemacht sind, so habe auch ich versucht, aus den sichtbaren Wirkungen und Teilen der Naturkörper zu ermitteln, wie ihre Ursachen und unsichtbaren Teilchen beschaffen sind.

§ 204 Vergleich mit zwei synchronisierten Uhren.

Wenn man auch vielleicht auf diese Weise erkennt, wie alle Naturkörper haben entstehen können, so darf man daraus doch nicht folgern, daß sie wirklich so gemacht worden sind. Denn derselbe Künstler kann zwei Uhren fertigen, die beide die Stunden gleich gut anzeigen und äußerlich ganz sich gleichen, aber innerlich doch aus sehr verschiedenen Verbindungen der Räder bestehen, und so hat unzweifelhaft auch der höchste Werkmeister, Gott, alles Sichtbare auf mehrere verschiedene Arten hervorbringen können, ohne daß es dem menschlichen Geiste möglich wäre, zu erkennen, welches der ihm zur Verfügung stehenden Mittel er hat anwenden wollen, um sie zu schaffen. Ich gebe diese Wahrheit bereitwilligst zu, und ich bin zufrieden, wenn die von mir erklärten Ursachen derart sind, daß alle Wirkungen, die sie hervorzubringen vermögen, denen gleich sind, die wir in den Erscheinungen bemerken, ohne daß ich mir deshalb den Kopf zerbreche, ob diese auf diese oder eine andre Weise hervorgerufen sind. Dies wird auch für die Zwecke des Lebens genügen, weil sowohl die Medizin und Mechanik, wie alle anderen Künste, welche der Hilfe der Physik bedürfen, nur das Sichtbare und deshalb zu den Naturerscheinungen Gehörige zu ihrem Ziele haben. Und damit niemand glaube, daß *Aristoteles* mehr geleistet habe oder habe leisten wollen, so erklärt derselbe im I. Buche seiner Meteorologie im Eingang des 7. Kapitels ausdrücklich, daß er über das den Sinnen nicht Wahrnehmbare glaube genügende Gründe und Beweise beizubringen, sobald er

§ 205 Gründe, welche für die Richtigkeit des kartesischen Systems sprechen

Um indes hier über die Wahrheit sich nicht zu täuschen, so bedenke man, daß manches für moralisch gewiß gehalten wird, d. h. für die Zwecke des Lebens hinreichend gewiß, obgleich es in Rücksicht auf die Allmacht Gottes ungewiß ist. Wenn z. B. jemand einen Brief lesen will, der in lateinischen Buchstaben geschrieben ist, aber bei dem diese nicht in ihrer wahren Bedeutung hingestellt sind, und wenn er deshalb annimmt, daß überall, wo ein A stehe, ein B zu lesen sei, und wo B ein C, und daß so für jeden Buchstaben der nächstfolgende zu nehmen sei, und wenn er dann findet, daß auf diese Weise sich lateinische Worte daraus bilden lassen, so wird er nicht zweifeln, daß der wahre Sinn des Briefes in diesen Worten enthalten sei. Obgleich es nur auf einer Vermutung beruht, und es möglich bleibt, daß der Schreiber nicht die nächstfolgenden, sondern andere an Stelle der wahren gesetzt und so einen anderen Sinn darin verborgen hat, so ist dies doch so wenig wahrscheinlich, daß es nicht glaublich ist. Deshalb werden die, welche bemerken, wie vieles hier über den Magneten, das Feuer, die ganze Einrichtung der Welt aus wenigen Prinzipien hergeleitet worden, selbst wenn sie meinen, daß ich diese Prinzipien nur auf das Geratewohl und ohne Grund angenommen hätte, doch vielleicht anerkennen, daß doch kaum so vieles so zusammenstimmen könnte, wenn es falsch wäre.

§ 206 Ein weiterer Grund: Gott hat uns den Verstand verliehen, damit wir die Wahrheit erkennen können

Außerdem gibt es auch innerhalb der Natur mehreres, was wir für unbedingt und mehr als moralisch gewiß halten, indem wir uns auf den metaphysischen Grundsatz stützen, daß Gott höchst gütig und nicht betrügerisch sei, und daß deshalb unser von ihm empfangenes Vermögen, das Wahre von dem Falschen zu unterscheiden, nicht irren könne, wenn wir es recht gebrauchen und etwas mit dessen Hilfe genau erkennen. Derart sind die mathematischen Beweise, derart die Erkenntnis, daß körperliche Dinge existieren, und derart sind alle klaren Vernunftbeweise, die dafür aufgestellt werden. Vielleicht wird auch das hier gebotene Werk dazu gerechnet werden, wenn man bedenkt, wie sein Inhalt aus den obersten und einfachsten Prinzipien der menschlichen Erkenntnis in ununterbrochener Folge abgeleitet worden ist. Vorzüglich, wenn man erkennt, daß man keine äußeren Gegenstände wahrnehmen kann, wenn nicht eine gewisse örtliche Bewegung in unseren Nerven von ihnen bewirkt wird; eine solche Bewegung kann aber selbst von den entfernten Fixsternen nicht erweckt werden, wenn nicht auch eine gewisse Bewegung in ihnen und in dem ganzen dazwischen liegenden Himmel erfolgt. Gibt man dies zu, so wird alles andere, wenigstens das Allgemeinere, was ich über die Welt und die Erde gesagt habe, kaum anders als in der von mir erklärten Art eingesehen werden können.

PIERRE DUHEM (1861–1916)
Die kartesianische Schule (1904/1905)

[32]* Die Unzulänglichkeiten einer metaphysischen Grundlegung der Physik

Jede metaphysische Schule wirft ihren Rivalen vor, daß sie in ihren Erklärungen zu Begriffen greifen, die selbst unerklärt, die wirklich verborgene Qualitäten seien. Könnte sie nicht beinahe immer diesen Vorwurf an sich selbst richten?

Damit die Philosophen, welche einer gewissen Schule angehören, vollständig mit einer von den Physikern derselben Schule ausgebauten Theorie zufrieden sind, müssen alle Prinzipien, welche in dieser Theorie angewendet werden, aus der Metaphysik abgeleitet worden sein, zu welcher sich diese Schule bekennt. Wenn man sich im Verlaufe der Erklärung eines physikalischen Phänomens auf irgend ein Gesetz berufen hat, welches die Metaphysik nicht beweisen kann, ist die Erklärung nicht gelungen, hat die physikalische Theorie ihr Ziel nicht erreicht. Keine Metaphysik gibt nun so scharfe und so detaillierte Anweisungen, daß es möglich wäre, aus ihnen die Elemente einer physikalischen Theorie abzuleiten. In der Tat bestehen die Anweisungen, die eine metaphysische Lehre in betreff der wahren Natur der Körper gibt, meistens aus Negationen. Die Peripatetiker, und auch die Cartesianer leugnen die Möglichkeit eines leeren Raumes. Die Anhänger Newtons verwerfen jede Eigenschaft, welche sich nicht auf eine Kraft, die zwischen materiellen Punkten besteht, zurückführen läßt. Die Atomisten und Cartesianer leugnen jede Fernewirkung. Die Cartesianer anerkennen keinen anderen Unterschied zwischen den verschiedenen Teilen der Materie als den der Gestalt und Bewegung.

17

---

* Duhem [1978], S. 16–19.

Alle diese Negationen liefern gute Argumente, wenn man eine von einer gegnerischen Schule stammende Theorie verdammen will, sie bleiben aber merkwürdig unfruchtbar, wenn man aus ihnen die Prinzipien einer physikalischen Theorie abzuleiten wünscht.

Descartes zum Beispiel leugnet, daß die Materie ein anderes Merkmal besitze als die Ausdehnung nach Länge, Breite und Tiefe und deren verschiedene Formen, d. h. keine anderen als Gestalten und Bewegungen. Wenn aber diese Größen allein gegeben sind, kann er die Erklärung eines physikalischen Gesetzes nicht einmal beginnen.

Zum allermindesten müßte er, bevor er den Aufbau irgend einer Theorie versucht, die allgemeinen Regeln kennen, welche bei den verschiedenen Bewegungen zur Geltung kommen. Doch er geht sogleich daran, aus seinen metaphysischen Prinzipien eine Dynamik abzuleiten.

Die Vollkommenheit Gottes erfordert, daß sein Wille unwandelbar sei; aus dieser Unwandelbarkeit ergibt sich die Konsequenz: Gott erhält die Menge der Bewegung in der Welt, welche er ihr am Anfang gegeben hat, unveränderlich.

Aber diese Konstanz der Bewegungsmenge in der Welt ist noch kein Prinzip, welches genügend scharf und genügend definiert ist, um auch nur eine Gleichung der Dynamik aufschreiben zu können.

Es muß von uns quantitativ formuliert werden, was dadurch geschieht, daß der in den bisherigen Entwicklungen enthaltene allzu vage Begriff der *Bewegungsmenge* in einen vollständig bestimmten algebraischen Ausdruck übersetzt wird.

Welcher mathematische Sinn wird also vom Physiker dem Worte *Bewegungsmenge* zugeschrieben?

Nach Descartes würde die Bewegungsmenge jedes materiellen Teilchens das Produkt aus seiner Masse – oder aus seinem Volumen, das in der cartesischen Physik mit der Masse identisch ist – in die Geschwindigkeit, die es besitzt, sein. Die Bewegungsmenge der ganzen Materie würde die Summe der Bewegungsmengen der einzelnen Teile sein. Diese Summe wird bei jeder physikalischen Änderung einen unveränderlichen Wert behalten.

Die Kombination von algebraischen Größen, durch die Descartes den Begriff *Bewegungsmenge* auszudrücken sucht, entspricht sicherlich den Erwartungen, die unsere instinktiven Kenntnisse von vornherein in bezug auf einen solchen Ausdruck hegten. Er ist null für ein unbewegliches System, dagegen immer positiv für eine Gruppe von Körpern, die sich in Bewegung befinden. Sein Wert wächst, wenn eine gegebene Masse ihre Geschwindigkeit erhöht, und ebenso steigt er, wenn man die Masse vergrößert, die eine gewisse Geschwindigkeit besitzt. Aber eine Unzahl anderer Ausdrücke hätten ebensogut diesen Bedingungen genügt. An Stelle der Geschwindigkeit hätte man bekanntlich auch das Quadrat der Geschwindigkeit setzen können. Man würde dann einen algebraischen Ausdruck erhalten, der mit dem übereinstimmt, den Leibniz als *lebendige Kraft* bezeichnet. Anstatt der Konstanz der cartesischen Bewegungsmenge hätte man aus der Unwandelbarkeit Gottes auch die Konstanz der Leibnizschen lebendigen Kraft ableiten können.

Ohne Zweifel stimmt also das Gesetz, das Descartes als Grundlage der Dynamik festzusetzen sucht, mit der cartesischen Metaphysik überein. Aber es ist keine notwendige Folge derselben. Wenn also Descartes zeigt, daß gewisse physikalische Erscheinungen nur Folgen eines solchen Gesetzes sind, so beweist er allerdings, daß diese Erscheinungen zu den Prinzipien seiner Philosophie nicht in Widerspruch stehen, aber er erklärt sie nicht aus seinen Prinzipien.

Was wir eben vom Cartesianismus gesagt haben, kann man bezüglich einer jeden metaphysischen Lehre wiederholen, welche beansprucht, als Grundlage einer physikalischen Theorie betrachtet zu werden. Stets sind in einer solchen Theorie gewisse Annahmen getroffen, die keineswegs die Prinzipien der metaphysischen Lehre zur Grundlage haben. Die Anhänger von Boscovich nehmen an, daß alle Anziehungen oder Abstoßungen, die in wahrnehmbarer Entfernung erfolgen, umgekehrt proportional dem Quadrat der Entfernung sind. Diese Annahme ermöglicht ihnen eine Mechanik des Himmels, eine Mechanik der Elektrizität, eine Mechanik des Magnetismus auszubilden. Aber diese Form des Gesetzes ist ihnen durch den Wunsch diktiert, ihre Erklärungen mit den Tatsachen in Übereinstimmung zu bringen, sie ist nicht eine notwendige Folge ihrer Philosophie. Die Atomisten nehmen an,

19

daß die Stöße der Atome einem gewissen Gesetz folgen. Aber dieses Gesetz leitet man nicht aus der epikuräischen Philosophie ab, sondern es ist eine merkwürdig kühne Erweiterung eines anderen Gesetzes auf die Welt der Atome, eines Gesetzes, welches man nur an Massen studieren kann, die genügend groß sind, um unseren Sinnen wahrnehmbar zu sein.

Es ist somit unmöglich, aus einem metaphysischen System alle diejenigen Elemente abzuleiten, die nötig sind, um eine physikalische Theorie zu schaffen. Eine solche macht stets von Annahmen Gebrauch, welche durch das System nicht gegeben sind und infolgedessen für die Anhänger desselben Mysterien bleiben. Stets liegt Unerklärtes den Erklärungen zu Grunde, die das System zu geben behauptet.

Kapitel III

Das Zeitalter Newtons

ERNST GERLAND (1838–1910)
Die Physik der neueren Zeit (1913)

[33]* *Huygens mathematische und mechanische*
Arbeiten

Huygens' früheste wissenschaftliche Arbeiten, die er der Öffentlichkeit übergab, waren mathematische. Sie hatten die Quadratur
der Hyperbel, der Ellipse und des Kreises, sodann dessen Rektifi-
kation und die Lösung einiger wegen ihrer Schwierigkeit berühmter Aufgaben zum Gegenstand und richteten sich zum Teil gegen
eine Arbeit des bereits erwähnten Jesuitenpaters und Genter Professors *Gregorius a Sancto Bicentio* (1584 bis 1667), der zwar den   539
ihm nachgewiesenen Irrtum nie eingestand, trotzdem aber mit
Huygens in ein dauerndes freundschaftliches Verhältnis trat[1]. Weit
bedeutender, weil eigenartiger, war eine Arbeit, die er 1657 als
Anhang des fünften Buches der mathematischen Übungen[2] seines
früheren Lehrers, späteren Freundes und Bewunderers, des Lei-
dener Professors *Franz van Schooten jr.* (gest. 1661), unter dem
Titel *Abhandlung über die Berechnung von Glückspielen* erschien.
Der Gegenstand selbst war bereits von *Pascal* und *Fermat* bearbeitet, doch geht aus der Vorrede der Abhandlung hervor, daß er alles
durchaus selbständig und von vorn an durchgearbeitet hat. Da die
genannten französischen ersten Bearbeiter der Wahrscheinlichkeitsrechnung ihre Beweise nicht mitgeteilt hatten, so tut ihm
Arago[3] unrecht, wenn er *Huygens'* bescheidene Erklärung so auf-
faßt, daß er den Ruhm der Entdeckung der neuen Methode für
sich nicht habe beanspruchen können.

Ähnlich erging es ihm mit den Gesetzen vom Stoße, die er bereits
1656 vollständig besessen haben muß, aber erst 1669 veröffent-

---

* Gerland [1913], S. 538–546.

205

lichte[4]. Denn in dem erstgenannten Jahre teilte er *Mylon* den sich nur aus den allgemeinen Stoßgesetzen ergebenden Satz mit[5], »daß ein kleinerer Körper, der gegen einen größeren stößt, demselben eine größere Geschwindigkeit mitteilen wird, wenn sich dazwischen ein Körper von mittlerer Größe befindet, als wenn der kleinere den größeren unvermittelt trifft«, der, wie *Bosscha*[6] zeigte, nur aus jenen Gesetzen bewiesen werden kann. Als er dann 1661 nach London kam, fand er *Wren* und *Hooke* mit Versuchen gleicher Art beschäftigt, deren Ergebnisse er jedesmal vorhersagen konnte, während es jenen nicht glücken wollte, eine Gesetzmäßigkeit aufzudecken. 1668 trug er dann die von ihm gefundenen Bewegungsgesetze, auf die er jene Lehre gegründet hatte, in aller Ausführlichkeit der Pariser Akademie der Wissenschaften vor, 1669 aber veröffentlichte *Wren* in den *Philosophical Transactions* Gesetze des Stoßes elastischer Körper, die mit den von *Huygens* gefundenen übereinkamen; von dem beigefügten Beweis aber sagt er selbst[7], »daß es nach seiner Meinung keinen Beweis für das gibt, was er in seiner Schrift über die Bewegung behauptet habe, wenn man nicht eine große Zahl anderer Voraussetzungen macht, die vielleicht wieder andere Beweise nötig machen würden«. Da in den *Transactions* des nämlichen Jahres eine Arbeit von *Wallis* über den Zusammenstoß unelastischer Körper erschien, mit welcher Aufgabe sich *Huygens* freilich nicht beschäftigt hatte, so zögerte er nicht länger mit der Mitteilung der seinigen, doch hat man daraus die nicht zutreffende Folgerung gezogen, daß zuerst *Wren*, dann *Wallis* und dann erst *Huygens* die Stoßgesetze entwickelt hätten[8].

Zu dieser Schrift teilte er aber nur die Ergebnisse seiner Untersuchung, nicht deren Beweise mit. Diese wurden erst nach seinem Tode 1703 von *'s Gravesande* in dem zweiten Bande der *Opuscula posthuma* mitgeteilt[9]. Daraus ersieht man, daß *Huygens* dafür die relative Bewegung zugrunde legte, relativ in Hinsicht auf andere Körper, welche als ruhend betrachtet werden, aber auch, daß er die Folgerung des *Descartes*, daß die Bewegungsgröße, also das Produkt aus Masse in Geschwindigkeit, welches der Philosoph sogar für das Weltall unveränderlich angesehen hatte, ihren Wert behielt, keineswegs für richtig hielt. Diejenige zweier Körper kann vielmehr durch ihren Stoß wachsen oder abnehmen. Unverändert bleibt dabei die Summe der Produkte aus den Massen in die Quadrate ihrer Geschwindigkeiten, oder wie *Leibniz* sie 1695 nannte, die Summe ihrer lebendigen Kräfte. So wurde *Huygens'* Lehre vom Stoße der Ausgangspunkt jenes heftigen und anhaltenden Streites zwischen den *Kartesianern* und ihrer Gegner über das wahre Kraftmaß eines bewegten Körpers, der u. a. namentlich auch in dem Briefwechsel zwischen *Papin* und *Leibniz* einen großen Raum einnimmt[10] und namentlich von letzterem mit großer Lebhaftigkeit ausgefochten wurde.

Aber nicht nur den Begriff der lebendigen Kraft haben wir auf *Huygens* zurückzuführen, auch die Idee von deren Erhaltung fand »bei ihm zum erstenmal einen bestimmten, wenn auch nicht in völliger Allgemeinheit formulierten Ausdruck«[11]. Er ist in der 1673 erschienen Schrift *Horologium oscillatorium* enthalten, die freilich ähnlich wie seine erste Arbeit über den Stoß zum Teil nur die Ergebnisse seiner Untersuchungen enthält, während die von ihm damals zurückgehaltenen Beweise der Sätze über die Zentrifugalkraft den Inhalt seiner ebenfalls erst 1703 veröffentlichten Schrift *De vi centrifuga* bildete. In beiden behandelt er zunächst die Theorie des Pendels und sprach einige der Sätze, die er gefunden hat, dem Wortlaute nach aus, bewogen durch die Erfahrungen, die er mit seiner Theorie des Stoßes gemacht hatte, welche er am 6. Februar und 4. September in Anagrammen verborgen zur Mitteilung an die Royal Society deren Sekretär *Oldenburg* übersandt hatte. Sie waren so abgefaßt, daß unter die Buchstaben des Alphabetes die Zahl ihres Vorkommens in dem zu versteckenden Satz geschrieben war, so daß an eine Entzifferung in keiner Weise gedacht werden konnte[12]. Der Gedankengang seiner Untersuchung der Pendelbewegung schloß sich an *Galileis* Arbeiten über den Fall auf der schiefen Ebene an. Er macht darauf aufmerksam, daß die in beliebigen Zeiten von fallenden Körpern zurückgelegten Wege sich wie die Quadrate der am Ende dieser Zeiten erzielten Geschwindigkeiten verhalten, wenn sie im nämlichen Augenblick ihre Bewegung anfingen[13], fügt dann aber hinzu, daß, wenn ein schwerer Körper am Ende seines Absteigens angelangt ist, er sich ebenso hoch wieder erhebt, wie er herabgestiegen ist[14]. Denn da ihm die Bewegung durch die Schwerkraft erteilt ist, so würde es absurd sein, anzunehmen, er könne höher steigen, als er gefallen ist. Dies gilt aber auch für mehrere zusammenhängende schiefe

Ebenen und somit auch für eine nach einer Kurve gekrümmte Bahn, da man sich diese aus einer großen Zahl verschieden geneigter Ebenen zusammengesetzt denken kann[15]. Da aber im allgemeinen die Teile einer von einem schweren Körper durchlaufenen Kurve, also namentlich des Kreises, nicht in gleichen Zeiten durchlaufen werden, wie *Galilei* geglaubt hatte, so suchte er zunächst nach der Tautochrone, der Kurve, welche diese Eigenschaft besitzt, und fand sie in der Zykloide[16].

Er untersuchte nun deren Eigenschaften genauer und fand, daß sie ihre eigene Evolute sei[17], dehnte dann aber die gleichen Untersuchungen auch auf andere Kurven aus und wurde so der Schöpfer der Evolutentheorie, deren noch übliche Nomenklatur er einführte. Die Eigenschaft der Zykloide setzte ihn in den Stand, ein wirklich isochron schwingendes Pendel herzustellen, indem er den Aufhängefaden zwischen zwei nach Zykloiden gekrümmten Blechkulissen schwingen und so das Pendelgewicht eine Zykloide beschreiben ließ[18]. Er hat mehrere Uhren mit tautochron schwingenden Pendeln bauen lassen, sah aber selbst wohl bald ein, daß die Kulissen überflüssig waren, da ja die Elongationen des Pendels immer den gleichen Wert behielten und es also auch ohne sie isochrone Schwingungen ausführte. Doch aber erfüllte ihn auch später noch seine schöne Entdeckung mit Freude, wie er denn noch mehrere Jahre nach ihrer Ausführung die Worte in ein nur für ihn bestimmtes Tagebuch aufschrieb: »Wenn sie doch *Galilei* gesehen hätte«.[19]

Aber auch auf die Konstruktion einer zweiten Uhr führte sie ihn, die er freilich niemals ausgeführt hat, auf die durch ein konisches Pendel regulierte[20]. Das an zwei Fäden aufgehängte Pendel sollte dabei Schwingungen ausführen, deren Bahn ein horizontaler Kreis war. Dazu mußte sein Aufhängepunkt seitlich von der durch die Betriebskraft zur Drehung angeregten Achse liegen und mit ihr durch eine horizontale Stange verbunden sein. Da aber seine Umdrehungszeiten nur dann ungeändert bleiben, wenn wenigstens der obere Teil des Fadens ein Paraboloid beschreibt, so befestigte *Huygens* so eine nach einer Parabel gekrümmte Kulisse an dem Endpunkt der das Pendel tragenden Stange, daß sich der obere Teil des Fadens an sie anlegte, und zwar auf um so größere Länge, je kleiner der vom Pendelkörper beschriebene Kreis

543

wurde. Auch diese Erfindung suchte ihm, wie wir sehen werden, *Hooke* streitig zu machen.

Zur Messung der Fallgeschwindigkeit hatte ihm schon früher die Pendelbewegung wohl geeignet geschienen[21], und so entwarf er, als ihm *Moray* am 10. Juli 1664 mitteilte, daß *Hooke* an einer Fallmaschine arbeitete[22], ohne dessen Plan zu kennen, selbst eine solche, die er *Moray* am 29. August 1664 beschrieb[23], während *Hooke* mit der Mitteilung der seinigen zurückhielt. Von dieser wird später die Rede sein; bei der *Huygen*schen sollte ein Gewicht an einem gespannten Faden herabgleiten und dabei einen Pergamentstreifen mitnehmen, auf welchem das mit einer Spitze versehene Pendel halbe Sekunden aufzeichnete. Auf dem Streifen aber waren, soweit sich aus der beigefügten Zeichnung ersehen läßt, die Fallräume angegeben[24].

Alle diese Apparate benutzten nur das einfache Pendel. Aber er hat sich nicht auf dieses beschränkt, eine seiner schönsten Arbeiten nahm nun die Untersuchung des zusammengesetzten auf. Sie füllt den vierten Abschnitt des *Horologium oscillatorium* aus, und dieser ist durch sie für den Fortschritt der Dynamik von grundlegender Bedeutung geworden. Der wichtige Satz, der als erste Hypothese dieses Abschnittes gestellt ist, heißt: »Wenn beliebige Gewichte vermöge ihrer Schwere sich zu bewegen anfangen, kann ihr gemeinsamer Schwerpunkt nicht höher steigen, als er sich beim Beginn der Bewegung befand.«[25] Er gilt nicht nur für einen einzigen und für eine Anzahl starr miteinander verbundener Körper, sondern auch für freie, da sie so durch starre Linien mit ihrem Schwerpunkt verbunden gedacht werden können, daß sie nur einen einzigen Körper ausmachen. »Diese unsere Hypothese«, fügt er dann zu ihrer besseren Erläuterung hinzu[26], »wird um so weniger Zweifel erregen, da wir zeigen werden, daß sie nichts anderes bezwecke, als daß, was niemand jemals geleugnet hat, schwere Körper nie aufwärts fallen«, und weiter: »sie gilt auch für flüssige Körper, und es kann durch sie nicht nur alles, was *Archimedes* über die schwimmenden Körper sagt, nachgewiesen werden, sondern auch mehrere andere Sätze der Mechanik. In der Tat, wenn die Erfinder neuer Werke, welche irrigerweise die immerwährende Bewegung zu verwirklichen suchen, sie zu gebrauchen wüßten, würden sie leicht ihre eigenen Irrtümer begreifen und erkennen, daß diese Aufgabe auf mechanischem Wege auf keine Weise zu lösen sei.«[27] So gelingt es ihm, das Schwingungszentrum zu finden, welches er definiert[28] »als den Punkt in der Mittellinie, welcher soweit von der Achse absteht, als die Länge des einfachen mit dem zusammengesetzten isochron schwingenden Pendels beträgt«, und kann folgende Regel zur Bestimmung des Schwingungszentrums aufstellen[29]: »Wenn für ein gegebenes aus beliebigen Gewichten zusammengesetztes Pendel die einzelnen Gewichte mit den Quadraten ihrer Abstände von der Oszillationsachse multipliziert werden und die Summe ihrer Produkte dividiert wird durch die Summe der Produkte der Gewichte in den Abstand des allen gemeinschaftlichen Schwerpunktes von derselben Oszillationsachse, so erhält man die Länge des einfachen, dem zusammengesetzten isochronen Pendels oder den Abstand zwischen der Achse und dem Oszillationszentrum des nämlichen zusammengesetzten Pendels.«

545

Indem er dann weiter den Satz aufstellte[30]: »Schwingungszentrum und Aufhängepunkt können miteinander vertauscht werden«, wurde er auch der Erfinder des Reversionspendels. Sollte dieses aber mit Vorteil angewendet werden können, so mußte der Schwingungsmittelpunkt für verschieden geformte Pendelkörper bestimmt werden, und nachdem *Huygens* die Lösung einer Reihe dahin zielender Aufgaben angegeben hatte, ging er dazu über, daraus einige Folgerungen zu ziehen. Er empfahl die Länge des Sekundenpendels als Längeneinheit zu nehmen, deren Vorteil in der Möglichkeit lag, sie überall leicht bestimmen zu können, und gab das Verhältnis dieses von ihm vorgeschlagenen neuen Fußes, für den er den Namen des *pes Horarius* vorschlug, zum Pariser wie 864:881 an[31]. Aber auch den Fallraum während der ersten Sekunde der Bewegung eines frei fallenden Körpers bestimmte er mit Hilfe seines Pendels zu 15 $\frac{1}{12}$ Pariser Fuß, woraus sich in Meter umgerechnet die Größe von g zu 9,75 ergibt[32].

Die von *Huygens* vorgeschlagene Längeneinheit ist nie eingeführt worden, obwohl sie gelegentlich der Ausarbeitung des metrischen Maßes ernstlich in Frage kam. Freilich mußte dann die Bestimmung der Breite, in der die Pendellänge gemessen werden sollte, hinzukommen. Die Tatsache der Abplattung der Erde, die dies fordert, war ihm bei Abfassung des *Horologium oscillato-*

rium noch unbekannt, obwohl er aus den *Galilei*schen Fallgesetzen bereits die Gesetze der Zentrifugalkraft quantitativ abgeleitet hatte, über deren qualitative Bestimmung *Borelli* nicht hinausgekommen war[33]. Er fügte 13 sie betreffende Sätze jenem Werke an, ohne die Beweise zu geben[34]; diese sind erst nach seinem Tode von *'s Gravesande* mitgeteilt und finden sich in der Schrift *De vi centrifuga*[35]. Er entwickelt darin den Ausdruck für ihre Größe, indem er 546 wie beim Pendel von *Galileis* Fallgesetzen ausgeht. Indem er weiter das Prinzip der relativen Bewegung seinen Erörterungen zugrunde legt, kommt er zu dem Ergebnis, daß die Zentrifugalkraft nichts anderes ist als eine Reaktion. Die Wirkung, welche den rotierenden Körper von dem Zentrum sich zu entfernen zwingt und sogar soweit geht, daß sie die ihn haltende Schnur zerreißt, untersuchte er experimentell, indem er einen schweren Gegenstand auf einem in der Mitte durchbohrten und um einen Zapfen drehbaren Tisch befestigte[36]. Dieser Apparat dürfte eher eine Zentrifugalmaschine zu nennen sein als die rotierende V-förmige Röhre *Borellis*[37] oder die sich drehende Schale *Guerickes*[38], in denen zum Zwecke der Erklärung der Planetenbewegungen das Ansteigen von Kugeln beobachtet wurde. Im weiteren Verlauf seiner Untersuchungen gab *Huygens* dann auch die Theorie des konischen Pendels, das später als Zentrifugalregulator der Kraftmaschinen so wichtig werden sollte.

Anmerkungen

1 *Bosscha, Christian Huygens*. Deutsch von Engelmann. Leipzig 1895, S. 13.
2 *Van Schooten*, Exercitationum mathematicorum libri quinque Lugduni Batavorum 1657.
3 *Arago*, Oeuvres, complétes. Ed. Barral, T. III, Paris 1855, S. 523.
4 *Huygens*, Régles du mouvement dans la rencontre des corps. Journal des Sçavans, Mars 1669 und The laws of motion on the collision of bodies, Philosophical Transactions von 1669.
5 *Huygens*, Oeuvres complétes, T. I. La Haye 1888. S. 448.
6 *Bosscha, Christian Huygens*. Deutsch von Engelmann. Leipzig 1895, S. 48.
7 *Huygens*, Oeuvres complétes, T. VI. La Haye 1895, S. 359 schreibt *Oldenburg* an *Huygens*. Monsieur Wren dit, qu'à son advis, il n'y a point de demonstration de ce qu'il a advancé dans son escrit du mouvement, sans qu'on suppose un grand nombre d'autres postulata, qui demanderoient, peut d'estre, d'autres demonstrations.

8 *Dühring*, Kritische Geschichte der allgemeinen Prinzipien der Mechanik, 3. Auflage, Leipzig 1887, S. 118.

9 Unter dem Titel *De motu corporum ex percussione*.

10 Vgl. *Gerland, Leibnizens* und *Huygens* Briefwechsel mit *Papin*, Berlin 1881, S. 76.

11 *Dühring*, a. a. O., S. 133.

12 *Huygens*, Oeuvres complétes, T. VI, La Haye 1895, S. 355 und 487.

13 *Huygens*, Horologium oscillatorium, Pars II. Propositio III. Opera varia, S. 55.

14 Ebenda Propositio IV, S. 57.

15 Ebenda Propositio IX, S. 64.

16 Ebenda Pars II. Propositio 22, S. 77.

17 Ebenda Pars III. Propositio 6, S. 96.

18 Ebenda Pars I, S. 39.

19 *Huygens*, Oeuvres complétes, T. VII, La Haye 1897, S. 314, Note 5. Utinam vidisset Galileus.

20 *Huygens*, Horologium oscillatorium. Pars V. Opera varia, S. 186.

21 *Huygens*, Oeuvres complétes, T. V, La Haye 1893, S. 101.

22 Ebenda S. 81.

23 Ebenda S. 108.

24 Ebenda S. 150.

25 *Huygens*, Horologium oscillatorium Pars IV. Hypothesis 1. Opera varia, S. 121.

26 Ebenda Pars IV. Hypothesis I, S. 121.

27 Ebenda S. 122.

28 Ebenda S. 120.

29 Ebenda Pars IV. Propositio 5, S. 127.

30 Ebenda Pars IV. Propositio 20, S. 154.

31 Ebenda Pars IV. Propositio 25, S. 179.

32 Ebenda Pars IV. Propositio 26, S. 183.

33 *Borelli*, Theoria mediceorum planetarum ex causis physicis deducta. Florent 1666.

34 *Huygens*, Horologium oscillatorium. Pars V, S. 188.

35 *Hugenii* Opuscula posthuma, Tomus II. Amstelodami 1703, 2. Aufl. 1723, S. 107. *Christian Huygens*, Über die Zentrifugalkraft. Herausg. von *F. Hausdorff*. Leipzig 1903. Ostwalds Klassiker der exakten Wissenschaften Nr. 138. Die Übersetzung rührt von *Cay von Brockdorff* her.

36 *Huygens*, Discours de la cause de la pesanteur. Ausgabe W. Burckhardt. Lipsiae ohne Datum (1886), S. 97.

37 *Borelli*, Theoria mediceorum planetarum ex causis physices deducta. Florentiae 1666, S. 48.

38 *Guericke*, Experimenta nova etc. Amstelodami 1672, S. 147.

CHRISTIAAN HUYGENS (1629–1695)
Abhandlung über das Licht (1678)

[34]* Vorrede

Ich schrieb die vorliegende Abhandlung vor 12 Jahren während 3
meines Aufenthaltes in Frankreich; ich theilte sie im Jahre 1678
den gelehrten Männern mit, welche damals die Königliche Akademie der Wissenschaften bildeten, an welche der König mich zu
berufen geruhte. Mehrere Mitglieder dieser Gesellschaft, welche
noch leben, werden sich noch erinnern können gegenwärtig gewesen zu sein, als ich sie vorlas, und noch besser als die übrigen diejenigen unter ihnen, welche sich besonders dem Studium der Mathematik gewidmet haben, von denen ich nur die berühmten Herren
Cassini, Römer und *de la Hire* anführen kann. Und obgleich ich
seitdem mehrere Stellen verbessert und verändert habe, so könnten doch die Abschriften, welche ich davon seit jener Zeit anfertigen liess, den Beweis liefern, dass ich gleichwohl dazu nichts hinzugefügt habe als Annahmen betreffs des Baues des isländischen
Doppelspaths und eine neue Bemerkung über die Strahlenbre-
chung des Bergkrystalls. Ich habe diese Einzelheiten erwähnen
wollen, um zu zeigen, seit wann ich über die jetzt veröffentlichten
Dinge nachgedacht habe, und nicht um das Verdienst derjenigen
zu schmälern, welche, ohne meine Aufzeichnungen gesehen zu haben, dazu gelangt sind, ähnliche Stoffe zu behandeln, wie dies thatsächlich bei zwei hervorragenden Mathematikern, *Newton* und
Leibniz, der Fall war hinsichtlich des Problemes, die Gestalt von
Sammellinsen zu bestimmen, wenn eine der Flächen gegeben ist.

Man wird fragen können, warum ich mit der Veröffentlichung
dieses Werkes so lange gezögert habe. Der Grund dafür ist, dass

---

* Huygens [1890], S. 3–5.

ich es ziemlich nachlässig in französischer Sprache geschrieben hatte, mit der Absicht, es in das Lateinische zu übersetzen, und so verfuhr, um mehr auf den Inhalt die Aufmerksamkeit zu richten. Später jedoch nahm ich mir vor, es zusammen mit einer anderen Abhandlung über Dioptrik herauszugeben, worin ich die Wirkungen der Teleskope und dasjenige, was sonst noch zu dieser Wissenschaft gehört, darlege. Da aber das Vergnügen der Neuheit geschwunden war, so habe ich die Ausführung dieses Planes von einem Tag zum andern aufgeschoben, und ich vermag nicht zu sagen, wann ich damit hätte zu Ende kommen können, da ich öfter theils durch Geschäfte, theils durch irgend ein neues Studium abgezogen werde. In dieser Erwägung bin ich endlich zu der Ansicht gekommen, dass es besser wäre, diese Schrift in der vorliegenden Form erscheinen zu lassen, als durch längeres Zögern sie der Gefahr auszusetzen, dass sie schliesslich verloren gehe.

Man wird darin Beweise von der Art finden, welche eine ebenso grosse Gewissheit als diejenige der Geometrie nicht gewähren und welche sich sogar sehr davon unterscheiden, weil hier die Principien sich durch die Schlüsse bewahrheiten, welche man daraus zieht, während die Geometer ihre Sätze aus sicheren und unanfechtbaren Grundsätzen beweisen: die Natur der behandelten Gegenstände bedingt dies. Es ist dabei gleichwohl möglich, bis zu einem Wahrscheinlichkeitsgrade zu gelangen, der sehr oft einem strengen Beweise nichts nachgiebt. Dies ist nämlich dann der Fall, wenn die Folgerungen, welche man unter Voraussetzung dieser Principien gezogen hat, vollständig mit den Erscheinungen im Einklang sind, welche man aus der Erfahrung kennt: besonders wenn deren Zahl gross ist, und vorzüglich noch, wenn man neue Erscheinungen sich ausdenkt und voraussieht, welche aus der gemachten Annahme folgen und findet, dass dabei der Erfolg unserer Erwartung entspricht. Wenn nun alle diese Wahrscheinlichkeitsbeweise bei den Gegenständen, welche zu behandeln ich mir vorgenommen habe, zusammenstimmen, wie sie es nach meinem Dafürhalten wirklich thun, so muss dieser Umstand den Erfolg meiner Forschungsweise in hohem Maasse bestätigen, und es ist kaum möglich, dass die Dinge sich nicht nahezu 'so verhalten, wie ich sie darstelle. Ich möchte daher glauben, dass diejenigen, welche die Ursachen kennen zu lernen bestrebt sind, und die Pracht der

Lichterscheinungen zu bewundern verstehen, einige Befriedigung finden werden in diesen verschiedenen auf das Licht bezüglichen Betrachtungen und in der neuen Erklärung seiner vorzüglichsten Eigenschaft, welche die Hauptgrundlage für den Bau unserer Augen und jene grossen Erfindungen bildet, die den Gebrauch derselben so sehr erweitern. Ich hoffe auch, dass spätere Forscher, indem sie diese Anfänge weiter verfolgen, in diesen Gegenstand tiefer, als ich es vermochte, eindringen werden, da derselbe hiermit noch lange nicht erschöpft ist. Dies gilt offenbar für die besonders angemerkten Stellen, wo ich Schwierigkeiten ungelöst lasse; und noch mehr für die Dinge, welche ich überhaupt nicht berührt habe, wie die verschiedenen Arten selbstleuchtender Körper, und alles, was auf die Farben Bezug hat, worin niemand bis jetzt eines Erfolges sich rühmen kann. Schliesslich bleibt noch viel mehr über die Natur des Lichtes zu erforschen übrig, als ich davon entdeckt zu haben glaube, und ich würde demjenigen zu grossen Danke verpflichtet sein, der meine hierin mangelhaften Kenntnisse ergänzen könnte.

Haag, den 8. Januar 1690.

[35]* *Die Lichterscheinungen auf mechanische Gründe zurückgeführt*

Ueber die geradlinige Ausbreitung der Strahlen

Die Beweisführungen in der Optik gründen sich, wie in allen Wissenschaften, in welchen die Geometrie auf die Materie angewandt wird, auf Wahrheiten, welche aus der Erfahrung abgeleitet sind: wie zum Beispiel, dass die Lichtstrahlen sich geradlinig ausbreiten, dass Reflexions- und Einfallswinkel gleich sind, und dass bei der Brechung der Strahl nach der Sinusregel gebrochen wird, die jetzt so bekannt und nicht weniger sicher ist als die vorhergehenden.

Die Mehrzahl derjenigen, welche über die verschiedenen Theile der Optik geschrieben haben, haben sich damit begnügt, diese

---

* Huygens [1890], S. 9–11.

Wahrheiten vorauszusetzen. Einige mehr Wissbegierige waren bestrebt, ihren Ursprung und ihre Ursachen aufzusuchen, da sie dieselben an und für sich als bewundernswerthe Wirkungen der Natur betrachteten. Da aber die hierbei vorgebrachten Aussichten zwar geistreich, jedoch nicht derart sind, dass die Verständigeren nicht Erklärungen wünschen sollten, welche ihnen besser genügen, so will ich hier dasjenige vorlegen, was ich über diesen Gegenstand gedacht habe, um nach meinen Kräften zur Klärung dieses Theiles der Naturwissenschaft beizutragen, welcher nicht ohne Grund für einen der schwierigsten gilt. Ich erkenne an, dass ich denjenigen grossen Dank schulde, welche zuerst angefangen haben, die seltsame Dunkelheit zu zerstreuen, in welche diese Dinge gehüllt waren, und die Hoffnung zu erwecken, dass sie sich durch verständliche Gründe erklären lassen. Aber ich bin andererseits auch erstaunt, dass sie sehr häufig wenig einleuchtende Schlussfolgerungen als höchst sicher und beweisend haben gelten lassen: hat ja
10   doch meines Wissens noch niemand auch nur die ersten und wichtigsten Erscheinungen des Lichtes annehmbar erklärt, nämlich warum es sich nur in geraden Linien fortpflanzt und wie die Lichtstrahlen, welche aus unendlich vielen verschiedenen Richtungen herkommen, sich kreuzen, ohne sich gegenseitig irgendwie zu hindern.

Ich werde daher in diesem Buche versuchen, gemäss der in der heutigen Philosophie angenommenen Principien für die Eigenschaften zuerst des geradlinig sich ausbreitenden, sodann des bei der Begegnung mit anderen Körpern zurückgeworfenen Lichtes klarere und wahrscheinlichere Gründe anzugeben. Hierauf werde ich die Erscheinungen der Strahlen erklären, welche beim Durchgang durch verschiedenartige durchsichtige Körper eine sogenannte Brechung erleiden: hierbei werde ich auch die Wirkungen der Brechung in der Luft infolge der verschiedenen Dichtigkeitszustände der Atmosphäre behandeln.

Man wird nicht zweifeln können, dass das Licht in der Bewegung einer gewissen Materie besteht. Denn betrachtet man seine Erzeugung, so findet man, dass hier auf der Erde hauptsächlich das Feuer und die Flamme dasselbe erzeugen, welche ohne Zweifel in rascher Bewegung befindliche Körper enthalten, da sie ja zahlreiche andere sehr feste Körper auflösen und schmelzen; oder

216

betrachtet man seine Wirkungen, so sieht man, dass das, etwa durch Hohlspiegel, gesammelte Licht die Kraft hat, wie das Feuer zu erhitzen, d. h. die Theile der Körper zu trennen: dies deutet sicherlich auf Bewegung hin, wenigstens in der wahren Philosophie, in welcher man die Ursache aller natürlichen Wirkungen auf mechanische Gründe zurückführt. Dies muss man meiner Ansicht nach thun, oder völlig auf jede Hoffnung verzichten, jemals in der Physik etwas zu begreifen.

Da man nun nach dieser Philosophie für sicher hält, dass der Gesichtssinn nur durch den Eindruck einer gewissen Bewegung eines Stoffes erregt wird, der auf die Nerven im Grunde unserer Augen wirkt, so ist dies ein weiterer Grund zu der Ansicht, dass das Licht in einer Bewegung der zwischen uns und dem leuchtenden Körper befindlichen Materie besteht.

Wenn man ferner die ausserordentliche Geschwindigkeit, mit welcher das Licht sich nach allen Richtungen ausbreitet, beachtet und erwägt, dass, wenn es von verschiedenen, ja selbst von entgegengesetzten Stellen herkommt, die Strahlen sich einander durchdringen, ohne sich zu hindern, so begreift man wohl, dass, wenn wir einen leuchtenden Gegenstand sehen, dies nicht durch die Uebertragung einer Materie geschehen kann, welche von diesem Objecte bis zu uns gelangt, wie etwa ein Geschoss oder ein Pfeil die Luft durchfliegt: denn dies widerstreitet doch zu sehr diesen beiden Eigenschaften des Lichtes und besonders der letzteren. Es muss sich demnach auf eine andere Weise ausbreiten, und gerade die Kenntniss, welche wir von der Fortpflanzung des Schalles in der Luft besitzen, kann uns dazu führen, sie zu verstehen.

Wir wissen, dass vermittelst der Luft, die ein unsichtbarer und ungreifbarer Körper ist, der Schall sich im ganzen Umkreis des Ortes, wo er erzeugt wurde, durch eine Bewegung ausbreitet, welche allmählich von einem Lufttheilchen zum anderen fortschreitet, und dass, da die Ausbreitung dieser Bewegung nach allen Seiten gleich schnell erfolgt, sich gleichsam Kugelflächen bilden müssen, welche sich immer mehr erweitern und schliesslich unser Ohr treffen. Es ist nun zweifellos, dass auch das Licht von den leuchtenden Körpern bis zu uns durch irgend eine Bewegung gelangt, welche der dazwischen befindlichen Materie mitgetheilt wird: denn wir haben ja bereits gesehen, dass dies durch die Fortführung eines

Körpers, der etwa von dort hierher gelangt, nicht geschehen kann. Wenn nun, wie wir alsbald untersuchen werden, das Licht zu seinem Wege Zeit gebraucht, so folgt daraus, dass diese dem Stoffe mitgetheilte Bewegung eine allmähliche ist, und darum sich ebenso wie diejenige des Schalles in kugelförmigen Flächen oder Wellen ausbreitet; ich nenne sie nämlich Wellen wegen der Aehnlichkeit mit jenen, welche man im Wasser beim Hineinwerfen eines Steines sich bilden sieht, weil diese eine ebensolche allmähliche Ausbreitung in die Runde wahrnehmen lassen, obschon sie aus einer anderen Ursache entspringen und nur in einer ebenen Fläche sich bilden.

[36]* Lichtäther und Lichtausbreitung

Was die bereits erwähnte Verschiedenheit in der Art der Fortpflanzung der Schall- und Lichtbewegung anbelangt, so kann man beim Schall den Vorgang so ziemlich verstehen, wenn man beachtet, dass die Luft zusammengepresst und auf einen viel geringeren Raum beschränkt werden kann, als sie gewöhnlich einnimmt, und dass sie in dem Maasse, als sie comprimirt ist, sich wiederum auszudehnen strebt. Dieser Umstand, in Verbindung mit ihrer Durchdringlichkeit, welche ihr trotz der Compression verbleibt, scheint zu beweisen, dass sie aus kleinen Körperchen gebildet wird, welche in der aus viel kleineren Theilchen zusammengesetzten Aethermaterie schwimmen und darin sehr schnell hin- und herbewegt werden. Die Ursache für die Ausbreitung der Schallwellen ist hiernach das den sich untereinander stossenden Körperchen innewohnende Bestreben, sich wieder von einander zu entfernen, sobald sie im Umfang dieser Wellen ein wenig mehr als anderswo zusammengedrängt sind.

Die ausserordentliche Geschwindigkeit und die übrigen Eigenschaften des Lichtes würden dagegen eine solche Fortpflanzung der Bewegung nicht zulassen; und ich will nun zunächst darlegen, von welcher Art dieselbe nach meiner Ansicht sein muss. Ich muss zu diesem Zwecke erklären, auf welche Weise die harten Körper ihre Bewegung einander mittheilen.

18

---

* Huygens [1890], S. 17–20.

Nimmt man eine Anzahl gleichgrosser Kugeln aus sehr hartem Material und ordnet sie in gerader Linie so, dass sie sich berühren, so wird, wenn eine gleiche Kugel gegen die erste derselben stösst, die Bewegung wie in einem Augenblick bis zur letzten gelangen, welche sich von der Reihe trennt, ohne dass man bemerkt, dass die übrigen sich bewegt hätten; und diejenige, welche den Stoss ausgeübt hat, bleibt sogar unbeweglich mit ihnen vereinigt. Es offenbart sich also hierin ein Bewegungsübergang von ausserordentlicher Geschwindigkeit, welche um so grösser ist, je grössere Härte die Substanz der Kugeln besitzt.

Dieses Fortschreiten der Bewegung geschieht aber, wie ferner feststeht, nicht augenblicklich, sondern nach und nach; es ist demnach Zeit dazu nothwendig. Denn wenn die Bewegung oder, wenn man will, die Neigung zur Bewegung nicht nach und nach durch alle Kugeln ginge, so würde sie dieselbe alle zu gleicher Zeit annehmen und demnach alle zusammen vorwärts gehen; dies geschieht jedoch nicht, sondern die letzte verlässt die Reihe gänzlich, und nimmt die Geschwindigkeit derjenigen an, welche gestossen hat. Es giebt ferner Versuche, welche beweisen, dass alle diejenigen Körper, welche wir zur Classe der sehr harten zählen, wie gehärteter Stahl, Glas und Achat, elastisch sind und einigermassen nachgeben, nicht nur, wenn sie zu Stäben ausgestreckt, sondern auch, wenn sie kugelförmig oder anders gestaltet sind. Dieselben 19 werden nämlich an der Stelle, wo sie gestossen werden, ein wenig eingedrückt und nehmen dann sogleich ihre frühere Gestalt wieder an. Denn ich habe gefunden, dass, wenn ich mit einer Glas- oder Achatkugel gegen ein grosses und sehr dickes Stück desselben Stoffes schlug, welches eine ebene und mit dem Athem oder anders auch noch so wenig getrübte Oberfläche hatte, darauf grössere oder kleinere runde Flecke zurückblieben, je nachdem der Schlag stark oder schwach war. Hieraus ersieht man, dass diese Stoffe beim Aufeinanderstossen nachgeben, und sodann in ihre frühere Form wieder zurückgehen, wozu sie nothwendiger Weise Zeit gebrauchen.

Um nun diese Bewegungsart auf diejenige anzuwenden, durch welche das Licht erzeugt wird, so hindert uns nichts, die Annahme zu machen, dass die Aethertheilchen aus einer Materie bestehen, welche der vollkommenen Härte sich so sehr nähert und so grosse

Elasticität besitzt, als wir wollen. Für den vorliegenden Zweck brauchen wir weder die Ursache für eine solche Härte noch diejenige für die Elasticität zu untersuchen, da diese Betrachtung uns zu weit von unserem Gegenstand abführen würde. ...

Wenn wir aber auch die wahre Ursache der Elasticität nicht kennen, so sehen wir doch immerhin, dass es viele Körper gibt, welche diese Eigenschaft besitzen; darum hat es auch nichts Seltsames an sich, sie auch bei unsichtbaren Körpertheilchen, wie die des Aethers, vorauszusetzen. Wollte man jedoch eine andere Art der successiven Mittheilung der Lichtbewegung aufsuchen, so wird man dafür keine finden, welche besser als die Elasticität mit dem gleichmässigen Fortschreiten übereinstimmt, welches nothwendig erscheint, weil diese Bewegung, wenn sie nach Maassgabe ihrer Vertheilung auf mehr Materie bei der Entfernung von der Lichtquelle sich so verlangsamen würde, nicht diese grosse Geschwindigkeit auf so grosse Entfernungen würde beibehalten können. Setzt man dagegen Elasticität in der Aethermaterie voraus, so besitzen deren Theilchen die Eigenschaft, gleich rasch zurückzuschnellen, mögen sie stark oder schwach angestossen werden; und so wird das Fortschreiten des Lichtes immer mit gleicher Geschwindigkeit erfolgen.

ISAAC NEWTON (1642–1727)
Ratschläge an einen Freund (1669)

[37]* Newton an Franz Aston, 18. Mai 1669

Angesichts der Spärlichkeit von Nachrichten über Newtons persön- 422
lichem Denken und Urteilen ist ein Brief interessant, in dem er am
18. Mai 1669 einem Freund (Franz Aston) Ratschläge für das Ver-
halten auf eine große Reise mitgibt. Darin heißt es:

»... Kommen Sie in eine neue Gesellschaft: 1. beobachten Sie die Stimmung derselben; 2. richten Sie Ihr Benehmen darnach ein, so werden Sie durch diese Nachgiebigkeit die Unterhaltung derselben freier und offener machen; 3. lassen Sie Ihr Gespräch mehr in Fragen und Zweifeln als in entscheidenden Behauptungen oder Streitigkeiten bestehen, da es die Absicht des Reisenden ist, zu lernen und nicht zu lehren. Überdies wird es Ihre Bekannten überreden, daß Sie eine größere Achtung für sie haben, und es wird jene bereitwilliger machen, Ihnen das, das sie wissen, mitzuteilen; wogegen nichts leichter Geringschätzung und Zänkereien verursacht als absprechender Ton. Sie werden wenig oder gar keinen Vorteil finden, wenn Sie weiser scheinen, oder weit unwissender, als Ihre Gesellschaft; 4. tadeln Sie selten etwas, oder tun Sie es nur mäßig, damit Sie nicht unvermutet zu einem unangenehmen Widerruf gezwungen werden. Es ist besser, über irgend einen Gegenstand ein selbst mehr als verdientes Lob auszusprechen, als einen Tadel, wenn er auch gerecht ist; denn Lob findet nicht so oft Widerspruch, wenigstens wird es gewöhnlich von Menschen, die anders denken, nicht so übel aufgenommen als Tadel, und Sie werden sich durch nichts leichter bei den Menschen in Gunst setzen, als wenn Sie das zu billigen und zu loben scheinen, was ihnen

---

* Dessauer [1945], S. 422–423.

gefällt; allein tun Sie es ja nicht durch Vergleichung; 5. wenn Sie in einem fremden Lande beleidigt werden, so ist es besser, eine Beleidigung mit Stillschweigen vorbeigehen zu lassen oder sie als Scherz aufzunehmen, wenn auch mit einiger Unehre, als Genugtuung zu suchen, denn im ersten Falle ist Ihr Kredit niemals herabgesetzt, wenn Sie nach England zurückkehren oder in eine andere Gesellschaft kommen, die von dem Streite nichts gehört hat, aber im anderen Falle haben Sie Merkmale des Streites, so lange Sie leben, wenn Sie ihn auch überleben. Aber wenn Sie sich unvermeidlich hineingezogen finden, so ist es nach meiner Meinung das Beste, wenn Sie Ihren Zorn und Ihre Zunge mäßigen, sie in einem gewissen gemäßigten Grade möglichst gleich halten und sie nicht so weit gehen lassen, daß Ihr Gegner erbittert werde, und daß seine Freunde entweder zu seinem Beistand sich aufgefordert finden oder, übermütig gegen den zu sehr Gedemütigten, veranlaßt werden, ihn zu insultieren. Mit einem Worte, wenn Sie die Vernunft über Ihre Leidenschaft herrschen lassen, so wird dieses und die Vorsichtigkeit Ihre beste Verteidigung sein. Zu welchem Ende Sie auch bedenken können, daß, obgleich Entschuldigungen wie – »Er trieb es so weit, daß ich es nicht länger ertragen konnte« – unter Freunden gelten mögen, sie doch unter Fremden nichtssagend sind und bloß die Schwäche eines Reisenden verraten.

423

Diesen Bemerkungen möchte ich einige Hauptpunkte über Forschungen, Bemerkungen und Beobachtungen hinzufügen, so wie sie mir jetzt einfallen. Etwa: 1. Die Politik, den Wohlstand und die Staatsangelegenheiten der Nationen, soweit ein Privatreisender es bequem tun kann, zu beobachten. 2. Ihre Auflagen auf alle Volksklassen, Handelsleute oder Waren, die merkwürdig sind. 3. Ihre Gesetze, Gewohnheiten und Gebräuche, in wiefern sie sich von den unsrigen unterscheiden. 4. Ihre Waren und Künste, worin sie uns Engländer übertreffen oder uns nachstehen. 5. Festungen, die Sie antreffen werden, ihre Bauart, Stärke und Vorteile zur Verteidigung, und andere militärische Gegenstände, die zu bemerken sind. 6. Die Macht und Achtung der verschiedenen Abstufungen des Adels und der Obrigkeiten. 7. Es wird keine Zeitverschwendung sein, ein Verzeichnis der Namen und Würden derjenigen Personen zu machen, welche die weisesten, gelehrtesten und geachtesten der Nation sind. 8. Bemerken Sie den Mechanismus der

Schiffe und die Art, sie zu führen. 9. Bemerken Sie die Erzeugnisse der Natur an verschiedenen Orten, besonders die der Bergwerke mit den Umständen des Bergbaues, die Ausbeute der Metalle oder Mineralien aus ihren Erzen, und ihrer Läuterung, und wenn Sie auf Übergänge aus ihren eigenen Arten in andere stoßen (wie aus Eisen in Kupfer, aus irgend einem Metall in Quecksilber, aus einem Salz in ein anderes oder in einen geschmacklosen Körper etc.), so werden diese vor allen Ihrer Bemerkung wert sein, da sie am meisten auffallend sind und vielmals auch aufhellende Experimente in der Naturforschung zulassen. 10. Die Preise der Lebensmittel und anderer Dinge; und 11. die Stapelwaren der Örter...«

ISAAC NEWTON (1642–1727)
Mathematische Principien der Naturlehre (1687)

[38]*   Vorwort an den Leser

1   Die Alten hielten (nach *Pappus'* Angabe) die *Mechanik* für sehr
wichtig bei der Erforschung der Natur, und die Neuern haben,
nachdem sie die Lehre von den substantiellen Formen und den
verborgenen Eigenschaften aufgegeben, angefangen die Erscheinungen der Natur auf mathematische Gesetze zurückzuführen. Es
erschien daher zweckmässig, im vorliegenden Werke die *Mathematik* so weit auszuführen, als sie sich auf die *Physik* bezieht.

Die Alten stellten die Mechanik auf zweifache Weise dar, als
rationale, welche durch Beweisführung mit Genauigkeit vorwärts-
schreitet und als *practische*. Zur letztern gehören alle Handfertigkeiten, von denen auch der Name Mechanik abgeleitet ist. Da aber
die Künstler nicht sehr genau zu Werke zu gehen pflegen, so unterscheidet man dermaassen zwischen der Mechanik und der Geometrie, dass man alles Genaue zur letztern, alles weniger Genaue
zur erstern zählt. Die begangenen Fehler darf man jedoch nicht
der Kunst, sondern den Künstlern zuschreiben. Wer nämlich weniger genau zu Werke geht, ist ein unvollkommener Mechaniker;
derjenige hingegen, welcher auf's genaueste arbeiten könnte,
würde der vollkommenste aller Mechaniker sein.

Die Darstellung von geraden Linien und Kreisen, welche der
Geometrie als Grundlage dienen, gehört auch der Mechanik an.
Die Geometrie lehrt nämlich *nicht*, wie man solche Linien be-
schreibt, sie setzt dies als bekannt voraus. Sie verlangt dass der
Anfänger vorher gelernt habe, dieselben genau darzustellen, be-
vor er die Schwelle der Geometrie betritt. Sie lehrt hierauf, wie

---

* Newton [1872], S. 1–3.

man durch diese Operationen Aufgaben lösen kann. Gerade Linien und Kreise beschreiben, sind Aufgaben, nicht der Geometrie sondern der Mechanik; erstere lehrt die Anwendung derselben und es gereicht ihr zum Ruhme, dass sie mit so wenigen, von anderswo hergenommenen Principien so viel leistet. Die Geometrie hat demnach ihre Basis in der praktischen Mechanik, und sie ist derjenige Theil der allgemeinen Mechanik, welcher die Kunst, genau zu messen, aufstellt und beweist.

Da aber die Handfertigkeiten hauptsächlich bei der Bewegung der Körper in Anwendung kommen, so bezieht man gewöhnlich die *Geometrie* auf die Grössen, die *Mechanik* auf die Bewegung. In diesem Sinne ist die *rationale Mechanik* die genau dargestellte und erwiesene Wissenschaft, welche von den aus gewissen Kräften hervorgehenden Bewegungen und umgekehrt den, zu gewissen Bewegungen erforderlichen Kräften handelt. Diesen Theil hatten die Alten in den *fünf Kräften*, welche sich auf Handfertigkeiten beziehen, ausgebildet. Sie betrachteten dabei die *Schwere* (da sie keine Kraft der Hand ist) kaum weiter, als bei den Gewichten, welche durch jene Kräfte bewegt werden sollen. Wir aber, die wir nicht die Kunst, sondern die wir die Wissenschaft zu Rathe ziehen, und die wir nicht über die Kräfte der Hand, sondern die der Natur schreiben, betrachten hauptsächlich diejenigen Umstände, welche sich auf Schwere und Leichtigkeit, auf die Kraft der Elasticität und den Widerstand der Flüssigkeiten und auf andere derartige anziehende oder bewegende Kräfte beziehen, und stellen daher unsere Betrachtungen als *Mathematische Principien der Naturlehre* auf.

Alle Schwierigkeit der Physik besteht nämlich dem Anschein nach darin, aus den Erscheinungen der Bewegung die Kräfte der Natur zu erforschen und hierauf durch diese Kräfte die übrigen Erscheinungen zu erklären. Hierzu dienen die allgemeinen Sätze, welche im ersten und zweiten Buche behandelt werden. Im dritten Buche haben wir, zur Anwendung derselben, das Weltsystem erklärt. Dort wird nämlich aus den Erscheinungen am Himmel, vermittelst der in den ersten Büchern mathematisch bewiesenen Sätze, die *Kraft der Schwere* abgeleitet, vermöge welcher die Körper sich bestreben, der Sonne und den einzelnen Planeten sich zu nähern. Aus derselben Kraft werden dann, gleichfalls ver-

2

mittelst mathematischer Sätze, die Bewegungen der Planeten, Cometen, des Mondes und des Meeres abgeleitet.

Möchte es gestattet sein, die übrigen Erscheinungen der Natur auf dieselbe Weise aus mathematischen Principien abzuleiten! Viele Beweggründe bringen mich zu der Vermuthung, dass diese Erscheinungen alle von gewissen Kräften abhängen können. Durch diese werden die Theilchen der Körper nämlich, aus noch nicht bekannten Ursachen, entweder gegen einander getrieben und hängen alsdann als reguläre Körper zusammen, oder sie weichen von einander zurück und fliehen sich gegenseitig. Bis jetzt haben die Physiker es vergebens versucht, die Natur durch diese unbekannten Kräfte zu erklären; ich hoffe jedoch, dass die hier aufgestellten Principien entweder über diese, oder irgend eine richtigere Verfahrungsweise Licht verbreiten werden.

Bei der Herausgabe dieses Werkes hat *Edmund Halley*, dieser höchst scharfsinnige und vielseitig gelehrte Mann, vielfache Mühe verwandt. Er hat nicht nur die Correctur und die Holzschnitte besorgt, sondern war überhaupt auch derjenige, welcher mich zur Abfassung dieses Werkes veranlaßt hat. Da er nämlich von mir einen Beweis der Gestalt, welche die Bahnen der Himmelskörper haben, verlangt hatte; so bat er mich, ich möchte denselben der *Königlichen Gesellschaft* mittheilen. Diese bewirkte hierauf durch ihre Aufforderung und Oberleitung, dass ich anfing, an die Herausgabe des Werkes zu denken. Nachdem ich aber mit den Ungleichheiten der Mondbewegung den Anfang gemacht hatte, beschäftigte ich mich mit den Gesetzen und dem Maasse der Schwere und anderer Kräfte, mit den Bahnen, welche Körper beschreiben, die nach beliebigen gegebenen Gesetzen angezogen werden, ferner mit der Bewegung mehrerer Körper unter sich, mit der Bewegung der Körper in widerstehenden Mitteln, den Kräften, der Dichtigkeit und Bewegung dieser Mittel, endlich mit den *Cometenbahnen* und ähnlichen Untersuchungen. Ich glaubte aber, die Herausgabe einige Zeit verschieben zu müssen, um das Uebrige ausfeilen und mit der ersten Untersuchung vereint veröffentlichen zu können. Dasjenige, was sich auf die Bewegung des Mondes bezieht (und freilich unvollkommen ist) habe ich in den Zusätzen des § 107. zusammengefasst, damit ich nicht gehalten wäre, einzelne weitläufiger auseinander zu setzen, als der Sache werth ist und dasselbe gesondert zu beweisen, wodurch die Reihefolge der übrigen Sätze eine Unterbrechung erlitten haben würde. Einzelnes, was ich noch spät auffand, wollte ich lieber an nicht ganz passenden Stellen einfügen, als die Zahl der Sätze und der Citate ändern.

Möge alles mit Eifer gelesen werden, Mängel in einer so schwierigen Materie den Leser weniger zum Tadel, als zu neuen Versuchen und gefälliger Ergänzung veranlassen! Hierum bitte ich denselben recht dringend.

Cambridge, den 8. Mai 1686   *Is. Newton*

[39]* *Raum und Zeit*

Bis jetzt habe ich zu erklären versucht, in welchem Sinne weniger bekannte Benennungen in der Folge zu verstehen sind. *Zeit, Raum, Ort* und *Bewegung* als allen bekannt, erkläre ich nicht. Ich bemerke nur, dass man gewöhnlich diese Grössen nicht anders, als in Bezug auf die Sinne auffasst und so gewisse Vorurtheile entstehen, zu deren Aufhebung man sie passend in absolute und relative, wahre und scheinbare, mathematische und gewöhnliche unterscheidet.

I. Die *absolute, wahre* und *mathematische Zeit* verfliesst an sich und vermöge ihrer Natur gleichförmig, und ohne Beziehung auf irgend einen äussern Gegenstand. Sie wird so auch mit dem Namen: *Dauer* belegt.

Die *relative, scheinbare* und *gewöhnliche Zeit* ist ein fühlbares und äusserliches, entweder genaues oder ungleiches, Maass der Dauer, dessen man sich gewöhnlich statt der wahren Zeit bedient, wie Stunde, Tag, Monat, Jahr.

II. Der *absolute Raum* bleibt vermöge seiner Natur und ohne Beziehung auf einen äussern Gegenstand, stets gleich und unbeweglich.

Der *relative Raum* ist ein Maass oder ein beweglicher Theil des erstern, welcher von unsern Sinnen, durch seine Lage gegen andere Körper bezeichnet und gewöhnlich für den unbeweglichen Raum genommen wird. Z. B. ein Theil des Raumes innerhalb der

26

---

* Newton [1872], S. 25–26.

Erdoberfläche; ein Theil der Atmosphäre; ein Teil des Himmels, bestimmt durch seine Lage gegen die Erde. Der absolute und relative Raum sind dasselbe an Art und Größe, aber sie bleiben es nicht immer an Zahl. Bewegt sich z. B. die Erde, so ist der Raum unserer Atmosphäre, welcher in Bezug auf unsere Erde immer derselbe bleibt, bald der eine, bald der andere Theil des absoluten Raumes, in welchen die Atmosphäre übergeht und ändert sich so beständig.

III. Der *Ort* ist ein Theil des Raumes, welchen ein Körper einnimmt, und, nach Verhältniss des Raumes entweder *absolut* oder *relativ*.

Er ist ein Theil des Raumes, nicht aber der Platz oder die Lage des Körpers oder die ihn umgebende Oberfläche. Denn die Orte gleicher fester Körper sind stets einander gleich, wogegen die Oberflächen, wegen der Unähnlichkeit der Gestalt meistentheils ungleich sind. Die Lage eines Körpers hat aber eigentlich gar keine Grösse und ist nicht so sehr ein Ort, als ein Verhältniss des Ortes. Die Bewegung des Ganzen ist identisch mit der Summe der Bewegungen seiner einzelnen Theile, daher die Ortsveränderung des Ganzen identisch mit der Summe der Ortsveränderungen seiner einzelnen Theile. Er befindet sich daher innerhalb des ganzen Körpers.

[40]*   *Absolute und relative Bewegung*

IV. Die *absolute Bewegung* ist die Uebertragung des Körpers von einem absoluten Orte nach einem andern absoluten Orte; die *relative Bewegung* die Uebertragung von einem relativen Orte nach einem andern relativen Orte.

In einem segelnden Schiffe ist der *relative Ort* eines Körpers die Gegend des Schiffes, in welcher der letztere sich befindet, oder derjenige Theil des ganzen innern Raumes, welchen der Körper ausfüllt und welcher daher gleichzeitig mit dem Schiffe fortbewegt wird. *Relative Ruhe* ist das Verharren des Körpers in derselben Gegend des Schiffes oder demselben Theile des ganzen innern Raumes. *Wahre Ruhe* hingegen ist das Verharren des Körpers in demselben Theile jenes unbewegten Raumes, in welchem das

---

* Newton [1872], S. 26–31.

Schiff selbst mit seinem hohlen Raume und all seinem Inhalt sich bewegt. Wenn daher die Erde ruhete, so würde der Körper, welcher *relativ* im Schiffe ruht, sich *wirklich und absolut* mit derselben Geschwindigkeit bewegen, mit welcher das Schiff sich bewegt. Bewegt sich hingegen die Erde auch, so entsteht die *wahre und absolute* Bewegung des Körpers theils aus der relativen Bewegung des Schiffes auf der Erde, theils aus der wahren Bewegung der Erde im unbewegten Raume, theils aus den relativen Bewegungen des Schiffes auf der Erde und des Körpers im Schiffe, und aus den beiden letzteren Bewegungen ergiebt sich die relative Bewegung des Körpers auf der Erde.

Bewegt sich z. B. der Theil der Erde, in welchem das Schiff sich befindet, gegen Osten mit einer Geschwindigkeit von 10010 Theilen, das durch Wind und Segel angetriebene Schiff hingegen gegen Westen mit einer Geschwindigkeit von 10 Theilen; geht endlich der Schiffer im Schiffe gegen Osten mit einer Geschwindigkeit von 1 Theile: so bewegt sich der letztere *wirklich* und *absolut* im unbewegten Raume gegen Osten mit einer Geschwindigkeit von 10001 Theilen und *relativ* auf der Erde gegen Westen mit einer Geschwindigkeit von 9 Theilen.

Die *absolute* Zeit wird in der Astronomie von der *relativen* durch die Zeitgleichung unterschieden. Die natürlichen Tage, welche gewöhnlich als Zeitmaasse für gleich gehalten werden, sind nämlich eigentlich ungleich. Diese Ungleichheit verbessern die Astronomen, indem sie die Bewegung der Himmelskörper nach der richtigen Zeit messen. Es ist möglich, dass keine gleichförmige Bewegung existire, durch welche die Zeit genau gemessen werden kann, alle Bewegungen können beschleunigt oder verzögert werden; allein der Verlauf der *absoluten* Zeit kann nicht geändert werden. Dieselbe Dauer und dasselbe Verharren findet für die Existenz aller Dinge statt; mögen die Bewegungen geschwind, oder langsam oder Null sein. Ferner wird diese Dauer von ihren durch die Sinne wahrnehmbaren Maassen unterschieden und, mittels der astronomischen Gleichung aus ihnen entnommen. Die Nothwendigkeit dieser Gleichung bei der Bestimmung der Erscheinungen wird aber sowohl durch die Anwendung einer Pendeluhr, als auch durch die Verfinsterungen der Jupiters-Trabanten erwiesen.

Wie die Reihenfolge der Zeittheile, ist auch die der Raumtheile unveränderlich. Bewegt man diese von ihrem Orte, so werden sie (so zu sagen) von sich selbst entfernt. Die Zeiten und die Räume sind die Orte ihrer selbst und aller Dinge; in der Zeit, in Bezug auf die Aufeinanderfolge, im Raume, in Bezug auf die Lage aller Dinge. Das Wesen der Räume ist, dass sie Orte sind; dass ein ursprünglicher Ort bewegt werde, ist absurd. Diese sind daher die absoluten Orte, und aus der Uebertragung von einem Orte zum andern entsteht die absolute Bewegung.

Weil aber diese Theile des Raumes weder gesehen, noch vermittelst unserer Sinne von einander unterschieden werden können, nehmen wir statt ihrer wahrnehmbare Maasse an. Aus der Lage und Entfernung der Dinge von einem Körper, welchen wir als unbeweglich betrachten, erklären wir nämlich alle Orte. Hierauf schätzen wir auch alle Bewegungen in Bezug auf bestimmte Orte, insofern wir wahrnehmen, dass die Körper sich von ihnen entfernen. So bedienen wir uns, und nicht unpassend, in menschlichen Dingen statt der *absoluten* Orte und Bewegungen der *relativen*; in der Naturlehre hingegen muss man von den Sinnen abstrahiren. Es kann nämlich der Fall sein, dass kein wirklich ruhender Körper existirt, auf welchen man die Orte und Bewegungen beziehen könne.

Absolute und relative Ruhe und Bewegung unterscheiden sich von einander durch ihre Eigenschaften, Ursachen und Wirkungen. Eine Eigenschaft der absoluten Ruhe besteht darin, dass wirklich ruhende Körper unter sich ruhen. Da es nun möglich sein kann, dass irgend ein Körper in der Nähe der Fixsterne oder weit jenseits derselben absolut ruhe, man aber durch die gegenseitige Lage der Körper in unserer Nähe nicht wissen kann, ob einer von diesen gegen jenen entfernten dieselbe Lage behält; so kann die wahre Ruhe aus der Lage dieser unter sich nicht abgeleitet werden.

Eine *Eigenschaft* der Bewegung besteht darin, dass Theile welche die gegebene Lage gegen das Ganze beibehalten, an der Bewegung des letztern Theil nehmen. Alle Theile sich drehender Körper haben nämlich das Bestreben, sich von der Axe der Bewegung zu entfernen, und der Stoss bewegter Körper entspringt aus den vereinigten Stössen ihrer einzelnen Theile. Wenn daher bewegte Körper sich herumdrehen, so bewegen sich die Theile, welche relativ in den sich drehenden Körpern ruhen. Daher kann man die absolute und wahre Bewegung nicht durch die Uebertragung aus der Nähe von Körpern, welche als ruhende angesehen werden, ableiten. Man kann äussere Körper nicht bloss als ruhende ansehen, sondern sie müssen wirklich ruhen; sonst werden alle eingeschlossenen Theile, ausserdem dass sie aus der Nähe der sich umdrehenden entfernt werden, auch an den wahren Bewegungen der letztern Theil nehmen. Findet diese Entfernung nicht statt, so werden sie doch nicht wahrhaft ruhen, sondern nur als ruhende angesehen werden. Es verhalten sich nämlich die sich umdrehenden Theile zu den eingeschlossenen, wie der äussere Theil des Ganzen zum innern, oder wie die Rinde zum Kern. Wird aber die Rinde bewegt, so bewegt sich auch der Kern, ohne sich aus der Nähe der Rinde zu entfernen, als Theil des Ganzen ebenfalls.

Der vorhergehenden Eigenschaft ist diejenige verwandt, dass, im Fall ein Ort sich bewegt, der in diesem befindliche Körper an dieser Bewegung Theil nimmt; ein Körper, welcher sich aus einem bewegten Orte entfernt, theilt auch die Bewegung seines Ortes. Daher sind alle Bewegungen, welche von bewegten Orten aus erfolgen, nur Theile der ganzen und absoluten Bewegungen. Eine jede ganze Bewegung wird zusammengesetzt aus der Bewegung des Körpers von seinem ersten Orte, aus der Bewegung dieses Ortes von seinem Orte, u.s.w.f., bis man zu einem unbewegten Orte gelangt, wie in dem oben erwähnten Beispiel des Schiffers. Ganze und absolute Bewegungen können daher nur durch unbewegte Orte erklärt werden, und desshalb habe ich diese eben auf unbewegte, die relativen Bewegungen auf bewegte Orte bezogen. *Unbewegte Orte* sind aber nur solche, welche alle von Ewigkeit zu Ewigkeit dieselbe gegenseitige Lage beibehalten, also immer unbewegt bleiben, und einen Raum bilden, welchen ich *unbeweglich* nenne.

Die *Ursachen*, durch welche wahre und relative Bewegungen verschieden sind, sind die Kräfte, welche zur Erzeugung der Bewegung auf die Körper eingewirkt haben. Eine wahre Bewegung wird nur erzeugt oder abgeändert durch Kräfte, welche auf den Körper selbst einwirken, wogegen relative Bewegungen erzeugt und abgeändert werden können, ohne dass die Kräfte auf diesen Körper einwirken. Es genügt schon, dass sie auf den andern Körper, auf welchen man diesen bezieht, einwirken; weicht der andere

29

Körper als dann zurück, so ändert sich auch die Beziehung, und hierin besteht eben die *relative* Ruhe und Bewegung des Körpers. Umgekehrt wird die *wahre* Bewegung des Körpers stets durch auf ihn einwirkende Kräfte geändert, wogegen die *relative* Bewegung durch diese Kräfte nicht nothwendig geändert wird. Wirken nämlich dieselben Kräfte auch auf die andern Körper, auf welche man jenen bezieht, so ein, dass die relative Lage beibehalten wird, so bleibt die Beziehung, woraus relative Bewegung hervorgeht, unverändert. Jede relative Bewegung kann sich demnach ändern, wenn die wahre unverändert bleibt und ungeändert bleiben, wenn letztere sich ändert. Daher besteht die wahre Bewegung keineswegs in Beziehungen dieser Art.

Die *wirkenden Ursachen*, durch welche absolute und relative Bewegungen von einander verschieden sind, sind die *Fliehkräfte* von der Axe der Bewegung. Bei einer nur relativen Kreisbewegung existieren diese Kräfte nicht, aber sie sind kleiner oder grösser je nach Verhältniss der Grösse der Bewegung.

Man hänge z. B. ein Gefäss an einem sehr langen Faden auf, drehe dasselbe beständig im Kreise herum, bis der Faden durch die Drehung sehr steif wird; hierauf fülle man es mit Wasser und halte es zugleich mit dem letzteren in Ruhe. Wird es nun durch eine plötzlich wirkende Kraft in entgegengesetzte Kreisbewegung versetzt und hält diese, während der Faden sich ablöst, längere Zeit an, so wird die Oberfläche des Wassers anfangs eben sein, wie vor der Bewegung des Gefässes, hierauf, wenn die Kraft allmählig auf das Wasser einwirkt, bewirkt das Gefäss, dass dieses (das Wasser) merklich sich umzudrehen anfängt. Es entfernt sich nach und nach von der Mitte und steigt an den Wänden des Gefässes in die Höhe, indem es eine hohle Form annimmt. (Diesen Versuch habe ich selbst gemacht.) Durch eine immer stärkere Bewegung steigt es mehr und mehr an, bis es in gleichen Zeiträumen mit dem Gefässe sich umdreht und relativ in demselben ruht. Dieses Ansteigen deutet auf ein Bestreben, sich von der Axe der Bewegung zu entfernen, und durch einen solchen Versuch wird die wahre und absolute kreisförmige Bewegung des Wassers, welche der *relativen* hier ganz entgegengesetzt ist, erkannt und gemessen. Im Anfange, als die *relative* Bewegung des Wasser im Gefässe am grössten war, verursachte dieselbe kein Bestreben, sich von der Axe zu entfernen. Das Wasser suchte nicht, sich dem Umfange zu nähern, indem es an den Wänden emporstieg, sondern blieb eben, und die *wahre* kreisförmige Bewegung hatte daher noch nicht begonnen. Nachher aber, als die relative Bewegung des Wassers abnahm, deutete sein Aufsteigen an den Wänden des Gefässes das Bestreben an, von der Axe zurückzuweichen, und dieses Bestreben zeigte die stets wachsende *wahre* Kreisbewegung des Wassers an, bis diese endlich am grössten wurde, wenn das Wasser selbst *relativ* im Gefässe ruhte. Jenes Bestreben hängt nicht von der Uebertragung des Wassers in Bezug auf die umgebenden Körper ab, und deshalb kann die *wahre* Kreisbewegung nicht durch eine solche Uebertragung erklärt werden. Einfach ist die wirkliche kreisförmige Bewegung eines jeden sich umdrehenden Körpers, dem einfachen Streben gleichsam als eigenthümliche und angemessene Wirkung entsprechend. Die *relativen* Bewegungen sind nach den mannichfachen Beziehungen auf äussere Körper unzählig, als Schatten der Beziehung sind sie aller *wahren* Wirkung baar; ausser insofern, als sie an jener *einfachen* und *wahren* Bewegung Theil nehmen.

Daher werden nach den Ansichten derjenigen, welche unser Sonnensystem innerhalb des Fixsternhimmels sich umdrehen und die Planeten mit sich führen lassen, die Planeten und einzelnen Theile des Himmels, welche *relativ* in den ihnen zunächst gelegenen Theilen ruhen, in Wahrheit sich bewegen. Sie ändern nämlich ihre gegenseitige Lage (anders als es bei den wahrhaft ruhenden geschieht) und nehmen, zugleich mit den Theilen des Himmels fortgetragen, an der Bewegung der letztern Theil; sie haben, als Theile rotirender ganzer Systeme, das Bestreben, sich von ihren Axen zu entfernen.

Die *relativen* Grössen sind daher nicht die Grössen selbst, deren Namen sie tragen, sondern deren wahrnehmbare Maasse (wahre oder irrthümliche), deren man sich gewöhnlich statt der gemessenen Grössen bedient. Sollen aber aus dem Gebrauche die Bedeutungen der Worte definirt werden, so hat man unter den Namen: *Zeit, Raum, Ort* und *Bewegung* eigentlich diese wahrnehmbaren Maasse zu verstehen, und die Rede fällt ungewöhnlich und rein mathematisch aus, wenn die gemessenen Grössen hierunter verstanden werden.

Ferner thun diejenigen der heiligen Schrift Gewalt an, welche diese Namen aus den dort aufgeführten gemessenen Grössen übersetzen, aber nicht weniger besudeln diejenigen die Mathematik und die Naturlehre, welche die *wahren* Grössen mit den *relativen* und den gewöhnlichen Maassen derselben verwechseln.

Die *wahren* Bewegungen der einzelnen Körper zu erkennen, und von den *scheinbaren* scharf zu unterscheiden, ist übrigens sehr schwer, weil die Theile jenes unbeweglichen Raumes, in denen die Körper sich wahrhaft bewegen, nicht sinnlich erkannt werden können. Die Sache ist jedoch nicht gänzlich hoffnungslos. Es ergeben sich nämlich die erforderlichen Hilfsmittel, theils aus den scheinbaren Bewegungen, welche die Unterschiede der wahren sind, theils aus den Kräften, welche den wahren Bewegungen als wirkende Ursachen zu Grunde liegen. Werden z. B. zwei Kugeln in gegebener gegenseitiger Entfernung mittelst eines Fadens verbunden und so um den gemeinschaftlichen Schwerpunkt gedreht, so erkennt man aus der Spannung des Fadens das Streben der Kugeln, sich von der Axe der Bewegung zu entfernen und kann daraus die Grösse der kreisförmigen Bewegung berechnen. Brächte man hierauf beliebige gleiche Kräfte an beiden Seiten der Kugeln zugleich an, um die Kreisbewegung zu vergrössern oder zu verkleinern; so würde man aus der vergrösserten oder verminderten Spannung des Fadens die Vergrösserung oder Verkleinerung der Bewegung erkennen und hieraus endlich diejenigen Seiten der Kugeln erkennen können, auf welche die Kräfte einwirken müssten, damit die Bewegung am stärksten vergrössert würde, d. h. die hintere Seite oder diejenige, welche bei der Kreisbewegung nachfolgt. Sobald man aber die nachfolgende und die ihr entgegengesetzte vorangehende Seite erkannt hätte, würde man auch die Richtung der Bewegung erkannt haben. Auf diese Weise könnte man sowohl die Grösse als auch die Richtung dieser kreisförmigen Bewegung in jedem unendlich grossen leeren Raume finden, wenn auch nichts Aeusserliches und Erkennbares sich dort befände, womit die Kugeln verglichen werden könnten. Würden nun in jenem Raume einige sehr entfernte Körper aufgestellt, welche unter sich eine gegebene Lage beibehalten, wie die Fixsterne in der Gegend des Himmels, so könnte man aus der relativen Bewegung der Kugeln unter den Körpern nicht erkennen, ob diesen oder jenen die Bewegung zuzuschreiben sei. Achtet man aber auf den Faden, und findet man seine Spannung so, wie die Bewegung der Kugeln sie erfordert; so kann man daraus schliessen, dass die Kugeln sich bewegen und die Körper ruhen, und wird dann endlich aus der Bewegung der Kugeln unter den Körpern die Richtung der Bewegung folgern. Auf die wahren Bewegungen aus ihren Ursachen, Wirkungen und scheinbaren Unterschieden zu schliessen, und umgekehrt, aus den wahren oder scheinbaren Bewegungen die Ursachen und Wirkungen abzuleiten, wird im Folgenden ausführlicher gelehrt werden. Zu diesem Ende habe ich die folgende Abhandlung verfasst.

[41]* *Die Gesetze der Bewegung*

1. Gesetz. *Jeder Körper beharrt in seinem Zustande der Ruhe oder*   32
der gleichförmigen geradlinigen Bewegung, wenn er nicht durch einwirkende Kräfte gezwungen wird, seinen Zustand zu ändern.

Geschosse verharren in ihrer Bewegung, insofern sie nicht durch den Widerstand der Luft verzögert und durch die Kraft der Schwere von ihrer Richtung abgelenkt werden. Ein Kreisel, dessen Theile vermöge der Cohäsion sich beständig aus der geradlinigen Bewegung entfernen, hört nur insofern auf, sich zu drehen, als der Widerstand der Luft (und die Reibung) ihn verzögert. Die grossen Körper der Planeten und Kometen aber behalten ihre fortschreitende und kreisförmige Bewegung, in weniger widerstehenden Mitteln längere Zeit bei.

2. Gesetz. *Die Aenderung der Bewegung ist der Einwirkung der bewegenden Kraft proportional und geschieht nach der Richtung derjenigen geraden Linie, nach welcher jene Kraft wirkt.*

Wenn irgend eine Kraft eine gewisse Bewegung hervorbringt, so wird die doppelte eine doppelte, die dreifache eine dreifache erzeugen; mögen diese Kräfte zugleich und auf einmal, oder stufenweise auf einander folgend einwirken. Da diese Bewegung immer nach demselben Ziele, als die erzeugende Kraft gerichtet ist, so

---

* Newton [1872], S. 32–33

wird sie, im Fall dass der Körper vorher in Bewegung war, entweder, wenn die Richtung übereinstimmt, hinzugefügt oder, wenn sie unter einem schiefen Winkel einwirkt, mit ihr nach den Richtungen beider zusammengesetzt.

3. Gesetz. *Die Wirkung ist stets der Gegenwirkung gleich, oder die Wirkungen zweier Körper auf einander sind stets gleich und von entgegengesetzter Richtung.*

Jeder Gegenstand, welcher einen andern drückt oder zieht, wird eben so stark durch diesen gedrückt oder gezogen. Drückt Jemand einen Stein mit dem Finger, so wird dieser vom Steine gedrückt. Zieht ein Pferd einen an ein Seil befestigten Stein fort, so wird das erstere gleich stark gegen den letzteren zurückgezogen, denn das nach beiden Seiten gespannte Seil wird durch dasselbe Bestreben schlaff zu werden, das Pferd gegen den Stein und diesen gegen jenes drängen; es wird eben so stark das Fortschreiten des einen verhindern, als das Fortrücken des andern befördern. Wenn irgend ein Körper auf einen andern stösst und die Bewegung des letztern irgendwie verändert, so wird ersterer, in seiner eigenen Bewegung dieselbe Aenderung, nach entgegengesetzter Richtung, durch die Kraft des andern (wegen der Gleichheit des wechselseitigen Druckes) erleiden. Diesen Wirkungen werden die Aenderungen nicht der Geschwindigkeiten, sondern der Bewegungen nämlich bei Körpern, welche nicht anderweitig verhindert sind, gleich. Die Aenderungen der Geschwindigkeiten, nach entgegengesetzten Richtungen, sind nämlich, weil die Bewegungen sich gleich ändern, den Körpern *umgekehrt* proportional. Es gilt dieses Gesetz auch bei den Anziehungen, wie in der nächsten Anmerkung gezeigt werden wird.

[42]* Regeln zur Erforschung der Natur

1. Regel. An Ursachen zur Erklärung natürlicher Dinge nicht mehr zuzulassen, als wahr sind und zur Erklärung jener Erscheinungen ausreichen.

Die Physiker sagen: Die Natur thut nichts vergebens, und ver-

---

* Newton [1872], S. 380–381.

geblich ist dasjenige, was durch vieles geschieht und durch weniger ausgeführt werden kann. Die Natur ist nämlich einfach, und schwelgt nicht in überflüssigen Ursachen der Dinge.

2. Regel. Man muss daher, so weit es angeht, gleichartigen Wirkungen dieselben Ursachen zuschreiben.

So dem Athmen der Menschen und der Thiere, dem Falle der Steine in Europa und Amerika, dem Lichte des Küchenfeuers und der Sonne, der Zurückwerfung des Lichtes auf der Erde und den Planeten.

3. Regel. Diejenigen Eigenschaften der Körper, welche weder verstärkt noch vermindert werden können und welche allen Körpern zukommen, an denen man Versuche anstellen kann, muss man für Eigenschaften aller Körper halten.

Die Eigenschaften der Körper werden nämlich nur durch Versuche bekannt, und man muss daher diejenigen für allgemeine halten, welche im allgemeinen mit den Versuchen übereinstimmen, und die weder vermindert noch aufgehoben werden können. Offenbar kann man weder, dem Verlauf der Versuche zuwider, Träume ersinnen, noch sich von der Analogie der Natur entfernen, da dies einfach und mit sich übereinstimmend zu sein pflegt. Die *Ausdehnung* der Körper wird nur durch die Sinne erkannt, und nicht bei allen wahrgenommen; weil man sie aber bei allen wahrnehmbaren Körpern antrifft, nimmt man sie bei allen an. Dass mehrere Körper hart sind, erfahren wir durch Versuche. Die *Härte* des Ganzen entspringt aus der Härte der Theile, und hieraus schliessen wir mit Recht, dass nicht nur die wahrnehmbaren Theile dieser Körper, sondern auch die unzerlegbaren Theilchen aller Körper hart sind. Dass alle Körper *undurchdringlich* sind, leiten wir nicht aus der Vernunft, sondern aus Versuchen ab. Alles was wir unter Händen haben, finden wir undurchdringlich und daraus schliessen wir, dass die *Undurchdringlichkeit* eine Eigenschaft aller Körper ist. Dass alle Körper *beweglich* sind und vermöge einer gewissen Kraft, welche wir die Kraft der Trägheit nennen, in der Bewegung oder Ruhe verharren, schliessen wir daraus, dass wir diese Eigenschaften an allen betrachteten Körpern wahrgenommen haben. Die Ausdehnung, Härte, Undurchdringlichkeit, Beweglichkeit und Kraft der Trägheit des Ganzen entspringt aus denselben Eigenschaften der Theile; hieraus schliessen wir, dass die kleinsten Theile der Körper ebenfalls ausgedehnt, hart, undurchdringlich, beweglich und mit der Kraft der Trägheit begabt sind. Hierin besteht die Grundlage der gesammten Naturlehre. Ferner lernen wir aus den Erscheinungen, dass die sich wechselseitig berührenden Theile der Körper von einander getrennt werden können. Dass man durch Rechnung die Theile noch in kleinere zerlegen könne, ist aus der Mathematik bekannt; ob man diese so zerlegt gedachten Theile durch Kräfte der Natur darstellen könne, ist ungewiss. Wenn es sich aber durch Einen Versuch ergäbe, dass einige unzerlegte Theilchen, durch Zerbrechung eines harten und festen Körpers, eine Theilung vertrügen; so würden wir daraus nach dieser Regel schliessen, dass nicht nur zerlegte Theile trennbar seien, sondern dass auch unzerlegte in's Unendliche getheilt werden können.

381

Sind endlich alle Körper in der Umgebung der Erde gegen diese schwer, und zwar im Verhältnis der Menge der Materie in jedem; ist der Mond gegen die Erde nach Verhältniss seiner Masse, und umgekehrt unser Meer gegen den Mond schwer; hat man ferner durch Versuche und astronomische Beobachtungen erkannt, dass alle Planeten wechselseitig gegen einander und die Cometen gegen die Sonne schwer sind; so muss man nach dieser Regel behaupten, dass alle Körper gegeneinander schwer seien. Stärker ist der Beweis in Bezug auf die allgemeine Schwere, als auf die Undurchdringlichkeit der Körper, über welche letztere wir keinen Versuch und keine Beobachtung der Himmelskörper haben. Ich behaupte aber doch nicht, dass die Schwere den Körpern wesentlich zukomme. Unter eigenthümlicher Kraft begreife ich die Kraft der Trägheit, welche unveränderlich ist, wogegen die Schwere mit der Entfernung von der Erde abnimmt.

4. Regel. In der Experimentalphysik muss man die, aus den Erscheinungen durch Induction geschlossenen, Sätze, wenn nicht entgegengesetzte Voraussetzungen vorhanden sind, entweder genau oder sehr nahe für wahr halten, bis andere Erscheinungen eintreten, durch welche sie entweder grössere Genauigkeit erlangen, oder Ausnahmen unterworfen werden.

Dies muss geschehen, damit nicht das Argument der Induction durch Hypothesen aufgehoben werde.

§. 61. *Allgemeine Anmerkung.* Die Hypothese der Wirbel unterliegt vielen Schwierigkeiten. Damit nämlich jeder Planet um die Sonne Flächen beschreiben könne, welche der Zeit proportional sind, müssten die Umlaufszeiten der Theile ihres Wirbels im doppelten Verhältniss ihres Abstandes von der Sonne stehen. Damit die Umlaufszeiten der Planeten im ³⁄₂ten Verhältniss ihrer Abstände von der Sonne ständen, müssten die Umlaufszeiten der Theile ihrer Wirbel im ³⁄₂ten Verhältniss ihrer Abstände stehen. Damit ferner die kleinen Wirbel, welche sich um den Saturn, den Jupiter und andere Planeten drehen, für sich bestehen und sich frei im Wirbel der Sonne bewegen könnten, müssten die Umlaufszeiten der Theile des Sonnenwirbels gleich sein. Die Umdrehungen der Sonne und der Planeten um ihre Axen, welche mit den Bewegungen der Wirbel übereinstimmen müssten, weichen aber weit von diesen Proportionen ab. Die Kometen haben sehr regelmässige Bewegungen, sie befolgen bei ihren Umläufen dieselben Gesetze wie die Planeten und ihr Lauf kann nicht durch Wirbel erklärt werden. Sie gehen nämlich mit sehr excentrischen Bewegungen in alle Theile des Himmels, was nur geschehen kann, wenn man die Wirbel aufhebt.

508

Die geworfenen Körper erleiden hiernieden keinen andern Widerstand, als den der Luft und im *Boyle'*schen Vacuum hört aller Widerstand auf, so dass eine dünne Feder und festes Gold dort mit gleicher Geschwindigkeit fallen. Dasselbe findet in den Himmelsräumen oberhalb unserer Atmosphäre statt. In ihnen müssen sich alle Körper ganz frei bewegen, und also die Planeten und Kometen ihre Umläufe in Bahnen, welche der Art und Lage nach gegeben sind, zurücklegen, indem sie die oben erklärten Gesetze befolgen. Sie werden nach den Gesetzen der Schwere in ihren Bahnen verharren, aber die ursprüngliche und regelmässige Lage der letztern konnten sie *nicht* durch diese Gesetze erlangen.

Die sechs Hauptplaneten bewegen sich um die Sonne in Kreisen, welche um die letztere concentrisch sind, sie befinden sich sehr nahe in derselben Ebene und ihre Bewegungen haben dieselbe

---

* Newton [1872], S. 507–512.

Richtung. Die zehn Monde, welche sich um die Erde, den Jupiter und den Saturn in Kreisen drehen, die um diese Planeten concentrisch sind, bewegen sich in derselben Richtung und sehr nahe in den Ebenen dieser Planetenbahnen. Alle diese so regelmässigen Bewegungen entspringen nicht aus mechanischen Ursachen; da die Kometen sich in sehr excentrischen Bahnen und nach allen Gegenden des Himmels frei bewegen. Vermöge dieser Art von Bewegung gehen die letzteren sehr schnell und leicht durch die Planetenbahnen und sind in ihrem Aphel, wo ihre Bewegung sehr langsam ist und sie längere Zeit verweilen, so weit von einander entfernt, dass ihre gegenseitige Anziehung fast unmerklich ist. Diese bewundernswürdige Einrichtung der Sonne, der Planeten und Kometen hat nur aus dem Rathschlusse und der Herrschaft eines alles einsehenden und allmächtigen Wesens hervorgehen können. Wenn jeder Fixstern das Centrum eines, dem unserigen ähnlichen Systemes ist, so muss das Ganze, da es das Gepräge eines und desselben Zweckes trägt, bestimmt *Einem* und demselben Herrscher unterworfen sein. Das Licht der Fixsterne ist von derselben Natur, wie das der Sonne, und alle Systeme senden einander ihr Licht zu. Ferner sieht man, dass derjenige, welcher diese Welt eingerichtet hat, die Fixsterne in ungeheure Entfernungen von einander gestellt hat, damit diese Kugeln nicht, vermöge ihrer Schwerkraft, auf einander fallen.

Dieses unendliche Wesen beherrscht alles, nicht als Weltseele, sondern als Herr aller Dinge. Wegen dieser Herrschaft pflegt unser Herr Gott παντοκρατορ, d. h. der *Herr über Alles* genannt zu werden. Denn das Wort Gott (Deus) bezieht sich auf Diener und die Gottheit ist die Herrschaft Gottes nicht über einen eigentlichen Körper, wie diejenigen annahmen, welche Gott einzig zur Weltseele machen, sondern über Diener. Der höchste Gott ist ein unendliches, ewiges und durchaus vollkommenes Wesen; ein Wesen aber, wie vollkommen es auch sei, wenn es keine Herrschaft ausübte, würde nicht Gott sein. Wir sagen nämlich wohl: *mein Gott, unser Gott, der Gott Israels, der Gott der Götter, der Herr der Herrn;* aber wir sagen nie: *mein Ewiger, euer Ewiger, der Ewige Israels, der Ewige der Götter* und eben so wenig *mein Unendlicher,* noch *mein Vollkommener;* weil diese Bezeichnungen sich nicht auf unterworfene Wesen beziehen. Das Wort *Gott* (Deus) bezeichnet

509

bisweilen *Herr*[1], aber jeder Herr ist nicht Gott. Die Herrschaft eines geistigen Wesens ist es was *Gott* ausmacht; sie ist wahr im wahren Gott, die höchste im höchsten und die erdichtete im erdichteten Gotte. Es folgt hieraus, dass der wahre Gott ein lebendiger, einsichtiger und mächtiger Gott, dass er über dem Weltall erhaben und durchaus vollkommen ist. Er ist ewig und unendlich, allmächtig und allwissend, d. h. er währt von Ewigkeit zu Ewigkeit, von Unendlichkeit zu Unendlichkeit, er regiert alles, er kennt alles, was ist oder was sein kann. Er ist weder die Ewigkeit noch die Unendlichkeit, aber er ist ewig und unendlich; er ist weder die Dauer noch der Raum, aber er währt fort und ist gegenwärtig; er währt stets fort und ist überall gegenwärtig, er existirt stets und überall, er macht den Raum und die Dauer aus. Da jedes Theilchen des Raumes *beständig* existirt, und jeder untheilbare Moment der Dauer *überall* fortwährt; so kann man nicht behaupten, dass derjenige, welcher der Herr und Verfertiger aller Dinge ist, *nie* und *nirgend* existire. Jede Seele, welche zu verschiedenen Zeiten, durch verschiedene Sinne und durch die Bewegung mehrerer Organe denkt, ist stets eine und dieselbe untheilbare Person. Es giebt auf einander folgende Theile in der Dauer und neben einander stehende Theile im Raume; es giebt aber nichts Aehnliches in dem, was die Person des Menschen ausmacht, oder in seinem denkenden Princip und noch viel weniger wird dergleichen in der denkenden Substanz Gottes stattfinden. Jeder Mensch, so weit er ein fühlendes Wesen ist, ist während seines ganzen Lebens und in allen verschiedenen Organen seiner Sinne ein und derselbe Mensch. Eben so ist Gott überall und beständig ein und derselbe Gott. Er ist überall gegenwärtig, und zwar nicht nur *virtuell*, sondern auch *substantiell*; denn man kann nicht wirken, wenn man nicht ist. Alles wird in ihm bewegt und ist in ihm enthalten[2], aber ohne wechselseitige Einwirkung; denn Gott erleidet nichts durch die Bewegung der Körper und seine Allgegenwart lässt sie keinen Widerstand empfinden. Es ist klar, dass der höchste Gott nothwendig existire, und vermöge derselben Nothwendigkeit existirt er *überall* und *zu jeder Zeit*. Hieraus folgt auch, dass er durchaus sich selbst ähnlich ist, ganz Ohr, Auge, Gehirn, Arm, Gefühl, Einsicht und Wirksamkeit auf eine keineswegs menschliche und noch weniger körperliche, sondern durchaus unbekannte Weise. Eben so wie der

Blinde keine Idee von den Farben hat, haben wir auch durchaus keine Idee von der Weise, wie der weiseste Gott fühlt und alle Dinge erkennt. Er hat weder einen Körper, noch eine körperliche Gestalt; er kann also weder gesehen, noch gehört, noch berührt werden, und man darf ihn unter keiner fühlbaren Gestalt anbeten. Wir haben wohl eine Vorstellung von seinen Eigenschaften, aber keine von seinen Bestandtheilen. Wir sehen nur die Gestalt und Farbe der Körper, wir hören ihre Töne, wir fühlen ihre äussere Oberfläche, wir riechen und schmecken sie; was aber die inneren Substanzen betrifft, so erkennen wir sie weder durch irgend einen Sinn noch durch Nachdenken, und noch weniger haben wir eine Vorstellung von der Substanz Gottes. Wir kennen ihn nur durch seine Eigenschaften und Attribute, durch die höchst weise und vorzügliche Einrichtung aller Dinge und durch ihre Endursachen; wir bewundern ihn wegen seiner Vollkommenheit, wir verehren und beten ihn an wegen seiner Herrschaft. Wir als Unterthanen beten ihn an, denn Gott ohne Vorsehung, ohne Herrschaft und ohne Endursachen ist nichts anderes, als die Bestimmung (*Fatum*) und die Natur.

Die blinde metaphysische Nothwendigkeit, welche stets und überall dieselbe ist, kann keine Veränderung der Dinge hervorbringen; die ganze, in Bezug auf Zeit und Ort herrschende Verschiedenheit aller Dinge kann nur von dem Willen und der Weisheit eines nothwendig existirenden Wesens herrühren. Man sagt allegorisch: Gott sieht, hört, redet, lacht, liebt, hasst, wünscht, giebt, nimmt an, freut sich, zürnt, kämpft, arbeitet, bauet, construiert; weil alles dasjenige, was man von Gott sagt, von irgend einer Vergleichung mit menschlichen Dingen entnommen ist. Diese Vergleichungen, wenn sie auch sehr unvollkommen sind, geben indessen doch eine schwache Vorstellung von ihm.

Dies hatte ich von Gott zu sagen, dessen Werke zu untersuchen die Aufgabe der Naturlehre ist.

Ich habe bisher die Erscheinungen der Himmelskörper und die Bewegungen des Meeres durch die Kraft der Schwere erklärt, aber ich habe nirgends die Ursache der letzteren angegeben. Diese Kraft rührt von irgend einer Ursache her, welche bis zum Mittelpunkte der Sonne und der Planeten dringt, ohne irgend etwas von ihrer Wirksamkeit zu verlieren. Sie wirkt nicht nach Verhältniss

511

der *Oberfläche* derjenigen Theilchen, worauf sie einwirkt (wie die mechanischen Ursachen), sondern nach Verhältniss der Menge fester Materie, und ihre Wirkung erstreckt sich nach allen Seiten hin, bis in ungeheure Entfernungen, indem sie stets im doppelten Verhältnis der letzteren abnimmt. Die Schwere gegen die Sonne ist aus der Schwere gegen jedes ihrer Theilchen zusammengesetzt, und sie nimmt mit der Entfernung von der Sonne genau im doppelten Verhältniss der Abstände ab, und dies geschieht bis zur Bahn des Saturns, wie die Ruhe der Aphelien der Planeten beweist; sie erstreckt sich ferner bis zu den äusseren Aphelien der Kometen, wenn diese Aphelien in Ruhe sind.

Ich habe noch nicht dahin gelangen können, aus den Erscheinungen den Grund dieser Eigenschaften der Schwere abzuleiten, und Hypothesen erdenke ich nicht. Alles nämlich, was nicht aus den Erscheinungen folgt, ist eine *Hypothese* und Hypothesen, seien sie nun metaphysische oder physische, mechanische oder diejenigen der verborgenen Eigenschaften, dürfen nicht in die Experimentalphysik aufgenommen werden. In dieser leitet man die Sätze aus den Erscheinungen ab und verallgemeinert sie durch Induction. Auf diese Weise haben wir die Undurchdringlichkeit, die Beweglichkeit, den Stoss der Körper, die Gesetze der Bewegung und die Schwere kennen gelernt. Es genügt, dass die Schwere existire, dass sie nach den von uns dargelegten Gesetzen wirke, und dass sie alle Bewegungen der Himmelskörper und des Meeres zu erklären im Stande sei.

Es würde hier der Ort sein, etwas über die geistige Substanz hinzuzufügen, welche alle festen Körper durchdringt und in ihnen enthalten ist. Durch die Kraft und Thätigkeit dieser geistigen Substanz ziehen sich die Theilchen der Körper wechselseitig in den kleinsten Entfernungen an und haften an einander, wenn sie sich berühren. Durch sie wirken die elektrischen Körper in den grössten Entfernungen, sowohl um die nächsten Körperchen anzuziehen, als auch sie abzustossen. Mittelst dieses geistigen Wesens strömt das Licht aus, wird zurückgeworfen, gebeugt, gebrochen und erwärmt die Körper. Alle Gefühle werden erregt und die Glieder der Tiere nach Belieben bewegt, durch die Vibrationen desselben, welche sich von den äusseren Organen der Sinne, mittelst der festen Fäden der Nerven bis zum Gehirn und hierauf von die-

512

sem zu den Muskeln fortpflanzen. Diese Dinge lassen sich aber nicht mit wenigen Worten erklären, und man hat noch keine hinreichende Anzahl von Versuchen, um genau die Gesetze bestimmen und beweisen zu können, nach welchen diese allgemeine geistige Substanz wirkt.

[44]* *Über das Weltsystem*

1. Die Himmelsräume sind flüssig.

Dass die Fixsterne in den höchsten Theilen des Weltraumes unbeweglich verharren, und die Planeten tiefer als sie sich um die Sonne drehen; dass auf gleiche Weise die Erde in ihrem jährlichen Umlaufe und ihrer täglichen Umdrehung um die eigene Axe sich bewege; dass ferner die Sonne, wie ein Brennpunkt der Welt, im Mittelpunkt aller ruhe; dies war eine sehr alte Meinung der Philosophen.

So hatten einst *Philolaus, Aristarch von Samos, Plato* in früherer Zeit, die Schaar der Pythagoräer[3], und früher als diese *Anaximander*, so wie endlich jener weise König der Römer *Numa Pompilius* geurtheilt. Der Letztere errichtete, als ein Symbol des runden Weltgebäudes und des Sonnenfeuers im Centrum, den Tempel der *Vesta* von runder Form und stiftete den heiligen Gebrauch, dass in dessen Mitte ein beständiges Feuer erhalten werden sollte. Es ist aber wahrscheinlich, dass sich diese Meinung von den Aegyptern, den ältesten Beobachtern der Gestirne, fortgepflanzt habe. Von ihnen und den benachbarten Völkern scheint nämlich alle ältere und vernünftigere Philosophie zu den Griechen, einem sehr philosophischen Volke, übergegangen zu sein. Auch verrathen die heiligen Mysterien der *Vesta*, welche auf den Verstand des Volkes einwirkten, den Geist der Egypter, welche heilige und hieroglyphische Gebräuche bildlich darzustellen pflegten. Hierauf lehrten *Anaxagoras, Demokrit* und mehrere Andere, dass die Erde sich unbeweglich im Mittelpunkte des Weltraums befinde, und alle Gestirne sich gegen Westen, einige schneller, andere langsamer und in freien Räumen bewegen. Die festen Bahnen wurden nämlich

514

---

* Newton [1872], S. 513–516

später von *Endoxus, Calippus* und *Aristoteles* eingeführt, indem man von Tage zu Tage mehr von der ursprünglich eingeführten Lehre abwich und die neueren Dichtungen der Griechen allmählig überwiegende Geltung bekamen.

Mit diesen festen Bahnen vertragen sich schlecht die Erscheinungen der Kometen. Diese rechnete man einst unter die Himmelskörper und die *Chaldäer,* die sehr kundigen Astronomen, hielten sie für irrende Sterne, welche sich einmal während ihrer einzelnen Umläufe, indem sie in die unteren Theile ihrer sehr exentrischen Bahnen herabsteigen, uns sichtbar darstellen. Obige Hypothese der festen Bahnen stiess die Kometen später mit Nothwendigkeit in die, unterhalb des Mondes gelegenen, Gegenden hinab. Da nun umgekehrt, nach den neueren Beobachtungen der Astronomen, die Kometen in die oberhalb des Mondes gelegenen Gegenden zurückversetzt sind; so brachen jene Bahnen zusammen, und wurden aus dem Aether entfernt.

2. Das Princip der Kreisbewegung in freien Räumen.

Es ist nicht bekannt, durch welche Bande, nach den Lehren der Alten, die Planeten in den freien Räumen gehalten und, indem sie beständig vom gradlinigen Wege abgezogen, in eine reguläre Bahn getrieben werden. Ich glaube, dass man zur Erklärung dieses Umstandes die festen Bahnen erdacht hat. Die neueren Gelehrten nehmen entweder Wirbel an, wie *Kepler* und *Cartesius*, oder irgend ein anderes Princip des Stosses oder der Anziehung, wie *Borelli, Hook* und andere unserer Landsleute.

Aus dem ersten Gesetze der Bewegung geht mit Bestimmtheit hervor, dass irgend eine Kraft erforderlich sei; unsere Aufgabe ist es, ihre Grösse und Eigenschaft herzuleiten und auf mathematische Weise ihre Wirkung in Körpern, welche sich bewegen sollen, zu erforschen. Damit wir ferner ihre Art nicht hypothetisch bestimmen, haben wir sie, da sie nach einem Centrum gerichtet ist, *Centripetalkraft* genannt, und indem man die Benennung vom Mittelpunkt annimmt, haben wir eine *solare* Centripetalkraft, die nach der Sonne, eine *terrestritische*, die nach der Erde und eine *joviale*, die nach dem Jupiter gerichtet ist; und eben so bei den übrigen Planeten.

3. Wirkungen der Centripetalkräfte.

Dass durch die Centripetalkräfte die Planeten in ihren Bahnen erhalten werden können, ersieht man aus den Bewegungen der Projectile. Ein geworfener Stein wird, indem ihn seine Schwere antreibt, vom geradelinigen Wege abgebogen und fällt, indem er in der Luft eine krumme Linie beschreibt, zuletzt auf die Erde. Wird er mit grösserer Geschwindigkeit geworfen, so geht er weiter fort und durch weitere Vergrösserung derselben könnte es geschehen, dass er einen Bogen von 1, 2, 5, 10, 100, 1000 Meilen beschriebe, oder dass er endlich über die Grenzen der Erde hinausginge und nicht mehr zurückfiele. Es bezeichne AFB die Oberfläche der Erde, C ihren Mittelpunkt und VD, VE, VF krumme Linien, welche ein, von der Spitze V eines sehr hohen Berges, längs einer horizontalen Linie und mit nach und nach vergrösserter Geschwindigkeit geworfener, Körper beschreibt. Damit der Widerstand der Luft, durch welche die Bewegung der Himmelskörper kaum verzögert wird, nicht in Rechnung komme, wollen wir uns dieselbe ganz fortgenommen oder wenigstens ihren Widerstand als nicht vorhanden denken. Auf dieselbe Weise, wie der mit der kleinsten Geschwindigkeit geworfene Körper den kleinsten Bogen VD, mit der grösseren den grösseren Bogen VE beschreibt, mit der noch grösseren Geschwindigkeit bis F und weiter bis G gelangt; wird derselbe endlich, wenn die Geschwindigkeit stets vergrössert wird, über den ganzen Umfang der Erde fortgehen und zu dem Berge, von welchem er geworfen worden ist, zurückkehren. Da nun die Fläche, welche der Körper mit dem nach dem Mittelpunkte gezogenen Radiusvector beschreibt (nach Principien, Buch I., §. 13.), der Zeit proportional ist; so wird die Geschwindigkeit, bei der Rückkehr zum Berge, nicht kleiner, als beim Ausgange sein. Ist aber die Geschwindigkeit unverändert geblieben, so kann er sich öfters nach dem selben Gesetze herumbewegen. Denken wir uns nun Körper, welche aus höheren Punkten längs horizontaler Linien fortgeworfen werden, und zwar aus Punkten, welche 5, 10, 100, 1000 oder mehr Meilen und eben so viel Erdhalbmesser hoch liegen; so werden sie nach ihrer verschiedenen Geschwindigkeit und nach der, in den einzelnen Punkten stattfindenden, Kraft der Schwere Erdbogen beschreiben, die entweder con- oder excentrisch sind, und in diesen Bahnen werden die Körper fortfahren, nach der Weise der Planeten die Himmel zu durchwandern.

515

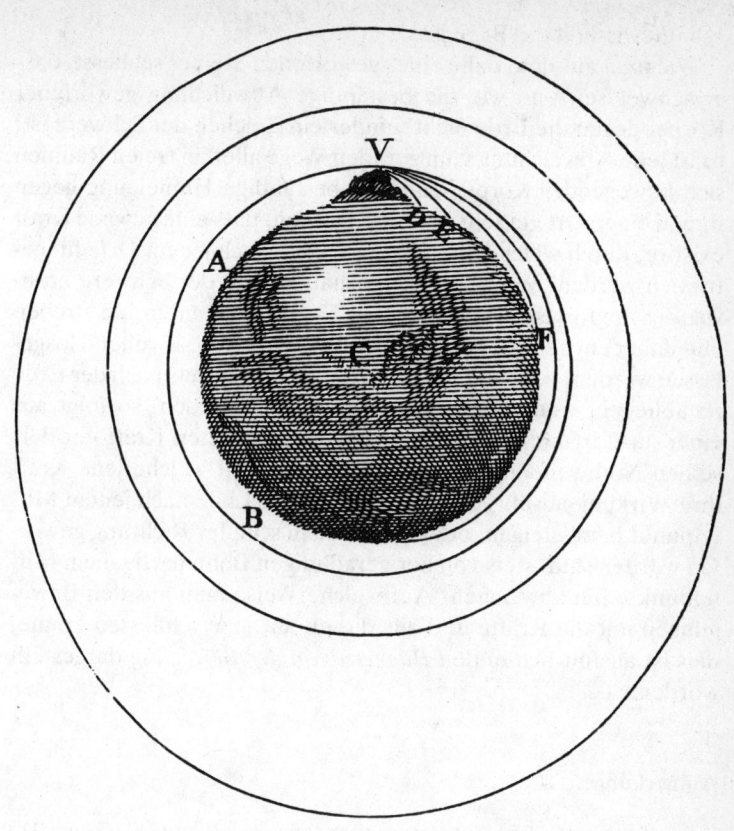

Die Bahnen von Flugkörpern, die mit verschiedenen Anfangsgeschwindigkeiten von einem hohen Berg gestartet werden. Darstellung in Newtons populärer Schrift »System of the Worlds«, die ein Jahr nach seinem Tode in englischer und lateinischer Sprache veröffentlicht wurde.

4. Gewissheit des Beweises.

Wie man aus dem Falle eines geworfenen Steines schliesst, dass er schwer sei, und wie die beständige Abweichung geworfener Körper gegen die Erde nicht minder ein Zeichen der Schwere ist; so ist jede Abweichung vom geraden Wege aller, in freien Räumen sich bewegender Körper und ihre beständige Hinneigung gegen irgend einen Ort ein sehr sicheres Zeichen, dass eine gewisse Kraft existire, durch welche die Körper überall nach jenem Orte hingetrieben werden. Wie aus dem Vorhandensein der Schwere nothwendig folgt, dass alle Körper auf Erden nach unten hin streben und daher entweder geradlinig herabfallen, wenn sie ruhend losgelassen werden, oder von der geradlinigen Bahn stets nach der Erde zu abliegen, wenn sie geradlinig geworfen werden, so folgt aus einer nach irgend einem Mittelpunkte gerichteten Kraft mit derselben Nothwendigkeit, dass alle Körper, auf welche jene Kraft ihre Wirkung ausübt, entweder in gerader Linie nach jenem Mittelpunkt herabsteigen, oder, wenn sie in schiefer Richtung geworfen worden sind, stets von der geradlinigen Bahn nach jenem Mittelpunkte hin abweichen. Auf welche Weise man aus den Bewegungen auf die Kräfte und aus diesen auf jene schliessen könne, dies ist ausführlich in den *Büchern von der Bewegung* dargestellt worden.

Anmerkungen

1 *Pocok* leitet das Wort Gott *(Deus)* vom arabischen Worte *Du* (Genitiv Di) ab, welches *Herr* bedeutet, und in diesem Sinne werden die Fürsten *Götter* genannt (Psalm 84., V. 6 und Joh. Cap. 10., V. 45.) *Moses* wird der Gott seines Bruders *Aron* und des Königs *Pharao* genannt (Exodus, Cap. 4., V. 16. und Cap. 7., V. 1.) und in demselben Sinne wurden sonst die Seelen der Fürsten von den Heiden Götter genannt, aber mit Unrecht, denn nach ihrem Tode haben sie keine Herrschaft mehr.

Bemerkung des Verfassers.

2 Die Alten hatten diesen Gedanken, wie aus der Weise hervorzugehen scheint, nach welcher sich *Pythagoras* nach *Cicero de natura deorum* Lib. I. und *Thales* und *Anaxagoras* ausdrücken. Eben so *Virgil* in *Georgicon*, Buch IV., V. 220. und *Aeneis*, Buch VI., V. 721.; *Philo* im Anfange des Buches I. der *Allegorie* und *Aratus* in seinen *Erscheinungen* (Phaenomena). Eben so verhält es sich in der heiligen Schrift: *Paulus*, *Apostelgeschichte*, Cap. XVII., V. 27. und 28.; *Johannes* in seinem *Evangelium*, Cap. XIV., V. 2.; *Moses* im

Deuteronomium, Cap. IV., V. 39. und Cap. X., V. 14.; *David* in Psalm 139., V. 7., 8. und 9.; *Salomon* im 1. Buch *der Könige*, Cap. VIII., V. 27.; *Hiob*, Cap. XXII., V. 12., 13. und 14.; *Jeremias*, Cap. XXIII., V. 23. und 24. Die Heiden dachten sich, dass die Sonne, der Mond, die Sterne, die Seelen der Menschen und alle anderen Theile der Welt Stücke des höchsten Wesens ausmachten; und dass man ihnen Verehrung schuldig sei.

Bemerkung des Verfassers.

3 In Betreff der ältesten Pythagoräer erregt mir *Timaeus von Locri* gewichtige Zweifel, indem er in seinem Werke περι ψυχας κοσμου die Erde auf sehr beredte Weise in der Mitte des Weltalls annimmt. Ueber derselben nimmt er den Mond und über diesem die Sonne an, welche in der Zeit eines Jahres ihren Umlauf vollende. Diese wird nach ihm, fast mit gleicher Geschwindigkeit, durch den Merkur und die Venus begleitet. Hierauf theilt er den drei übrigen Planeten, Mars, Jupiter und Saturn, einen jeden seine eigene Geschwindigkeit und Bahn zu. Alle aber sind innerhalb der Kugel des ersten beweglichen Körpers (Primi Mobilis) enthalten, durch dessen Umdrehung sowohl alle unteren Planeten, als auch die Sonne selbst bewegt werden.

Bemerkung des Verfassers.

ISAAC NEWTON (1642–1727)
Optik (1704)

[45]* Betrachtungen über kleinste Teilchen und die Methode der Physik

266 Nach allen diesen Betrachtungen ist es mir wahrscheinlich, dass
Gott im Anfange der Dinge die Materie in massiven, festen, harten, undurchdringlichen und beweglichen Partikeln erschuf, von
solcher Grösse und Gestalt, mit solchen Eigenschaften und in solchem Verhältniss zum Raume, wie sie zu dem Endzwecke führten,
für den er sie gebildet hatte, dass ferner die primitiven Theilchen,
weil sie fest sind, unvergleichlich härter sind, als irgend welche aus
ihnen zusammengesetzte poröse Körper, ja so hart, dass sie nimmer verderben oder zerbrechen können, denn keine Macht von
gewöhnlicher Art würde im Stande sein, das zu zertheilen, was
Gott selbst bei der ersten Schöpfung als Ganzes erschuf. Solange
die Theilchen als Ganzes bestehen bleiben, können sie zu allen
Zeiten Körper einer und derselben Natur und Bauart zusammen-
setzen; sollten sie aber abgenutzt werden oder zerbrechen, so
würde sich die Natur von der ihnen abhängenden Körper verändern. Wasser und Erde, zusammengesetzt aus alten abgenutzten
Partikeln und Bruchstücken von solchen, besässen nicht dieselbe
Natur und Textur, wie Wasser und Erde, die beim Anbeginn der
Dinge aus ganzen Partikeln zusammengesetzt wären. Damit also
die Natur von beständiger Dauer sei, ist der Wandel der körperlichen Dinge ausschliesslich in die verschiedenen Trennungen,
neuen Vereinigungen und Bewegungen dieser permanenten Theilchen zu verlegen, da zusammengesetzte Körper dem Zerbrechen
ausgesetzt sind, nicht etwa mitten durch die festen Theilchen, son-

---

* Newton [1983], S. 266–269

dern da, wo diese an einander gelagert sind und sich nur in wenigen Punkten berühren.

Es scheint mir ferner, dass diese Partikeln nicht nur Trägheit besitzen und damit den aus dieser Kraft ganz natürlich entspringenden passiven Bewegungsgesetzen unterliegen, sondern dass sie auch von activen Principien, wie die Schwerkraft oder die Ursache der Gährung und der Cohäsion der Körper sind, bewegt werden. Diese Principien betrachte ich nicht als verborgene Qualitäten, die etwa aus der specifischen Gestalt der Dinge hervorgehen sollen, sondern als allgemeine Naturgesetze, nach denen die Dinge gebildet sind. Die Wahrheit dieser Principien wird uns aus den Erscheinungen deutlich, wenn auch ihre Ursachen bis jetzt noch nicht entdeckt sind; denn dies sind bemerkbare Eigenschaften, nur ihre Ursachen sind verborgen. Auch die Aristoteliker geben den Namen einer *Qualitas occulta* nicht den bemerkbaren Eigenschaften, sondern nur denen, die nach ihrer Annahme in den Körpern verborgen lagen und die unbekannten Ursachen sichtbarer Wirkungen darstellten. Solche würden z. B. die Ursachen der Schwerkraft, der magnetischen und elektrischen Anziehung und die Gährung sein, wenn wir annehmen würden, dass diese Kräfte oder Wirkungen aus uns unbekannten Eigenschaften entsprängen, die wir nicht entdecken und klarstellen können. Solche verborgenen Eigenschaften bilden ein Hemmniss für den Fortschritt der Naturerkenntniss und sind deshalb in den letzten Jahren verworfen worden. Wenn man uns sagt, jede Species der Dinge sei mit einer specifischen verborgenen Eigenschaft begabt, durch welche sie wirkt und sichtbare Effecte hervorbringt, so ist damit gar nichts gesagt; wenn man aber aus den Erscheinungen zwei oder drei allgemeine Principien der Bewegung herleitet und dann angiebt, wie aus diesen klaren Principien die Eigenschaften und Wirkungen aller körperlichen Dinge folgen, so würde dies ein grosser Fortschritt in der Naturforschung sein, wenn auch die Ursachen dieser Principien noch nicht entdeckt wären. Deshalb trage ich kein Bedenken, die oben erwähnten Principien der Bewegung, welche eine sehr allgemeine Ausdehnung besitzen, aufzustellen und die Entdeckung ihrer Ursachen Anderen anheimzugeben.

Mit Hülfe dieser Principien scheinen nun alle materiellen Dinge aus den erwähnten harten und festen Theilchen zusammengesetzt

267

und bei der Schöpfung nach dem Plane eines intelligenten Wesens verschiedentlich angeordnet zu sein; denn ihm, der sie schuf, ziemte es auch, sie zu ordnen. Und wenn er dies gethan hat, so ist es unphilosophisch, nach einem anderen Ursprunge der Welt zu suchen oder zu behaupten, sie sei durch die blossen Naturgesetze aus einem Chaos entstanden, wenn sie auch, einmal gebildet, nach diesem Gesetze lange Zeit fortbestehen kann. Denn während allerdings die Kometen sich in sehr excentrischen Bahnen aller möglichen Lagen bewegen, konnte doch niemals ein blinder Zufall bewirken, dass alle die Planeten nach einer und derselben Richtung in concentrischen Kreisen gehen, einige unbeträchtliche Unregelmässigkeiten ausgenommen, die von der gegenseitigen Wirkung der Kometen und Planeten auf einander herrühren und wohl so lange anwachsen werden, bis das ganze System einer Umbildung bedarf. Eine solche wundervolle Gesetzmässigkeit im Planetensystem muss einer bestimmten Sorgfalt und Auswahl entsprechen.

268 Und ebenso die Gleichförmigkeit in den Körpern der Thiere; sie haben im allgemeinen zwei gleichgeformte Seiten, eine rechte und eine linke, und an jeder Seite ihres Körpers hinten zwei Beine und vorn entweder zwei Beine oder zwei Arme oder zwei Flügel auf den Schultern, dazwischen einen in das Rückgrat auslaufenden Hals und darauf ein Haupt, an diesem zwei Ohren, zwei Augen, eine Nase, ein Mund, eine Zunge, immer in gleicher Weise angeordnet. Auch die Bildung jener äusserst kunstvollen Theile des Thierkörpers, der Augen, Ohren, des Gehirns, der Muskeln, des Herzens, der Lunge, des Zwerchfells, der Drüsen, des Kehlkopfes, der Hände, der Schwingen, der Schwimmblase, der natürlichen Brillen [durchsichtigen Häutchen vor den Augen mancher Thiere] und anderer Sinnes- und Bewegungsorgane, der Instinkt der Insekten, wie der wilden Thiere, kann nur entstanden sein durch die Weisheit und Intelligenz eines mächtigen, ewig lebenden Wesens, welches allgegenwärtig die Körper durch seinen Willen in seinem unbegrenzten, gleichförmigen Empfindungsorgane zu bewegen und dadurch die Theile des Universums zu bilden und umzubilden vermag, besser, als wir durch unseren Willen die Theile unsres eigenen Körpers zu bewegen im Stande sind. Und doch dürfen wir die Welt nicht als den Körper Gottes und ihre Theile als Theile von Gott betrachten. Er ist ein einheitliches Wesen ohne

Organe, Glieder oder Theile, und Jenes sind seine Kreaturen, ihm unterworfen und seinem Willen dienend; er ist ebenso wenig ihre Seele, als die Seele eines Menschen die Seele ist von den Bildern der Aussenwelt, die durch seine Sinnesorgane in ihm zur Wahrnehmung gelangen, wo er sie durch seine unmittelbare Gegenwart, ohne Zwischenkunft eines dritten Dinges wahrnimmt. Die Sinnesorgane dienen nicht dazu, dass die Seele die Bilder der Aussenwelt in ihrem Empfindungsorgane wahrnimmt, sondern nur, um sie dorthin zu leiten; Gott hat solche Organe nicht nöthig, da er bei den Dingen überall allgegenwärtig ist. Und da der Raum bis in das Unendliche theilbar ist und die Materie sich nicht nothwendig an jeder Stelle des Raumes befindet, so muss auch zugegeben werden, dass Gott auch Theile der Materie von verschiedener Grösse und Gestalt, in verschiedenen Verhältnissen zum ganzen Raume und vielleicht von verschiedenen Dichtigkeiten und Kräften zu erschaffen vermag und dadurch die Naturgesetze verändern und an verschiedenen Orten des Weltalls Welten verschiedener Art erschaffen kann. Ich sehe in alle Dem nicht den geringsten Widerspruch. 269

Wie in der Mathematik, so sollte auch in der Naturforschung bei Erforschung schwieriger Dinge die analytische Methode der synthetischen vorausgehen. Diese Analysis besteht darin, dass man aus Experimenten und Beobachtungen durch Induction allgemeine Schlüsse zieht und gegen diese keine Einwendungen zulässt, die nicht aus Experimenten oder aus anderen gewissen Wahrheiten entnommen sind. Denn Hypothesen werden in der experimentellen Naturforschung nicht betrachtet. Wenn auch die durch Induction aus den Experimenten und Beobachtungen gewonnenen Resultate nicht als Beweise allgemeiner Schlüsse gelten können, so ist es doch der beste Weg, Schlüsse zu ziehen, den die Natur der Dinge zulässt, und [der Schluss] muss für um so strenger gelten, je allgemeiner die Induction ist. Wenn bei den Erscheinungen keine Ausnahme mit unterläuft, so kann der Schluss allgemein ausgesprochen werden. Wenn aber einmal später durch die Experimente sich eine Ausnahme ergibt, so muss der Schluss unter Angabe der Ausnahmen ausgesprochen werden. Auf diese Weise können wir in der Analysis vom Zusammengesetzten zum Einfachen, von den Bewegungen zu den sie erzeugenden Kräften fortschreiten, überhaupt von den Wirkungen zu ihren Ursachen, von den besonderen Ursachen zu den allgemeineren, bis der Beweis mit der allgemeinsten Ursache endigt. Dies ist die Methode der Analysis; die Synthesis dagegen besteht darin, dass die entdeckten Ursachen als Principien angenommen werden, von denen ausgehend die Erscheinungen erklärt und die Erklärungen bewiesen werden.

ROGER COTES (1682–1716)
Vorrede zur zweiten Ausgabe von Newtons Principia (1713)

[46]* Drei Arten der Naturforschung

Die lang ersehnte neue Ausgabe von *Newton's* Naturlehre überrei- 4
chen wir dem wohlwollenden Leser, vielfach verbessert und vermehrt. Den hauptsächlichsten Inhalt dieses berühmten Werkes
kann man aus dem beigefügten Inhalts-Verzeichniss ersehen; das,
was hinzugefügt oder verändert worden ist, erfährt man durch die
vorstehende Vorrede des Verfassers. Es ist noch übrig, dass wir
über die Methode dieses Werkes etwas hinzufügen.

Diejenigen, welche sich mit der Bearbeitung der Physik beschäftigt haben, kann man etwa in drei Klassen theilen. Einige
schrieben nämlich einzelnen Arten von Dingen specifische und
verborgene Eigenschaften zu, von denen alsdann die Operationen
der einzelnen Körper, aus einer gewissen unbekannten Ursache
abhängen sollten. Hierin besteht das Wesentliche der *scholastischen Philosophie*, welche von *Aristoteles* und den *Peripatetikern*
herrührt. Sie behaupten, dass die einzelnen Wirkungen aus der
Natur der Körper entspringen; woher aber diese Natur rühre, lehren sie nicht; sie lehren daher nichts. Da sie sich durchaus bei dem
Namen der Dinge nicht bei den Dingen selbst aufhalten, kann man
sagen, dass sie eine gewisse philosophische Sprachweise erfunden,
nicht aber, dass sie Philosophie gelehrt haben.

Andere hegten daher die Hoffnung, das Lob eines bessern Ei-
fers einzuernten, nachdem sie den unnützen Mischmasch von Worten weggeworfen hatten. Sie behaupteten demnach, die allgemeine Materie sei homogen, und alle den begrenzten Körpern eigenthümliche verschiedene Formation entspringe aus gewissen

---

* Newton [1872], S. 4–5

höchst einfachen und leicht zu erkennenden Beziehungen der sie zusammensetzenden Theilchen. In der That stellen sie so zwar ein Fortschreiten vom Einfachen zum Zusammengesetzten dar, wenn sie jene ursprünglichen Beziehungen der Theilchen so annehmen, wie die Natur sie zeigt. Allein da sie sich erlauben, eine beliebige unbekante Gestalt und Grösse der Theile, und eine unbestimmte Lage und Bewegung derselben anzunehmen; da sie selbst gewisse verborgene Flüssigkeiten erdenken, welche die Poren der Körper frei durchwandern, eine sehr bedeutende Freiheit besitzen und durch verborgene Bewegungen angetrieben werden: so versinken sie in Träumereien, indem sie die wahre Einrichtung der Dinge vernachlässigen, welche man vergebens durch falsche Vermuthungen abzuleiten suchen wird, da man sie kaum, selbst durch die sichersten Beobachtungen erforschen kann. Diejenigen, welche ihre Speculationen auf Hypothesen begründen, werden, wenn sie hierauf auch auf's strengste nach mechanischen Gesetzen fortschreiten, eine Fabel, vielleicht eine elegante und schöne, jedoch nur eine Fabel aufbauen.

Es bleibt noch eine dritte Art von Naturforschern übrig, welche sich zur Experimental-Physik bekennt. Diese wollen zwar aus 5 den möglich einfachsten Principien die Ursachen aller Dinge ableiten, allein als Princip nehmen sie etwas an, was noch nicht durch die Erscheinungen sich gezeigt hat. Hypothesen werden ersonnen, jedoch nehmen sie sie nur als Fragen, über deren Wahrheit geurtheilt werden soll, in die Physik auf. Sie verfahren daher nach einer zweifachen Methode, der analytischen und synthetischen. Die Kräfte der Natur und ihre einfachen Gesetze leiten sie aus einigen ausgewählten Erscheinungen, mittelst der Analysis ab, und legen die erstern, mittelst der Synthesis, als Beschaffenheit der übrigen Erscheinungen dar. Diese Erforschungsart ist jene bei weitem beste, welche vor den übrigen anzuwenden unser berühmter Verfasser für würdig und verdienstlich hielt. Dieser allein legte er hinreichenden Werth bei, um ihrer Ausbildung und Ausschmückung seine Bemühungen zu widmen. Er stellte als berühmtes Beispiel derselben die, mit Glück aus dem Gesetz der Schwere abgeleitete, Erklärung des Weltsystems auf. Dass die Kraft der Schwere allen Körpern innewohne, hatten die Einen vermuthet, die Andern gedacht; er aber, als der Erste und Einzige vermochte es, ihr Dasein mittelst der Erscheinungen zu erweisen und ihr durch ausgezeichnete Speculationen eine feste Grundlage aufzubauen...

[47]*   Die Natur der Schwere

Um nun unsern Beweis beim Einfachsten und Nächsten zu beginnen, wollen wir einmal kurz untersuchen, welches die Natur der Schwere auf der Erde ist; damit wir später sicherer fortschreiten können, wenn wir zu den weit von uns entfernten Himmelskörpern kommen. Alle Gelehrten sind jetzt darüber einig, dass alle Körper gegen die Erde gravitiren; dass es keine *wirklich* leichte Körper gebe, hat vielfache Erfahrung längst bestätigt. Was beziehungsweise leicht heisst, ist es nicht wirklich sondern nur scheinbar, es folgt dies aus der überwiegenden Schwere der angrenzenden Körper.

Wie alle Körper gegen die Erde schwer sind, so ist es umgekehrt auch die Erde gegen die Körper; dass nämlich die Wirkung der Schwere wechselseitig und gleich sei, lässt sich folgendermaassen zeigen. Denkt man sich die ganze Last der Erde in zwei Theile unterschieden, welche entweder einander gleich oder beliebig ungleich sind. Wenn nun die Gewichte der Theile *nicht* wechselseitig einander gleich wären, so würde das kleinere dem grösseren nachgeben und die verbundenen Theile sich ins Unendliche fort nach *der* Richtung gradlinig bewegen, nach welcher das grössere Gewicht hinstrebt. Dies ist der Erfahrung zuwider. Man muss daher annehmen, dass die Gewichte der Theile sich im Gleichgewicht befinden, d. h. dass die Wirkung der Schwere wechselseitig und gleich sei.

Die Gewichte gleich weit vom Mittelpuncte der Erde entfernter Körper sind den, in ihnen enthaltenen, Mengen der Materie proportional. Man schliesst dies aus der gleichen Beschleunigung aller Körper, welche vom Zustande der Ruhe ab, vermöge der Kräfte ihrer Gewichte, fallen; denn die Kräfte, durch welche ungleiche Körper gleich beschleunigt werden, müssen der Menge der zu bewegenden Materie proportional sein. Dass aber alle fallenden

6

---

* Newton [1872], S. 5–6

257

Körper gleich stark beschleunigt werden, erhellt daraus, dass sie im *Boyle*'schen Vacuum in gleichen Zeiten durch gleiche Räume fallen, indem hier nämlich der Widerstand der Luft aufgehoben ist. Genauer wird dies durch Pendelversuche bewiesen.

Die anziehenden Kräfte der Körper verhalten sich in gleichen Abständen, wie die Menge der in denselben befindlichen Materie. Da nämlich die Körper gegen die Erde, und umgekehrt diese gegen jene gleich schwer ist, so wird das Gewicht der Erde gegen jeden Körper oder die Kraft, womit der Körper die Erde anzieht, dem Gewicht desselben Körpers gegen die Erde gleich sein. Dieses Gewicht wird aber der Menge der Materie im Körper proportional sein, daher wird auch die Kraft, womit jeder Körper die Erde anzieht, d. h. seine absolute Kraft derselben Menge der Materie proportional sein.

Die anziehende Kraft der ganzen Körper entspringt demnach und wird zusammengesetzt aus den anziehenden Kräften der Theile, indem bei vermehrter oder verminderter Last der Materie, wie gezeigt worden ist, die Kraft proportional vermehrt oder vermindert wird. Man muss daher annehmen, dass die Wirksamkeit der Erde aus der vereinigten Wirksamkeit ihrer Theile zusammengesetzt werde, dass folglich alle irdischen Körper sich gegenseitig mit absoluten Kräften anziehen, welche im Verhältnis der anziehenden Materie stehen. Dies ist die Natur der Schwere auf der Erde; sehen wir nun, wie sie am Himmel beschaffen ist.

[48]* Das Trägheitsgesetz

Dass jeder Körper in seinem Zustande der Ruhe, oder der gleichförmigen geradlinigen Bewegung verharre, wofern er nicht durch einwirkende Körper gezwungen wird, jenen Zustand zu verändern, ist ein von allen Gelehrten angenommenes Naturgesetz. Hieraus folgt aber, dass Körper, welche sich in Curven bewegen, also von den ihre Bahnen berührenden geraden Linien beständig abweichen, durch irgend eine fortwährend wirkende Kraft in ihrer krummlinigen Bewegung zurückgehalten werden. Da die Plane-

---

* Newton [1872], S. 6–7

ten sich in krummen Bahnen bewegen, muss nothwendig irgend eine Kraft da sein, durch deren wiederholte Wirksamkeit sie unaufhörlich von ihren Tangenten abgelenkt werden.

Nun muss man billiger Weise dasjenige zugeben, was durch mathematische Schlussweise auf's bestimmteste erwiesen wird, dass nämlich alle Körper, welche sich in irgend einer in der Ebene befindlichen Curve bewegen und welche mit den, nach einem entweder ruhenden oder beliebig sich bewegenden Punkte gezogenen, Radien Vectoren um diesen Punkt der Zeit proportionale Flächen beschreiben, durch Kräfte angetrieben werden, welche nach demselben Punkte gerichtet sind. Da nun von den Astronomen ausgesprochen ist, dass die Planeten um die Sonne, die Trabanten aber um ihren Planeten den Zeiten proportionale Flächen beschreiben: so folgt, dass jene Kraft, durch welche sie beständig von den Tangenten abgelenkt und in krummlinigen Bahnen sich zu bewegen gezwungen werden, gegen die Körper gerichtet sei, welche sich im Centrum der Bahn befinden. Diese Kraft kann passend, in Bezug auf den sich bewegenden Körper *Centripetal-* und in Bezug auf den Centralkörper *anziehende Kraft* genannt werden, aus welcher Ursache sie sonst auch entspringen möge.

[49]* Die Zentripetalkräfte

Ferner muss auch das Folgende, was mathematisch bewiesen wird, zugegeben werden. Drehen sich mehrere Körper mit gleichbleibender Bewegung in concentrischen Kreisen, und sind die Quadrate ihrer Umlaufszeiten den Cuben ihrer Abstände vom gemeinschaftlichen Centrum proportional; so verhalten sich die Centripetalkräfte *umgekehrt* wie die Quadrate der Abstände. Bewegen sich ferner Körper in Bahnen, welche Kreisen sehr nahe kommen und ruhen ihre Apsiden; so verhalten sich die Centripetalkräfte *umgekehrt* wie die Quadrate der Abstände. Dass einer dieser beiden Fälle bei jedem Planeten stattfinde, darin stimmen die Astronomen überein. Es verhalten sich daher die Centripetalkräfte aller Planeten *umgekehrt*, wie die Quadrate ihrer Abstände von den

---

* Newton [1872], S. 7–9

Mittelpunkten der Bahnen. Wirft jemand ein, dass die Apsiden der Planeten, ins besondere die des Mondes nicht gänzlich ruhen, sondern sich langsam und rechtsläufig bewegen; so kann man hierauf erwidern, dass wir zugeben, durch diese sehr langsame Bewegung werde jenes Verhältnis der Centripetalkraft etwas vom *umgekehrten doppelten* abweichen, dass diese Abweichung jedoch gefunden werden könne und unmerklich sei. Denn das Verhältniss der Centripetalkraft des Mondes, welches vor allen am mehrsten gestört werden muss, übertrifft zwar etwas das doppelte, kommt jedoch diesem 60mal näher, als dem dreifachen. Noch näher der Wahrheit lautet die Antwort, dass dieses Fortrücken der Apsiden nicht aus einer Abweichung vom doppelten Verhältniss, sondern aus einer durchaus verschiedenen Ursache entspringe, wie auf vortreffliche Weise in diesem Werke dargethan wird. Es steht also fest, dass die Centripetalkräfte, durch welche die Planeten gegen die Sonne und die Trabanten gegen ihren Planeten gedrängt werden, sich genau *umgekehrt* wie die Quadrate der Abstände verhalten.

Aus dem Bisherigen folgt, dass die Planeten durch irgend eine beständig auf sie einwirkende Kraft in ihren Bahnen erhalten werden; ferner steht fest, dass diese Kraft immer gegen das Centrum der Bahnen gerichtet ist; es steht fest, dass ihre Intensität mit der Annäherung zum Centrum zu-, hingegen mit der Entfernung von demselben abnimmt, und zwar zu- und abnimmt in demselben Verhältniss, in welchem das Quadrat des Abstandes ab- und zunimmt. Wir wollen nun eine Vergleichung zwischen den Centripetalkräften der Planeten und der Schwerkraft anstellen, und sehen, ob sie vielleicht von derselben Art sind. Sie werden aber von derselben Art sein, wenn von dort und von hier dieselben Gesetze und dieselben Beziehungen bemerkt werden. Untersuchen wir zuerst die Centripetalkraft des, uns am nächsten liegenden, Mondes!

Die geradlinigen Wege, welche die aus dem Zustande der Ruhe in Bewegung übergehenden Körper, im Anfange der letztern und in gegebener Zeit beschreiben, sind, wenn sie durch beliebige Kräfte angetrieben werden, diesen proportional. Dies ergiebt sich durch mathematische Rechnung. Es wird daher die Centripetalkraft, welche auf den in seiner Bahn sich bewegenden Mond wirkt, sich zur Schwerkraft an der Oberfläche der Erde verhalten, wie

8

der Weg, welchen der Mond in einem sehr kleinen Zeitraume zurücklegen würde, wenn er vermöge der Centripetalkraft sich der Erde näherte und seiner Kreisbewegung ganz beraubt wäre, zu dem Wege, welchen ein schwerer Körper in demselben kleinen Zeitraume nahe bei der Erde beschreiben würde, wenn nur die Schwerkraft ihn zum Fallen antriebe. Der erste dieser beiden Wege ist gleich dem Sinus versus des Bogens, welchen der Mond in derselben Zeit beschrieben hat. Dieser Sinus versus misst nämlich die Entfernung, welche der Mond von der Tangente, vermöge der Centripetalkraft in derselben Zeit erlangt hat, und kann daher aus der gegebenen Umlaufszeit des Mondes und seinem Abstande vom Mittelpunkte der Erde berechnet werden. Den zweiten Weg findet man, wie *Huygens* gelehrt hat, durch Pendelversuche. Stellt man daher die Rechnung an, so wird der erste Weg sich zum zweiten, oder die Centripetalkraft des in seiner Bahn sich bewegenden Mondes zur Schwerkraft an der Oberfläche der Erde verhalten, wie das Quadrat des Erdhalbmessers zum Quadrat des Halbmessers der Mondbahn. Dasselbe Verhältniss hat auch dem Obigen die Centripetalkraft des in seiner Bahn sich bewegenden Mondes, zu derselben Kraft in der Nähe der Erdoberfläche. Die letztere Centripetalkraft ist daher gleich der Kraft der Schwere. Beide Kräfte sind nicht von einander verschieden, sondern eine und dieselbe. Wären sie nämlich von einander verschieden, so müssten die, durch die vereinigten Kräfte angetriebenen Körper doppelt so schnell gegen die Erde fallen, als bloss vermöge der Schwerkraft. Es ist demnach ausgemacht, dass jene Centripetalkraft, durch welche der Mond beständig von der Tangente abgezogen, oder fortgestossen und in seiner Bahn erhalten wird, die Schwerkraft der Erde sei, welche sich bis zum Monde erstreckt. Es stimmt dies auch mit der Vernunft überein, dass jene Kraft sich auf grosse Entfernungen erstrecke, da man auch auf den höchsten Bergspitzen keine bemerkbare Abnahme derselben wahrnehmen kann. Der Mond ist daher gegen die Erde schwer, und durch Gegenwirkung ist die Erde eben so schwer gegen den Mond, was auch vollständig in diesem Werke bestätigt wird da, wo von der Meeresfluth und dem Fortrücken der Nachtgleichen die Rede ist, welche aus der Wirkung der Sonne und des Mondes auf die Erde entspringen. Hier und dort werden wir belehrt, nach welchem Gesetze die Kraft der

9

Schwere, in grössern Entfernungen von der Erde, abnimmt. Da nämlich die Schwere von der Centripetalkraft des Mondes nicht verschieden, diese letztere aber dem Quadrat des Abstandes *umgekehrt* proportional ist; so nimmt auch die Schwere in demselben Verhältniss ab.

[50]* *Die Natur der universellen Gravitation*

Die vorhergehenden Schlüsse beruhen auf dem folgenden Grundgesetz, welches von allen Gelehrten angenommen wird, dass nämlich für gleichartige Wirkungen dieselben Ursachen gelten, wenn man die Eigenschaften kennt, oder sie noch nicht erkannt hat. Wer wollte wohl daran zweifeln, dass, wenn die Schwere den Fall eines Steines in Europa bewirkt, dieselbe Ursache den Fall in Amerika bewirke? Wenn in Europa eine wechselseitige Schwere zwischen einem Steine und der Erde stattfindet; wer wird dann dieselbe wechselseitige Schwere in Amerika bezweifeln? Wenn die anziehende Kraft des Steines und der Erde in Europa aus den einzelnen Kräften der Theile zusammengesetzt wird; wer wird alsdann eine ähnliche Zusammensetzung in Amerika ableugnen? Wenn die Anziehung der Erde sich in Europa auf alle Arten von Körpern und in alle Entfernungen fortpflanzt; wer wird alsdann nicht eine ähnliche Fortpflanzung in Amerika annehmen? Auf diese Regel gründet sich alle Physik; hebt man sie auf, so kann man nichts von allen Dingen zugleich behaupten. Die Beschaffenheit einzelner Dinge wird durch Beobachtungen und Versuche bekannt; daraus schliessen wir, allein nach dieser Regel, auf die Natur aller Dinge.

11 Da nun alle Körper, welche sich auf der Erde oder am Himmel befinden, und an denen man Beobachtungen oder Versuche anstellen kann, schwer sind; so wird man allgemein behaupten müssen, dass die Schwere allen Körpern zukomme. So wie man sich keine Körper denken kann, welche nicht ausgedehnt, beweglich und undurchdringlich wären; kann man sich auch keine vorstellen, welche nicht schwer wären. Die Ausdehnung, Beweglichkeit und Undurchdringlichkeit sind nur durch Versuche bekannt, und ganz

---

* Newton [1872], S. 10–12

auf dieselbe Weise hat man auch die Schwere kennen gelernt. Alle Körper, welche wir beobachtet haben, sind ausgedehnt, beweglich und undurchdringlich; und hieraus schliessen wir, dass alle Körper, auch die nicht beobachteten, ausgedehnt, beweglich und undurchdringlich sind. Ebenso sind alle beobachteten Körper schwer, und hieraus schliessen wir auf die Schwere aller Körper, auch derjenigen, welche wir nicht beobachtet haben. Wollte Jemand behaupten, die Fixsterne seien nicht schwer, weil man ihre Schwere noch nicht wahrgenommen hat, so könnte man aus demselben Grunde die Behauptung aufstellen, dass sie weder ausgedehnt, noch beweglich, noch undurchdringlich seien, weil man diese Eigenschaften derselben noch nicht beobachtet hat. Wozu bedarf man der Kräfte? Unter den ursprünglichen Eigenschaften aller Kräfte findet entweder die Schwere statt, oder es finden ebensowenig die Ausdehnung, Beweglichkeit und Undurchdringlichkeit statt. Die Natur der Dinge wird entweder *richtig* durch die erstere, oder *nicht richtig* durch die drei letztern erklärt.

Ich höre, dass manche diese Schlüsse nicht billigen und, ich weiss nicht was, von verborgenen Eigenschaften murmeln. Sie pflegen nicht immer die Schwere als etwas Verborgenes anzunehmen, und sind der Meinung, dass die verborgenen Ursachen weit von der Forschung abliegen. Diesen erwidert man leicht, dass diejenigen Ursachen keine verborgenen sind, deren Dasein durch Beobachtungen auf's deutlichste erwiesen wird, sondern nur diejenigen, deren Existenz, verborgen oder erdichtet, aber noch nicht erwiesen ist. Die Schwere wird daher keine verborgene Ursache der Erscheinungen am Himmel sein, indem aus den Erscheinungen selbst dargethan worden ist, dass sie wirklich existire. Diejenigen nahmen vielmehr zu verborgenen Ursachen ihre Zuflucht, welche, ich weiss nicht was für Wirbel einer gänzlich ersonnenen und den Sinnen ganz unbekannten Materie annehmen, durch welche jene Bewegungen hervorgebracht werden sollen.

Wird man aber desshalb die Schwere eine verborgene Ursache nennen, und sie unter diesem Namen aus der Naturlehre verbannen, weil ihre Ursache verborgen und noch nicht gefunden ist? Diejenigen, welche dies behaupten, mögen sehen, dass sie keine absurde Behauptung aufstellen, wodurch sie endlich die ganze Grundlage der Physik umreissen würden. Obgleich man durch beständige Verknüpfung der Ursachen vom Zusammengesetzten zum Einfachen fortzuschreiten pflegt, kann man doch nicht weiter kommen, sobald man zur einfachsten Ursache gelangt ist. Von der letztern kann keine mechanische Erklärung gegeben werden; würde diese gegeben, so wäre die Ursache noch nicht die einfachste. Wird man daher diese einfachsten Ursachen verborgene nennen und dieselben verbannen wollen? Zugleich würden dann auch die unmittelbar von ihnen abhängenden und eben so die weiter abhängenden Ursachen verbannt werden, bis die Naturlehre von allen Ursachen frei und gereinigt wäre.

Manche halten die Schwere für unnatürlich und nennen sie beständig ein Wunder. Sie wollen sie daher verwerfen, da in der Physik aussernatürliche Ursachen nicht stattfinden. Bei der Widerlegung dieses durchaus thörichten Einwurfes, welcher die ganze Naturforschung umstösst, zu verweilen ist wohl kaum der Mühe werth. Entweder leugnen sie, dass die Schwere allen Körpern innewohne, was jedoch nicht behauptet werden kann, oder sie halten sie desshalb für aussernatürlich, weil sie aus anderen Beziehungen der Körper und daher nicht aus mechanischen Ursachen entspringt. Sicher finden ursprüngliche Beziehungen der Körper statt, welche von andern nicht abhängen, weil sie eben ursprüngliche sind. Man mag daher zusehen, ob nicht alle diese aussernatürliche und desshalb zu verwerfen seien, und zusehen, wie künftig die Naturlehre beschaffen sein würde.

[51]* Abgrenzung gegen Descartes

Einigen gefällt diese ganze Physik des Himmels desshalb weniger, weil sie den Meinungen von *Cartesius* zu widerstreiten und kaum damit vereinigt werden zu können scheint. Diese mögen an ihrer Ansicht Freude finden, jedoch müssen sie auch billig handeln, und andern die Freiheit nicht versagen, welche sie für sich selbst in Anspruch nehmen. Es wird daher erlaubt sein, *Newton's* System, welches uns wahrer erscheint, beizubehalten und zu umfassen, wie auch den durch Erscheinungen dargethanen Ursachen lieber zu

---

* Newton [1872], S. 12–14

folgen, als gänzlich erdichteten und noch nicht erwiesenen. Zur wahren Forschung gehört, die Natur der Dinge aus wirklich existirenden Ursachen abzuleiten und *die* Gesetze aufzusuchen, nach denen der hohe Weltschöpfer die schönste Ordnung herstellen *wollte*, nicht aber *die*, nach denen er es *konnte*, wenn es ihm beliebt hätte. Es stimmt nämlich mit der Vernunft überein, dass aus mehreren etwas von einander verschiedenen Ursachen dieselbe Wirkung hervorgehen könne; diejenige Ursache wird aber die wahre sein, aus welcher sie in der That und wirklich hervorgeht, die übrigen finden in einem wahren Systeme nicht statt. In sich selbst bewegenden Uhrwerken kann dieselbe Bewegung des Zeigers entweder aus einem angehängten Gewichte, oder aus einer inwendig eingeschlossenen Feder entspringen. Wenn das zerlegte Uhrwerk wirklich mit einem Gewichte construirt ist, so wird man denjenigen auslachen, welcher sich eine Feder gedacht hat und durch eine so voreilig erdachte Hypothese die Bewegung des Zeigers erklären wollte. Man muss durchaus die innere Einrichtung der Maschine erforschen, um das wahre Princip der vorausgesetzten Bewegung als erkannt anzusehen. Ein ungefähr ähnliches Urtheil muss man über diejenigen Naturforscher fällen, welche den Himmel mit einer gewissen sehr lockern Materie ausgefüllt und eine beständige Wirbelbewegung derselben annehmen. Wenn sie auch durch ihre Hypothesen den Erscheinungen aufs genaueste Genüge leisten können, so dürfen sie doch nicht behaupten, ein wahres Natursystem vorgetragen und die wahren Ursachen der Himmelsbewegungen gefunden zu haben; wofern sie nicht die Existenz dieser, oder wenigstens die Nichtexistenz anderer Ursachen nachgewiesen haben. Wenn daher gezeigt ist, dass in der Natur eine wirkliche Anziehung aller Dinge stattfinde; wenn ferner auch gezeigt ist, nach welcher Weise man alle Bewegungen am Himmel durch sie erklären könne, so würde der Einwurf, dass dieselben Bewegungen durch Wirbel erklärt werden müssten, wenn wir auch die Möglichkeit der letztern zugegeben hätten, eitel und wahrhaft lächerlich sein. Wir geben aber die Möglichkeit *nicht* zu. Die Erscheinungen können nämlich auf keine Weise durch Wirbel erklärt werden, was unser Verfasser vollständig und durch die klarsten Gründe dargethan hat, so dass diejenigen mehr als billig ihren Träumen nachhängen müssen,

13

welche sich die erfolglose Mühe geben, die unpassendste Dichtung auszubessern und mit neuen Erdichtungen auszuschmücken.

Wenn die Planeten und Cometen durch Wirbel um die Sonne geführt werden, so müssen die fortgeführten Körper und die sie zunächst umgebenden Theile der Wirbel mit derselben Geschwindigkeit und nach derselben Richtung sich bewegen; sie müssen dieselbe Dichtigkeit und dasselbe Beharrungsvermögen, im Verhältniss der Menge ihrer Materie besitzen. Es ist aber bekannt, dass die Planeten und Cometen, während sie sich in derselben Gegend des Himmels befinden, sich mit verschiedenen Geschwindigkeiten und nach verschiedenen Richtungen bewegen. Es folgt daher nothwendig, dass jene Theile der himmlischen Flüssigkeit, welche gleich weit von der Sonne entfernt sind, in derselben Zeit nach verschiedenen Richtungen und mit verschiedener Geschwindigkeit fortwandern; denn eine andere Richtung und Geschwindigkeit muss für den Fortgang des Planeten, und eine andere für den der Cometen erforderlich sein. Da dies nicht erklärt werden kann, so muss man entweder gestehen, dass alle Himmelskörper durch die Materie *nicht* fortgeführt werden, oder erklären, dass ihre Bewegungen nicht durch einen und denselben Wirbel, sondern durch mehrere ausgeführt werden, welche unter einander verschieden sind und denselben, um die Sonne gelegenen Raum durchwandern.

Wenn sich mehrere Wirbel in demselben Raume befinden und sich welchselseitig durchdringen, wenn sie ferner mit verschiedenen Bewegungen umlaufen; so werden diese Bewegungen denjenigen der fortgeführten Körper ähnlich sein, welche sehr regelmässig und in Kegelschnitten, bald sehr excentrischen bald der Kreisform nahe kommenden, stattfinden. Man kann daher mit Recht fragen, wie es möglich sei, dass diese Bewegungen unverändert erhalten, und nicht im mindesten durch die Einwirkung der entgegenstehenden Materie, während so vieler Jahrhunderte gestört werden. Wahrlich, da diese erdichteten Bewegungen zusammengesetzter und schwieriger zu erklären sind, als jene wahren Bewegungen der Planeten und Cometen, so scheint es mir unnütz, sie in die Physik aufzunehmen; da jede Ursache einfacher sein muss, als ihre Wirkung. Ist einmal die Freiheit zu fabeln aufgestellt, so könnte jemand behaupten, alle Planeten und Cometen seien wie unsere Erde von Atmosphären umgeben; eine Hypothese, welche mehr mit der Vernunft übereinzustimmen scheint, als die der Wirbel. Hierauf könnte er die Behauptung aufstellen, diese Atmosphären bewegten sich vermöge ihrer natürlichen Beschaffenheit um die Sonne und beschrieben Kegelschnitte. Diese kann man sich wahrlich leichter vorstellen, als eine ähnliche Bewegung der Wirbel, welche gegenseitig durcheinander hindurchgehen. Endlich könnte er die Annahme aufstellen, dass die Planeten und Cometen durch ihre Atmosphären um die Sonne geführt werden und könnte so wegen der aufgefundenen Ursachen der Himmelsbewegungen einen Triumpf feiern. Jeder, welcher aber *diese* Fabel für verwerflich hält, müsste auch die andere verwerfen; denn ein Ei ist dem andern nicht ähnlicher, als die Hypothese der Atmosphären derjenigen der Wirbel.

[52]* *Verspottung des Galilei*

Galilei hat gelehrt, die Abbiegung von der geraden Linie, welche ein geworfener und in einer Parabel sich bewegender Stein erleidet, entspringe aus der Schwere des Steines gegen die Erde, also aus einer verborgenen Eigenschaft. Es ist jedoch möglich, dass ein anderer pfiffiger Physiker eine andere Ursache aufstelle. Er wird also eine lockere Materie erdichten, welche weder durch das Gesicht, noch durch das Gefühl, noch durch irgend einen Sinn wahrgenommen wird und welche sich in den, der Oberfläche nahen, Gegenden befindet. Er wird ferner behaupten, diese Materie bewege sich nach verschiedenen Richtungen und mit verschiedenen, häufig entgegengesetzten Geschwindigkeiten und sie beschreibe parabolische Linien. Hierauf wird er auf folgende schöne Weise die Abbiegung des Steines erklären, und sich so den Beifall des grossen Haufens erwerben. Der Stein, wird er sagen, schwimmt in jener lockern Flüssigkeit und indem er ihrem Laufe nachfolgt, kann er nicht zugleich eine andere Bahn beschreiben. Die Flüssigkeit bewegt sich aber in einer Parabel, also muss der Stein dasselbe thun. Wer wird nun nicht den höchst scharfsinnigen Geist dieses

---

* Newton [1872], S. 14–15

Philosophen bewundern, der aus mechanischen Ursachen, nämlich der Materie und der Bewegung die Erscheinungen der Natur
erklärt, so dass auch der grosse Haufen es begreifen kann? Wer
wird aber nicht jenen guten *Galilei* verspotten, welcher mit grossen mathematischen Hülfsmitteln die glücklicherweise aus der
Naturlehre verbannten verborgenen Eigenschaften auf's neue ein-
15 zuführen versucht hat? Doch es verdriesst mich, länger bei Possen
zu verweilen.

[53]*   *Gottes Wille in der Natur*

17 Entweder werden sie sagen, diese Einrichtung der überall ange-
füllten Welt, wie sie sie sich vorstellen, sei aus dem Willen Gottes
zu dem Zweck hervorgegangen, damit für die Operationen der
Natur ein gegenwärtiges Hilfsmittel in dem sehr feinen, alles
durchdringenden und erfüllenden Aether vorhanden sei. Dies
kann aber nicht behauptet werden, indem durch die Erscheinungen der Cometen gezeigt worden ist, dass dieser Aether keine Wirkung ausübt. Oder sie werden sagen, er sei aus Gottes Willen zu
irgend einem Zweck hervorgegangen, was man jedoch nicht behaupten kann, indem eine davon verschiedene Einrichtung der
Welt aus demselben Grunde aufgestellt werden könnte. Sie können endlich auch behaupten, nicht aus dem Willen Gottes, sondern aus irgend einer Naturnothwendigkeit sei er hervorgegangen.
Sie müssen also endlich in den schmutzigen Bodensatz der unrein-
sten Heerde versinken. Sie träumen nämlich, es werde alles durch
das Fatum, nicht aber durch die Vorsehung regiert, die Materie
habe durch ihre eigene Nothwendigkeit, immer und überall existirt, sie sei unbegrenzt und ewig. Setzt man dies voraus, so wird sie
auch überall gleichförmig sein, indem die Mannichfaltigkeit der
Formen durchaus der Nothwendigkeit widerstreitet. Sie wird auch
unbewegt sein; denn wenn sie nothwendigerweise sich nach irgend
einer bestimmten Richtung und mit einer gegebenen Geschwindigkeit bewegte, müsste sie eben so nothwendig sich nach einer
andern Richtung und mit einer andern Geschwindigkeit bewegen.

---

* Newton [1872], S. 17–19

Nach verschiedenen Richtungen und mit verschiedenen Geschwindigkeiten kann sie sich aber nicht zugleich bewegen; daher muss sie unbewegt sein. Auf keine Weise konnte die, durch die schönste Mannichfaltigkeit der Formen und Bewegungen ausgezeichnete Welt anders, als aus dem freien Willen des alles vorhersehenden und beherrschenden Gottes hervorgehen. . . .

Aus dieser Quelle sind alle jene sogenannten Naturgesetze hervorgegangen, in denen man wohl viele Spuren von weiser Ueberlegung, aber keine von einer Nothwendigkeit wahrnimmt. Wir müssen aber jene Gesetze nicht aus ungewissen Vermuthungen ableiten, sondern durch Beobachtungen und Versuche erlernen. Wer die Principien der Naturlehre und die Gesetze der Dinge finden zu können glaubt, indem er sich allein auf die Kraft seines Geistes und das innere Licht seiner Vernunft stützt, muss entweder annehmen, die Welt sei aus einer Nothwendigkeit hervorgegangen und die aufgestellten Gesetze aus derselben Nothwendigkeit folgen lassen; oder er muss der Meinung sein, dass, wenn die Ordnung der Natur durch den Willen Gottes entstanden sei, er, ein elendes Menschlein eingesehen habe, was als das Beste zu thun sei. Eine gesunde und wahre Naturlehre gründet sich auf die Erscheinungen der Dinge, welche uns, selbst wider unsern Willen und widerstrebend zu derartigen Principien führen, dass man in ihnen deutlich die beste Ueberlegung und die höchste Herrschaft des weisesten und mächtigsten Wesens wahrnimmt. Diese Principien werden aber deshalb nicht weniger zuverlässig sein, weil sie vielleicht einigen Menschen weniger willkommen sind. Für diese werden sie Wunder und verborgene Eigenschaften sein, an denen sie keinen Gefallen finden; allein die boshafter Weise beigelegten Namen darf man nicht aus Versehen auf die Dinge übertragen; wenn man nicht zuletzt erklären will, dass die Naturlehre sich auf Atheismus gründen müsse. Dieser Menschen wegen braucht man die Naturlehre nicht umzustürzen, indem die Ordnung der Dinge nicht geändert werden will.

Bei rechtschaffenen und billigen Richtern wird daher die so vorzügliche Forschungsweise gelten, welche sich auf Versuche und Beobachtungen gründet. Diesen wird man kaum ausdrücken dürfen, welche Erleuchtung und welche Würde aus diesem vorzüglichen Werke unseres Verfassers hervorgehen wird. Sein besonders

18

glücklicher Geist, womit er alle die schwierigsten Aufgaben löst und dahin sich ausdehnt, wozu der menschliche Geist sich zu erheben kaum hoffen durfte, wird von allen denjenigen bewundert und anerkannt werden, welche etwas tiefer in diesen Dingen bewandert sind. Nachdem er die Riegel fortgeschoben hatte, eröffnete er uns den Zugang zu den schönsten Mysterien der Dinge. Er legte uns den eleganten Bau des Weltsystems vor Augen und gestattete, es von einem Punkte zu durchschauen, dergestalt dass selbst König *Alphons*, wenn er jetzt wieder aufstünde, kaum Einfachheit oder Harmonie darin vermissen würde. Demnach dürfen wir jetzt die Majestät der Natur näher beschauen und uns der schönsten Betrachtung erfreuen; wir können den Erbauer und Herrn des Weltalls tiefer anbeten und verehren, worin der bei weitem grösste Nutzen der Naturforschung besteht. Blind muss derjenige sein, welcher aus der besten und weisesten Einrichtung der Dinge nicht sogleich die unbegrenzte Weisheit und Güte des allmächtigen Schöpfers ersähe; thöricht derjenige, welcher es nicht gestehen wollte.

Kapitel IV

Die beste aller Welten

EMIL DU BOIS – REYMOND (1818–1896)
Leibnizsche Gedanken in der neuzeitlichen Naturwissenschaft (1870)

[54]* *Optimismus und teleologische Betrachtungsweise bei Leibniz*

Scilicet inmenso superest ex nomine multum.   25
Pharsalia

Mit *Kant* endet die Reihe der Philosophen, die im Vollbesitz der naturwissenschaftlichen Kenntnisse ihrer Zeit sich selber an der Arbeit der Naturforscher beteiligten. *Leibniz* dagegen steht als mathematischer Physiker noch so groß da, daß man seine Leistungen in der von uns eigentlich so genannten Philosophie verschweigen oder herabsetzen könnte, ohne daß er aufhörte als einer der gewaltigsten Geister zu erscheinen. Und man würde irren, wollte man die Verbindung der mathematisch-physikalischen mit der spekulativ-philosophischen Richtung in *Leibniz* aus einer polyhistorischen Neigung herleiten, die ihn auch juristischen Erörterungen, diplomatischen Quellenstudien, sprachwissenschaftlichen Forschungen zutrieb. Hätte nur ein äußeres Band, durch Zufall und Laune geknüpft, diese ungleichartigen Dinge in seinem Kopfe zusammengehalten, dann wäre *Leibniz* nicht der würdige Heros des Kultus, den ihm mit gleicher Inbrunst beide Klassen dieser Akademie weihen. Nicht Vielwisser war er, sondern, soweit der Mensch es kann, All- und Ganzwisser, und sein Erfassen, sein Erkennen war stets zugleich schöpferischer Akt. Dem Insekt gleich, das Honig sammelnd den Blütenstaub von Blume zu Blume trägt, hinterläßt sein beweglicher Geist, indem er von Disziplin zu Disziplin schweift, reich befruchtende Spur, auch wo er nur tändelnd sich

26

---

* Du Bois-Reymond [1974], S. 25–31

niederzulassen scheint. Wie bei seinem Vorgänger *Descartes* war daher seine Philosophie mit seinen mathematisch-physikalischen Anschauungen innig verwebt. Die damals neuen mathematischen Begriffe des Unendlichen verschiedener Ordnung und der Stetigkeit, zum Teil seine Erfindung, spielen hinüber in seine Metaphysik, und seine Demonstrationen, Deduktionen, Konstruktionen, die von ihm gewählten Beispiele und Gleichnisse, lassen überall den mathematisch angelegten und geschulten Kopf erkennen.

Man hat bemerkt, daß *Leibniz'* philosophische Schriften trotz der Tiefe, in die sie führen, mehr exoterisch gehalten sind, und als Grund angegeben, daß sie meist Gelegenheitsschriften seien, Briefe oder Darlegungen für hohe Gönner und Gönnerinnen, denen *Leibniz* gern so verständlich wie möglich war. Die anders entstandenen posthumen *Nouveaux Essais sur l'Entendement humain* sind zum Teil wirklich schwerer geschrieben; allein der wahre Grund seiner deutlichen Schreibart dürfte in seiner mathematischen Denkart liegen.

Prüft man vom heutigen Standpunkt aus die Frucht dieser Verbindung der Philosophie mit Mathematik und Physik, so kann man bei *Leibniz*, wie bei *Descartes*, häufig eines Gefühles von Staunen und Enttäuschung sich nicht erwehren. Seine Schriften sind reich an glücklichen Blicken in die ferne Zukunft der Wissenschaft; aber in solcher Divination zeigt sich mehr sein natürliches Genie, als daß die Stärke seiner Denkmethoden sich daran bewährte. Für diese liegt die Probe in seinen systematischen Entwicklungen, und hier erscheint nicht selten das Ergebnis so unbefriedigend, bei aller formalen Strenge die Schlußfolge so gewagt, der Bau übereinandergetürmter Aufstellungen so willkürlich, daß man zweifelt, ob es sich um die Wahrheit, und nicht bloß um ein Spiel scharfsinnigen Witzes handelt. Man wird irre daran, ob wirklich, wie man glauben könnte, wachsende Entfremdung zwischen Philosophie und Naturwissenschaft die Schuld an ähnlichen Schwächen bei *Kants* Nachfolgern trage.

Bei *Descartes* und *Leibniz* lassen sich aber für diese Schwächen zwei Gründe angeben, welche neueren Philosophen nicht in gleicher Weise zur Entschuldigung gereichen.

Einmal hatte zu *Leibniz'*, vollends zu *Descartes'* Zeit, die Erziehung des Menschengeistes durch die experimentelle Beschäftigung mit der Natur erst begonnen, durch welche allein ihm das heilsame Mißtrauen in seine Kraft, die nötige Achtung der Tatsache und Gleichgültigkeit gegen die Deutung, die richtige Ergebung gegenüber unlöslichen Aufgaben eingeflößt wird.

Der andere Quell des Übels bei *Leibniz* ist die seine Zeit noch ganz in ihren Fesseln haltende, ihre Voraussetzungen überall unterschiebende, jedem unbefangenen Urteil in den Weg tretende Theologie. Die geistige Arbeit des achtzehnten Jahrhunderts war noch nötig, um den Menschengeist aus diesem grauen Larvengehäuse zu befreien, in das er über ein Jahrtausend gebannt gewesen war; und so sind *Leibniz'* Physik und Metaphysik noch in theologischen Schranken eingeengt. Die Voraussetzungslosigkeit, die erste Voraussetzung unseres Philosophierens, ist, ihm unbewußt, bei ihm so wenig vorhanden wie bei *Descartes*, in dessen *Discours de la Méthode* der ontologische Beweis des Daseins Gottes eine nicht minder schrille Dissonanz wirft, als die so selbstgefällig vorgetragene, merkwürdig falsche Theorie des Blutumlaufes. Zwar stellt *Leibniz* die großen Prinzipien vom zureichenden Grund und von der Stetigkeit auf; aber der Wille Gottes, der doch frei, d. h. ohne zureichenden Grund handelt, gilt ihm als zureichender Grund, und Schöpfung und Wunder durchbrechen sein Gesetz der Kontinuität. Ein gutes Beispiel des Mißbrauches theologischer Betrachtungsweise bei *Leibniz* ist sein Beweis der Unmöglichkeit, daß es einen leeren Raum gebe. »Ich nehme an,« sagt er, »daß jede Vollkommenheit, welche Gott in die Dinge legen konnte, ohne deren anderen Vollkommenheiten Abbruch zu tun, in die Dinge gelegt worden ist. Stellen wir uns einen ganz leeren Raum vor; Gott konnte Materie hineinbringen, ohne irgend einem anderen Dinge Abbruch zu tun; folglich hat er sie hineingebracht; folglich gibt es keinen ganz leeren Raum; folglich ist alles erfüllt.« Ähnlich beweist *Leibniz* die Teilbarkeit der Materie ins Unendliche oder das Nichtvorhandensein von Atomen. Der Lehre von der Erhaltung der Kraft, welche unsere Weltanschauung beherrscht, gab *Leibniz* zuerst den richtigen Ausdruck, und wie treffend ist das Bild, durch welches er die Umwandlung von Massenbewegung in Molekularbewegung erläutert: es sei wie das Umwechseln eines großen Geldstückes in Scheidemünzen. Aber wie für *Descartes* ist auch für ihn die Konstanz der Kraft nur ein Ausfluß des göttlichen Willens.

28

Die widernatürliche Verbindung der spekulativen Theologie mit der Mathematik bei *Leibniz* zeigt sich nirgends greller als in dem Grundgedanken seiner Theodizee. Von Kindheit auf, wie er selber berichtet, von dem Rätsel gepeinigt, welches der Ursprung des metaphysischen, physischen und sittlichen Übels in der Welt sei – der Unvollkommenheit, des Schmerzes und der Sünde –, da doch Gott, als vollkommen gut und als allmächtig, das Übel anscheinend nicht hätte schaffen dürfen, wird *Leibniz* durch die Königin *Sophie Charlotte* von Preußen, der *Bayles* Schriften dasselbe Bedenken eingeflößt hatten, um Aufklärung gebeten. Bekanntlich verdankte ihm die Theorie der Maxima und Minima der Funktionen durch die Auffindung der Methode der Tangenten den größten Fortschritt. Auch wußte er schon verwandte Aufgaben aus der späteren Variationsrechnung zu behandeln, die Funktion zu finden, welche eine Größe zum Maximum oder Minimum macht. Nun stellt er sich Gott bei Erschaffung der Welt wie einen Mathematiker vor, der eine Maximumaufgabe löst: die Aufgabe, unter unendlich vielen möglichen Welten, die ihm unerschaffen vorschweben, die zu bestimmen, für welche das Verhältnis des Guten zum unumgänglichen Übel ein Maximum würde; wie man den kürzesten Weg zwischen zwei Punkten, den größten Flächenraum bei gleichem Umfange, die Kurve schnellsten Falles bestimmt. Diese bestmögliche Welt hat Gott ins Dasein gerufen: es ist die Welt, in der wir leben.

Wenig spekulative Gedanken haben auf die Literatur so unmittelbaren Einfluß geübt, wie dieser. Bis in die zweite Hälfte des achtzehnten Jahrhunderts beschäftigt er die Geister. Während *Pope* in dem *Essay on Man* ihm auf seine Weise poetischen Ausdruck gab, machte ihn *Voltaire* zur Zielscheibe seines zermalmenden Spottes. In seinem philosophischen Roman *Candide* setzt er dem Leibnizischen Optimismus eine Demonstration entgegen, ähnlich der, durch welche *Diogenes* den Bewegung leugnenden Sophisten widerlegte. Die Behauptung, der Welten beste sei diese, verhöhnt er, indem er den Menschen als Spielball sinnloser Geschicke malt und gräßliches Elend unschuldige Häupter treffen läßt, wovon das Erdbeben von Lissabon ihm ein zeitgemäßes Beispiel bot. Versöhnung und Trost aber lehrte er, ein später von *Goethe* vielfach ausgeführter Gedanke, statt in Betrachtung des Göttlichen und Hinblick auf eine Zukunft jenseits des Grabes, in Entsagung und Arbeit finden.

Ohne mit *Voltaire* über den theodizeischen Gedanken zu spotten, kann man aller weiteren Erläuterungen ungeachtet nicht darüber hinaus, daß, wie niemand besser als *Leibniz* wußte, jede Maximum- und Minimumaufgabe stetige Veränderlichkeit des Wertes einer Funktion, oder der Funktion selber, unter gewissen Bedingungen voraussetzt. Die zu lösende Aufgabe hat also nur eine andere Form erhalten, denn wie stimmt es zur unbedingten Natur Gottes, daß ihm irgendwelche, vollends seinem Wesen widerstreitende Bedingungen vorgeschrieben waren, noch ehe es eine Welt gab?

Als Urgrund aller Erscheinung gelten *Leibniz* die Monaden, einfache Substanzen im metaphysischen Sinne, unausgedehnt, doch im Raume vorhanden, selbsttätig, aber nicht nach außen wirkend und äußeren Wirkungen unzugänglich. Die Monaden bilden eine stetige Entwickelungsreihe von Nichts bis zu Gott, der selber die höchste Monade ist, nach Analogie der Ordinaten einer Kurve, die von Null bis Unendlich wachsen. Von einem gewissen Punkte an besitzen die Monaden Bewußtsein, welches in den höheren Gliedern der Reihe zu immer höherer geistiger Tätigkeit sich steigert. Die menschlichen Seelenmonaden nehmen eine mittlere Stellung zwischen denen der Tiere und Engel ein. Übrigens ist, wie wir schon sahen, der Raum nirgend leer, sondern in jedem kleinsten Teil unendlich voll von Wesen, daher jeder materielle 30 Punkt, gleichviel ob eines belebten oder unbelebten Körpers, eine Welt von Monaden beherbergt.

Da die Monaden als einfache Wesen nicht durch Zusammensetzung entstehen und nicht durch Auflösung vergehen können, schließt *Leibniz*, daß Gott mit einem Schlage sie ins Dasein gerufen habe, und daß auch er nur ebenso plötzlich sie vernichten könne. Da sie weder eine Einwirkung von außen erfahren noch nach außen wirken, oder, wie er in seiner lebhaften, bildlichen Art sich ausdrückt, da sie keine Fenster haben, durch die etwas in sie eindringen oder sie verlassen könnte, so schließt er, daß in den Seelenmonaden ein Fluß der Vorstellungen stattfinde, genau entsprechend den äußeren Umständen, in welche sie geraten. Wenn ich einen bellenden Hund sehe und höre und nach ihm schlage, dringen nicht etwa Botschaften von meinen Sinneswerkzeugen bis zum Sitze meines Bewußtseins und belehren mich, daß ein bellender Hund da sei und mich beißen wolle, und es wirken nicht etwa Willensimpulse meiner Seele auf Nerven und Muskeln, um Arm und Stock zu bewegen. Sondern als Gott meine Seelenmonade schuf, schuf er sie so, daß in demselben Augenblick, wo der Hund sich auf meiner Netzhaut abbildet und sein Gebell mein Labyrinthwasser erschüttert, sie aus inneren Gründen im Fluß ihrer Vorstellungen auch gerade bei der Vorstellung eines bellenden Hundes anlangt, und daß sie sich vorstellt, mein Körper schlage den Hund, in demselben Augenblick, wo er rein mechanisch es wirklich tut.

Dies ist *Leibniz'* berühmte Lehre von der prästabilierten Harmonie, von der uns heute allerdings schwerfällt, uns zu denken, daß er sie allen Ernstes geglaubt habe, durch die er aber mit größter Zuversicht das Rätsel der Verbindung von Körper und Geist gelöst zu haben meinte. Zerhauen hatte er den Knoten wohl, der darin besteht, daß nicht zu begreifen ist, wie die immaterielle Seele auf den materiellen Körper wirkt und umgekehrt, aber längst glaubt niemand mehr, daß er ihn richtig entschürzt habe. Das Wesen der geistigen Vorgänge wird nicht klarer durch die Vorstellung, daß sie von selber in den Monaden sich abwickeln, vielmehr ist an Stelle der gehobenen Schwierigkeit, die in dieser Form doch nur in dem Widerspruch willkürlich gebildeter Begriffe liegt, die andere getreten, daß die geistigen Vorgänge ganz außerhalb aller Kausalität gestellt sind. In der Tat läßt *Leibniz* in der Monadenwelt keine anderen Bestimmungen zu als durch jene Endursachen, welche aus der Weltanschauung zu verbannen das Ziel theoretischer Naturforscher ist. Und während die geistigen Dinge nach Zwecken geordnet sein sollen, legt er sich nicht einmal die Frage vor, wozu denn nun die ganze Körperwelt, wozu insbesondere der unendlich kunstreiche Bau der Sinnes- und der Bewegungswerkzeuge erschaffen wurde, da doch weder jene irgendwie die Vorgänge in der Geisterwelt zu beeinflussen, noch diese irgendwie ihr zu dienen vermögen.

Wenn dieser Fehlgriffe des großen Mannes heute, an seinem Ehrentage, hier gedacht wird, so geschieht dies nicht, um ihn zu verkleinern. Die Betrachtung der Irrwege eines solchen Kopfes ist vielmehr geeignet, uns selber zur Demut zu stimmen. Der sich mit

Vorliebe *l'Auteur du Système de l'Harmonie préétablie* nannte und nicht erst spät und krankhaft wie *Newton*, sondern in voller Kraft und mit sichtlichem Behagen in theologischen Spitzfindigkeiten sich erging: es war *Newtons* Nebenbuhler in der Erfindung eines der mächtigsten Werkzeuge des menschlichen Geistes; es war der, von welchem *Diderot*, selber der Begabtesten einer, schreibt: »Wenn man auf sich zurückkehrt, und die Talente, die man empfing, mit denen eines *Leibniz* vergleicht, wird man versucht, die Bücher von sich zu werfen und in irgendeinem versteckten Weltwinkel ruhig sterben zu gehen.« So werden wir inne, wie die stolze Höhe, auf der wir zu wandeln meinen, nicht unser Verdienst ist, sondern das unserer Zeit, und wie vielleicht unseren Nachfolgern, im Lichte der Erkenntnis ihrer Tage, einst unsere beste Einsicht erscheinen wird.

GOTTFRIED WILHELM LEIBNIZ (1646–1716)
Bemerkungen zu den kartesischen Prinzipien (1692)

[55]* *Die Erhaltungssätze*

310 Daß sich in der Natur stets dieselbe Quantität der Bewegung erhält, ist der berühmteste Satz der Kartesianer. Trotzdem haben sie
keinen Beweis dafür gegeben; denn wie schwach der Beweisgrund
aus der Beständigkeit Gottes ist, sieht jeder. Denn wenn auch die
Beständigkeit Gottes die höchstmögliche ist, er auch keine Veränderung anders, als gemäß den Gesetzen einer vorlängst vorgeschriebenen Ordnung vornimmt, so fragt sich doch, *was* sich
eigentlich seinem Beschlusse gemäß in der Reihe der Weltbegeben-
heiten erhält, ob die Quantität der Bewegung oder irgend etwas
von ihr Verschiedenes, z. B. die Quantität der Kräfte. Von dieser
habe ich bewiesen, daß ihr in Wahrheit die Erhaltung zukommt,
und daß sie sich eben darum von der Quantität der Bewegung unterscheidet; da letztere sich sehr häufig ändert, während die Quantität der Kräfte stets gleich bleibt. Den Beweis hierfür und die Widerlegung der gegnerischen Einwände kann man an anderer Stelle
nachlesen. Da diese Frage jedoch von großer Bedeutung ist, so
will ich den Kern meiner Anschauung kurz an einem Beispiele aufzeigen. Es seien gegeben zwei Körper, von denen der eine (A) die
Masse 4 und die Geschwindigkeit 1, der andere (B) die Masse 1
und die Geschwindigkeit 0 besitzen, d. h. ruhen möge. Nehmen
wir an, oder fingieren wir, daß nunmehr die ganze Kraft des A auf
B übertragen werde, daß also A in Ruhe versetzt wird, B hingegen
sich statt dessen allein bewegt: die Frage ist dann, welchen Ge-
schwindigkeitsgrad B annehmen muß? Nach den Kartesianern
müßte es die Geschwindigkeit 4 erhalten; denn auf diese Weise

---

* Leibniz [1904/1906], Band I, S. 309–313

ergäbe sich die Gleichheit der früheren und der jetzigen Quantität der Bewegung, da das Produkt aus der Masse 4 und der Geschwindigkeit 1 gleich dem aus der Masse 1 und der Geschwindigkeit 4 ist. Meiner Auffassung gemäß muß jedoch B (mit der Masse = 1) eine Geschwindigkeit = 2 annehmen, um ebensoviel Kraft zu erhalten, wie A (mit der Masse 4 und der Geschwindigkeit 1) besaß. Der Grund hierfür soll so kurz als möglich dargelegt werden, um nicht den Schein einer grundlosen Behauptung zu erwecken. Ich behaupte also, daß B nunmehr ebensoviel Kraft wie vorher A besitzt, d. h., daß der gegenwärtige und der frühere Zustand an Kraft gleich sein werden, was zu zeigen sich wohl der Mühe verlohnt. 311
Um also tiefer zu gehen und zunächst die richtige *Methode* jeder numerischen Messung überhaupt darzulegen – was die Aufgabe einer wahrhaft universalen Mathematik ist, die allerdings noch nirgends behandelt ist, – so ist vor allem offenbar, daß die Kraft verdoppelt, verdreifacht, vervierfacht wird, wenn der Inhalt der einfachen genau zwei-, drei- oder viermal von neuem gesetzt wird. Es haben also zwei Körper, die an Masse und Geschwindigkeit gleich sind, die doppelte Kraft wie jeder einzelne für sich. Daraus folgt indes nicht, daß ein Körper mit doppelter Geschwindigkeit nur die doppelte Kraft, wie einer, der die einfache hat, besitzt; denn mag hier auch der *Grad der Geschwindigkeit* noch einmal gesetzt sein, so ist doch das *Subjekt*, dem sie zukommt, nicht von neuem wiederholt, wie das in der Tat geschieht, wenn an Stelle eines Körpers ein doppelt so großer oder zwei andere von gleicher Geschwindigkeit treten, in welchem Falle eine vollständige Wiederholung des einen, der Größe wie dem Bewegungszustand nach, erfolgt ist. Analog sind zwei Pfund, die einen Fuß hoch gehoben wurden, der Sache und der Leistungsfähigkeit nach genau das Doppelte, wie eines, das auf gleiche Höhe gehoben ist; und zwei gleich gespannte, elastische Körper sind das Doppelte, wie einer von ihnen. Sind jedoch die beiden Subjekte, denen die Kraft zukommt, nicht vollkommen homogen und können sie somit nicht derart miteinander verglichen und auf ein inhaltlich gemeinsames Maß ihrer Leistungsfähigkeit zurückgeführt werden, so muß man eine indirekte Vergleichung versuchen, indem man nämlich ihre Wirkungen oder ihre Ursachen, falls diese homogen sind, einander gegenüberstellt. Denn jeder Ursache kommt die gleiche Kraft zu wie ihrer

vollen Wirkung, d. h. dem Effekt, den sie dadurch erzeugt, daß sie ihre Kraft verbraucht. Da also in dem Falle, von dem oben die Rede war, die beiden Körper: A (mit der Masse 4 und der Geschwindigkeit 1) und B (mit der Masse 1 und der Geschwindigkeit 2) an und für sich nicht im strengen Sinne vergleichbar sind und sich kein kraftbegabtes Subjekt angeben läßt, aus dessen einfacher Wiederholung beide hervorgingen, so müssen wir sie in ihren Wirkungen betrachten. Setzen wir z. B., es wären zwei schwere Körper, so wird A, wenn es seine Richtung nach oben wendet, sich vermöge seiner Geschwindigkeit (= 1) zur Höhe von einem Fuß erheben, während B mit der doppelten Geschwindigkeit bis zu 4 Fuß steigen wird, wie dies von Galilei und anderen bewiesen ist. In jeder dieser beiden Wirkungen wird die Kraft vollständig verbraucht, beide sind somit ihrer wirkenden Ursache gleich. Ferner aber sind die Wirkungen selbst, nämlich die Erhebung von 4 Pfund auf 1 Fuß Höhe und die von einem Pfund auf vier Fuß, ihrer Kraftleistung nach offenbar untereinander gleich, somit schließlich auch ihre Ursachen: der Körper A mit der Masse 4 und der Geschwindigkeit 1 und B mit der Masse 1 und der Geschwindigkeit 2, was behauptet wurde. Leugnet jemand den Satz, daß dieselbe Kraft dazu gehört, 4 Pfund auf 1 Fuß und 1 Pfund auf 4 Fuß zu erheben, daß also beide Wirkungen äquivalent sind, – obgleich dies wohl fast allgemein zugestanden wird – so kann man ihn vermittels desselben Prinzips überzeugen. Denn denken wir uns eine Waage mit ungleichen Hebelarmen, so werden hier, wenn auf der einen Seite ein Gewicht von einem Pfund um vier Fuß herabsinkt, auf der anderen Seite genau vier Pfund um einen Fuß gehoben werden, und es ist nicht möglich, darüber hinaus noch etwas zu leisten, so daß also die Wirkung die Kraft der Ursache genau verbraucht und ihr somit an Leistungsfähigkeit gleich sein wird. Also zusammenfassend: Wenn die gesamte Kraft des A (mit der Masse 4 und der Geschwindigkeit 1) auf B (= 1) übertragen werden soll, so muß B die Geschwindigkeit 2 annehmen, oder, was auf dasselbe hinausläuft, wenn B von der Ruhe zur Bewegung, A umgekehrt von der Bewegung zur Ruhe übergehen soll, so muß, alle übrigen Umstände gleichgesetzt, die ursprüngliche Geschwindigkeit, die auf eine viermal kleinere Masse übergeht, sich verdoppeln. Nähme jedoch B, das gleich einem Viertel von A ist, wie man gemeinhin glaubt, die vierfache Geschwindigkeit an, so erhielten wir ein *perpetuum mobile*, d. h. eine Wirkung, die ihre Ursache an Leistungsfähigkeit übertrifft. Denn die Bewegung von A konnte nur die Erhebung von 4 Pfund auf 1 Fuß oder von 1 Pfund auf 4 Fuß Höhe bewirken, die von B jedoch könnte 1 Pfund auf 16 Fuß erheben; – die Höhen nämlich verhalten sich wie die Quadrate der Geschwindigkeiten, vermöge deren sie erreicht werden können, und so hebt die vierfache Geschwindigkeit zu einer 16fachen Höhe. So könnten wir jetzt also mit Hülfe des B nicht nur A wieder auf die Höhe von 1 Fuß zurückbringen, von der herabfallend es seine frühere Geschwindigkeit erhalten würde, sondern auch noch verschiedenes andere zustande bringen. Das heißt aber das mechanische perpetuum mobile verwirklichen, da in diesem Falle die erste Kraft vollständig zurückgewonnen und trotzdem noch etwas darüber hinaus geleistet würde. Daß nämlich die Voraussetzung selbst, die Übertragung der *ganzen* Kraft des A und B, sich niemals völlig verwirklichen läßt, tut nichts zur Sache, da es sich hier nur um die richtige *Methode* der Messung als solcher handelt, d. h. um die Frage, welche Geschwindigkeit B, eben dieser Voraussetzung gemäß, annehmen müßte. Auch dann, wenn die Kraft nur zu einem Teil übertragen wird, zu einem anderen dagegen zurückbleibt, ergeben sich notwendig dieselben Widersinnigkeiten. Denn wenn die Quantität der Bewegung erhalten bleiben soll, so ist es klar, daß die der Kräfte sich nicht stets erhalten kann, da die erstere bekanntlich nach dem Produkt aus Masse und Geschwindigkeit, die letztere dagegen, wie wir gezeigt haben, nach dem Produkt aus der Masse und der Höhe zu messen ist, zu welcher der schwere Körper vermöge seiner Kraft gehoben werden kann, die Höhen aber sich wie die Quadrate der Geschwindigkeiten verhalten. Man kann indes folgende Regel aufstellen: Es erhält sich dieselbe Quantität der Kräfte wie der Bewegung, wenn die Körper vor wie nach dem Zusammenstoße sich nach denselben Richtungen bewegen, imgleichen, wenn die zusammenstoßenden Körper gleich sind.

GOTTFRIED WILHELM LEIBNIZ (1646–1716)
Specimen dynamicum (1695)

[56]* Tote und lebendige Kraft

Hier ergibt sich also eine neue, zwiefache Unterscheidung der Kraft: die eine nämlich – ich bezeichne sie auch als tote Kraft – enthält erst das Element der Kraft, weil in ihr noch nicht die Bewegung selbst, sondern nur der Anreiz zur Bewegung gegeben ist, wie bei einem Stein in der Schleuder, der sich in der Richtung der Tangente zu entfernen sucht, auch wenn er durch das Band, an dem er befestigt ist, zurückgehalten wird. Die andere Kraft hingegen, ich nenne sie auch lebendige Kraft, ist die gewöhnliche, mit der zugleich eine tatsächliche Bewegung gegeben ist. Ein Beispiel für die tote Kraft ist die Zentrifugalkraft, weiterhin die Schwere oder Zentripetalkraft, ferner auch die Kraft, durch die ein gespannter elastischer Körper seinen ursprünglichen Zustand wiederherzustellen sucht. Beim Stoße aber, – sei es, daß er von einem schweren Körper herrührt, der sich eine Zeitlang abwärts bewegt hat, oder auch von einem gespannten Bogen, der allmählich seine frühere Gestalt annimmt, oder von irgend einer ähnlichen Ursache – ist lebendige Kraft vorhanden, die aus unendlich vielen, stetig fortgesetzten Einwirkungen der toten Kraft entstanden ist. Das wollte wohl auch Galilei sagen, wenn er mit einem ziemlich rätselhaften Ausdruck die Kraft des Stoßes unendlich groß nennt, sofern sie nämlich mit der einfachen Tendenz der Schwerkraft verglichen wird. Wenngleich indeß der Antrieb oder die Geschwindigkeit eines Körpers stets mit lebendiger Kraft *verbunden* ist, so sind beide dennoch, wie weiter unten gezeigt werden soll, nicht *identisch*.

264

---

* Leibniz [1904/1906], Band I, S.263–266

Die lebendige Kraft eines Systems von Körpern läßt sich wiederum doppelt verstehen: nämlich als *totale* oder als *partielle* Kraft, welch letztere entweder *relative* oder *direktive* Kraft ist, je nachdem sie bloß zwischen den Teilen ausgeübt wird oder sich auf das Gesamtsystem bezieht. Die relative Kraft, die den Teilen eignet, ist es, durch die die Körper innerhalb eines bestimmten Gesamtsystems wechselweise aufeinander einwirken können, während vermöge der direktiven Kraft das System selbst auch äußere Wirkungen ausüben kann. Ich bezeichne sie als Direktivkraft, weil die Erhaltung der Richtung sich völlig auf diese partielle Kraft gründet. Sie allein würde übrig bleiben, wenn man sich dächte, daß das System durch die Aufhebung der relativen Bewegung der Teile untereinander plötzlich gänzlich erstarrte. Es setzt sich demnach aus dem Produkt von relativer und Direktivkraft *die absolute Gesamtkraft* zusammen: was jedoch besser aus den weiter unten angegebenen Regeln erhellen wird.[1]

Die Alten haben, soweit bekannt, allein eine Wissenschaft der 265 toten Kraft gekannt, und diese ist es, die gemeinhin als Mechanik bezeichnet wird. Sie handelt vom Hebel, der Winde, der schiefen Ebene – zu der Keil und Schraube gehören – vom Gleichgewicht der flüssigen Körper und ähnlichen Problemen, wobei nur vom Beginn des Gegenstrebens der Körper, nicht von einem Antrieb, den sie durch ihre Tätigkeit bereits erlangt haben, die Rede ist. Wenngleich sich nun die Gesetze der toten Kraft in gewisser Weise auf die lebendige übertragen lassen, so bedarf es dabei doch großer Vorsicht. Hat man sich doch gerade hier zu dem Irrtum verleiten lassen, die Kraft ganz allgemein mit dem Produkt von Masse und Geschwindigkeit zu verwechseln, weil man sah, daß die tote Kraft diesen beiden Faktoren proportional ist. Dies rührt indeß, wie schon oben bemerkt, von einem ganz besonderen Umstand her, nämlich davon, daß z. B. beim Fall schwerer Körper – unmittelbar zu Beginn der Bewegung – die Wege oder die durchmessenen Räume, solange sie noch unendlich kleine oder elementare Größen sind, den Geschwindigkeiten proportional sind. Ist jedoch einmal ein [endlicher] Fortschritt geschehen und eine lebendige Kraft entstanden, so sind die durch den Fall erlangten Geschwindigkeiten nun nicht mehr den durchlaufenen Räumen – nach denen, wie schon früher bewiesen und noch weiter zu beweisen sein wird, die Kraft zu messen ist – sondern nur deren Elementen proportional. *Galilei* hat, – wenngleich er sich eines anderen Namens, ja eines anderen Begriffes bediente – die Lehre von der lebendigen Kraft zuerst in Angriff genommen und zuerst das Entstehen der Fallbewegung aus der Beschleunigung der schweren Körper erklärt. *Descartes* hat richtig Geschwindigkeit und Richtung unterschieden und erkannt, daß beim Zusammenstoß der Körper derjenige Erfolg eintritt, bei dem die Änderung des früheren Zustandes ein Minimum wird. Dies Minimum selbst hat er jedoch nicht richtig angegeben, da er entweder die Richtung oder die Geschwindigkeit allein sich ändern läßt, während doch die Gesamtänderung aus der gemeinsamen Mitwirkung dieser beiden Faktoren hätte bestimmt werden müssen. Wie das jedoch möglich sei, vermochte er nicht einzusehen – weil ihm, der in dieser Untersuchung mehr auf begriffliche als auf reale Unterschiede ausging[2], zwei so heterogene Dinge für ganz unvergleichlich und unvereinbar gelten mußten; von anderen Fehlern seiner Lehre ganz zu schweigen.

266

Anmerkungen

1 In einem System von Körpern erhält sich nicht nur die absolute Summe der lebendigen Kräfte, sondern auch, wie Leibniz wiederholt ausführt, die *Quantität des Fortschritts* in einer bestimmten Richtung. Um sie zu messen, denken wir uns zunächst eine feste Achse gegeben und die Geschwindigkeit jeder einzelnen Masse des Systems auf sie projiziert, wobei man entgegengesetzt gerichtete Geschwindigkeiten durch entgegengesetzte Vorzeichen bezeichnet. Bilden wir nunmehr die algebraische Summe der »Bewegungsgrößen« der einzelnen Körper, also die Produkte m v, m′ v′ usw., so bleibt diese Summe, wenn keine neuen äußeren Einwirkungen hinzutreten, im Gesamtsystem konstant. Von der Kartesischen Regel ist dieses Gesetz dadurch geschieden, daß in dieser die Geschwindigkeiten absolut, nicht nach ihrer relativen Größe in Bezug auf eine bestimmte Richtung genommen wurden, daß also z. B. die Bewegungsquantitäten entgegengesetzt bewegter gleicher Körper hier gleichfalls summiert wurden, statt sich wechselseitig aufzuheben. Eine andere Form des Gesetzes der Erhaltung der Richtung ist der Satz, daß der *Schwerpunkt* eines Systems von Massen durch bloß innere Wirkungen zwischen ihnen nicht verschoben werden kann. Seine Bewegung wird also, wenn wir Leibniz' Terminologie zugrunde legen, unabhängig von der »Relativkraft« (vis respectiva), allein durch die »Direktivkraft« (vis directiva) d. h. durch die Gesamtheit der *äußeren* Einwirkungen bestimmt.

2 »Quia res tam heterogeneae comparari ac contemperari posse ipsi *modalibus*

potius tunc quam realibus intento non videbantur.« Gemeint ist, daß Descartes bloß *begriffliche* Unterschiede zu *realen* Gegensätzen hypostasiert habe, wie er z. B. aus der Tatsache, daß die Ruhe der Bewegung *logisch* entgegengesetzt ist, die Folgerung zieht, daß ein Körper, dessen Teile nebeneinander ruhen, eben damit und ohne daß es eines neuen dynamischen Prinzips dafür bedürfte, ein »*Bestreben*« hat, diese relative Ruhe zu erhalten. (Principia II, 54f.).

So geht er auch bei der Ableitung der Stoßgesetze von dem Satze aus, daß das Phänomen der Bewegung uns nur zwei logische Grundgegensätze darbietet: der eine besteht zwischen Bewegung und Ruhe, oder auch zwischen der schnelleren und langsameren Bewegung, da die letztere an der »Natur« der Ruhe teilhat; der andere zwischen der Bewegung in der einen und der entgegengesetzten Richtung. (Princ. II, 44). Diese beiden Momente selbst werden sodann einander als heterogene Bestimmungen, die durch kein gemeinsames *Maß* ausdrückbar und vereinbar sind, gegenübergestellt: Die Richtung ist kein Faktor der Größenbestimmung der Bewegung; sie kann sich ändern, ohne daß die Quantität der Bewegung dadurch beeinflußt wird (Princ. II, 41).

GOTTFRIED WILHELM LEIBNIZ (1646–1716)
Die Vernunftprinzipien der Natur (1714)

[57]* *Die bestmögliche Welt*

Aus der höchsten Vollkommenheit Gottes folgt, daß er bei der Hervorbringung des Universums den bestmöglichen Plan gewählt hat, gemäß dem sich die größte Mannigfaltigkeit mit der größten Ordnung vereinigt: bei dem der Platz, der Ort und die Zeit in der besten Weise verwendet sind, und die größte Wirkung auf die ein-

430 fachste Weise hervorgebracht wird: kurz, bei dem den Geschöpfen die größte Macht, die größte Erkenntnis, das größte Glück und die größte Güte gegeben ist, die das Universum in sich aufnehmen konnte. Denn da im Verstande Gottes alle Möglichkeiten nach dem Maße ihrer Vollkommenheiten zur Existenz streben, so muß die wirkliche Welt als das Ergebnis all dieser Ansprüche die vollkommenste, die nur möglich war, sein. Ohne diese Voraussetzung wäre es unmöglich, davon Rechenschaft abzulegen, weshalb die Dinge eher diesen als einen andren Lauf genommen haben.

11. Dank seiner höchsten Weisheit hat Gott vor allem die passendsten und den abstrakten oder metaphysischen Gründen angemessensten *Bewegungsgesetze* gewählt. Danach erhält sich stets dieselbe Quantität der totalen und der absoluten Kraft oder der *Tätigkeit* (actio), dieselbe Quantität der bezüglichen Kraft oder der Reaktion und endlich dieselbe Quantität der Richtungskraft. Außerdem ist die Aktion stets der Reaktion gleich und die Gesamtwirkung ist stets aequivalent ihrer vollen Ursache. Nun ist es überraschend, daß man durch die alleinige Betrachtung der *wirkenden Ursachen* oder der Materie nicht von den Bewegungsgesetzen Rechenschaft geben kann, die man in unsren Tagen entdeckt

---

* Leibniz [1904/1906], Band II, S. 428–432

hat, und die ich zum Teil selbst gefunden habe. Man muß vielmehr, wie ich erkannt habe, hier zu den *Zweckursachen* seine Zuflucht nehmen, da diese Gesetze nicht von dem *Prinzip der Notwendigkeit*, wie die logischen, arithmetischen und geometrischen Wahrheiten, abhängen, sondern von dem *Prinzip der Angemessenheit*, d. h. von der durch die Weisheit getroffenen Wahl. Es ist dies einer der wirksamsten und augenfälligsten Beweise für die Existenz Gottes für alle, die imstande sind, diesen Dingen auf den Grund zu gehen.

12. Es folgt zudem aus der Vollkommenheit des obersten Urhebers, daß nicht nur die Ordnung des gesamten Universums die vollkommenste nur mögliche ist, sondern auch, daß jeder lebendige Spiegel, der das Universum seinem Gesichtspunkte gemäß darstellt, d. h. jede *Monade*, jedes substantielle Zentrum, die bestgeregelten Perzeptionen und Strebungen haben muß, die mit der Gesamtheit der übrigen Dinge verträglich sind. Hieraus folgt weiter, daß die *Seelen*, d. h. die im höchsten Maße herrschenden Monaden, ja selbst die Tiere aus dem Zustand der Betäubung, in den sie durch den Tod oder einen andren Unfall geraten sind, wieder erwachen müssen.

13. Denn alles ist in den Dingen ein für alle Male mit so viel Ordnung und Angemessenheit geregelt, als nur möglich, da die oberste Weisheit und Güte nur in vollkommener Harmonie handeln kann: die Gegenwart trägt die Zukunft in ihrem Schoße, aus dem Vergangenen könnte man das Zukünftige ablesen, und das Entfernte wird durch das Naheliegende ausgedrückt. Man könnte die Schönheit des Universums an jeder Monade erkennen, wenn man alle ihre Falten aufzudecken vermöchte, doch entwickeln diese sich merklich erst mit der Zeit. Da aber jede distinkte Perzeption der Seele eine Unendlichkeit verworrener Perzeptionen einbegreift, die das ganze Universum einschließen, so erkennt die Seele die Dinge, von denen sie Perzeptionen hat, nur insofern, als diese deutlich und völlig aufgeklärt sind, und ihre Vollkommenheit mißt sich an ihren distinkten Perzeptionen. Jede Seele erkennt das Unendliche, erkennt alles, aber in verworrener Weise; so wie ich, wenn ich bei einem Spaziergange am Meeresufer das gewaltige Rauschen des Meeres höre, dabei doch auch die besondren Geräusche einer jeden Woge höre, aus denen das Gesamtgeräusch sich

zusammensetzt, ohne sie jedoch von einander unterscheiden zu können. Unsre verworrenen Perzeptionen sind eben das Ergebnis der Eindrücke, die das gesamte Universum auf uns ausübt. Ebenso steht es mit jeder Monade. Gott allein hat eine deutliche Erkenntnis von allem, da er die Quelle von allem ist. Man hat sehr gut von ihm gesagt, daß sein Zentrum überall, seine Peripherie indes nirgends ist[1], da ihm alles unmittelbar und ohne irgendwelche Entfernung von diesem seinem Zentrum gegenwärtig ist.

432

14. Was die vernünftige Seele oder den *Geist* anbetrifft, so liegt in ihm etwas mehr als in den Monaden, ja selbst in den einfachen Seelen. Der Geist ist nicht nur ein Spiegel des Universums der Geschöpfe, sondern außerdem ein Abbild der Gottheit. Er hat nicht nur eine Perzeption der Werke Gottes, sondern ist auch imstande, etwas ihnen Ähnliches, wenngleich nur im Kleinen, hervorzubringen. Denn, ganz zu schweigen von den Träumen, wo wir mühelos – aber auch ohne es zu wollen – Dinge erfinden, über die man lange nachdenken müßte, wenn man sie im Wachen finden wollte; so ist unsre Seele auch in ihren Willensakten architektonisch. Sofern sie außerdem die Wissenschaften entdeckt, gemäß denen Gott alle Dinge angeordnet hat, indem er sie nach Maß, Zahl und Gewicht erschuf (pondere, mensura, numero usw.), ahmt sie innerhalb ihres Gebietes und in ihrer kleinen Welt, in der sie sich betätigen darf, das nach, was Gott im Großen tut.

15. Deshalb gehen alle Geister, seien es nun Menschen oder Genien, kraft der ewigen Vernunft und Wahrheit mit Gott eine Art Gemeinschaft ein und sind die Mitglieder des Gottesreiches, d. h. des allervollkommensten Staates, der von dem größten und besten Monarchen gebildet und regiert wird. In diesem gibt es kein Verbrechen ohne Bestrafung, keine guten Handlungen ohne entsprechende Belohnung und schließlich so viel Tugend und Glück als nur möglich; und das geschieht keineswegs durch eine Umwälzung der Natur, sodaß das, was Gott den Seelen bestimmt, die Gesetze der Körper stören müßte, sondern gemäß der Ordnung der natürlichen Dinge selbst, kraft der Harmonie, die seit aller Zeit zwischen dem Reiche der Natur und dem der Gnade, zwischen Gott als Baumeister und Gott als Monarchen prästabiliert ist. Die Natur führt somit selbst auf die Gnade hin, wie andrerseits die Gnade die Natur vervollkommnet, indem sie sich ihrer bedient.

Anmerkungen

1 Über den Ursprung und die Geschichte dieses berühmten Vergleichs, der in der neueren Philosophie besonders durch *Pascal* eingebürgert worden ist, s. den Kommentar Ernest *Havets* zu Pascals Pensées Bd. I, S. 17ff.

GOTTFRIED WILHELM LEIBNIZ (1646–1716)
und
CHRISTIAAN HUYGENS (1629–1695)
Briefe (1694)

[58]* *Über absolute und relative Bewegung*

242 1. *Huyghens an Leibniz*, (29. Mai 1694)

Ich will diesmal nicht näher auf die Frage des Leeren und der Atome eingehen, da ich gegen meine Absicht schon allzu ausführlich geworden bin. Für jetzt nur so viel, daß ich unter Ihren Anmerkungen zu Descartes den Satz gefunden habe: es sei widersinnig, daß es keine reale Bewegung, sondern nur relative geben solle (absonum esse nullum dari motum realem, sed tantum relativum).[1] Ich jedoch halte dies für ganz gewiß, ohne mich darin durch die Gründe und Experimente in Newtons »Prinzipien der

243 Philosophie« beirren zu lassen, da Newton sich, wie ich weiß, im Irrtum befindet und ich gespannt bin, zu sehen, ob er nicht in der neuen Auflage des Werkes, die David Gregory besorgen soll, sein Urteil widerrufen wird.[2] Descartes hat keine genügende Kenntnis dieses Gegenstandes besessen.

2. *Leibniz an Huyghens*, (12./22. Juni 1694)

Was den Unterschied zwischen der absoluten und relativen Bewegung betrifft, so glaube ich, daß, wenn die Bewegung oder vielmehr die bewegende Kraft der Körper etwas Reales ist, – was man, denke ich, zugestehen muß – sie notwendig auch einem Subjekt zukommen muß. Wenn a und b sich einander nähern, so werden allerdings alle Phänomene die gleichen sein, gleichviel, ob man dem einen oder anderen der beiden Körper Bewegung oder Ruhe zuschreibt. Und selbst bei 1000 Körpern gebe ich zu, daß die Phänomene weder uns (noch selbst den Engeln) einen unfehlbaren

---

* Leibniz [1904/1906], Band I, S. 242–245

Anhaltspunkt zur Bestimmung des Subjekts und des Grades der Bewegung liefern, und daß jeder einzelne ebensogut als ruhend angesehen werden könnte. Dies ist auch wohl alles, was Sie verlangen; Sie werden indes, denke ich, nicht leugnen, daß jedem Körper wirklich ein bestimmter Grad von Bewegung oder, wenn Sie wollen, von Kraft zukommt, trotz der Gleichwertigkeit der Annahmen über deren Verteilung. Allerdings ziehe ich daraus die Folgerung, daß es in der Natur noch etwas anderes gibt, als die Geometrie darin zur Bestimmung bringen kann; und es ist dies nicht der geringste unter den mannigfachen Gründen, durch die ich zu beweisen pflege, daß man, abgesehen von der Ausdehnung und ihren verschiedenen Bestimmungen, die etwas rein Geometrisches sind, noch ein übergeordnetes Prinzip, nämlich die Kraft, anerkennen muß. Newton erkennt die Äquivalenz der Hypothesen für den Fall der geradlinigen Bewegung an, glaubt jedoch, daß bei der Kreisbewegung das Streben der Körper, sich vom Mittelpunkt oder der Drehungsachse zu entfernen, uns ihre absolute Bewegung erkennen läßt. Ich aber habe Gründe zu der Ansicht, daß nichts das allgemeine Gesetz der Äquivalenz durchbricht. Indessen, scheint mir, waren Sie selbst betreffs der Kreisbewegung früher einmal derselben Ansicht, wie Newton.

3. *Aus Huyghens Antwort an Leibniz*, (21. August 1694)
Was die Frage der absoluten und relativen Bewegung angeht, so habe ich Ihr Gedächtnis bewundert, da Sie sich entsinnen, daß ich früher betreffs der Kreisbewegung derselben Ansicht, wie Newton war. In der Tat habe ich erst seit zwei oder drei Jahren hier die richtigere Anschauung gewonnen, zu der, wie es scheint, auch Sie jetzt neigen. Nur darin, daß bei der relativen Bewegung mehrerer Körper jeder einen bestimmten Grad von wirklicher Bewegung oder Kraft besitzt, kann ich Ihnen nicht beistimmen.

4. *Leibniz an Huyghens*, (4./14. September 1694)
Als ich Ihnen eines Tages in Paris sagte, es sei schwierig, das wahrhafte Subjekt der Bewegung zu erkennen, antworteten Sie mir, es ließe sich dies vermittels der Kreisbewegung erreichen. Das machte mich stutzig und fiel mir wieder ein, als ich fast dasselbe in dem Werke Newtons las; indessen glaubte ich damals schon zu er-

244

kennen, daß der Kreisbewegung in dieser Rücksicht kein Vorrecht zukommt. Auch Sie sind, wie ich nun sehe, derselben Ansicht. Ich halte also dafür, daß alle Annahmen äquivalent sind, und daß, wenn man bestimmten Körpern bestimmte Bewegungen zuschreibt, dafür kein anderer Grund als die Einfachheit der Hypothese sich angeben läßt, da man, alles in allem, die einfachste Annahme immer für die wahre halten darf. Da auch ich somit kein anderes Kennzeichen als dies anerkenne, so glaube ich, daß der Unterschied zwischen uns nur in der Ausdrucksweise besteht, die ich soweit als möglich und unbeschadet der Wahrheit dem gewöhnlichen Sprachgebrauche anzunähern suche. Jedenfalls entferne ich mich kaum sehr weit von Ihrer Anschauung und habe mich ihr in einer kleinen Schrift, die ich *H. Viviani* mitgeteilt habe, und die mir geeignet schien, die maßgebenden Persönlichkeiten in Rom zur Zulassung der Kopernikanischen Ansicht zu bewegen, angepaßt.[3] Wenn Sie indessen über die Realität der Bewegung so denken, so meine ich, müßten auch Ihre Anschauungen über die Natur des Körpers von den gewöhnlichen abweichen. Die meinen sind ziemlich eigenartig, jedoch, wie mir scheint, streng erwiesen. Ich wünschte gelegentlich Ihr Urteil über meine Anmerkungen zu Descartes, das Sie mir in Aussicht stellten, zu erfahren, ebenso Ihre Ansicht über die Einwände gegen das Leere und die Atome, die ich Ihnen mitgeteilt habe.

Anmerkungen

1 Huyghens hat hier den Leibnizischen Satz ungenau und aus dem Gedächtnis zitiert; in den Anmerkungen zu Descartes' Prinzipien wird nur ausgeführt, daß man, wenn man mit Descartes die Bewegung als bloße Lageänderung in Bezug auf die unmittelbar benachbarten Körper definiere, kein Recht mehr habe, sie eher dem einen als dem anderen Körper zuzuschreiben. Um das »Subjekt« der Bewegung zu bestimmen, bedarf es daher eines neuen Gesichtspunktes, der jedoch niemals in der bloßen Bewegung als solcher, sondern nur in einem übergeordneten Prinzip, dem Prinzip der »Kraft« und der »Tätigkeit« gefunden werden kann. (Bemerkungen zu Descartes II, 25). Die Ausführung, die Leibniz diesen Sätzen hier gibt, leitet daher sachlich zu den Abhandlungen zur *Dynamik* über. Allerdings ist zu bemerken, daß die folgenden Darlegungen das Problem noch nicht in gleicher Strenge und Klarheit enthalten, wie es, zwanzig Jahre später, in den Schriften gegen Clarke gefaßt wird.

2 Die zweite Auflage der Newtonischen Prinzipien erschien indeß, wie bekannt, erst 1713 und wurde von *Roger Cotes* herausgegeben.

3 Diese interessante Abhandlung ist von Gerhardt als Anmerkung zu dem »Versuch über die Bewegungen der Himmelskörper« gedruckt worden (s. Math. VI, 144ff.); ergänzt wird sie durch die Einleitung der Schrift »Phoranomus« und durch das größere Werk über die Dynamik. (*Dynamica P. II,* Propos. 16.)

GOTTFRIED WILHELM LEIBNIZ (1646–1716)
Zur prästabilierten Harmonie (1696)

[59] Das Uhrengleichnis*

272 Zur prästabilierten Harmonie

Einige gelehrte und scharfsinnige Freunde, die meine neue Hypothese über die große Frage der *Vereinigung von Seele und Körper* geprüft und sie folgenreich gefunden haben, haben mich gebeten, einige Schwierigkeiten aufzuklären, die man in ihr gefunden hatte, und die daher stammten, daß man sie nicht recht verstanden hatte. Man kann nun, wie ich glaube, durch den folgenden Vergleich die Sache ganz allgemein verständlich machen.

Man denke sich zwei Uhren, die mit einander vollkommen übereinstimmen.[1] Das kann nun auf *drei Weisen* geschehen: denn erstens kann es auf einem wechselseitigen Einfluß beruhen, den sie auf einander ausüben, zweitens darauf, daß beständig jemand auf sie achtgibt, drittens aber auf ihrer eignen Genauigkeit. *Die erste Weise*, d. h. die des Einflusses, hat der verst. H. Huyghens zu seiner großen Verwunderung kennen gelernt. Er hatte nämlich zwei große Pendeluhren an ein und demselben Stück Holz befestigt; die unaufhörlichen Schläge dieser beiden Uhren hatten nun den Holz-
273 teilchen ähnliche Schwingungen mitgeteilt; da jedoch diese verschiedenartigen Schwingungen nicht so recht in ihrer Ordnung und ohne wechselseitige Hemmung fortbestehen konnten, wofern die Uhren sich nicht einander anpaßten, so kam es durch eine Art Wunder dahin, daß, wenn man selbst ihre Schläge mit Willen störte, sie doch bald wieder von neuem zusammenschlugen, ungefähr wie zwei Saiten, die auf denselben Ton gestimmt sind.

---

* Leibniz [1904/1906], Band II, S. 272–275

Die zweite Art, zwei, wenngleich schlechte, Uhren mit einander in Übereinstimmung zu bringen, wird die sein, stets einen tüchtigen Handwerker anzustellen, der sie alle Augenblicke in Übereinstimmung setzt. Dies nenne ich den Weg des *äußeren Beistandes* (assistance).

Die dritte Art schließlich wird die sein, die beiden Uhren von Anfang an mit so großer Kunst und Geschicklichkeit anzufertigen, daß man in der Folge ihrer Übereinstimmung sicher sein kann. Dies ist nun der Weg der *prästabilierten Harmonie*.

Man setze nunmehr die Seele und den Körper an Stelle dieser beiden Uhren. Ihre Übereinstimmung oder ihr Einklang wird dann auch in einer dieser drei Weisen stattfinden müssen. *Der Weg des physischen Einflusses* ist der, den die gewöhnliche Philosophie einschlägt; da es indessen unbegreiflich ist, wie materielle Teilchen oder immaterielle »Spezies« oder Qualitäten von einer der beiden Substanzen in die andre übergehen sollten, so sieht man sich genötigt, diese Ansicht aufzugeben. *Der Weg des äußeren Beistandes* kommt im System der Gelegenheitsursachen zum Ausdruck; es heißt dies jedoch, meine ich, einen *Deus ex machina* bei einer natürlichen und gewöhnlichen Sache einführen, bei der Gott doch, gemäß den Prinzipien der Vernunft, nicht anders eingreifen darf, als in der Art, in der er bei allen andren Naturereignissen mitwirkt. Es bleibt demnach nur meine Hypothese übrig, d. h. *der Weg der prästabilierten Harmonie*, der darauf hinausläuft, daß durch göttliche, vorausschauende Kunst von Anfang der Schöpfung an beide Substanzen in so vollkommener und geregelter Weise und mit so großer Genauigkeit gebildet worden sind, daß sie, indem sie nur ihren eignen, in ihrem Wesen liegenden Gesetzen folgen, doch wechselseitig mit einander in Einklang stehen: genau so als ob zwischen ihnen ein gegenseitiger Einfluß bestände, oder als ob Gott stets noch neben seiner allgemeinen Mitwirkung im Einzelnen Hand anlegte. 274

Danach glaube ich nicht, daß ich noch irgend etwas zu beweisen hätte, es sei denn, daß man bewiesen haben wollte, daß Gott alles besitzt, was für diesen vorausschauenden Kunstgriff erforderlich ist. Hiervon aber sehen wir ja selbst unter den Menschen Proben in dem Maße, als sie geschickte Leute sind. Angenommen nun, daß dieser Weg gangbar ist, so sieht man wohl, daß er der schönste und der seiner am meisten würdige ist. Ich habe zwar noch andre Beweise hierfür, doch gehen sie mehr in die Tiefe, und es ist nicht nötig, sie an dieser Stelle anzuführen...

Um noch ein Wort über den Streit zwischen zwei sehr tüchtigen Gelehrten zu sagen – nämlich dem Verfasser der kürzlich herausgegebenen *Prinzipien der Physik*[2] und dem Autor der *Einwände* (die im Journal des Savans vom 13. August u. s. erhoben worden sind) – da meine Hypothese dazu dient, diesen Kontroversen ein Ende zu machen, so begreife ich nicht, wie man die Materie als ausgedehnt und trotzdem ohne wirkliche oder gedachte Teile denken will; denn wenn dem so ist, so weiß ich nicht, was eigentlich »ausgedehnt« bedeuten soll. Ich glaube sogar, daß die Materie ihrem Wesen nach ein Aggregat ist und daß daher in ihr stets aktuelle Teile vorhanden sind. So betrachten wir sie auf Grund der Vernunft und nicht nur auf Grund der Sinne, als geteilt oder vielmehr als etwas, das seinem Ursprung nach nichts als eine Vielheit ist. Ich glaube, daß die Materie nicht nur, sondern auch jeder ihrer einzelnen Teile in eine größere Anzahl von Unterteilen geteilt ist, als man sich sinnlich vorzustellen vermag. Daher sage ich oft, daß jeder Körper, so klein er auch sei, eine Welt von unendlich vielen Geschöpfen ist. Ich glaube demnach nicht, daß es Atome, d. h. vollkommen harte oder unüberwindlich feste materielle Teile gibt, wie ich auf der andren Seite ebensowenig glaube, daß es eine vollkommen elastische Materie gibt; vielmehr ist nach meiner Ansicht jeder Körper elastisch im Vergleich zu den festeren, und fest im Vergleich zu den elastischeren. Ich bin erstaunt, daß man immer noch sagt, es erhalte sich stets eine gleiche Bewegungsquantität im Cartesischen Sinne; denn ich habe das Gegenteil bewiesen und es haben sich bereits ausgezeichnete Mathematiker mir angeschlossen. Ich betrachte jedoch die Festigkeit oder Konsistenz der Körper nicht als eine ursprüngliche Qualität, sondern als eine Folgeerscheinung der Bewegung und hoffe, daß meine Dynamik das Genauere darüber zeigen wird; so wie anderseits die Einsicht in meine Hypothese dazu dienen wird, eine Reihe von Schwierigkeiten, die die Philosophen noch beschäftigen, zu beseitigen.

275

Anmerkungen

1 L hat das Uhrengleichnis nicht erfunden, sondern es aus der Schulsprache der herrschenden, okkasionalistischen Theorien entlehnt, um es zur populären Verdeutlichung seiner Grundhypothese zu brauchen. Der streng begriffliche Sinn seiner Lehre wird jedoch dadurch nicht wiedergegeben; denn Körper und Seele verhalten sich bei ihm nicht mehr wie zwei gleichgeordnete, absolute Substanzen, sondern wie der *Inhalt* des Bewußtseins zum *Subjekt* des Bewußtseins selbst, durch das er erst getragen und ermöglicht wird.

2 (Anm. des Hrsg.): Es handelt sich um den holländischen Gelehrten Nikolaus Hartsocker, der 1696 seine *Principes de Physique* veröffentlicht hatte (vgl. Aiton [1985], S. 288).

GOTTFRIED WILHELM LEIBNIZ (1646–1716)
und
SAMUEL CLARKE (1675–1729)
Streitschriften (1715/1716)

[60] Gott als Uhrmacher*

1. *Leibniz' erstes Schreiben.*
Auszug eines Briefes an die Prinzessin von Wales vom November 1715.

1. Wie es scheint verliert selbst die natürliche Religion in England außerordentlich an Kraft. Viele sehen die Seelen, andere Gott selbst als körperlich an.

2. Locke und seine Anhänger zweifeln zum mindesten, ob die Seelen nicht materiell und von Natur vergänglich sind.

3. Newton sagt, der Raum sei das Organ, dessen Gott sich bediene, um die Dinge wahrzunehmen. Wenn er jedoch irgend eines Mittels bedarf, um sie wahrzunehmen, so sind sie nicht völlig von ihm abhängig und nicht in jeder Hinsicht sein Erzeugnis.

4. Newton und seine Anhänger haben außerdem noch eine recht sonderbare Meinung von dem Wirken Gottes. Nach ihrer Ansicht muß Gott von Zeit zu Zeit seine Uhr aufziehen, – sonst bliebe sie stehen. Er hat nicht genügend Einsicht besessen, um ihr eine immerwährende Bewegung zu verleihen. Der Mechanismus, den er geschaffen, ist nach ihrer Ansicht sogar so unvollkommen, daß er ihn von Zeit zu Zeit durch einen außergewöhnlichen Eingriff ummodeln und selbst ausbessern muß, wie ein Uhrmacher sein Werk.[1] Nun ist aber der schlechteste Meister derjenige, der

sich am häufigsten zu Abänderungen und Berichtigungen genötigt sieht. Meiner Anschauung nach besteht im Ganzen der Welt stets dieselbe Kraft und Tätigkeit fort; sie geht nur gemäß den Gesetzen der Natur und der erhabenen prästabilierten Ordnung von Mate-

---

* Leibniz [1904/1906], Band I, S. 120–123

rie zu Materie über. Tut Gott Wunder, so geschieht dies, wie ich glaube, nicht deshalb, weil die Natur, sondern weil die Gnade sie fordert: hierüber anders urteilen hieße eine recht niedrige Vorstellung von Gottes Macht und Weisheit haben.

2. *Clarkes erste Entgegnung.*

1. Daß es in England, ebenso wie in anderen Ländern, Leute gibt, die selbst die natürliche Religion leugnen oder in hohem Grade entstellen, ist nur zu wahr und sehr zu beklagen. Nächst den verderbten Neigungen der Menschen ist dies jedoch in der Hauptsache der falschen Philosophie der Materialisten zuzuschreiben, der die mathematischen Prinzipien der Philosophie unmittelbar widerstreiten. Daß manche die menschliche Seele, andere sogar Gott selbst zu einem körperlichen Wesen machen, ist ebenfalls richtig; – dies jedoch sind die erklärten Feinde der mathematischen Prinzipien der Philosophie. Diese Prinzipien, und zwar sie allein, erweisen die Materie und den Körper als den kleinsten und unbedeutendsten Teil des Universums.

2. Daß *Locke* Zweifel hegte, ob die Seele immateriell ist oder nicht, läßt sich zwar auf Grund einiger Stellen in seinen Schriften argwöhnen, doch sind ihm hierin nur einige Materialisten gefolgt, die Feinde der mathematischen Prinzipien der Philosophie, die in *Lockes* Schriften außer seinen Irrtümern wenig oder nichts billigen.

3. Sir Isaak Newton sagt weder, daß der Raum das Organ sei, dessen Gott sich bedient, noch daß er irgend eines Mittels bedürfe, um die Dinge wahrzunehmen. Er behauptet im Gegenteil, daß Gott als allgegenwärtig alle Dinge, wo sie sich auch im Raume befinden mögen, durch seine unmittelbare Gegenwart wahrnimmt, ohne den Gebrauch oder den Beistand irgendeines Organs oder Mittels. Um dies verständlicher zu machen, erläutert er es durch einen Vergleich: Wie nämlich die menschliche Seele die Bilder oder Abbilder der Dinge, die sich im Gehirn vermittels der Sinnesorgane gestalten, durch ihre unmittelbare Gemeinschaft mit ihnen, so sieht, wie wenn sie die Dinge selbst wären – so sieht Gott alle Dinge durch die unmittelbare Gemeinschaft, in der er mit ihnen steht. Denn er ist der Gesamtheit der Dinge selbst wirklich und innerlich gegenwärtig, wie die menschliche Seele es allen

im Gehirn gebildeten Bildern der Dinge ist. Sir Isaak Newton betrachtet das Gehirn und die Sinnesorgane als die Mittel, mit deren Hülfe jene Bilder zustande kommen, nicht aber als die Mittel, durch die die *Seele* sie sieht oder wahrnimmt. Die Dinge des Universums gelten ihm nicht als Abbilder, die durch bestimmte Mittel oder Organe zustande kommen, sondern als reale Gegenstände, die durch Gott selbst geschaffen und von ihm an allen Stellen, wo sie sich auch befinden mögen, ohne die Vermittlung irgend eines Mediums wahrgenommen werden. Dies allein ist der Sinn seines Vergleiches, wenn er den unendlichen Raum »sozusagen das *Sensorium*« des allgegenwärtigen Wesens nennt.

4. Bei den Menschen gilt allerdings der Handwerker als der geschickteste, dessen Werk am längsten ohne weitere Hülfe des Meisters seine regelmäßige Bewegung beibehält. Denn die menschliche Geschicklichkeit besteht nur darin, Stücke zusammenzusetzen, richtig zu verwenden und miteinander zu verbinden. Die Elemente für die Bewegung der Einzelstücke sind hier vom Künstler gänzlich unabhängig; die Gewichte, die Federn und ihre Kräfte werden von dem Handwerker nicht geschaffen, sondern nur richtig einander angepaßt. Mit Bezug auf Gott aber liegt der Fall ganz anders, da er nicht nur Dinge zusammensetzt oder miteinander verbindet, sondern selbst der Urheber und immerwährende Erhalter ihrer ursprünglichen Fähigkeiten und ihrer bewegenden Kräfte ist. Es ist also keine Herabsetzung, sondern die wahre Verherrlichung seiner Werke, wenn man sagt, daß nichts ohne seine immerwährende Leitung und Aufsicht vor sich geht. Wenn man sich die Welt als eine große Maschine vorstellt, die – wie eine Uhr ohne Hülfe des Uhrmachers – ohne den Eingriff Gottes weiter geht, so führt dies zum Materialismus und Fatalismus und zielt – unter dem Vorwand, Gott zu einem überweltlichen Verstandeswesen zu machen – darauf ab, die göttliche Vorsehung und Leitung tatsächlich aus der Welt zu verbannen. Denn ebenso wie sich der Philosoph hier alle Dinge, vom Anbeginn der Schöpfung an, ohne die Herrschaft oder Leitung der Vorsehung in beständigem Fortgang denkt, kann ein Skeptiker noch weiter zurückgehen und behaupten, die Dinge hätten, wie jetzt, so auch von Ewigkeit an ohne eine wahrhafte Erschaffung und ohne ursprünglichen Schöpfer ihren Lauf genommen: nur von der allweisen und ewigen Natur, wie sol-

che Vernünftler es nennen, geleitet. Wenn ein König ein Reich besäße, in dem alles beständig ohne seine Leitung und Einwirkung vor sich ginge, so würde es für ihn nur dem Namen nach ein Königreich sein, in der Tat jedoch würde er den Titel »König« oder »Herrscher« keineswegs verdienen. Gegen alle die, die behaupten, daß in einer irdischen Regierung die Dinge ohne Einmischung des Königs vollkommen ihren Gang gehen könnten, ist der Verdacht gerechtfertigt, daß sie am liebsten den König ganz beiseite schieben möchten: so zielt denn auch in der Tat die Lehre, daß der Lauf der Welt die stete Leitung Gottes, des höchsten Herrschers, nicht nötig hat, darauf ab, Gott aus der Welt zu verbannen.

[61]* Der Raum als ein »Sensorium Gottes«

3. Leibniz' zweites Schreiben.

1. In dem Schreiben an die Prinzessin von Wales, das I. Kgl. Hoh. mir übersandt hat, bemerkt man mit Recht, daß nächst den lasterhaften Leidenschaften die Prinzipien der Materialisten viel dazu beitragen, den Unglauben zu unterstützen; – der Zusatz jedoch, daß die mathematischen Prinzipien der Philosophie denen der Materialisten entgegengesetzt sind, ist, wie ich meine, grundlos. Im Gegenteil: es sind dieselben, nur das Materialisten wie Demokrit, Epikur und Hobbes sich auf die mathematischen Prinzipien beschränken und einzig Körper, die christlichen Mathematiker dagegen außerdem noch immaterielle Substanzen gelten lassen. Somit sind es nicht die *mathematischen* Prinzipien – im gewöhnlichen Sinne des Wortes – sondern die *metaphysischen* Prinzipien, die man denen der Materialisten entgegenstellen muß. Pythagoras, Platon, zum Teil auch Aristoteles haben sich ihrer Erkenntnis genähert; ich jedoch glaube, sie in meiner Theodizee, wenngleich in populärer Darstellung, in beweiskräftiger Weise festgelegt zu haben.

2. Die große Grundlage der Mathematik ist das Prinzip des Widerspruchs oder der Identität, d. h. der Satz, daß eine Aussage nicht gleichzeitig wahr und falsch sein kann, daß demnach A = A

124

* Leibniz [1904/1906], Band I, S. 123–128

ist und nicht = non A sein kann. Dieses einzige Prinzip genügt, um die Arithmetik und die Geometrie, also alle mathematischen Prinzipien, abzuleiten. Um aber von der Mathematik zur Physik überzugehen, ist noch ein anderes Prinzip erforderlich, wie ich in meiner Theodizee bemerkt habe, nämlich das Prinzip des zureichenden Grundes: daß sich nämlich nichts ereignet, ohne daß es einen Grund gibt, weshalb es eher so als anders geschieht. Deshalb hat sich Archimedes, als er in seinem Buche über das Gleichgewicht von der Mathematik zur Physik übergehen wollte, genötigt gesehen, sich eines besonderen Falles des umfassenden Prinzips des zureichenden Grundes zu bedienen. Er nimmt als zugestanden, daß eine Waage in Ruhe bleiben wird, wenn zu beiden Seiten alles gleich verteilt ist, und man an den Endpunkten der beiden Hebelarme gleiche Gewichte anbringt. Denn es gibt in diesem Falle keinen Grund, weshalb eine Seite eher als die andere sich herabsenken sollte. Einzig durch dieses Prinzip, daß es eines zureichenden Grundes bedarf, weshalb die Dinge sich eher so als anders verhalten, lassen sich die Gottheit und alle übrigen Sätze der Metaphysik oder natürlichen Theologie, ja in gewisser Weise auch die von der Mathematik unabhängigen physikalischen Prinzipien, d. h. die dynamischen oder die Kraftprinzipien beweisen.

3. Man behauptet weiter, daß nach den mathematischen Prinzipien, d. h. nach der Philosophie Newtons – denn die mathematischen Prinzipien machen darüber nichts aus – die Materie der unbedeutendste Teil des Universums ist. Newton nämlich nimmt außer der Materie einen leeren Raum an, nach ihm nimmt also die Materie nur einen sehr kleinen Teil des Raumes ein. Indessen haben Demokrit und Epikur dasselbe behauptet, wobei sie sich hinsichtlich der Materie nur dem Grade nach von Newton unterschieden, da es nach ihnen vielleicht mehr Materie in der Welt gibt als nach diesem. Doch liegt hierin, wie ich glaube, ein Vorzug; denn je mehr Materie es gibt, um so mehr hat Gott Gelegenheit, seine Weisheit und seine Macht auszuüben. Aus diesem wie aus anderen Gründen bin ich der Ansicht, daß es überhaupt kein Leeres gibt. In dem Appendix zu Newtons Optik ist ausdrücklich bemerkt, daß der Raum das Sensorium Gottes ist. Nun hat das Wort »Sensorium« stets das Organ der Sinnesempfindung bedeu-

tet. Mögen immerhin er und seine Freunde jetzt die frühere Erklärung verleugnen; ich habe nichts dagegen.

4. Man nimmt an, die bloße Gegenwart der Seele genüge, damit sie sich der Vorgänge im Gehirn bewußt wird. Aber gerade dies leugnet der Pater *Malebranche* und die ganze Kartesische Schule, und zwar mit Recht. Es bedarf ganz anderer Bedingungen als der bloßen Gegenwart, damit ein Ding die Vorgänge, die in einem anderen stattfinden, vorstellt. Irgend eine erklärbare Mitteilung, irgend eine Art des Einflusses der Dinge untereinander oder von seiten einer gemeinsamen Ursache ist hierzu erforderlich. Der Raum ist, nach Newton, dem Körper, welchen er enthält, und der durch ihn gemessen wird, unmittelbar gegenwärtig: folgt darum, daß der Raum sich dessen bewußt wird, was im Körper vorgeht, und daß er sich daran erinnert, nachdem der Körper ihn verlassen hat? Ferner bliebe, wegen der Unteilbarkeit der Seele, ihre unmittelbare Gemeinschaft mit dem Körper, die man sich etwa denken könnte, nur auf einen Punkt beschränkt, – wie sollte also die Seele sich dessen bewußt werden, was außerhalb dieses Punktes geschieht? Ich mache Anspruch darauf, zuerst die Art und Weise erklärt zu haben, wie die Seele sich dessen bewußt wird, was im Körper vor sich geht.

5. Daß Gott Bewußtsein von allem hat, ist nicht in seiner einfachen Gegenwart, sondern außerdem in seiner Wirksamkeit begründet, denn er erhält die Dinge durch eine Tätigkeit, die alles Gute und Vollkommene in ihnen beständig neu erschafft. Da aber die Seelen weder einen unmittelbaren Einfluß auf die Körper haben, noch umgekehrt diese auf jene, so kann die wechselseitige Übereinstimmung zwischen beiden nicht durch ihr bloßes Miteinander erklärt werden.

6. Wenn wir eine Maschine loben, so geschieht dies mehr mit Rücksicht auf ihre Wirkung als ihre Ursache. Man fragt nicht so sehr nach der Macht, als nach der Geschicklichkeit des Meisters. Der Grund, den man hier zum Lobe der Maschine Gottes anführt, daß er sie nämlich in allen ihren Bestandstücken geschaffen hat, ohne den Stoff dazu von außen her zu entlehnen, ist daher keineswegs ausreichend; er ist eine Ausflucht, zu der man sich gezwungen sieht. Wenn wir Gott vor einem anderen Meister den Vorzug geben, so geschieht dies nicht nur, weil er das Ganze geschaffen

hat, während der Künstler seinen Stoff suchen muß. Dieser Vorzug käme allein von seiner Macht; – es gibt jedoch einen anderen Grund der Vortrefflichkeit der göttlichen Werke, der von seiner Weisheit herrührt. Er liegt darin, daß seine Maschine auch länger dauert und richtiger geht, als die eines beliebigen anderen Künstlers. Wer eine Uhr kauft, kümmert sich gar nicht darum, ob ein einzelner Handwerker sie vollständig verfertigt, oder ob er ihre Teile durch andere hat anfertigen lassen und sie nur zusammengefügt hat, – wenn sie nur richtig geht. Selbst wenn der Handwerker von Gott die Gabe erhalten hätte, die Materie der Räder zu erschaffen, so würde man damit nicht zufrieden sein, wenn er nicht zugleich auch von ihm die Gabe besäße, sie passend zusammenzufügen. So wird auch der Grund, den man uns hier anführt, für sich allein niemand genügen, um mit dem Werke Gottes zufrieden zu sein.

7. Es ist also nicht genug, daß die Kunstfertigkeit Gottes der eines Handwerkers gleichkommt; sie muß unendlich darüber hinausragen. Die einfache Erschaffung des Ganzen wäre wohl ein Zeichen der Macht Gottes, keineswegs aber ein genügender Beweis seiner Weisheit. Alle, die das Gegenteil behaupten, verfallen damit in den Fehler *Spinozas* und der Materialisten, von denen sie sich nach ihrer Versicherung fernhalten wollen: sie sprechen dem Urgrunde der Dinge zwar Macht aber nicht genügend Weisheit zu.

8. Ich sage nicht, die körperliche Welt sei eine Maschine oder ein Uhrwerk, das ohne Mitwirkung Gottes geht, vielmehr betone ich zur Genüge, daß die Geschöpfe seines immerwährenden Einflusses bedürfen. Was ich behaupte, ist, daß das Uhrwerk der Welt, ohne einer Nachbesserung zu bedürfen, fortgeht; man müßte sonst sagen, daß sich Gott eines Besseren besinnt. Gott hat alles vorhergesehen, er hat für alles im voraus Sorge getragen, in seinen Werken herrscht eine Harmonie, eine Schönheit, die schon zuvor bestimmt ist.

9. Diese Ansicht schließt durchaus nicht die Vorsehung oder die Herrschaft Gottes aus, sondern läßt sie im Gegenteil erst in ihrer ganzen Vollkommenheit hervortreten. Eine wahrhafte Vorsehung Gottes fordert eine vollkommene Voraussicht, – ja, sie verlangt, daß er nicht nur alles vorausgesehen, sondern durch zuvorbestimmte passende Hülfsmittel für alles Sorge getragen hat; sonst

hätte es ihm an der Weisheit, ein Ereignis vorherzusehen oder an der Macht, dafür Vorsorge zu treffen, gefehlt. Er würde dann dem Gott der Sozinianer gleichen, der nach einem Wort von H. Jurieu von Tag zu Tage lebt. Allerdings fehlt es Gott, nach der Meinung der Sozinianer, selbst an der Fähigkeit, die Schwierigkeiten vorauszusehen, wohingegen ihm nach der Ansicht derer, die ihn zwingen, sein eigenes Werk zu verbessern, nur die Fähigkeit abgeht, dafür Vorsorge zu treffen. Es scheint mir indessen, daß dies immerhin ein recht großer Mangel ist; es müßte ihm in diesem Falle entweder an Macht oder an gutem Willen fehlen.

10. Ich glaube, man darf mir keinen Vorwurf daraus machen, daß ich Gott als überweltliches Verstandeswesen (Intelligentia supramundana) bezeichnet habe. Will man etwa sagen, daß er innerweltliches Verstandeswesen (Intelligentia mundana), d. h. daß er die Weltseele ist? Hoffentlich nicht. Man hüte sich indessen, dieser Meinung unwissentlich Vorschub zu leisten.

11. Der Vergleich mit einem König, in dessen Reich alles seinen Lauf nähme, ohne daß er selbst sich darein mischt, ist schlecht angebracht, da ja Gott stets alle Dinge erhält, und sie ohne ihn gar nicht fortbestehen können: sein Königreich besteht demnach keineswegs nur dem Namen nach. Man müßte denn sagen, daß ein König, der seine Untertanen so gut hätte erziehen lassen, und der durch seine Fürsorge für sie ihrer Tüchtigkeit und ihres guten Willens so sicher wäre, daß er sie niemals zurechtzuweisen brauchte, – daß der nur dem Namen nach König wäre.

12. Wenn endlich Gott sich von Zeit zu Zeit genötigt sieht, die Natur zu verbessern, so muß das entweder auf übernatürlichem oder auf natürlichem Wege geschehen. Geschieht es auf übernatürlichem Wege, so muß man für die Erklärung der Natur zum Wunder seine Zuflucht nehmen: eine Folgerung, durch die in der Tat eine Annahme ad absurdum geführt ist. Denn mit Wundern kann man von allem ohne große Mühe Rechenschaft geben. Geschieht es aber auf natürlichem Wege, so wird Gott kein außerweltliches Verstandeswesen mehr sein; er wird in der Natur der Dinge einbegriffen, d. h. die Weltseele sein.

Anmerkungen

1 Auf Grund der Erwägung, daß alle Körper zuletzt aus absolut unelastischen Partikeln bestehen, bei jedem unelastischen Stoß aber mechanische Energie verloren geht, hatte *Newton* das Prinzip der Erhaltung der lebendigen Kraft verworfen und den Satz aufgestellt, daß die Gesamtsumme der Bewegung in beständiger Abnahme begriffen ist, daß daher das Universum zu seinem Fortbestand eines von Zeit zu Zeit erneuten »Anstoßes« von außen bedürfe. (Vgl. *Optice*, latine reddid. Sam. Clarke, Lausanne und Genf 1740, Quaest. 31.)

VOLTAIRE (1694–1778)
Briefe, die englische Nation betreffend (1733)

[62]* 14. Brief: Von Descartes und Newton

Ein Franzose trifft bei seiner Ankunft nach *Londen* alles in der Weltweisheit sowie in den übrigen Stücken verändert an. Er hat eine bevölkerte Welt verlassen und kommt in eine Wüstenei; zu *Paris* war das Weltgebäude aus Wirbeln und zarter Materie zusammengesetzt, zu Londen höret man nichts von diesem allen. Bei den Franzosen verursachet der Druck des Mondes den Zufluß des Meers; bei den Engelländern drücket das Meer gegen den Mond; dergestalt, daß, wenn ein Franzose glaubt, der Mond müsse die Flut des Meeres verursachen, so glauben die Herren Engelländer, daß man Ebbe haben müsse, welches zum Unglück nicht kann dargetan werden. Denn wenn man hierinnen einiges Licht haben wollte, so müßte man den Mond und die Meere bei dem ersten Augenblick der Schöpfung untersuchen können.

Man wird ferner bemerken, daß die Sonne, welche in Frankreich nichts mit dieser Sache zu schaffen hat, hier in Engelland ungefähr den vierten Teil dazu beiträgt. Bei euch Cartesianern geschiehet alles durch einen Stoß (impulsion), welchen man nicht verstehet; nach des Herrn *Newton* Meinung geschiehet alles durch einen Zug (attraction), von welchem man die Ursache ebensowenig kennet. Zu *Paris* stellet man sich die Erde wie eine Melone vor, zu *Londen* ist sie auf beiden Seiten platt. Nach dem Cartesianer ist das Licht in der Luft; nach dem Newtonianer kommt solches von der Sonne in 6 und einer halben Minute zu uns. Die Franzosen machen alle ihre chemischen Operationen mit dem acido, Alkali und der zarten Materie; bei den Engelländern herrscht auch sogar in der Chemie die anziehende Kraft.

186

---

* Borzeszkowski und Wahsner [1980], S. 185–191

Selbst das Wesen der Dinge ist ganz verändert. Man ist sowohl in Beschreibung der Seele als der Materie verschiedener Meinung. *Descartes* versichert, daß die Seele eben das Wesen sei, welches in uns denket, und Herr *Locke* beweist ihm ganz fein das Gegenteil.

Descartes behauptet, die Ausdehnung allein mache die Materie aus; Newton fügt noch die Dichtigkeit hinzu.[1]

Sehet nur die heftigen Uneinigkeiten!

Non nostrum inter vos tantas compenere lites.

Dieser berühmte *Newton*, dieser Zerstörer des Cartesianischen Lehrgebäudes, starb im Monat März des vergangenen 1727. Jahres. Er wurde in seinem Leben von seinen Landsleuten geehret und wie ein König, welcher seinen Untertanen Wohltaten erzeiget hat, begraben.

Man hat hier ganz begierig die Lobrede des Herrn *Newton*, welche der Herr *von Fontenelle* in der Akademie der Wissenschaften gehalten, aufgenommen und ins Englische übersetzt. Der Herr *von Fontenelle* ist der Richter unter den Philosophen, in Engelland siehet man sein Urteil so an, als wenn der Engelländischen Philosophie der Vorzug vor der andern feierlich zugestanden worden sei. Sobald man aber sah, daß er den *Descartes* mit *Newton* in Vergleichung setzte, so empörte sich die ganze Königliche Gesellschaft zu London. Weit gefehlt, daß man es bei seinem Urteil hätte sollen bewenden lassen, man beurteilete sogar solches. Selbst verschiedenen (und dieses sind eben nicht die stärksten Weltweisen) kam diese Vergleichung anstößig vor, bloß deswegen, weil *Descartes* ein Franzose war.

Man muß gestehen, daß diese zwei der größten Männer sowohl in Absicht auf ihre Lebensart als auch in Absicht auf ihr Glück und ihre Weltweisheit sehr voneinander unterschieden waren.

Descartes kam mit einer glänzenden und starken Einbildungskraft zur Welt, welche ihn sowohl im gemeinen Leben als auch in seiner Art zu philosophieren zu einem ganz besondern Menschen machte. Diese Einbildungskraft blieb selbst in seinen philosophischen Werken nicht verborgen, man findet hin und wieder in demselben sinnreiche und prächtige Vergleichungen. Die Natur hatte ihn fast zu einem Dichter gemacht; und er setzte in der Tat etwas Lustiges für die Königin in Schweden auf, welches man aber, sein Gedächtnis nicht zu verunehren, nicht hat drucken lassen.

Er versuchte eine Zeitlang das Kriegshandwerk, und als er danach auf einmal ein Weltweiser geworden war, so hielt er es nicht für unanständig, der Liebe zu pflegen. Er hatte von seiner Liebsten eine Tochter, namens Francine, welche noch ganz jung verstarb und deren Verlust ihm sehr empfindlich fiel. Also hatte er alle die Zufälle erfahren müssen, welchen die Menschen unterworfen.

Er stand lange Zeit in dem Gedanken, wenn er in Freiheit philosophieren wollte, so müsse er die Menschen und vor allen Dingen sein Vaterland meiden.

Er hatte recht: die Leute zu seiner Zeit verstanden nicht soviel, daß sie ihn hätten beurteilen können, und waren zu nichts weiter geschickt, als ihm zu schaden.

Er verließ *Frankreich*, weil er die Wahrheit suchte, welche damals durch die elende scholastische Philosophie verfolgt wurde.

Allein er traf auf den hohen Schulen in *Holland*, wohin er sich begab, eben nicht mehr Vernunft an. Denn zu der Zeit, als man die Sätze in seiner Philosophie, welche wahr waren, verdammte; wurde er ebenfalls in Holland verfolgt von den vorgegebenen Weltweisen, welche ihn ebensowenig verstanden und welche einen persönlichen Haß auf ihn warfen, da sie seinen Ruhm wachsen sahen, daß er auch genötigt wurde, von *Utrecht* wegzugehen. Er mußte gleichfalls die Beschuldigung der Atheisterei, als die letzte Zuflucht der Verleumder, über sich ergehen lassen; und er, welcher alle Scharfsinnigkeit des Verstandes angewendet, neue Beweise für das Dasein Gottes ausfindig zu machen, wurde in Verdacht gezogen, als ob er gar keinen glaubte.

So viele Verfolgungen setzten voraus, daß er ein Mann von großen Verdiensten und einem berühmten Namen sein müsse. Er konnte sich auch des einen sowohl als des andern rühmen. Selbst in der Welt fing die Vernunft ein wenig an, durch die Finsternisse der Schule und die Vorurteile des pöbelhaften Aberglaubens zu dringen. Sein Name machte endlich so viel Aufsehens, daß man ihn durch Verheißungen nach Frankreich zurückzubringen trachtete. ... Man versprach ihm ein jährliches Gehalt von 1000 Talern. In dieser Hoffnung kam er nach Frankreich zurück, bezahlte die Unkosten des Patentes, welche damals käuflich waren, bekam kein Gehalt und kehrte, um der Weltweisheit obliegen zu können, in seine Einsamkeit nach *Nord-Holland* zurück, eben als der große

Galilei in einem achtzigjährigen Alter in den Gefängnissen der *Inquisition* seufzete, weil er bewiesen hatte, daß die Erde sich beweget.

Endlich starb er zu *Stockholm* eines frühzeitigen Todes, welchen er sich durch die Unordnung im Essen und Trinken zugezogen hatte, mitten unter etlichen Gelehrten, die seine Feinde waren, und unter den Händen eines Arztes, der ihn haßte.

Der Lebenslauf des Ritters *Newton* ist ganz anders beschaffen. Er lebte 85 Jahre beständig ruhig, glücklich und in seinem Vaterlande geehrt.

Sein größtes Glück war nicht nur, daß er in einem freien Lande, sondern auch, daß er zu einer solchen Zeit geboren wurde, in welcher die unerträgliche Philosophie der Scholastiker verbannet war. Die Vernunft allein wurde gebessert, und die ganze Welt konnte nur sein Schüler sein, nicht aber sein Feind.

Ein sonderbarer Gegensatz, in welchem er sich mit *Descartes* befindet, ist dieser, daß er bei einem so langen Lebenslauf niemals weder einer Leidenschaft noch Schwachheit unterworfen gewesen, er hat sich niemals einer Weibsperson genähert; welches mir von dem Arzt und Barbier, unter deren Händen er verschieden, versichert worden.

Dieserwegen kann man den *Newton* bewundern, man muß aber den *Descartes* nicht tadeln.

Die allgemeine Meinung über diese beiden Weltweisen in Engelland ist, daß der erste ein Träumer und der andere ein Gelehrter gewesen.

Sehr wenige Personen zu *Londen* lesen den *Descartes*, weil dessen Werke in der Tat unbrauchbar worden sind; sehr wenige auch lesen den *Newton*, weil man sehr gelehrt sein muß, wenn man ihn verstehen will. Unterdessen redet jedermann von ihnen, den Franzosen räumet man gar nichts ein, und den Engelländern mißet man alles bei.

Einige meinen, daß, wenn man den Satz nicht mehr für wahr annähme, daß ein jedes Ding das Leere in der Natur zu vermeiden suche, wenn man wisse, daß die Luft schwer sei, wenn man sich der Brillen bedienen könne, so sei man deswegen dem *Newton* verbunden. Dieser ist hier das, was *Hercules* in der Fabel ist, welchem die Unwissenden alle Taten der andern Helden zuschreiben.

189

In einer Beurteilung, welche zu *Londen* über die Rede des Herrn von *Fontenelle* herauskam, durfte man gar behaupten, *Descartes* wäre eben kein großer Erdmeßkünstler gewesen. Diese, welche so reden, müssen sich vorwerfen lassen, daß sie diejenigen von ihren eigenen Städten verheeret, von welchen sie ihre Zufuhr bekommen haben. *Descartes* hat eine ebenso große Bahn in der Erdmeßkunst zurückgelegt von dem Punkt an, wo er sie gefunden, bis zu dem, dahin er sie gebracht, gerechnet, als *Newton* nach ihm getan hat. Er ist der erste, welcher gewiesen, wie man die algebraischen Gleichungen der krummen Linien anstellen müsse. Seine Erdmeßkunst, wegen deren Bekanntmachung wir ihm Dank schuldig sind, war zu selbiger Zeit so hochgelehrt, daß kein öffentlicher Lehrer sich unterstand, solche zu erklären, und außer *Schotten* in *Holland* und *Fermat* in *Frankreich* verstand sie niemand.

Er kam mit diesem durch die Erdmeßkunst aufgeheiterten Verstand und Einbildungskraft über die Dioptrik, welche unter seinen Händen das Ansehen einer ganz neuen Wissenschaft bekam, und wenn er sich in manchen Stücken geirret hat, so kommt es daher, daß ein Mensch bei der Entdeckung neuer Länder nicht gleich auf einmal die Eigenschaften derselben angeben kann. Diejenigen, welche ihm gefolget und diese Gegenden fruchtbarer gemacht, müssen sich ihm zum wenigsten wegen der Entdeckung derselben verbunden erachten. Inzwischen will ich gerne zugeben, daß alle die andern Werke des Herrn *Descartes* voller Irrtümer stecken.

Die Erdmeßkunst war sein Leitfaden, welchen er sich einigermaßen selbst verfertiget und welcher ihn gewißlich in der Naturlehre ganz sicher würde geführet haben. Am Ende aber setzte er diesen Wegweiser hintan und überließ sich seinem systematischen Kopfe. Alsdann war seine Philosophie zum höchsten nichts mehr als eine sinnreiche Geschichte, welche den Weltweisen selbiger Zeit ziemlich wahrscheinlich vorkam. Er fehlte in dem, was das Wesen der Seele, die Beweise von der Wirklichkeit Gottes, die Materie, die Gesetze der Bewegung und die Natur des Lichtes betraf. Er behauptete die angeborenen Gedanken, er erfand neue Elemente, er schuf eine Welt, er bildete einen Menschen nach seinem Kopfe, und man hat Grund zu sagen, daß der Mensch, so wie ihn *Descartes* beschrieben, in der Tat nichts anders ist als *Descartes* selbst, das ist, nichts weniger als ein wahrhaftiger Mensch.

Er trieb seine Irrtümer in der Grundlehre so weit, daß er auch vorgab, 2 mal 2 würden nicht 4 machen, wenn es Gott nicht so gewollt hätte.[2] Allein, man sagt nicht zuviel, wenn man behauptet, daß er auch in seinen Irrtümern bewundernswürdig sei. Er fehlte, allein dies geschahe doch zum wenigsten mit einer Ordnung und durch Schluß auf Schluß. Er stürzte die abgeschmackten Grillen zu Boden, welche man seit 2000 Jahren der Jugend in den Kopf gesetzt hatte. Er lehrte die Leute seiner Zeit, vernünftig zu reden und sich seiner Waffen wider ihm selbst zu bedienen. Und wenn er ja nicht mit echter Münze bezahlet hat, so ist dies doch schon ein Großes, daß er die falsche Münze in üblen Ruf gebracht.

Ich glaube nicht, daß man seine Philosophie mit des Newton seiner mit Grund der Wahrheit auch nur im geringsten in Vergleichung setzen könne. Die erste ist ein Versuch, die andere ein Meisterstück. Derjenige aber, welcher uns auf den Weg der Wahrheit gebracht, ist vielleicht ebenso hoch zu schätzen, wie derjenige, welcher nach der Zeit das Ziel in diesen Laufschranken erreichet.

Descartes machte die Blinden sehend. Sie sahen die Fehler des Altertums und auch die seinigen. Die Bahn, welche er eröffnet, ist nach seiner Zeit unermeßlich weit worden. Das kleine Buch des *Rohault* hat vor einiger Zeit eine vollständige Naturlehre dargestellet: heutigentags machen alle Sammlungen der Europäischen Akademien noch keinen Anfang von diesem Lehrgebäude aus. Diesen Abgrund hat man bei der Untersuchung von einer unendlichen Tiefe gefunden. Jetzt wollen wir nur untersuchen, was Herr *Newton* aus diesen steilen Klippen gehauen.

Anmerkungen

1 Dieses ist die bei uns so genannte vis inertiae oder widerstehende Kraft.

2 Cartesius leugnete, daß die Wesen der Dinge notwendig und unveränderlich seien, oder ihre innere Möglichkeit vor dem göttlichen Ratschlusse. Also sagte er, Gott habe gewisse Empfindungen mit gewissen Veränderungen in den Gliedmaßen der Seele willkürlich verknüpfet. Gott habe mit einer jeden Veränderung im Leibe in der Seele verknüpfen können, was er gewollt. Er hätte demnach ebenso leicht machen können, daß uns das Saure süß und das Süße sauer schmeckte, daß uns der Schmerz annehmlich wäre, usw., als jetzt das Gegenteil stattfindet.

VOLTAIRE (1694–1778)
Gedenkrede für Madame La Marquise du Châtelet
(1752)

[63]*   Eine Frau, die Newton übersetzte und erläuterte

Diese Übersetzung, die eigentlich von den gelehrten Männern 63
Frankreichs hätte gemacht werden müssen und die nun alle anderen studieren, wurde von einer Frau unternommen und vollendet,
zum Erstaunen und zum Ruhm ihres Landes. Gabrielle-Émilie de
Breteuil, Gemahlin des Marquis du Châtelet-Laumont, General-
leutnant der Königlichen Armeen, ist die Verfasserin dieser Übersetzung, die dringend notwendig geworden war für alle, welche
sich die tiefgründigen Erkenntnisse, die die Welt dem großen Newton verdankt, zu eigen machen möchten.

Es will viel heißen für eine Frau, mit der allgemeinen Geometrie
vertraut zu sein, das genügt aber kaum, um in die sublimen Wahrheiten dieses unsterblichen Werkes einzuführen. Selbstverständlich hatte sich die Marquise du Châtelet schon sehr früh mit dem
Wissenschaftsgebiet beschäftigt, das Newton erschloß, und sie beherrschte das, was dieser große Mann lehrte. Wir haben zwei Wunder erlebt: das eine, daß Newton dieses Werk schuf, und das andere, daß eine Frau es übersetzte und erläuterte.

Das war keineswegs ihr Probestück; schon vorher hatte sie eine
Deutung der Leibnizschen Philosophie unter dem Titel *Institutions
de physique adressées à son fils* veröffentlicht; denn sie selbst hatte
ihren Sohn in Geometrie unterrichtet. Die Einleitung zu diesen
»Institutions« ist ein Meisterwerk des Verstands und der Sprache.
Im Verlauf des Buches entwickelt sie eine Methode und eine Klarheit, die Leibniz selbst nie besaß und deren seine Gedanken bedürfen, sei es, daß man sie verstehen, sei es, daß man sie widerlegen
will.

---

* Voltaire [1970], Band II, S. 63–70

Nachdem sie die Vorstellungen von Leibniz deutlich gemacht hatte, wurde sich ihr Geist, der durch diese Arbeit an Stärke und Reife noch gewonnen hatte, bewußt, daß sich ihre Forschungen für diese so kühne, aber so wenig fundierte Metaphysik nicht lohnten: ihre Seele war nicht für das Erhabene, doch für die Wahrheit geschaffen. Sie erkannte, daß die Monaden und die prästabilierte Harmonie in Verbindung mit den drei Elementen von Descartes gesehen werden mußten, und daß die Systeme, die lediglich scharfsinnig und geistreich waren, nicht verdienten, weiter bearbeitet zu werden. Hatte sie vorher den Mut gehabt, Leibniz zu bereichern und zu vervollkommnen, so war sie jetzt mutig genug, ihn wieder aufzugeben, was höchst selten ist für jemand, der einer bestimmten Meinung zugewandt ist, was jedoch einer unermüdlich nach Wahrheit strebenden Seele kaum schwerfällt.

Nachdem sie sich von jedem Denksystem gelöst hatte, nahm sie sich den Grundsatz der Royal Society in London zur Richtschnur *nullius in verba*[1]; und weil die Lauterkeit ihres Geistes sie zur Gegnerin von Parteien und Systemen gemacht hatte, widmete sie sich voll und ganz Newton, der in der Tat niemals Systeme aufstellte, nie Dinge voraussetzte und keine Wahrheit lehrte, die sich nicht auf die sublimste Geometrie und auf unanfechtbare Experimente gründeten. Die Mutmaßungen, die er am Ende seines Buches unter der Überschrift *Recherches* wagt, sind nichts als Zweifel, und er legt sie als solche dar; es wäre kaum denkbar, daß derjenige, der stets nur eindeutige Wahrheiten gelten ließ, nicht an allem Übrigen zweifelte.

Alles, was hier als Prinzip dargelegt wird, verdient wirklich, so genannt zu werden; es sind die unerläßlichen Grundkräfte der Natur, die vor ihm unbekannt waren; und man darf sich nicht mehr Physiker nennen, ohne sie gründlich zu kennen.

Man muß sich davor hüten, dieses Buch als ein System zu betrachten, das heißt als eine Anhäufung von Wahrscheinlichkeiten, die dazu dienen können, irgendwelche Erscheinungen in der Natur als gut oder schlecht zu erklären.

Wäre heute irgend jemand noch so töricht, auf der subtilen und geriffelten Materie zu beharren oder zu sagen, die Erde sei eine verkrustete Sonne, der Mond sei in den Strudel der Erde hineingeraten, die subtile Materie erzeuge die Schwerkraft, oder aber alle diese phantastischen Vorstellungen aufrechtzuerhalten, welche die Alten an die Stelle der Unwissenheit setzten, so würde man sagen: Dieser Mann ist Kartesianer; würde er an die Monaden glauben, hieße es: Er ist Leibniziander; doch wer die Elemente des Euklid kennt, wird nicht Euklidianer genannt, und wer nach Galilei angibt, in welcher Geschwindigkeit die Körper fallen, ist kein Anhänger Galileis. In England wird derjenige, der die Infinitesimalrechnung beherrscht, Versuche mit dem Licht angestellt hat, die Gravitationsgesetze kennt, ebensowenig Newtonianer genannt. Es ist das Privileg des Irrtums, sich nach einer Sekte zu benennen. Hätte Platon unbetrittene Wahrheiten entdeckt, so hätte es keine Platoniker gegeben, und alle Menschen hätten nach und nach gelernt, was Platon lehrte; weil jedoch angesichts der Unwissenheit, die auf unserer Erde herrscht, die einen an dem einen Irrtum festhielten und die anderen an dem anderen, kämpfte man unter verschiedenen Fahnen; es gab Peripatetiker, Platoniker, Epikureer, Zenonisten, so lange, bis es Weise gab.

Wenn in Frankreich jene Philosophen, die sich zu den Einsichten bekennen, die Newton der Menschheit schenkte, als Newtonianer gelten, so zeigt das ein Überbleibsel von Unwissenheit und Vorurteil. Diejenigen, die nur eine schwache, und diejenigen, die eine falsche Vorstellung von dem haben, woraus sich Großartiges und Erhabenes vielschichtig zusammensetzt, glaubten jedoch, Newton habe ungefähr wie Gassendi einzig und allein Descartes bekämpft. Sie hörten von seinen Entdeckungen und hielten sie für ein neues System. So erklärte man sich in Frankreich auch gegen Harvey, als er den Blutkreislauf demonstrierte. Wer die neue Erkenntnis guthieß, die das Publikum nur für eine Ansicht hielt, wer für sie einzutreten wagte, war ein *harvéiste* und *circulateur*. Alle neuen Entdeckungen sind, wie wir zugeben müssen, von draußen zu uns gekommen, und sie sind alle angefochten worden. Selbst die Experimente Newtons mit dem Licht stießen bei uns auf heftigen Widerspruch. Nach alledem überrascht es nicht, daß auch die allgemeine Schwerkraft der Materie, nachdem sie bewiesen worden war, bei uns ebenfalls bekämpft wurde.

Die großartigen Erkenntnisse, die wir Newton verdanken, konnten sich in Frankreich erst völlig durchsetzen, nachdem eine ganze Generation in den Irrtümern Descartes' alt und grau gewor-

66

den war; denn jede Wahrheit sowie jedes Verdienst hat die Zeitgenossen zu Feinden.

Turpe putaverunt parere minoribus; et quae
Imberbes didicere, senes perdenda fateri.[2]

Der Alte mag nicht wertlos nennen, was er
Als bartloser Knabe einst lernte.

Madame du Châtelet hat der Nachwelt einen zweifachen Dienst erwiesen: Sie übersetzte die *Principes* und sie bereicherte sie um einen Kommentar. Zwar verstehen alle Gelehrten die lateinische Sprache, in der das Buch geschrieben ist, doch kostet es stets einige Mühe, abstrakte Dinge in einer fremden Sprache zu lesen. Außerdem hat das Lateinische keine Begriffe, um mathematische und physikalische Tatbestände auszudrücken, die den Alten unbekannt waren.

Die Neuzeit mußte neue Worte bilden, um die neuen Gedanken ausdrücken zu können; das ist ein großer Nachteil der naturwissenschaftlichen Bücher, und man muß einräumen, daß es nicht mehr der Mühe wert ist, die Bücher in einer toten Sprache zu schreiben, weil man stets neue, im Altertum unbekannte Ausdrücke hinzunehmen muß, die nur Verwirrung schaffen können. Das Französische, die in Europa gebräuchlichste Sprache, verfügt über alle die neuen und notwendigen Ausdrücke und eignet sich daher viel besser als das Latein, diese neuen Erkenntnisse in der Welt zu verbreiten.

Zum *Commentaire algébraique* ist zu sagen, daß es sich dabei um eine Arbeit handelt, die über die Übersetzung hinausgeht. Madame du Châtelet schrieb diesen Kommentar nach den Vorstellungen von M. Clairault; sie stellte alle Berechnungen selbst auf, und wenn sie ein Kapitel abgeschlossen hatte, sah Clairault die Arbeit durch und korrigierte sie.

67   Doch nicht genug damit, in ein so schwieriges Werk kann sich unbemerkt ein Irrtum einschleichen; beim Schreiben setzt man leicht ein Zeichen für ein anderes; Clairault ließ die Berechnungen von einem dritten noch einmal durchsehen, nachdem sie ins Reine geschrieben waren. Damit ist so gut wie undenkbar, daß sich ein

Flüchtigkeitsfehler in dieses Werk eingeschlichen haben könnte; dies um so mehr, als eine Arbeit, an der Clairault mitgewirkt hat, kaum anders als hervorragend in ihrer Art sein kann.

So sehr es uns wundernimmt, daß eine Frau ein solches Werk zu vollenden vermochte, das so große Kenntnisse und eine so hart-näckige Arbeit erforderte, so sehr beklagen wir ihren vorzeitigen Tod. Sie hatte den *Commentaire* noch nicht ganz beendet, als sie ahnte, daß der Tod sie ereilen würde. Sie war eifersüchtig auf ihren Ruhm bedacht, und fremd war ihr jene hochmütige falsche Be-scheidenheit, die zu verachten scheint, was man sich wünscht, und die so tut, als sei man über solchen Ruhm erhaben, der doch der einzige wahre Lohn derer ist, die der Öffentlichkeit dienen, und der allein großen Seelen gebührt; ihn zu suchen, steht ihnen wohl an, und nur der gibt vor, ihn geringzuschätzen, der sich außer-stande fühlt, ihn zu erlangen.

Diese Sorge um ihren Ruhm bestimmte sie, einige Tage vor ih-rem Tod, ihr eigenhändig geschriebenes Buch in der Bibliothek des Königs zu hinterlegen.

Mit diesem Streben nach Ruhm verband sie eine nicht alltägli-che Schlichtheit, die wohl häufig die Frucht ernsthafter Studien ist. Keine Frau war jemals so gelehrt wie sie, und keine hat so wenig verdient, daß es von ihr hieß: Sie ist eine gelehrte Frau. Sie sprach immer nur mit denen über Naturwissenschaften, von denen sie glaubte, etwas lernen zu können; und niemals sprach sie darüber, nur um die Aufmerksamkeit auf sich zu lenken. Sie hat nicht jene Zirkel bei sich versammelt, in denen man geistigen Krieg führt und eine Art Tribunal errichtet, vor dem man sein Jahrhundert richtet und zum Dank dafür selbst sehr streng gerichtet wird. Sie hat lange in Kreisen gelebt, die nicht wußten, was sie war, und sie beachtete solche Unwissenheit nicht.

Die Damen, die mit ihr bei der Königin spielten, waren weit 68 entfernt, auch nur zu ahnen, daß sie neben dem Kommentator Newtons saßen, sondern hielten sie für eine ganz gewöhnliche Per-son; nur manchmal wunderte man sich über die Schnelligkeit und die Genauigkeit, mit der man sie Rechnungen aufstellen und dabei auftretende Differenzen ausgleichen sah. Sobald irgendwelche Berechnungen anzustellen waren, konnte sie die Denkerin und Philosophin nicht mehr verbergen. Eines Tages sah ich sie bis zu neunstellige Zahlen durch andere neunstellige Zahlen im Kopf dividieren, und das ohne jedes Hilfsmittel und in Gegenwart eines erstaunten Mathematikers, der ihr nicht folgen konnte.

Sie besaß eine eigentümliche angeborene Sprachgewandtheit, die sich jedoch nur an angemessenen Objekten entfalten konnte. Briefe, in denen es nur darum geht, geistreich zu sein, spritzige Feinheiten, elegante Wendungen in alltägliche Gedankengänge zu kleiden, entsprachen nicht ihrem unermeßlichen Talent. Ihre Sprachgewandtheit zeichnete sich durch Treffsicherheit, Deutlichkeit, Genauigkeit und Kraft aus. Eher hätte sie wie Pascal und Nicole schreiben können, aber niemals wie Madame de Sévigné. Diese Unbestechlichkeit und Gediegenheit ihres Geistes machte sie jedoch nicht unempfindlich für die Schönheiten des Gefühls. Sie war erfüllt von dem Zauber der Poesie und der Rhetorik, und kein Ohr war je so empfänglich für Wohlklang und Harmonie. Die schönsten Verse wußte sie auswendig, minderwertige waren ihr unerträglich. Sie war Newton darin überlegen, daß sie die Tiefe der Philosophie mit dem lebendigsten und feinsten Sinn für Literatur verband. Einen Philosophen, der sich allein auf die trockenen, kargen Wahrheiten beschränkt und dem die Kostbarkeiten der Phantasie und des Gefühls abgehen, kann man nur bedauern.

Von frühester Jugend an bildete sie ihren Geist an guten Büchern in mehr als einer Sprache. Sie hatte begonnen, die Äneis zu übersetzen, und die einzelnen Teile, die ich daraus gelesen habe, atmen den Geist der Verfasserin; später hat sie Italienisch und Englisch gelernt. Tasso und Milton waren ihr ebenso vertraut wie Vergil. Im Spanischen machte sie nicht so gute Fortschritte, weil man ihr gesagt hatte, es gebe in dieser Sprache höchstens ein berühmtes Buch, und das sei frivol.

Das Studium ihrer Muttersprache war eine ihrer Hauptbeschäftigungen. Es gibt handschriftliche Anmerkungen von ihr, aus denen man trotz aller Unsicherheit und sonderbar eigenwilliger Grammatik diesen philosophischen Geist spürt, der überall dominieren muß und den Weg durch alle Labyrinthe weist.

Man sollte nicht glauben, daß sie bei dieser Fülle von Arbeit, die der fleißigste Gelehrte kaum bewältigt hätte, noch die Zeit fand, nicht nur alle ihre gesellschaftlichen Pflichten zu erfüllen, sondern auch mit großer Freude an allen Vergnügungen teilzunehmen. Der großen Welt widmete sie sich so gern wie dem Studium. Alles, was die Gesellschaft beschäftigte, interessierte sie, nur üble Nachrede nicht. Niemals ging sie auf Gespött und Klatsch ein. Sie hatte keine Zeit und keine Lust, so etwas zu bemerken, und wenn man ihr sagte, einige Leute seien ungerecht gegen sie gewesen, so antwortete sie, sie wolle nichts davon wissen. Eines Tages zeigte man ihr eine gewisse erbärmliche Broschüre, in der jemand, dem es nicht vergönnt gewesen war, sie zu kennen, es wagte, Schlechtes über sie zu sagen; sie meinte nur, wenn der Verfasser schon seine Zeit damit vergeudet habe, solch unnützes Zeug zu schreiben, so wolle sie die ihre nicht damit verlieren, es zu lesen: als sie am anderen Tag hörte, der Verfasser dieser Schmähschrift sei eingesperrt worden, setzte sie sich schriftlich für ihn ein, ohne daß er es jemals erfuhr.

Am französischen Hof war die Trauer über ihren Tod so groß, wie das in einem Lande, wo über persönlichen Interessen so leicht alles andere vergessen wird, überhaupt nur möglich ist. Allen, die sie persönlich gekannt haben und denen es vergönnt gewesen ist, die Weite ihres Geistes und die Größe ihrer Seele zu erleben, bleibt sie unvergessen.

Für ihre Freunde wäre es ein Glück gewesen, sie hätte diese Arbeit, die nun den Gelehrten zugute kommen wird, nicht unternommen. Ihr Schicksal beklagend kann man von ihr sagen: *periit... arte sua.*[3]

Lange ehe das Schicksal sie uns entriß, fühlte sie sich todgeweiht. Von diesem Augenblick an war sie nur noch darauf bedacht, in der kurzen, ihr wahrscheinlich noch verbleibenden Zeit das zu vollenden, was sie begonnen hatte, und dem Tod das zu entwinden, was sie für den besten Teil ihres Selbst hielt. Ihr Eifer und ihre Besessenheit und zahllose durcharbeitete Nächte, zu einer Zeit, da Ruhe sie hätte retten können, führten zuletzt ihren Tod herbei, den sie geahnt hatte. Sie fühlte ihr Ende nahen, und mit eigentümlich gemischten Gefühlen, die miteinander im Streit zu liegen schienen, sah man sie den Verlust des Lebens beklagen und den Tod unerschrocken erwarten. Der Schmerz über einen Abschied für immer lastete schwer auf ihrer Seele, und die Philosophie, die ihren Geist erfüllte, schenkte ihr den großen Mut. Ein Mann, der sich schmerzlich von seiner untröstlichen Familie losreißt und sich nachdenklich auf eine lange Reise vorbereitet, ist nur ein schwaches Abbild ihres Schmerzes und ihrer Haltung; und jene, die Zeugen ihrer letzten Augenblicke waren, haben diesen Verlust doppelt schmerzlich empfunden und gleichzeitig die Kraft ihres Geistes bewundert, der so bewegenden Schmerz mit so unerschütterlicher Standhaftigkeit verband.

Sie starb im Schloß von Lunéville am 10. September 1749 im Alter von dreiundvierzig Jahren und sechs Monaten und wurde in der dortigen Kapelle beigesetzt.

Anmerkungen

1 Horaz, Briefe I, 1, 14: *nullius addictus jurare in verba magistri* = keinem Mentor verpflichtet, auf seine Worte zu schwören.
2 Horaz, Briefe II, 1, Vers 84–85.
3 «Sie starb an ihrer Kunst.» (Ovid)

VOLTAIRE (1694–1778)
Der unwissende Philosoph (1766)

[64]* Von der besten der Welten

Wie ich so nach allen Richtungen lief, um mich zu unterrichten, stieß ich auf Schüler Platons. »Kommt mit uns«, sagte einer von ihnen, »wir sind in der besten aller Welten; wir haben unseren Meister weit übertroffen. Zu seiner Zeit gab es nur fünf mögliche Welten, weil es nur fünf regelmäßige Körper gibt; insofern es aber heute eine unendliche Zahl möglicher Welten gibt, hat Gott die beste ausgewählt; kommt mit, so wird es Euch wohlergehen.« Ich antwortete bescheiden: »Die Welten, die Gott erschaffen konnte, waren entweder besser oder genau gleich oder schlechter; die schlechteste konnte er nicht nehmen; diejenigen, die gleich waren, sofern es sie gab, waren es nicht wert, vorgezogen zu werden; sie waren ganz und gar dieselben; man konnte unter ihnen nicht wählen; die eine nehmen hieß soviel wie die andere nehmen. Folglich ist es unmöglich, daß er nicht die beste genommen hat. Aber wieso waren die anderen möglich, wenn es unmöglich war, daß sie existierten?«

Er legte vor mir alles sehr schön auseinander, indem er immerzu, ohne auf mich zu hören, versicherte, die Welt hier sei die beste aller in Wirklichkeit unmöglichen Welten. Da sie jedoch innewurden, daß mich ein Steinleiden plagte und ich unerträgliche Schmerzen litt, geleiteten mich die Bürger der besten der Welten in das nächstgelegene Hospital. Unterwegs wurden zwei dieser glückseligen Bewohner von Geschöpfen, die ihresgleichen waren, entführt; man belud sie mit Ketten, den einen wegen einiger Schulden, den anderen auf bloßen Verdacht hin. Ich weiß nicht, ob ich in

226

---

* Voltaire [1970], Band II, S. 225–227

das beste aller möglichen Hospitäler gebracht wurde; doch wurde ich mit zwei- oder dreitausend Elenden, die wie ich litten, zusammengepfercht. Es gab da zahlreiche Vaterlandsverteidiger, die mir mitteilten, man habe sie bei lebendigem Leib trepaniert und seziert, man habe ihnen Arme und Beine abgeschnitten und viele Tausende ihrer edelmütigen Landsleute seien in einer der dreißig Schlachten des letzten Krieges hingemetzelt worden, und dieser Krieg ist ungefähr der hunderttausendste, seit wir Kriege kennen. Man sah auch in diesem Haus an die tausend Personen beiderlei Geschlechts, die gräßlichen Gespenstern glichen und die man mit einem bestimmten Metall abrieb, weil sie dem Gesetz der Natur willfahrt hatten und weil die Natur, wieso weiß ich nicht, die Vorkehrung getroffen hatte, den Quell des Lebens in ihnen zu vergiften. Ich dankte meinen beiden Geleitern.

Als man mir ein recht scharfes Messer in die Blase gesenkt und ein paar Steine aus diesem Steinbruch gefördert hatte, als ich genesen war und mir für den Rest meiner Tage nur noch ein paar schmerzhafte Unbequemlichkeiten hinterblieben, stellte ich mich meinen Führern vor und nahm mir die Freiheit, zu ihnen zu sagen, es gebe zwar Gutes in der Welt, insofern man mir vier Kiesel aus dem Schoß meiner zerfetzten Eingeweide gezogen habe, doch wäre mir lieber gewesen, wenn meine Blasen Laternen und nicht Steinbrüche gewesen wären. Ich sprach zu ihnen von den Übelständen und den Verbrechen ohne Zahl, die diese vortreffliche Welt überziehen. Der Unerschrockenste von ihnen, es war ein Deutscher, mein Landsmann, ließ mich wissen, das alles sei nur eine Bagatelle.

»Es war«, sagte er, »eine große Gunst, die der Himmel dem Menschengeschlecht erwies, daß Tarquinius Lukrezia Gewalt antat und daß Lukrezia sich erdolchte, weil man die Tyrannen davonjagte und die Vergewaltigung, der Selbstmord und der Krieg eine Republik begründeten, die den eroberten Völkern zum Glück ausschlug.« Zu diesem Glück konnte ich mich nur schwer verstehen. Ich vermochte zuerst nicht zu begreifen, worin das Glück der Gallier und der Spanier beruht hatte, von denen, wie es heißt, Caesar drei Millionen umkommen ließ. Die Verheerungen und die Plünderungen dünkten mich auch etwas Unliebsames. Aber der Verteidiger des Optimismus ließ nicht locker; er sagte immerfort zu mir,

227

wie der Kerkermeister des Don Carlos: »*Friede, Friede, es ist zu Eurem Besten.*« Schließlich, in die Enge getrieben, sagte er zu mir, man brauche sich um dieses Klümpchen von Erde nicht zu kümmern, auf dem alles schief gehe, wohingegen auf dem Stern Sirius, im Orion, im Auge des Stiers und sonstwo alles vollkommen sei. »Also auf, dorthin«, sagte ich zu ihm.

Ein kleiner Theologe zupfte mich am Ärmel, er vertraute mir an, die Leute da seien Träumer; es sei durchaus nicht nötig, daß es auf der Welt Böses gebe, die Erde sei ausgesprochen zu dem Zweck erschaffen worden, daß es auf ihr immerdar nur Gutes geben solle. »Und um es Euch zu beweisen«, sagte er zu mir, »wisset denn, daß ehemals zehn oder zwölf Tage lang die Dinge auch so liefen.« – »Ach«, antwortete ich ihm, »wie schade, Ehrwürdiger Vater, daß das nicht so weitergegangen ist.«

LEONHARD EULER (1707–1783)
Briefe an eine deutsche Prinzessin (1760)

[65]* 68. Brief: Der Streit der Philosophen über die Ursache der allgemeinen Gravitation

Nachdem ich Ew. H. einen allgemeinen aber vollständigen Begriff
von den Kräften gegeben habe, welche die vornehmsten Erscheinungen in der Welt verursachen, und auf welche die Bewegung
aller himmlischen Körper sich gründet: so ist es nöthig die Kräfte
genau zu untersuchen, die das System der Attraction annimmt.
Man nimmt in diesem Systeme an, daß alle Körper sich nach dem
Verhältnisse ihrer Massen und ihrer Entfernungen, dem oben erklärten Gesetze zu folge, an sich ziehen. Die glückliche Erklärung
der meisten Erscheinungen der Natur, die man daraus herleitet,
beweist hinlänglich, daß diese Hypothese vollkommen wahr sey;
so daß man es für die ausgemachteste Erfahrung halten kann, daß
alle Körper sich einander wechselweise anziehen. Jetzo kommt es
darauf an, die wahre Quelle dieser anziehenden Kraft zu entdek-
ken, welches aber eigentlich mehr für die Metaphysik als Mathematik gehört; und ich kann mir nicht schmeicheln, daß mir dieß
eben so gut gelingen wird.

Da es ausgemacht ist, daß jede zwey Körper, die man sich denkt,
gegen einander angezogen werden: so ist es natürlich, nach der
Ursache dieser gegenseitigen Neigung zu fragen. Die Englischen
Philosophen behaupten, daß es eine wesentliche Eigenschaft aller
Körper sey, sich wechselsweise anzuziehen; und daß alle Körper
gleichsam eine gewisse natürliche Neigung gegen einander haben,
kraft welcher sie sich bemühen einander näher zu kommen, so als
wenn sie eine Empfindung oder Begierde hätten. Andere Philo-

---

* Euler [1986], S. 73–74

sophen sehen diese Meynung für ungereimt und den Grundsätzen einer gesunden Philosophie widersprechend an. Die Sache selbst leugnen sie nicht, sie geben sogar zu, daß es wirklich in der Welt Kräfte gebe, welche die Körper gegen einander stoßen; aber sie behaupten, daß diese Kräfte von außen auf die Körper wirken; und daß diese im Aether, der feinen Materie, die alle Körper umgiebt, liegen; so wie wir sehen, daß ein im Wasser untergetauchter Körper eine Menge Eindrücke von demselben bekommen kann, wodurch er in Bewegung gesetzt wird. Also hat nach den erstern, die Attraction ihren Grund in den Körpern selbst und in ihrer eignen Natur; nach den letztern liegt er außer den Körpern in der feinen flüßigen Materie, die sie umgiebt. In diesem Falle wäre das Wort Attraction eigentlich nicht richtig; man müßte vielmehr sagen, daß ein Körper gegen den andern gestoßen würde. Aber weil die Wirkung einerley ist, es mögen zwey Körper gegen einander gezogen oder gestoßen werden: so macht das bloße Wort Anziehung keinen Unterschied, wenn man nur dadurch nicht die Natur der Ursache selbst bestimmen will. Um alle Verwirrung zu vermeiden, die der Ausdruck hervor bringen könnte, sollte man aber doch lieber sagen: die Körper bewegen sich so als wenn sie einander anzögen. Dadurch ließe man unausgemacht, ob die Kräfte, die auf die Körper wirken, in oder außer ihnen ihren Sitz haben. Wir wollen bey den Körpern, die wir auf der Oberfläche der Erde finden, stehen bleiben. Niemand kann zweifeln, daß alle diese Körper herunter fallen, sobald sie nicht mehr unterstützt werden; also ist nun die Frage: Welches die wahre Ursache dieses Falles sey? Die einen sagen, daß es die Erde sey, welche diese Körper durch eine Kraft anziehe, die ihr vermöge ihrer Natur zukäme. Die andern sagen, daß es der Aether oder eine andere feine und unsichtbare Materie sey, welche die Körper nach unten stoße, so daß in beyden Fällen der Erfolg einerley ist. Die letzte Meynung gefällt denen mehr, die in der Philosophie helle und begreifliche Grundsätze lieben; weil sie nicht sehen, wie zwey von einander entfernte Körper auf einander wirken können, ohne daß etwas zwischen ihnen sey. Die andern berufen sich auf die göttliche Allmacht, und behaupten, daß Gott alle Körper mit der Kraft, andere Körper an sich zu ziehen, begabt habe. Unerachtet es gefährlich ist, über das, was Gott möglich oder unmöglich sey, zu streiten, so ist doch gewiß, daß, wenn die Attraction ein unmittelbares Werk der göttlichen Allmacht wäre, ohne in der Natur der Körper gegründet zu seyn: dieß eben so viel heißen würde, als wenn man sagte, daß Gott unmittelbar die Körper gegen einander stieße, welches also beständige Wunder wären. Wir wollen setzen, es wären vor Erschaffung der Welt nichts als zwey von einander entfernte Körper hervor gebracht, außer ihnen existirte nichts, und beyde wären in Ruhe. Wäre es wohl möglich, daß der eine sich dem andern näherte, oder daß sie eine Neigung hätten, einander näher zu kommen? Wie würde aber eines das andere in der Entfernung gewahr werden? Wie, die Begierde bekommen, sich mit ihm zu vereinigen? Dieß sind Begriffe, welche die Vernunft wider sich aufbringen. Aber sobald man annimmt, daß der Raum zwischen den Körpern mit einer feinen Materie angefüllt ist: so sieht man gleich ein, daß diese Materie auf die Körper, durch den Stoß, wirken kann, und die Wirkung daraus beynahe eben dieselbe seyn muß, als wenn sie sich wechselsweise anzögen. Da wir nun wissen, daß in der That eine solche flüßige Materie vorhanden ist, welche den Raum zwischen den himmlischen Körpern ausfüllt, ich meyne der Aether: scheint es vernünftiger zu seyn, der Wirkung des Aethers die gegenseitige Anziehung der Körper zuzuschreiben, wenn man auch die Art dieser Wirkung nicht einsieht, als zu einer ganz unverständlichen Eigenschaft seine Zuflucht zu nehmen. Die alten Philosophen haben sich begnügt, die Erscheinungen in der Welt durch solche Ursachen zu erklären, die sie Qualitates occultas nannten. So sagten sie das Opium habe eine Qualitas occulta, die es fähig mache den Schlaf zu erregen. Das hieß in der That nichts erklären, oder es hieß vielmehr seine Unwissenheit verbergen. Wenn man also die Attraction für eine innere Eigenschaft der Körper ausgiebt, so muß man sie ebenfalls für eine Qualitas occulta ansehen. Aber da man heute zu Tage die Qualitates occultas aus der Philosophie verbannt hat, so muß es die Attraction, in diesem Verstande genommen, auch seyn.

den 18. Oct. 1760.

69. Brief: Von der Natur und dem Wesen der Körper: Ihre Ausdehnung, ihre Beweglichkeit und ihre Undurchdringlichkeit

Der metaphysische Streit, ob die Körper eine innere Kraft haben, sich einander anzuziehen, oder durch eine äußere Kraft gestoßen werden, kann nicht ohne eine genauere Untersuchung der Natur der Körper überhaupt entschieden werden. Da diese Sache nicht bloß in der Mathematik und Physik, sondern auch in der Philosophie von der größten Wichtigkeit ist; so werden Ew. H. es mir erlauben, über diese Materie ein wenig ausführlicher zu seyn.

Zuerst fragt man: Was ist denn ein Körper? So ungereimt diese Frage scheinen mag, weil jedermann zwischen dem was Körper und was nicht Körper ist, zu unterscheiden weiß: so ist es dem unerachtet schwer, die wahren Kennzeichen anzugeben, welche die Natur der Körper ausmachen. Die Cartesianer sagen, daß die Natur der Körper in der Ausdehnung bestehe, so daß alles, was ausgedehnt ist, auch ein Körper sey. Sie verstehen nämlich eine Ausdehnung von drey Dimensionen. Denn sie wissen aus der Geometrie sehr wohl, daß eine einzige Dimension, oder die Ausdehnung nach einer bloßen Länge, die Linie; und zwey Dimensionen, wo nur Länge und Breite ist, nichts als eine Fläche, aber: keinen Körper ausmachen. Drey Dimensionen gehören zu einem Körper; das heißt, jeder Körper muß eine Länge, Breite und Dicke haben. Aber nun fragt man, ob alles, was eine Ausdehnung hat, auch zugleich ein Körper sey. Das müßte seyn, wenn Cartesii Erklärung richtig wäre. Aber der Begriff, den sich das gemeine Volk von Gespenstern macht, enthält den Begriff der Ausdehnung, und man leugnet dem unerachtet, daß dieß Körper sind. Dieser Begriff ist zwar eine bloße Einbildung; aber er kann doch zum Beweise dienen, daß man sich etwas ausgedehntes denken könne, das kein Körper ist. Eben so enthält der Begriff, den wir uns vom Raume machen, ohne Zweifel eine Ausdehnung nach drey Dimensionen, und doch giebt man nicht zu, daß der bloße Raum ein Körper sey. Er kann nur den Ort geben, den die Körper einnehmen oder ausfüllen. Gesetzt, alle Körper, die jetzt in meinem Zimmer sind, und

75

---

* Euler [1986], S. 74–75

selbst die Luft darinnen, würden durch die göttliche Allmacht vernichtet: so würde doch noch in meiner Stube Länge, Breite und Dicke bleiben, ohne daß ein Körper da wäre. Also sieht man wenigstens die Möglichkeit von etwas Ausgedehntem, das kein Körper sey. Einen solchen Raum ohne Körper nennt man eine Leere, und eine Leere ist also eine Ausdehnung ohne Körper. Es ist demnach klar, daß zum Körper die Ausdehnung nicht genug ist; daß noch etwas mehr hinzu kommen muß, um die Natur desselben auszumachen; und daß also die Erklärung des Cartesius falsch ist. Aber was ist das nun, das außer der Ausdehnung noch zum Körper gehört? Man sagt die Beweglichkeit, oder die Fähigkeit bewegt zu werden. Denn ein Körper mag in Ruhe und noch so sehr befestigt seyn: so ist es immer möglich ihn zu bewegen, wenn nur die Kraft groß genug ist. Dadurch schließt man den Raum von der Zahl der Körper aus, weil man sieht, daß der Raum, der nur dazu dient, die Körper aufzunehmen, selbst unbeweglich bleibt; die Körper, die er enthält, mögen sich bewegen wie sie wollen. Man sagt auch: daß durch die Bewegung die Körper von einem Orte zum andern gebracht werden; wodurch man also zu verstehen giebt, daß Raum und Ort unbeweglich bleiben. Unterdessen könnte doch mein Zimmer mit dem oben angenommenen leeren Raume in ihm bewegt werden, und wird es in der That, weil es durch die Bewegung der Erde mit fortgerissen wird. Hier wäre also ein leerer Raum der sich bewegte, ohne ein Körper zu seyn. So nimmt auch der Aberglaube bey den Gespenstern eine Bewegung an, ob er sie gleich nicht für Körper hält; und also müssen Ausdehnung und Beweglichkeit noch nicht die einzigen Eigenschaften seyn, die das Wesen des Körpers ausmachen. Es gehört noch mehr, es gehört Materie dazu, wenn ein Körper da seyn soll; oder vielmehr, man nennt Materie das, was den Körper von einer bloßen Ausdehnung unterscheidet. Nun kommt es also darauf an, zu erklären, was Materie sey, weil ohne sie das Ausgedehnte nicht ein Körper seyn kann. Da aber die Bedeutung beyder Wörter so vollkommen einerley ist, daß alles, was Körper ist, auch Materie, und alle Materie Körper ist: so haben wir wenig dabey gewonnen. Unterdessen findet man doch ein allgemeines Kennzeichen, das aller Materie, und also auch allen Körpern eigen ist; und dieses ist die *Undurchdringlichkeit*, oder die Unmöglichkeit, daß zwey Körper zugleich einerley Ort einnehmen können. In der That ist es diese Undurchdringlichkeit, die dem leeren Raume, und nach der gemeinen Meynung, den Gespenstern fehlt, und macht daß sie keine Körper sind. Wäre ein Gespenst (so eingebildet es auch seyn mag) undurchdringlich, das heißt, könnte man nicht mit der Hand hindurch fahren, ohne einen Widerstand zu finden: so würde man nicht anstehen, es unter die Körper zu rechnen. So bald man es aber als durchdringlich ansieht: so bald leugnet man seine Körperlichkeit. Vielleicht wird man mir einwenden, daß man die Hand durch die Luft und das Wasser hindurch bewegen kann, die dem ungeachtet von jedermann für Körper erkannt werden. Das wären demnach durchdringliche Körper, und die Undurchdringlichkeit wäre also kein wesentliches Kennzeichen aller Körper. Aber man muß wissen, daß, wenn man die Hand durchs Wasser bewegt, die Wassertheilchen der Hand ausweichen, und daß, wo die Hand ist, nun kein Wasser mehr sey. Könnte die Hand dergestalt durchs Wasser hindurch gehen, daß das Wasser der Hand nicht entgienge, sondern an eben dem Orte bliebe wo die Hand ist: so würde das Wasser durchdringlich seyn. Aber es ist klar, daß das nicht geschieht. Also sind alle Körper undurchdringlich, oder jeder Körper schließt von dem Orte, den er selbst einnimmt, alle andere Körper aus; kein anderer kann an diesen Ort kommen, ohne daß der erste ihn zuvor verlassen hätte. Das ist der Sinn, in dem man das Wort Undurchdringlichkeit nehmen muß.

den 21. Oct. 1760

[67]* 80. Brief: Von der Natur der Geister

Madame, 89
Ich hoffe, daß Ew. H. von der Gründlichkeit der Schlüsse überzeugt seyn werden, wodurch ich Sie zur Kenntniß der Körper und der Kräfte, die den Zustand der Körper verändern, geführt habe. Alles ist auf die ausgemachtesten Erfahrungen und auf Grundsätze der Vernunft gebaut. Nichts ist darin anstößig, oder wider-

---

* Euler [1986], S. 89–90

spricht andern Grundsätzen, die eben so gewiß sind. Nur seit kurzem erst ist man in diesen Untersuchungen glücklich gewesen; denn vordem hat man sich von der Natur der Körper so seltsame Begriffe gemacht, daß man ihnen alle Arten von entgegengesetzten Kräften zugeschrieben hat, die sich nothwendig unter einander aufheben mußten.

Die Kräfte, welche die Elemente der Materie haben und wodurch sie sich beständig bemühen sollen, ihren Zustand zu verändern, geben ein sehr merkwürdiges Beyspiel davon ab; ohne der anziehenden Kraft zu gedenken, die einige für eine wesentliche Eigenschaft der Materie ansehen.

Einige haben sich eingebildet, daß selbst die Materie wohl auf eine solche Art hätte eingerichtet werden können, daß sie ein Vermögen zu denken hätte. Daher sind die sogenannten Materialisten unter den Philosophen entstanden, die unsre Seelen und überhaupt alle Geister für materiell halten oder vielmehr das Daseyn der Seelen und der Geister läugnen. Aber sobald man den rechten Weg nimmt, zur Erkenntniß der Körper zu gelangen, der ganz auf die Kraft der Trägheit und auf die Undurchdringlichkeit hinaus läuft, wovon jene die Körper in ihrem Zustande zu verbleiben nöthigt und diese eine Quelle der Kräfte ist, die ihren Zustand verändern; so verschwinden auf einmal alle diese Phantomen von Kräften, deren ich erwähnt habe; und nichts könnte widersinniger seyn, als wenn man den Körpern eine Fähigkeit zu denken einräumte. Denken, urtheilen, schließen, empfinden, reflektiren und wollen sind Eigenschaften, die sich mit der Natur der Körper nicht vereinbaren lassen, und die Wesen, die damit begabt sind, müssen von einer gänzlichverschiednen Natur seyn. Man nennet sie Seelen und Geister, und derjenige, welcher diese Eigenschaften in dem höchsten Grade besitzet, ist Gott.

Es ist also ein unendlichgroßer Unterschied zwischen Körpern und Geistern. Den Körpern kömmt nichts, als die Ausdehnung, die Trägheit und die Undurchdringlichkeit zu, Eigenschaften, welche alle Empfindung ausschließen; dahingegen die Geister mit der Fähigkeit begabt sind, zu denken, zu urtheilen, zu schließen, zu empfinden, zu reflektiren, zu wollen oder sich für den einen Gegenstand mehr als für den andern zu bestimmen. Hier findet weder Ausdehnung, noch Trägheit, noch Undurchdringlichkeit statt;

diese körperlichen Eigenschaften sind unendlich weit von den Geistern entfernt.

Andere Weltweisen, die nicht wissen, auf welche Seite sie treten sollen, glauben nichts unmögliches darinn zu finden, daß Gott der Materie ein Vermögen zu denken gebe. Dieß sind eben diejenigen, welche behaupten, daß die Körper sich untereinander anziehen. So wie nun aber dieses eben so viel seyn würde, als wenn Gott selbst die Körper gegen einander triebe; so würde es auch bey der Fähigkeit des Denkens, die er dem Körper mittheilen soll, nicht der Körper, sondern Gott selbst seyn, der dächte. Aber ich für meinen Theil, bin so sehr überzeugt, daß ich selbst denke, als ich es von der gewissesten Wahrheit nur seyn kann: und also ist es nicht mein Körper, der durch eine ihm mitgetheilte Fähigkeit denkt, sondern ein unendlich verschiedenes Wesen, nämlich meine Seele, die ein Geist ist.

Aber nun fragt man, was ist ein Geist? Hierauf weiß ich nicht besser zu antworten, als daß ich meine Unwissenheit gestehe; denn von der Natur der Geister wissen wir nicht das geringste. Dergleichen Fragen sind die Sprache der Materialisten, die sich noch viel auf den Namen der starken Geister zu gute thun, ob sie gleich das Daseyn der Geister oder welches einerley ist der verständigen und vernünftigen Wesen aus der Welt verbannen wollen. Aber alle diese eingebildete Weisheit, womit sich noch immer die angemaßten starken Geister brüsten, die sich dadurch vom Pöbel unterscheiden wollen; alle diese Weisheit, sage ich, hat ihren Ursprung der sinnlichen und groben Art zu danken, womit man über die Natur der Körper philosophirt hat, und dieß ist nicht gar zu rühmlich. Oft prahlen sie sogar mit ihrer Unwissenheit, indem sie sagen, daß wir fast nichts von den Körpern erkennten; daher sey es wohl möglich, daß ein Körper denken und alle die Dienste verrichten könne, die der Pöbel als ein Eigenthum der Geister betrachte. Allein es wäre sehr überflüßig, nach allen den Erläuterungen, welche ich Ew. H. hierüber zu geben die Ehre gehabt habe, eine so ungereimte Behauptung noch widerlegen zu wollen.

Es ist also gewiß, daß diese Welt zwey Arten von Wesen enthält; körperliche oder materielle Wesen und immaterielle Wesen oder Geister, welche beyde von einer gänzlichverschiednen Natur sind. Gleichwohl sind diese Wesen auf die genaueste Art untereinander

90

verbunden; und eben von diesem Bande hängen vornehmlich alle die Wunder der Welt ab, welche die vernünftigen Wesen entzücken und zur Verherrlichung des Schöpfers anfeuern.

Es leidet gar keinen Zweifel, daß die Geister der vornehmste Theil der Welt sind und daß die Körper bloß zu ihrem Dienste darinne sind eingeführt worden. Eben um deßwillen sind die Seelen der Thiere so genau mit ihren Körpern verbunden worden. Die Seelen haben nicht allein von allen den Eindrücken, welche ihre Körper leiden, Empfindung, sondern sie haben auch ein Vermögen auf ihre Körper zu wirken, und darinn Veränderungen hervorzubringen, die dieser Wirkung gemäß sind; hiedurch geschieht ihre thätige Einwirkung auf die übrige Welt.

Aber die Art dieser Vereinigung, worinn jede Seele mit ihrem Körper steht, ist ohne Zweifel und wird beständig das größte Geheimniß der göttlichen Allmacht bleiben, das wir niemals werden ergründen können. Wir sehen wohl, daß unsre Seele nicht unmittelbar auf alle Theile unsers Körpers wirken könne; denn sobald ein gewisser Nerve abgeschnitten ist, kann ich die Hand nicht mehr biegen: daraus läßt sich schließen, daß unsre Seele weiter keine Gewalt als über die äußersten Spitzen der Nerven habe, die sich alle in dem Gehirne endigen und irgendwo zusammenstoßen; aber wo? kann auch der geschickteste Anatomiker nicht bestimmen. Auf diesen Ort also ist die Gewalt der Seele eingeschränkt; dahingegen die Gewalt Gottes sich über die ganze Welt, ja über alles erstreckt, was wir uns nur vorstellen können; und eben hierinn besteht seine Allmacht.

Berlin, den 29. Nov. 1760.

FRANCESCO ALGAROTTI (1712–1764)
Newtons Weltwissenschaft für das Frauenzimmer
(1745)

[68] Gespräche über Wirkungen, die mit dem
Abstandsquadrat abnehmen*

Wann man mit vielem Fleis das geheime Gesetze aufsuchet, wel- 400
ches die anziehende Kraft in ungleichen Entfernungen zu ungleicher Stärke bringt, so findet man zu gleicher Zeit das allgemeine
Gesetze, welchem alle aus den Körpern ausfliessende Eigenschaften in ihren Wirkungen unterworfen sind.

Hierauf komt die Naturkunde zu Hülfe, welche diese allgemeine Wahrheit in ein helleres Licht setzet, ihre besondere Erfahrungen darlehnet, um uns dieselbe in ihrem vollkommenen Glanze
zu zeigen, und einigermassen auf eben diese Art verfähret, als ob
sie die dunkle und geheime Redensarten einer gelehrten Sprache
in eine gemeine übersetzen wolte.

An dem Licht ist diese Verringerung der Stärke durch eine sehr
leichte Erfahrung erwiesen, welche E. G. heute auf den Abend
noch sehen können, wo sie anders nicht müde sind, von Erfahrungen und Philosophie sprechen zu hören. Man setzet ein Licht ganz
alleine in die Mitte eines Zimmers, und entfernet sich so weit davon, bis man, wo man weiter zurücke treten wolte, die Buchstaben
in einem Buche oder Brief nicht mehr unterscheiden könte, es mü-
ste dann ein Liebesbriefchen seyn; dann zu diesen hat man Luchs-
augen, und lißt sie auf was für eine Entfernung es auch seyn
möchte, wann man nur den geringsten Schimmer hat.

Hernach entfernet man sich noch einmal so weit; da wird so 401
dann die Helle des Lichts, nach dem gegebenen Gesetze, viermal
schwächer werden, als in der ersten Entfernung; und folglich,

---

* Algarotti [1745], S. 400–403

wann man nicht das Licht vervierfältiget, wird man den Brief nicht mehr so deutlich als zuvor lesen können.

Hier sehen sie also die Würkung dieses natürlichen Gesetzes, welches haben will, daß das Licht sich verschwächen solle, nach der Masse, nach welcher das Quadrat der Entfernung größer wird, und die Erfahrung zeiget die Warheit hievon, sintemalen in der zweiten Stellung man den Brief nicht mehr lesen kan, es sey dann, daß man noch drei andere Lichter von gleicher Dicke darneben setze, das ist, das Licht vervierfältige.

In Warheit, mein Herr, wann ich bedenke, wie leicht die Menschen die Idee von den Gegenständen verlieren, welche ihnen zum liebsten gewesen sind, so habe ich einige Versuchung, zu glauben, daß man in der Liebe diesem Gesetze des Quadrats nachfolge, in Ansehung der Entfernung, oder vielmehr der Zeit; also muß wol nach einer Abwesenheit von acht Tagen die Zärtlichkeit der Liebe vier und sechzig mal schwächer seyn, als sie den ersten Tag war, und nach der Ebenmasse muß man sie fast ganz abgeschaffet haben; und bilde ich mir nicht ein, daß man bei euch Mannsleuten viele gegenstimmige Erfahrungen aufbringen könne, insonderheit bei dieser Zeit, in welcher wir leben.

Dieses könte wol seyn, G. F. ich glaube aber, daß ihr Lehrsaz ein Geschlechte wie das andere angehe; es giebt auch wol Herzen, welche vielmehr der cubischen (Würfel-) Verhältnis folgen, als welche viel bequemer ist, indem sie mehr nicht als vier Tage erfordert, ein vollkommenes Vergessen zu rechtfertigen.

Uebrigens denke ich, man könne überhaupt die Quadratverhältnis ohne einiges Bedenken annehmen, weil gewöhnlicher Weise acht Tage genug sind, auch die gewaltsamste Leidenschaften auszulöschen; E. G. allein werden im Stande seyn, diesen Lehrsaz umzustossen, und zu verursachen, daß die Idee von ihren Liebreizungen, und die Begierde dieselbige zu sehen, an Stat der Verschwächung zunehme, nach der Quadrat- oder vielmehr cubischen Verhältnis der Zeit.

Nein, nein, mein Herr, die Galanterie muß einen Lehrsaz nicht verderben, und will ich mich ohne Wiederwillen der allgemeinen Regel unterwerfen; ich bin gerne zufrieden, wann ich nur etwas Festes und Beständiges bestimmen kan, von einer so unbeständigen Leidenschaft, als die Liebe ist...

402

G. F. wann man der Geometrie vergönnen wolte im Gebiete der Liebe sich niederzulassen, so würden sie in kurzem grosse Wunder sehen, man wüste gleich anfangs, woran man sich zu halten hätte, und habe ich die Ehre sie zu versichern, daß der Schlus so schleu- nig und annehmlich, als man nur wünschen kan, erfolgen würde.

Laßt uns wieder ernstlich sprechen, versezte sie, unser Schlus in der Naturkunde ist, daß die Attraction der Sonne sich verringere nach dem Anwachs des Quadrats der Entfernung. Nun stelle ich mir für, daß die Attraction der Hauptplaneten gegen ihre Traban- ten diesem Gesetze ebenfals unterworfen sey.

Kapitel V

Der Kampf der Weltgeister

GEORG WILHELM MUNCKE (1772–1847)
Geschichtliche Übersicht der Naturwissenschaften
(1833)

[69]*   Die deutschen Naturphilosophen

Newton's Naturphilosophie fand zwar eine Menge enthusiastische
Verehrer, aber auch viele Gegner, was zu ihrer höheren Achtung
und festern Begründung nicht anders als vorteilhaft wirken
konnte, nachdem ein Hauptpunct in derselben, das Gesetz der allgemeinen Schwere, durch die großartigen Gradmessungen seit
1738 volle Bestätigung erhielt. Aber erst eine geraume Zeit nachher wurde der von ihm bei seinen optischen Untersuchungen be-
tretene Weg, Erfahrungen zum Grunde zu legen und deren Resultate durch Hülfe der Mathematik zu allgemeinen Gesetzen zu erheben, allgemein als der einzig richtige betrachtet, worin *Lavoisier*
und *Laplace* als classische Vorgänger und Muster zu betrachten
sind. Zugleich erstand durch das wiederbelebte Studium der Chemie, worin sich *J. Black* (geb. 1728, st. 1792), *C. W. Scheele* (geb.
1742, st.1786), *J. Priestley* (geb. 1733, st. 1804), *H. Cavendish* (um
1788) und insbesondere *Anton Laurentius Lavoisier* (geb. 1743, st.
1794) vorzüglich auszeichneten, der Physik eine unschätzbare
Hülfswissenschaft. Ohne daher die vielen Beförderer der Naturkunde aus der neuesten Zeit einzeln namhaft zu machen, will ich
nur bemerken, daß die newton'sche Methode, verbessert durch
die Hülfsmittel der hoch gesteigerten Technik, überall bis auf die   545
neuesten Zeiten beibehalten worden ist und ganz unerwartet reiche Früchte getragen hat. Bloß in Deutschland wurde dieser einfache Gang einer ruhigen Forschung einige Zeit hindurch unterbro-
chen, indem man der vieljährigen Erfahrung zuwider die Wissenschaft leichter und besser durch Speculation zu fördern hoffte. Die

---

* Gehler [1825/1845], Band 7, S. 544–547

Anhänger dieser Schule nannten sich *Naturphilosophen* und den Inbegriff der zu untersuchenden Gegenstände *Naturphilosophie*, die nach ihrer Ansicht das ganze Gebiet der menschlichen Kenntnisse umfassen und namentlich alle Erscheinungen und Gesetze der Natur aus einem einzigen höchsten, in und durch sich selbst erwiesenen Grundsatze ableiten sollte. Die Unmöglichkeit einer solchen Aufgabe geht aus ihr selbst hervor, folgt mit Nothwendigkeit aus der eigentlichen Würdigung der Physik, selbst wenn man hierzu bloß dasjenige benutzen wollte, was über dieselbe in diesem Artikel kurz gesagt worden ist, und zeigt sich auf das bestimmteste in dem später nicht zu verkennenden Erfolge, indem die Naturlehre bei den bedeutenden Erweiterungen derselben durch die Ausländer in Deutschland zu einem mystischen Spiele mit unbekannten Kräften, unter denen *Dehnkraft* und *Ziehkraft* eine vorzügliche Rolle spielten, zu hochtrabend klingenden, aber nichts sagenden Phrasen aus unbestimmten und unklaren Worten, als *Polarität, Differenzirung, Potenzirung* u .s .w., und endlich zum eigentlichen Aberglauben an Wunderkräfte der *Wünschelruthe*, der *Schwefelkiespendel*, des *Wasserfühlens* u. s. w. überging.

Künftige Forscher der Literärgeschichte werden es kaum begreiflich finden, daß eine so ernsthafte und allgemein so gründlich forschende Nation sich auf diese Weise verirren konnte, allein die Ursachen lassen sich füglich nachweisen. Die Ausländer, namentlich die Engländer und Franzosen, mit denen die Deutschen stets wetteiferten, hatten schon früher mit weit größeren und ausgedehnteren Hülfsmitteln gearbeitet, als den auf die Kräfte kleinerer Staaten beschränkten deutschen Gelehrten zu Gebote standen. Plötzlich aber brachte die französische Revolution es mit sich, daß die dortigen Machthaber an die gelehrten Naturforscher ihrer im höchsten Grade aufgeregten Nation die dringendsten Ansprüche machten, durch Förderung der Mechanik, Chemie, Technik und Industrie neue Hülfsquellen für den von allen Seiten bedrängten Staat zu eröffnen; es erfolgten in Frankreich und England die schon früher so bedeutend gewordenen riesenmäßigen Gradmessungen, und in allen Zweigen der Schifffahrt, Kriegskunst und des Maschinenwesens wurde mit größtem Eifer gearbeitet, nicht zu gedenken, daß Frankreich es als nationale Ehrensache betrachtete, in den Wissenschaften andern Völkern als Muster voranzugehn. In

546

Deutschland fehlten alle diese Impulse und die ihnen angemessenen Hülfsmittel, seine Gelehrten wandten sich daher zur Speculation in der Voraussetzung, hierdurch es den Nachbarn gleich zu
thun oder sie wohl gar noch zu übertreffen. Hierzu kam dann noch
der Umstand, daß der große Reformator der Philosophie, *Immanuel Kant* aus Königsberg (geb. 1724, st. 1804), welcher theils
durch den reellen Inhalt seiner Lehre, theils durch die dreiste Kraft
seiner imponirenden Rede und die große Zahl seiner Anhänger
über alle seine Gegner triumphirte, das Wesen der Materie und
somit also der Grundlage der gesammten Natur aus ihr selbst, oder
aus unserem Begriffe von derselben, erklärt zu haben wähnte, wodurch er Begründer des *Idealismus* wurde, und seine Nachfolger zu
ähnlichen Versuchen ermunterte. Inwiefern diese sämmtlichen
Versuche, die materielle Grundlage der gesammten Natur durch
Speculation zu erforschen, ohne Erfolg geblieben sind, ist bereits an
einem andern Orte [1] gezeigt worden, *Winterl's* Verirrungen in der
vermeintlichen Auffindung neuer allgemein verbreiteter Grundstoffe, namentlich der *Andronia* und *Thelyke*, mit deren Einführung in das System er zugleich den Gebrauch mystischer Ausdrücke
verband, verdienen nur eine gelegentliche Erwähnung [2], die verschiedenen Systeme selbst aber ihrem wesentlichen Inhalte nach   547
mitzutheilen, würde überflüssig seyn, da sie künftig nur als etwas
der eigentlichen Physik Fremdartiges und ihr widernatürlich Auf-
gedrungenes erscheinen können. Veranlasser des Emporkommens
der naturphilosophischen Schule, obgleich nicht selbst Gründer
oder Anhänger der erst später sogenannten Naturphilosophie, war
Immanuel Kant dadurch, daß er das Wesen der Materie, aus Begriffen abgeleitet, festsetzte [3]; viel weiter im Idealismus ging *Fichte*,
noch weiter *Schelling* nebst seinen Schülern *Ritter, Steffens* und
Oken, endlich *Hegel*, mit welchem die Naturphilosophie in Beziehung auf Physik ihr Ende erreicht zu haben scheint. [4]

Anmerkungen

1 8. *Materie* Bd. VI. Abth. 2.
2 Winterl's erste Schrift war: *Prolusiones ad chemiam seculi decimi noni*. Budae 1800. Seine Sätze fanden in Deutschland großen Beifall, weil sie der

damals herrschenden Naturphilosophie angemessen waren, aber nur wenige Chemiker glaubten die vermeintliche *Andronia* dargestellt zu haben. Das französische National-Institut übertrug die Prüfung dem *Guyton de Morveau*, welcher diese mit Gründlichkeit anstellte und ein verwerfendes Urtheil mit eben so viel Sachkenntniß als Bescheidenheit aussprach. Ann. de Chim. XV. 496. *Winterl* gab nachher heraus: *Accessiones novae ad Prolusionem suam primam et secundam.* Budae 1803, sein ganzes System aber ist enthalten in *John. Jac. Winterl's*, Prof. der Chemie und Botanik zu Pesth, Darstellung der vier Bestandtheile der anorganischen Natur; aus dem Latein übersetzt von Dr. *Schuster*, Jen. 1804. Nach der gründlichen Widerlegung durch *Guyton* wurde die Sache bald vergessen.

3 Metaphysische Anfangsgründe der Naturwissenschaft. Die 3te Aufl. von 1800.

4 Daß die Naturphilosophie in Deutschland so weit verbreitet wurde, lag nicht so wohl ausschließlich in dem Werthe des durch *Kant* aufgestellten Systems, als vielmehr zugleich darin, daß die neue Philosophie selbst fast gänzlich in das Gebiet der Phantasie überging und bei jungen Männern Anklang fand, die dann nicht bloß, ohne große Anstrengung auf die Erwerbung reeller Kenntnisse zu verwenden, neue Ideen aufzustellen und ganze Systeme zu schaffen vermochten, sondern durch ihre oft wiederholten vereinten Stimmen den Glauben herbeiführten, daß die eigentliche Schärfe des Verstandes sich nur in dieser Philosophie zeige, deren Hauptcharakter darin bestand, unbestimmte, in ganz ungewöhnlicher Bedeutung gebrauchte Worte zu hohl klingenden Phrasen zusammenzuweben; insbesondere aber wirkte die bis dahin ungewohnte Dreistigkeit in der Aufstellung von Sätzen ohne genügenden Beweis, und die allgemeine Verfolgung, welche jedem drohte, der nach letzterem zu fragen sich nur erkühnte, weil die Autorität des Ausspruchs der Koryphäen schon für genügend gelten sollte.

GEORG CHRISTOPH LICHTENBERG
(1742–1799)
Zweierlei Art der Naturbetrachtung (1798)

[70] Physik, sowohl nach atomistischer, als auch nach
dynamischer Lehrart betrachtet*

Göttingen

Im Dieterichschen Verlag ist erschienen: *Physikalisches Wörterbuch oder Erklärung der vornehmsten zur Physik gehörigen Begriffe und Kunstwörter sowohl nach atomistischer, als auch nach
dynamischer Lehrart betrachtet, mit kurzen beigefügten Nachrichten von der Geschichte der Erfindungen und Beschreibungen der
Werkzeuge, in alphabetischer Ordnung, von D. Joh. Carl Fischer,*
Prof. zu Jena. Erster Teil, von A bis Elektr. VIII und 998 Seiten in
gr. Oktav, mit fünf Kupferplatten in Quart. Der Verfasser, der sich
bereits durch mathematische und physikalische Schriften rühm-
lichst bekannt gemacht hat, erwirbt sich durch gegenwärtiges
Werk ein neues Verdienst um die Ausbreitung einer gründlichen
Naturlehre. Lesern, die mit dem vortrefflichen Werke des sel.
Gehlers bekannt sind, könnte des Verf. ähnliches Unternehmen
vielleicht überflüssig scheinen. Das ist es aber bei genauerer Betrachtung nicht. Zwar hat sich der Verfasser bei seiner Arbeit des
Gehlerschen Buchs, wie er in der Vorrede ausdrücklich erinnert,
bedient, und in Wahrheit, bei einem solchen Unternehmen nicht
auf die Schultern eines solchen Vorgängers getreten zu sein, wäre
ein unverzeihliches Wagestück gewesen, wofür ihm, selbst beim
glücklichsten Erfolge, der Leser am Ende wenig Dank würde gewußt haben: allein es fällt überall, und selbst bei solchen Artikeln,
worin es weder der Plan des Werks erlaubte, noch irgend ein neuer
Fortschritt der Wissenschaft notwendig machte, weiter zu gehen

---

* Lichtenberg [1967/1974], 3. Band, S. 198–202

als Gehler, in die Augen, daß er ihm nicht sklavisch gefolgt sei. Zuweilen sind kleine Erläuterungen eingeschoben, oder dem Verfasser eigene Bemerkungen beigebracht, auch ist hier und da wohl etwas nachgeholt, wovon es wahrscheinlich war, daß es von seinem trefflichen Vorgänger nicht ganz mit Willen übergangen worden sei. Daß der Verfasser nun ferner, soweit es seine Lage verstattete, von allen Hauptfortschritten, die die Wissenschaft seit der Erscheinung des Gehlerschen Supplement-Bandes (1795) gemacht, oder den Veränderungen, die sie sonst erlitten hat, Rechnung ablegt, versteht sich von selbst. Proben davon finden sich hier in den Artikeln *Kohäsion, Dämpfe, Elektrizität* (tierische) und mehrern andern. Allein freilich hängt diese Art von Bereicherung eines neuen Werks, zumal eines physisch-chemischen, in unsern Tagen von hundert Umständen ab, die selten in eines einzigen Mannes, selbst des fleißigsten, Macht stehen. Dem, der in diesen Fächern jetzt mit mehr als Registerschreiber-Augen lesen, oder aus etwas Edlerem als bloßem Kompilier-Trieb schreiben will, bleibt selten Zeit genug übrig, sich mit allem Neuen so geschwind bekannt zu machen, als der Registerschreiber oder Kompilator. Billige Nachsicht gegen Versehen dieser Art ist also wohl jedem Beurteiler solcher Schriften sehr zu empfehlen, zumal wenn sie, wie gegenwärtige, teilweise und allmählich erscheinen, und obendrein ihr Vortrag nicht systematisch ist, wo folglich der Verfasser manches auf einen verwandten Artikel verspart haben konnte. Auch hat der Vortrag nach alphabetischer Ordnung noch den Vorteil, dem Verfasser Gelegenheit zu geben, sich bei manchen Artikeln an manche Übersicht zu erinnern, und sie so zu verbessern. So führt z. B. unser Verfasser die *Diamantspat-* und die *Austral-Erde* noch unter eigenen Artikeln als *einfache Erden* auf. Die erste hat aber der Urheber dieser Meinung, Herr Klaproth, selbst nunmehr zusammengesetzt befunden, und die Einfachheit der andern ist von eben diesem großen Scheidekünstler wenigstens höchst verdächtig gemacht worden. Alles dieses wird sich recht gut unter dem Artikel *Erden* beibringen lassen. – Bei dem sonst wohlgeratenen Artikel *Ebbe und Flut* hätte wenigstens Rez. gewünscht, kurz angezeigt zu lesen, was Laplace in seiner trefflichen Darstellung des Weltsystems darüber gesagt hat: einem Werke, aus welchem überhaupt mancher künftige Artikel noch wird bereichert werden können, da es so vieles Große, Nützliche und Eigene, ganz hierher Gehörige, enthält, welches der Titel, nach der gewöhnlichen Bedeutung des Worts genommen, kaum erwarten läßt. Überhaupt aber muß es jeden Denker in diesem Fache interessieren, zu wissen, was ein so viel umfassender Geist, wie Laplace, dem so große, tiefe und mannigfaltige Kenntnisse zu Gebote stehen, über Gegenstände dieser Art gedacht, und wobei er sich am Ende dieses Jahrhunderts wenigstens beruhigen zu müssen geglaubt hat. – Was nun aber gegenwärtiges Werk von dem Gehlerschen ganz unterscheidet, ist der deswegen auch auf dem Titel bemerkte Umstand, daß hier die Erscheinungen in der Natur nicht bloß nach dem *atomistisch mechanischen*, sondern auch nach dem *dynamischen System*, und aus nach der Natur unsers Erkenntnisvermögens notwendig anzunehmenden Grundkräften der Materie, *Anziehungs- und Zurückstoßungskraft*, erklärt werden, wodurch einem, vielleicht öfters zu frühzeitigen, und daher mitunter nicht seltenen unphilosophischen, Eingeständnisse von unüberwindlicher Unwissenheit vorgebeugt wird. Proben davon findet man auch schon in diesem Bande häufig, vorzüglich unter den Artikeln *Attraktion* und *Kohäsion*. Bekanntlich hat uns das letzte Fünftel unsers Jahrhunderts mit einer *neuen Chemie* und einer *neuen Philosophie* beschenkt, und zwar nicht ohne die mitgegebene Versicherung, durch sie endlich in das Land der Verheißung zu gelangen. Von der ersten hat bereits Gehler mit Recht so viel in sein Werk aufgenommen, als zu einem Vortrage der Naturlehre und zum Verständnis neuerer Schriftsteller über dieselbe schlechtweg unentbehrlich ist, und eben dieses ist auch von unserm Verfasser geschehen. Von der zweiten aber findet sich in den vier Hauptbänden des Gehlerschen Werks keine Spur. Wirklich kömmt auch der Name Kant, wie sich aus dem höchst vollständigen und musterhaften Register ergibt, in demselben nur ein einziges Mal vor, und dieses bei einer andern Gelegenheit, und doch erschien selbst der erste Band des genannten Werks in demselben Jahr (1787), in welchem bereits die zweite Auflage von Kants metaphysischen Anfangsgründen der Naturlehre, von welcher bloß eigentlich hier die Rede ist, herauskam. In dem Supplement-Bande des Werks werden diese Anfangsgründe nur ein einziges Mal, und zwar unter dem Artikel *Zurückstoßen*, angeführt, und gegen die Annahme einer solchen Grundkraft in der Materie, und also gerade einen Hauptsatz des Kantischen Systems, gesprochen. Warum Gehler keine weitere Rücksicht auf dieses tiefsinnige Werk genommen habe, sagt er weder in der Vorrede zum ersten Teile, noch in der zum Supplement-Bande. Wahrscheinlich ist es indessen, wie aus mehrern Stellen seines Buches erhellet, daß er dergleichen Untersuchungen, die eigentlich in die Metaphysik gehören, auch dieser allein überlassen zu müssen geglaubt habe. Da er aber dennoch hier und da gegen Sätze disputiert, die offenbar in jenes Kantische System nicht bloß gehören (z. B. in dem Artikel *Gravitation*), sondern in demselben zu einem gewissen Ganzen zusammengedacht sind, das schwerlich seinesgleichen noch gehabt hat: so wäre es doch wohl vieler Leser wegen zu wünschen gewesen, daß der treffliche Mann, der so schnell und richtig faßte, und so deutlich darzustellen verstand, was er gefaßt hatte, jenem System einige Aufmerksamkeit geschenkt, und wenigstens die Hauptsätze desselben in gehörigem Zusammenhang dargestellt, und alsdann in diesem Zusammenhang bestritten hätte. Dieses hätte vielleicht in einem etwas umständlichern Artikel, dergleichen er z. B. der *antiphlogistischen Chemie* noch besonders gewidmet hat, hinreichend, für den Denker wenigstens, geschehen können. Er würde alsdann auch gefunden haben, daß das, was er gegen die ursprüngliche *Zurückstoßungskraft der Materie* einwendet, bei weitem nicht hinreicht, den Satz des Königsbergischen Weltweisen umzustoßen. Denn aus dem Begriff der bloßen Existenz eines Dinges, ohne dessen Verhältnisse gegen unser Erkenntnisvermögen, das ist, ohne die Kräfte anzugeben, wodurch es für uns erkennbar wird, läßt sich so wenig auf Impenetrabilität desselben schließen, als auf dessen Anziehungskraft, welches eigentlich dieselbe Sache, nur mit veränderten Zeichen ist. Das eine zu erklären ist nicht schwerer, oder, wenn man will, nicht leichter als das andere, und es ist, wie wenigstens Rez. deucht, sehr philosophisch, beide nach diesem offenbar gemeinschaftlichen Fuße zu behandeln. – Das Verdienst nun, die Erscheinungen der Natur nach diesem Kantischen System zu erklären, hat sich unser Verf. durchaus zu erwerben bestrebt, welches ihm gewiß sehr viele Leser Dank wissen werden. Mit wie vielem Glücke dies überhaupt geschehen sei, läßt sich aus gegenwärtigem Bande noch nicht ganz beurteilen, indem bei einigen Hauptstellen mit Recht auf den Artikel *Grundkräfte* verwiesen wird, den wir noch erst erwarten. Überall leuchtet indessen die Vorliebe des Verfassers für das dynamische System, Rez. möchte fast sagen, *zu stark* hervor. Sie verleitet ihn nämlich hier und da zu fast verächtlichen Seitenblicken auf die Gegner desselben, deren Gegengründe nicht immer in der Stärke dargestellt werden, deren sie fähig sind. Ja, er scheint den letztern hier und da sogar Gründlichkeit abzusprechen. Dieses kann man zu geben, wenn man sich erklärt, was man hier *Gründlichkeit* nennt. Widrigenfalls möchte man in die sonderbare Verlegenheit geraten, eingestehen zu müssen, die Naturlehre habe alle ihre größten Erweiterungen bisher einzig und allein *nicht gründlichen* Physikern zu danken; den *gründlichen* aber, diese Art von Gründung etwa ausgenommen, wenig oder nichts, wenigstens nichts, was nicht ohne diese Gründlichkeit auch hätte gefunden werden können. Rezensent sagt dieses, wie hoffentlich jedem denkenden Leser einleuchten wird, nicht zum Tadel. Er ist vielmehr überzeugt, daß, wenn man einmal für allemal nicht sowohl das *Unergründliche ergründen*, als vielmehr sich *über das Unergründliche* als Mensch erklären soll und will, man es auf keine zusammenhängendere, und eben deswegen beruhigendere, und dem Umfang unsers Geistes und selbst seiner Würde angemeßnere Weise tun könne, als es von Herrn Kant in seinem Buche geschehen ist, Rezensent wollte nur zu verstehen geben, daß, um sicher zu sein, daß man nicht auf Sand baue, man eben nicht nötig habe, den Boden mit großem Kostenaufwand bis zu einer gefährlichen Tiefe zu untersuchen, und folglich in einem gewissen Verstande *gründlich* bauen könne, ohne sich um das Innere der Gebirge oder gar der Erde selbst zu bekümmern; er wollte ferner andeuten, daß das *atomistische System*, ob es gleich nicht so metaphysisch tief und von der Grenze unsers Wissens an ausholt, wie das *dynamische*, dennoch von da an, wo es anhebt, mit diesem einen gewissen analogen Schritt hält, dem sich die Mathematik, die sich nur selten mit intensiven Größen beschäftigt, besser anpassen läßt, und folglich seinem Verehrer Vorteile gewährt, die wohl dem Dynamiker entgangen wären. Ob sich die Sache in der Natur wirklich so verhalte, kann ihm, in *dieser Rücksicht* wenigstens, gewisser Maßen gleichgültig sein. Er nützt diese Vorteile seines Systems, wie der Schiffer die von seiner Mercators-Karte, so wenig getreu auch übrigens

diese Darstellung der Kugelfläche dem Originale sein mag. –
S. 859 steht durch einen Schreibfehler einmal Mairan statt Nairne.
Einige andere Schreib- und Druckfehler wird der Herr Verfasser,
wie Rez. vernimmt, bei dem zweiten Teile anzeigen.

GOTTLIEB GAMAUF (1772–1841)
Erinnerungen aus Lichtenbergs Vorlesungen (1808)

[71]* Nutzen der Mathematik in der Physik

Pondere, mensura, numero. Deus omnia fecit. Ein alter Vers. Es ist gar keine Frage, daß Mathematik sehr gute Dienste beym Studium der Physik leistet. – Selbst wie der Würfel, das Sinnbild des Zufalls, fallen müßte, könnte der Mathematiker berechnen, wenn ihm der Physiker, Form, Gewicht, Lage in der Hand, Höhe von welcher er fällt, u.s.w. angeben könnte. – Der Mathematiker beschäftigt sich mit *Größen*, ihrer Abhängigkeit von einander und ihrem Verhältniß gegen einander. Man könnte sein Gebiet die Welt des Mathematikers nennen, ganz unabhängig von der Welt des Physikers: so wie diese von jener. Die Welt des Mathematikers könnte untergehen und wenn nur ein einziger Mann von Genie 14 übrig bliebe, so könnte er dieselbe wieder herstellen. – Die ersten Gesetze muß der Physiker ausmachen, denn alle Kräfte agiren nach gewissen Gesetzen. Sind diese richtig, so geht dann der Mathematiker unendlich weit. Namentlich gehören *hieher die optischen Wissenschaften*.

So ist es z. E. ein ewiges Naturgesetz, daß *beym Zurückwerfen der Lichtstrahlen*, der Einfallswinkel, dem Zurückstrahlungswinkel gleich sey, und daß die beyden Strahlen in einerley Ebene liegen. Dieß ist Erfahrung des Physikers. Nun übergiebt er den Satz dem Mathematiker und dieser berechnet daraus, wie sich Strahlen und Winkel z. E. auf einer Kugelfläche verhalten werden. Ja selbst schon das Herschelsche Telescop steckt in diesem Satze.

Ein anderes Beyspiel. Herschel entdeckte im Jahre 1781 den 15 13. März den *Uranus*. Er wurde aber schon im Jahre 1756 den

---

* Gamauf [1808/1812], 1. Teil, S. 13–21

25. September von *Tobias Mayer*, im Jahr 1763 und 1769 von *Le Monnier* und im Jahr 1690 von *Flamstead* gesehen, aber natürlich von allen für einen Fixstern gehalten. Dieß alles war Sache des Physikers. Nun kam aber der Mathematiker und berechnete aus diesen Beobachtungen, die Umlaufszeit des Planeten zu 83 Jahren, und aus dieser wieder seine *Entfernung von der Sonne*. Nach dem berühmten Keplerschen Gesetze, verhält sich nähmlich das Quadrat der Umlaufszeiten der Planeten, wie der Cubus ihrer mittleren Entfernung von der Sonne. Es sey also der Umlauf der Erde = 1, und die Entfernung derselben von der Sonne auch = 1: so ergiebt sich folgende Regeldetri:

$$1^2 : 83^2 = 1^3 : x^3$$

Also $x^3 = \dfrac{83^2 \cdot 1^3}{1^2} = 83^2 = 6889$. Und

$$\sqrt[3]{6889} = 19\ldots$$

Ein anderes Beyspiel. Der Physiker hat beobachtet, daß ein Körper in der ersten Sekunde 15 Fuß tief, und in den folgenden mit beschleunigter Geschwindigkeit falle. Nun hat der Mathematiker weiter darüber nachgedacht, die beschleunigte Geschwindigkeit, als eine *gleichförmig beschleunigte* angenommen; daraus für den Fall der Körper folgendes Gesetz hergeleitet: X^2 15 (wo X die Anzahl der Sekunden, 15 aber die Fallhöhe in der ersten bedeutet) und dieß alles wieder dem Physiker zur Bestätigung durch Versuche übergeben.

Ein anderes Beyspiel. Der Physiker beobachtet, daß einige Körper in gewissen Lagen und Verhältnissen auf dem Wasser oder andern Fluidis *schwimmen*. Der Mathematiker kann nun aber aus diesem Satz leicht berechnen, wie viel Kork z. B. einem Goldklumpen angehängt werden müßte, wenn dieser schwimmen sollte. Er würde ferner leicht berechnen können, wie groß eine hohle Bleykugel, ein parabolisches Sphäroid seyn müßte, wenn sie schwimmen sollten. Ja die ganze Schiffsbaukunst, gründet sich auf jene Beobachtung des Physikers.

Nun wo ist denn aber die *Gränze zwischen Physik und Mathematik*? Wie weit darf jene sich dieser bedienen? – Quantum sufficit – ist hierauf die beste Antwort. Eigentlich freylich, giebt sich der Physiker blos mit dem Radicalen ab, und überläßt dann seine Entdekkungen dem Mathematiker. Aber etwas Mathematik muß doch auf jeden Fall, auch in der Physik mitgenommen werden, weil 18 sonst des eigentlichen Physischen nur wenig übrig bliebe. Indessen muß man ja auch nicht vergessen, daß man noch nicht in allen Theilen der Physik schon so im Reinen ist, wie z. B. bey den optischen. Wie vieles bleibt dem Physiker noch in der Lehre vom Feuer, Elektrizität, Hygrometrie u.s.w. zu untersuchen und zu entdecken übrig!

Die Bemerkung, welche Erxleben am Ende des Paragraphen macht, könnte manchem vom Studium der Physik abschrecken. Sie ist wirklich unbegründet. Um Physiker zu seyn, braucht man nicht Mathematiker zu seyn – nämlich im gewöhnlichen Sinne des Worts. So viel Mathematik, als man zur Physik braucht, braucht man oft zu den gewöhnlichen Dingen in der Welt, und diese weiß ein guter Kopf von selbst. So hat z. B. Abbé *Nollet* durch seine 19 physikalischen Kenntnisse außerordentlich viel Gutes gestiftet und war in aller Rücksicht ein verehrungswürdiger Mann. Aber dabey ein sehr schlechter Mathematiker. Er macht enorme Schnitzer, sobald er die Mathematik anwenden will. So waren ferner *Haller, Linné, Lavoisier, Franklin,* und *Priestley*, deren Entdeckungen doch in der Physik Epoche machten, gewiß keine großen Mathematiker, wenigstens haben sie ihre Entdeckungen nicht als Mathematiker gemacht. Ein argumentum ad hominem giebt *Erxleben* selbst ab. Er war ein sehr mittelmäßiger Mathematiker und würde es dem Dutzbruder Lichtenberg gewiß nicht übel genommen haben, wenn er ihm dieß auch ins Gesicht gesagt hätte. Aber einen schlechten Physiker hätte man ihn um alles in der Welt nicht nennen dürfen.

Also auch ohne tiefe mathematische Kenntnisse kann man ein 20 guter Physiker werden! Indeß freylich Adam Riesens Rechenkunst muß doch Jeder mitbringen, damit es ihm nicht, wie jenem großen Herrn ergehe, der seine neun Tischgäste, die mit der Sitzordnung an der Tafel übel zufrieden waren, so oft zu Gaste bitten wollte, als sich die Ordnung unter ihnen ändern ließe. Es sollte ihm auf zehn, ja auch auf zwanzigmale nicht ankommen. Allein er mußte es wohl bleiben lassen, und sich mit dem voluisse sat eşt begnügen, weil ein gar zu arges Sümmchen herauskommt, wenn zehn Personen – der Herr und die neun Gäste – so oftmal an einer

Tafel schmausen sollten, als sich die Ordnung unter ihnen ändern läßt. Man kann sich die Sache durch folgendes Schema deutlich machen:

a

ba , ab

cab, acb, abc, cba, bca, bac

dcab, cdab, cadb, cabd usw. oder

$1 \cdot$

$1 \cdot 2 \cdot$

$1 \cdot 2 \cdot 3 \cdot$

$1 \cdot 2 \cdot 3 \cdot 4 \cdot$ usw.

Also $10 = 1 \cdot 2 \cdot 3 \cdot 4 \cdot 5 \cdot 6 \cdot 7 \cdot 8 \cdot 9 \cdot 10 = 3628800$. Nun so oft hätte er sie traktieren müssen. Nimmt man an, daß er es alle Tage hätte einmal thun wollen, so hätte er 9000 Jahre dazu gebraucht; denn $\frac{3628800}{365}$ = ungefähr 9000. – Auf eine ähnliche Art kann man die Kegel versetzen. Neun Kegel, wo der König immer in der Mitte steht, lassen sich 40320mal versetzen.

JOHANN WOLFGANG VON GOETHE
(1749–1832)
Enthüllung der Theorie Newtons

[72] * *Newtons Optik, ein Meisterstück*
wissenschaftlicher Behandlung der
Naturerscheinungen?

1. Wenn wir in dem ersten Teile den didaktischen Schritt soviel
als möglich gehalten und jedes eigentlich Polemische vermieden
haben, so konnte es doch hie und da an mancher Mißbilligung der
bis jetzt herrschenden Theorie nicht fehlen. Auch ist jener Entwurf
unserer Farbenlehre, seiner innern Natur nach, schon polemisch,
indem wir eine Vollständigkeit der Phänomene zusammenzubrin-
gen und diese dergestalt zu ordnen gesucht haben, daß jeder genötigt sei, sie in ihrer wahren Folge und in ihren eigentlichen Verhältnissen zu betrachten, daß ferner künftig denjenigen, denen es
eigentlich nur darum zu tun ist, einzelne Erscheinungen herauszu-
heben, um ihre hypothetischen Aussprüche dadurch aufzustutzen,
ihr Handwerk erschwert werde.

2. Denn so sehr man auch bisher geglaubt, die Natur der Farbe
gefaßt zu haben, so sehr man sich einbildete, sie durch eine sichre
Theorie auszusprechen; so war dies doch keineswegs der Fall, sondern man hatte Hypothesen an die Spitze gesetzt, nach welchen
man die Phänomene künstlich zu ordnen wußte, und eine wunder-
liche Lehre kümmerlichen Inhalts mit großer Zuversicht zu überliefern verstand.

3. Wie der Stifter dieser Schule, der außerordentliche Newton,
zu einem solchen Vorurteile gelangt, wie er es bei sich festgesetzt
und andern verschiedentlich mitgeteilt, davon wird uns die Geschichte künftig unterrichten. Gegenwärtig nehmen wir sein Werk

---

* Goethe [1963], Teil I, S. 277–280

vor, das unter dem Titel der Optik bekannt ist, worin er seine
Überzeugungen schließlich niederlegte, indem er dasjenige, was
er vorher geschrieben, anders zusammenstellte und aufführte.
Dieses Werk, welches er in späten Jahren herausgab, erklärt er
selbst für eine vollendete Darstellung seiner Überzeugungen. Er
will davon kein Wort ab, keins dazu getan wissen, und veranstaltet
die lateinische Übersetzung desselben unter seinen Augen.

4. Der Ernst, womit diese Arbeit unternommen, die Umständ-
lichkeit, womit sie ausgeführt war, erregte das größte Zutrauen.
Eine Überzeugung, daß dieses Buch unumstößliche Wahrheit enthalte, machte sich nach und nach allgemein; und noch gilt es unter
den Menschen für ein Meisterstück wissenschaftlicher Behandlung der Naturerscheinungen.

5. Wir finden daher zu unserm Zwecke dienlich und notwendig,
dieses Werk teilweise zu übersetzen, auszuziehen und mit Anmerkungen zu begleiten, damit denjenigen, welche sich künftig mit
dieser Angelegenheit beschäftigen, ein Leitfaden gesponnen sei,
an dem sie sich durch ein solches Labyrinth durchwinden können.
Ehe wir aber das Geschäft selbst antreten, liegt uns ob, einiges
vorauszuschicken.

6. Daß bei einem Vortrag natürlicher Dinge der Lehrer die
Wahl habe, entweder von den Erfahrungen zu den Grundsätzen,
oder von den Grundsätzen zu den Erfahrungen seinen Weg zu nehmen, versteht sich von selbst; daß er sich beider Methoden wechselsweise bediene, ist wohl auch vergönnt, ja manchmal notwendig. Daß aber Newton eine solche gemischte Art des Vortrags zu
seinem Zweck advokatenmäßig mißbraucht, indem er das, was
erst eingeführt, abgeleitet, erklärt, bewiesen werden sollte, schon
als bekannt annimmt, und sodann aus der großen Masse der Phänomene nur diejenigen heraussucht, welche scheinbar und not-
dürftig zu dem einmal Ausgesprochenen passen, dies liegt uns ob,
anschaulich zu machen, und zugleich darzutun, wie er diese Versuche, ohne Ordnung, nach Belieben anstellt, sie keineswegs rein
vorträgt, ja sie vielmehr nur immer vermannigfaltigt und überein-
ander schichtet, so daß zuletzt der beste Kopf ein solches Chaos
lieber gläubig verehrt, als daß er sich zur unabsehlichen Mühe ver-
pflichtete, jene streitenden Elemente versöhnen und ordnen zu
wollen. Auch würde dieses völlig unmöglich sein, wenn man nicht

vorher, wie von uns mit Sorgfalt geschehen, die Farbenphänomene in einer gewissen natürlichen Verknüpfung nacheinander aufgeführt und sich dadurch in den Stand gesetzt hätte, eine künstliche und willkürliche Stellung und Entstellung derselben anschaulicher zu machen. Wir können uns nunmehr auf einen natürlichen Vortrag sogleich beziehen, und so in die größte Verwirrung und Verwicklung ein heilsames Licht verbreiten. Dieses ganz allein ist's, wodurch die Entscheidung eines Streites möglich wird, der schon über hundert Jahre dauert, und sooft er erneuert worden, von der triumphierenden Schule als verwegen, frech, ja als lächerlich und abgeschmackt weggewiesen und unterdrückt wurde.

7. Wie nun eine solche Hartnäckigkeit möglich war, wird sich unsern Lesern nach und nach aufklären. Newton hatte durch eine künstliche Methode seinem Werk ein dergestalt strenges Ansehn gegeben, daß Kenner der Form es bewunderten und Laien davor erstaunten. Hiezu kam noch der ehrwürdige Schein einer mathematischen Behandlung, womit er das Ganze aufzustutzen wußte.

8. An der Spitze nämlich stehen Definitionen und Axiome, welche wir künftig durchgehen werden, wenn sie unsern Lesern nicht mehr imponieren können. Sodann finden wir Propositionen, welche das immer wiederholt festsetzen, was zu beweisen wäre; Theoreme, die solche Dinge aussprechen, die niemand schauen kann; Experimente, die unter veränderten Bedingungen immer das Vorige wiederbringen, und sich mit großem Aufwand in einem ganz kleinen Kreise herumdrehen; Probleme zuletzt, die nicht zu lösen sind, wie das alles in der weiteren Ausführung umständlich darzutun ist.

9. Im Englischen führt das Werk den Titel: *Opticks, or a Treatise* 280 *of the Reflections, Refractions, Inflections and Colours of Light.* Obgleich das englische Wort *optics* ein etwas naiveres Ansehen haben mag, als das lateinische *optice* und das deutsche Optik; so drückt es doch, ohne Frage, einen zu großen Umfang aus, den das Werk selbst nicht ausfüllt. Dieses handelt ausschließlich von Farbe, von farbigen Erscheinungen. Alles übrige, was das natürliche oder künstliche Sehen betrifft, ist beinahe ausgeschlossen, und man darf es nur in diesem Sinne mit den *optischen Lektionen* vergleichen, so wird man die große Masse eigentlich mathematischer Gegenstände, welche sich dort findet, vermissen.

10. Es ist nötig, hier gleich zu Anfang diese Bemerkung zu machen: denn eben durch den Titel ist das Vorurteil entstanden, als wenn der Stoff und die Ausführung des Werkes mathematisch sei, da jener bloß physisch ist und die mathematische Behandlung nur scheinbar; ja, beim Fortschritt der Wissenschaft hat sich schon längst gezeigt, daß, weil Newton als Physiker seine Beobachtungen nicht genau anstellte, auch seine Formeln, wodurch er die Erfahrungen aussprach, unzulänglich und falsch befunden werden mußten; welches man überall, wo von der Entdeckung der achromatischen Fernröhre gehandelt wird, umständlich nachlesen kann.

IMMANUEL KANT (1724–1804)
Metaphysische Anfangsgründe der
Naturwissenschaft (1786)

[73]* *Mechanische und dynamische Naturphilosophie*

Was nun aber das Verhalten in der Naturwissenschaft in Ansehung
der vornehmsten aller ihrer Aufgaben, nämlich der Erklärung einer
ins Unendliche möglichen *spezifischen Verschiedenheit der Mate-*
rien betrifft, so kann man dabei nur zwei Wege einschlagen: den
mechanischen, durch die Verbindung des Absolutvollen mit dem   96
Absolutleeren, oder einen ihm entgegengesetzten *dynamischen*
Weg durch die bloße Verschiedenheit in der Verbindung der ursprünglichen Kräfte der Zurückstoßung und Anziehung aller Verschiedenheiten der Materien zu erklären. Der erste hat zu Materialien seiner Ableitung die *Atomen* und das *Leere*. Ein Atom ist ein
kleiner Teil der Materie, der physisch unteilbar ist. Physisch *unteil-*
bar ist eine Materie, deren Teile mit einer Kraft zusammenhängen,
die durch keine in der Natur befindliche bewegende Kraft überwältigt werden kann. Ein Atom, so fern er sich durch seine Figur von
andern spezifisch unterscheidet, heißt ein *erstes Körperchen*. Ein
Körper (oder Körperchen), dessen bewegende Kraft von seiner
Figur abhängt, heißt *Maschine*. Die Erklärungsart der spezifischen
Verschiedenheit der Materien durch die Beschaffenheit und Zusammensetzung ihrer kleinsten Teile, als Maschinen, ist die *mecha-*
nische Naturphilosophie: diejenige aber, welche aus Materien,
nicht als Maschinen, d. i. bloßen Werkzeugen äußerer bewegenden
Kräfte, sondern ihnen ursprünglich eigenen bewegenden Kräften
der Anziehung und Zurückstoßung die spezifische Verschiedenheit
der Materie ableitet, kann die *dynamische Naturphilosophie* genannt werden. (Die mechanische Erklärungsart, da sie der Mathe-

---

* Kant [1977], Band IX, S. 95–99

matik am fugsamsten ist, hat unter dem Namen *Atomistik* oder *Korpuskularphilosophie* mit weniger Abänderung vom alten *Demokrit* an bis auf *Cartesen* und selbst bis zu unseren Zeiten immer ihr Ansehen und Einfluß auf die Prinzipien der Naturwissenschaft erhalten. Das Wesentliche derselben besteht in der Voraussetzung der *absoluten Undurchdringlichkeit* der primitiven Materie, in der *absoluten Gleichartigkeit* dieses Stoffs und dem allein übrig gelassenen Unterschiede in der Gestalt, und in der *absoluten Unüberwindlichkeit* des Zusammenhanges der Materie in diesen Grundkörperchen selbst. Dies waren die *Materialien* zu Erzeugung der spezifisch verschiedenen Materien, um nicht allein zu der Unveränderlichkeit der Gattungen und Arten einen unveränderlichen und gleichwohl verschiedentlich gestalteten Grundstoff bei Hand zu haben, sondern auch aus der Gestalt dieser ersten Teile, als Maschinen (denen nichts weiter, als eine äußerlich eingedrückte Kraft fehlte), die mancherlei Naturwirkungen *mechanisch* zu erklären. Die erste und vornehmste Beglaubigung dieses Systems aber beruht auf der vorgeblich unvermeidlichen *Notwendigkeit, zum spezifischen Unterschiede der Dichtigkeit* der Materien *leere Räume* zu brauchen, die man innerhalb der Materien und zwischen jenen Partikeln verteilt, in einer Proportion, wie man sie nötig fand, zum Behuf einiger Erscheinungen gar so groß, daß der erfüllte Teil des Volumens, auch der dichtesten Materie, gegen den leeren beinahe für nichts zu halten ist, annahm. – Um nun eine dynamische Erklärungsart einzuführen (die der Experimentalphilosophie weit angemessener und beförderlicher ist, indem sie geradezu darauf leitet, die den Materien eigene bewegende Kräfte und deren Gesetze auszufinden, die Freiheit dagegen einschränkt, leere Zwischenräume und Grundkörperchen von bestimmten Gestalten anzunehmen, die sich beide durch kein Experiment bestimmen und ausfindig machen lassen), ist es gar nicht nötig, neue Hypothesen zu schmieden, sondern allein das Postulat der bloß mechanischen Erklärungsart: *daß es unmöglich sei, sich einen spezifischen Unterschied der Dichtigkeit der Materien ohne Beimischung leerer Räume zu denken,* durch die bloße Anführung einer Art, wie er sich ohne Widerspruch denken lasse, zu widerlegen. Denn wenn das gedachte Postulat, worauf die bloß mechanische Erklärungsart fußet, nur erst als Grundsatz für ungültig erkläret worden, so versteht es sich von selbst, daß man es als Hypothese in der Naturwissenschaft nicht aufnehmen müsse, so lange noch eine Möglichkeit übrig bleibt, den spezifischen Unterschied der Dichtigkeiten sich auch ohne alle leeren Zwischenräume zu denken. Diese Notwendigkeit aber beruht darauf, daß die Materie nicht (wie bloß mechanische Naturforscher annehmen) durch absolute Undurchdringlichkeit ihren Raum erfüllt, sondern durch repulsive Kraft, die ihren Grad hat, der in verschiedenen Materien verschieden sein kann, und, da er für sich 98 nichts mit der Anziehungskraft, welche der Quantität der Materie gemäß ist, gemein hat, sie bei einerlei Anziehungskraft in verschiedenen Materien dem Grade nach als *ursprünglich verschieden* sein könne, folglich auch der Grad der Ausdehnung dieser Materien bei derselben Quantität der Materie und umgekehrt die Quantität der Materie unter demselben Volumen, d. i. die Dichtigkeit derselben ursprünglich gar große spezifische Verschiedenheiten zulasse. Auf diese Art würde man es nicht unmöglich finden, sich eine Materie zu denken (wie man sich etwa den Äther vorstellt), die ihren Raum ohne alles Leere ganz erfüllte und doch mit ohne Vergleichung minderer Quantität der Materie unter gleichem Volumen, als alle Körper, die wir unseren Versuchen unterwerfen können. Die repulsive Kraft muß am Äther, in Verhältnis auf die eigene Anziehungskraft desselben, ohne Vergleichung größer gedacht werden, als an allen andern uns bekannten Materien. Und das ist denn auch das einzige, was wir bloß darum annehmen, *weil es sich denken läßt,* nur zum Widerspiel einer Hypothese (der leeren Räume), die sich allein auf das Vorgeben stützt, daß sich dergleichen ohne leere Räume *nicht denken lasse.* Denn außer diesem darf weder irgend ein Gesetz der anziehenden, noch zurückstoßenden Kraft auf Mutmaßungen a priori gewagt, sondern alles, selbst die allgemeine Attraktion, als Ursache der Schwen, muß samt ihrem Gesetze aus Datis der Erfahrung geschlossen werden. Noch weniger wird dergleichen bei den chemischen Verwandtschaften anders, als durch den Weg des Experiments versucht werden dürfen. Denn es ist überhaupt über den Gesichtskreis unserer Vernunft gelegen, ursprüngliche Kräfte a priori ihrer Möglichkeit nach einzusehen, vielmehr besteht alle Naturphilosophie in der Zurückführung gegebener, dem Anscheine nach verschiedener, Kräfte auf eine geringere Zahl Kräfte und Vermögen, die zu Erklärung der Wirkungen der ersten zulangen, welche Reduktion aber nur bis zu Grundkräften fortgeht, über die unsere Vernunft nicht hinaus kann. Und so ist Nachforschung der Metaphysik, hinter dem, was dem empirischen Begriffe der Materie zum Grunde liegt, nur zu der Absicht nützlich, die Naturphilosophie, so weit als es immer möglich ist, auf die Erforschung der dynamischen Erklärungsgründe zu leiten, weil diese allein bestimmte Gesetze, folglich wahren Vernunftzusammenhang der Erklärungen, hoffen lassen.

Dies ist nun alles, was Metaphysik zur Konstruktion des Begriffs der Materie, mithin zum Behuf der Anwendung der Mathematik auf Naturwissenschaft, in Ansehung der Eigenschaften, wodurch Materie einen Raum in bestimmtem Maße erfüllet, nur immer leisten kann, nämlich diese Eigenschaften als dynamisch anzusehen und nicht als unbedingte ursprüngliche Positionen, wie sie etwan eine bloß mathematische Behandlung postulieren würde.

Den Beschluß kann die bekannte Frage, wegen der Zulässigkeit leerer Räume in der Welt, machen. Die *Möglichkeit* derselben läßt sich nicht streiten. Denn zu allen Kräften der Materie wird Raum erfodert, und, da dieser auch die Bedingungen der Gesetze der Verbreitung jener enthält, notwendig vor aller Materie vorausgesetzt. So wird der Materie Attraktionskraft beigelegt, so fern sie einen Raum um sich durch Anziehung *einnimmt*, ohne ihn gleichwohl zu *erfüllen*, der also selbst da, wo Materie wirksam ist, als leer gedacht werden kann, weil sie da nicht durch Zurückstoßungskräfte wirksam ist und ihn also nicht erfüllt. Allein leere Räume als *wirklich* anzunehmen, dazu kann uns keine Erfahrung, oder Schluß aus derselben, oder notwendige Hypothesis, sie zu erklären, berechtigen. Denn alle Erfahrung gibt uns nur komparativ-leere Räume zu erkennen, welche, nach allen beliebigen Graden aus der Eigenschaft der Materie, ihren Raum mit größerer oder bis ins Unendliche immer kleinerer Anspannungskraft zu erfüllen, vollkommen erklärt werden können, ohne leere Räume zu bedürfen.

FRANÇOIS ARAGO (1786–1853)
Laplace (1842)

[74]* Der Eingriff Gottes wird überflüssig

Nachdem Newton die so vielfältigen Kräfte aufgezählt, welche aus den gegenseitigen Einwirkungen der Planeten und Satelliten unseres Sonnensystems sich ergeben mußten, fühlte der große Mann sich doch nicht stark genug, um den Complex ihrer Wirkungen der theoretischen Behandlung zu unterwerfen. Mitten in dem Labyrinthe von wachsenden und abnehmenden Geschwindigkeiten, von Gestaltänderungen der Bahnen, von wechselnden Abständen und Neigungen, welche offenbar jene Kräfte zur Folge haben mußten, würde selbst die gelehrteste Geometrie nicht im Stande gewesen sein, einen sicheren und treuen Leitfaden zu finden. Diese ausnehmende Complication gab einem entmuthigenden Gedanken Raum. So zahlreiche Kräfte von veränderlicher Lage und wechselnder Intensität schienen nur durch eine Art von Wunder sich beständig die Waage halten zu können. Newton kam selbst zu der Annahme, daß das Planetensystem in sich nicht die zu einer unbegrenzten Dauer erforderlichen Elemente enthielte; er glaubte, daß eine allmächtige Hand von Zeit zu Zeit eingreifen müßte, um die Ordnung wiederherzustellen. Auch Euler, obgleich in der Kenntnis der planetaren Störungen weiter als Newton vorgeschritten, nahm noch nicht an, daß das Sonnensystem für eine ewige Dauer eingerichtet sei.

Niemals hatte eine größere philosophische Frage zur Beantwortung vorgelegen. Laplace ging mit Kühnheit, Beharrlichkeit und Glück ans Werk. Die eindringenden und lange Zeit fortgesetzten Untersuchungen des berühmten Geometers ergaben mit völliger

382

* Arago [1854/1860], 3. Band, S. 381–385

Evidenz, daß die Ellipsen der Planeten beständigen Veränderungen unterworfen sind; daß die Enden ihrer großen Axen den ganzen Himmel durchlaufen; daß abgesehen von einer schwankenden Bewegung, die Bahnebenen eine Verrückung erleiden, infolge deren ihre Durchschnittslinien mit der Ebene der Erdbahn jedes Jahr nach anderen Sternen gerichtet sind. Mitten in diesem scheinbaren Chaos ist ein Element, welches constant bleibt, oder doch nur geringe periodische Aenderungen erfahren kann: nämlich die große Axe einer jeden Bahn, und folgeweise die Umlaufszeit jedes Planeten; dagegen hätte nach den gelehrten Vorstellungen von Newton und Euler gerade diese Größe hauptsächlich variabel sein müssen.

Die allgemeine Schwere reicht für die Erhaltung des Sonnensystems aus; sie erhält Gestalt und Neigung der Bahnen in einem mittleren Zustande, um welchen herum die Schwankungen nur unbedeutend sind; die Mannichfaltigkeit hat nicht Ordnungslosigkeit im Gefolge; die Welt besitzt eine harmonische Vollendung, an welcher Newton selber zweifelte. Die Ursache davon liegt in Umständen, welche Laplace auf dem Wege des Calculs ergründet hat, und welche auf den ersten Blick keineswegs einen solchen Einfluß üben zu können scheinen. Man setze an die Stelle der Planeten, welche sich sämmtlich in demselben Sinne, in Bahnen mit geringer Excentricität und in wenig gegeneinander geneigten Ebenen bewegen, andere, welche nicht denselben Bedingungen gehorchen, und die Stabilität der Welt ist von Neuem in Frage gestellt; aller Wahrscheinlichkeit nach würde das entsetzlichste Chaos daraus hervorgehen.

Obgleich seit der Arbeit, welche wir im Auge haben, die Unveränderlichkeit der großen Axen der Planetenbahnen noch besser, d. h. vermittelst einer weiter getriebenen Entwicklung in den analytischen Approximationen, bewiesen worden ist[1], so wird sie darum nicht minder eine der bewundernswerthesten Entdeckungen des Verfassers der *Mechanik des Himmels* bleiben. Zu solchen Dingen bilden die Jahreszahlen nicht den Luxus einer übel angebrachten Gelehrsamkeit: die Abhandlung, in welcher Laplace seine Resultate über die Unveränderlichkeit der mittleren Bewegungen oder der großen Axen mittheilte, ist aus dem Jahre 1773; und erst im Jahre 1784 hat er die Stabilität der andern Elemente des Systems aus der geringen Masse der Planeten, aus der schwachen Ellipticität ihrer Bahnen und aus der übereinstimmenden Richtung in der Umlaufsbewegung dieser Gestirne um die Sonne abgeleitet.

Die Entdeckung, welche ich so eben dargestellt habe, gestattete nicht mehr, wenigstens in unserem Sonnensysteme, die Newton'sche Attraction als eine Ursache der Unordnung zu betrachten; allein war es denn unmöglich, daß andere Kräfte sich mit dieser vermischten und jene allmälich anwachsenden Störungen erzeugten, welche Newton und Euler befürchteten? Bestimmte Thatsachen schienen diesen Befürchtungen Gewicht zu verleihen.

Die alten Beobachtungen, mit den neueren verglichen, zeigten 384 eine fortgesetzte Beschleunigung in der Bewegung des Mondes und des Jupiters an, sowie eine nicht weniger auffallende Verlangsamung in der Bewegung des Saturns. Die befremdlichsten Consequenzen ließen sich aus diesen Veränderungen ableiten.

Nach den angenommenen Ursachen dieser Störungen besagte die Behauptung, daß die Geschwindigkeit eines Sternes von Jahrhundert zu Jahrhundert zunehme, nichts Anderes, als daß er sich dem Mittelpunkte der Bewegung nähere. Dagegen mußte sich der Stern von demselben Centrum entfernen, wenn seine Geschwindigkeit abnahm.

So schien durch ein eigenthümliches Geschick unser Planetensystem bestimmt, seine geheimnisvolle Zierde, den Saturn zu verlieren: der Planet, welchen ein Ring und sieben Monde auf seinem Pfade begleiten, sollte sich allmälich in jene unbekannten Regionen entfernen, wohin das von den stärksten Fernröhren unterstützte Auge niemals durchzudringen vermag. Auf der andern Seite würde Jupiter, neben dessen mächtigem Balle unsere Erdkugel so wenig bedeutet, durch einen entgegengesetzten Proceß zuletzt von der glühenden Masse der Sonne verschlungen werden; die Menschen endlich würden einst den Mond auf die Erde herabstürzen sehen.

Diese verhängnißvollen Prophezeiungen gingen nicht etwa aus bloßen Vermuthungen oder Vorurtheilen hervor. Die Ungewißheit konnte sich allein auf den genauen Zeitpunkt für den Eintritt der Katastrophen beziehen. Indeß wußte man, daß dieselben äußerst entfernt sein mußten, und so nahm das Publikum weder an den gelehrten Abhandlungen über dieses Thema, noch an den lebendigen Schilderungen gewisser Poeten großes Interesse.

Anders die gelehrten Gesellschaften. Ihnen war es schmerzlich, unser Planetensystem seinem Untergange entgegen gehen zu sehen: die Akademie der Wissenschaften rief die Aufmerksamkeit der Geometer aller Länder auf diese drohenden Perturbationen. Euler, Lagrange versuchten sich an dieser Frage. Nie erglänzte ihr mathematisches Genie heller und lebhafter, dennoch blieb die Aufgabe ungelöst. Wo die Anstrengungen solcher Geister erfolglos waren, schien Nichts als Resignation am Platze, als der Verfasser der Mécanique céleste auftrat, und aus zwei von den bisherigen Analytikern nicht beachteten, versteckt liegenden Umständen die Gesetze jener großen Phänomene klar und deutlich herleitete. Die Geschwindigkeitsänderungen in der Bewegung des Jupiters, des Saturns und des Mondes fanden sich so auf nothwendige physische Ursachen zurückgeführt, und traten in die Kategorie der gewöhnlichen, periodischen, von der Schwere abhängigen Störungen ein; die so gefürchteten Aenderungen in den Dimensionen der Bahnen reducirten sich auf einfache innerhalb enger Gränzen eingeschlossene Schwankungen; die Welt stand endlich, vermöge der Allmacht einer mathematischen Formel, wieder fest gegründet auf ihren Fundamenten.

Anmerkungen

1 Man findet diesen Gegenstand in sehr schönen Aufsätzen von *Lagrange* und *Poisson* abgehandelt.

ERNST CASSIRER (1874–1945)
Determinismus und Indeterminismus in der modernen Physik (1936)

[75] * Der »Laplacesche Geist«

»Rest, rest, perturbed spirit!« 134
Shakespeare, Hamlet I 5.

In der Einleitung zu seiner »Théorie analytique des probabilités« hat Laplace jenes Bild eines allumfassenden Geistes gezeichnet, der die vollständige Kenntnis eines bestimmten Weltzustandes in einem gegebenen Augenblick besäße, und für den damit zugleich die Welt als Ganzes, in jedem Einzelzug ihres Daseins und Ablaufs, vollständig bestimmt wäre. Ein solcher Geist, der alle Kräfte kennte, die in der Natur wirksam sind und die genauen Lagen für alle Einzeldinge, aus denen die Welt besteht, brauchte diese Data nur der mathematischen Analyse zu unterwerfen, um damit zu einer Weltformel zu gelangen, die gleichzeitig die Bewegung der größten Weltkörper wie die des leichtesten Atoms in sich schließen würde. Für ihn wäre nichts ungewiß; Zukunft und Vergangenheit würden gleich deutlich vor seinem Blicke liegen. Der menschliche Verstand darf in der Vollendung, die er der Astronomie zu geben gewußt hat, als das schwache Abbild eines solchen Geistes angesehen werden, das aber freilich die Vollkommenheit des Urbildes niemals erreichen kann; bei allem Streben, sich ihm anzunähern, bleibt er stets unendlich weit hinter ihm zurück.

Ich beginne mit diesem Bilde des Laplaceschen Geistes; – nicht, weil ich diese Anknüpfung als logisch angemessen oder auch nur als psychologisch besonders glücklich ansehe, sondern aus dem genau entgegengesetzten Grunde. In all den Erörterungen über das

---

* Cassirer [1964], S. 134–143

allgemeine Kausalproblem, die durch die heutige Lage der Atomphysik hervorgerufen worden sind, hat das von Laplace geprägte Bild eine wichtige, ja entscheidende Rolle gespielt. Die Verteidiger wie die Angreifer des Kausalprinzips der »klassischen Physik« schienen sich zum mindesten darüber einig zu sein, daß dieses Bild als ein adäquater Ausdruck des Problems gelten dürfe – daß man unbedenklich von ihm ausgehen dürfe, um sich an ihm die Eigenart einer streng »deterministischen« Auffassung des Weltgeschehens zu verdeutlichen. Die folgenden Erörterungen werden im einzelnen zu zeigen versuchen, daß und warum ich diese Ansicht nicht zu teilen vermag. Bevor ich jedoch in diese Erörterungen eintrete, scheint es mir nützlich, einen Blick auf die *Geschichte* des Problems zu werfen. Denn nur ein derartiger geschichtlicher Rückblick kann die Bedeutung erklären, die die Laplacesche »Weltformel« in der gegenwärtigen erkenntnistheoretischen und naturphilosophischen Diskussion des Kausalbegriffs gewonnen hat. Bei Laplace selbst war der Gedanke dieser Weltformel kaum mehr als eine geistreiche Metapher, durch die er den Unterschied zwischen dem Begriff der Wahrscheinlichkeit und dem der Gewißheit verdeutlichen und beleuchten wollte. Der Anspruch, dieser Metapher eine weitere Ausdehnung und Geltung zu geben – der Anspruch, sie zum Ausdruck eines allgemeinen erkenntnistheoretischen *Prinzips* zu machen, liegt ihm, soviel ich sehe, noch völlig fern. Diese Wendung vollzieht sich erst in einer weit späteren Epoche; und ihr Zeitpunkt läßt sich genau bezeichnen. In seiner berühmten Rede »über die Grenzen des Naturerkennens« (1872) hat Emil du Bois-Reymond die Laplacesche Formel zuerst wieder ihrer langen Vergessenheit entrissen und sie in den eigentlichen Brennpunkt der erkenntnistheoretischen und naturphilosophischen Betrachtung gerückt. Diese Rede hat überall das größte Aufsehen erregt und die stärkste Wirkung getan. Noch ein halbes Jahrhundert später hat W. Nernst in einem Aufsatz »über den Gültigkeitsbereich der Naturgesetze« die »anmutige Beredsamkeit« gerühmt, mit der du Bois-Reymond die praktische Leistungsfähigkeit der Laplaceschen Weltformel geschildert habe.[1] Aber diese Beredsamkeit enthielt freilich ihre schweren Gefahren. Unter ihrer leichten und schimmernden Hülle wurden bestimmte Grundprobleme der philosophischen und naturwissenschaftlichen Erkenntnis behandelt, nicht um analytisch geklärt, sondern um einer schnellen und endgültigen, aber freilich durchaus dogmatischen Entscheidung zugeführt zu werden.

Diese Entscheidung fiel zugleich im positiven und im negativen Sinne. Sie glaubte, ein für allemal die dauernde, unveränderliche und unumstößliche Form aller naturwissenschaftlichen Erkenntnis feststellen zu können; aber sie sah andererseits eben diese Form zugleich als eine unübersteigliche Grenze an. Du Bois-Reymond hebt die Naturerkenntnis weit über alle zufälligen, bloß-empirischen Schranken hinaus; er verleiht ihr, innerhalb ihres eigenen Umkreises, eine Art von Allwissenheit. Aber diese Erhöhung ist nur der Vorbote ihres tiefen Falles. Von dem Gipfel des strengsten exaktesten Wissens wird sie hinabgestürzt in den Abgrund der Unwissenheit – einer Unwissenheit, vor der es keine Rettung gibt, weil sie nicht zeitweilig und relativ, sondern absolut und endgültig ist. Gelänge es der menschlichen Erkenntnis, sich zum Ideal des Laplaceschen Geistes zu erheben, so wäre ihr der Weltlauf mit all seinen Einzelheiten, in Vergangenheit und Zukunft, völlig durchsichtig. »Solchem Geiste wären die Haare auf unserem Haupte gezählt, und ohne sein Wissen fiele kein Sperling zur Erde. Ein vor- und rückwärts gewandter Prophet, wäre ihm das Weltganze nur eine einzige Tatsache und eine große Wahrheit.« Und doch würde diese eine Wahrheit nur einen beschränkten und kümmerlichen Teilaspekt des Seins in seiner Gesamtheit, der eigentlichen »Wirklichkeit«, darbieten. Denn diese letztere enthält weite und wichtige Bezirke, die der hier geschilderten Form der naturwissenschaftlichen Erkenntnnis prinzipiell und für immer unzugänglich bleiben müssen. Keine Steigerung und Verschärfung dieser Erkenntnis bringt uns den eigentlichen Mysterien des Seins auch nur um einen Schritt näher. Unser Wissen zergeht in Nichts, sobald wir aus der Welt der materiellen Atome in die Welt des »Geistigen«, des Bewußtseins eintreten. Hier endet unser Verstehen: denn auch bei vollständiger, bei »astronomisch-genauer« Erkenntnis aller materiellen Systeme der Welt, einschließlich des Systems unseres Gehirns, wäre es uns unmöglich zu begreifen, wie das materielle Sein die rätselhafte Erscheinung des Bewußtseins aus sich hervorgehen lassen kann. Der Anspruch auf »Erklärung« kann somit an dieser Stelle nicht nur nicht befriedigt, er kann, streng genommen, nicht einmal gestellt werden: das »*Ignorabimus*« ist die einzige Antwort, die die Naturwissenschaft auf die Frage nach dem Wesen und Ursprung des Bewußtseins zu geben vermag.

Die Problemstellung du Bois-Reymonds hat gleich stark auf die Philosophie und auf die naturwissenschaftliche Prinzipienlehre in den letzten Jahrzehnten des neunzehnten Jahrhunderts gewirkt. Den radikalen Folgerungen, die hier gezogen worden waren, suchte man sich freilich zu entziehen; der apodiktisch-dogmatischen Entscheidung der du Bois-Reymondschen Rede wollte man sich nicht gefangen geben. Aber daß hier eine wichtige und zutreffende *Frage* gestellt sei, um deren Lösung Erkenntnistheorie und Naturwissenschaft mit dem Einsatz aller Kräfte zu ringen hätten: – dies schien zunächst keinem Zweifel zu unterliegen. Selbst die Neukantische Bewegung, die zu Beginn der 70er Jahre, fast gleichzeitig mit du Bois-Reymonds Rede, einsetzte, brachte hier zunächst keine prinzipielle Änderung. Otto Liebmann, – einer der ersten, der die »Rückkehr zu Kant« gefordert hat – bewegt sich in seiner Analyse des Kausalproblems ganz in den gleichen Bahnen. Auch für ihn wird die Laplacesche Formel zum vollständigen und vollgültigen Ausdruck dessen, was er als die »Logik der Tatsachen« zu bezeichnen liebt. Legt man »eine absolute Weltintelligenz hypothetisch zugrunde« – so erklärt er – »dann wird dieser Intelligenz wirklich der ganze, für uns im unendlichen Raum distrahierte Weltprozeß bis in seine minutiösesten Einzelheiten hinein als *zeitlose Weltlogik sub specie aeternitatis* gegeben sein. Dies wäre denn *die vollendete Logik der Tatsachen in der objektiven Weltvernunft*; und Spinoza hätte Recht in einem Sinne, der ihm freilich nicht vollkommen klar sein konnte, weil er ein Jahrzehnt vor der Publikation von Newtons Prinzipien und ein Jahrhundert vor der Herausgabe von Laplaces Mécanique céleste gestorben ist.«[2] Man ersieht hieraus, daß die »Laplacesche Formel« gleich sehr einer naturwissenschaftlichen wie einer rein metaphysischen Auslegung fähig war: – und gerade auf diesem ihrem Doppelcharakter beruht die starke Wirkung, die sie geübt hat. Diese Wirkung wird erst dann ganz verständlich, wenn man die geistesgeschichtliche *Gesamtlage* der Epoche betrachtet, in der du Bois-Reymonds Rede hervorgetreten ist. Es war die Zeit des Materialismus-Streites: die Zeit, in der die Philosophie sich vor die Entscheidung

137

gestellt sah, ob sie sich der Leitung des naturwissenschaftlichen Denkens anvertrauen wollte, die unvermeidlich zur Konsequenz einer streng-mechanischen Naturauffassung weiterzuführen schien – oder ob sie, gegenüber der Naturwissenschaft, ihr eigene Position verteidigen und aufrecht erhalten, ob sie dem »Geistigen« eine Sonder- und Ausnahmestellung einräumen solle. Hier griff die Rede du Bois-Reymonds ein, die als eine Klärung der Zweifel und als ein Ausweg aus dem Dilemma gedeutet werden konnte. Denn sie schien beiden Ansprüchen gerecht zu werden; sie schien in gewissem Sinne ebensosehr den Forderungen des Materialismus, wie denen des Spiritualismus zu genügen. Der Materialismus und Mechanismus konnte sich durch du Bois-Reymonds Definition der Naturerkenntnis zufrieden gestellt finden: denn für den Umkreis der letzteren war seine Grundmaxime nicht nur anerkannt, sondern zum ausschließlichen und alleinigen Maßstab erhoben worden. »Es gibt für uns kein anderes Erkennen als das mechanische« – so betont du Bois-Reymond – »ein wie kümmerliches Surrogat für wahres Erkennen es auch sei, und demgemäß nur *eine* wahrhaft wissenschaftliche Denkform: die physikalisch-mathematische«. Aber auf der anderen Seite wurde diese Denkform verworfen, wenn es sich um die »eigentlich-transzendenten« Probleme handelte. Diesen Problemen gegenüber hatte der Naturforscher ein für allemal zu resignieren: und diese Resignation ließ für alle anderen, rein »spekulativen« Lösungsversuche die Bahn frei. So schienen die radikalen Verfechter des Materialismus, wie seine schärfsten Gegner, sich mit gleichem Recht auf du Bois-Reymonds Grundthese berufen zu können: die ersteren, weil sie in ihr die Identität zwischen wissenschaftlichem und materialistisch-mechanischem Denken ausgesprochen fanden, die letzteren, weil außerhalb derselben eine *Realität* angenommen war, die sich prinzipiell jeder naturwissenschaftlichen Erkenntnis entzog, die als ein dunkler und undurchdringlicher Rest stehen blieb.

Aber damit sehen wir uns zugleich auf eine Frage geführt, deren Bedeutung weit über die besondere Problemlage hinausgreift, aus der du Bois-Reymonds Rede erwachsen ist. Es zeigt sich schon hier ein systematischer Zusammenhang, der sich uns im Fortgang unserer Untersuchung immer von neuem bestätigen wird. Die Antwort auf das *Kausalproblem*, die eine naturwissenschaftliche

Erkenntnislehre uns gibt, steht niemals für sich allein, sondern sie beruht stets auf einer bestimmten Annahme über den naturwissenschaftlichen *Objektbegriff*. Beide Momente greifen unmittelbar ineinander ein und bedingen sich wechselseitig. Wir können niemals den Kausalbegriff einer bestimmten Epoche oder einer bestimmten naturwissenschaftlichen Denkrichtung in seiner Bedeutung und Begründung verstehen, ohne den Hebel an dieser Stelle anzusetzen – ohne nach dem Begriff der physikalischen »Realität« zurückzufragen, der von ihr vorausgesetzt wird. Ich werde später zu zeigen versuchen, daß dieses Verhältnis auch für die moderne Quantenmechanik gilt: – daß wir es in der »Krise des Kausalbegriffs«, der für sie kennzeichnend scheint, weit mehr mit einer kritischen Umbildung, einer neuen Fassung des *Objektbegriffs* zu tun haben. Für jetzt begnüge ich mich, dieses Verhältnis an der Beziehung zu verdeutlichen, die sich aus du Bois-Reymonds Theorie der naturwissenschaftlichen Erkentnis ergibt. Indem in dieser Theorie die Kausalforderung über alle Grenzen der empirischen Anwendbarkeit hinausgehoben, indem sie in ihrer Aussprache und Definition an die Voraussetzung eines »unendlichen Geistes« geknüpft wird, rückt damit auch die Realität in eine unerreichbare Ferne. Sie ist jeder wirklichen Begreiflichkeit, jeder Erfassung durch die theoretischen Grundmittel unserer Erkenntnis entrückt. Mit all unserem Begreifen, mit aller Verfeinerung und Zuspitzung unserer physikalischen Erkenntnismittel rücken wir nicht einen Schritt weiter; wir spinnen uns damit vielmehr nur immer dichter in das Netz unserer eigenen Begriffe ein. Denn die Unerkennbarkeit beginnt nach du Bois-Reymond keineswegs erst dort, wo wir das Gebiet des Geistigen, des Bewußtseins betreten. Sie ist prinzipiell von gleicher Art, sobald wir die Wesensfrage, statt an das Bewußtsein, an die materielle Welt und an ihre Grundelemente, die Atome, richten. Der Laplacesche Geist, der über die vollkommene Kenntnis aller Massenpunkte und aller ihrer Lagen und Geschwindigkeiten verfügte, besäße durch diese Kenntnis nicht die geringste Handhabe, um das »Wesen« von Masse und Kraft zu begreifen. »Niemand, der etwas tiefer nachgedacht hat« – so erklärt du Bois-Reymond – »verkennt die transzendente Natur des Hindernisses. Alle Fortschritte der Naturwissenschaft haben nichts dagegen vermocht, und alle ferneren werden dagegen nichts fruchten. Nie werden wir besser als heute wissen, was hier, wo Materie ist, »im Raume spukt«. Denn sogar der Laplacesche Geist würde hier nicht klüger sein.«[3]

Deutlich und unverhüllt tritt hier die Schlußweise hervor, deren sich du Bois-Reymond in all seinen Deduktionen bedient. Sie ist auf den ersten Blick befremdlich, ja fast unverständlich: denn was kann es Seltsameres geben als eine Betrachtungsweise, durch die gerade die Prinzipien und Elemente wissenschaftlicher Erkenntnis zu einem Unerkennbaren gestempelt – durch die Begriffe, wie Materie und Kraft, die ja nichts anderes als *Instrumente* des Naturbegreifens sind, zu etwas Geister- und Gespensterhaftem gemacht werden, das geheimnisvoll »im Raume spukt«? Und doch unterliegt die Naturwissenschaft in dieser seltsamen Schlußweise nur einem Schicksal, das sie mit allen Formen symbolischer Erkenntnis teilt. Auf einer weit vorgeschrittenen Stufe des Wissens, ja auf einem seiner wahrhaften Höhepunkte, wiederholt sich hier ein Prozeß, den wir bis in die ersten Anfänge des Weltbegreifens zurückverfolgen können. Wo immer wir versuchen, die verschiedenartigen Symbole zu analysieren, vermöge deren es zu einem »Begreifen« der Welt – der Natur sowohl wie der »geistigen Wirklichkeit« – kommt, da stoßen wir auf diesen Dualismus in der Deutung der Grundmittel, auf denen dieses Begreifen beruht. *Sprache* und *Bild* sind die ersten Mittel, die der menschliche Geist für dieses Begreifen erschafft. Durch sie allein vermag er die »fließend immer gleiche Reihe« des Geschehens abzuteilen, zu unterscheiden, zu beherrschen. Aber es sind eben diese *Mittel* der Beherrschung, die alsbald wieder ein eigenes Sein, eine eigene Wirklichkeit und Bedeutsamkeit erlangen, vermöge deren sie auf den menschlichen Geist zurückwirken und sich ihn unterwürfig machen. Das Instrument beginnt gleichsam ein eigenes Leben anzunehmen: es wird hypostasiert und es wird in dieser Hypostase zu einer selbständigen, eigentümlichen und eigenwilligen Kraft, die den Menschen in ihren Bann zieht. Je weiter wir in die Ursprünge von Sprache und Mythos zurückzudringen suchen, um so deutlicher tritt für uns dieser Grundcharakter der Sprach- und Bildsymbole hervor. Das Symbolische wird zum Magischen: Wort- und Bildzauber sind es, die die Grundlagen für alle magische Erkenntnis und alle magische Beherrschung der Wirklichkeit bilden.[4] So merkwürdig und paradox es scheinen mag, so ist doch selbst die »abstrakteste« Symbolbildung von diesem Zwange zum unmittelbar Bildhaften, und damit von dem Zwange zur Verdinglichung nicht frei. Auch sie hat ständig gegen die Gefahr der Substantialisierung und Hypostasierung zu streiten; und in dem Augenblick, wo sie dieser Gefahr unterliegt, erfährt der Erkenntnisprozeß einen eigentümlichen Rückschlag. Die Prinzipien, das »Erste« der Erkenntnis, werden zum »Letzten« – zu dem, was sie zu fassen sucht, was sich aber gleichsam mehr und mehr von ihr zurückzieht, und was schließlich in eine unerreichbare Ferne zu rücken droht. Des unmittelbar »magischen« Charakters werden die Symbole entkleidet; aber noch immer haftet ihnen der Charakter des Geheimnisvollen, des »Unbegreiflichen« an. Noch schärfer und unverhohlener, als es in Emil du Bois-Reymonds Rede geschieht, ist diese Konsequenz in der Schrift seines Bruders, des Mathematikers Paul du Bois-Reymond, »Über die Grundlagen der Erkenntnis in den exakten Wissenschaften« gezogen worden. Hier soll bewiesen werden, wie jeder Versuch der Physik, die Wirklichkeit zu erfassen und zu beschreiben, von vornherein zum Scheitern verurteilt ist. Jeder derartige Versuch belehrt uns nur aufs neue darüber, »wie undurchdringlich die Mauern unseres intraphaenomenalen Gefängnisses sind«. »Unser Denken, das im nebelhaft gleichförmigen Vordringen sich abmüht, kommt dabei, wie gelähmt, nicht von der Stelle. Wir sind im Gehäuse unserer Wahrnehmungen eingeschlossen und für das, was außerhalb ist, wie blind geboren. Nicht einen Schimmer können wir davon haben, denn der Schimmer gleicht doch schon dem Licht: was aber entspricht im Wirklichen dem Licht?«[5]

Die moderne Physik hat seit langem und mit immer stärkerem Nachdruck betont, daß und weshalb eine derartige Grundanschauung für sie nicht länger bindend und nicht länger möglich ist. Sie hat die Voraussetzungen aufgegeben, unter denen das Erkenntnisideal des Laplaceschen Geistes konzipiert war; sie bestreitet die Möglichkeit, alles physikalische Geschehen dadurch zu begreifen, daß es auf die Bewegung einfacher Massenpunkte zurückgeführt wird. Und noch entschiedener verwirft sie die weiteren Folgerungen, die von du Bois-Reymond an die Laplacesche Weltformel geknüpft worden waren. »Sein Ignorabimus« – so erklärt ein moderner Forscher – »hat für uns keine andere Bedeutung, als für den

Mathematiker die nüchterne Erkenntnis von der Unmöglichkeit der Quadratur des Zirkels und anderer ähnlicher Aufgabenstellungen, die dadurch, daß man sie auf die richtige Form bringt, zugleich erledigt und annulliert werden.«[6] Um zu dieser rein *erkenntniskritischen* Einsicht zu gelangen, bedurfte es freilich nicht der neuen Begriffsbildungen der Quantenmechanik; sie konnte bereits auf dem Boden der klassischen Physik gewonnen und unter ihren Voraussetzungen bewiesen werden.[7] Allgemein läßt sich sagen, daß das Bild des Laplaceschen Geistes nicht nur vom Standpunkt der physikalischen Empirie, sondern schon vom Standpunkt der Logik und der erkenntnistheoretischen Analyse aus, zu schweren Bedenken Anlaß gibt. Prüft man dieses Bild schärfer, so zeigt sich, daß es aus disparaten Elementen aufgebaut ist. Denn wie wollen wir uns die Bedingung erfüllt denken, an die die Voraussicht des Laplaceschen Geistes gebunden ist; wie soll er sich die vollständige Kenntnis der Anfangslagen und Geschwindigkeiten aller einzelnen Massenteilchen verschafft haben? Ist er zu dieser Kenntnis auf menschlichem oder »übermenschlichem« Wege, auf empirische oder »transzendente« Weise gelangt? In dem ersten Falle wären auch für ihn die Bedingungen nicht aufgehoben, die für unser empirisches Erkennen gelten. Es müßten Messungen durchgeführt und es müßten für sie bestimmte physikalische Instrumente benutzt worden sein. Aber es ist nicht einzusehen, wie auf *diese* Weise eine andere als relative Erkenntnis erreicht und gesichert werden könnte. Die Maßgenauigkeit könnte nie über eine bestimmte Grenze hinaus gesteigert werden: und ebenso würde die Anwendung physikalischer Apparate das Resultat von der Natur dieser Apparate abhängig und nur im Verhältnis zu ihr, nicht aber absolut bestimmbar machen. Dieser Schwierigkeit ist nur zu entgehen, wenn wir der Laplaceschen Intelligenz eine nicht nur mittelbare, sondern eine unmittelbare, eine »intuitive« Kenntnis der Anfangsbedingungen zusprechen. Aber mit *dieser* Entscheidung würde uns das ganze Problem, das hier gestellt ist, gewissermaßen unter den Händen entschwinden und sich zuletzt in Nichts auflösen. Denn eine Intelligenz, die mit einer derartigen intuitiven Erkenntnis ausgerüstet wäre, wäre damit zugleich jeder Mühe der mittelbaren Schlußfolgerung, der Vorausberechnung enthoben. Sie brauchte nicht aus dem Gegenwärtigen

142

375

auf das Vergangene oder Zukünftige zu »schließen«; sie besäße, in einem einzigen unteilbaren Akte, die vollständige Kenntnis, die unmittelbare Anschauung der gesamten Zeitreihe und ihrer Unendlichkeit. In dem Bilde des »Laplaceschen Geistes« verbinden und durchdringen sich somit zwei heterogene, miteinander unvereinbare Bestimmungen. In diesem Bilde ist, um es in Kantischen Begriffen auszudrücken, gleichzeitig die Vorstellung eines »diskursiven« und eines »intuitiven« Verstandes enthalten; eines diskursiven Verstandes, der an die Form des mittelbaren Begreifens, des »Berechnens« gebunden ist, und eines intuitiven Verstandes, der sich alles Berechnens entschlagen kann, weil er vom »Synthetisch-Allgemeinen« (der Anschauung eines Ganzen als eines solchen) zum Besondern geht, d. i. vom Ganzen zu den Teilen. So löst sich bei schärferer erkenntniskritischer Analyse jenes *Ideal* der naturwissenschaftlichen Erkenntnis, das Laplace gezeichnet und das du Bois-Reymond weiter ausgeführt und ausgeschmückt hat, in ein *Idol* auf. Die Grenze, der sich der menschliche Geist in seiner fortschreitenden Naturerkenntnis ständig annähern sollte, bewährt sich *auch als Grenze* nicht: es zeigt sich, daß schon ihre bloße hypothetische Setzung, streng genommen, zu einem unvollziehbaren Gedanken, zu einem Widerspruch hinführt. Wir müssen das Ideal und Prinzip der naturwissenschaftlichen Erkenntnis anders und von einer neuen Seite her formulieren – wenn anders dieses Prinzip etwas logisch-Kohärentes und etwas empirisch-Brauchbares, etwas auf das Verfahren und die Begriffsbildung der »wirklichen« Physik Anwendbares besagen soll.

Anmerkungen

1 S. »Naturwissenschaften, Bd. X, 1922, S. 492.
2 Otto Liebmann, Zur Analysis der Wirklichkeit, 2. Aufl. Strassburg 1880, S. 205.
3 Über die Grenzen des Naturerkennens, Reden, Erste Folge, Lpz. 1886, S. 114.
4 Zur näheren Begründung muß ich hier auf meine Schrift »Sprache und Mythos« (Studien der Bibl. Warburg VI); Leipzig 1924, sowie auf meine »Philosophie der symbolischen Formen«, Bd. I–III; Berlin 1923 ff. verweisen.
5 Paul du Bois-Reymond, a. a. O.; Tübingen 1890, Abschn. VIII.

6 R. v. Mises, Über das naturwissenschaftliche Weltbild der Gegenwart, Naturwissensch. 18 (1930), S. 892.
7 Ich selbst habe, vom Standpunkt der »klassischen Physik« aus, diesen Beweis zu führen gesucht in m. Schrift »Substanzbegriff und Funktionsbegriff«, Berlin 1910; vgl. bes. S. 162 ff. und 219 ff.

PIERRE SIMON DE LAPLACE (1749–1827)
Philosophischer Versuch über die Wahrscheinlichkeit (1812)

[76]* *Über die Wahrscheinlichkeit*

1 Alle Ereignisse, selbst jene, welche wegen ihrer Geringfügigkeit scheinbar nichts mit den großen Naturgesetzen zu tun haben, folgen aus diesen mit derselben Notwendigkeit wie die Umläufe der Sonne. In Unkenntnis ihres Zusammenhangs mit dem Weltganzen ließ man sie, je nachdem sie mit Regelmäßigkeit oder ohne sichtbare Ordnung eintraten und aufeinanderfolgten, entweder von Endzwecken oder vom Zufall abhängen; aber diese vermeintlichen Ursachen wurden in dem Maße zurückgedrängt, wie die Schranken unserer Kenntnis sich erweiterten, und sie verschwinden völlig vor der gesunden Philosophie, welche in ihnen nichts als den Ausdruck unserer Unkenntnis der wahren Ursachen sieht.

Die gegenwärtigen Ereignisse sind mit den vorangehenden durch das evidente Prinzip verknüpft, daß kein Ding ohne erzeugende Ursache entstehen kann. Dieses Axiom, bekannt unter dem Namen des »Prinzips vom zureichenden Grunde«, erstreckt sich auch auf die Handlungen, die man für gleichgültig hält. Der freieste Wille kann sie nicht ohne ein bestimmendes Motiv hervorbringen; denn wenn er unter vollkommen ähnlichen Umständen das eine Mal handelte und das andere Mal sich der Handlung enthielte, dann wäre seine Wahl eine Wirkung ohne Ursache: sie wäre dann, wie Leibniz sagt, der blinde Zufall der Epikuräer. Die gegenteilige Meinung ist eine Täuschung des Geistes, der die flüchtigen Gründe, welche die Wahl des Willens bei gleichgültigen Dingen bestimmen, aus dem Auge verliert und sich einredet, daß der Wille sich durch sich selbst und ohne Motive bestimmt hat.

---

* Laplace [1932], S. 1–6

Wir müssen also den gegenwärtigen Zustand des Weltalls als die Wirkung seines früheren und als die Ursache des folgenden Zustands betrachten. Eine Intelligenz, welche für einen gegebenen Augenblick alle in der Natur wirkenden Kräfte sowie die gegenseitige Lage der sie zusammensetzenden Elemente kennte, und überdies umfassend genug wäre, um diese gegebenen Größen der Analysis zu unterwerfen, würde in derselben Formel die Bewegungen der größten Weltkörper wie des leichtesten Atoms umschließen; nichts würde ihr ungewiß sein und Zukunft wie Vergangenheit würden ihr offen vor Augen liegen. Der menschliche Geist bietet in der Vollendung, die er der Astronomie zu geben verstand, ein schwaches Abbild dieser Intelligenz dar. Seine Entdeckungen auf dem Gebiete der Mechanik und Geometrie, verbunden mit der Entdeckung der allgemeinen Gravitation, haben ihn in Stand gesetzt, in demselben analytischen Ausdruck die vergangenen und zukünftigen Zustände des Weltsystems zu umfassen. Durch Anwendung derselben Methode auf einige andere Gegenstände seines Wissens ist er dahin gelangt, die beobachteten Erscheinungen auf allgemeine Gesetze zurückzuführen und Erscheinungen vorauszusehen, die gegebene Umstände herbeiführen müssen. Alle diese Bemühungen beim Aufsuchen der Wahrheit wirken dahin, ihn unablässig jener Intelligenz näher zu bringen, von der wir uns eben einen Begriff gemacht haben, der er aber immer unendlich ferne bleiben wird. Dieses dem Menschen eigentümliche Streben erhebt ihn über das Tier, und seine Fortschritte auf diesem Gebiete unterscheiden die Nationen und Jahrhunderte und machen ihren wahren Ruhm aus.

Erinnern wir uns, daß einst, und zwar in einem Zeitalter, das noch nicht sehr ferne liegt, ein Wolkenbruch oder übermäßige Dürre, ein Komet mit einem sehr langen Schweif, die Sonnenfinsternisse, die Nordlichter und überhaupt alle außergewöhnlichen Erscheinungen für ebenso viele Zeichen des himmlischen Zornes gehalten wurden. Man rief den Himmel an, daß er ihren unseligen Einfluß abwende. Aber man flehte ihn nicht an, den Lauf der Gestirne oder der Sonne aufzuhalten: die Beobachtung hätte gar bald die Nutzlosigkeit solcher Bitten erkennen lassen. Da aber jene Erscheinungen, da sie in langen Intervallen auftraten und verschwanden, der Ordnung der Natur zu widersprechen schienen, so nahm man an, daß sie der Himmel, erzürnt über die Verbrechen der Erde, gesandt hätte, um seine Rache anzukündigen. So verbreitete der lange Schweif des Kometen vom Jahre 1456 Schrecken in Europa, das bereits über die raschen Erfolge der Türken und die Zerstörung des byzantinischen Reichs bestürzt war. Dieses Gestirn hat nach seinem vierten Umlauf ein Interesse ganz verschiedener Art bei uns erweckt. Die Kenntnis der Gesetze des Weltsystems, die innerhalb dieses Zeitraumes erworben worden war, hatte die Besorgnisse zerstreut, die aus der Unkenntnis der wahren Beziehungen des Menschen zum Weltall entstanden waren; und Halley, der die Identität dieses Kometen mit jenen der Jahre 1531, 1607 und 1682 erkannt hatte, kündigte seine baldige Wiederkehr für das Ende von 1758 oder den Anfang von 1759 an. Die gelehrte Welt erwartete mit Ungeduld diese Wiederkehr, die eine der größten Entdeckungen der Wissenschaft bestätigen und die Vorhersagung des Seneca erfüllen sollte, welcher, bei Erwähnung des Umlaufs der aus ungeheuerer Entfernung zu uns herabkommenden Gestirne, sagte: »Der Tag wird kommen, da durch ein unausgesetztes Studium mehrerer Jahrhunderte die derzeit verborgenen Dinge klar vor Augen liegen werden; und die Nachwelt wird staunen, daß so einleuchtende Wahrheiten uns entgehen konnten.« Clairaut unternahm es hierauf, die Störungen, die der Komet durch die Wirkung der beiden größten Planeten, des Jupiter und Saturn, erfahren hatte, der Analysis zu unterwerfen: Nach unermeßlichen Rechnungen bestimmte er seinen nächsten Durchgang im Perihel für Anfang April 1759, was die Beobachtung in Kürze bewahrheitete. Die Regelmäßigkeit, welche uns die Astronomie in der Bewegung der Kometen zeigt, ist ohne Zweifel bei allen Erscheinungen vorhanden. Die von einem einfachen Luft- oder Gasmolekül beschriebene Kurve ist in eben so sicherer Weise geregelt wie die Planetenbahnen: es besteht zwischen beiden nur der Unterschied, der durch unsere Unwissenheit bewirkt wird.

Die Wahrscheinlichkeit steht in Beziehung zum Teil zu dieser Unwissenheit, zum Teil zu unseren Kenntnissen. Wir wissen, daß von drei oder mehreren Ereignissen eines eintreten muß, doch veranlaßt uns nichts, zu glauben, daß eines eher als die anderen eintreten wird. In diesem Zustande der Unentschiedenheit ist es uns unmöglich, etwas Gewisses über das Eintreffen auszusagen.

Es ist indessen wahrscheinlich, daß ein aus diesen aufs Geratewohl herausgegriffenes Ereignis nicht eintreffen wird, wenn wir mehrere gleichmögliche Fälle erkennen, welche sein Eintreten ausschließen, während nur ein einziger dieser Fälle es begünstigt. 4

Die Theorie des Zufalls ermittelt die gesuchte Wahrscheinlichkeit eines Ereignisses durch Zurückführung aller Ereignisse derselben Art auf eine gewisse Anzahl gleich möglicher Fälle, d. s. solcher, über deren Existenz wir in gleicher Weise unschlüssig sind, und durch Bestimmung der dem Ereignis günstigen Fälle. Das Verhältnis dieser Zahl zu der aller möglichen Fälle ist das Maß dieser Wahrscheinlichkeit, die also nichts anderes als ein Bruch ist, dessen Zähler die Zahl der günstigen Fälle und dessen Nenner die Zahl aller möglichen Fälle ist.

Die vorstehende Definition der Wahrscheinlichkeit setzt voraus, dass die Wahrscheinlichkeit dieselbe bleibt, wenn man die Zahl der günstigen Fälle und die aller möglichen Fälle in gleichem Verhältnis wachsen lässt. Um sich davon zu überzeugen, betrachte man zwei Urnen A und B, von denen die erste vier weiße und zwei schwarze Kugeln, die zweite nur zwei weiße und eine schwarze Kugel enthält. Man kann sich vorstellen, daß die zwei schwarzen Kugeln der ersten Urne durch einen Faden verbunden sind, der in dem Momente zerreißt, wo man die eine von ihnen ergreift, um sie herauszuziehen, und daß die vier weißen Kugeln zwei ähnliche Systeme bilden. Alle Chancen für das Ergreifen einer dem schwarzen System angehörenden Kugel werden eine schwarze Kugel liefern. Wenn man jetzt annimmt, daß die Fäden, welche die Kugeln verbinden, nicht reißen, so ist klar, dass die Zahl aller möglichen Fälle und auch die Zahl der dem Herausziehen schwarzer Kugeln günstigen Fälle sich nicht ändern wird; nur wird man aus der Urne zwei Kugeln auf einmal herausziehen; die Wahrscheinlichkeit, eine schwarze Kugel aus der Urne herauszuziehen, wird also dieselbe sein wie früher. Aber nun hat man augenscheinlich den Fall der Urne B, mit dem einzigen Unterschiede, daß die drei Kugeln dieser Urne ersetzt sind durch drei Systeme von je zwei Kugeln, die unlösbar miteinander verbunden sind.

Wenn alle Fälle einem Ereignis günstig sind, dann verwandelt sich seine Wahrscheinlichkeit in Gewißheit und der Quotient wird gleich Eins. Unter diesem Gesichtspunkte sind Gewißheit und 5

Wahrscheinlichkeit vergleichbar, obgleich ein wesentlicher Unterschied zwischen den beiden Geistesverfassungen besteht, wenn ein Satz in aller Strenge bewiesen ist, oder wenn noch eine kleine Möglichkeit des Irrtums übrig bleibt.

Bei den Dingen, welche nur wahrscheinlich sind, ist die Verschiedenheit der Daten, die verschiedene Menschen über sie besitzen, eine der Hauptursachen der Mannigfaltigkeit der Meinungen, die man über dieselben Gegenstände herrschen sieht. Nehmen wir z. B. an, wir hätten drei Urnen, A, B, C, von denen eine nur schwarze Kugeln enthält, während die zwei anderen nur weiße Kugeln einschließen; man soll eine Kugel aus der Urne C ziehen und man fragt nach der Wahrscheinlichkeit, daß diese Kugel schwarz ist. Wenn man nicht weiß, welche von den drei Urnen nur schwarze Kugeln einschließt, so zwar, daß man keinen Grund hat, zu glauben, daß es eher C als B oder A sei, so scheinen diese drei Annahmen gleich möglich; und da eine schwarze Kugel nur im Fall der ersten Annahme gezogen werden kann, so ist die Wahrscheinlichkeit, sie zu ziehen, gleich ⅓. Weiß man, daß die Urne A nur weiße Kugeln enthält, dann beschränkt sich die Ungewißheit nur mehr auf die Urnen B und C, und die Wahrscheinlichkeit, daß die aus der Urne C gezogene schwarze Kugel schwarz sein wird, ist ½. Endlich verwandelt sich diese Wahrscheinlichkeit in Gewißheit, wenn man sicher ist, daß die Urnen A und B nur weiße Kugeln enthalten.

So kommt es, daß dieselbe Tatsache, die vor einer zahlreichen Versammlung erzählt wird, mit verschiedenen Graden von Glauben aufgenommen wird je nach dem Umfange der Kenntnisse der Zuhörer. Wenn der Mann, der davon berichtet, selbst im Innersten davon überzeugt ist, und wenn er wegen seines Standes und Charakters großes Vertrauen einflößt, so wird sein Bericht, wie außerordentlich er auch sein mag, für die Zuhörer, die hierüber kein eigenes Urteil haben, denselben Grad der Wahrscheinlichkeit haben, wie eine gewöhnliche Tatsache, die von demselben Manne mitgeteilt wird, und sie werden dem Berichte vollständigen Glauben beimessen. Wenn jedoch irgendeiner von ihnen weiß, daß dieselbe Tatsache von anderen, gleich achtbaren Männern verworfen wurde, so wird er im Zweifel sein; und die Tatsache wird von den aufgeklärten Zuhörern als falsch betrachtet werden, die sie entweder mit wohlerwiesenen Tatsachen oder mit unveränderlichen Naturgesetzen im Widerspruche finden werden.

Dem Einflusse derer, die die Menge für die bestunterrichteten hält, und denen sie ihr Vertrauen in den wichtigsten Fragen des Lebens zu schenken pflegt, hat man die Verbreitung jener Irrtümer zu verdanken, die in den Zeiten der Unwissenheit das Gesicht der Welt erfüllten. Die Magie und Astrologie bieten uns hiervon zwei große Beispiele dar. Diese von Kindheit an eingeprägten Irrtümer, die ohne Prüfung angenommen wurden und nur den allgemeinen Glauben als Grundlage hatten, erhielten sich durch sehr lange Zeit, bis endlich der Fortschritt der Wissenschaften sie im Geiste der aufgeklärten Menschen zerstört hatte. Die Autorität dieser Männer hat sie sodann auch beim Volke zum Verschwinden gebracht durch die Macht der Nachahmung und der Gewohnheit, die sie so allgemein verbreitet hatte. Diese Macht, die gewaltigste Triebfeder der sittlichen Welt, begründet und erhält in einer ganzen Nation Ideen, die durchaus entgegengesetzt jenen sind, welche sie anderswo mit derselben Gewalt aufrecht erhält. Welche Nachsicht müssen wir also nicht mit den von den unsrigen abweichenden Meinungen haben, da diese Verschiedenheit oft nur von verschiedenen Gesichtspunkten abhängt, auf welche die Umstände uns geführt haben. Klären wir diejenigen auf, die wir für nicht genügend unterrichtet halten, aber prüfen wir vorerst strenge unsere eigenen Meinungen und wägen wir mit Unparteilichkeit die Wahrscheinlichkeit der einen und anderen ab.

Die Verschiedenheit der Meinungen hängt auch noch von der Art und Weise ab, wie man den Einfluß des Gegebenen in Rechnung setzt. Die Theorie der Wahrscheinlichkeit hat es mit so feinen Überlegungen zu tun, daß es, besonders in sehr komplizierten Fragen, nicht verwunderlich ist, wenn zwei Personen, von denselben Gegebenheiten ausgehend, verschiedene Resultate finden. Wir wollen jetzt die allgemeinen Prinzipien der Theorie darlegen.

[77]*   Der Hegelsche Weltgeist

Ich erwähne hier beiläufig eines Mythus, den man oft mit großem
Behagen erzählt, um durch ein einziges Beispiel die ganze Naturphilosophie Hegels in ihrer Verkehrtheit darzustellen. Hegel soll
nämlich gerade zu derselben Zeit, als Piazzi die Ceres entdeckte,
philosophisch bewiesen haben, daß an dieser Stelle unmöglich ein
Planet sich befinden könne. Die Schrift, in welcher man diesen
Beweis zu suchen hat, ist die im Jahre 1801 geschriebene lateinische Dissertation Hegels über die Planetenbahnen. Hegel kommt
zum Schlusse derselben auch auf die Abstände der Planeten von
der Sonne zu sprechen. Er bemerkt zunächst, daß man sich unmöglich dabei begnügen könne, diese Abstände nur als Thatsachen der
Erfahrung gelten zu lassen; mit Recht suche man vielmehr auch hier
nach einem vernünftigen Gesetze. Diese Uebereinstimmung der
Erscheinungen mit der Vernunft werde auch von den empirischen
Naturforschern schon dadurch anerkannt, daß sie selbst den Schein
eines Gesetzes mit Freuden ergreifen, und selbst den Thatsachen
nicht trauen, um eben dies Gesetz nicht zu verlieren. So seien denn
auch die Empiriker darauf bedacht, zwischen dem Mars und Jupiter
noch einen Planeten zu entdecken, weil die arithmetische Progression, die man über die Abstände der Planeten gefunden, nur dann
ihre Richtigkeit haben würde. Weiter behauptet dann Hegel – was
kein Astronom in Zweifel ziehen wird – daß jene (sogenannte Bo-
de'sche) Progression noch durchaus kein wirkliches Gesetz sei; ein
solches sei eben zu finden. Dann führt er eine Zahlenreihe an, die
sich in Plato's Timäus findet, und welche schon Keppler auf die

479

---

* Schaller [1855], S. 478–480

Abstände der Planeten anzuwenden versuchte, und fügt hinzu: sollte diese Progression die der Natur entsprechendere Ordnung sein, so würde man keinen Planeten zwischen dem Mars und Jupiter zu suchen haben. – Zur Zeit als Hegel diese Dissertation schrieb, war er selbst noch gar nicht in Besitz der Philosophie, welche man jetzt als die Hegel'sche bezeichnet; vielmehr bewegte er sich überwiegend in der Schelling'schen Anschauung. Abgesehen aber hiervon, so wird man freilich ohne Weiteres zugestehen, daß durch die kahle Anführung jener Platonischen Zahlenreihe die Abstände der Planeten nicht im Entferntesten in ihrer vernünftigen Gesetzmäßigkeit begriffen sind, allein daß Hegel dadurch die Nothwendigkeit, daß die Ceres nicht da sein könne, philosophisch habe beweisen wollen, und daß dieser Beweis ein Ausfluß der Hegel'schen Principien sei, kann man nur behaupten, wenn man das empirische Factum einer vorgefaßten Meinung zu Liebe verschiebt.

Auch Hegel betrachtet die Natur als Erscheinung, Dasein der Idee, des an und für sich vernünftigen Gedankens. Allein er stellt die Natur nicht in der Weise dem Geiste gegenüber, als Schelling. Vielmehr ist ihm der Geist das Höhere, die entsprechendere Wirklichkeit der Idee. Allerdings müssen wir in allen Gestalten der Natur die innere Thätigkeit anerkennen. Gerade dies ist die Hauptaufgabe der philosophischen Naturbetrachtung, die Stufen zu verfolgen, in welchen diese Thätigkeit immer freier hervortritt, immer mehr das träge materielle Sein überwindet, bestimmt und gestaltet, zum Organe ihrer selbst macht. Allein in keiner Erscheinung erreicht die Natur die Form der wirklich freien Selbstbestimmung. Eben dies ist ihr specifischer Unterschied vom Geiste, und zugleich ihre wesentliche Endlichkeit. Diese Endlichkeit ist es aber auch, durch welche die Natur für sich als ein Unvollständiges erscheint, als ein in sich Unabgeschlossenes, welches in eine andere höhere Wirklichkeit hinüberweist, sich erst in dieser vollendet. Wir brauchen nur das organische Leben von seiner niedrigsten Daseinsweise bis zu seiner höchsten hinauf zu verfolgen, so erscheint der menschliche Organismus als das Ziel der ganzen Entwickelung. Erst in ihm – dem unmittelbaren Dasein des Geistes – fassen sich die getrennten Momente vollständig zusammen, erst in ihm ist das Streben der Natur erfüllt, hat die Natur ihr Wesen erreicht. Der Geist ist die wirkliche Freiheit, die Energie, von Innen heraus sich zu bestimmen und sein Wesen mit Bewußtsein durchzuführen. In dieser Freiheit, dieser Persönlichkeit liegt die göttliche Würde des Geistes, sein unendlicher Werth allen Naturgestalten gegenüber.

Eben hierin, daß Hegel den Geist als die höhere Wirklichkeit, als die wahre Offenbarung der Idee betrachtet, liegt denn auch wohl der Grund, daß er selbst vor Allem sein Interesse nächst den logischen Untersuchungen der philosophischen Erkenntniß der geistigen Erscheinungen zuwendet. Wir besitzen von ihm über die Naturphilosophie nur eine dürftige Skizze. Auch die Anhänger der Hegel'schen Philosophie haben bisher diese Skizze nicht specieller durchgeführt. Die Zeit wird es zeigen, in wie weit die Hegel'sche Philosophie – die bis jetzt noch immer als die letzte epochemachende Wendung des philosophischen Denkens dasteht – im Stande sein wird, der durch die Kräfte so vieler bedeutender Männer immer weiter schreitenden empirischen Naturwissenschaft zu folgen, um durch die Einführung in den Reichthum dieses Wissens die Wahrheit ihrer Principien zu bewähren.

GEORG WILHELM FRIEDRICH HEGEL
(1770–1831)
Orbitis Planetarum (1801)

[78] * *Über die Planetenbahnen*

I.

Wenn man sich zu diesem Teile der Physik wendet, so erkennt man
leicht, daß es sich hier mehr um Mechanik des Himmels als um
Physik handelt, und daß die Gesetze der Astronomie mehr von
einer andern Wissenschaft, nämlich der Mathematik, herstam-
men, als daß sie wirklich aus der Natur selbst hergenommen oder
von der Vernunft aufgestellt wären. Nachdem nämlich unser ge-
nialer Landsmann *Kepler* mit begnadetem Sinne die Gesetze auf-
gefunden hatte, nach denen die Planeten in ihren Bahnen kreisen,
ist *Newton* aufgetreten, dem man nachrühmt, daß er jene Gesetze
nicht mit physischen, sondern mit geometrischen Gründen bewiesen und doch nichtsdestoweniger die Astronomie der Physik ein-
verleibt habe. Dabei hat er die Schwerkraft, die er für identisch mit
der Zentripetal- oder Anziehungskraft nimmt, keineswegs in diesen Teil der Physik eingeführt (alle Physiker nämlich vor ihm haben das Verhältnis der Planeten zur Sonne als wahres, d. h. als
wirkliches und physisches Verhältnis erklärt), sondern die zahlenmäßig bestimmte *Größe* der Schwerkraft, wie sie durch die Erfahrung an den Körpern gezeigt wird, die einen Bestandteil unserer
Erde ausmachen, mit der zahlenmäßig bestimmten *Größe* der
Bewegungen am Himmel verglichen und im übrigen alles nach mathematischen Berechnungen mit Geometrie und Arithmetik ausgeführt. Im Blick auf diese Verbindung der Physik mit der Mathematik ist zu betonen, daß man sich hüten muß, rein mathematische
Gesichtspunkte mit physikalischen zu verwechseln und die Linien,

351

---

* Hegel [1928], S. 351, 353, 355; 399, 401

deren sich die Geometrie als Hilfslinien für die Konstruktion der Beweise ihrer Sätze bedient, vorschnell für Kräfte oder Kraftrichtungen zu halten. Das Mathematische als Ganzes zwar ist nicht als ein rein Ideelles oder Formelles zu beurteilen, sondern ist ein Reales und Physisches; denn die Größenverhältnisse, die von der Mathematik nachgewiesen werden, sind eben deshalb, weil es Verhältnisse der Vernunft sind, in der Natur vorhanden und bedeuten für die Intelligenz Naturgesetze. Aber von der Bedeutung, die der Totalität zukommt, muß man das Unternehmen, diese zu analysieren und auseinanderzulegen, genau unterscheiden, das von der Natur, wie sie in sich vollendet ist, absieht. Denn der eine Teil der Mathematik, die Geometrie abstrahiert von der Zeit, der andere, die Arithmetik vom Raume; jene konstruiert das Ganze der Geometrie ausschließlich aus dem Prinzip des Raumes, diese das Ganze der Arithmetik ausschließlich aus dem Prinzip der Zeit, und so werden die Gründe für die Erkenntnis jener formalen Ganzheiten losgelöst von den wahren Verhältnissen der realen Natur, in denen Zeit und Raum unlöslich verbunden sind. Die höhere Geometrie aber, die in die Geometrie die Rechnungsart der Analysis einführt und aus der Notwendigkeit selbst erzeugt worden ist, die Beziehungen von Raum und Zeit als miteinander vereinigter Formen zu bestimmen, vermag deren Trennung nur negativ durch den Begriff des Unendlichen aufzuheben, stellt aber weder eine wahre Synthesis der beiden auf, noch kann sie irgendwie von der formalen Methode der Geometrie und der Arithmetik sich freimachen. Deshalb darf man die Gesichtspunkte, die den der Mathematik eigentümlichen formalen Erkenntnisweisen zugehören, nicht mit Verhältnissen der physischen Welt verwechseln und dem, was nur innerhalb der Mathematik Realität hat, keine physische Realität zuschreiben.

Newton hat freilich nicht bloß seinem hochberühmten Werke, das die Bewegungsgesetze darlegt und im Weltsystem das Beispiel für sie vor Augen stellt, den Titel gegeben: »Mathematische Prinzipien der Naturphilosophie«, sondern er hebt auch immer wieder hervor, daß er die Ausdrücke »Anziehung, Stoß und Streben zum Mittelpunkte« unterschiedslos und wechselseitig für einander gebrauche; er betrachte diese Kräfte nicht physikalisch, sondern ausschließlich mathematisch, weswegen sich der Leser hüten müsse zu meinen, durch jene Ausdrücke solle irgendwie eine Art und Weise der Tätigkeit oder eine Ursache oder Grund des Physischen bestimmt oder den Mittelpunkten, die mathematische Punkte sind, reale physische Kräfte beigelegt werden, wiewohl er etwa auch sich so ausgedrückt habe, die Mittelpunkte übten Anziehungskraft aus oder es gäbe Zentralkräfte. Aber was Newtons Begriff der Physik gewesen ist, geht ja daraus allein schon hervor, daß er sagt, man würde vielleicht, wenn man sich physikalisch ausdrükken wolle, statt Anziehung richtiger Stoß sagen. Wir dagegen sind der Überzeugung, daß der Stoß in die *Mechanik*, nicht aber in die *wahre Physik* gehöre. Über den Unterschied dieser beiden Wissenschaften werden wir weiter unten ein Mehreres sagen: hier sei nur bemerkt, daß, wenn Newton mathematische Verhältnisse auseinandersetzen wollte, man sich wundern muß, warum er überhaupt des Wortes »Kräfte« sich bedient hat. Denn in die Mathematik 355 fallen die Größenverhältnisse des Gegenstandes, die Erkenntnis der Kraft aber gehört in die Physik. Newton aber hat überall in dem Glauben, die Kräfteverhältnisse zu definieren, ein aus Physik und Mathematik gemischtes Bauwerk aufgerichtet, in dem sich kaum herausbekommen läßt, was in die Physik gehört und ihr einen wirklichen Fortschritt gebracht hat.

III.

Diesen Ausführungen habe ich nun noch einige Bemerkungen 399 über die Abstände der Planeten hinzuzufügen. Diese Abstände festzustellen scheint rein eine Sache der Erfahrung zu sein. Indessen können unmöglich Maß und Zahl in der Natur von Vernunft entblößt sein; die Naturforschung und Naturerkenntnis gründen sich ja auf nichts anderes als auf unser Vertrauen, daß die Natur vernünftig aufgebaut sei, und auf unsere Überzeugung von der Identität aller Naturgesetze. Die Naturforscher, die aus der Erfahrung und durch Induktion die Naturgesetze finden wollen, erkennen, wenn sie einmal auf die Form eines Gesetzes stoßen, jene Identität der Vernunft und der Natur in der Weise an, daß sie sich des gefundenen Gesetzes freuen, und, wenn andere Erscheinungen nicht recht zu ihm passen, an den Experimenten zu zweifeln anfangen und auf alle Weise eine Übereinstimmung zwischen Gesetz und Erscheinung herbeizuführen trachten. Hierfür bietet gerade das Verhältnis der Planetenabstände, von dem wir sprechen, ein Beispiel. Diese zeigen nämlich ein Verhältnis einer arithmetischen Reihe auf. Da aber in der Naturordnung dem fünften Gliede der Reihe kein Planet entspricht, so glaubt man, daß doch zwischen Mars und Jupiter tatsächlich einer existiere und, ohne daß wir ihn kennen, durch den Himmelsraum wandle, – und eifrig wird nach ihm gesucht.

Diese Reihe aber entspricht der philosophischen Betrachtung in keiner Weise. Denn sie ist eine arithmetische Reihe und hält sich nicht an die Zahlengebilde, die von den Zahlen aus sich selbst erschaffen werden, an die Potenzen. Nun ist ja bekannt, wie eifrig die Pythagoreer mit den philosophischen Beziehungen der Zahlen sich beschäftigt haben. Es sei darum gestattet, eine Zahlenreihe beizubringen, die von dorther stammt und uns in den beiden Schriften, die den Namen des *Timaeus* tragen, aufbehalten ist. Timaeus bezieht sie freilich nicht auf die Planeten, sondern lehrt, daß der Demiurg nach ihrer Regel das Universum gebildet habe. Die Reihe dieser Zahlen ist:

$$1, 2, 3, 4, 9, 16, 27,$$

wobei wir uns statt der 8, die im Texte steht, 16 zu lesen erlauben. Wenn nun diese Reihe die wahrhaftere Naturordnung angibt als jene arithmetische Progression, dann ist es klar, daß zwischen der vierten und fünften Stelle ein großer Abstand sich befindet und man dort keinen Planeten zu vermissen braucht.

401

Geben wir nun kurz das Übrige an, so läßt sich finden, daß wenn man diese Zahlen ins doppelte Quadrat erhoben hat, die Kubikwurzeln daraus (um die Einheit nicht wegzulassen, setzen wir $\sqrt[3]{3}$ dafür) die Verhältnisse der Planetenabstände sind:
$1,1 - 2,56 - 4,37 - 6,34 - 18,75 - 40,34 - 81.$

Kapitel VI

Die Bewegung, die wir Wärme nennen

JOHN TYNDALL (1820–1893)
Die Wärme, betrachtet als eine Art der Bewegung
(1863)

[79] *   Materielle und dynamische Theorie der Wärme

Wir haben die Entwicklung von Wärme durch mechanische Kraft an einer Reihe von geeigneten Versuchen erläutert. Der menschliche Geist bedarf jedoch zu seiner Befriedigung mehr als blosse Thatsachen; wir wünschen auch deren Ursachen zu erfahren, und forschen nach dem Principe, dessen Wirksamkeit den Naturerscheinungen zu Grunde liegt. Warum entsteht Wärme durch mechanische Arbeit, und was ist das eigentliche Wesen des so entstandenen Agens? Zwei Theorien wetteifern, um diese Fragen zu beantworten. Lange Zeit hindurch hatte die eine derselben – die *materielle* Theorie – eine grössere Zahl von Anhängern. Innerhalb eines gewissen Gebietes waren ihre Annahmen von sehr einfacher Art, und diese Einfachheit sicherte ihr den allgemeinen Anklang.

Diese materielle Theorie macht die Wärme zu einer Art Stoff; zu einem feinen Fluidum, das in den Zwischenräumen der Körperatome aufgehäuft ist. Der Chemiker Gmelin z. B. definirt in seinem Handbuch der Chemie die Wärme folgendermassen als: »diejenige Substanz, deren Eintritt in unseren Körper das Gefühl der Wärme, deren Austritt das Gefühl der Kälte in uns erregt.« Auch spricht er von der Wärme, als ob sie sich mit Körpern verbände, so wie eine wägbare Substanz mit der anderen, und noch verschiedene andere hervorragende Chemiker behandeln diesen Gegenstand aus demselben Gesichtspunkt.

Die Entwicklung von Wärme durch mechanische Mittel war eine grosse Schwierigkeit für die Anhänger der obigen Theorie, insofern deren Erzeugung unbegrenzt zu sein schien; sie glaubten

31

---

* Tyndall [1867], S. 30–34

jedoch einen Ausweg zu finden vermittelst der Thatsache, (welche ich später ausführlich erläutern werde), dass die Kraft, Wärme aufzunehmen, wenn ich mich dieses Ausdrucks bedienen darf, verschiedenen Körpern in verschiedenem Grade zukommt. Man nehme zum Beispiel 1 Pfund Wasser und 1 Pfund Quecksilber und erwärme beide Flüssigkeiten von 50 auf 60 Grad. Die absolute Wärmemenge, welche das Wasser bedarf, um seine Temperatur um 10 Grad zu erhöhen, ist reichlich 30 Mal grösser, als die, welche das Quecksilber erfordert. Der technische Ausdruck dafür lautet: das Wasser habe eine grössere *Wärmecapacität* als das Quecksilber, und das Wort *Capacität* bezeichnet zugleich den Standpunkt derjenigen, welche es einführten. Man nahm an, das Wasser besitze die Fähigkeit, das Caloricum oder den Wärmestoff in sich aufzuspeichern und soviel von demselben zu verschlucken, dass man 30 Maasseinheiten von diesem Wärmestoff nöthig habe, um dieselbe wahrnehmbare Wirkung bei dem Wasser hervorzubringen, welche eine Maasseinheit bei dem Quecksilber hervorbringt.

Jede Substanz besitzt in höherem oder niedrigerem Grade die scheinbare Fähigkeit, die Wärme aufspeichern zu können. So besitzt sie unter andern auch das Blei; und unser Versuch mit der durch Druck erwärmten Bleikugel wurde von den Anhängern der materiellen Theorie auf folgende Weise erklärt. Sie meinten, das Blei habe vor dem Zusammenpressen eine grössere Wärmecapacität als nachher; die Grösse seiner Vorrathsräume zwischen den Atomen werde durch den Druck vermindert; und es komme deshalb ein Theil der früher verborgenen Wärme durch den Druck zum Vorschein, indem die zusammengepresste Substanz dieselbe nicht länger in sich verbergen könne.

In ähnlicher Weise wurden die Versuche betreffs der Reibung und des Stosses erklärt. Die Anhänger der materiellen Theorie verwarfen den Gedanken, dass *neue Wärme* erzeugt werden könne. Ihrer Ansicht nach wäre die Menge der Wärme eben so unveränderlich, als die Menge der wägbaren Substanzen, und könnte man weder durch mechanische noch durch chemische Kräfte mehr erreichen, als die Wärme irgendwo anzusammeln, oder aber sie aus ihren Schlupfwinkeln an das Tageslicht zu bringen.

Die *dynamische* oder, wie sie auch zuweilen genannt wird, die *mechanische* Wärmetheorie verwirft den Begriff, als sei die Wärme ein Stoff. Die Anhänger dieser Theorie halten die Wärme nicht für einen Stoff, sondern für einen accidentellen Zustand des Stoffes, nämlich für *eine Bewegung seiner elementaren Bestandtheile*. Die unmittelbare Beobachtung gewisser Wärmeerscheinungen führt den denkenden Geist instinktmässig auf die Vermuthung, dass die Wärme eine Art der Bewegung sei. *Bacon* war 33 dieser Ansicht; und Locke stellte eine ähnliche in besonders glücklicher Weise auf. Er sagt:»die Wärme ist eine sehr lebhafte Bewegung der unwahrnehmbaren, kleinsten Theile eines Gegenstandes, welche in uns diejenige Empfindung hervorruft, wegen deren wir den Gegenstand als *warm* bezeichnen. Was in unserer Empfindung als *Wärme* erscheint, ist also am Gegenstande selbst nur *Bewegung*.«

Ich habe die Versuche des Grafen *Rumford* bei Gelegenheit des Kanonenbohrens schon früher erwähnt.[1] Er bewies, dass die von seiner Kanone abgefallenen Späne ihre Wärmecapacität nicht verändert hatten, und sammelte überdies noch die Splitter und Staubmassen, welche durch das Abreiben des Metalles entstanden waren, wog Beides, und frug, ob man denn glauben könne, dass die von ihm erzeugte Wärmemenge gänzlich aus diesen Metalltheilchen herausgepresst worden sei. Eben so gut hätte er den Anhängern einer solchen Ansicht zurufen können: »Ihr habt Euch nicht die Mühe genommen zu untersuchen, ob die Reibung einen Wechsel in der Wärmecapacität des Metalles hervorgebracht hat. Ihr seid zwar sehr erfinderisch in Gründen, wenn es gilt, Eure Theorie vom Untergang zu retten, jedoch sehr langsam, wenn es sich darum handelt, zu untersuchen, ob diese Gründe nicht bloss fein gesponnene Einbildungen Eures eigenen Gehirnes sind.« Theorien sind uns unentbehrlich, aber zuweilen wirken sie wie ein Narcoticum auf den Geist. Man gewöhnt sich daran, wie an den Genuss des Branntweins, und fühlt sich aufgeregt und missvergnügt, wenn der Phantasie dieses Reizmittel entzogen wird. 34

An dieser Stelle tritt ein Versuch von Sir *H. Davy*[2] in seiner vollen Bedeutung hervor. Eis ist festes Wasser und hat in diesem Zustande nur die Hälfte von derjenigen Wärmecapacität, welche das flüssige Wasser besitzt. Dieselbe Wärmemenge, welche ein Pfund Eis um zehn Grad zu erwärmen vermag, kann ein Pfund Wasser nur um fünf Grad erwärmen. Es ist ferner eine sehr grosse Wärmemenge dazu nöthig, um Eis in flüssigen Zustand zu bringen; wobei diese Wärme so gänzlich absorbirt oder latent gemacht wird, dass sie auf das Thermometer gar nicht mehr wirkt. Die Frage von der »latenten Wärme« werden wir an gehöriger Stelle, seiner Zeit erörtern; für jetzt möchte ich Ihnen nur klar machen, dass *flüssiges Wasser* auf dem Gefrierpunkt einen viel grösseren Wärmegehalt besitzt, als Eis bei derselben Temperatur.

Davy zog folgenden Schluss:[3] »Wenn ich Eis durch Reibung flüssig mache, so wird eine Substanz producirt, welche einen viel bedeutenderen Gehalt an absoluter Wärme enthält als das Eis; und in diesem Falle kann man vernünftiger Weise nicht behaupten, dass ich nur eine in der gefrorenen Masse vorher verborgene Wärmemenge jetzt wahrnehmbar gemacht hätte. Das Flüssigwerden des Eises beweist hier endgültig eine *Wärmeerzeugung*.«

Er machte den Versuch, schmolz das Eis durch blosse Reibung, und dieses Resultat gilt bei Einigen für das erste, welches die Immaterialität der Wärme unzweifelhaft erwies.

[80]* Das mechanische Wärmeäquivalent

Es ist jetzt Zeit, genauer als bisher zu erwägen, welches Verhältniss zwischen der durch mechanische Arbeit hervorgebrachten Wärme und der Kraft, welche sie erzeugte, besteht. Gewiss schwebte eine unbestimmte Vorstellung von diesem Verhältnisse schon manchem Geiste vor, ehe dasselbe eine genaue Fassung erhielt und durch Thatsachen bewiesen wurde. Der berühmte *Montgolfier* trug sich bereits mit dem Gedanken von der Aequivalenz der Wärme und der mechanischen Arbeit, und seine Idee wurde von seinem Neffen Mr. *Séguin* in dessen 1839 gedruckten Werke »Ueber den Einfluss der Eisenbahnen« weiter entwickelt. Wer über die Lebensprocesse, über die Veränderungen in dem thierischen Körper, über das Verhältniss der in der Nahrung enthaltenen Kraft zu der Muskelkraft nachdenkt, der wird von selbst zu dem Gedanken an die gegenseitige Abhängigkeit dieser Kräfte

---

* Tyndall [1867], S. 49–52

hingeleitet werden. Es ist deshalb nicht zu verwundern, dass ein Arzt der Erste war, der den Begriff der Aequivalenz der Wärme und der mechanischen Kraft, und den der gegenseitigen Verwandlungsfähigkeit der Naturkräfte überhaupt in seinem Geiste zu philosophischer Klarheit herausarbeitete. Dr. *Mayer* aus Heilbronn in Würtemberg gab im Jahre 1842[4] das genaue Verhältniss an, welches zwischen Wärme und Arbeit besteht. Er berechnete zuerst das »mechanische Aequivalent der Wärme«, und verfolgte dann, wie wir zu seiner Zeit zeigen werden, das aufgestellte Princip in seine äussersten Consequenzen. Herrn *Joule* in Manchester verdanken wir jedoch fast allein die *experimentelle* Behandlung dieses wichtigen Gegenstandes, und ihm gebührt das Verdienst, zuerst einen entschiedenen Beweis für die Richtigkeit dieser Theorie geliefert zu haben.[5] Ganz unabhängig von *Mayer*, einzig mit diesem Gesetze beschäftigt, nicht entmuthigt durch die Gleichgültigkeit, womit man, wie es scheint, seine ersten Arbeiten aufnahm, setzte er Jahre lang seine Versuche beharrlich fort, um die Unveränderlichkeit des Verhältnisses, welches zwischen der Wärme und der gewöhnlichen mechanischen Kraft besteht, zu beweisen. Er goss Wasser in ein passendes Gefäss, bewegte das Wasser durch Schaufelräder und bestimmte sowohl die Menge der Wärme, welche durch die Bewegung des Wassers entstand, als die Menge der Arbeit, welche auf deren Erzeugung verwendet wurde. Er wiederholte den Versuch mit Wallrathöl und mit Quecksilber. Er liess gusseiserne Scheiben gegen einander reiben und mass sodann die durch die Reibung entstandene Wärme und die zu ihrer Ueberwindung angewendete Kraft. Er trieb Wasser durch Capillarröhren und bestimmte die Wärmemenge, welche durch die Reibung der Flüssigkeit gegen die Röhren entstand; und die Ergebnisse seiner Versuche lassen auch nicht den leisesten Zweifel darüber, dass unter allen Umständen die Wärmemenge, welche durch denselben Betrag von Kraft erzeugt wird, fest und unveränderlich sei. Eine gegebene Menge von Kraft brachte genau dieselbe Wärmemenge hervor, gleichviel, ob diese Kraft dazu verwendet wurde, die eisernen Scheiben gegeneinander in Drehung zu versetzen, oder dazu, das Wasser, Quecksilber oder Wallrathöl zu bewegen. Natürlich war beim Schluss eines Versuches die *Temperatur* in jedem betreffenden Falle sehr verschieden. Die Temperatur des Wassers betrug

z. B. nur ⅓₀ von der des Quecksilbers, weil, wie wir bereits wissen, die Wärmecapacität des Wassers dreissig Mal grösser ist als die des Quecksilbers. *Joule* berücksichtigte diese Thatsache bei der Berechnung seiner Versuche, und fand, wie ich Ihnen bereits gesagt habe, trotz der grossen Temperaturunterschiede, welche in Folge der verschiedenen Wärmecapacität der angewendeten Substanzen eintraten, dass die erzeugte *absolute Wärmemenge* bei demselben Kraftaufwande in allen Fällen dieselbe war.

52 Es ergab sich also, dass diejenige Wärmemenge, welche dazu gehört die Temperatur von einem Pfund Wasser um einen Grad Fahrenheit zu erhöhen, genau gleich ist derjenigen Wärmemenge, welche entstehen würde, wenn ein Pfundgewicht durch den Zusammenstoss mit der Erde seine Bewegungskraft verliert, nachdem es von der Höhe von 772 Fuss herabgefallen ist. Umgekehrt wäre die Wärmemenge, welche nöthig ist, um die Temperatur von einem Pfund Wasser um einen Grad zu erhöhen, wenn man sie mechanisch anwendet, im Stande, ein Pfundgewicht 772 Fuss hoch, oder aber 772 Pfund *einen* Fuss hoch zu heben. Der Ausdruck »Fusspfund« ist eingeführt worden, um auf bequeme Weise die Hebung von einem Pfund auf einen Fuss Höhe zu bezeichnen. Nimmt man also die Wärmemenge, welche nöthig ist um die Temperatur eines Pfundes Wasser um einen Grad Fahrenheit zu erhöhen, als Maassstab an, so beträgt das sogenannte *»mechanische Aequivalent«* der Wärme 772 Fusspfunde. Wenn die Temperatur nach Centesimalgraden berechnet wird, so beträgt das Aequivalent 1390 Fusspfund.[6]

[81]* Graf Rumfords Untersuchung über den Ursprung der Wärme [7]

71 Graf *Rumford*, der in dem Militärzeughaus von München mit der Ueberwachung des Kanonenbohrens beschäftigt war, erstaunte über die bedeutende Wärmemenge, welche ein metallenes Geschütz in kurzer Zeit während des Bohrens erreicht, und über die noch weit grössere Hitze (grösser als die des siedenden Wassers)

---

* Tyndall [1867], S. 71–75

der durch den Bohrer davon abgetrennten Metallspäne. Er wurde dadurch veranlasst, sich folgende Fragen zu stellen:

»Woher kommt die durch den oben genannten mechanischen Process thatsächlich hervorgebrachte Wärme?«

»Geht dieselbe von den Metallspänen aus, welche von dem Metalle getrennt werden?«

Wäre dieses der Fall, so müsste die *Wärmecapacität* der Metalltheilchen nicht nur verändert sein, sondern die von ihnen erlittene Veränderung müsste gross genug sein, um die *ganze* erzeugte Wärme zu erklären. Es hat jedoch keine solche Veränderung stattgefunden, denn er fand, dass die Späne genau dieselbe Capacität hatten, als Splitter desselben Metalles, welche mit einer feinen Säge ohne jede Erwärmung abgeschnitten worden waren. Daraus geht hervor, dass die erzeugte Wärme unmöglich auf Kosten der latenten Wärme in den Metallspänen geliefert werden konnte. *Rumford* beschreibt diese Versuche ausführlich, und sie sind entscheidend.

Er bestimmte hierauf einen Cylinder eigens zu dem Zwecke, Wärme durch Reibung zu erzeugen, indem er einen stumpfen Bohrer gegen den massiven Boden des Cylinders pressen liess, während der Cylinder durch Pferdekraft um seine Axe gedreht wurde. Um die sich entwickelnde Wärme messen zu können, wurde ein kleines Loch in den Cylinder gebohrt und ein kleines Quecksilberthermometer eingeführt. Das Gewicht des Cylinders betrug 113,13 Pfund avoir-du-poids. Der Bohrer bestand aus einem flachen Stück gehärteten Stahles, welches 0,63 Zoll dick, 4 Zoll lang und fast so breit als das Bohrloch des Cylinders, nämlich 3 ½ Zoll breit, war. Die Grösse derjenigen Fläche, welche mit dem Boden des Bohrloches in Berührung kam, betrug beinahe 2 ½ Quadratzoll. Beim Beginn des Versuches betrug die Temperatur sowohl der Luft im Schatten als des Cylinders 16°,7 C. Nach 30 Minuten, als der Cylinder 960 Umdrehungen um seine Axe gemacht hatte, betrug die Temperatur 54°,4.

Nachdem er den Bohrer herausgenommen hatte, entfernte er den Metallstaub oder besser die abgeschälte Masse, welche sich vom Boden des Cylinders durch den stumpfen Stahlbohrer gelöst hatte, und fand, dass dieselbe 837 Gran Apothekergewicht betrug. »Ist es möglich,« ruft er aus, »dass die sehr bedeutende, bei diesem

Versuche erzeugte Wärmemenge – eine Wärmemenge, welche factisch die Temperatur von 113 Pfund Kanonenmetall um wenigstens 37 °C. steigerte – durch eine so unbedeutende Quantität von Metallstaub geliefert werden konnte, und zwar nur in Folge einer *Aenderung* in dessen Wärmecapacität?«

Allein, ohne auf der Unwahrscheinlichkeit dieser Voraussetzung zu bestehen, müssen wir uns daran erinnern, dass, gemäss dem Ergebnis thatsächlich ausgeführter und entscheidender Versuche, welche eigens zu dem Zwecke angestellt wurden, die Wärmecapacität des Metalles, woraus man grosse Kanonen giesst, *nicht merklich verändert wird,* wenn man es in die Form von Metallspänen bringt. Auch scheint gar kein Grund für die Annahme vorhanden zu sein, dass die Capacität viel verändert werden kann, wenn sie überhaupt verändert wird, dadurch, dass man das Metall durch einen weniger scharfen Bohrer in sehr viele kleinere Splitter zertheilt.

Hierauf umgab er seinen Cylinder mit einem länglichen hölzernen Kasten, der so eingerichtet war, dass der Cylinder sich wasserdicht in dessen Mitte drehen konnte, während der Bohrer fest auf den Boden des Cylinders drückte. Der Kasten wurde so hoch mit Wasser gefüllt, dass der ganze Cylinder bedeckt war, und dann wurde der Apparat in Bewegung gesetzt. Die Temperatur des Wassers betrug 16,7 Grad bei dem Beginn des Versuches.

»Der Erfolg dieses schönen Versuches«, schreibt *Rumford*, »war sehr schlagend, und die Freude, welche ich darüber empfand, belohnte mich reichlich für alle Mühe, welche ich auf die Erfindung und Zusammenstellung der dabei gebrauchten verwikkelten Maschinerie verwendet hatte. Der Cylinder war noch nicht lange in Bewegung gesetzt worden, als ich bemerkte, indem ich meine Hand in das Wasser tauchte und den Cylinder von Aussen berührte, dass Wärme sich entwickelte.

»Nach Verlauf von einer Stunde war die Temperatur der Flüssigkeit, welche 18,77 Pfund wog oder 2½ Gallonen maass, um 25 Grad erhöht und betrug nun 41,7 Grad.

»Nach weiteren 30 Minuten oder einer Stunde und 30 Minuten nach Beginn des Versuches betrug die Temperatur des Wassers 61 Grad.

»Nach Verlauf von zwei Stunden nach dem Beginn gerechnet war die Temperatur 81 Grad.

»Nach zwei Stunden und zwanzig Minuten betrug sie 93,3 Grad, und nach zwei und einer halben Stunde *kam das Wasser wirklich zum Kochen*!«

In Beziehung auf diesen Versuch machte *Rumford* die Bemerkungen über die Verwunderung der Umstehenden, welche ich im ersten Kapitel angeführt habe.

Er schätzt hierauf sorgfältig die Wärmemenge, welche am Schlusse des Versuches in jedem einzelnen Theile des Apparates enthalten war, und, alles zusammenaddirend, fand er die Totalsumme genügend, um 26,58 Pfund eiskalten Wassers bis auf den Siedepunkt oder um 100 °C. zu erhöhen. Eine sorgfältige Rechnung ergab, dass diese Wärmemenge der durch die Verbrennung von 2303,8 Gran (gleich 4 $^8/_{10}$ Unzen Apothekergewicht) Wachs hervorgebrachten Wärmemenge gleichkomme.

Er bestimmt hierauf die Geschwindigkeit, womit diese Wärme 74 erzeugt worden war und schliesst wie folgt:

»Nach den Resultaten dieser Berechnung zu schliessen scheint es, dass die gleichförmige oder, wenn ich diesen Ausdruck gebrauchen darf, in einem continuirlichen Strom durch die Reibung des stumpfen Bohrers gegen den Boden des hohlen Metallcylinders hervorgebrachte Wärmemenge *grösser* ist, als die durch die Verbrennung von *neun Wachskerzen* erzeugte, deren jede ¾ Zoll im Durchmesser hat, und welche alle zusammen in hellen grossen Flammen brennen.

»Ein Pferd wäre im Stande gewesen, diese Arbeit zu leisten, obwohl in Wirklichkeit zwei Pferde dazu verwendet wurden. Man kann also einfach durch die Kraft eines Pferdes Wärme entwikkeln, und im Nothfall könnte man diese Wärme zum Kochen von Lebensmitteln verwenden. Allein es lassen sich kaum Bedingungen denken, in welchen diese Art der Wärmebildung vortheilhaft sein würde, denn man wird immer mehr Wärme erhalten, wenn man das zum Unterhalte des Pferdes nöthige Futter als Brennmaterial benutzt.«

(Es ist dies eine sehr bedeutende Stelle, indem sie zu erkennen giebt, dass *Rumford* klar einsah, dass die Kraft der Thiere von dem Futter stammt und keine Neuschaffung von Kraft innerhalb des thierischen Körpers stattfinde.)

»Bei dem Nachdenken über die Resultate aller dieser Versuche werden wir naturgemäss auf die grosse Frage, welche so oft den Gegenstand der Speculationen unter den Naturforschern bildete, hingelenkt, nämlich: Was ist Wärme? Giebt es etwas wie ein *feuriges Fluidum*? Existirt überhaupt etwas, das man richtig als Wärmestoff bezeichnen könnte?«

»Wir haben gesehen, dass eine ganz bedeutende Wärmemenge durch die Reibung zweier metallischer Flächen hervorgebracht und nach *allen Richtungen* in fortdauerndem Strom, ohne Unterbrechung oder Pause und ohne jegliches Zeichen von *Abnahme* oder *Erschöpfung* abgegeben werden kann. Bei unseren Schlussfolgerungen über diesen Gegenstand dürfen wir den *sehr bedeutenden Umstand* nicht vergessen, dass die Quelle der bei diesen Versuchen durch Reibung erzeugten Wärme offenbar *unerschöpflich* ist (die hervorgehoben gedruckten Stellen sind von *Rumford* angegeben). Es ist kaum nöthig hinzuzufügen, dass etwas, das von einem *isolirten* Körper oder Körpersystem *endlos* hervorgebracht werden kann, unmöglich eine *materielle Substanz* sein kann, und ich finde es schwer, wenn nicht ganz unmöglich, mir eine bestimmte Vorstellung von dem zu machen, was in diesen Versuchen erzeugt und mitgetheilt wird, wenn ich es nicht für eine *Bewegung* halten soll.«

Wenn die Geschichte der dynamischen Theorie der Wärme geschrieben werden soll, so darf ein Mann, welcher im Widerspruch mit den wissenschaftlichen Meinungen seiner Zeit Versuche anstellen und Schlüsse daraus ziehen konnte, wie *Rumford* in der hier erwähnten Untersuchung gethan hat, gewiss nicht leichthin übergangen werden. Es ist seitdem kaum etwas Bedeutenderes gegen die Materialität der Wärme vorgebracht worden, und kaum etwas Entscheidenderes geschehen, um die Wärme als dasjenige festzustellen, wofür *Rumford* sie hielt, nämlich als *Bewegung*.

Anmerkungen

1 Es gereicht mir zum besonderen Vergnügen, den Leser auf den Auszug aus der Abhandlung des Grafen *Rumford* über Wärmeerzeugung durch Reibung aufmerksam zu machen, welcher im Anhang zu diesem Kapitel enthalten ist. *Rumford* vernichtet darin die materielle Wärmetheorie. – Es ist seitdem kaum etwas Wichtigeres über diesen Gegenstand geschrieben worden.

2 Works of Sir *H. Davy*, vol. II, pag. 11.

3 Ebendaselbst.

4 *Liebig*'s Annalen Bd. XLII, p. 233; Phil. Mag. Ser. 4, vol. XXIV, p. 371, und im Résumé Phil. Mag. vol. XXV, p. 378. Ich verdanke Herrn *Wheatstone* die Kenntniss einer merkwürdigen und seltenen Abhandlung von *G. Rebenstein* mit dem folgenden Titel: Fortschritt unserer Zeit. Erzeugung der Wärme ohne Brennmaterial, oder Beschreibung eines mechanischen, auf physikalische und mathematische Beweise gestützten Verfahrens, mittels dessen Hitze aus der atmosphärischen Luft entnommen und im hohen Grade concentrirt werden kann. Der wohlfeilste Ersatz für Brennmaterial in allen Fällen, wo Feuerung nöthig ist. *Rebenstein* deducirt aus den Versuchen von *Dulong* die Menge der Wärme, die sich bei dem Zusammenpressen von Gas entwickelt. Es ist jedoch keine Ahnung der dynamischen Theorie in dieser Schrift enthalten; seine Wärme ist Materie – der Wärmestoff, der aus der Luft gepresst wird, wie Wasser aus einem Schwamme.

5 Phil. Mag. Aug. 1863. Herrn *Joule*'s Versuche über das mechanische Aequivalent der Wärme dehnen sich vom Jahre 1843 bis 1849 aus.

6 Im Jahre 1843 wurde der königlichen Gesellschaft von Kopenhagen eine Abhandlung unter dem Titel: »Thesen über die Kraft« durch einen dänischen Naturforscher Namens *Colding* vorgelegt. Schon damals suchte *Colding* die Wärmemenge zu bestimmen, welche durch die Reibung verschiedener Metalle gegeneinander und gegen andere Substanzen erzeugt wird, und die zu ihrer Erzeugung verbrauchte Menge von mechanischer Arbeit zu berechnen. In einem Berichte über seine Forschungen (Phil. Mag. vol. XXVII, pag. 56) giebt er als Ergebniss seiner zweihundert Versuche an, dass die gewonnene Menge immer im Verhältniss zur mechanischen Arbeit stand. Herr *Colding* fand, dass eine Wärmemenge, welche die Temperatur von einem Pfund Wasser um 1 °C zu erhöhen vermag, im Stande ist, ein Pfundgewicht 1148 Fuss hoch zu heben, und zwar unabhängig von dem Material, wodurch die Wärme erzeugt wurde. Er geht von dem Grundsatze aus: »die Naturkräfte seien geistige und unmaterielle Wesen, von deren Gegenwart wir nur durch ihre Herrschaft über die Natur Kenntnis erhalten; als solche Wesen seien sie natürlich allen materiellen Dingen in der Natur überlegen; da es nun offenbar ist, dass die Weisheit, welche wir in der Natur bemerken und bewundern, nur durch diese Kräfte zum Ausdruck gelangt, so müssen diese Kräfte augenscheinlich in Beziehung zu der geistigen, unkörperlichen und intellectuellen Macht stehen, welche die Natur in ihrem Fortschritt leitet. Ist dieses der Fall, so können demzufolge diese Kräfte weder sterblich noch vergänglich sein. Deshalb müssen wir diese Kräfte als absolut unvergänglich betrachten.« Jeder Beweggrund, der einen Menschen zur Arbeit veranlasst, hat immerhin einigen Werth, und insofern, als diese Speculationen Herrn *Colding* dazu brachten, Versuche anzustellen, verdienen sie auch einen gewissen Grad von Anerkennung.

7 An Enquiry concerning the source of the heat which is excited by friction (gelesen vor der Royal Society, January 25, 1798).

HERMANN VON HELMHOLTZ (1821–1894)
Über die Erhaltung der Kraft (1847)

[82]*   Zur Geschichte der Entdeckung des Gesetzes von der Erhaltung der Kraft

Zur Geschichte der Entdeckung des Gesetzes von der Erhaltung der Kraft wäre hier noch nachzutragen, dass *R. Mayer* 1842 seinen Aufsatz »Ueber die Kräfte der unbelebten Natur«[1], veröffentlicht hatte, und 1845 die Abhandlung über »Die organische Bewegung in ihrem Zusammenhange mit dem Stoffwechsel«. Heilbronn. Schon in dem ersten Aufsatze ist die Ueberzeugung von der Aequivalenz der Wärme und Arbeit ausgesprochen und das Aequivalent der Wärme auf demselben Wege, der im Texte als der von *Holtzmann* angegeben ist, auf 365 Meterkilogramm berechnet. Der zweite Aufsatz ist seinem allgemeinen Ziele nach im wesentlichen zusammenfallend mit dem meinigen. Ich habe beide Aufsätze erst später kennen gelernt, und seitdem ich sie kannte, nie unterlassen, wo ich öffentlich von der Aufstellung des hier besprochenen Gesetzes zu reden hatte[2], *R. Mayer* in erster Linie zu nennen, auch habe ich seine Ansprüche, so weit ich sie vertreten konnte, gegen die Freunde *Joule*'s, welche dieselben gänzlich zu leugnen geneigt waren, in Schutz genommen. Ein von mir in diesem Sinne an Hrn. *P. G. Tait* geschriebener Brief ist von diesem von der Vorrede zu seinem Buche: »Sketch of Thermodynamics« (Edinburgh, 1868) abgedruckt. Ich lasse ihn hier folgen:

»Ich muss sagen, dass mir die Entdeckungen von *Kirchhoff* auf diesem Felde (Radiation and Absorption) als einer der lehrreichsten Fälle in der Geschichte der Wissenschaft erscheinen, eben auch deshalb weil viele andere Forscher vorher schon dicht am

---

* Helmholtz [1889], S. 56–59

Rande derselben Entdeckung gewesen waren. *Kirchhoff*'s Vorgänger verhalten sich zu ihm in diesem Felde ungefähr so, wie in Bezug auf die Erhaltung der Kraft *Rob. Mayer, Colding* und *Séguin* zu *Joule* und *W. Thomson*.«

»*Was* nun *Robert Mayer* betrifft, so kann ich allerdings den Standpunkt begreifen, den Sie ihm gegenüber eingenommen haben, kann aber doch diese Gelegenheit nicht hingehen lassen, ohne auszusprechen, dass ich nicht ganz derselben Meinung bin. Der Fortschritt der Naturwissenschaften hängt davon ab, dass aus den vorhandenen Thatsachen immer neue Inductionen gebildet werden, und dass dann die Folgerungen dieser Inductionen, so weit sie sich auf neue Thatsachen beziehen, mit der Wirklichkeit durch das Experiment verglichen werden. Ueber die Nothwendigkeit dieses zweiten Geschäftes kann kein Zweifel sein. Es wird auch oft dieser zweite Theil einen grossen Aufwand von Arbeit und Scharfsinn kosten und dem, der ihn gut durchführt, zum höchsten Verdienste gerechnet werden. Aber der Ruhm der Erfindung haftet doch an dem, der die neue Idee gefunden hat; die experimentelle Prüfung ist nachher eine viel mechanischere Art der Leistung. Auch kann man nicht unbedingt verlangen, dass der Erfinder der Idee verpflichtet sei auch den zweiten Theil der Arbeit auszuführen. Damit würden wir den grössten Theil der Arbeiten aller mathematischen Physiker verwerfen. Auch *W. Thomson* hat eine Reihe theoretischer Arbeiten über *Carnot*'s Gesetz und dessen Consequenzen gemacht, ehe er ein einziges Experiment darüber anstellte, und Keinem von uns wird einfallen, deshalb jene Arbeiten gering schätzen zu wollen.«

»*Robert Mayer* war nicht in der Lage Versuche anstellen zu können; er wurde von den ihm bekannten Physikern zurückgewiesen (noch mehrere Jahre später ging es mir ebenso); er konnte nur schwer Raum für die Veröffentlichung seiner ersten zusammengedrängten Darstellung gewinnen. Sie werden wissen, dass er in Folge dieser Zurückweisung zuletzt geisteskrank wurde. Es ist jetzt schwer sich in den Gedankenkreis jener Zeit zurückzuversetzen und sich klar zu machen, wie absolut neu damals die Sache erschien. Mir scheint, dass auch *Joule* lange um Anerkennung seiner Entdeckung kämpfen musste.«

»Obgleich also Niemand leugnen wird, das *Joule* viel mehr ge-

than hat als *Mayer*, und dass in den ersten Abhandlungen des Letzteren viele Einzelheiten unklar sind, so glaube ich doch, man muss
Mayer als einen Mann betrachten, der unabhängig und selbständig
diesen Gedanken gefunden hat, der den grössten neueren Fortschritt der Naturwissenschaft bedingte: und sein Verdienst wird
dadurch nicht geringer, dass gleichzeitig ein Anderer in einem anderen Lande und anderen Wirkungskreise dieselbe Entdeckung
gemacht, und sie freilich nachher besser durchgeführt hat als er.«

In neuester Zeit haben die Anhänger metaphysischer Speculation versucht das Gesetz von der Erhaltung der Kraft zu einem a
priori gültigen zu stempeln, und feiern deshalb *R. Mayer* als einen
Heros im Felde des reinen Gedankens. Was sie als den Gipfel von
Mayer's Leistungen ansehen, nämlich die metaphysisch formulir-
ten Scheinbeweise für die a priorische Nothwendigkeit dieses Gesetzes, wird jedem an strenge wissenschaftliche Methodik ge-
wöhnten Naturforscher gerade als die schwächste Seite seiner
Auseinandersetzungen erscheinen und ist unverkennbar der
Grund gewesen, warum *Mayer*'s Arbeiten in naturwissenschaftlichen Kreisen so lange unbekannt geblieben sind. Erst als von
anderer Seite her, namentlich durch Hrn. *Joule*'s meisterhafte Arbeiten, die Ueberzeugung von der Richtigkeit des Gesetzes sich
Bahn gebrochen hatte, ist man auf *Mayer*'s Schriften aufmerksam
geworden.

Uebrigens ist dieses Gesetz, wie alle Kenntnis von Vorgängen
der wirklichen Welt, auf inductivem Wege gefunden worden. Dass
man kein Perpetuum mobile bauen, d. h. Triebkraft ohne Ende
nicht ohne entsprechenden Verbrauch gewinnen könne, war eine
durch viele vergebliche Versuche, es zu leisten, allmählich gewonnene Induction.

Schon längst hatte die französische Akademie das Perpetuum
mobile in dieselbe Kategorie wie die Quadratur des Zirkels gestellt, und beschlossen keine angeblichen Lösungen dieses Problems mehr anzunehmen. Das muss doch als der Ausdruck einer
unter den Sachverständigen weit verbreiteten Ueberzeugung angesehen werden. Ich selbst habe diese Ueberzeugung schon während meiner Schulzeit oft genug aussprechen und die Unvollstän-
digkeit der dafür zu erbringenden Beweise erörtern hören. Die
Frage nach dem Ursprung der thierischen Wärme forderte eine

sorgfältigere und vollständige Erörterung aller Thatsachen, die darauf Bezug hatten. Als ich an diese Arbeit ging, habe ich sie immer nur als eine kritische betrachtet, durchaus nicht als eine originale Entdeckung, um deren Priorität es einen Streit geben könnte. Ich war nachher einigermassen erstaunt über den Wider- 59 stand, dem ich in den Kreisen der Sachverständigen begegnete; die Aufnahme meiner Arbeit in *Poggendorff*'s Annalen wurde mir verweigert, und unter den Mitgliedern der Berliner Akadademie war es nur *C. G. J. Jacobi*, der Mathematiker, der sich meiner annahm. Ruhm und äussere Förderung war in jenen Zeiten mit der neuen Ueberzeugung noch nicht zu gewinnen; eher das Gegenteil. Dass ich selbst auch bei Abfassung der Schrift in keiner Weise nach einer mir nicht zukommenden Priorität getrachtet habe, wie mir meine Gegner metaphysischer Richtung anzudichten streben, ist, meine ich, vollständig dadurch klargestellt, dass ich die andern Forscher, die in dieser Richtung gearbeitet hatten, so weit ich sie kannte, angeführt habe. Und schon neben diesen von mir angeführten Arbeiten, namentlich denen von *Joule*, konnte damals von einem Prioritätsanspruch für mich nicht mehr die Rede sein, so weit überhaupt in Bezug auf das allgemeine Princip von einem solchen die Rede sein konnte.

Anmerkungen

1 Annalen der Chemie und Pharmacie von *Wöhler* und *Liebig*. Bd. XLII. S. 233. – Beide Aufsätze wieder abgedruckt in »Die Mechanik der Wärme« in gesammelten Schriften von *J. R. Mayer*. Stuttgart. Cotta 1807.
2 S. meine »Populären wissenschaftlichen Vorträge«. Heft II S. 112, aus dem Jahre 1854. Ebenda S. 141 (1862). Ebenda S. 194 (1869).

HERMANN VON HELMHOLTZ (1821–1894)
Über die Wechselwirkung der Naturkräfte (1854)

[83] * *Die vergebliche Suche nach dem Perpetuum mobile*

27 Die Physik hat in neuester Zeit eine neue Errungenschaft von sehr allgemeinem Interesse gemacht, von der ich mich bemühen will, im Folgenden eine Vorstellung zu geben. Es handelt sich dabei um ein neues allgemeines Naturgesetz, welches das Wirken sämmtlicher Naturkräfte in ihren gegenseitigen Beziehungen zu einander beherrscht, und eine ebenso grosse Bedeutung für unsere theoretischen Vorstellungen von den Naturprocessen hat, als es für die technische Anwendung derselben von Wichtigkeit ist.

Als von der Grenzscheide des Mittelalters und der neueren Zeit ab die Naturwissenschaften ihre schnelle Entwicklung begannen, machte unter den praktischen Künsten, welche sich daran anschliessen, auch die der technischen Mechanik, unterstützt durch die gleichnamige mathematische Wissenschaft, rüstige Fortschritte. Der Charakter der genannten Kunst war aber natürlich in jenen Zeiten von dem heutigen sehr verschieden. Ueberrascht und berauscht von ihren eigenen Erfolgen, verzweifelte sie in jugendlichem Uebermuthe an der Lösung keiner Aufgabe mehr, sondern machte sich zum Theil sogleich an die schwersten und verwickeltsten. So versuchte man denn auch sehr bald mit vielen Eifer lebende Thiere und Menschen in der Form sogenannter Automaten nachzubauen. Das Staunen des vorigen Jahrhunderts waren *Vaucanson*'s Ente, welche frass und verdaute, desselben Meisters Flötenspieler, der alle Finger richtig bewegte, der schreibende Knabe des älteren und die Klavierspielerin des jüngeren *Droz*, welche

---

* Helmholtz [1884], 1. Band, S. 27–30

letztere auch beim Spiele gleichzeitig ihren Händen mit den Augen folgte, und nach beendeter Kunstleistung aufstand, um der Gesellschaft eine höfliche Verbeugung zu machen. Es würde unbegreiflich sein, dass Männer, wie die genannten, deren Talent sich mit den erfindungsreichsten Köpfen unseres Jahrhunderts messen kann, eine so ungeheure Zeit und Mühe, einen solchen Aufwand von Scharfsinn an die Ausführung dieser Automaten hätten wenden können, die uns nur noch als eine äusserst kindliche Spielerei erscheinen, wenn sie nicht gehofft hätten, dieselbe Aufgabe auch in wirklichem Ernste lösen zu können. Der schreibende Knabe des älteren *Droz* wurde noch vor einigen Jahren in Deutschland öffentlich gezeigt. Sein Räderwerk ist so verwickelt, dass kein ganz gemeiner Kopf dazu gehören möchte, auch nur dessen Wirkungsweise zu enträthseln. Wenn uns aber erzählt wird, dass dieser Knabe und sein Erbauer, der schwarzen Kunst verdächtig, eine Zeitlang in den Kerkern der spanischen Inquisition geschmachtet haben sollen, und nur mit Mühe ihre Lossprechung erlangten, so geht daraus hervor, dass die Menschenähnlichkeit selbst dieser Spielwerke in jenen Zeiten gross genug erschien, um sogar ihren natürlichen Ursprung verdächtig zu machen. Und wenn jene Mechaniker auch vielleicht nicht die Hoffnung hegten, den Geschöpfen ihres Scharfsinns eine Seele mit moralischen Vollkommenheiten einzublasen, so würde doch mancher die moralischen Vollkommenheiten seiner Diener gern entbehren, wenn dabei ihre moralischen Unvollkommenheiten gleichzeitig beseitigt werden könnten, und ausserdem die Regelmässigkeit einer Maschine, sowie die Dauerhaftigkeit von Messing und Stahl statt der Vergänglichkeit von Fleisch und Bein gewonnen würde. Das Ziel also, welches sich die erfinderischen Köpfe der vergangenen Jahrhunderte, wir können nicht zweifeln, mit vollem Ernste und nicht etwa als einen hübschen Tand vorsteckten, war kühn gewählt, und wurde mit einem Aufwande von Scharfsinn verfolgt, der nicht wenig zur Bereicherung der mechanischen Hilfsmittel beigetragen hat, mit deren Hilfe die spätere Zeit einen fruchtbringenderen Weg zu verfolgen verstand. Wir suchen jetzt nicht mehr Maschinen zu bauen, welche die tausend verschiedenen Dienstleistungen *eines* Menschen vollziehen, sondern verlangen im Gegentheil, dass eine Maschine *eine* Dienstleistung, aber an Stelle von *tausend* Menschen, verrichte.

Aus diesem Streben, lebende Geschöpfe nachzumachen, scheint sich zunächst – auch wieder durch ein Missverständnis – eine andere Idee entwickelt zu haben, welche gleichsam der neue Stein der Weisen des siebzehnten und achtzehnten Jahrhunderts wurde. Es handelte sich darum, ein Perpetuum mobile herzustellen. Darunter verstand man eine Maschine, welche, ohne dass sie aufgezogen würde, ohne dass man, um sie zu treiben, fallendes Wasser, Wind oder andere Naturkräfte anzuwenden brauchte, von selbst fortdauernd in Bewegung bliebe, indem sie sich ihre Triebkraft unaufhörlich aus sich selbst erzeugte. Thiere und Menschen schienen im Wesentlichen der Idee eines solchen Apparates zu entsprechen, denn sie bewegten sich kräftig und anhaltend, so lange sie lebten, niemand zog sie auf oder stiess sie an. Einen Zusammenhang zwischen der Nahrungsaufnahme und der Kraftentwikkelung wusste man sich nicht zurecht zu machen. Die Nahrung schien nur nöthig, um gleichsam die Räder der thierischen Maschine zu schmieren, das abgenutzte zu ersetzen, das alt gewordene zu erneuern. Krafterzeugung aus sich selbst schien die wesentlichste Eigenthümlichkeit, die rechte Quintessenz des organischen Lebens zu sein. Wollte man also Menschen nachmachen, so musste zuerst das Perpetuum mobile gefunden werden.

Daneben scheint eine andere Hoffnung die zweite Stelle eingenommen zu haben, welche in unserem klügeren Zeitalter jedenfalls auf den ersten Rang in den Köpfen der Menschen Anspruch gemacht haben würde. Das Perpetuum mobile sollte nämlich unerschöpfliche Arbeitskraft ohne entsprechenden Verbrauch, also aus nichts, erschaffen. Aber Arbeit ist Geld. Hier winkte also die goldene Lösung der grossen praktischen Aufgabe, der die schlauen Leute aller Jahrhunderte auf den verschiedensten Wegen nachgegangen sind, nämlich: Geld aus nichts zu machen. Die Aehnlichkeit mit dem Steine der Weisen, den die alten Alchimisten suchten, war vollständig; auch jener sollte die Quintessenz des organischen Lebens enthalten, und sollte fähig sein, Gold zu machen.

Der Sporn, der zum Suchen antrieb, war scharf, und das Talent derjenigen, welche suchten, dürfen wir zum Theil nicht gering anschlagen. Die Art der Aufgabe war ganz geeignet, um grüblerische Köpfe gefangen zu nehmen, Jahre lang im Kreise herum zu führen, durch die scheinbar immer näher rückende Hoffnung immer wieder zu täuschen, und endlich bis zum Blödsinn zu verwirren. Das Phantom wollte sich nicht greifen lassen. Es würde unmöglich sein, eine Geschichte dieser Bestrebungen zu entwerfen, da die besseren Köpfe, unter denen auch der ältere *Droz* genannt wird, sich selbst von der Erfolglosigkeit ihrer Versuche überzeugten, und natürlich nicht geneigt waren viel davon zu sprechen. Verwirrtere Köpfe aber verkündeten oft genug, dass ihnen der grosse Fund gelungen sei, und da sich die Unrichtigkeit ihres Vorgebens immer bald erwies, kam die Sache in Verruf; es befestigte sich allmälig die Meinung, die Aufgabe sei nicht zu lösen, auch bezwang die mathematische Mechanik eines der hierher gehörigen Probleme nach dem anderen, und gelangte endlich dahin, streng und allgemein nachzuweisen, dass wenigstens durch Benutzung rein mechanischer Kräfte kein Perpetuum mobile erzeugt werden könne.

[84]* Die lebendige Kraft eines Eisenhammers

Wir sind hier auf den Begriff der Triebkraft oder Arbeitskraft von Maschinen gekommen, und werden damit auch weiter sehr viel zu thun haben. Ich muss deshalb eine Erklärung davon geben. Der Begriff der Arbeit ist auf Maschinen offenbar übertragen worden, indem man ihre Verrichtungen mit denen der Menschen und Thiere verglich, zu deren Ersatz sie bestimmt waren. Noch heute berechnet man die Arbeit der Dampfmaschinen nach Pferdekräften. Der Werth der menschlichen Arbeit bestimmt sich nun zum Theil nach dem Kraftaufwande, der damit verbunden ist (ein stärkerer Arbeiter wird höher geschätzt), zum Theil aber auch nach der Geschicklichkeit, welche erfordert wird. Geschickte Arbeiter sind nicht augenblicklich in beliebiger Menge zu schaffen; sie müssen Talent und Unterricht haben, ihre Ausbildung erfordert Zeit und Mühe. Eine Maschine dagegen, die irgend eine Arbeit gut ausführt, kann zu jeder Zeit in beliebig vielen Exemplaren hergestellt werden; deshalb hat ihre Geschicklichkeit nicht den überwie-

30

---

* Helmholtz [1884], 1. Band, S. 30–33

genden Werth, den menschliche Geschicklichkeit in solchen Feldern hat, wo sie durch Maschinen nicht ersetzt werden kann. Man hat deshalb den Begriff der Arbeitsgrösse bei Maschinen eingeschränkt auf die Betrachtung des Kraftaufwandes, was um so wichtiger war, da in der That die meisten Maschinen dazu bestimmt sind, gerade durch die Gewalt ihrer Wirkungen Menschen und Thiere zu übertreffen. Deshalb ist im mechanischen Sinne der Begriff der Arbeit gleich dem des Kraftaufwandes geworden, und ich werde ihn auch im Folgenden nur so anwenden.

Wie kann dieser Kraftaufwand nun gemessen und bei verschiedenen Maschinen mit einander verglichen werden?

Ich muss Sie hier ein Stückchen Weges – es soll so kurz als möglich werden – durch das wenig anmuthige Feld mathematisch-mechanischer Begriffe hinführen, um Sie nach einem Standpunkte zu bringen, von wo sich eine lohnendere Aussicht eröffnen wird; und wenn das Beispiel, welches ich zu Grunde lege, eine Wassermühle mit Eisenhammer, noch leidlich romantisch aussieht, so muss ich leider das dunkle Waldthal, den schäumenden Bach, die funkensprühende Esse und die schwarzen Cyclopengestalten unberücksichtigt lassen, und einen Augenblick um Aufmerksamkeit für die weniger poetischen Seiten des Maschinenwerks bitten. Dieses wird durch ein Wasserrad getrieben, welches die herabstürzenden Wassermassen in Bewegung setzen. Die Axe des Wasserrades hat an einzelnen Stellen kleine Vorsprünge, Daumen, welche während der Umdrehung die Stiele der schweren Hämmer fassen, um sie zu heben und dann wieder fallen zu lassen. Der fallende Hammer bearbeitet die Metallmasse, welche ihm untergeschoben wird. Die Arbeit, welche die Maschine verrichtet, besteht also in diesem Falle darin, dass sie die Masse des Hammers hebt, zu welchem Ende sie die Schwere dieser Masse überwinden muss. Ihr Kraftaufwand wird also zunächst unter übrigens gleichen Umständen dem Gewichte des Hammers proportional sein, wird also z. B. verdoppelt werden müssen, wenn jenes Gewicht verdoppelt wird. Aber die Leistung des Hammers hängt nicht bloss von seinem Gewichte, sondern auch von der Höhe ab, aus der er fällt. Wenn er zwei Fuss herabfällt, wird er eine grössere Wirkung thun, als wenn er nur einen Fuss fiele. Nun ist aber klar, dass wenn die Maschine mit einem gewissen Kraftaufwande den Hammer erst um einen

Fuss gehoben hat, sie denselben Kraftaufwand noch einmal wird anwenden müssen, um ihn einen zweiten Fuss weiter zu heben. Die Arbeit wird also nicht nur verdoppelt, wenn das Gewicht des Hammers verdoppelt wird, sondern auch, wenn die Fallhöhe verdoppelt wird. Daraus ist leicht ersichtlich, dass wir die Arbeit zu messen haben durch das Product des gehobenen Gewichtes, multiplicirt mit dem Fallraume. Und so misst die Mechanik in der That; sie nennt ihr Maass der Arbeit ein Fusspfund, d. h. ein Pfund Gewicht, gehoben um einen Fuss.

Während nun die Arbeit unseres Eisenhammers darin besteht, dass er die schweren Hammerköpfe in die Höhe hebt, wird die Triebkraft, welche ihn in Bewegung setzt, dadurch erzeugt, dass Wassermassen herunterfallen. Das Wasser braucht allerdings nicht immer senkrecht herabzufallen, es kann auch in einem mässig geneigten Bette herabfliessen, aber es muss sich doch immer, wo es Wassermühlen treiben soll, von einem höheren Orte zu einem tieferen begeben. Erfahrung und Theorie lehren nun übereinstimmend, dass wenn ein Hammer von einem Centner Gewicht um einen Fuss gehoben werden soll, dazu mindestens ein Centner Wasser um einen Fuss fallen muss, oder, was dem äquivalent ist, zwei Centner um einen halben Fuss, oder vier Centner um einen viertel Fuss u.s.w. Kurz, wenn wir das Gewicht der fallenden Wassermasse ebenso mit der Höhe des Falls multipliciren und als Maass ihrer Arbeit betrachten, wie wir es bei dem Hammer gemacht haben, so kann die Arbeit, welche die Maschine durch Hebung eines Hammers leistet, ausgedrückt in Fusspfunden, im günstigsten Falle nur ebenso gross sein, wie die Zahl der Fusspfunde des in derselben Zeit stürzenden Wassers. In Wirklichkeit wird sogar das Verhältnis gar nicht erreicht, sondern es geht ein grosser Theil der Arbeit des stürzenden Wassers ungenutzt verloren, weil man gern von der Kraft etwas opfert, um eine grössere Schnelligkeit zu erzielen.

Ich bemerke noch, dass dieses Verhältniss ungeändert bleibt, man mag nun die Hämmer unmittelbar von der Welle des Wasserrades treiben lassen, oder man mag die Bewegung des Rades durch zwischengeschobene gezahnte Räder, unendliche Schrauben, Rollen und Seile auf die Hämmer übertragen. Man kann durch solche Mittel allerdings bewirken, dass das Wasserwerk, welches bei der

32

ersten einfachen Einrichtung nur einen Hammer von einem Centner Gewicht heben konnte, in den Stand gesetzt wird, einen solchen von 10 Centnern zu heben, aber entweder wird es diesen schwereren Hammer nur auf den zehnten Theil der Höhe heben, oder es wird zehnmal so lange Zeit dazu gebrauchen, so dass es schliesslich, wie sehr wir auch durch Maschinenwerk die Intensität der wirkenden Kraft abändern mögen, doch in einer bestimmten Zeit, während welcher uns der Bach eine bestimmte Wassermasse liefert, immer nur eine bestimmte Arbeit leisten kann.

Unser Maschinenwerk hat also zunächst weiter nichts gethan, als die Schwerkraft fallenden Wassers benutzt, um die Schwerkraft seiner Hämmer zu überwinden, und diese zu heben. Wenn es einen Hammer so weit als nöthig gehoben hat, lässt es ihn wieder los; er stürzt auf die Metallmassen herab, die ihm untergeschoben sind, und bearbeitet diese. Warum übt nun der stürzende Hammer eine grössere Gewalt aus, als wenn man ihn einfach durch sein Gewicht auf die Metallmasse, welche er bearbeiten soll, drücken lässt? Warum ist seine Gewalt desto grösser, je höher er gefallen ist, und je grösser daher seine Fallgeschwindigkeit ist? Wir finden hier, dass die Arbeitsgrösse des Hammers durch seine Geschwindigkeit bedingt ist. Auch bei anderen Gelegenheiten ist die Geschwindigkeit bewegter Massen ein Mittel grosse Wirkungen hervorzubringen. Ich erinnere an die zerstörenden Wirkungen abgeschossener Büchsenkugeln, welche in ruhendem Zustande die unschuldigsten Dinge von der Welt sind; ich erinnere an die Windmühlen, welche ihre Triebkraft von der bewegten Luft entnehmen. Es mag uns überraschen, dass die Bewegung, die uns als eine so unwesentliche und vergängliche Beigabe der materiellen Körper erscheint, so mächtige Wirkungen ausüben könne. Aber in der That erscheint uns die Bewegung in gewöhnlichen Verhältnissen nur deshalb so vergänglich, weil den Bewegungen aller irdischen Körper fortdauernd widerstehende Kräfte, Reibung, Luftwiderstand u.s.w. entgegenwirken, so dass sie fortdauernd geschwächt und endlich aufgehoben werden. Ein Körper aber, dem sich keine widerstehenden Kräfte entgegensetzen, wenn er einmal in Bewegung gesetzt ist, bewegt sich fort mit unverminderter Geschwindigkeit in alle Ewigkeit. So wissen wir, dass die Planeten den freien Weltraum seit Jahrtausenden in unveränderter Weise durcheilen. Nur durch widerstehende Kräfte kann Bewegung verlangsamt und vernichtet werden. Ein bewegter Körper, wie der schlagende Hammer oder die abgeschossene Kugel, wenn er gegen einen anderen stösst, presst diesen zusammen oder dringt in ihn ein, bis die Summe der Widerstandskräfte, welche der getroffene Körper seiner Compression oder der Trennung seiner Theilchen entgegensetzt, gross genug geworden ist, um die Bewegung des Hammers oder der Kugel zu vernichten. Man nennt die Bewegung einer Masse, insofern sie Arbeitskraft vertritt, die *lebendige Kraft* der Masse. Das Wort lebendig bezieht sich hier natürlich in keiner Weise auf lebende Wesen, sondern soll die Kraft der Bewegung nur unterscheiden von dem ruhigen Zustande unveränderten Bestehens, in dem sich z. B. die Schwerkraft eines ruhenden Körpers befindet, welche zwar einen fortdauernden Druck gegen seine Unterlage unterhält, aber keine Veränderung hervorbringt.

[85] * Die Verwandelbarkeit der Naturkräfte

Von jeder dieser verschiedenen Erscheinungsweisen der Naturkräfte aus kann man jede andere in Bewegung setzen, meistens nicht bloss auf einem, sondern auf mannigfach verschiedenen Wegen. Es ist damit, wie mit dem Webermeisterstück,

> Wo ein Tritt tausend Fäden regt,
> Die Schifflein herüber hinüber schiessen,
> Die Fäden ungesehen fliessen,
> Ein Schlag tausend Verbindungen schlägt.

Nun ist es klar, dass, wenn es auf irgend einem Wege gelänge, in dem Sinne, wie jener Amerikaner gethan zu haben vorgab, durch mechanische Kräfte chemische, elektrische oder andere Naturprocesse hervorzurufen, welche auf irgend einem Umwege, aber ohne die in der Maschine thätigen Massen bleibend zu verändern, wieder mechanische Kräfte, und zwar in grösserer Menge erzeugten, als zuerst angewendet waren, man einen Theil der gewonnenen 38

---

* Helmholtz [1884], 1. Band, S. 37–39

Kraft anwenden könnte, um die Maschine in Gang zu halten, und den Rest der Arbeit zu beliebigen anderen Zwecken benutzen. Es kam nur darauf an, in dem verwickelten Netze von Wechselwirkungen der Naturkräfte von mechanischen Processen ausgehend, irgend einen Cirkelweg durch chemische, elektrische, magnetische, thermische Processe wieder zu mechanischen zurückzufinden, der mit endlichem Gewinne von mechanischer Arbeit zurückzulegen wäre, so war das Perpetuum mobile gefunden.

Aber gewarnt durch die Erfolglosigkeit früherer Versuche, war man klüger geworden. Es wurde im Ganzen nicht viel nach Combinationen gesucht, welche das Perpetuum mobile zu liefern versprachen, sondern man kehrte die Frage um. Man fragte nicht mehr: Wie kann ich die bekannten und unbekannten Beziehungen zwischen den Naturkräften benutzen, um ein Perpetuum mobile zu construiren? sondern man fragte: Wenn ein Perpetuum mobile unmöglich sein soll, welche Beziehungen müssen dann zwischen den Naturkräften bestehen? Mit dieser Umkehr der Frage war alles gewonnen. Man konnte die Beziehungen der Naturkräfte zu einander, welche durch die genannte Annahme gefordert werden, leicht vollständig hinstellen; man fand, dass sämmtliche bekannte Beziehungen der Kräfte sich den Folgerungen jener Annahme fügen, und man fand gleichzeitig eine Reihe noch unbekannter Beziehungen, deren thatsächliche Richtigkeit zu prüfen war. Erwies sich eine einzige als unrichtig, so gab es ein Perpetuum mobile.

Der Erste, welcher diesen Weg zu betreten suchte, war ein Franzose, *S. Carnot,* im Jahre 1824. Trotz einer zu beschränkten Auffassung seines Gegenstandes und einer falschen Ansicht von der Natur der Wärme, welche ihn zu einigen irrthümlichen Schlüssen verführte, missglückte sein Versuch nicht ganz. Er fand ein Gesetz, welches jetzt seinen Namen trägt, und auf welches ich noch zurückkommen werde.

Seine Arbeit blieb lange Zeit so gut wie unberücksichtigt, und erst 18 Jahre später, von 1842 an, fassten verschiedene Forscher in verschiedenen Ländern unabhängig von *Carnot* denselben Gedanken. Der Erste, welcher das allgemeine Naturgesetz, um welches es sich hier handelt, richtig auffasste und aussprach, war ein deutscher Arzt, *J. R. Mayer* in Heilbronn, im Jahre 1842. Wenig später, 1843, übergab ein Däne, *Colding,* der Akademie von Kopenhagen eine Abhandlung, welche dasselbe Gesetz aussprach und auch einige Versuchsreihen zu seiner weiteren Begründung enthielt. In England hatte *Joule* um dieselbe Zeit angefangen, Versuchsreihen anzustellen, welche sich auf denselben Gegenstand bezogen. Wir finden es häufig bei Fragen, zu deren Bearbeitung der zeitige Entwickelungsgang der Wissenschaft hindrängt, dass mehrere Köpfe, ganz unabhängig von einander, eine genau übereinstimmende neue Gedankenreihe erzeugen.

Ich selbst hatte, ohne von *Mayer* und *Colding* etwas zu wissen, und mit *Joule*'s Versuchen erst am Ende meiner Arbeit bekannt geworden, denselben Weg betreten; ich bemühte mich namentlich, alle Beziehungen zwischen den verschiedenen Naturprocessen aufzusuchen, welche aus der angegebenen Betrachtungsweise zu folgern waren, und veröffentlichte meine Untersuchungen 1847 in einer kleinen Schrift unter dem Titel: »Ueber die Erhaltung der Kraft.«

Seitdem ist im wissenschaftlichen Publicum das Interesse an diesem Gegenstande allmälig gewachsen, namentlich in England, wie ich mich bei einem Aufenthalte daselbst im letzten Sommer zu überzeugen Gelegenheit hatte. Eine grosse Zahl der wesentlichen Folgerungen jener Betrachtungsweise, deren experimenteller Beweis zur Zeit der ersten theoretischen Arbeiten noch fehlte, ist durch Versuche bestätigt worden, namentlich durch die von *Joule*, und im letzten Jahre hat auch der bedeutendste der französischen Physiker, *Regnault,* die neue Anschauungsweise angenommen und durch neue Untersuchungen über die specifische Wärme der Gasarten wesentlich zu ihrer Stütze beigetragen. Noch fehlt für einige wichtige Folgerungen der experimentelle Beweis, aber die Zahl der Bestätigungen ist so überwiegend, dass ich es nicht für verfrüht halte, auch ein nicht wissenschaftliches Publicum von diesem Gegenstande zu unterhalten.

Wir Menschen können für menschliche Zwecke keine Arbeitskraft erschaffen, sondern wir können sie uns nur aus dem allgemeinen Vorrathe der Natur aneignen. Der Waldbach und der Wind, die unsere Mühlen treiben, der Forst und das Steinkohlenlager, welche unsere Dampfmaschinen versehen und unsere Zimmer heizen, sind uns nur Träger eines Theiles des grossen Kraftvorrathes der Natur, den wir für unsere Zwecke auszubeuten und dessen Wirkungen wir nach unserem Willen zu lenken suchen. Der Mühlenbesitzer spricht die Schwere des herabfliessenden Wassers oder die lebendige Kraft des vorbeistreichenden Windes als sein Eigenthum an. Diese Theile des allgemeinen Kraftvorrathes sind es, die seinem Besitzthum den Hauptwerth geben.

Daraus übrigens, dass kein Theilchen Arbeitskraft absolut verloren geht, folgt noch nicht, dass es nicht für menschliche Zwecke unanwendbar werden könne. In dieser Beziehung sind die Folgerungen wichtig, welche *W. Thomson* aus dem schon erwähnten Gesetze von *Carnot* gezogen hat. Dieses Gesetz, welches *Carnot* allerdings fand, indem er sich bemühte, die Beziehungen zwischen Wärme und Arbeit aufzusuchen, welches aber keineswegs zu den nothwendigen Folgerungen der Erhaltung der Kraft gehört und durch *Clausius* erst in dem Sinne abgeändert ist, dass es jenem allgemeinen Naturgesetze nicht mehr widerspricht, giebt einen gewissen Zusammenhang an zwischen der Zusammendrückbarkeit, Wärmecapacität und Ausdehnung durch Wärme für alle Körper. Es ist noch nicht als vollständig thatsächlich erwiesen zu betrachten, hat aber durch einige merkwürdige Thatsachen, die man aus ihm vorausgesagt und später durch Versuche bestätigt hat, eine grosse Wahrscheinlichkeit bekommen. Man kann ihm ausser der von *Carnot* zuerst aufgestellten mathematischen Form auch folgenden allgemeineren Ausdruck geben: »Nur wenn Wärme von einem wärmeren zu einem kälteren Körper übergeht, kann sie, und auch dann nur theilweise, in mechanische Arbeit verwandelt werden.«

Die Wärme eines Körpers, den wir nicht weiter abkühlen kön-

---

* Helmholtz [1884], 1. Band, S. 41–43

nen, können wir auch nicht in eine andere Wirkungsform, in mechanische, elektrische oder chemische Kräfte zurückführen. So verwandeln wir in unseren Dampfmaschinen einen Theil der Wärme der glühenden Kohlen in Arbeit, indem wir sie an das weniger warme Wasser des Kessels übergehen lassen; wenn aber sämmtliche Körper der Natur eine und dieselbe Temperatur hätten, würde es unmöglich sein, irgend einen Theil ihrer Wärme wieder in Arbeit zu verwandeln. Demgemäss können wir den gesammten Kraftvorrath des Weltganzen in zwei Theile theilen: der eine davon ist Wärme und muss Wärme bleiben, der andere, zu dem ein Theil der Wärme der heisseren Körper und der ganze Vorrath chemischer, mechanischer, elektrischer und magnetischer Kräfte gehört, ist der mannigfachsten Formveränderung fähig und unterhält den ganzen Reichthum wechselnder Veränderungen in der Natur.

Aber die Wärme heisser Körper strebt fortdauernd durch Leitung und Strahlung auf die weniger warmen überzugehen und Temperaturgleichgewicht hervorzubringen. Bei jeder Bewegung irdischer Körper geht durch Reibung oder Stoss ein Theil mechanischer Kräfte in Wärme über, von der nur ein Theil wieder zurückverwandelt werden kann; dasselbe ist in der Regel bei jedem chemischen und elektrischen Processe der Fall. Daraus folgt also, dass der erste Theil des Kraftvorraths, die unveränderliche Wärme, bei jedem Naturprocesse fortdauernd zunimmt, der zweite, der der mechanischen, elektrischen, chemischen Kräfte, fortdauernd abnimmt; und wenn das Weltall ungestört dem Ablaufe seiner physikalischen Processe überlassen wird, wird endlich aller Kraftvorrath in Wärme übergehen und alle Wärme in das Gleichgewicht der Temperatur kommen. Dann ist jede Möglichkeit einer weiteren Veränderung erschöpft, dann muss vollständiger Stillstand aller Naturprocesse von jeder nur möglichen Art eintreten. Auch das Leben der Pflanzen, Menschen und Thiere kann natürlich nicht weiter bestehen, wenn die Sonne ihre höhere Temperatur und damit ihr Licht verloren hat, wenn sämmtliche Bestandtheile der Erdoberfläche die chemischen Verbindungen geschlossen haben werden, welche ihre Verwandtschaftskräfte fordern. Kurz das Weltall wird von da an zu ewiger Ruhe verurtheilt sein.

Diese Folgerung des Gesetzes von *Carnot* ist natürlich nur dann bindend, wenn sich das Gesetz bei fortgesetzter Prüfung als allgemeingültig erweist. Indessen scheint wenig Aussicht zu sein, dass es nicht so sein sollte. Jedenfalls müssen wir *Thomson*'s Scharfsinn bewundern, der zwischen den Buchstaben einer schon länger bekannten kurzen mathematischen Gleichung, welche nur von Wärme, Volumen und Druck der Körper spricht, Folgerungen zu lesen verstand, die dem Weltall, aber freilich erst nach unendlich langer Zeit, mit ewigem Tode drohen.

RUDOLF CLAUSIUS (1822–1888)
Über die bewegende Kraft der Wärme und die Gesetze, welche sich daraus für die Wärmelehre selbst ableiten lassen (1850)

[87]* *Carnots Prinzip und die Erzeugung von Arbeit durch Übergang der Wärme von höherer zu tieferer Temperatur*

Seit man mit Hülfe der Dampfmaschinen die Wärme als bewegende Kraft benutzt, und dadurch praktisch darauf hingewiesen hat, eine gewisse Arbeitsgrösse als Aequivalent für die dazu nöthige Wärme zu betrachten, lag es nahe, auch theoretisch eine bestimmte Beziehung zwischen einer Wärmemenge und der durch sie möglicher Weise hervorzubringenden Arbeit vorauszusetzen, und diese Beziehung zu benutzen, um aus ihr Schlüsse über das Wesen und die Gesetze der Wärme selbst abzuleiten. Es sind auch in der That schon einige erfolgreiche Versuche der Art gemacht; doch glaube ich, dass der Gegenstand damit noch nicht erschöpft ist, sondern die fortgesetzte Beachtung der Physiker verdient, indem sich theils gegen die bisher gezogenen Schlüsse noch erhebliche Einwendungen machen lassen, theils andere Schlüsse, zu welchen sich Gelegenheit bietet, und welche zur Begründung und Vervollständigung der Wärmetheorie wesentlich beitragen können, entweder noch ganz unerwähnt geblieben, oder doch noch nicht mit hinlänglicher Bestimmtheit ausgesprochen sind.

Die wichtigste hierher gehörige Untersuchung rührt von *S. Carnot* her [1] und die Ideen dieses Autors sind später noch auf eine sehr geschickte Weise von *Clapeyron analytisch* dargestellt [2]. *Carnot* weist nach, dass jederzeit, wenn Arbeit durch Wärme geleistet wird, und nicht zugleich eine bleibende Veränderung in dem Zustande des wirksamen Körpers eintritt, eine gewisse Wärmemenge

4

---

* Clausius [1898], S. 3–7

von einem warmen zu einem kalten Körper übergeht, wie z. B. bei der Dampfmaschine durch Vermittelung des Dampfes, welcher sich im Kessel entwickelt und dann im Condensator wieder niederschlägt, Wärme vom Heerde zum Condensator übergetragen wird. Diese *Uebertragung* nun betrachtet er als die der hervorgebrachten Arbeit entsprechende Wärmeveränderung. Er sagt ausdrücklich, dass dabei keine Wärme *verloren* gehe, sondern die *Quantität* derselben unverändert bleibe, indem er hinzufügt: »Diese Thatsache ist nie bezweifelt worden; sie ist zuerst ohne Untersuchung angenommen, und dann in vielen Fällen durch calorimetrische Versuche bestätigt. Sie zu verneinen würde heissen, die ganze Theorie der Wärme, in welcher sie der Hauptgrundsatz ist, umstossen.«

Ich weiss indessen nicht, dass es experimentell hinlänglich feststeht, dass bei der Erzeugung von Arbeit nie ein Verlust von Wärme stattfinde; vielmehr kann man vielleicht mit grösserem Rechte das Gegentheil behaupten, dass, wenn ein solcher Verlust auch noch nicht direct nachgewiesen ist, er doch durch andere Thatsachen nicht nur zulässig, sondern sogar höchst wahrscheinlich gemacht wird. Wenn man annimmt, die Wärme könne, ebenso wie ein Stoff, nicht an Quantität geringer werden, so muss man auch annehmen, dass sie sich nicht vermehren könne. Es ist aber fast unmöglich z. B. die durch Reibung verursachte Erwärmung ohne eine Vermehrung der Wärmequantität zu erklären, und durch die sorgfältigen Versuche von *Joule*, bei welchen auf sehr verschiedene Weisen unter Anwendung von mechanischer Arbeit Erwärmung hervorgerufen wurde, ist ausser der Möglichkeit, die Wärmequantität überhaupt zu vermehren, auch der Satz, dass die Menge der neu erzeugten Wärme der dazu angewandten Arbeit proportional sei, fast zur Gewissheit geworden. Dazu kommt noch, dass in neuerer Zeit immer noch mehr Thatsachen bekannt werden, welche dafür sprechen, dass die Wärme nicht ein Stoff sei, sondern in einer Bewegung der kleinsten Theile der Körper bestehe. Wenn dieses richtig ist, so muss sich auf die Wärme auch der allgemeine Satz der Mechanik anwenden lassen, dass eine vorhandene Bewegung sich in Arbeit umsetzen kann, und zwar so, dass der Verlust an lebendiger Kraft der geleisteten Arbeit proportional ist.

Diese Umstände, welche auch *Carnot* sehr wohl kannte, und deren Gewicht er ausdrücklich zugestanden hat, fordern dringend dazu auf, die Vergleichung zwischen Wärme und Arbeit, auch unter der abweichenden Voraussetzung vorzunehmen, dass zur Erzeugung von Arbeit nicht bloss eine Aenderung in der *Vertheilung* der Wärme, sondern auch ein wirklicher *Verbrauch* von Wärme nöthig sei, und dass umgekehrt durch Verbrauch von Arbeit wiederum Wärme *erzeugt* werden könne.

In einer vor Kurzem erschienenen Abhandlung von *Holtzmann*[3] scheint es anfangs, als wolle der Verfasser den Gegenstand von diesem letzteren Gesichtspunkte aus betrachten. Er sagt (S. 7): »die Wirkung der zu dem Gase getretenen Wärme ist somit entweder Temperaturerhöhung, verbunden mit Vermehrung der Elasticität, oder eine mechanische Arbeit, oder eine Verbindung von beiden, und eine mechanische Arbeit ist das Aequivalent der Temperaturerhöhung. Die Wärme kann man nur durch ihre Wirkungen messen; von den beiden genannten Wirkungen passt hierzu besonders die mechanische Arbeit, und diese soll in dem Folgenden hierzu gewählt werden. Ich nenne Wärmeeinheit die Wärme, welche bei ihrem Zutritte zu Gas die mechanische Arbeit *a* zu leisten vermag, d. h. um bestimmte Maasse zu gebrauchen, die *a* Kilogramme auf 1 Meter erheben kann.« Später (S. 12) bestimmt er auch den Zahlenwerth der Constanten *a* auf dieselbe Weise wie es schon früher von *Mayer* geschehen ist[4], und erhält eine Zahl, die ganz dem von *Joule* auf verschiedene andere Weisen bestimmten Wärmeäquivalente entspricht. Bei der weitern Ausführung der Theorie aber, nämlich bei der Entwickelung der Gleichungen, durch welche die von ihm gezogenen Schlüsse vermittelt werden, verfährt er ebenso wie *Clapeyron*, so dass darin doch wieder stillschweigend die Annahme liegt, dass die Quantität der Wärme constant sei.

Viel klarer ist der Unterschied der beiden Betrachtungsweisen von *W. Thomson* aufgefasst, welcher die *Carnot*'sche Abhandlung durch Anwendung der neueren Beobachtungen von *Regnault* über die Spannkraft und latente Wärme des Wasserdampfes vervollständigt hat[5]. Dieser spricht die Hindernisse, welche der unbedingten Annahme der *Carnot*'schen Theorie entgegenstehen, bestimmt aus, mit besonderer Hinweisung auf die Untersuchungen

6

von *Joule*, und hebt auch einen principiellen Einwand, der sich dagegen machen lässt, hervor. Wenn nämlich auch bei jeder Erzeugung von Arbeit, sofern der wirksame Körper nach ihrer Erzeugung wieder in demselben Zustande ist, wie vorher, Wärme aus einem warmen in einen kalten Körper übergeht, so wird doch nicht umgekehrt bei jedem solchen Uebergange auch Arbeit erzeugt, sondern die Wärme kann auch durch einfache Leitung übergeführt werden, und in allen diesen Fällen würde also, wenn der blosse Uebergang von Wärme das wahre Aequivalent der Arbeit wäre, ein Verlust von Arbeitskraft in der Natur stattfinden, was nicht wohl denkbar ist. Dessen ungeachtet kommt er zu dem Schlusse, dass bei dem gegenwärtigen Stande der Wissenschaft das von *Carnot* angenommene Princip doch noch als die wahrscheinlichste Grundlage einer Untersuchung über die bewegende Kraft der Wärme zu betrachten sei, indem er sagt: »wenn wir dieses Princip verlassen, so stossen wir auf unzählige andere Schwierigkeiten, welche ohne fernere experimentelle Untersuchung und ohne einen vollständigen Neubau der Wärmetheorie von Grund auf unüberwindlich sind.«

Ich glaube aber, dass man vor diesen Schwierigkeiten nicht zurückschrecken darf, und sich vielmehr mit den Folgen der Idee, dass die Wärme eine Bewegung sei, möglichst vertraut machen muss, indem man nur dadurch die Mittel gewinnen kann, dieselbe zu bestätigen oder zu widerlegen. Auch halte ich die Schwierigkeiten nicht für so bedeutend, wie *Thomson*, denn wenn man auch in der bisher gebräuchlichen *Vorstellungsweise* Einiges ändern muss, so kann ich doch mit *erwiesenen Thatsachen* nirgends einen Widerspruch finden. Es ist nicht einmal nöthig, die *Carnot*'sche Theorie dabei ganz zu verwerfen, wozu man sich gewiss schwer entschliessen würde, da sie zum Theil durch die Erfahrung eine auffallende Bestätigung gefunden hat. Bei näherer Betrachtung findet man aber, dass nicht das eigentliche Grundprincip von *Carnot*, sondern nur der Zusatz, *dass keine Wärme verloren gehe*, der neuen Betrachtungsweise entgegenstehe, denn es kann bei der Erzeugung von Arbeit sehr wohl beides gleichzeitig stattfinden, dass eine gewisse Wärmemenge *verbraucht* und eine andere von einem warmen zu einem kalten Körper *übergeführt* wird, und beide Wärmemengen können zu der erzeugten Arbeit in bestimmter Beziehung stehen. Es wird dieses im Nachstehenden noch deutlicher werden, und es wird sich dabei zeigen, dass die aus beiden Annahmen gefolgerten Schlüsse nicht nur neben einander bestehen können, sondern sich sogar gegenseitig bestätigen.

Anmerkungen

1 *Réflexions sur la puissance motrice du feu, et sur les machines propress à développer cette puissance, par S. Carnot.* Paris 1824. Ich habe mir dieses Werk selbst nicht verschaffen können, sondern kenne es nur aus den Bearbeitungen von *Clapeyron* und *Thomson*, und aus der letzteren sind auch die weiter unten angeführten Stellen entnommen.
2 *Journ. de l'école polytechnique T.XIX.*(1834) und Pogg. Ann. Bd. LIX.
3 Ueber die Wärme und Elasticität der Gase und Dämpfe; von *C. Holtzmann*, Mannheim 1845; auch Pogg. Ann. Bd. 72a.
4 Ann. der Chem. und Pharm. von *Wöhler* und *Liebig* Bd. XLII, S. 239.
5 *Transact. of the Royal Soc. of Edinb. V. XVI.*

JAMES CLERK MAXWELL
(1831–1879)
Theorie der Wärme (1871)

[88]* *Maxwells Dämon und der zweite Hauptsatz*
der Thermodynamik

Bevor ich schliesse, möchte ich die Aufmerksamkeit auf eine Folgerung der Moleculartheorie richten, welche Beachtung verdient.

374   Eine der am besten begründeten Thatsachen in der Thermodynamik ist die, dass es unmöglich ist in einem System, das in einer Hülle, welche keine Volumänderungen und keinen Wärmedurchgang gestattet, eingeschlossen ist und in welchem Temperatur und Druck überall resp. dieselben Werthe haben, dass es hier unmöglich ist ohne Aufbietung von Arbeit eine Ungleichheit der Temperatur oder des Druckes hervorzurufen. Das ist der zweite Hauptsatz der Thermodynamik; derselbe ist unzweifelhaft richtig, so lange wir nur mit den Körpern in grösseren Massen zu thun haben und keine Macht besitzen die einzelnen Molecüle, aus welchen die Masse besteht, wahrzunehmen und damit zu arbeiten. Wenn wir uns indessen ein Wesen denken, dessen Fähigkeiten so geschärft sind, dass es jedes Molecül bei dessen Bewegung verfolgen kann, so würde ein solches Wesen, dessen Eigenschaften aber noch immer wesentlich endlich sind ebenso wie unsere eigenen im Stande sein das zu leisten, was uns gegenwärtig unmöglich ist. Wir haben nämlich gesehen, dass die in einem Gefäss mit Luft von überall gleichförmiger Temperatur befindlichen Molecüle sich keineswegs mit gleichförmigen Geschwindigkeiten bewegen, obgleich die mittlere Geschwindigkeit jeder grösseren Anzahl derselben, welche willkürlich ausgewählt ist, stets überall dieselbe ist. Wir wollen uns nun denken, dass ein Gefäss in zwei Theile, *A* und *B*, getheilt

---

* Maxwell [1878], S. 373–375

sei durch eine Scheidewand, in welcher sich ein kleines Loch befindet. Ein Wesen, welches die einzelnen Molecüle sehen kann, mag dann abwechselnd dieses Loch öffnen und verschliessen und zwar in der Weise, dass nur den rascher gehenden Molecülen gestattet ist von *A* nach *B* überzugehen und nur den langsameren umgekehrt von *B* nach *A*. Dieses Wesen wird daher ohne Aufwand von Arbeit die Temperatur von *B* steigern und die von *A* erniedrigen im Widerspruch mit dem zweiten Hauptsatz der Thermodynamik.

Dies ist nur eins der Beispiele, bei welchen die Schlussfolgerungen, welche wir aus unserer Erfahrung in Betreff der Körper, die aus einer ungeheuren Anzahl von Molecülen bestehen, gezogen haben, sich möglicherweise nicht mehr auf die feineren Beobachtungen und Versuche anwenden lassen, die wir uns durch Jemanden angestellt denken können, der die einzelnen Molecüle wahrnehmen und behandeln kann, während wir diese Molecüle nur in Massen vereinigt kennen.

Durch die Beschäftigung mit Massen von Molecülen, da wir ja die einzelnen Molecüle nicht wahrnehmen können, werden wir dazu getrieben die schon von mir beschriebene Rechnungsmethode der Statistik einzuschlagen und die dynamische Methode zu verlassen, bei welcher wir jeder Bewegung durch Rechnung folgen.

Es ist von Interesse zu untersuchen, in wie weit diese Ideen über die Natur und die Methoden der Wissenschaft, welche aus Fällen einer wissenschaftlichen Untersuchung, bei welcher die dynamische Methode befolgt wurde, abgeleitet wurden, anwendbar sind auf unsere wirkliche Kenntniss von den concreten Dingen. Diese Kenntniss ist ja, wie wir gesehen haben, von wesentlich statistischer Natur, weil bis jetzt Niemand eine praktische Methode entdeckt hat, den Weg eines Molecüls zu verfolgen oder dasselbe zu verschiedenen Zeiten wieder zu erkennen.

Ich glaube indessen nicht, dass die vollkommene Identität, welche wir zwischen verschiedenen Theilen derselben Art von Materie beobachten, aus dem statistischen Prinzip erklärt werden kann, wonach der Mittelwerth von grossen Anzahlen von Grössen, von denen jede von dem Mittelwerth abweicht, stabil ist. Denn wenn einige der Molecüle von einer bestimmten Substanz, wie etwa Wasserstoff, merklich grössere Massen wie die anderen hätten, so haben wir die Mittel, eine Trennung zwischen den Molecülen von verschiedenen Massen zu bewirken; auf diese Weise würden wir im Stande sein zwei Arten von Wasserstoff herzustellen, von welchem die eine Art etwas dichter wie die andere wäre. Da dies aber nicht ausgeführt werden kann, so müssen wir annehmen, dass die Gleichheit, welche wir zwischen den Molecülen des Wasserstoffs behaupten, sich erstreckt auf jedes einzelne Molecül und nicht bloss auf den Mittelwerth einer Gruppe von Millionen von Molecülen.

LUDWIG BOLTZMANN (1844–1906)
Der zweite Hauptsatz der mechanischen Wärmetheorie (1886)

[89]* Das Jahrhundert der mechanischen
Naturauffassung

Als mich die Reihe traf, bei feierlicher Gelegenheit in dieser Ver-   25
sammlung, wo so viele sitzen, denen ich meine wissenschaftliche
Erziehung zu verdanken habe, zu sprechen, da war ich mir der
Schwierigkeit der übernommenen ehrenvollen Pflicht wohl bewußt, und nur mit Zögern ging ich daran, sie auf mich zu nehmen.
Verzeihen Sie daher, wenn ich schon der Wahl meines Themas
einige entschuldigende Worte widmen zu müssen glaube. Leichter
noch wird diese dem Philosophen, Historiker, welche im steten
Kontakte mit dem Publikum bleiben. In den Naturwissenschaften
war es häufig Gepflogenheit, allgemeinere Gegenstände von soge-
nanntem philosophischen oder metaphysischen Inhalte zu bespre-
chen. Wenn ich mich heute von dieser Gepflogenheit entferne, so
möchte ich ja nicht in den Verdacht kommen, als ob mir diese allgemeinen Fragen unbedeutend oder unwichtig erschienen gegenüber den zahllosen Spezialfragen, welche die heutige Naturwissenschaft aufwirft. Nur die Art und Weise, wie sie bisher behandelt
wurden, in manchen Fällen möchte ich fast sagen, daß sie überhaupt jetzt schon behandelt wurden, scheint mir verfehlt; daher
die eigentümliche Erscheinung, daß, während auf den Spezialge-
bieten die Arbeit oft so reichlich lohnte, in allgemeinen Fragen die
angestrengten Bemühungen häufig jedes Erfolges bar sind, während auf ersterem Gebiete bei allen Kontroversen über einzelnes
doch Einigkeit in der Hauptsache herrscht, auf letzteren Gebieten
die widersprechendsten Ansichten ihre Verfechter finden und die-

---

* Boltzmann [1905], S. 25–28

jenigen sich absolut nicht mehr verstehen, welche in Spezialfragen einmütig zusammen arbeiteten.

Nirgends weniger als in der Naturwissenschaft bewahrheitet sich der Satz, daß der gerade Weg der kürzeste ist. Wenn ein Feldherr eine feindliche Stadt zu erobern gedenkt, so wird er nicht die kürzeste Straße dahin auf der Landkarte aufsuchen; er wird vielmehr die mannigfaltigsten Umwege zu machen gezwungen sein, jeder Flecken auch ganz abseits vom Wege, wenn er ihn nur bezwingen kann, wird ihm zu einer wichtigen Stütze werden; uneinnehmbare Orte wird er zernieren. Gerade so fragt der Naturforscher nicht: welche Fragen sind die wichtigsten, sondern welche sind augenblicklich lösbar oder auch nur bei welchen ist ein kleiner reeller Fortschritt erreichbar? So lange die Alchimisten bloß den Stein der Weisen suchten, die Kunst des Goldmachens anstrebten, waren alle ihre Versuche fruchtlos; erst die Beschränkung auf scheinbar wertlosere Fragen schuf die Chemie. So verliert die Naturwissenschaft die großen allgemeinen Fragen scheinbar ganz aus dem Auge, aber um so großartiger ist der Erfolg, wenn sich bei mühsamem Tasten im Dickicht der Spezialfragen plötzlich eine kleine Lücke auftut, die einen bisher nicht geahnten Ausblick auf das Ganze gestattet.

Die Fallrinne *Galileis*, die *Stevinsche* Kette sind mächtige Stützpunkte geworden, von denen aus die Mechanik nicht bloß in die äußeren Beziehungen der Körper, nein, auch in das Wesen der Materie und Kraft eindringt. Die merkwürdigen Tatsachen, welche die Chemiker von Tag zu Tag finden, sind ebenso viele neue Beweise des Atomismus. Die Versuche *Joules* haben die alten Kontroversen über das Wesen der Arbeit, des Antriebes und der lebendigen Kraft definitiv entschieden. Die große Frage: Woher sind wir gekommen? Wohin werden wir gehen? wurde schon seit Jahrtausenden von den größten Genien diskutiert, in der geistreichsten Weise hin- und hergewendet; ich weiß nicht, ob mit irgend einem Erfolge, aber jedenfalls ohne einen wesentlichen, unleugbaren Fortschritt. Ein solcher wurde erst in unserem Jahrhundert zur vollendeten Tatsache durch höchst sorgfältige Studien und vergleichende Versuche über die Zucht von Tauben und anderen Haustieren, über die Färbung fliegender und schwimmender

27

Tiere, durch Forschungen über die frappante Ähnlichkeit unschädlicher Tiere mit giftigen, durch mühevolle Vergleiche der Blumengestalten mit den Formen der sie befruchtenden Insekten; gewiß lauter Forschungsgebiete von scheinbar untergeordneter Bedeutung, aber auf ihnen konnten wirkliche Erfolge erzielt werden, und gerade sie wurden die feste Operationsbasis für einen Feldzug ins Gebiet der Metaphysik von in der Geschichte der Wissenschaft einzig dastehendem Erfolge.

Schiller bemerkt von den Forschern seiner Zeit: »Die Wahrheit zu fangen ziehen sie aus mit Netzen und Stangen; aber mit Geistestritt schreitet sie mitten hindurch.« Wie sehr würde er erst beim Anblicke des Rüstzeuges der heutigen Physik oder Chemie bezweifelt haben, ob mit solchem Chaos von Apparaten die Wahrheit gefangen werden könne, und ähnlich sieht es heutzutage in den Arbeitsstätten der Mineralogen, Botaniker, Zoologen, Physiologen usw. aus. Nicht bloß Vorrichtungen, um die Naturkräfte in neuer Weise dienstbar zu machen, sehe ich in jenen Apparaten, nein, mit weit größerer Ehrfurcht betrachte ich sie, ich wage es zu sagen, daß ich darin die wahren Vorrichtungen erblicke, um das Wesen der Dinge zu entschleiern. Manche Probleme sind dabei freilich nach Art der einst an einen Maler gerichteten Frage, welches Bild er hinter einem großen Vorhange verborgen halte: »Der Vorhang selbst ist das Bild!« erwiderte jener, denn aufgefordert, Kenner durch seine Kunst zu täuschen, hatte er ein Bild gemalt, welches einen Vorhang darstellte. Gleicht nicht vielleicht der Schleier, der uns das Wesen der Dinge verhüllt, jenem gemalten Vorhange?

Betrachten wir die Apparate der experimentellen Naturwissenschaften als Werkzeuge zur Erringung praktischer Vorteile, so können wir ihnen gewiß den Erfolg nicht absprechen. Ungeahntes wurde da erzielt, was die Phantasie unserer Vorfahren in ihren Märchen geträumt, überboten durch die Wunder, welche die Wissenschaft im Vereine mit der Technik vor unseren staunenden Augen wirklich machte. Durch Erleichterung des Verkehrs der Menschen, Dinge und der Gedanken wurde die Erhöhung und Ausbreitung der Zivilisation in einer Weise gefördert, die in früheren Jahrhunderten höchstens in der Erfindung der Buchdruckerkunst ein Seitenstück hat. Und wer möchte dem fortschreitenden Menschengeiste ein Ziel setzen! Ist doch die Erfindung eines lenkbaren 28

Luftschiffes kaum mehr als eine Frage der Zeit. Dennoch glaube ich, daß es nicht diese Errungenschaften sind, welche unserem Jahrhundert die Signatur aufdrücken. Wenn Sie nach meiner innersten Überzeugung fragen, ob man es einmal das eiserne Jahrhundert oder das Jahrhundert des Dampfes oder der Elektrizität nennen wird, so antworte ich ohne Bedenken, das Jahrhundert der mechanischen Naturauffassung, das Jahrhundert *Darwins* wird es heißen.

[90]* *Naturerklärung und atomistische Hypothese*

Nach diesem Geständnis werden Sie es mit mehr Nachsicht aufnehmen, wenn ich es wage, Ihre Aufmerksamkeit für eine ganz geringfügige eng begrenzte Frage in Anspruch zu nehmen, und Sie werden mich nicht der Geringschätzung großer allgemeiner Fragen beschuldigen, wenn ich mich Dingen zuwende, welche heute damit noch in keinem Zusammenhange stehen. So ganz ohne Interesse dürfte übrigens die Behandlung eines eng begrenzten Fachgegenstandes vor einem größeren Publikum doch nicht sein. Die Zeiten haben ja längst aufgehört, wo ein Sterblicher alle oder auch nur eine größere Anzahl von Wissenschaftszweigen umfassen konnte; heute ist nicht nur Beschränkung auf einen bestimmten Wissenschaftszweig, sondern selbst in diesem noch Beschränkung auf ein engeres Gebiet desselben geboten. Dabei wird aber das Ineinandergreifen der verschiedenen Wissenschaftszweige nur immer inniger, so daß trotz der ausgedehntesten Arbeitsteilung der einzelne niemals die fremden Gebiete aus dem Auge verlieren darf, und dies ist leider ohne zeitweilige, wenigstens flüchtige Blicke auf die Details der fremden Gebiete nicht möglich.

Man hat ehemals die Gesamtheit der Naturwissenschaften in zwei Hauptkomplexe geteilt: den einen bezeichnete man als die beschreibenden Naturwissenschaften, den andern, welcher Physik, Chemie, Astronomie, Physiologie, und soweit man sie zur Naturwissenschaft rechnete, auch Mathematik, Geometrie und Mechanik umfaßt, müßte man dann konsequent die erklärenden

---

* Boltzmann [1905], S. 28–31

Naturwissenschaften nennen. Es darf uns nicht wundern, daß die naturhistorischen Disziplinen längst gegen den ersterwähnten, ihre Aufgabe so sehr beschränkenden Titel Protest eingelegt haben. Seit dem mächtigen Aufschwung der Geologie, Physiologie usw., namentlich aber seit der allgemeinen Aufnahme der Ideen *Darwins* wagen sie sich kühnen Mutes daran, die Mineralformen, sowie die organischen Lebensformen zu erklären. Aber merkwürdig ist es, fast zur gleichen Zeit auf der anderen Seite die entgegengesetzte Wendung sich vollziehen zu sehen. Mit der größten Klarheit stellt sich *Kirchhoff* in seinem umfassenden Werke über Mechanik lediglich die Aufgabe, die Naturerscheinungen möglichst einfach und übersichtlich zu beschreiben, auf jede Erklärung verzichtend, und seither wurde wiederholt in der Physik, das, was man früher eine Erklärung nannte, als eine bloße Beschreibung der Tatsachen bezeichnet. Es geschieht dies, weil man eine Unbestimmtheit, welche dem Begriffe des Erklärens anhaftet, vermeiden will. Wenn man Bewegungen aus Kräften, Kräfte aus dem Wesen der Dinge, Erscheinungen aus Dingen an sich erklären will, so scheint man da immer von der Auffassung auszugehen, als ob die Erklärung erfordere, daß das zu Erklärende auf ein ganz neues, außer ihm liegendes Prinzip zurückgeführt werde. Diese Auffassung ist der Naturwissenschaft fremd. Diese löst bloß Komplexe in einfachere, aber gleichartige Bestandteile auf, führt kompliziertere Gesetze auf fundamentalere zurück. Wenn nun dieser Prozeß oft gelingt, so wird er uns so zur Gewohnheit, daß wir auch dort nicht stillstehen wollen, wo er naturgemäß zu Ende ist. Man pflegt wohl gar darin eine Beschränkung unseres Intellektes zu erblicken, daß, wenn es uns gelungen wäre, die einfachsten Grundgesetze zu finden, wir diese dann doch nicht mehr erklären oder begründen, d. h. weiter in einfachere zerlegen könnten; daß wir die Existenz der elementarsten Wesen doch nicht begreifen, d. h. auf noch elementarere zurückführen können. Sind wir da nicht wieder vor den früher erwähnten gemalten Vorhang gestellt? Wird man darin eine Beschränktheit unseres Gesichtssinnes erblicken, daß niemand angeben kann, welches Bild hinter dem Vorhange steckt? Wir werden das Wort »erklären«, beibehalten können, wenn wir vom Anfange an alle derartigen Hintergedanken fern halten.

Wir erschließen die Existenz aller Dinge bloß aus den Eindrükken, welche sie auf unsere Sinne machen. Einer der schönsten Triumphe der Wissenschaft ist es deshalb, wenn es uns gelingt, die Existenz einer großen Gruppe von Dingen zu erschließen, welche unserer Wahrnehmung größtenteils entzogen sind; so gelang es den Astronomen aus oft sparsamen Lichtresten fast mit völliger Gewißheit die Existenz zahlloser Himmelskörper zu erschließen, welche die Dimensionen unserer Erde oft tausend-, ja millionenfach übertreffen und sich in Entfernungen befinden, bei deren bloßer Vorstellung uns Schwindel erfaßt. Wenn ich daher unter den Werkzeugen, denen die Metaphysik Dank schuldet, die der astronomischen Observatorien von dem einfachsten Diopter der alten Ägypter bis zu den Fernrohren *Galileis* und *Keplers* und bis zu den Rieseninstrumenten Alwan *Clarks* nicht nannte, so beweist dies nur, wie lückenhaft mein Verzeichnis war. Was der Astronomie in größtem Maßstabe, ist ähnlich auch im allerkleinsten geglückt. Alle Beobachtungen weisen übereinstimmend auf Dinge von solcher Kleinheit, daß sie nur zu Millionen geballt unsere Sinne zu erregen vermögen. Wir nennen sie Atome und Moleküle. Wir sind bei Erforschung der Atome in vieler Beziehung noch weit ungünstiger daran als in der Astronomie. Die Himmelskörper können wir uns immer ähnlich wie unsere Erde denken, und wenn auch, was Größe, Aggregatzustand, Temperatur usw. betrifft, sicher die mannigfaltigsten Unterschiede bestehen, so können wir auch da an eine geschmolzene Metallmasse, an große glühende Gaskugeln denken, wobei noch die Spektralanalyse nähere Anhaltspunkte bietet. Über die Beschaffenheit der Atome aber wissen wir noch gar nichts und werden auch solange nichts wissen, bis es uns gelingt, aus den durch die Sinne beobachtbaren Tatsachen eine Hypothese zu formen. Merkwürdigerweise ist hier am ersten wieder von der Kunst Erfolg zu hoffen, welche sich auch bei Erforschung der Himmelskörper so mächtig erwies, von der Spektralanalyse. Daß derartige winzige Einzeldinge bestehen, deren Zusammenwirken erst die sinnlich wahrnehmbaren Körper bildet, ist freilich nur eine Hypothese, gerade so wie es nur Hypothese ist, daß das, was wir am Himmel sehen, durch so große so weit entfernte Weltkörper bewirkt wird, wie es im Grund genommen auch nur eine Hypothese ist, daß außer mir noch andere Lust und Schmerz empfindende Menschen, daß auch Tiere, Pflanzen und mineralische Naturkörper existieren. Vielleicht wird einmal eine Hypothese, nach welcher die Sterne bloße Lichtfunken sind, die Himmelserscheinungen noch besser erklären als unsere heutige Astronomie, vielleicht, aber nicht wahrscheinlich. Vielleicht wird die atomistische Hypothese einmal durch eine andere verdrängt werden, vielleicht, aber nicht wahrscheinlich.

[91]* *Die Sonne als Energiequelle*

Man hat die Sonne als die Energiequelle, nicht nur des tierischen und pflanzlichen Lebens und der meteorologischen Prozesse, sondern überhaupt aller irdischen Arbeitsprozesse mit Ausnahme der Meermühlen von Agrostoli gepriesen.

Helmholtz hat gezeigt, daß auch die den Steinkohlen entstammende Wärme nur aufgespeicherte Sonnenwärme ist, aber ich weiß nicht, ob man mit genügender Klarheit darauf hingewiesen hat, warum uns gerade diese Energiequelle von so großem Nutzen ist; in den Körpern der Erdoberfläche, welche uns unmittelbar zur Hand sind, ist ja ein Energievorrat aufgespeichert, von dessen Größe wir gar keinen Begriff haben. Wenn die Wärme, welche der Niagarafall allein produziert, schon hinreichen würde, einen erheblichen Teil aller unserer Maschinen zu treiben; welchen unerschöpflichen Vorrat von Energie hätten wir dann, wenn wir imstande wären, alle in den uns umgebenden Körpern enthaltene Wärme in Arbeit zu verwandeln. Allein dies gelingt eben nicht, weil die in ihnen vorhandene Energie, soweit nicht durch Einwirkung der Sonne Temperaturungleichheiten entstehen, schon nahezu in der wahrscheinlichsten Weise verteilt ist und daher jeder Versuch, sie in anderer unseren Zwecken mehr entsprechender Weise zu verteilen, scheitert. Dagegen herrscht zwischen Sonne und Erde eine kolossale Temperaturdifferenz; zwischen diesen beiden Körpern ist daher die Energie durchaus nicht den Wahrscheinlichkeitsgesetzen gemäß verteilt. Der in dem Streben nach größerer Wahrscheinlichkeit begründete Temperaturausgleich zwischen beiden Körpern dauert wegen ihrer enormen Entfernung

---

* Boltzmann [1905], S. 39–40

und Größe Jahrmillionen. Die Zwischenformen, welche die Sonnenenergie annimmt, bis sie zur Erdtemperatur herabsinkt, können ziemlich unwahrscheinliche Energieformen sein, wir können den Wärmeübergang von der Sonne zur Erde leicht zu Arbeitsleistungen benützen, wie den vom Wasser des Dampfkessels zum Kühlwasser. Der allgemeine Daseinskampf der Lebenswesen ist daher nicht ein Kampf um die Grundstoffe – die Grundstoffe aller Organismen sind in Luft, Wasser und Erdboden im Überflusse vorhanden – auch nicht um Energie, welche in Form von Wärme leider unverwandelbar in jedem Körper reichlich enthalten ist, sondern ein Kampf um die Entropie, welche durch den Übergang der Energie von der heißen Sonne zur kalten Erde disponibel wird. Diesen Übergang möglichst auszunutzen, breiten die Pflanzen die unermeßliche Fläche ihrer Blätter aus und zwingen die Sonnenenergie in noch unerforschter Weise, ehe sie auf das Temperaturniveau der Erdoberfläche herabsinkt, chemische Synthesen auszuführen, von denen man in unseren Laboratorien noch keine Ahnung hat. Die Produkte dieser chemischen Küche bilden das Kampfobjekt für die Tierwelt.

[92] * Die Welt, ein perpetuum mobile?

Da ein gegebenes System von Körpern von selbst niemals in einen absolut gleich wahrscheinlichen Zustand übergehen kann, sondern immer nur in einen wahrscheinlicheren, so ist es auch nicht möglich, ein Körpersystem zu konstruieren, welches, nachdem es verschiedene Zustände durchlaufen hat, periodisch wieder zum ursprünglichen Zustand zurückkehrt: ein perpetuum mobile. Und wir sind hiermit dort angelangt, wo man bei Betrachtung des zweiten Hauptsatzes gewöhnlich ausgeht. Man stellt als Axiom auf, daß es unmöglich sei, aus einer endlichen Zahl von Körpern ein perpetuum mobile zu konstruieren, dieses Axiom faßt man in Gleichungen, welche die Grundgleichungen des zweiten Hauptsatzes heißen, und nun wundert man sich, daß unter der Annahme, die Welt sei ein großes System einer endlichen Zahl von Körpern, aus die-

---

* Boltzmann [1905], S. 48

sen Gleichungen folgt, daß auch die ganze Welt kein perpetuum mobile sein könne, was doch schon in der Annahme lag. So verlockend derartige Ausblicke auf das Universum auch sein mögen, und so anregend sie sich auch oft unstreitig erweisen, ich glaube dennoch, daß wir da nur Erfahrungssätze weit über deren natürliche Grenze ausdehnen.

Kapitel VII

Wolken über der Mechanik

EMIL DU BOIS-REYMOND
(1818–1896)
Über die Grenzen des Naturerkennens (1872)

[93] Die Auflösung der Naturvorgänge in eine
Mechanik der Atome*

> In Nature's infinite book of secrecy
> A little I can read.
> *Antony and Cleopatra.*

Wie es einem Welteroberer der alten Zeit an einem Rasttag inmitten seiner Siegeszüge verlangen konnte, die Grenzen seiner Herrschaft genauer festgestellt zu sehen, um hier ein noch zinsfreies Volk zum Tribut heranzuziehen, dort in der Wasserwüste ein seinen Reiterscharen unüberwindliches Hindernis, und somit eine wirkliche Schranke seiner Macht zu erkennen: so wird es für die Weltbesiegerin unserer Tage, die Naturwissenschaft, kein unangemessenes Beginnen sein, wenn sie bei festlicher Gelegenheit von der Arbeit ruhend die wahren Grenzen ihres Reiches einmal klar sich vorzuzeichnen versucht. Für um so gerechtfertigter halte ich dies Unternehmen, als ich glaube, daß über die Grenzen des Naturerkennens zwei Irrtümer weit verbreitet sind, und als ich für möglich halte, solcher Betrachtung, trotz ihrer scheinbaren Trivialität, auch für die, welche jene Irrtümer nicht teilen, einige neue Seiten abzugewinnen.

Ich setze mir also vor, die Grenzen des Naturerkennens aufzusuchen, und beantworte zunächst die Frage, was Naturerkennen – genauer gesagt naturwissenschaftliches Erkennen oder Erkennen der Körperwelt mit Hilfe und im Sinne der theoretischen Naturwissenschaft – ist: Zurückführen der Veränderungen in der Körper-

55

---

* Du Bois-Reymond [1974], S. 54–57

welt auf Bewegungen von Atomen, die durch deren von der Zeit unabhängige Zentralkräfte bewirkt werden oder Auflösen der Naturvorgänge in Mechanik der Atome. Es ist psychologische Erfahrungstatsache, daß, wo solche Auflösung gelingt, unser Kausalitätsbedürfnis vorläufig sich befriedigt fühlt. Die Sätze der Mechanik sind mathematisch darstellbar und tragen in sich dieselbe apodiktische Gewißheit wie die Sätze der Mathematik. Indem die Veränderungen in der Körperwelt auf eine konstante Summe von Spannkräften und lebendigen Kräften, oder von potentieller und kinetischer Energie zurückgeführt werden, welche einer konstanten Menge von Materie anhaftet, bleibt in diesen Veränderungen selber nichts zu erklären übrig.

Kants Behauptung in der Vorrede zu den *Metaphysischen Anfangsgründen der Naturwissenschaft*, »daß in jeder besonderen Naturlehre nur so viel *eigentliche* Wissenschaft angetroffen werden könne, als darin *Mathematik* anzutreffen sei« – ist also vielmehr noch dahin zu verschärfen, daß für Mathematik Mechanik der Atome gesetzt wird. Sichtlich dies meinte er selber, als er der Chemie den Namen einer Wissenschaft absprach, und sie unter die Experimentallehren verwies. Es ist nicht wenig merkwürdig, daß in unserer Zeit die Chemie, indem die Entdeckung der Substitution sie zwang, den elektrochemischen Dualismus aufzugeben, sich von dem Ziel, eine Wissenschaft in diesem Sinne zu werden, scheinbar wieder weiter entfernt hat.

Denken wir uns alle Veränderungen in der Körperwelt in Bewegungen von Atomen aufgelöst, die durch deren konstante Zentralkräfte bewirkt werden, so wäre das Weltall naturwissenschaftlich erkannt. Der Zustand der Welt während eines Zeitdifferentiales erschiene als unmittelbare Wirkung ihres Zustandes während des vorigen und als unmittelbare Ursache ihres Zustandes während des folgenden Zeitdifferentiales. Gesetz und Zufall wären nur noch andere Namen für mechanische Notwendigkeit. Ja es läßt eine Stufe der Naturerkenntnis sich denken, auf welcher der ganze Weltvorgang durch eine mathematische Formel vorgestellt würde, durch ein unermeßliches System simultaner Differentialgleichungen, aus dem sich Ort, Bewegungsrichtung und Geschwindigkeit jedes Atoms im Weltall zu jeder Zeit ergäbe. »Ein Geist«, sagt *Laplace*, »der für einen gegebenen Augenblick alle Kräfte kennte, welche die Natur beleben, und die gegenseitige Lage der Wesen, aus denen sie besteht, wenn sonst er umfassend genug wäre, um diese Angaben der Analyse zu unterwerfen, würde in derselben Formel die Bewegungen der größten *Weltkörper* und des leichtesten Atoms begreifen: nichts wäre ungewiß für ihn, und Zukunft wie Vergangenheit wäre seinem Blick gegenwärtig. Der menschliche Verstand bietet in der Vollendung, die er der Astronomie zu geben gewußt hat, ein schwaches Abbild solchen Geistes dar.«

In der Tat, wie der Astronom nur der Zeit in den Mondgleichungen einen gewissen negativen Wert zu erteilen braucht, um zu ermitteln, ob, als *Perikles* nach Epidaurus sich einschiffte, die Sonne für den Piräus verfinstert ward, so könnte der von *Laplace* gedachte Geist durch geeignete Diskussion seiner Weltformel uns sagen, wer die eiserne Maske war oder wie der »President« zugrunde ging. Wie der Astronom den Tag vorhersagt, an dem nach Jahren ein Komet aus den Tiefen des Weltraumes am Himmelsgewölbe wieder auftaucht, so läse jener Geist in seinen Gleichungen den Tag, da das Griechische Kreuz von der Sophienmoschee blitzen oder da England seine letzte Steinkohle verbrennen wird. Setzte er in der Weltformel $t = -\infty$, so enthüllte sich ihm der rätselhafte Urzustand der Dinge. Er sähe im unendlichen Raume die Materie schon entweder bewegt, oder ruhend und ungleich verteilt, da bei gleicher Verteilung das labile Gleichgewicht nie gestört worden wäre. Ließe er t im positiven Sinn unbegrenzt wachsen, so erführe er, nach wie langer Zeit *Carnots* Satz das Weltall mit eisigem Stillstande bedroht. Solchem Geiste wären die Haare auf unserem Haupte gezählt, und ohne sein Wissen fiele kein Sperling zur Erde. Ein vor- und rückwärts gewandter Prophet, wäre ihm, wie *d'Alembert, Laplaces* Gedanken im Keime hegend, in der Einleitung zur Enzyklopädie sich ausdrückte, »das Weltganze nur eine einzige Tatsache und eine große Wahrheit.« [57]

Auch bei *Leibniz* findet sich schon der *Laplace*'sche Gedanke, ja in gewisser Beziehung weiter entwickelt als bei *Laplace*, sofern *Leibniz* jenen Geist auch mit Sinnen und mit technischem Vermögen von entsprechender Vollkommenheit ausgestattet sich denkt. *Pierre Bayle* hatte gegen die Lehre von der prästabilierten Harmonie eingewendet, sie mache für den menschlichen Körper eine Voraussetzung ähnlich der eines Schiffes, das durch eigene Kraft

dem Hafen zusteuere. *Leibniz* erwidert, dies sei gar nicht so unmöglich, wie *Bayle* meine. »Es ist kein Zweifel«, sagt er, »daß ein
Mensch eine Maschine machen könnte, fähig einige Zeit in einer
Stadt sich umher zu bewegen und genau an gewissen Straßenecken
umzubiegen. Ein unvergleichlich vollkommener, obwohl be-
schränkter Geist könnte auch eine unvergleichlich größere Anzahl
von Hindernissen vorhersehen und ihnen ausweichen. So wahr ist
dies, daß wenn, wie einige glauben, diese Welt nur aus einer endlichen Anzahl nach den Gesetzen der Mechanik sich bewegender
Atome bestände, es gewiß ist, daß ein endlicher Geist erhaben
genug sein könnte, um alles, was zu bestimmter Zeit darin geschehen muß, zu begreifen und mit mathematischer Gewißheit vorherzusehen; so daß dieser Geist nicht nur ein Schiff bauen könnte, das
von selber einem gegebenen Hafen zusteuerte, wenn ihm einmal
die gehörige innere Kraft und die Richtung erteilt wäre, sondern er
könnte sogar einen Körper bilden, der die Handlungen eines Menschen nachahmte.«

Es braucht nicht gesagt zu werden, daß der menschliche Geist
von dieser vollkommenen Naturerkenntnis stets weit entfernt bleiben wird. Um den Abstand zu zeigen, der uns sogar von deren
ersten Anfängen trennt, genügt eine Bemerkung. Ehe die Differentialgleichungen der Weltformel angesetzt werden könnten,
müßten alle Naturvorgänge auf Bewegungen eines substantiell un-
terschiedslosen, mithin eigenschaftslosen Substrates dessen zurückgeführt sein, was uns als verschiedenartige Materie erscheint,
mit anderen Worten, alle Qualität müßte aus Anordnung und Bewegung solchen Substrates erklärt sein.

[94] * Die Naturerkenntnis des Laplaceschen Geistes als höchste Erkenntnisstufe

Der oben geschilderte Geist – er heiße fortan kurz der *Laplace*sche
Geist – würde dagegen diese Einsicht vollendet besitzen und danach könnte es scheinen, als sei zwischen ihm und uns kein Vergleich möglich. Doch ist der menschliche Geist vom *Laplace*schen

---

* Du Bois-Reymond [1974], S. 59–63

Geiste nur gradweise verschieden, etwa wie eine bestimmte Ordinate einer von Null ins Unendliche ansteigenden Kurve von einer zwar ausnehmend viel größeren, jedoch noch endlichen Ordinate derselben Kurve. Wir gleichen diesem Geist, denn wir begreifen ihn. Ja es ist die Frage, ob ein Geist wie *Newtons* von dem *Laplace*schen Geiste sich viel mehr unterscheidet, als vom Geiste *Newtons* der Geist eines Australnegers, der nur bis drei, eines Buschmannes, der nur bis zwei zählt, oder eines Chiquitos, der gar keine Zahlwörter besitzt. Mit anderen Worten, die Unmöglichkeit, die Differentialgleichungen der Weltformel aufzustellen, zu integrieren und das Ergebnis zu diskutieren, ist keine in der Natur der Dinge begründete, sondern beruht auf der Unmöglichkeit, die nötigen tatsächlichen Bestimmungen zu erlangen, und, auch wenn dies möglich wäre, auf deren unermeßlicher, vielleicht unendlicher Ausdehnung, Mannigfaltigkeit und Verwickelung.

Das Naturerkennen des *Laplace*schen Geistes stellt somit die höchste denkbare Stufe unseres eigenen Naturerkennens vor, und bei der Untersuchung über die Grenzen dieses Erkennens können wir jenes zugrunde legen. Was der *Laplace*sche Geist nicht zu durchschauen vermöchte, das wird vollends unserem in so viel engeren Schranken eingeschlossenen Geiste verborgen bleiben.

Zwei Stellen sind es nun, wo auch der *Laplace*sche Geist vergeblich trachten würde weiter vorzudringen, vollends wir stehen zu bleiben gezwungen sind.

Erstens nämlich ist daran zu erinnern, daß das Naturerkennen, welches vorher als unser Kausalitätsbedürfnis vorläufig befriedigend bezeichnet wurde, in Wahrheit dies nicht tut und kein Erkennen ist. Die Vorstellung, wonach die Welt aus stets dagewesenen und unvergänglichen kleinsten Teilen besteht, deren Zentralkräfte alle Bewegung erzeugen, ist gleichsam nur Surrogat einer Erklärung. Sie führt, wie bemerkt, alle Veränderungen in der Körperwelt auf eine konstante Menge von Materie und ihr anhaftender Bewegungskraft zurück und läßt an den Veränderungen selber also nichts zu erklären übrig. Bei dem gegebenen Dasein jenes Konstanten können wir, der gewonnenen Einsicht froh, eine Zeitlang uns beruhigen; aber bald verlangen wir tiefer einzudringen, und es seinem Wesen nach zu begreifen. Da ergibt sich denn bekanntlich, daß zwar die atomistische Vorstellung für den Zweck

60

unserer physikalisch-mathematischen Überlegungen brauchbar, ja mitunter unentbehrlich ist, daß sie aber, wenn die Grenzen der an sie zu stellenden Forderungen überschritten werden, als Korpuskularphilosophie in unlösliche Widersprüche führt.

Ein physikalisches Atom, d. h. eine im Vergleich zu den Körpern, die wir handhaben, verschwindend klein gedachte, aber trotz ihrem Namen in der Idee noch teilbare Masse, welcher Eigenschaften oder ein Bewegungszustand zugeschrieben werden, wodurch das Verhalten einer aus unzähligen solchen Atomen bestehenden Masse sich erklärt, ist eine in sich folgerichtige und unter Umständen, beispielsweise in der Chemie, der mechanischen Gastheorie, äußerst nützliche Fiktion. In der mathematischen Physik wird übrigens deren Gebrauch neuerlich möglichst vermieden, indem man, statt auf diskrete Atome, auf Volumelemente der kontinuierlich gedachten Körper zurückgeht.

Ein philosophisches Atom dagegen, d. h. eine angeblich nicht weiter teilbare Masse trägen wirkungslosen Substrates, von welcher durch den leeren Raum in die Ferne wirkende Kräfte ausgehen, ist bei näherer Betrachtung ein Unding.

Denn soll das nicht weiter teilbare, träge, an sich unwirksame Substrat wirklichen Bestand haben, so muß es einen gewissen noch so kleinen Raum erfüllen. Dann ist nicht zu begreifen, warum es nicht weiter teilbar sei. Auch kann es den Raum nur erfüllen, wenn es vollkommen hart ist, d. h. indem es durch eine an seiner Grenze auftretende, aber nicht darüber hinaus wirkende abstoßende Kraft, welche alsbald größer wird, als jede gegebene Kraft, gegen Eindringen eines anderen Körperlichen in denselben Raum sich wehrt. Abgesehen von anderen Schwierigkeiten, welche hieraus entspringen, ist das Substrat alsdann kein wirkungsloses mehr.

Denkt man sich umgekehrt mit den Dynamisten als Substrat nur den Mittelpunkt der Zentralkräfte, so erfüllt das Substrat den Raum nicht mehr, denn der Punkt ist die im Raume vorgestellte Negation des Raumes. Dann ist nichts mehr da, wovon die Zentralkräfte ausgehen, und was träg sein könnte, gleich der Materie.

Durch den leeren Raum in die Ferne wirkende Kräfte sind an sich unbegreiflich, ja widersinnig, und erst seit *Newtons* Zeit durch Mißverstehen seiner Lehre und gegen seine ausdrückliche Warnung, den Naturforschern eine geläufige Vorstellung geworden.

61

Denkt man sich mit *Descartes* und *Leibniz* den ganzen Raum erfüllt und alle Bewegung durch Übertragung in Berührungsnähe erzeugt, so ist zwar das Entstehen der Bewegung auf ein unserer sinnlichen Anschauung vertrautes Bild zurückgeführt, aber es stellen sich andere Schwierigkeiten ein. Unter anderem war es bei dieser Vorstellung bisher nicht möglich, die verschiedene Dichte der Körper aus verschiedener Zusammenfügung des gleichartigen Urstoffes zu erklären.

Es ist leicht, den Ursprung dieser Widersprüche aufzudecken. Sie wurzeln in unserem Unvermögen, etwas anderes, als mit den äußeren Sinnen entweder, oder mit dem inneren Sinn Erfahrenes uns vorzustellen. Bei dem Bestreben, die Körperwelt zu zergliedern, gehen wir aus von der Teilbarkeit der Materie, da sichtlich die Teile etwas Einfacheres und Ursprünglicheres sind, als das Ganze. Fahren wir in Gedanken mit Teilung der Materie immer weiter fort, so bleiben wir mit unserer Anschauung in dem uns angewiesenen Geleise, und fühlen uns in unserem Denken unbehindert. Zum Verständnis der Dinge tun wir keinen Schritt, da wir in der Tat nur das im Bereiche des Großen und Sichtbaren erscheinende auch im Bereiche des Kleinen und Unsichtbaren uns vorstellen. Wir kommen so zum Begriffe des physikalischen Atoms. Hören wir nun aber willkürlich irgendwo mit der Teilung auf, bleiben wir stehen bei vermeintlichen philosophischen Atomen, die nicht weiter teilbar, vollkommen hart und doch an sich wirkungslos und nur Träger von Zentralkräften sein sollen: so verlangen wir, daß eine Materie, die wir uns unter dem Bilde der Materie denken, wie wir sie handhaben, neue, ursprüngliche, ihr eigenes Wesen aufklärende Eigenschaften entfalte, und dies ohne daß wir irgendein neues Prinzip einführten. So begehen wir den Fehler, der durch die vorher bloßgelegten Widersprüche sich äußert. 62

Niemand, der etwas tiefer nachgedacht hat, verkennt die transzendente Natur des Hindernisses, das hier sich uns entgegenstellt. Wie man es auch zu umgehen versuche, in der einen oder anderen Form stößt man darauf. Von welcher Seite, unter welcher Deckung man ihm sich nähere, man erfährt seine Unbesiegbarkeit. Die alten ionischen Physiologen standen davor nicht ratloser als wir. Alle Fortschritte der Naturwissenschaft haben nichts dawider vermocht, alle ferneren werden dawider nichts fruchten. Nie werden wir besser als heute wissen, was, wie *Paul Erman* zu sagen pflegte, »hier«, wo Materie ist, »im Raume spukt«. Denn sogar der *Laplace*sche über den unseren so weit erhabene Geist würde in diesem Punkte nicht klüger sein als wir, und daran erkennen wir verzweifelnd, daß wir hier an der einen Grenze unseres Witzes stehen.

Übrigens böte die materielle Welt diesem Geiste noch ein unlösbares Rätsel. Zwar würde, wie wir sahen, seine Formel ihm den Urzustand der Dinge enthüllen. Träfe er aber die Materie vor unendlicher Zeit im unendlichen Raume ruhend und ungleich verteilt an, so wüßte er nicht, woher die ungleiche Verteilung; träfe er sie schon bewegt an, so wüßte er nicht, woher die Bewegung, welche ihm nur als zufälliger Zustand der Materie erscheint. In beiden Fällen bliebe sein Kausalitätsbedürfnis unbefriedigt. Vielleicht, ja wahrscheinlich, ist die schon von *Aristoteles* erörterte Frage nach dem Anfang der Bewegung einerlei mit der nach dem Wesen von Materie und Kraft. Weder läßt sich dies beweisen, noch wäre dem *Laplace*schen Geist damit geholfen, da eben das Wesen von Materie und Kraft ihm verschlossen bleibt.

[95]* Die Entstehung von Leben

Wo und in welcher Form es auf Erden zuerst erschien, ob als Protoplasmaklümpchen im Meer, oder an der Luft unter Mitwirkung der noch mehr ultraviolette Strahlen entsendenden Sonne bei noch höherem Kohlensäuregehalt der Atmosphäre; ob von anderen Weltkörpern her Lebenskeime zu uns herüberflogen; wer sagt es je? Aber der *Laplace*sche Geist im Besitze der Weltformel *könnte* es sagen. Denn beim Zusammentreten unorganischen Stoffes zu Lebendigem handelt es sich zunächst nur um Bewegung, um Anordnung von Molekeln in mehr oder minder festen Gleichgewichtslagen und um Einleitung eines Stoffwechsels, teils durch von außen überkommene Bewegung, teils durch Spannkräfte der mit Molekeln der Außenwelt in Wechselwirkung tretenden Molekeln des Lebewesens. Was das Lebende vom Toten, die Pflanze und das

---

* Du Bois-Reymond [1974], S. 63–65

nur in seinen körperlichen Funktionen betrachtete Tier vom Kristall unterscheidet, ist zuletzt dieses: im Kristall befindet sich die Materie in stabilem Gleichgewichte, während durch das Lebewesen ein Strom von Materie sich ergießt, die Materie darin in mehr oder minder vollkommenem dynamischen Gleichgewichte sich befindet, mit bald positiver, bald der Null gleicher, bald negativer Bilanz. Daher ohne Einwirkung äußerer Massen und Kräfte der Kristall ewig bleibt was er ist, dagegen das Lebewesen in seinem Bestehen von gewissen äußeren Bedingungen, den integrierenden oder Lebensreizen der älteren Physiologie, abhängt, in sich potentielle Energie in kinetische verwandelt und umgekehrt, und einem bestimmten zeitlichen Verlauf unterliegt. Ohne grundsätzliche Verschiedenheit der Kräfte im Kristall und im Lebewesen erklärt sich so, daß beide miteinander inkommensurabel sind, wie ein bloßes Bauwerk inkommensurabel ist mit einer Fabrik, in welche hier Kohle, Wasser, Rohstoffe, aus welcher dort Kohlensäure, Wassergas, Rauch, Asche und Erzeugnisse ihrer Maschinen strömen. Das Bauwerk kann man sich aus lauter dem Ganzen ähnlichen Teilen so gefügt vorstellen, daß es gleich dem Kristall in ähnliche Teile spaltbar ist; die Fabrik ist gleich dem Organismus, wenn wir von dessen Aufbau aus Elementarorganismen und der Teilbarkeit mancher Organismen absehen, ein Individuum.

Es ist daher ein Mißverständnis, im ersten Erscheinen lebender Wesen auf Erden oder auf einem anderen Weltkörper etwas Supernaturalistisches, etwas anderes zu sehen, als ein überaus schwieriges mechanisches Problem. Von den beiden Irrtümern, auf die ich hinweisen wollte, ist dies der eine, und ich halte nicht für geboten, von Ewigkeit her gleichsam eine kosmische Panspermie anzunehmen. Nicht hier ist die andere Grenze des Naturerkennens; hier nicht mehr als in der Kristallbildung. Könnten wir die Bedingungen herstellen, unter denen einst Lebewesen entstanden, wie wir dies für gewisse, nicht für alle Kristalle können, so würden nach dem Prinzipe des Aktualismus wie damals auch heute Lebewesen entstehen. Sollte es aber auch nie gelingen, Urzeugung zu beobachten, geschweige sie im Versuch herbeizuführen, so wäre doch hier kein unbedingtes Hindernis. Wären uns Materie und Kraft verständlich, die Welt hörte nicht auf begreiflich zu sein, wenn wir uns die Erde (um nur sie zu nennen) von ihrem äquatorialen Smaragdgürtel bis zu den letzten flechtengrauen Polarklippen mit der üppigsten Fülle von Pflanzenleben überwuchert denken, gleichviel welchen Anteil an der Gestaltung des Pflanzenreiches man organischen Bildungsgesetzen, welchen der natürlichen Zuchtwahl einräume. Nur die zur Befruchtung vieler Pflanzen als unentbehrlich erkannte Beihilfe der Insektenwelt müssen wir aus Gründen, die bald einleuchten werden, in dieser Betrachtung beiseite lassen. Sonst bietet das reichste von *Bernardin de St. Pierre, Alexander von Humboldt* oder *Pöppig* entworfene Gemälde eines tropischen Urwaldes dem Blicke der theoretischen Naturforschung nichts dar, als bewegte Materie.

[96]* *Das Bewußtsein und das Leib-Seele-Problem*

Allein es tritt nunmehr, an irgendeinem Punkt der Entwickelung des Lebens auf Erden, den wir nicht kennen und auf dessen Bestimmung es hier nicht ankommt, etwas Neues, bis dahin Unerhörtes auf, etwas wiederum, gleich dem Wesen von Materie und Kraft, und gleich der ersten Bewegung, Unbegreifliches. Der in negativ unendlicher Zeit angesponnene Faden des Verständnisses zerreißt, und unser Naturerkennen gelangt an eine Kluft, über die kein Steg, kein Fittig trägt: wir stehen an der anderen Grenze unseres Witzes.

Dies neue Unbegreifliche ist das Bewußtsein. Ich werde jetzt, wie ich glaube, in sehr zwingender Weise dartun, daß nicht allein bei dem heutigen Stand unserer Kenntnis das Bewußtsein aus seinen materiellen Bedingungen nicht erklärbar ist, was wohl jeder zugibt, sondern daß es auch der Natur der Dinge nach aus diesen Bedingungen nicht erklärbar sein wird. Die entgegengesetzte Meinung, daß nicht alle Hoffnung aufzugeben sei, das Bewußtsein aus seinen materiellen Bedingungen zu begreifen, daß dies vielmehr im Laufe der Jahrhunderte oder Jahrtausende dem alsdann in ungeahnte Reiche der Erkenntnis vorgedrungenen Menschengeiste wohl gelingen könne: dies ist der zweite Irrtum, den ich in diesem Vortrage bekämpfen will.

---

* Du Bois-Reymond [1974], S. 65–68

Ich gebrauche dabei absichtlich den Ausdruck »Bewußtsein«, weil es hier nur um die Tatsache eines geistigen Vorganges irgendeiner, sei es der niedersten Art, sich handelt. Man braucht nicht *Watt* sein Parallelogramm erdenkend, nicht *Shakespeare, Raphael,* *Mozart* in der wunderbarsten ihrer Schöpfungen begriffen sich vorzustellen, um das Beispiel eines aus seinen materiellen Bedingungen und – erklärbaren geistigen Vorganges zu haben. In der Hauptsache ist die erhabenste Seelentätigkeit nicht unbegreiflicher aus materiellen Bedingungen, als das Bewußtsein auf seiner ersten Stufe, der Sinnesempfindung. Mit der ersten Regung von Behagen oder Schmerz, die im Beginn des tierischen Lebens auf Erden ein einfachstes Wesen empfand, oder mit der ersten Wahrnehmung einer Qualität, ist jene unübersteigliche Kluft gesetzt, und die Welt nunmehr doppelt unbegreiflich geworden.

Über wenig Gegenstände wurde anhaltender nachgedacht, mehr geschrieben, leidenschaftlicher gestritten, als über Verbindung von Leib und Seele im Menschen. Alle philosophischen Schulen, dazu die Kirchenväter, haben darüber ihre Lehrmeinungen gehabt. Die neuere Philosophie kümmert sich weniger um diese Frage; um so reicher sind deren Anfänge im siebzehnten Jahrhundert an Theorien über die Wechselwirkung von Materie und Geist.

Descartes selber hatte sich die Möglichkeit, diese Wechselwirkung zu begreifen, durch zwei Aufstellungen vorweg abgeschnitten. Erstens behauptete er, daß Körper und Geist verschiedene Substanzen, durch Gottes Allmacht vereinigt, seien, welche, da der Geist als unkörperlich keine Ausdehnung habe, nur in einem Punkt, und zwar in der sogenannten Zirbeldrüse des Gehirnes, einander berühren. Er behauptete zweitens, daß die im Weltall vorhandene Bewegungsgröße beständig sei. Je sicherer daraus die Unmöglichkeit zu folgen scheint, daß die Seele Bewegung der Materie erzeuge, um so mehr erstaunt man, wenn nun *Descartes*, um die Willensfreiheit zu retten, die Seele einfach die Zirbeldrüse in dem nötigen Sinne bewegen läßt, damit die tierischen Geister, wir würden sagen, das Nervenprinzip, den richtigen Muskeln zuströmen. Umgekehrt die durch Sinneseindrücke erregten tierischen Geister bewegen die Zirbeldrüse, und die mit dieser verbundenen Seele merkt die Bewegung.

67 *Descartes'* unmittelbare Nachfolger, *Clauberg, Malebranche, Geulincx,* bemühen sich, einen so offenbaren Mißgriff zu verbessern. Sie halten fest an der Unmöglichkeit einer Wechselwirkung von Geist und Materie, als von zwei verschiedenen Substanzen. Um aber zu verstehen, wie dennoch die Seele den Körper bewege, und umgekehrt von ihm erregt werde, nehmen sie an, daß das Wollen der Seele Gott veranlasse, den Körper jedesmal nach Wunsch der Seele zu bewegen, und daß umgekehrt die Sinneseindrücke ihn veranlassen, die Seele jedesmal in Übereinstimmung damit zu verändern. Die *Causa efficiens* der Veränderungen des Körpers durch die Seele und der Seele durch den Körper ist also stets nur Gott; das Wollen der Seele und die Sinneseindrücke sind nur die *Causae occasionales* für die unaufhörlich erneuten Eingriffe seiner Allmacht.

Leibniz endlich pflegte dies Problem mittels des von *Geulincx* zuerst darauf angewandten Bildes zweier Uhren zu erläutern, die gleichen Gang zeigen sollen. Auf dreierlei Art, sagt er, könne dies geschehen. Erstens können beide Uhren durch Schwingungen, die sie einer gemeinsamen Befestigung mitteilen, einander so beeinflussen, daß ihr Gang derselbe werde, wie dies *Huygens* beobachtet habe. Zweitens könne stets die eine Uhr gestellt werden, um sie in gleichem Gange mit der anderen zu erhalten. Drittens könne von vornherein der Künstler so geschickt gewesen sein, daß er beide Uhren, obschon ganz unabhängig voneinander, gleichgehend gemacht habe. Zwischen Leib und Seele sei die erste Art der Verbindung anerkannt unmöglich. Die zweite, der occasionalistischen Lehre entsprechende, sei Gottes unwürdig, den sie als *Deus ex machina* mißbrauche. So bleibe nur die dritte übrig, in der man *Leibniz'* eigene Lehre von der prästabilierten Harmonie wiedererkennt.

Allein diese und ähnliche Betrachtungen sind in den Augen der neueren Naturforschung entwertet und der Wirkung auf die heutigen Ansichten beraubt durch die dualistische Grundlage, auf welche sie, gemäß ihrem halb theologischen Ursprunge, gleich anfangs sich stellen. Ihre Urheber gehen aus von der Annahme einer vom Körper unbedingt verschiedenen geistigen Substanz, der 68 Seele, deren Verbindung mit dem Körper sie untersuchen. Sie finden, daß eine Verbindung beider Substanzen nur durch ein Wunder möglich ist, und daß, auch nach diesem ersten Wunder, ein ferneres Zusammengehen beider Substanzen nicht anders stattfinden kann, als wiederum durch ein entweder stets erneutes oder seit der Schöpfung fortwirkendes Wunder. Diese Folge nun geben sie für eine neue Einsicht aus, ohne hinreichend zu prüfen, ob nicht sie selber vielleicht sich die Seele erst so zurechtgemacht haben, daß eine Wechselwirkung zwischen ihr und dem Körper undenkbar ist. Mit einem Wort, der gelungenste Beweis, daß keine Wechselwirkung von Körper und Seele möglich sei, läßt dem Zweifel Raum, ob nicht die Prämissen willkürlich seien, und ob nicht Bewußtsein einfach als Wirkung der Materie gedacht und vielleicht begriffen werden könne. Für den Naturforscher muß daher der Beweis, daß die geistigen Vorgänge aus ihren materiellen Bedingungen nie zu begreifen sind, unabhängig von jeder Voraussetzung über den Urgrund jener Vorgänge geführt werden.

[97]* Die Unerklärbarkeit des Denkvermögens

Man erinnert sich Hrn. *Carl Vogts* kecken Ausspruches, der in den fünfziger Jahren zu einer Art von Turnier um die Seele Anlaß gab: »daß alle jene Fähigkeiten, die wir unter dem Namen Seelentätigkeiten begreifen, nur Funktionen des Gehirns sind, oder, um es einigermaßen grob auszudrücken, daß die Gedanken etwa in demselben Verhältnisse zum Gehirn stehen, wie die Galle zu der Leber oder der Urin zu den Nieren.« Die Laien stießen sich an diesem Vergleiche, der im wesentlichen schon bei *Cabanis* sich findet, weil ihnen die Zusammenstellung der Gedanken mit der Absonderung der Nieren entwürdigend schien. Die Physiologie kennt indes solche ästhetischen Rangunterschiede nicht. Ihr ist die Nierenabsonderung ein wissenschaftlicher Gegenstand von ganz gleicher Würde mit der Erforschung des Auges oder Herzens oder sonst eines der gewöhnlich sogenannten edleren Organe. Auch das ist am »Sekretionsgleichnis« schwerlich zu tadeln, daß darin die Seelentätigkeit als Erzeugnis der materiellen Bedingungen im Gehirn hingestellt wird. Fehlerhaft dagegen erscheint, daß es die Vorstel-

---

* Du Bois-Reymond [1974], S. 76–77

lung erweckt, als sei die Seelentätigkeit aus dem Bau des Gehirns ihrer Natur nach so begreiflich, wie die Absonderung aus dem Bau der Drüse.

Wo es an den materiellen Bedingungen für geistige Tätigkeit in Gestalt eines Nervensystems gebricht, wie in den Pflanzen, kann der Naturforscher ein Seelenleben nicht zugeben, und nur selten stößt er hierin auf Widerspruch. Was aber wäre ihm zu erwidern, wenn er, bevor er in die Annahme einer Weltseele willigte, verlangte, daß ihm irgendwo in der Welt, in Neuroglia gebettet, mit warmem arteriellem Blut unter richtigem Drucke gespeist und mit angemessenen Sinnesnerven und Organen versehen, ein dem geistigen Vermögen solcher Seele an Umfang entsprechendes Konvolut von Ganglienzellen und Nervenfasern gezeigt würde?

77   Schließlich entsteht die Frage, ob die beiden Grenzen unseres Naturerkennens nicht vielleicht die nämlichen seien, d. h. ob, wenn wir das Wesen von Materie und Kraft begriffen, wir nicht auch verständen, wie die ihnen zugrunde liegende Substanz unter bestimmten Bedingungen empfindet, begehrt und denkt. Freilich ist diese Vorstellung die einfachste, und nach bekannten Forschungsgrundsätzen bis zu ihrer Widerlegung der vorzuziehen, wonach, wie vorhin gesagt wurde, die Welt doppelt unbegreiflich erscheint. Aber es liegt in der Natur der Dinge, daß wir auch in diesem Punkte nicht zur Klarheit kommen, und alles weitere Reden darüber bleibt müßig.

Gegenüber den Rätseln der Körperwelt ist der Naturforscher längst gewöhnt, mit männlicher Entsagung sein »*Ignoramus*« auszusprechen. Im Rückblick auf die durchlaufene siegreiche Bahn trägt ihn dabei das stille Bewußtsein, daß, wo er jetzt nicht weiß, er wenigstens unter Umständen wissen könnte und dereinst vielleicht wissen wird. Gegenüber dem Rätsel aber, was Materie und Kraft seien, und wie sie zu denken vermögen, muß er ein für allemal zu dem viel schwerer abzugebenden Wahrspruch sich entschließen:

»Ignorabimus«.

WILLIAM THOMSON (1824–1907)
Die kinetische Theorie der Energiedissipation (1874)

[98]*   *Bewegungsumkehr und Maxwellsche Dämonen*

In der abstrakten Dynamik hat die momentane Bewegungsumkehr
jedes sich bewegenden Teilchens eines Systems zur Folge, daß sich
das System rückwärts bewegt, und zwar jedes seiner Teilchen auf
seiner alten Bahn und mit derselben Geschwindigkeit wie zuvor,
wenn es sich wieder in derselben Lage befindet. Das heißt, mathematisch gesprochen, eine beliebige Lösung geht wieder in eine Lösung über, wenn man t in $-t$ ändert. In der physikalischen Dynamik
liegt diese einfache und vollständige Umkehrbarkeit nicht vor, und
zwar auf Grund von Kräften, die abhängen von der Reibung von
Festkörpern; unvollständiger Fluidität von Flüssigkeiten; unvollkommener Elastizität von Festkörpern; von Temperaturungleichheiten, die durch Spannungen in Festkörpern und Flüssigkeiten
hervorgerufen werden, und nachfolgender Wärmeleitung; von unvollkommener magnetischer Remanenz; von zurückbleibender
elektrischer Polarisation von Dielektrika; von Wärmeerzeugung
durch elektrische Ströme, die durch Bewegung induziert werden:
Diffusion von Flüssigkeiten, Lösung von festen Körpern in Flüssigkeiten und anderen chemischen Umwandlungen; und von Absorption von Strahlungswärme und Licht. Die Untersuchung dieser
Wirkungen im Zusammenhang mit dem hierfür von *Joule* bewiesenen alles beherrschenden Gesetz der Energieerhaltung brachten
mich vor 23 Jahren zu der Theorie der Energiedissipation, die ich
zunächst 1852 der Royal Society von Edinburgh in einer Arbeit mit
dem Titel »On a Universal Tendency in Nature to the Dissipation of
Mechanical Energy« mitgeteilt habe. 228

---

* Brush [1970], Band II, S. 227–235

Das Wesentliche der *Joule*schen Entdeckung besteht darin, daß die physikalischen Erscheinungen einem dynamischen Gesetz unterworfen sind. Würde dann zu einem gewissen Zeitpunkt die Bewegung jedes Materieteilchens im Weltall genau umgekehrt, so würde sich von der Zeit an der Lauf der Natur einfach umkehren. Die berstende Schaumblase am Fuße eines Wasserfalles würde wieder zusammengehen und in das Wasser hinabsteigen; die Energie der Wärmebewegungen würde sich wieder konzentrieren und die ganze Masse den Wasserfall in Tropfen hinaufwerfen, die ihrerseits wieder eine dichte Säule aufsteigenden Wassers bilden. Wärme, die durch die Reibung von festen Körpern erzeugt und durch Leitung und Strahlung mit Absorption dissipiert worden ist, würde wieder zu der Berührungsstelle zurückkehren und den sich bewegenden Körper entgegen der Kraft, der er vorher unterworfen war, zurückwerfen. Geröllblöcke würden aus dem Schlamm das Material zurückholen, das benötigt wird, um sie wieder in ihren ursprünglichen zackigen Formen aufzubauen, und sie würden sich wieder zu der Bergspitze vereinigen, von der sie früher weggebrochen sind. Und wenn auch die materialistische Auffassung vom Leben wahr wäre, würden die Lebewesen mit bewußter Kenntnis der Zukunft, aber ohne Erinnerung an die Vergangenheit, rückwärts wachsen und würden wieder ungeboren werden. Die realen Lebenserscheinungen liegen jedoch unendlich jenseits des menschlichen Wissens, und es ist höchst nutzlos, spekulative Folgerungen aus einer vorgestellten Umkehrung derselben ziehen zu wollen. Weitaus anders steht es jedoch mit der Umkehr der Bewegungen der vom Leben unbeeinflußten Materie, von der eine sehr elementare Betrachtung zu der vollständigen Erklärung der Theorie der Energiedissipation führt.

Um einen der einfachsten Fälle der Energiedissipation zu nehmen – die Wärmeleitung durch einen Festkörper –, betrachte man einen Metallstab, der an einem Ende wärmer als am anderen ist, und überlasse ihn sich selbst. Um jegliche unnötige Komplikation durch Berücksichtigung des Wärmeverlusts oder -gewinns zu vermeiden, stelle man sich vor, der Stab sei mit einem wärmeundurchlässigen Stoff angestrichen. Um etwas Bestimmtes vor Augen zu haben, stelle man sich vor, eine Hälfte des Stabes habe zunächst eine einheitliche Temperatur, und die andere Hälfte von ihm habe

229

eine andere einheitliche Temperatur. Dann setzt sogleich eine Wärmediffusion ein, und die Temperaturverteilung wird immer weniger ungleich und strebt zu vollständiger Gleichförmigkeit, ohne diesen letzten Zustand aber in einer endlichen Zeit vollkommen zu erreichen. Dieser Diffusionsprozeß könnte durch eine Armee *maxwell*scher »intelligenter Dämonen«[1] vollständig verhindert werden, die an der Oberfläche oder, wie wir sie mit Professor *James Thomson* nennen können, an der Grenzfläche stationiert sind, die den heißen von dem kalten Teil des Stabes trennt. Um genau zu sehen, wie dies zu geschehen hat, betrachte man statt eines Festkörpers lieber ein Gas, da wir über die Molekülbewegungen eines Gases mehr Bescheid wissen, während wir von den Molekülbewegungen eines festen Körpers wenig oder gar keine Ahnung haben. Man nehme einen Krug her, dessen obere Hälfte mit kalter Luft oder einem kalten Gas gefüllt ist, während seine untere Hälfte Luft oder Gas derselben Art, aber von einer höheren Temperatur enthält, und verschließe die Mündung des Kruges mit einem luftdichten Deckel. Wenn das enthaltende Gefäß völlig wärmeundurchlässig wäre, würde die Wärmediffusion in dem Gas demselben Gesetz wie in dem Festkörper genügen, obgleich die Wärmediffusion in dem Gas vor allem durch die Diffusion der Moleküle erfolgt, von denen jedes seine Energie mit sich trägt, und nur zu einem kleinen Anteil ihres Gesamtbetrages durch Energieaustausch zwischen Molekül und Molekül; wohingegen in dem Festkörper nur geringe oder keine Stoffdiffusion erfolgt und die Wärmediffusion vollständig oder zumindest fast vollständig durch die Energieübertragung von einem Molekül zum anderen stattfindet. *Fouriers* vorzügliche mathematische Analyse gibt in jedem Falle die Statistik des Diffusionsprozesses vollständig wieder, ob es sich nun um »Wärmeleitung«, wie *Fourier* und seine Nachfolger sie genannt haben, oder um die Diffusion eines Stoffes in fluiden (gasförmigen oder tropfbar flüssigen) Medien handelt, von der *Fick* gezeigt hat, daß sie den *fourier*schen Formeln genügt. Nun nehme man an, die Waffe der idealen Armee sei ein Knüppel oder gleichsam ein molekularer Kricketschläger; und man nehme der Bequemlichkeit halber an, die Masse jedes Dämons mit seiner Waffe sei mehrmals so groß wie die eines Moleküls. Jedesmal, wenn er einem Molekül einen Schlag versetzt, hat er es mit dersel-

230

ben Energie wegzuschicken, wie es vorher gehabt hat. Jeder Dämon hat sich so nahe wie möglich an einem gewissen Standort aufzuhalten und nur solche Abstecher hiervon zu machen, wie zur Ausführung seiner Befehle erforderlich sind. Er darf keinen Kräften ausgesetzt werden, außer denen, die von Stößen mit Molekülen herrühren, und wechselseitigen Kräften zwischen Teilen seiner eigenen Masse, seine Waffe eingeschlossen. Somit kann durch seine willkürlichen Bewegungen die Bewegung seines Schwerpunktes nicht beeinflußt werden, es sei denn durch Stöße mit Molekülen.

Die gesamte Trennfläche zwischen heiß und kalt ist in kleine Flächenstücke zu teilen, von denen jedes je einem Dämon zugewiesen wird. Die Pflicht jedes Dämonen besteht darin, seine Parzelle zu bewachen und nach gewissen bestimmten Anordnungen Moleküle zurückzujagen oder es ihnen zu erlauben, von einer Seite aus zu passieren. Zunächst mögen die Befehle lauten, keinem Molekül zu erlauben, von irgendeiner Seite her hindurchzutreten. Die Wirkung hiervon wird dieselbe sein, wie wenn die 231 Trennfläche durch eine materie- und wärmeundurchlässige Barriere versperrt wäre. Da der Gasdruck nach Voraussetzung in dem heißen und dem kalten Teil gleich ist, wird der resultierende Impuls, der jedem Dämon von irgendeiner beträchtlichen Anzahl von Molekülen übertragen wird, Null sein: daher kann er seine Schläge so einrichten, daß er sich niemals in eine größere Entfernung von seinem Standort wegbewegt. Nunmehr möge jeder Dämon, statt alle Moleküle an der Durchquerung der zugeteilten Fläche zu hindern und sie zurückzujagen, hundert willkürlich gewählten Molekülen gestatten, von der heißen Seite her zu passieren, und der gleichen Anzahl von Molekülen werde auf dem anderen Weg von der kalten Seite die Durchquerung erlaubt, wobei diese so gewählt seien, daß sie denselben Gesamtbetrag und denselben resultierenden Impuls wie die ersteren besitzen. Dies möge in gewissen aufeinanderfolgenden kleinen gleichen Zeitintervallen immer wieder erfolgen, wobei dafür Sorge getragen werde, daß sich, wenn die spezifizierte Energie- und Impulsbilanz nicht hinsichtlich je hundert sukzessive passierenden Molekülen exakt erfüllt ist, der Fehler nicht fortpflanzt, sondern, so gut es geht, bei den nächsten hundert korrigiert wird. Auf diese Weise wird auf beiden

Wegen durch die Fläche eine gewisse vollkommen regelmäßige Gasdiffusion einsetzen, bei der die ursprünglichen verschiedenen Temperaturen auf den beiden Seiten der Trennfläche ungeändert erhalten bleiben.

Man nehme nun an, daß als Anfangsbedingung die Temperatur und der Druck des Gases jeweils durchweg im Gefäß gleich sind, und es werde gefordert, einen Temperaturunterschied herzustellen, aber den Druck in irgend zwei Teilen A und B des ganzen Raumes gleich zu lassen. Dazu stationiere man die Armee auf der Trennfläche, wie zuvor beschrieben. Man gebe jetzt den Befehl aus, daß jeder Dämon alle Moleküle in jeder Richtung von der Durchquerung seines Flächenstückes abzuhalten hat mit Ausnahme von 100 beliebig gewählten von A kommenden, um sie nach B zu lassen, sowie einer größeren Anzahl von Molekülen mit einer geringeren Energie, aber gleichen Impuls, die von B nach A passieren dürfen. Dies werde immer und immer wieder wiederholt. Die Temperatur in A wird dann unaufhörlich sinken und die Molekülzahl darin ständig zunehmen, bis in B nicht mehr genug Moleküle mit hinreichend kleinen Geschwindigkeiten sind, um die Bedingung für die Erlaubnis zum Durchqueren von B nach A zu erfüllen. Wenn danach keinem Molekül mehr erlaubt wird, die Trennfläche in irgendeiner Richtung zu passieren, wird der Endzustand in A sehr große Kondensation und sehr niedrige Temperatur, Verdünnung und sehr hohe Temperatur in B und gleiche Drücke in A und B sein. Der Prozeß der Herstellung von Temperatur- und Dichteunterschieden kann jederzeit gestoppt werden, indem man die Befehle in die vorher spezifizierten abändert und auf diese Weise in gewissem Maße eine Diffusion auf jedem Weg durch die Trennfläche erlaubt, bei der eine gewisse gleichförmige Temperaturdifferenz mit Druckgleichheit auf beiden Seiten aufrechterhalten wird.

Wenn die einzelnen Moleküle durch keinen auswählenden Einfluß wie den des idealen »Dämons« geleitet werden, müssen ihre freien Bewegungen und Stöße im Mittel zur Folge haben, daß die Energieverteilung unter ihnen im großen und ganzen ausgeglichen wird; und nach einer hinreichend langen Zeit von der vorausgesetzten Anfangsordnung ab muß der Energieunterschied zwischen irgend zwei gleichen Volumina, von denen jedes eine sehr große

Anzahl von Molekülen enthält, zu der Gesamtenergie in jedem von ihnen in einem sehr kleinen Verhältnis stehen; oder, strenger gesprochen, die Wahrscheinlichkeit dafür, daß die Energiedifferenz irgendeinen festgesetzten Anteil der Gesamtenergie in einem von ihnen übersteigt, ist sehr gering. Man nehme nun an, die Temperatur sei nach Ablauf einer gewissen Zeit vom Versuchsbeginn nahezu ausgeglichen, und es werde augenblicklich die Bewegung jedes Moleküls umgekehrt. Dann wird jedes Molekül seinen früheren Weg zurückverfolgen, und am Ende eines zweiten Zeitintervalles, das gleich dem verflossenen ist, wird sich jedes Molekül wieder an derselben Stelle befinden und sich mit derselben Geschwindigkeit bewegen wie zu Beginn, so daß die gegebene ungleiche Anfangstemperaturverteilung wieder erreicht wird, nur mit dem Unterschied, daß sich jetzt jedes Molekül in der umgekehrten Richtung wie derjenigen seiner Anfangsbewegung bewegt. Dieser Unterschied wird nicht verhindern, daß sofort wieder ein Ausgleichsprozeß beginnt, der, wenn auch bei ganz verschiedenen Bahnen der einzelnen Moleküle, im Durchschnitt nach demselben Gesetz fortschreiten wird wie derjenige, der unmittelbar danach, nachdem das System sich erstmalig selbst überlassen worden war, eingesetzt hat.

Achteten wir lediglich auf Molekülanhäufungen und berechneten wir ihre Energie pauschal, so würde uns nicht auffallen, daß in dem sehr speziellen Fall, den wir gerade betrachtet haben, der Fortgang der Entwicklung in einer Aufeinanderfolge von Zuständen bestand, bei der bis zu einem gewissen Zeitpunkt die Energieverteilung immer mehr von der Gleichförmigkeit abweicht. Da die Molekülzahl endlich ist, liegt es auf der Hand, daß kleine endliche Abweichungen von der angenommenen absolut genauen Umkehr nicht verhindern können, daß die Energieverteilung ungleichförmiger wird. Je größer jedoch die Molekülzahl ist, um so kürzer wird die Zeitspanne sein, während der die Zunahme der Ungleichheit fortschreitet; und nur, wenn wir die Molekülzahl als praktisch unendlich groß ansehen, können wir es als praktisch unmöglich ansehen, daß spontan eine ungleichförmige Verteilung entsteht. Und in der Tat, bewegt sich irgendeine, wenn auch große Anzahl vollkommen elastischer Moleküle im Inneren eines vollkommen starren Gefäßes und wird diese für eine hinreichend lange Zeit ungestört gelassen, so daß sie nur gegenseitige Stöße und Stöße gegen die Wände des sie enthaltenden Gefäßes erleiden, so muß es sich immer wieder ereignen, daß sich (beispielsweise) etwas mehr als $^9/_{10}$ der Gesamtenergie in einer Hälfte des Gefäßes und weniger als $^1/_{10}$ der Gesamtenergie in der anderen Hälfte befindet. Ist aber die Molekülzahl sehr groß, so wird dies bedeutend seltener vorkommen als der Fall, daß etwas mehr als $^6/_{10}$ in einer Hälfte und etwas weniger als $^4/_{10}$ in der anderen sind. Indem wir als Zeiteinheit die mittlere Dauer freier Bewegung zwischen aufeinanderfolgenden Stößen wählen, ist leicht einzusehen, daß die Wahrscheinlichkeit dafür, daß sich während der Zeiteinheit von einem festgesetzten Zeitpunkt an in einer Hälfte des Gefäßes mehr als ein festgesetzter Prozentsatz über die Hälfte der Energie befindet, um so kleiner ist, je größer die Dimensionen des Gefäßes sind und je größer der festgesetzte Prozentsatz ist. Es ist eine seltsame, aber nichtsdestoweniger richtige Auffassung des bekannten Wärmeleitungsgesetzes, zu sagen, daß es sehr unwahrscheinlich ist, daß im Verlauf von tausend Jahren eine Hälfte des Eisenstabes von selbst um einen Grad wärmer als die andere Hälfte wird und daß die Wahrscheinlichkeit dafür, daß dieses Ereignis vor Ablauf von 1 000 000 Jahren eintritt, 1000mal so groß ist wie die, daß es im Laufe von 1000 Jahren erfolgt, und daß es sicher im Verlauf einer gewissen sehr langen Zeit eintreten wird. Es sei aber daran erinnert, daß wir vorausgesetzt haben, daß der Stab mit einem undurchlässigen Überzug bedeckt ist. Man lasse dieses unmögliche Ideal beiseite und glaube daran, daß die Molekülzahl im Universum unendlich groß ist; dann können wir sagen, es wird niemals eine Hälfte des Stabes wärmer werden als die andere, es sei denn durch die Wirkung äußerer Wärme- und Kältequellen. Dieses eine Beispiel reicht aus, um die philosophischen Grundlagen zu erklären, auf denen die Theorie der Energiedissipation ruht.

Man nehme jedoch einen anderen Fall, in dem die Wahrscheinlichkeit schnell berechnet werden kann. Ein hermetisch abgeschlossener Glaskrug mit Luft enthalte 2 000 000 000 000 Sauerstoff- und 8 000 000 000 000 Stickstoffmoleküle. Zu irgendeiner Zeit in unendlich ferner Zukunft werde geprüft, wie groß die Anzahl der günstigen Fälle gegen einen ist, daß in einem festgelegten Teil des Gefäßes, das volumenmäßig $^1/_5$ des Gesamtvolumens beträgt, alle Sauerstoff- und keine Stickstoffmoleküle gefunden werden. Die Zahl, die die Antwort in arabischer Ziffernschreibweise ausdrückt, hat etwa 2 173 220 000 000 Stellen. Andererseits ist die Anzahl der günstigen Fälle gegen einen, daß sich genau $2/100$ der Gesamtzahl der Stickstoffteilchen und gleichzeitig genau $2/10$ der Gesamtzahl der Sauerstoffteilchen in dem erstgenannten Teil des Gefäßes aufhalten, nur 4021×10^9 zu 1.

Anmerkungen

1 Die Definition des Dämons ist nach dem Gebrauch dieses Wortes durch *Maxwell* ein mit freiem Willen und mit hinreichend feiner Tast- und Wahrnehmungsorganisation begabtes Wesen, das dadurch fähig ist, einzelne Moleküle der Materie zu beobachten und auf sie einzuwirken.

WILLIAM THOMSON (1824–1907)
Wolken über der mechanischen Theorie der Wärme
(1900)

[99]* *Ein experimenteller Widerspruch der kinetischen Gastheorie*

Sowohl *Boltzmann* wie *Maxwell* erkannten den experimentellen Widerspruch der kinetischen Gaslehre gegen ihre Theorie und empfanden, daß eine Aufklärung dieser Unvereinbarkeit gebieterisch gefordert war. Beispielsweise sagte *Maxwell* in einer Vorlesung über die mechanische Evidenz der molekularen Struktur der Körper, die er am 18. Febr. 1875 vor der Chemical Society gehalten hat: »Ich habe Ihnen das vorgeführt, was ich für die größte von der Molekulartheorie noch zu überwindende Schwierigkeit halte. *Boltzmann* hat vorgeschlagen, wir sollten die Erklärung in der gegenseitigen Einwirkung der Molekeln und des sie umgebenden Äthers suchen. Ich fürchte aber, wenn wir dieses Medium zu Hilfe rufen, daß wir die berechnete spezifische Wärme, die jetzt schon zu groß ist, nur noch vergrößern.« *Rayleigh*, der in den letzten zwanzig Jahren eine unerschütterliche Stütze der *Boltzmann-Maxwell*schen Theorie gewesen ist, schließt eine Abhandlung »On the Law of Partition of Energy«, die vor einem Jahre, im Phil. Mag. Jan. 1900, veröffentlicht ist, mit den folgenden Worten: »Die mit der Anwendung des Gesetzes gleicher Energieverteilung auf wirkliche Gase verknüpften Schwierigkeiten sind lange empfunden worden. In dem Falle von Argon, Helium und Quecksilberdampf beschränkt das Verhältnis der spezifischen Wärmen (1,67) die Freiheitsgrade jeder Molekel auf die drei für die fortschreitende Bewegung erforderlichen. Der für die wichtigsten zweiatomigen Gase gültige Wert (1,4) gestattet drei Arten Fortschreiten und

442

---

* Thomson [1909], S. 441–442

zwei Arten Drehung. Nichts bleibt für eine Drehung um die die Atome verbindende Gerade, und ebensowenig für eine relative Bewegung der Atome in dieser Geraden, übrig. Auch wenn wir die Atome als bloße Punkte auffassen, deren Rotation nichts bedeutet, muß doch noch Energie der letzten Art vorhanden sein, und ihr Betrag durfte (nach dem Gesetze) nicht kleiner sein als die der andern Energien.«

»Wir sind hier einer grundlegenden Schwierigkeit gegenübergestellt, die nicht bloß in das Gebiet der Gastheorie, sondern in das der allgemeinen Mechanik fällt. In den meisten Fragen der Mechanik darf eine Bedingung, deren Verletzung einen großen Betrag potentieller Energie erfordert, als eine Beschränkung behandelt werden. Gerade auf Grund dieses Prinzips werden Festkörper als starr, Fäden als unausdehnbar usf. behandelt. Und gerade auf der Erkenntnis solcher Beschränkungen ist das Verfahren von *Lagrange* begründet. Aber das Gesetz gleicher Verteilung läßt potentielle Energie außer acht. Wie groß auch die für die Änderung des Abstandes zwischen den beiden Atomen in einer zweiatomigen Molekel erforderliche Energie sein mag, praktische Starrheit ist nie gesichert, und die kinetische Energie der relativen Bewegung in der Verbindungslinie ist die nämliche, wie wenn die Verbindung noch so schwach wäre. Die beiden Atome bleiben, wenn auch miteinander verbunden, zwei Atome, und die Freiheitsgrade bleiben sechs an Zahl.«

»Was dem Anschein nach gefordert werden muß, ist irgendeine Flucht von der destruktiven Einfachheit des allgemeinen Schlusses.«

Der einfachste Weg, zu diesem gewünschten Resultate zu gelangen, ist, den Schluß zu leugnen, und so am Anfange des zwanzigsten Jahrhunderts eine Wolke aus dem Gesichtskreise zu verlieren, die den Glanz der molekularen Theorie der Wärme und des Lichts im letzten Viertel des neunzehnten Jahrhunderts verdunkelt hat.

ERNST MACH (1838–1916)
Die ökonomische Natur der physikalischen
Forschung (1882)

[100] *Atome und Moleküle als selbstgeschaffene
mechanische Mythologie*

Alle physikalischen Sätze und Begriffe sind gekürzte Anweisungen, die oft selbst wieder andere Anweisungen eingeschlossen enthalten, auf ökonomisch geordnete, zum Gebrauch bereit liegende Erfahrungen. Die Kürze kann solchen Anweisungen, deren Inhalt nur selten vollkommen hervorgeholt wird, zuweilen den Anschein von selbständigen Wesen geben. Mit den poetischen Mythen, wie sie z. B. über die alles gebärende und alles wieder verschlingende Zeit bestehen, wollen wir uns hier natürlich nicht beschäftigen. Wir wollen uns nur erinnern, daß *Newton* noch von einer *absoluten*, von allen Erscheinungen unabhängigen Zeit, wie auch von einem absoluten Raum spricht, über welche Anschauungen selbst *Kant* nicht hinausgekommen ist, und die heute noch zuweilen ernstlich erörtert werden. Für den Naturforscher ist jede zeitliche Bestimmung die abgekürzte Bezeichnung der Abhängigkeit einer Erscheinung von einer andern, und durchaus nichts weiter. Wenn wir sagen, die Beschleunigung eines frei fallenden Körpers betrage 9,810 Meter in der Sekunde, so heißt das, die Geschwindigkeit des Körpers gegen den Erdmittelpunkt ist um 9,810 Meter größer, wenn die Erde $\frac{1}{86400}$ ihrer Umdrehung mehr vollführt hat, was selbst wieder nur durch ihre Beziehung zu andern Himmelskörpern erkannt werden kann. In der Geschwindigkeit liegt wieder nur eine Beziehung der Lage des Körpers zur Lage der Erde.[1] Wir können alle Erscheinungen statt auf die Erde auf eine Uhr oder selbst auf unsere innere Zeitempfindung beziehen. Weil nun ein Zusammen-

227

* Mach [1897], S. 226–229

hang aller besteht, und jede das Maß der übrigen sein kann, entsteht leicht die Täuschung, als ob die Zeit unabhängig von *allen* noch einen Sinn hätte.[2]

Unser Forschen geht nach den Gleichungen, welche zwischen den Elementen der Erscheinungen bestehen. Die Gleichung der Ellipse drückt die allgemeinere *denkbare* Beziehung zwischen den Koordinaten aus, von welchen nur die reellen Werte einen *geometrischen* Sinn haben. So drücken auch die Gleichungen zwischen den Erscheinungselementen eine allgemeinere mathematisch denkbare Beziehung aus; allein nur ein bestimmter Sinn der Änderung mancher Werte ist physikalisch zulässig. So wie in der Ellipse nur gewisse der Gleichung entsprechende Werte, so kommen in der Welt nur gewisse *Wertänderungen* vor. Die Körper werden stets gegen die Erde beschleunigt, die Temperaturdifferenzen werden, sich selbst überlassen, stets *kleiner* usw. Auch in Bezug auf den uns gegebenen Raum haben bekanntlich mathematische und physiologische Untersuchungen gelehrt, daß derselbe ein *wirklicher* unter vielen *denkbaren* Fällen ist, über dessen Eigentümlichkeiten nur die Erfahrung uns belehren kann. Die aufklärende Kraft dieses Gedankens kann nicht in Abrede gestellt werden, so monströs auch die Anwendungen sein mögen, die von demselben gemacht worden sind.

Versuchen wir nun die Ergebnisse unserer Umschau zusammenzufassen. In dem ökonomischen Schematisieren der Wissenschaft liegt die Stärke, aber auch der Mangel derselben. Die Thatsachen werden immer mit einem Opfer an Vollständigkeit dargestellt, nicht genauer, als dies unsern augenblicklichen Bedürfnissen entspricht. Die Inkongruenz zwischen Denken und Erfahrung wird also fortbestehen, so lange beide nebeneinander hergehen; sie wird nur stetig vermindert.

In Wirklichkeit handelt es sich immer nur um die Ergänzung einer teilweise vorliegenden Erfahrung, um Ableitung eines Erscheinungsteiles aus einem andern. Unsere Vorstellungen müssen sich hierbei direkt auf Empfindungen stützen. Wir nennen dies Messen. So wie die Entstehung, so ist auch die Anwendung der Wissenschaft an eine große Beständigkeit unserer Umgebung gebunden. Was sie uns lehrt, ist gegenseitige Abhängigkeit. Absolute Prophezeiungen haben also keinen wissenschaftlichen Sinn. Mit großen Veränderungen im Himmelsraum würden wir unser Raum- und Zeitkoordinatensystem zugleich verlieren.

Wenn der Geometer die Form einer Kurve erfassen will, so zerlegt er sie zuvor in kleine geradlinige Elemente. Er weiß aber wohl, daß dieselben nur ein vorübergehendes willkürliches Mittel sind, stückweise zu erfassen, was auf einmal nicht gelingen will. Ist das Gesetz der Kurve gefunden, denkt er nicht mehr an ihre Elemente. So würde es auch der Naturwissenschaft nicht ziemen, in ihren selbstgeschaffenen veränderlichen ökonomischen Mitteln, den Molekülen und Atomen, *Realitäten* hinter den Erscheinungen zu sehen, vergessend der jüngst erworbenen weisen Besonnenheit ihrer kühneren Schwester, der Philosophie, eine *mechanische Mythologie* zu setzen an die Stelle der animistischen oder metaphysischen, und damit *vermeintliche* Probleme zu schaffen. Das Atom mag immerhin ein Mittel bleiben, die Erscheinungen darzustellen, wie die Funktionen der Mathematik. Allmählich aber mit dem Wachsen der intellektuellen Erziehung an ihrem Stoff, verläßt die Naturwissenschaft das Mosaikspiel mit Steinchen und sucht die Grenzen und Formen des Bettes zu erfassen, in welchem der lebendige Strom der Erscheinungen fließt. *Den sparsamsten, einfachsten begrifflichen Ausdruck der Thatsachen erkennt sie als ihr Ziel.*

[101]* Physik als ökonomisch geordnete Erfahrung

Physik ist ökonomisch geordnete Erfahrung. Nicht nur die Übersicht des schon Erworbenen wird durch diese Ordnung ermöglicht, auch die Lücken und wünschenswerten Ergänzungen treten wie in einer guten Wirtschaft klar hervor. Die Physik teilt mit der Mathematik die zusammenfassende Beschreibung, die kurze kompendiöse, doch jede Verwechslung ausschließende Bezeichnung der Begriffe, deren mancher wieder viele andere enthält, ohne daß unser Kopf dadurch belästigt erscheint. Jeden Augenblick aber kann der reiche Inhalt hervorgeholt, und bis zu voller

---

* Mach [1897], S. 219–220

sinnlicher Klarheit entwickelt werden. Welche Menge geordneter, zum Gebrauch bereit liegender Gedanken faßt z. B. der Begriff Potential in sich. Kein Wunder also, daß mit Begriffen, die so viele fertige Arbeit schon enthalten, schließlich einfach zu operieren ist.

Aus der Ökonomie der Selbsterhaltung wachsen also die ersten Erkenntnisse hervor. Die Mitteilung häuft die Erfahrungen *vieler* Individuen, die aber irgend einmal wirklich gemacht werden mußten, in *einem* auf. Sowohl die Mitteilung als das Bedürfnis des Einzelnen, seine Erfahrungssumme mit dem kleinsten Gedankenaufwand zu beherrschen, zwingt zu ökonomischer Ordnung. Hiermit ist aber auch die ganze rätselhafte Macht der Wissenschaft erschöpft. Im einzelnen vermag sie uns nichts zu bieten, was nicht jeder in genügend langer Zeit auch ohne alle Methode finden könnte. Jede mathematische Aufgabe könnte durch direktes Zählen gelöst werden. Es giebt aber Zähloperationen, die gegenwärtig in wenigen Minuten vollführt werden, welche aber ohne Methode vorzunehmen die Lebensdauer eines Menschen bei weitem nicht reichen würde. So wie ein Mensch allein auf *seine* Arbeit angewiesen, niemals ein merkliches Vermögen sammeln würde, sondern die Ansammlung der Arbeit vieler Menschen in einer Hand die Bedingung von Reichtum und Macht ist, so kann auch in endlicher Zeit und bei endlicher Kraft nur durch ausgesuchte Sparsamkeit in Gedanken, durch Häufung der ökonomisch geordneten Erfahrung Tausender in *einem* Kopfe ein nennenswertes Wissen erlangt werden. So ist also alles, was Zauberei scheinen könnte, wie es ja genügend oft im bürgerlichen Leben auch vorkommt, nichts als vortreffliche Wirtschaft. Die Wirtschaft der Wissenschaft hat aber vor jeder andern das voraus, daß durch Häufung *ihrer* Reichtümer niemand den geringsten Verlust erleidet. Darin liegt ihr Segen, ihre befreiende, erlösende Kraft.

Anmerkungen

1 Es wird hierdurch klar, daß alle sogenannten Elementargesetze doch immer eine Beziehung auf das Ganze enthalten.
2 Würde man einwenden, daß wir es bemerken könnten, und das Zeitmaß

nicht verlieren müßten, sondern etwa die Schwingungsdauer der Natrium-lichtwellen an die Stelle setzen könnten, wenn die Rotationsgeschwindigkeit der Erde Schwankungen unterläge, so wäre damit nur dargethan, daß wir aus praktischen Gründen diejenige Erscheinung wählen, welche als *einfachstes* gemeinschaftliches Maß der übrigen dienen kann.

ERNST MACH (1838–1916)
Die Principien der Wärmelehre (1896)

[102]*   *Der Gegensatz zwischen der mechanischen und*
der phänomenologischen Physik

362   1. Der in der Ueberschrift bezeichnete Gegensatz ist auf der Naturforscherversammlung zu Lübeck (1895) wieder klarer und stärker als je hervorgetreten. Es ist im Grunde der alte Gegensatz
zwischen *Hooke* und *Newton*. Doch scheint es, als ob eine *Vermittlung* ganz wohl erreichbar wäre. Was alles zu einer mechanischen
Auffassung der Erscheinungen treibt, was eine mechanische Erklärung als natürlich erscheinen lässt, wurde schon vorher angeführt.
Es wird auch jeder, der einmal bei der Forschung den Werth einer
anschaulichen eine Thatsache darstellenden Vorstellung gefühlt
hat, die Anwendung solcher Vorstellungen als *Mittel* gern zulassen.
Man bedenke nur wie sehr gerade durch das, was eine solche Vorstellung der blossen Thatsache *hinzufügt*, letztere *bereichert* wird,
wie dieselbe dadurch in der Phantasie *neue* Eigenschaften erhält,
welche zu experimentellen Untersuchungen treiben, zu Fragen, ob
die vorausgesetzte Analogie wirklich besteht, wie weit, und wo sie
überall besteht. Man denke nur an die dynamische Gastheorie, an
die Förderung, welche die Kenntniss des Verhaltens der Gase und
Lösungen durch Auffassung der Vorgänge als statistische Massen-
erscheinungen erfahren hat, an die Untersuchungen über die Abhängigkeit der Diffusionsgeschwindigkeit, der Reibung u. s. w. von
der *Temperatur*, zu welchen gerade diese Theorie geführt hat. Die
Freiheit, die man sich erlaubt, indem man unsichtbare verborgene
Bewegungen annimmt, ist im Grunde nicht grösser als bei *Black's*
Annahme einer latenten Wärme.

---

* Mach [1900], S. 362–364

470

2. Indem ich nun einerseits betonen möchte, dass als Forschung*smittel jede* Vorstellung zulässig ist, welche helfen kann und
wirklich hilft, muss doch anderseits hervorgehoben werden, wie
nothwendig es ist, von Zeit zu Zeit die Darstellung der Forschung*sergebnisse* von den überflüssigen unwesentlichen Zuthaten zu reinigen, welche sich durch die Operation mit Hypothesen
eingemengt haben. Denn Analogie ist keine Identität, und zur
vollständigen Einsicht gehört neben der Kenntniss der Aehnlichkeiten und Uebereinstimmungen auch jene der Unterschiede.

Wenn ich mich bemühe, alle *metaphysischen* Elemente aus den
naturwissenschaftlichen Darstellungen zu beseitigen, so meine ich
damit nicht, dass alle bildlichen Vorstellungen, wo dieselben nützlich sein können, und eben nur als Bilder aufgefasst werden, ebenfalls beseitigt werden sollen. Noch weniger ist aber eine antimetaphysische Kritik als gegen alle bisherigen werthvollen Grundlagen
gerichtet anzusehen. Man kann z. B. ganz wohl gegen den metaphysischen Begriff »Materie« starke Bedenken haben, und hat
doch nicht nöthig den werthvollen Begriff »*Masse*« zu *eliminiren*,
sondern kann denselben etwa in der Weise, wie ich es in der »Mechanik« gethan habe, festhalten, gerade deshalb, weil man durchschaut hat, dass derselbe nichts als die Erfüllung einer wichtigen
Gleichung bedeutet. Auch damit könnte ich mich nicht einverstanden erklären, dass die Wunderkräfte, welche man gern den Vorstellungen der mechanischen Physik zuschreibt, nun einfach auf
die algebraischen Formeln übertragen werden, und dass an die
Stelle der mechanischen Mythologie einfach eine algebraische
gesetzt werde. Die Gültigkeit der Formel bedeutet ebenso eine
Analogie zwischen einer Rechnungsoperation und einem physikalischen Process, deren Bestehen oder Nichtbestehen in jedem besondern Fall eben auch zu prüfen ist.

Gern machen nun zuweilen die Vertreter der mechanischen
Physik geltend, dass sie ihre Vorstellungen nie anders als bildlich
genommen hätten. Darin liegt vielleicht ein nicht ganz ritterlicher
polemischer Zug. Wenn einmal die jetzt lebenden Physiker vom
Schauplatz abgetreten sein werden, wird ein künftiger Historiker
aus zahlreichen Belegstellen hochstehender Physiker und Physiologen leicht und ohne Widerspruch darlegen, wie furchtbar ernst
und wie erschreckend naiv die betreffenden Vorstellungen von der

grossen Mehrzahl bedeutender Forscher der Gegenwart aufgefasst worden sind, und wie nur sehr wenige Menschen von eigenthümlicher Denkrichtung sich auf der Gegenseite befunden haben.

3. So förderlich die mechanische Auffassung der Wärmevorgänge auch war, liegt doch in dem einseitigen Festhalten derselben eine gewisse Befangenheit, die hier nur durch zwei Beispiele
erläutert werden soll. Als *Boltzmann*[1] die schöne Entdeckung
machte, dass der zweite thermodynamische Hauptsatz dem
Princip der kleinsten Wirkung entspreche, war ich anfangs hiervon nicht weniger angenehm überrascht als Andere. Man hat jedoch gar keinen Grund überrascht zu sein. Hat man einmal gefunden, dass die Wärmemenge sich wie eine *lebendige Kraft* verhält, dass also ein Analogon des Satzes der lebendigen Kräfte auf
dieselbe anwendbar ist, so darf man sich nicht wundern, dass
auch die übrigen mechanischen Principien, welche von letzterem
Princip nicht wesentlich verschieden sind, hier ihre Anwendung
finden.

Das Auftreten des Ausdruckes $\delta \cdot \Sigma \int m\, v^2\, dt$ in der *Boltzmann*-
'schen Ableitung darf uns dann nicht befremden, und darf gewiss
nicht als ein *neuer* Beweis für die *mechanische* Natur der Wärme
angesehen werden.

Die mechanische Auffassung des zweiten Hauptsatzes durch
Unterscheidung der *geordneten* und *ungeordneten* Bewegungen,
durch Parallelisirung der Entropievermehrung mit der Zunahme
der ungeordneten Bewegungen auf Kosten der geordneten, erscheint als eine recht *künstliche*. Bedenkt man, dass ein wirkliches
Analogon der *Entropievermehrung* in einem rein mechanischen
System aus absolut elastischen Atomen nicht existirt, so kann man
sich kaum des Gedankens erwehren, dass eine Durchbrechung des
zweiten Hauptsatzes – auch ohne Hülfe von Dämonen – möglich
sein müsste, wenn ein solches mechanisches System die *wirkliche*
Grundlage der Wärmevorgänge wäre. Ich stimme hier *F. Wald*
vollkommen bei, wenn er sagt: »Meines Erachtens liegen die Wurzeln dieses (Entropie-)Satzes viel tiefer, und wenn es gelang, Mo-
lekularhypothese und Entropiesatz in Einklang zu bringen, so ist
dies ein Glück für die Hypothese, aber nicht für den Entropiesatz.«[2]

Anmerkungen

1 Sitzungsberichte d. Wiener Akademie. Februar 1866.
2 *F. Wald*, Die Energie und ihre Entwerthung. 1889. S. 104.

LUDWIG BOLTZMANN (1844–1906)
Vorlesungen über Gastheorie (1896/1898)

[103] * *Der mechanische Aufbau des Universums und die Zeitrichtung*

Ist nun die erfahrungsmässig gegebene Irreversibilität des Verlaufes aller uns bekannter Naturvorgänge mit dem Gedanken einer Unbeschränktheit des Naturgeschehens, die uns gegebene Einseitigkeit der Zeitfolge mit der Unendlichkeit oder ringförmigen Geschlossenheit derselben vereinbar? Wer diese Frage im bejahenden Sinne beantworten wollte, müsste als Weltbild ein System benutzen, dessen zeitliche Veränderungen durch Gleichungen gegeben werden, in denen die positive und negative Zeitrichtung gleich berechtigt sind und mittelst dessen doch durch eine besondere specielle Annahme der Schein der Irreversibilität in langen Zeiträumen erklärbar ist. Dies trifft aber gerade bei der atomistischen Weltanschauung zu.

Man kann sich die Welt als ein mechanisches System von einer enorm grossen Anzahl von Bestandtheilen und von enorm langer Dauer denken, so dass die Dimensionen unseres Fixsternhimmels winzig gegen die Ausdehnung des Universums und Zeiten, die wir Aeonen nennen, winzig gegen dessen Dauer sind. Es müssen dann im Universum, das sonst überall im Wärmegleichgewichte, also todt ist, hier und da solche verhältnissmässig kleine Bezirke von der Ausdehnung unseres Sternenraumes (nennen wir sie Einzelwelten) vorkommen, die während der verhältnissmässig kurzen Zeit von Aeonen erheblich vom Wärmegleichgewichte abweichen, und zwar ebenso häufig solche, in denen die Zustandswahrscheinlichkeit gerade zu- als abnimmt. Für das Universum sind

257

---

* Boltzmann [1896/1898], 2. Teil, S. 256–259

also beide Richtungen der Zeit ununterscheidbar, wie es im Raume kein Oben oder Unten giebt. Aber wie wir an einer bestimmten Stelle der Erdoberfläche die Richtung gegen den Erdmittelpunkt als die Richtung nach unten bezeichnen, so wird ein Lebewesen, das sich in einer bestimmten Zeitphase einer solchen Einzelwelt befindet, die Zeitrichtung gegen die unwahrscheinlicheren Zustände anders als die entgegengesetzte (erstere als die Vergangenheit, den Anfang, letztere als die Zukunft, das Ende) bezeichnen und vermöge dieser Benennung werden sich für dasselbe kleine aus dem Universum isolirte Gebiete »anfangs« immer in einem unwahrscheinlichen Zustande befinden. Diese Methode scheint mir die einzige, wonach man den 2. Hauptsatz, den Wärmetod jeder Einzelwelt, ohne eine einseitige Aenderung des ganzen Universums von einem bestimmten Anfangs- gegen einen schliesslichen Endzustand denken kann.

Gewiss wird Niemand derartige Speculationen für wichtige Entdeckungen oder gar, wie es wohl die alten Philosophen thaten, für das höchste Ziel der Wissenschaft halten. Ob es aber gerechtfertigt ist, sie als etwas völlig müssiges zu bespötteln, könnte noch fraglich sein. Wer weiss, ob sie nicht doch den Horizont unseres Ideenkreises erweitern und durch Erhöhung der Beweglichkeit der Gedanken auch die Erkenntniss des erfahrungsmässig Gegebenen fördern?

258

Dass sich in der Natur der Uebergang von einem wahrscheinlichen zu einem unwahrscheinlichen Zustande nicht ebenso oft vollzieht als der umgekehrte, dürfte durch die Annahme eines sehr unwahrscheinlichen Anfangszustandes des ganzen uns umgebenden Universums genügend erklärt sein, in Folge dessen sich auch ein beliebiges System in Wechselwirkung tretender Körper im Allgemeinen anfangs in einem unwahrscheinlichen Zustande befindet. Aber, könnte man einwenden, hier und da muss doch auch ein Uebergang von wahrscheinlichen zu unwahrscheinlichen Zuständen vorkommen und zur Beobachtung gelangen. Darauf geben gerade die zuletzt angestellten kosmologischen Betrachtungen Antwort. Aus den Zahlenangaben über die unvorstellbar grosse Seltenheit eines in beobachtbaren Dimensionen während beobachtbarer Zeit sich abspielenden Ueberganges von einem wahrscheinlichen zu unwahrscheinlicheren Zuständen erklärt sich, dass ein solcher Vorgang innerhalb dessen, was wir in der kosmologischen Betrachtung eine Einzelwelt, speciell unsere Einzelwelt genannt haben, so überaus selten ist, dass jede Beobachtbarkeit ausgeschlossen ist.

Im ganzen Universum, dem Inbegriffe aller Einzelwelten, aber kommen in der That Vorgänge in der umgekehrten Reihenfolge vor. Nur zählen die sie etwa beobachtenden Wesen die Zeit wieder von den unwahrscheinlicheren zu den wahrscheinlicheren Zuständen fortschreitend und es kann niemals entdeckt werden, ob sie die Zeit entgegengesetzt wie wir zählen, da sie in der Zeit durch Aeonen, im Raume durch $10^{10^{10}}$ Siriusfernen von uns getrennt sind und obendrein ihre Sprache keine Beziehung zur unserigen hat.

Man belächelt dies, gut; aber man muss zugeben, dass das hier entwickelte Weltbild ein mögliches, von inneren Widersprüchen freies und auch ein nützliches ist, da es uns manche neue Gesichtspunkte eröffnet und uns vielfach nicht nur zur Speculation, sondern auch zu Experimenten (z. B. über die Grenze der Theilbarkeit, die Grösse der Wirkungssphäre und dadurch bedingte Abweichungen von den hydrodynamischen, den Diffusions-, Wärmeleitungsgleichungen u. s. w.) anregt, zu denen keine andere Theorie die Anregung zu geben vermag.

259

GEORG HELM (1851–1923)
Die Energetik (1898)

[104]* Die Energetik als bilderfreie Sprache

Boltzmann hat in einem kürzlich erschienenen Aufsatz[1] für den Standpunkt des Atomismus und der mechanischen Weltanschauung den schlagenden Ausdruck gefunden: *die Atome existieren*. Nun, wir schreiben gewissen Dingen unserer Umgebung *Existenz* zu, um uns Ruhepunkte in der Erscheinungen Flucht zu verschaffen. Unsere Beobachtungen liefern uns immer Beziehungen, ein Ding hängt vom andern ab, wir brauchen Dinge, auf die wir die anderen beziehen und an deren eigene Bezüglichkeit wir nicht immer denken müssen. Und wir legen diesen Dingen objektive Existenz bei, wenn wir nicht zweifeln, daß Wesen, die wir in dieser Beziehung für gleichberechtigt mit uns halten, dieselben Dinge als geeignete Haltepunkte des Denkens anerkennen. So existiert die Venus, die *Newton*'sche Anziehungskraft, ebenso wie dieser Baum neben mir oder der Himmel über mir. Wir haben damit Stichworte, unter denen wir unsere Erfahrungen bequem wiederfinden.

Aber die Wissenschaft wird leicht *unvorsichtig* in der Benutzung solcher Stichworte, viel unvorsichtiger als der Alltagsgebrauch und meint, weil sie dem Atom Kraft zuschreibt, wie sie der menschliche Arm besitzt, kenne sie es so gut wie ein Mensch sich selbst. Deshalb ist es gefährlich, zu sagen, die Atome existieren. Freilich ist das Atom ein gutes Stichwort, um die Erfahrungen der Stöchiometrie, der Körperkonstitution, der Reibungswärme und dergleichen darunter wiederzufinden, aber für die Thermodynamik schon und für viele andere Erfahrungsgebiete wird es doch recht unbequem. Es existiert etwa, wie das Himmelsgewölbe exi-

---

* Helm [1898], S. 361–362

stiert, was ja auch für die meisten Menschen eine ganz befriedigende Aussage ist, während wir vorteilhafter denken, wenn wir denken, es existiert nicht.

Für die Naturwissenschaft existiert *nichts* als die wissenschaftlichen Beobachtungen, und die *theoretische* Naturwissenschaft könnte etwa, um ihr Gebiet nicht zu weit auszudehnen, jenen fundamentalen Ergebnissen der Beobachtungskunst und Beobachtungskritik Existenz zusprechen, die wir nach der durch den Gebrauch im Alltagsleben gesicherten Weise als klare Begriffe, als feststehende Erfahrungen, als entdeckte Gesetze und entdeckte Gegenstände bezeichnen. Jede spezielle Theorie mag ihr Gebiet enger ziehen und davon ausgehen, daß der Äther existiert, oder die Atome oder die *Newton*'sche Kraft oder in fester geometrischer Verbindung stehende unzerstörbare Massen und dergl. Aber für die *allgemeine* theoretische Physik existieren weder die Atome, noch die Energie, noch irgend ein derartiger Begriff, sondern einzig jene aus den Beobachtungsgruppen unmittelbar hergeleiteten *Erfahrungen*. Darum halte ich es auch für *das Beste an der Energetik, daß sie in weit höherem Maße als die alten Theorien befähigt ist, sich unmittelbar den Erfahrungen anzupassen*, und sehe in den Versuchen, der Energie substanzielle Existenz zuzusprechen, einen bedenklichen Abweg von der ursprünglichen Klarheit der *Robert Mayer*'schen Anschauungen. Es *existiert kein Absolutes, nur Beziehungen sind unserer Erkenntnis zugänglich*. Und so oft sich der Forschergeist beruhigt auf das Faulbett irgend eines Absoluten gelegt hat, so war es gleich um ihn gethan. Es mag ein behaglicher Traum sein, daß in den Atomen unser Fragen Ruhe finden könne, aber es bleibt ein Traum! Und ein Traum wäre es nicht minder, wollten wir in der Energie ein Absolutes sehen und nicht vielmehr nur den zur Zeit schlagendsten Ausdruck *quantitativer Beziehungen zwischen den Naturerscheinungen*.

Anmerkungen

1 Wiener Sitzungsberichte 106, S. 83, 1897.

HENRI POINCARÉ (1854–1912)
Mechanistische Weltauffassung und Erfahrung
(1893)

[105]*   Der Wiederkehreinwand

Jedermann kennt die mechanistische Weltauffassung, die so viele
gute Leute verführt hat, und die verschiedenen Formen, in denen
sie auftritt.

Einige stellen sich die materielle Welt als aus Atomen zusammengesetzt vor, die sich auf Grund ihrer Trägheit auf Geraden bewegen; die Geschwindigkeit und Richtung dieser Bewegung kann
sich nur ändern, wenn zwei Atome zusammenstoßen.

Andere lassen Fernwirkung zu und nehmen an, daß die Atome
eine Anziehung (oder Abstoßung) aufeinander ausüben, die nach
einem gewissen Gesetz von ihrem Abstand abhängt.

Der erste Standpunkt stellt offensichtlich nur einen Sonderfall
des zweiten dar; was ich jetzt sagen will, gilt sowohl für den einen
wie für den anderen. Die wichtigsten Schlußfolgerungen sind auch
auf die kartesische mechanistische Auffassung anwendbar, in der
eine kontinuierlich verteilte Materie angenommen wird.

Es würde vielleicht angebracht sein, hier die metaphysischen
Schwierigkeiten zu diskutieren, mit denen diese Auffassungen zu
tun haben, ich besitze aber dazu nicht die erforderliche Sachkennt-
nis. Anstatt mit den Lesern dieser Revue Dinge zu diskutieren, die
sie besser als ich kennen, ziehe ich es vor, von Gegenständen zu
sprechen, mit denen sie weniger vertraut sind, die sie aber indirekt
interessieren mögen.

Ich will mich hier mit den Hindernissen befassen, denen die Mechanisten begegnet sind, als sie ihr System mit den experimentellen Tatsachen in Einklang bringen wollten, und mit den Anstren-

---

* Brush [1970], Band II, S. 259–263

gungen, die sie unternommen haben, um diese Hindernisse zu überwinden oder sie zu umgehen.

Nach der mechanistischen Hypothese müssen alle Erscheinungen *umkehrbar* sein; die Sterne beispielsweise könnten ihre Bahnen auch in umgekehrtem Sinne durchlaufen, ohne das *Newton*sche Gesetz zu verletzen; und dies würde sogar für ein ganz beliebiges Anziehungsgesetz gelten. Es handelt sich hierbei somit nicht um einen der Astronomie eigentümlichen Fall; Reversibilität ist eine notwendige Folge aller mechanistischen Hypothesen.

Die Erfahrung bietet andererseits eine Anzahl irreversibler Erscheinungen. Bringt man beispielsweise einen warmen und einen kalten Körper zusammen, so wird der erstere seine Wärme an den letzeren abgeben; die umgekehrte Erscheinung tritt niemals auf. Nicht nur, daß der kalte Körper seine Wärme nicht dem warmen Körper zurückgibt, die er ihm entzogen hat, als er mit ihm in direktem Kontakt stand; es ist auch nicht möglich, den ursprünglichen Zustand durch die Anwendung eines Kunstgriffes wiederherzustellen, indem man andere zwischengeschaltete Körper heranzieht, zumindest wird der hierbei erzielte Gewinn durch einen äquivalenten oder größeren Verlust kompensiert. Mit anderen Worten, wenn ein System von Körpern auf einem gewissen Weg von einem Zustand A in einen Zustand B übergehen kann, so kann es weder auf demselben Weg noch auf einem anderen von B nach A zurückkehren. Dieser Umstand ist es, den man im Auge hat, wenn man sagt, daß es nicht nur keine *direkte Umkehrbarkeit*, sondern auch keine *indirekte Umkehrbarkeit* gibt.

Es sind viele Versuche unternommen worden, um diesem Widerspruch zu entgehen; als erstes war da die *Helmholtz*sche Hypothese von »verborgenen Bewegungen«. Man erinnere sich an das Experiment, das *Foucault* im Pantheon mit einem sehr langen Pendel durchgeführt hat. Dieser Apparat scheint sich langsam zu drehen und zeigt auf diese Weise die Erddrehung an. Ein Beobachter, der von der Bewegung der Erde nichts weiß, würde sicherlich schließen, daß mechanische Erscheinungen irreversibel sind. Das Pendel dreht sich immer in derselben Richtung, und es gibt kein Mittel, es im entgegengesetzten Sinne rotieren zu lassen; um das zu tun, müßte man die Richtung der Erddrehung umkehren. Eine solche Änderung ist natürlich unausführbar, für uns ist sie aber denkbar; nicht so jedoch für einen Menschen, der unseren Planeten für unbeweglich hält.

Kann man sich nicht vorstellen, daß es ähnliche Bewegungen in der Molekülwelt gibt, die uns verborgen sind, die wir nicht berücksichtigt haben und deren Richtung wir nicht ändern können?

Diese Erklärung ist verführerisch, sie ist aber unzureichend; sie zeigt, warum es keine *direkte* Reversibilität gibt; man kann aber zeigen, daß sie noch *indirekte* Reversibilität fordert.

Die Engländer haben eine vollkommen andere Hypothese vorgeschlagen. Um sie zu erklären, will ich einen Vergleich heranziehen: Wenn man einen Hektoliter Weizen und ein Korn Gerste hätte, würde es leicht sein, das Korn in der Mitte des Weizens zu verstecken; aber es würde fast unmöglich sein, es wiederzufinden, so daß diese Erscheinung in gewissem Sinne irreversibel zu sein scheint. Das liegt daran, daß die Körper klein und zahlreich sind; die scheinbare Irreversibilität von Naturerscheinungen ist gleichermaßen Folge der Tatsache, daß die Moleküle für unsere groben Sinne zu klein und zu zahlreich sind, um mit ihnen umzugehen.

Um diese Erklärung zu verdeutlichen, führte *Maxwell* die Fiktion eines »Dämons« ein, dessen Augen scharf genug sind, um die Moleküle zu unterscheiden, und dessen Hände klein und flink genug sind, um sie zu ergreifen. Einem solchen Dämon würde es, wenn man den Mechanisten glaubt, keine Schwierigkeit bereiten, Wärme von einem kalten auf einen warmen Körper übergehen zu lassen.

Die Entwicklung dieses Gedankens hat zu dem Aufstieg der kinetischen Gastheorie Anlaß gegeben, die bis jetzt den ernsthaftesten Versuch darstellt, mechanistische Auffassung und Erfahrung miteinander zu vereinbaren.

Aber alle diese Schwierigkeiten sind nicht überwunden. Ein leicht zu beweisender Satz sagt uns, daß eine beschränkte Welt, die nur von den Gesetzen der Mechanik beherrscht wird, immer wieder durch einen Zustand gehen wird, der sehr nahe bei ihrem Anfangszustand liegt. Andererseits strebt das Weltall den angenommenen experimentellen Gesetzen zufolge (wenn man ihnen absolute Gültigkeit zubilligt und wenn man sie bis zur letzten Konsequenz ausdeutet) einem gewissen Endzustand zu, von dem es nie wieder abgehen wird. In diesem Endzustand, der eine Art von Tod darstellt, werden alle Körper bei derselben Temperatur in Ruhe sein.

Ich weiß nicht, ob man schon bemerkt hat, daß sich die englischen kinetischen Theorien diesem Widerspruch entziehen können. Die Welt strebt nach ihnen zunächst einem Zustand zu, in dem sie für eine lange Zeit ohne augenfällige Änderung verbleibt: und dies steht mit der Erfahrung in Einklang; aber sie bleibt, wenn das obengenannte Theorem nicht verletzt wird, nicht für immer und ewig darin; sie bleibt darin nur für eine enorm lange Zeit, eine Zeit, die um so länger ist, je mehr Moleküle es gibt. Dieser Zustand wird nicht der Endtod des Weltalls sein, sondern vielmehr eine Art von Schlummer, aus dem es nach Millionen von Millionen Jahrhunderten erwachen wird.

Nach dieser Theorie wird es nicht notwendig sein, das scharfe Sehvermögen, die Intelligenz und die Geschicklichkeit des *Maxwell*schen Dämonen zu besitzen, um Wärme von einem kalten Körper auf einen warmen übergehen zu sehen; es wird ausreichen, ein wenig Geduld zu haben.

Es wird sich wahrscheinlich empfehlen, an dieser Stelle abzubrechen und zu hoffen, daß uns eines Tages das Teleskop eine Welt offenbaren wird, die sich im Prozeß des Aufwachens befindet, bei der die Gesetze der Thermodynamik umgekehrt sind.

Leider treten andere Widersprüche auf; *Maxwell* hat geistvolle Anstrengungen unternommen, um sie zu überwinden. Ich bin mir aber nicht sicher, ob er Erfolg damit gehabt hat. Das Problem ist so kompliziert, daß es unmöglich ist, es mit voller Strenge zu behandeln. Man ist gezwungen, gewisse vereinfachende Annahmen zu machen; sind sie legitim, sind sie widerspruchsfrei? Ich glaube nicht, daß sie es sind. Ich will sie hier nicht diskutieren; es liegt jedoch keine Notwendigkeit für eine lange Diskussion vor, um ein Argument anzuzweifeln, von dem die Prämissen scheinbar im Widerspruch zu der Schlußfolgerung stehen, bei dem man in der Tat Reversivilität in den Prämissen und Irreversibilität in der Schlußfolgerung findet.

263

Somit sind die Schwierigkeiten, die uns angehen, nicht überwunden, und es ist möglich, daß sie es niemals sein werden. Dies würde auf eine definitive Verdammung der mechanistischen Auffassung hinauslaufen, wenn sich die experimentellen Gesetze als von den theoretischen deutlich verschieden erweisen sollten.

HENRI POINCARÉ (1854–1912)
Der Stand der theoretischen Physik an der Jahrhundertwende (1904)

[106]* *Anzeichen für eine ernstliche Krise*

Wo steht zur Zeit die mathematische Physik? Worin bestehen die   145
Probleme, mit denen sie sich auseinanderzusetzen hat? Welche
Zukunft hat sie? Ist sie bei einem Punkt angelangt, wo sie sich
wandelt? Werden die Ziele und Methoden dieser Wissenschaft unseren unmittelbaren Nachfolgern in zehn Jahren im gleichen
Lichte erscheinen? Oder sind wir im Gegenteil gegenwärtig Zeugen einer tiefgehenden Veränderung? Das sind Fragen, die zu stellen wir uns gezwungen sehen, wenn wir heute mit unserer Untersuchung beginnen.

Es ist leicht, diese Fragen zu stellen, sie zu beantworten ist
schwer. Wenn wir uns zu dem Wagnis einer Voraussage verleitet
fühlen, so brauchen wir nur, um dieser Versuchung zu widerstehen,
an all die Ungereimtheiten zu denken, welche die hervorragendsten
Wissenschaftler vor hundert Jahren geäußert hätten, wenn sie jemand gefragt hätte, wie die Wissenschaft des neunzehnten Jahrhunderts aussehen würde. Sie würden sich in ihren Voraussagen
kühn vorgekommen sein, jedoch wie verzagt wären sie uns heute
erschienen.

Aber wenn es mir wie allen klugen Ärzten widerstrebt, eine Pro-   146
gnose zu stellen, so bin ich dennoch zu einer kleinen Diagnose
verpflichtet. Es gibt Anzeichen einer ernstlichen Krise, so, als ob
wir auf eine baldige Veränderung gefaßt sein müßten. Lassen wir
uns jedoch nicht allzusehr beunruhigen! Wir sind überzeugt, daß
der Patient nicht daran sterben wird, und wir können sogar hoffen,
daß diese Krise heilsam sein wird. Dies scheint durch die bisherige

---

* Poincaré (1959), S. 145–146

Entwicklung garantiert zu sein. Diese Krise ist in der Tat nicht die erste, und für ihr Verständnis ist es wichtig, alle diejenigen Krisen ins Gedächtnis zu rufen, die ihr vorausgegangen sind. Erlauben Sie mir daher eine kurze geschichtliche Rückschau.

[107]* Die Physik der Zentralkräfte

Die mathematische Physik ist, wie wir wissen, von der Himmelsmechanik hervorgebracht worden, welche sie zu Ende des 18. Jahrhunderts in dem Augenblick, als sie ihre vollständige Reife erreicht hatte, geboren hat. Das Kind glich insbesondere in den ersten Jahren in auffälliger Weise seiner Mutter.

Das astronomische Universum wird von Massen – ohne Zweifel sehr großen Massen – gebildet, die aber durch so immense Zwischenräume getrennt sind, daß sie uns nur wie materielle Punkte erscheinen. Diese Punkte ziehen einander im umgekehrten Verhältnis zum Quadrat ihrer Entfernungen an, und diese Anziehung ist die einzige Kraft, welche ihre Bewegung beeinflußt. Aber wenn unsere Sinne genügend fein wären, um uns alle die Einzelheiten der Körper zu zeigen, welche die Physiker untersuchen, würde das Schauspiel, das wir so erblickten, sich kaum von dem unterscheiden, das die Astronomen beobachten. Auch hier würden wir materielle Punkte sehen, die voneinander durch Zwischenräume getrennt sind, die im Vergleich zu ihren Dimensionen enorm groß sind und die regelmäßige Bahnen beschreiben.

Diese unendlich kleinen Sterne sind die Atome. Gleich den eigentlichen Sternen ziehen sie einander an und stoßen einander ab, und die Anziehung und Abstoßung in der Richtung ihrer Verbindungslinie hängt nur von ihrer Entfernung ab. Das Gesetz, nachdem sich diese Kraft mit der Entfernung ändert, ist vielleicht nicht das Newtonsche Gesetz, aber es ist ein analoges. An Stelle des Exponenten –2 haben wir wahrscheinlich einen anderen, und es ist gerade diese Verschiedenheit im Exponenten, aus der alle Verschiedenheit der physikalischen Erscheinungen entspringt und die Vielfalt der Qualitäten und Sinneseindrücke, all die Welt der

---

* Poincaré (1959), S. 146–147

Farben und Töne, die uns umgibt, mit einem Wort, die ganze Natur.

Das ist der Grundgedanke in seiner völligen Reinheit. Wir haben nur herauszufinden, welchen Wert wir diesem Exponenten in den verschiedenen Fällen zu geben haben, um die Tatsachen zu erklären. Es ist dieses Modell, mit dessen Hilfe Laplace seine schöne Theorie der Kapillarität entwickelt hat. Er betrachtet diese lediglich als einen Sonderfall der Anziehung oder – wie er sagt – der universellen Schwere, und niemand ist überrascht, wenn er sie mitten in einem der fünf Bücher seiner mécanique céleste findet. In jüngerer Zeit glaubte *Briot*, in die letzten Geheimnisse der Optik eingedrungen zu sein, indem er zeigte, daß die Ätheratome einander umgekehrt der sechsten Potenz ihrer Entfernung anziehen. Behauptet nicht auch *Maxwell* irgendwo, daß die Atome der Gase umgekehrt der fünften Potenz einander abstoßen? Wir haben den Exponenten –6 oder –5 an Stelle des Exponenten –2, aber es ist immer ein Exponent.

Unter den Theorien dieser Epoche gibt es nur eine Ausnahme, nämlich die von Fourier. In ihr gibt es zwar Atome, die aus der Entfernung aufeinander einwirken. Sie übertragen Wärme aufeinander, aber sie ziehen einander nicht an, noch bewegen sie sich. Von diesem Gesichtspunkte aus mußte die Theorie von Fourier seinen Zeitgenossen und Fourier selbst als unvollständig und vorläufig erscheinen.

Dieses Gedankengebäude war nicht ohne Größe. Es war verführerisch, und viele unter uns konnten es nicht endgültig aufgeben. Sie wissen, daß man die letzten Elemente der Dinge nur durch geduldiges Entwirren des komplizierten Knäules, den unsere Sinne darbieten, erreichen kann, daß es notwendig ist, Stufe um Stufe aufwärts zu gehen und keine dazwischen zu überspringen, und daß unsere Väter irrten, wenn sie wünschten, Stationen zu übergehen. Aber sie glaubten, daß, wenn man bei den letzten Elementen angelangt sein wird, man die majestätische Einfachheit der Himmelsmechanik wiederfinden wird.

Diese Konzeption war auch nicht nutzlos. Sie hat uns einen unschätzbaren Dienst erwiesen, da sie uns den fundamentalen Begriff des Naturgesetzes klargemacht hat. Was verstanden die Vorgänger unter einem Gesetz? Es war für sie eine innere Harmonie, die sozusagen statisch und unveränderlich war. Oder es war gleich einem Modell, das nachzubilden sich die Natur bemühte. Für uns bedeutet ein Gesetz keineswegs mehr dasselbe. Es ist eine konstante Beziehung zwischen einer Erscheinung von heute und der von morgen, mit einem Wort: es ist eine Differentialgleichung.

Betrachten Sie die ideale Gestalt eines physikalischen Gesetzes. Wohl ist es die Gestalt des Newtonschen Gesetzes, welche sie zuerst angenommen hat. Dann hat man diese Form der Physik angepaßt, indem man soweit als nur möglich dieses Gesetz von Newton nachgebildet hat, d. h. indem man die Himmelsmechanik nachahmte.

[108]* Die Physik der Prinzipien

Nichtsdestoweniger kam ein Tag, an dem sich der Begriff der Zentralkräfte nicht mehr länger als ausreichend erwies, und dies ist die erste der Krisen, von der ich gerade gesprochen habe.

Was hat man daraufhin unternommen? Man hat es aufgegeben, in die Einzelheiten der Struktur des Universums einzudringen, die Einzelteile dieses ungeheuren Mechanismus zu isolieren und die Kräfte, die es in Bewegung halten, zu analysieren. Man gab sich damit zufrieden, gewisse allgemeine Prinzipien als Leitregeln zu 148 nehmen, die gerade ihren Zweck darin haben, daß sie uns dieses genaue Studium ersparen.

Aber wie? Nehmen wir an, wir hätten vor uns eine Maschine. Das Anfangsrad und das Endrad sind allein sichtbar, aber der Übertragungsmechanismus, die dazwischenbefindlichen Räder, durch welche die Bewegung von dem einen zum andern mitgeteilt wird, sind im Innern verborgen und entgehen so unserem Anblick. Wir wissen nicht, ob die Übertragung durch ein Getriebe oder einen Treibriemen, durch Verbindungsstangen oder andere Vorrichtungen geschieht. Können wir behaupten, daß es für uns unmöglich ist, irgend etwas von der Maschine zu verstehen, solange wir sie nicht in Stücke zerlegen können? Sie wissen wohl, daß wir das nicht können und daß das Prinzip von der Erhaltung der Energie

---

* Poincaré (1959), S. 147–149

hinreicht, den für uns interessantesten Punkt zu bestimmen. Wir können leicht feststellen, das das Endrad sich zehnmal langsamer dreht als das Rad am Anfang, denn diese beiden Räder sind sichtbar. Wir können daraus schließen, daß ein Drehmoment, das wir auf das eine Rad wirken lassen, durch ein zehnmal so großes Drehmoment am anderen Rad in Gleichgewicht gehalten wird. Denn dafür brauchen wir nicht in den Mechanismus dieses Gleichgewichtes einzudringen und zu wissen, wie die Kräfte im Innern der Maschine einander kompensieren. Es genügt, darüber sicher zu sein, daß diese Kompensation mit Bestimmtheit stattfindet.

Im Hinblick auf das Universum kann uns das Prinzip von der Erhaltung der Energie den gleichen Dienst erweisen. Es handelt sich hier ebenfalls um eine Maschine, die viel komplizierter ist als alle diejenigen der Industrie und von der fast alle Teile vor uns tief verborgen liegen. Aber durch die Betrachtung der Bewegung derjenigen, die wir sehen können, können wir – ausgestattet mit diesem Prinzip – Schlüsse ziehen, die richtig bleiben, wie immer die Einzelheiten des unsichtbaren Mechanismus, der sie belebt, sein mögen.

Das *Prinzip von der Erhaltung der Energie* oder das *Prinzip von Mayer* ist sicherlich das wichtigste, aber es ist nicht das einzige. Es gibt andere, von denen wir den gleichen Vorteil haben. Diese sind:

Das *Prinzip von Carnot* oder das *Prinzip der Entwertung der Energie*.

Das *Prinzip von Newton* oder das *Prinzip der Gleichheit von Wirkung und Gegenwirkung*.

Das *Relativitätsprinzip*, entsprechend dem die physikalischen Gesetze die gleichen sein sollen, sowohl für einen ruhenden Beobachter als auch für einen, der sich mit gleichförmiger Translationsgeschwindigkeit bewegt, so daß wir keine Mittel haben und haben können zu entscheiden, ob wir uns in einer solchen Bewegung befinden oder nicht.

Das *Prinzip von der Erhaltung der Masse* oder das *Prinzip von Lavoisier*.

Ich würde noch das *Prinzip der kleinsten Wirkung* hinzufügen.

Die Anwendung dieser fünf oder sechs allgemeinen Prinzipe auf die verschiedenen physikalischen Erscheinungen reicht aus, uns das zu lehren, was wir vernünftigerweise hoffen können, von ihnen zu erfahren. Das bemerkenswerteste Beispiel für diese neue mathematische Physik ist wohl ohne Zweifel Maxwells elektromagnetische Lichttheorie. Wir wissen nicht, was der Äther ist, wie sich seine Moleküle verhalten, ob sie einander anziehen oder abstoßen. Aber wir wissen, daß dieses Medium zur selben Zeit die optischen und elektrischen Störungen überträgt. Wir wissen, daß diese Übertragung übereinstimmend mit den allgemeinen Prinzipien der Mechanik geschehen muß, und das genügt uns für die Aufstellung der Gleichungen des elektromagnetischen Feldes.

Diese Prinzipe sind die sehr verallgemeinerten Resultate von Experimenten. Aber gerade diese Allgemeinheit scheint ihnen einen hohen Grad von Sicherheit zu verleihen. In der Tat, je allgemeiner sie sind, umso öfter hat man Gelegenheit, sie zu prüfen, und indem sich die Bestätigungen vervielfachen und die verschiedensten und unerwartetsten Gestalten annehmen, führen sie dahin, daß sie länger keinen Platz für einen Zweifel offen lassen.

Das ist die zweite Phase in der Geschichte der mathematischen Physik, und wir stehen noch mitten darin. Behaupten wir, daß die erste unnütz war? Daß während fünfzig Jahren die Wissenschaft auf dem falschen Wege war und daß hier nichts übrig bleibt, als die zahllosen Anstrengungen zu vergessen, die eine fehlerhafte Begriffsbildung von vornherein zum Mißerfolg verurteilte? Keineswegs! Glauben Sie, daß die zweite Phase ohne die erste möglich gewesen wäre? Die Hypothese der Zentralkraft enthielt alle Prinzipien. Sie zog sie als notwendige Folgerungen nach sich. Sie enthielt sowohl das Gesetz von der Erhaltung der Masse, der Gleichheit von Wirkung und Gegenwirkung und das Gesetz der kleinsten Wirkung, welche zwar nicht als experimentelle Wahrheiten erscheinen sondern als Theoreme; und ihre Formulierung hatte gleichzeitig eine etwas genauere und weniger allgemeine Form als die gegenwärtige.

Es ist die mathematische Physik unserer Väter, welche uns nach und nach mit diesen Prinzipien vertraut gemacht hat, welche uns daran gewöhnt hat, sie unter den verschiedensten Einkleidungen wiederzuerkennen. Man hat sie mit den experimentellen Ergebnissen verglichen, und man hat gesehen, wie man ihre Formulierungen abändern mußte, um sie diesen Tatsachen anzupassen. Hierbei wurden sie verallgemeinert und gefestigt. So wurde man dazu geführt, sie als experimentelle Wahrheiten zu betrachten. Der Begriff der Zentralkräfte wurde dann eine nutzlose Stütze, ja eher ein Hindernis, da er die Prinzipien an seinem hypothetischen Charakter teilhaben ließ.

Die Rahmen sind deshalb nicht gesprengt worden, weil sie sich als dehnbar erwiesen haben. Aber sie sind erweitert worden. Unsere Väter, die sie geschaffen haben, haben nicht vergebliche Arbeit geleistet, und in der Wissenschaft von heute erkennen wir die allgemeinen Züge der Zeichnung, die sie entworfen haben.

Sind wir im Begriffe, in eine dritte Phase einzutreten? Stehen wir nun am Vorabend einer zweiten Krise? Beginnen etwa die Prinzipien, an denen wir alle gebaut haben, wiederum zusammenzustürzen? Seit einiger Zeit kann diese Frage sehr wohl aufgeworfen werden.

Indem Sie mich so sprechen hören, denken Sie ohne Zweifel an das Radium, den großen Revolutionär der Gegenwart, und in der Tat, ich werde in diesem Vortrag sogleich darauf zurückkommen. Aber hier ist noch etwas anderes. Es ist nicht allein die Erhaltung der Energie, die in Frage steht. Alle anderen Prinzipe befinden sich in der gleichen Gefahr, wie wir sehen werden, wenn wir sie der Reihe nach durchmustern.

[109]* Zweiter Hauptsatz

Beginnen wir mit dem *Prinzip von Carnot*. Dies ist das einzige, das sich nicht unmittelbar als eine Folge der Hypothese der Zentralkräfte darbietet. Vielmehr scheint es, wenn es schon dieser Hypothese nicht direkt widerspricht, daß es wenigstens nicht ohne gewisse Anstrengung mit dieser in Einklang zu bringen ist. Wenn die physikalischen Erscheinungen ausschließlich von Bewegungen von Atomen verursacht würden, deren gegenseitige Anziehung lediglich von ihrem Abstand abhängt, so scheint es, daß alle diese Erscheinungen reversibel sein müßten. Wenn alle Anfangsgeschwindigkeiten umgekehrt würden, dann müßten diese Atome – immer den gleichen Kräften unterworfen – ihre Bahnkurven in entgegen-

193

---

* Poincaré (1959), S. 193–195

gesetztem Sinne durchlaufen, geradeso wie die Erde in umgekehrtem Sinne dieselbe elliptische Bahn beschreiben würde, welche sie in direktem Sinne durchläuft, wenn die Anfangsbedingungen ihrer Bewegung umgekehrt würden. Deshalb sollte, wenn eine physikalische Erscheinung möglich ist, dies auch für die entgegengesetzte Erscheinung der Fall sein, und man sollte den Zeitablauf umgekehrt durchlaufen können. Aber in der Natur ist es nicht so; und das ist genau das, was uns das Carnotsche Prinzip lehrt. Wärme kann vom warmen Körper zum kalten übergehen. Aber es ist unmöglich, sie nachher den entgegengesetzten Weg gehen zu lassen und wieder Temperaturdifferenzen herzustellen, welche sich ausgeglichen haben. Bewegung kann völlig zerstreut und durch Reibung in Wärme verwandelt werden. Die gegenteilige Verwandlung kann nur zum Teil durchgeführt werden.

194

Man hat sich bemüht, diesen offensichtlichen Widerspruch aufzulösen. Wenn die Welt gegen Gleichförmigkeit strebt, so ist dies nicht deshalb der Fall, weil ihre letzten Bestandteile, die anfangs unähnlich sind, dahin streben, immer weniger verschieden zu werden, sondern es ist dies deshalb, weil sie ihren Ort nach Zufallsgesetzen verändern und sich so schließlich vermischen. Für ein Auge, das alle Elemente unterschiede, würde die Verschiedenheit immer gleich groß bleiben, jedes Staubkörnchen würde seine Originalität bewahren und würde sich seinem Nachbar nicht angleichen. Aber wenn die Vermischung inniger wird, nehmen unsere groben Sinne nur mehr die Gleichförmigkeit wahr. Deshalb strebt die Temperatur einer Ausgleichstemperatur zu, ohne die Möglichkeit einer Umkehr.

Ein Tropfen Weins fällt in ein Glas Wasser. Was immer das Gesetz der inneren Bewegungen der Flüssigkeit ist, wir sehen es bald in einem gleichförmigen rosaroten Farbton gefärbt, und von diesem Moment an scheinen der Wein und das Wasser – man mag das Gefäß auch ordentlich schütteln – nicht mehr fähig zu sein, sich voneinander zu trennen. Sie sehen so, was der Typus einer nicht-umkehrbaren Erscheinung wäre; ein Gerstenkorn in einem Weizenhaufen zu verstecken, ist leicht, aber es nachher wieder zu finden und herauszuholen, das ist praktisch unmöglich. All dies haben Maxwell und Boltzmann erklärt. Derjenige, der es am klarsten gesehen und in seinem zu wenig gelesenen, weil etwas schwer zu lesendem Buch dargestellt hat, ist Gibbs in seinen elementaren Grundlagen der statistischen Mechanik.

Für diejenigen, welche diesen Gesichtspunkt einnehmen, ist das Carnotsche Prinzip nur ein unvollkommenes, eine Art Konzession an die Schwäche unserer Sinne. Es ist deshalb, weil unsere Augen zu grob sind, um die Elemente in der Mischung unterscheiden zu können. Es ist deshalb, weil unsere Hände zu grob sind, um sie zu einer Trennung zu zwingen. Der von Maxwell erdachte Dämon, der fähig ist, die Moleküle einzeln zu sortieren, könnte sehr wohl die Welt dazu zwingen, zu einem früheren Stadium zurückzukehren. Daß sie von selbst zurückkehrt, ist nicht unmöglich, das ist nur unendlich unwahrscheinlich. Die Wahrscheinlichkeit dafür, daß wir nach langer Zeit das Eintreffen von Umständen erwarten können, die eine Umkehr gestatten, existiert, aber sie würde früher oder später erst nach Jahren realisiert werden können, deren Zahl anzuschreiben, Millionen von Ziffern erforderte. Die Einschränkungen indessen blieben alle theoretischer Natur und wären nicht sehr beunruhigend, und das Carnotsche Prinzip behielte ganz seinen praktischen Wert. Aber plötzlich wechselte die Szene. Der Biologe, mit seinem Mikroskop bewaffnet, hat seit langer Zeit in seinen Präparaten unregelmäßige Bewegungen von kleinen Teilchen in Suspensionen beobachtet. Dies ist die Brownsche Molekularbewegung. Er dachte zunächst, es handle sich um eine Lebenserscheinung, aber bald sah er, daß die unbelebten Körper mit nicht geringerem Eifer tanzten als die anderen. Dann übergab er die Sache den Physikern. Unglücklicherweise blieben die Physiker lange Zeit an dieser Frage uninteressiert. Sie dachten, man konzentriert das Licht, um das mikroskopische Präparat zu beleuchten. Licht transportiert Wärme, und daher stammen Ungleichmäßigkeiten in der Temperatur und innere Flüssigkeitsströmungen, welche die Bewegungen verursachen, von denen wir sprechen.

Gouy hatte die Idee, etwas genauer hinzuschauen, und er sah oder glaubte zu sehen, daß die Bewegung umso lebhafter wird, je kleiner die Teilchen sind, aber daß sie durch die Art der Beleuchtung nicht beeinflußt wird. Wenn dann diese Bewegungen niemals aufhören oder sich vielmehr ohne Unterlaß erneuern, ohne irgendeine Anleihe bei einer äußeren Energiequelle zu machen, was sollen wir uns darunter vorstellen? Wir müssen ohne Zweifel

195

deshalb nicht auf das Energieprinzip verzichten, aber wir sehen, wie sich unter unseren Augen bald Bewegung durch Reibung in Wärme verwandelt, bald Wärme umgekehrt in Bewegung, ohne daß etwas verlorengeht, denn die Bewegung dauert immer an. Dies ist das Gegenteil des Carnotschen Prinzips. Wenn dies so ist, brauchen wir, um die Welt verkehrt ablaufen zu sehen, nicht mehr länger das unendlich feine Auge des Maxwellschen Dämons, sondern unser Mikroskop reicht aus. Zu große Körper, z. B. solche von einem Zehntelmillimeter, werden zwar von allen Seiten von den sich bewegenden Atomen getroffen, aber sie rühren sich nicht, weil diese Stöße sehr zahlreich sind und das Gesetz des Zufalls bewirkt, daß sie sich gegenseitig aufheben. Aber die kleinen Teilchen empfangen zu wenig Stöße, damit diese Kompensation mit Sicherheit stattfindet, und werden unaufhörlich herumgestoßen. Man sieht, eines unserer Prinzipe ist schon in Gefahr.

[110]* Das Relativitätsprinzip

Wir kommen nun zum *Relativitätsprinzip*. Dieses wird nicht nur durch die tägliche Erfahrung bestätigt, es ist nicht nur eine notwendige Folgerung der Hypothese der Zentralkräfte, sondern bietet sich in einer unwiderstehlichen Weise unserem gesunden Menschenverstand dar; und dennoch ist auch dieses schon angeschlagen. Betrachten wir zwei elektrisch geladene Körper. Obwohl sie uns in Ruhe zu sein scheinen, werden sie beide von der Erdbewegung mitgeführt. Eine bewegte elektrische Ladung ist – wie Rowland uns gelehrt hat – einem Strome gleichwertig. Diese zwei geladenen Körper und diese zwei Ströme müßten einander anziehen. Indem wir diese Anziehung messen, messen wir die Geschwindigkeit der Erde, nicht ihre Geschwindigkeit relativ zur Sonne oder zu den Fixsternen, sondern ihre absolute Geschwindigkeit.

Ich weiß wohl, was man sagen wird: es ist nicht die absolute Geschwindigkeit, welche gemessen wird, sondern es ist die Geschwindigkeit relativ zum Äther. Wie wenig befriedigend das ist! Ist es nicht evident, daß wir von dem so verstandenen Prinzip über-

---

* Poincaré (1959), S. 195–197

haupt nichts erhalten können? Es kann uns deshalb weiterhin nichts mehr sagen, gerade deshalb, weil es keinen Widerspruch mehr zu fürchten hat. Wenn es uns gelingt, etwas zu messen, so wird es uns immer freistehen, zu sagen, daß dies nicht die absolute Geschwindigkeit ist, und wenn es schon nicht die Geschwindigkeit relativ zum Äther ist, wird es immer die Geschwindigkeit relativ zu irgendeiner neuen unbekannten Flüssigkeit sein können, mit welcher wir den Raum erfüllen könnten.

196

Gleichwohl hat es die Erfahrung auf sich genommen, diese Interpretation des Relativitätsprinzips zu beseitigen. Alle Versuche, die Geschwindigkeit der Erde in bezug auf den Äther zu messen, haben zu negativen Ergebnissen geführt. Diesmal blieb die experimentelle Physik den Prinzipien treuer als die mathematische Physik. Die Theoretiker hätten es sich, um ihre anderen allgemeinen Gesichtspunkte in Einklang zu bringen, leicht gemacht. Das Experiment bestand aber hartnäckig darauf, es zu bestätigen. Die Hilfsmittel wurden abgewandelt, und schließlich hat Michelson die Genauigkeit bis zu ihren letzten Grenzen vorangetrieben. Nichts ist dabei herausgekommen. Gerade die Erklärung dieser Hartnäckigkeit zwingt heute die Mathematiker, alle ihre Geisteskräfte anzustrengen.

Ihre Aufgabe war nicht leicht, und wenn Lorentz durchgekommen ist, so geschah dies nur, indem er Hypothese auf Hypothese häufte. Die genialste Idee war die der lokalen Zeit. Stellen wir uns zwei Beobachter vor, welche ihre Uhren durch Lichtsignale einstellen wollen. Sie tauschen Signale aus, aber da sie wissen, daß die Ausbreitung des Lichtes nicht momentan erfolgt, verwenden sie Sorgfalt darauf, dieser gerecht zu werden. Wenn die Station B das Signal von der Station A empfängt, dann darf ihre Uhr nicht dieselbe Stunde anzeigen, wie die der Station A im Augenblick der Aussendung des Signals, sondern diese Stunde, vermehrt um eine Konstante, welche der Dauer der Übertragung entspricht. Setzen wir z. B. voraus, daß die Station A ihr Signal aussendet, wenn ihre Uhr auf Null zeigt, und daß die Station B das Signal empfängt, wenn ihre Uhr die Stunde t anzeigt. Die Uhren sind eingestellt, wenn die Verzögerung um t der Zeitdauer der Ausbreitung entspricht. Um dieses zu verifizieren, sendet die Station B ihrerseits ein Signal aus, wenn ihre Uhr die Zeit Null anzeigt. Dann sollte es die Station A zu einer Zeit empfangen, wenn ihre Uhr die Zeit *t* anzeigt. Die Uhren sind dann eingerichtet.

Und in der Tat zeigen sie die gleiche Stunde im selben physikalischen Moment an, aber unter der einen Bedingung, daß die beiden Stationen ruhen. Im entgegengesetzten Fall wird die Zeitdauer der Ausbreitung in den beiden Richtungen nicht die gleiche sein, da die Station A z. B. der von B ausgehenden Störung entgegenläuft, während die Station B vor der von A ausgehenden Störung flieht. Die Uhren, die in dieser Weise synchronisiert sind, zeigen daher nicht die wahre Zeit, sie zeigen, was man die »lokale Zeit« nennen kann, so daß eine von ihnen gegenüber der anderen nachgeht. Es macht wenig aus, denn wir haben keine Mittel, um das festzustellen. Z. B. werden alle Ereignisse, die in A geschehen, verspätet sein, aber alle werden es in gleicher Weise sein, und der Beobachter, der sie feststellt, wird es nicht bemerken, denn seine Uhr geht nach. So wie das Relativitätsprinzip es erfordert, wird er keine Hilfsmittel haben, um zu erkennen, ob er sich in Ruhe oder in absoluter Bewegung befindet.

Unglücklicherweise genügt das nicht, und ergänzende Hypothesen sind noch nötig. Es ist notwendig anzunehmen, daß Körper, die sich in Bewegung befinden, eine gleichförmige Kontraktion in Richtung der Bewegung erfahren. Einer der Erddurchmesser z. B. ist verkürzt im Verhältnis $1:200\,000\,000$ infolge der Bewegung unseres Planeten, während der andere Durchmesser seine normale Länge behält. So finden sich die letzten kleinen Differenzen kompensiert. Und dann ist noch die Hypothese über die Kräfte. Kräfte, was immer auch ihr Ursprung ist, Schwere sowohl wie Elastizität, werden in einer in gleichförmiger Translationsbewegung befindlichen Welt in einem bestimmten Verhältnis verkleinert; oder genauer gesagt, dies geschieht für die zur Translation senkrechten Komponenten. Die Komponenten parallel dazu werden nicht geändert. Nehmen wir also unser Beispiel von den beiden elektrischen Körpern wieder auf. Diese beiden Körper stoßen einander ab, aber zur gleichen Zeit sind sie, wenn alles in gleichförmiger Translation dahinbewegt wird, äquivalent zwei parallelen Strömen, welche einander anziehen. Diese elektrodynamische Anziehung verringert daher die elektrostatische Abstoßung, und die totale Abstoßung ist schwächer, als wenn die beiden Körper in

197

Ruhe wären. Aber da wir, um die Abstoßung zu messen, ihr durch eine andere Kraft das Gleichgewicht halten müssen und alle diese anderen Kräfte im gleichen Verhältnis reduziert sind, bemerken wir nichts. So ist alles in Ordnung gebracht, aber sind wirklich alle Zweifel zerstreut? Was würde geschehen, wenn man Nachrichten sendete mittels Signalen, die von Lichtsignalen verschieden sind und deren Ausbreitungsgeschwindigkeit von der des Lichtes verschieden ist? Wenn man, nachdem man die Uhren mittels des optischen Verfahrens gestellt hat, wünscht, die Einstellung mit Hilfe von diesen neuen Signalen zu verifizieren, dann würden Unterschiede auftreten, welche die gemeinsame Translation der beiden Stationen evident machen würden. Und sind solche Signale unvorstellbar, wenn wir mit Laplace zulassen, daß sich die allgemeine Gravitation eine Million mal schneller ausbreitet als das Licht?

So ist das Relativitätsprinzip in den letzten Zeiten tapfer verteidigt worden, aber die starke Energie der Verteidigung zeigt, wie ernsthaft der Angriff war.

[111] * Das Prinzip von actio zu reactio

Sprechen wir nun über Newtons *Prinzip der Gleichheit von Wirkung und Gegenwirkung*. Dieses ist eng mit dem vorhergehenden verknüpft, und es scheint, daß der Zusammenbruch des einen den des anderen nach sich ziehen würde. So dürfen wir nicht überrascht sein, wenn wir hier die gleichen Schwierigkeiten finden.

Elektrische Erscheinungen, stellen wir uns vor, haben ihre Ursache in der Verschiebung von kleinen geladenen Teilchen, Elektronen genannt, die in ein Mittel eingetaucht sind, das wir Äther nennen. Die Bewegung dieser Elektronen rufen Störungen im benachbarten Äther hervor. Diese Störungen pflanzen sich nach allen Richtungen mit Lichtgeschwindigkeit fort, und infolge davon werden andere Elektronen, die ursprünglich in Ruhe waren, in Bewegung versetzt, wenn die Störung den Teil des Äthers erreicht, mit dem sie in Berührung stehen. Die Elektronen wirken also aufeinander, aber diese Wirkung ist nicht direkt, sondern sie wird durch

---

* Poincaré (1959), S. 197–198

den Äther vermittelt. Kann es unter diesen Bedingungen eine Aufhebung von Wirkung und Gegenwirkung geben, wenigstens für einen Beobachter, der allein die Bewegung der Materie in Betracht zieht, d. h. die der Elektronen, und von derjenigen des Äthers, den er nicht sieht, nichts weiß? Offensichtlich nicht. Auch wenn die Aufhebung exakt sein sollte, so könnte sie nicht gleichzeitig sein. Die Störung breitet sich mit endlicher Geschwindigkeit aus. Sie erreicht daher das zweite Elektron nur, wenn das erste längst zur Ruhe gekommen ist. Dieses zweite Elektron also wird nach seiner Verzögerung der Wirkung des ersten unterliegen, aber es wird mit Bestimmtheit auf dieses nicht zurückwirken, denn in der Umgebung dieses ersten Elektrons bewegt sich nichts mehr.

Die Analyse der Tatsachen gestattet uns, noch etwas genauer zu sein. Stellen Sie sich z. B. einen Hertzschen Generator vor, gleich denjenigen wie sie in der drahtlosen Telegraphie verwendet werden. Er sendet nach allen Richtungen Energie aus. Aber wir können ihn mit einem parabolischen Spiegel versehen, wie es Hertz mit seinen kleineren Oszillatoren tat, so daß er seine ganze erzeugte Energie in eine bestimmte Richtung sendet. Was geschieht dann entsprechend der Theorie? Der Apparat erhält einen Rückstoß wie eine Kanone und so, wie wenn die Energie, die er ausgesandt hat, eine Kugel wäre. Das aber widerspricht dem Newtonschen Prinzip, denn unser Projektil hat keine Masse, da es nicht Materie sondern Energie ist. Das gleiche ist der Fall mit dem Licht eines Leuchtturms, der mit einem Reflektor versehen ist, denn Licht ist nichts als eine Störung des elektromagnetischen Feldes. Der Leuchtturm wird zurückweichen müssen als ob das Licht, das er aussendet, ein Projektil wäre. Welche Kraft ist es, die diesen Rückstoß verursacht? Es ist das, was man den Maxwell-Bartholdidruck genannt hat. Er ist sehr gering, und es war äußerst schwierig, ihn auch mit den empfindlichen Radiometern nachzuweisen. Aber es genügt, daß er existiert...

[112]* Prinzip der Erhaltung der Masse

Ich komme zu *Lavoisiers Prinzip* über die Erhaltung der Masse. Sicherlich ist dies eines, das nicht angegriffen werden kann, ohne damit gleichzeitig die ganze Mechanik umzustoßen. Jetzt aber denken manche Menschen, daß es nur deßhalb richtig erscheint, weil man in der Mechanik bloß mäßige Geschwindigkeiten verwendet, daß es aber für Körper mit Geschwindigkeiten, die mit der des Lichtes vergleichbar sind, nicht mehr gelten würde. Nun diese Geschwindigkeiten glaubt man gegenwärtig verwirklicht zu haben. Die Kathodenstrahlen oder diejenigen von Radium sollen aus sehr winzigen Partikeln oder Elektronen gebildet sein, welche sich mit Geschwindigkeiten bewegen, welche ohne Zweifel kleiner als die Lichtgeschwindigkeit sind, die aber ein Zehntel oder ein Drittel davon betragen soll.

Diese Strahlen können entweder durch ein elektrisches oder magnetisches Feld abgelenkt werden, und wir sind in der Lage, indem wir diese Ablenkungen vergleichen, zur gleichen Zeit die Geschwindigkeit der Elektronen und ihre Masse (oder eher das Verhältnis ihrer Masse zur Ladung) zu messen. Aber sobald man fand, daß sich diese Geschwindigkeiten der Lichtgeschwindigkeit näherten, mußte man feststellen, daß eine Korrektur notwendig war. Die gesamte oder scheinbare Masse, die man mißt, ist daher aus zwei Teilen zusammengesetzt: der wirklichen oder mechanischen Masse des Moleküls und der elektrodynamischen Masse, welche die Trägheit des Äthers darstellt.

Die Rechnungen von Abraham und die Experimente von Kaufmann haben gezeigt, daß die mechanische Masse im eigentlichen Sinne Null ist und daß die Masse der Elektronen oder wenigstens der negativen Elektronen ausschließlich elektrodynamischen Ursprung besitzt. Dies zwingt uns, die Definition der Masse zu ändern. Wir können nicht länger zwischen mechanischer und elektrodynamischer Masse unterscheiden, denn die erste verschwindet. Es gibt keine andere Masse als die elektrodynamische Trägheit. Aber in diesem Falle kann die Masse nicht länger konstant sein, sie wächst mit der Geschwindigkeit, ja sie hängt sogar von der Richtung ab.

199

---

* Poincaré (1959), S. 198–200

Ein Körper, der eine entsprechend große Geschwindigkeit besitzt, wird nicht die gleiche Trägheit einer Kraft entgegensetzen, die ihn von seiner Bahn abzubringen sucht, wie derjenigen, welche ihn in seinem Fortschreiten zu beschleunigen oder zu verzögern trachtet.

Es gibt noch eine Zuflucht. Die letzten Elemente der Körper sind kleinste Elektrizitätsteilchen, einige negativ, die anderen positiv geladen. Die negativen Elektronen haben keine Masse, wie wir gehört haben. Die positiven Elektronen aber scheinen nach dem wenigen, das wir von ihnen wissen, viel größer zu sein. Vielleicht haben diese, außer ihrer elektrodynamischen Masse, eine wahre mechanische Masse. Die wahre Masse eines Körpers wäre dann die Summe der mechanischen Massen seiner positiven Elektrizitätsteilchen, während die negativen Elektrizitätsteilchen nichts zu ihr beitragen würden. Die so definierte Masse könnte noch konstant sein.

Leider entgeht uns auch dieser Ausweg. Erinnern Sie sich, was wir über das Relativitätsprinzip und über die Bemühungen, es zu retten, gesagt haben? Hier handelt es sich nicht nur um die Rettung eines Prinzips, sondern es liegen auch die unbezweifelbaren experimentellen Ergebnisse Michelsons vor. Wie wir weiter oben bemerkt haben, sah sich Lorentz, um diese Resultate zu berücksichtigen, zu der Annahme gezwungen, daß alle Kräfte, gleichgültig wessen Ursprungs, in einem sich in gleichförmiger Translationsbewegung befindlichen Mittel im selben Verhältnis reduziert werden. Das ist nicht genug; es reicht nicht aus, daß dieses für die wirklichen Kräfte gilt, es muß auch noch für die Trägheitskräfte zutreffen. Es ist – wie er sagt – noch notwendig, daß die Massen von allen Teilchen von einer Translation in dem gleichen Grade wie die elektromagnetischen Massen der Elektronen beeinflußt werden.

So müssen sich die mechanischen Massen nach den gleichen Gesetzen wie die elektrodynamischen Massen ändern. Sie können also nicht konstant sein.

Ist es nötig auszuführen, daß der Zusammenbruch des Prinzips von Lavoisier denjenigen des Newtonschen Prinzips nach sich zieht? Dieses letztere besagt, daß sich der Schwerpunkt eines abgeschlossenen Systems auf einer geraden Linie bewegt. Aber wenn es weiterhin keine konstante Masse mehr gibt, gibt es hinfort auch keinen Schwerpunkt mehr, ja wir wissen nicht einmal mehr, was dieser ist. Deshalb habe ich weiter oben gesagt, daß die Experimente über Kathodenstrahlen die Zweifel von Lorentz an dem Prinzip von Newton zu rechtfertigen schienen.

Aus allen diesen Resultaten, wenn sie bestätigt würden, ginge eine völlig neue Mechanik hervor, die vor allem durch die Tatsache charakterisiert wäre, daß keine Geschwindigkeit die Lichtgeschwindigkeit[1] überschreiten könnte, ebenso wie keine Temperatur unter den absoluten Nullpunkt fiele. Für einen Beobachter, der sich selbst in einer Translationsbewegung befindet, die er nicht vermutet, kann irgendeine vorkommende Geschwindigkeit diejenige des Lichtes nicht mehr überschreiten. Dieses aber wäre ein Widerspruch, wenn man sich nicht erinnerte, daß sich dieser Beobachter nicht derselben Uhren bedient wie ein ruhender, sondern vieler Uhren, die die »lokale Zeit« anzeigen.

200

Hier stehen wir einer Frage gegenüber, die zu stellen ich mich begnüge. Wenn es weiterhin keine Masse mehr gibt, was wird aus dem Newtonschen Gesetz?

Die Masse hat zwei Aspekte: sie ist zur gleichen Zeit ein Trägheitskoeffizient und eine anziehende Masse, die als Faktor in die Newtonsche Anziehung eingeht. Wenn der Trägheitskoeffizient nicht konstant ist, kann es die anziehende Masse sein? Das ist die Frage.

[113]* *Energieerhaltungssatz*

Schließlich bleibt uns noch das *Prinzip von der Erhaltung der Energie*, und dieses scheint solider zu sein. Soll ich Sie daran erinnern, wie es, als es an der Reihe war, in Mißkredit gebracht worden ist. Dieses Ereignis hat größere Aufregungen verursacht als die vorhergehenden, und es ist in aller Erinnerung. Seit den ersten Arbeiten von Becquerel und vor allem, als die Curies das Radium entdeckt hatten, sah man, daß jeder radioaktive Körper eine unerschöpfliche Strahlungsquelle war. Seine Aktivität schien ohne Veränderung durch Monate und Jahre hindurch fortzube-

---

* Poincaré (1959), S. 200–201

stehen. Dies war bereits eine starke Beanspruchung des Prinzips. Diese Strahlungen waren tatsächlich Energie, und sie wurden von einunddemselben Stück Radium immer und immerfort ausgesendet. Aber diese Energiemengen waren zu gering, um gemessen zu werden. Wenigstens glaubte man es und war dabei nicht allzu sehr beunruhigt.

Die Scene wechselte, als Curie auf den Gedanken kam, das Radium in ein Kalorimeter zu geben. Man sah nun, daß die Wärme, welche unaufhörlich geschaffen wurde, ganz beträchtlich war.

Zahlreiche Erklärungen wurden vorgeschlagen. Aber in diesem Falle können wir nicht sagen, daß zuviel des Guten schadet. Soweit keine von ihnen den anderen überlegen sein wird, können wir nicht sicher sein, daß eine gute unter ihnen ist. Seit einiger Zeit jedoch scheint eine von diesen Erklärungen den Sieg davonzutragen, und man kann mit Grund hoffen, daß wir den Schlüssel des Geheimnisses in Händen haben.

Sir William Ramsay hat sich zu zeigen bemüht, daß sich das Radium verwandelt und daß es einen zwar enormen, aber nicht unerschöpflichen Energievorrat enthält. Die Umwandlung des Radiums würde dann millionenmal mehr Wärme als alle bekannten Umwandlungen erzeugen. Radium würde sich in 1250 Jahren erschöpfen. Das ist sehr kurz, aber Sie sehen, wir sind wenigstens sicher, auf diesen Zeitpunkt für einige Jahrhunderte von jetzt ab festgelegt zu sein. Während wir warten, verbleiben uns unsere Zweifel.

Was bleibt mitten unter so vielen Ruinen stehen? Das Prinzip der kleinsten Wirkung bleibt bis jetzt unberührt, und Larmor scheint zu glauben, daß es die anderen lange überleben wird. In der Tat ist es noch unbestimmter und allgemeiner.

Welche Haltung wird die mathematische Physik angesichts dieses allgemeinen Zusammenbruchs der Prinzipien einnehmen? Zuerst, bevor man sich zu sehr aufregt, ist es angemessen zu fragen, ob alles dieses wirklich wahr ist. Allen diesen Verstößen gegen die Prinzipien begegnet man nur im unendlich Kleinen. Das Mikroskop ist nötig, um die Brownsche Bewegung zu sehen. Elektronen sind sehr leicht. Radium ist sehr selten, und man hat niemals gleichzeitig mehr als einige Milligramm davon. Und dann kann man sich fragen, ob es nicht neben dem unendlich Kleinen, das man gesehen hat, anderes unendlich Kleines gibt, das man nicht sah und das ein Gegengewicht zu ersterem bildet.

Wir haben hier eine vorläufige Frage, die anscheinend nur das Experiment entscheiden kann. Wir haben die Sache nur dem Experimentator zu übertragen und, während wir auf seine endgültige Entscheidung der Debatte warten, uns nicht mit diesen beunruhigenden Problemen zu befassen und in Ruhe unser Werk fortzusetzen, so wie wenn die Prinzipien noch unbestritten wären. Wir haben sicher viel zu tun, ohne daß wir das Gebiet verlassen, wo sie in aller Sicherheit angewendet werden können. Wir haben genug, um unsere Aktivität in dieser Periode des Zweifels zu beschäftigen.

Und was diese Zweifel betrifft, ist es in der Tat richtig, daß wir nichts unternehmen können, um die Wissenschaft von ihnen zu befreien. Man muß es wohl sagen, es ist nicht allein die Experimentalphysik, welche sie aufkommen ließ, sondern auch die mathematische Physik hat ihren Teil dazu beigetragen. Es waren die Experimentatoren, welche sahen, daß das Radium Energie aussendet, aber es sind die Theoretiker, welche alle die Schwierigkeiten aufgezeigt haben, welche sich bei der Ausbreitung des Lichtes in einem bewegten Mittel ergeben. Aber ohne diese wäre man wahrscheinlich nicht darauf gekommen. Gut also, wenn sie ihr Bestes getan haben, uns in diese Verlegenheit zu bringen, dann ist es nur billig, daß sie uns helfen, wieder herauszukommen.

Sie müssen alle die neuen Gesichtspunkte, die ich gerade vor Ihnen dargelegt habe, einer kritischen Prüfung unterziehen, und Sie haben die Prinzipien erst dann aufzugeben, nachdem Sie sich in loyaler Weise bemüht haben, sie zu retten. Was können Sie in diesem Sinne unternehmen?

Anmerkungen

1 Da die Körper den Ursachen, welche sie zu beschleunigen trachten, einen immer größeren Trägheitswiderstand entgegensetzen und diese Trägheit unendlich wird, wenn man sich der Lichtgeschwindigkeit nähert.

HENRI POINCARÉ (1854–1912)
Der Zufall (1908)

[114]*   Kleine Ursachen, große Wirkungen

56   Um eine bessere Definition des Zufalls zu finden, müssen wir einige Tatsachen prüfen, die man gewöhnlich als zufällig betrachtet und auf die die Wahrscheinlichkeitsrechnung anwendbar zu sein scheint; wir werden sodann die Frage nach ihren gemeinsamen Charakteren zu beantworten suchen.

Als erstes Beispiel wählen wir dasjenige des unstabilen Gleichgewichts; wenn ein Kegel auf seine Spitze gestellt wird, so wissen wir, daß er umfallen muß, aber wir wissen nicht, nach welcher Seite; es scheint uns, als ob der Zufall darüber allein entscheidet. Wenn der Kegel vollkommen symmetrisch wäre, wenn seine Achse vollkommen vertikal stände, wenn keine andere Kraft als die Schwerkraft auf ihn wirkte, so würde er durchaus nicht fallen. Aber der geringste Symmetriefehler läßt ihn sich leicht nach einer bestimmten Seite neigen, und wenn diese Neigung auch noch so klein ist, wird der Kegel doch nach dieser Seite fallen. Selbst bei vollkommener Symmetrie würde eine leichte Erschütterung oder ein Luftzug ihm eine Neigung um einige Bogensekunden erteilen, und das wäre genug, um seinen Fall und selbst die Richtung seines Falles zu bestimmen; diese Richtung fällt dann immer mit der Richtung seiner Anfangsneigung zusammen.

Eine sehr kleine Ursache, die für uns unbemerkbar bleibt, bewirkt einen beträchtlichen Effekt, den wir unbedingt bemerken müssen, und dann sagen wir, daß dieser Effekt vom Zufall abhänge. Würden wir die Gesetze der Natur und den Zustand des Universums für einen gewissen Zeitpunkt genau kennen, so könn-

---

* Poincaré [1914], S. 56–59

ten wir den Zustand dieses Universums für irgendeinen späteren Zeitpunkt genau voraussagen. Aber selbst wenn die Naturgesetze für uns kein Geheimnis mehr enthielten, können wir doch den Anfangszustand immer nur *näherungsweise* kennen. Wenn wir dadurch in den Stand gesetzt werden, den späteren Zustand mit demselben *Näherungsgrade* vorauszusagen, so ist das alles, was man verlangen kann; wir sagen dann: die Erscheinung wurde vorausgesagt, sie wird durch Gesetze bestimmt. Aber so ist es nicht immer; es kann der Fall eintreten, daß kleine Unterschiede in den Anfangsbedingungen große Unterschiede in den späteren Erscheinungen bedingen; ein kleiner Irrtum in den ersteren kann einen außerordentlich großen Irrtum für die letzteren nach sich ziehen. Die Vorhersage wird unmöglich und wir haben eine »zufällige Erscheinung«.

Unser zweites Beispiel ist dem ersten sehr ähnlich, wir entnehmen es der Meteorologie. Weshalb bereitet es den Meteorologen so viele Schwierigkeiten, das Wetter mit einiger Sicherheit vorauszusagen? Weshalb scheint uns das Eintreten von Regengüssen und Stürmen gänzlich vom Zufall abzuhängen, so daß manche Leute es für ganz natürlich halten, um Regen und gutes Wetter zu beten, während doch dieselben Leute es lächerlich finden würden, wenn man eine Sonnenfinsternis durch Gebet herbeiführen wollte? Wir wissen, daß die großen Störungen meistens in denjenigen Gebieten der Atmosphäre entstehen, in denen dieselbe sich in unstabilem Gleichgewichte befindet. Die Meteorologen erkennen wohl, daß das Gleichgewicht unstabil ist und daß irgendwo ein Zyklon entstehen wird; aber wo, das können sie nicht angeben; ein Zehntelgrad mehr oder weniger an irgendeiner Stelle, und der Zyklon bricht nicht hier, sondern dort aus, und seine Verwüstungen treffen Gegenden, die sonst verschont geblieben wären. Wenn man diesen Zehntelgrad gekannt hätte, so wäre das Eintreffen des Sturmes vorauszusehen gewesen, aber die Beobachtungen waren weder hinreichend dicht, noch hinreichend genau, und deshalb macht es den Eindruck, als sei alles dem Zufall überlassen. Auch hier finden wir wieder denselben Gegensatz zwischen einer sehr kleinen Ursache, die für den Beobachter nicht wahrnehmbar ist, und sehr beträchtlichen Folgeerscheinungen, die manchmal furchtbares Unheil anrichten.

58   Betrachten wir noch ein anderes Beispiel: die Verteilung der kleinen Planeten über den Tierkreis. Ihre anfänglichen Längen mögen beliebig gewesen sein; ihre mittleren Bewegungen waren verschieden, und sie beschreiben ihre Bahnen seit so langer Zeit, daß man gegenwärtig sagen kann, ihre Verteilung über den Tierkreis sei ganz *zufällig*. Kleine anfängliche Differenzen zwischen ihren Entfernungen von der Sonne oder, was auf dasselbe hinauskommt, zwischen ihren mittleren Bewegungen, haben schließlich sehr große Differenzen zwischen ihren gegenwärtigen Längen zur Folge gehabt; ein Überschuß von einem Tausendstel von einer Sekunde in ihrer täglichen mittleren Bewegung gibt eine volle Sekunde in drei Jahren, einen Grad in zehntausend Jahren, einen vollen Umlauf in drei oder vier Millionen Jahren, und was will dies gegenüber der Zeit bedeuten, die verflossen ist, seitdem sich die kleinen Planeten aus dem Urnebel von Laplace abgesondert haben? Auch hier haben wir wieder eine kleine Ursache und eine große Wirkung; oder besser, kleine Differenzen in der Ursache und große Differenzen in der Wirkung.

Das Roulettespiel entfernt uns weniger als man zuerst denkt von dem vorhergehenden Beispiel. Stellen wir uns eine Nadel vor, die man in drehende Bewegung um einen festen Stützpunkt versetzen kann, und darunter eine Art Zifferblatt, das in hundert abwechselnd rote und schwarze Abschnitte geteilt ist. Wenn die Nadel über einem roten Abschnitte stehen bleibt, so ist das Spiel gewonnen, andernfalls ist es verloren. Alles hängt offenbar von dem ursprünglichen Antriebe ab, den wir der Nadel erteilen. Die letztere wird sich etwa zehn- oder zwanzigmal ganz herumdrehen und dann mehr oder weniger schnell zum Stillstand kommen, je nachdem ich sie mehr oder weniger stark gestoßen habe. Wenn der Antrieb nur um ein Tausendstel oder um ein Zehntausendstel variiert, so genügt das, um zu bewirken, daß die Nadel nicht etwa über einem schwarzen Teile, sondern über dem darauffolgenden

59   roten Teile stillsteht. Das sind Differenzen, die unser Muskelsinn nicht wahrnehmen kann und die selbst den feinsten Instrumenten entgehen würden. Es ist mir deshalb unmöglich, vorauszusehen, was die von mir in Bewegung gesetzte Nadel tun wird, und deshalb befinde ich mich in gespanntester Erwartung und hoffe alles vom Zufall. Die Differenz in der Ursache ist nicht wahr-

nehmbar und die Differenz in der Wirkung ist für mich von der größesten Wichtigkeit, denn es handelt sich um meinen ganzen Einsatz.

MAX PLANCK (1858–1947)
Antrittsrede zur Aufnahme in die Akademie vom 28. Juni 1894

[115]* *Die Zurückführung der Naturvorgänge auf Mechanik*

1 In die Empfindung der Freude und des Dankes, die mir das Bewußtsein der hohen Ehre erweckt, der Akademie der Wissenschaften fortan als Mitglied angehören zu dürfen, mischt sich ein Gefühl tiefer Wehmut, wenn ich des teuren, auch dieser Versammlung viel zu früh entrissenen Mannes gedenke, welcher vor nun fünf Jahren an eben dem Feste, das wir heute begehen, in seinen Antrittsworten von dieser Stelle aus den gegenwärtigen Stand und die nächsten Aufgaben der Experimentalphysik geschildert hat.

Mich haben Neigung und Fähigkeiten von jeher auf die theoretische Forschung gewiesen, das einzige Gebiet, auf welchem ich auch in Zukunft Nützliches zu wirken hoffen kann. Dem theoretischen Physiker sind in der Gegenwart ungleich schwerere Aufgaben gestellt als noch vor einem Menschenalter. Damals gab es für jeden, der in der exakten Naturwissenschaft nach großen, einfachen Gedanken, nach einer zusammenfassenden Naturanschauung suchte, nur ein einziges fest bestimmtes, durch das eben entdeckte Energieprinzip zum erstenmal als erreichbar hingestelltes Ziel: die Zurückführung aller Naturvorgänge auf Mechanik. Viele reiche Erfolge hat diese Losung bereits der Wissenschaft eingetragen, und wenn auch die kühne Hoffnung, daß es gelingen werde, jede einzelne Molekel oder gar jedes Atom auf seinen Bahnen messend zu verfolgen, sich nicht verwirklichen konnte, so hat doch in dem regellosen Gewirr der schon in den kleinsten wahrnehmbaren Gasräumen nach Billionen zählenden Molekeln die statisti-

---

* Planck [1958], Band III, S. 1–4

sche Methode wertvolle und unerwartete Aufschlüsse über den Zusammenhang mancher bis dahin unvermittelt nebeneinanderstehenden Tatsachen geliefert.

Heutzutage ist in diesem direkt nach dem höchsten Ziel gerichteten Streben ein Stillstand, eine gewisse Ernüchterung eingetreten. 2 Stellt schon die mathematische Analyse dem weiteren Vordringen in so verwickelte Bewegungsarten zum Teil unüberwindliche Schwierigkeiten entgegen, so ist dafür hauptsächlich doch noch eine tieferliegende Ursache vorhanden. Nicht als ob sich irgendein Umstand gezeigt hätte, welcher die Lösbarkeit des Problems der Zurückführung auf Mechanik in einem Punkte in Frage stellte, etwas dadurch, daß die Begriffe der Mechanik nicht ausreichten, um die ganze bunte Mannigfaltigkeit der Naturerscheinungen zu bewältigen – gerade das Gegenteil ist der Fall: das Problem erscheint, je tiefer gefaßt, um so vieldeutiger. Es gibt heute nicht ein einziges bestimmtes, sondern vielmehr eine Anzahl ganz verschiedenartiger mechanischer Modelle, von denen jedes den Verlauf der einzelnen physikalischen Vorgänge, soweit wir ihn gegenwärtig beurteilen können, widerzuspiegeln beansprucht; alle sind höchst kompliziert, und keins besitzt entscheidende Vorzüge vor den übrigen. Der Forscher also, der sich mit dem näheren Studium eines speziellen von ihm bevorzugten Modells beschäftigt, kann dem unbefriedigenden Gefühl nicht entgehen, daß die Schwierigkeiten, mit denen er dabei zu kämpfen hat, vielleicht nicht der Natur der Sache, sondern einer Unzweckmäßigkeit der von ihm getroffenen Auswahl entspringen.

Eine Entscheidung können bei dieser Lage der Dinge nur neue allgemeine Ideen bringen, und solche müssen von anderer Seite herkommen, sie müssen durch Einführung neuer Postulate dazu verhelfen, den Kreis der Möglichkeiten weiter zu beschränken und so unter der Fülle der Vorstellungen, welche die mechanische Anschauung an und für sich noch zuläßt, eine engere Wahl zu gestatten. Ein derartiges Postulat, welches, obwohl schon alt, besonders durch die jüngsten Entdeckungen auf dem Gebiet der Elektrodynamik erheblich an praktischer Bedeutung gewonnen hat, ist die Ausmerzung von solchen Kräften, die ohne Vermittlung eines Zwischenmediums auf endliche Entfernungen hin wirken. Der hierdurch bedingten großartigen Vereinfachung der Naturan-

3   schauung ist nur diejenige zu vergleichen, welche die Physik schon seit mehreren Jahrhunderten durch die Abschaffung des *Zweck*begriffs erzielt hat, insofern hierdurch in ähnlicher Weise die Annahme eines direkten, durch keine Zwischengeschichte vermittelten Zusammenhangs zwischen zwei zeitlich getrennten Vorgängen aufgehoben wurde. Indes von der Aufstellung des Postulates bis zu seiner Durchführung ist ein weiter Weg. Wie in den kosmischen Räumen, so beherrscht in der molekularen Welt die Vorstellung der Anziehung und Abstoßung entfernter Massenpunkte noch heute die meisten Spekulationen, und man muß gestehen, daß der hierfür von einigen Seiten angebotene Ersatz einstweilen noch keineswegs genügt.

Es hat sich daher neuerdings in der physikalischen Forschung auch das Bestreben Bahn gebrochen, den Zusammenhang der Erscheinungen überhaupt gar nicht in der Mechanik zu suchen, indem man die verschiedenen Fäden nicht erst in dem letzten, höchsten Punkte, wo sie allerdings schließlich alle zusammenlaufen müssen, sondern schon früher passend verknüpft. Die ganze neuere Entwickelung der Thermodynamik hat sich unabhängig von der mechanischen Theorie einzig auf Grund der beiden Hauptsätze der Wärmelehre vollzogen, auch die fundamentalen Beziehungen zwischen Elektrodynamik und Optik, zwischen Galvanismus, chemischer Affinität und Thermodynamik sind gefunden worden ganz ohne Rücksichtnahme auf die mechanische Natur der betreffenden Vorgänge. Ebenso steht zu hoffen, daß wir auch über diejenigen elektrodynamischen Prozesse, welche direkt durch die Temperatur bedingt sind, wie sie sich namentlich in der Wärmestrahlung äußern, nähere Aufklärung erfahren können, ohne erst den mühsamen Umweg durch die mechanische Deutung der Elektrizität nehmen zu müssen. Als fester Ausgangspunkt bleiben dann allerdings nur wenige Sätze zurück, vor allem das universelle Energieprinzip.

Fast könnte es nach allem diesen den Anschein erwecken, als ob sich die gegenwärtige Richtung in der Physik von der mechanischen Naturauffassung entferne oder wenigstens ihrer entbehren
4   könne; indes wäre eine solche Anschauung doch nur in beschränktem Sinne richtig. Denn wie auch die Forschung ihre Methoden wechseln mag, immer stellt sie nur eine Vorarbeit dar zur Errei-

chung des für alle Zeiten unverrückbar feststehenden Zieles, welches in der Herstellung des einen großen Zusammenhangs aller Naturkräfte beruht. Die innigste Form des Zusammenhanges aber – diejenige, ohne welche sich unser Erkenntnistrieb niemals ganz zufrieden geben wird – liegt eben nur in der Identität, und diese wird sich auf keinem physikalischen Gebiet besser durchführen lassen als in der Mechanik.

WILHELM WIEN (1864–1928)
Physik und Erkenntnistheorie (1918)

[116]* Die Durchbrechung der strengen Naturgesetzlichkeit

Tatsächlich wechseln unsere physikalischen Theorien, obwohl von jeder richtigen Theorie der Kern die Zeiten überdauert, eben weil jede Theorie ein gewisses Abbild der Wirklichkeit liefern muß, deren Gesetze selbst unveränderlich sind. Aber die Form und manche erkenntnistheoretischen Forderungen sind dem Wechsel unterworfen. Noch in seiner Schrift über die Erhaltung der Kraft bezeichnet *Helmholtz* als das Ziel der theoretischen Physik, alle Wirkungen auf Kräfte zurückzuführen, die als eine Funktion des Abstandes wirken. Nicht lange darauf stellte *Maxwell* nach den Ideen *Faradays* eine elektromagnetische Theorie auf, in welcher es gar keine Fernkräfte, sondern nur Drucke gab, die zwischen unmittelbar benachbarten Teilchen wirksam werden. *Hertz* wieder wollte die Kräfte ganz aus der Physik verbannen und alles auf verborgene, mit den sichtbaren gekoppelte Massen und Bewegungen zurückführen. Heute wieder hat man alle diese besonderen Forderungen aufgegeben und arbeitet mit möglichst unbestimmt bleibenden eigentlich nur mathematischen Größen und Zuständen. Aber alle Theorien stimmen darin überein, daß sie ein Ausdruck sein sollen von unveränderlich geltenden Naturgesetzen.

Trotzdem das Prinzip der Ökonomie überall gewissermaßen als selbstverständlich angesehen wird, indem bei gleichen Leistungen die einfachere Theorie der verwickelteren vorgezogen wird, darf es doch in seiner allgemeinen Bedeutung nicht überschätzt werden. Als einzige Richtschnur für wissenschaftliche Theorien erscheint

---

* Wien [1919], S. 64–66

es unzureichend. Es kann eine Theorie einfach sein und auch eine gewisse Reihe von Vorgängen richtig beschreiben und trotzdem bedeutungslos bleiben, weil sie uns nicht näher zum Erkennen der Naturgesetze führt. Aus diesem Grund hat das Prinzip zuweilen einen ungünstigen Einfluß auf die Entwicklung der Physik ausgeübt.

Wenn wir jetzt *Mach* noch einmal nennen, so geschieht das in einem negativen Sinne in einem Falle, wo er sich nur kritisch ablehnend verhalten hat. Aber auch diese Ablehnung hat ihre erkenntnistheoretische Bedeutung. Seit der Mitte des vorigen Jahrhunderts hat sich in der theoretischen Physik eine Methode eingebürgert, die durch das Aufblühen der Molekularphysik bedingt war, die Anwendung der Wahrscheinlichkeitsrechnung oder, wie sie jetzt besser genannt wird, der Statistik: diese Methode hat große Erfolge aufzuweisen, es gelang namentlich die Gesetze des gasförmigen Zustandes unter der Annahme von zahlreich vorhandenen, sich unregelmäßig bewegenden Molekülen abzuleiten. Aber weitere und besonders wichtige Folgerungen ließen sich ziehen. Es gelang, die Anzahl der Gasmoleküle in einem Kubikzentimeter zu bestimmen, obwohl man dabei zu so großen Zahlen gelangte, wie sie früher in der Physik nicht vorgekommen waren. Man konnte verschiedene Wege einschlagen, die alle zu demselben Ergebnis führten. Ferner konnte man die mittlere Geschwindigkeit und auch die Größe der Gasmoleküle angenähert berechnen.

Bei diesen Erfolgen blieb indessen die Theorie nicht stehen. Es gelang ihr, den merkwürdigen, nur für die Wärmeenergie gültigen sogenannten zweiten Hauptsatz der mechanischen Wärmelehre, der ausspricht, daß man die Wärme nur beschränkt in Arbeit verwandeln kann, aus statistischen Betrachtungen abzuleiten. Dieser zweite Hauptsatz beruht darauf, daß es Vorgänge gibt, die nicht in umgekehrter Richtung verlaufen können.

Wenn man, wie es früher besonders den großen Physikern des siebzehnten und achtzehnten Jahrhunderts vorschwebte, alle Vorgänge auf die mechanischen Gesetze zurückführen zu können hoffen durfte, so konnte es nur umkehrbare Vorgänge geben. Aber durch den zweiten Hauptsatz war rein erfahrungsmäßig durch Untersuchung der Eigenschaften der Wärme doch das Vorhandensein nicht umkehrbarer Vorgänge festgestellt. Man konnte nicht an der Tatsache zweifeln, daß die Verwandlung von Wärme in Arbeit an gewisse Beschränkungen gebunden ist, welche mit nicht umkehrbaren Vorgängen zusammenhängen. Es lag offen zutage, daß der zweite Hauptsatz nicht aus der Mechanik gefolgert werden kann, während doch die Wärme ein mechanischer Vorgang ist. Es ist das große Verdienst von *Boltzmann*, die Beziehungen des zweiten Hauptsatzes zur Wahrscheinlichkeitsrechnung aufgedeckt zu haben.

Hierdurch war ein Naturgesetz zum ersten Mal als etwas nicht notwendig Geltendes hingestellt, sondern nur mit einem hohen Grade von Wahrscheinlichkeit umkleidet.

PHILIPP FRANK (1884–1966)
Das allgemeine physikalische Weltbild in Einsteins Jugendjahren (1949)

[117]* »Krisis und Bankrott der Wissenschaft« um die Jahrhundertwende

In der Blütezeit der mechanistischen Physik hatte man das Gefühl, daß außerhalb ihres Anwendungsgebietes das Reich des Unerforschlichen und des Unverständlichen beginne. Denn »verstehen« hieß eben »nach Analogie eines Mechanismus darstellen«. Im Jahre 1872 hielt der deutsche Naturforscher Dubois-Reymond seinen berühmten Vortrag über »Die Grenzen des Naturerkennens«. Er ging von der damals für selbstverständlich angesehenen Behauptung aus, daß »verstehen« immer »zurückführen auf die Gesetze der Newtonschen Mechanik« bedeute. Und er weist auf zwei wichtige Probleme der Wissenschaft hin, die man sicher nicht darauf zurückführen könne. Nämlich erstens die Frage, was »eigentlich dort im Raume vorgeht«, wo eine Kraft wirkt, und zweitens, wieso es komme, daß »die Materie im menschlichen Gehirne denken und fühlen könne«. Da die Antworten darauf offenbar im Rahmen der mechanistischen Physik nicht gegeben werden können, so gebe es eben »unlösbare Probleme«, die der Wissenschaft einfach unzugänglich seien. Für diese Fragen gelte kein »ignoramus«, d. h. wir wissen nicht, sondern das »ignorabimus«, d. h. wir werden nie wissen. Und dieses Wort »ignorabimus« wurde das Schlagwort für eine ganze Periode, das Schlagwort des Defaitismus in der Wissenschaft, das Schlagwort, das das Entzücken aller antiwissenschaftlichen 82 Strömungen dieser Zeit bildete.

Da gegen Ende des 19. Jahrhunderts in der Physik und Biologie auch immer mehr Tatsachen bekannt wurden, die man gar nicht

---

* Frank [1979], S. 81–85

hoffen konnte, durch die Gesetze der Mechanik grober Körper darstellen und beherrschen zu können, so wurde das Schlagwort »Ignorabimus« bald zu dem noch aufregenderen vom »Bankerott der Wissenschaft«.

Dieses Gefühl des Versagens des rationalen wissenschaftlichen Denkens wurde noch durch Vorgänge im sozialen Leben besonders genährt. Die Wissenschaft, d. h. die im Geiste der mechanistischen Physik geleitete Wissenschaft, hatte den Menschen im 18. und 19. Jahrhundert die Hoffnung auf einen fortdauernden Fortschritt gegeben. Wenn nur alles nach den Lehren der Wissenschaft statt nach dem Aberglauben des Irrationalismus geschehe, so würde die Menschheit von aller ihrer Not befreit werden. Der politische Ausdruck dieser Überzeugung war der Liberalismus. Gegen Ende des 19. Jahrhunderts wurde es aber immer klarer, daß die auf der Wissenschaft und dem Fortschrittsglauben beruhenden Versuche das wirtschaftliche Elend der großen Massen der Bevölkerung nicht beseitigen oder die individuellen Leiden der menschlichen Seele nicht aus der Welt schaffen konnten. In der sich bildenden verzweifelten Stimmung wurde immer deutlicher ausgesprochen, daß die Wissenschaft theoretisch und praktisch enttäuscht habe. Neben dem Liberalismus bildeten sich neue politische Strömungen, die ihre eigene Auffassung von Wissenschaft hatten, eine ganz anders geartete als die mechanistische. Die eine Strömung vertrat die Rückkehr zur organismischen Wissenschaft des Mittelalters. Aus ihr entwickelte sich der autoritative Sozialismus, der die Keimzelle des späteren Faschismus verschiedener Färbung wurde. Die andere Strömung wollte den »mechanistischen« Materialismus in einen »dialektischen« verwandeln. Sie wurde von Karl Marx vertreten, und aus ihr erwuchs der Kommunismus des 20. Jahrhunderts.

Da man es aber der Naturwissenschaft doch nicht ableugnen konnte, daß sie die Basis des technischen Fortschrittes war, glaubte man sie dadurch herabsetzen zu können, daß man jetzt von ihr so sprach wie die Kirche vom Kopernikanischen Weltsystem. Die mechanistische Naturwissenschaft gebe nur eine nützliche Anleitung zum Handeln, aber keine Erkenntnis der Natur. Der französische Historiker der Wissenschaft und Philosoph Abel Rey schildert um das Jahr 1900 sehr zutreffend und scharf die Gefahren, die in dieser Resignation für das allgemeine geistige Leben lagen. Er sagt: »Wenn die Wissenschaften, die im Verlaufe der Geschichte ihre ausgesprochen befreiende Wirkung erwiesen haben, in einer Krise zugrunde gehen, die ihnen nur mehr die Bedeutung von technisch nützlichen Wissensansammlungen läßt, aber ihnen jeden Wert für die Erkenntnis der Natur abspricht, so bedeutet das eine vollständige Revolution: Die Befreiung des Geistes, die wir der Physik verdanken, ist ein verhängnisvoller Irrtum. Man muß es auf andere Weise versuchen und eine subjektive Intuition wiederherstellen, ein mystisches Gefühl für die Wirklichkeit.«

Aus dieser Krise der Wissenschaft, wie sie durch das Versagen der mechanistischen Physik entstanden war, gab es zwei Auswege. Der Italiener Aliotta schildert in seinem Buch »Die Reaktion des Idealismus gegen die Naturwissenschaft« diese Situation in der folgenden sehr zutreffenden Weise:

»Konnte sich das Denken mit einem solchen Agnostizismus zufrieden geben? Auf zwei verschiedenen Wegen war es möglich, aus dieser unhaltbaren Lage herauszukommen: man konnte sich entweder an die anderen Funktionen des Geistes neben dem Verstand halten, oder man konnte das Problem überhaupt beseitigen, indem man nachwies, daß es nur durch falsche Perspektiven und eine falsche Auffassung vom Wesen der Wissenschaft entstanden war. Beide Wege sind versucht worden. Einmal wurde der Weg zu Fichtes Sittenlehre und der Ästhetik der Romantiker angetreten, in die der aufrührerische Geist Nietzsches neues Leben einhauchte. Der Wille als schöpferische Quelle aller Werte und ungebundener ästhetischer Eingebungen wurde über den Verstand gestellt. Gleichzeitig wurden aber auch die Grundlagen der mechanistischen Auffassung und ihre wichtigsten Werkzeuge, geometrische Intuition und mathematische Berechnung, einer sorgfältigen Untersuchung unterworfen. Diese Untersuchung, zu der sich die Männer der Wissenschaft selbst durch die Entdeckung des neuen Energieprinzips und infolge meta-geometrischer Auffassungen gezwungen sahen, führte dazu, daß das Schwergewicht auf die aktive Geistesarbeit bei der Formulierung wissenschaftlicher Gesetze und Theorien gelegt wurde. Auf diese Weise hat sie mit zu dem Sieg der philosophischen Auffassung beigetragen, die in dem ästhetischen Gesichtspunkt und der praktischen Funktion des Bewußtseins die gültigste Interpretation der Wirklichkeit sah.«

Der zweite Weg, den Aliotta hier andeutet, wurde von den Vertretern des Positivismus und Pragmatismus wirklich beschritten. Ihr Ausweg aus dem »Bankerott der Wissenschaft« war, daß sie verkündeten: Die mechanistische Wissenschaft des 18. und 19. Jahrhunderts hat die Frage so gestellt, daß sie in eine Sackgasse geraten mußte. Die Frage, wie man alles auf eine organismische oder mechanistische Metaphysik zurückführen kann, wird immer mit Enttäuschung enden. Aber für die Wissenschaft ist ein solches Bestreben auch wertlos. Durch eine Analyse der wirklich erfolgreichen Methoden der Wissenschaft haben Männer wie Mach und Poincaré in Europa, Pierce und Dewey in Amerika gezeigt, daß es gar nicht darauf ankommt, die Beobachtungen durch ein bestimmtes bevorzugtes Bild darzustellen. Es kommt nur darauf an, daß die Sätze der Wissenschaft für das Leben brauchbar sind, und nicht darauf, in welcher Sprache und mit Hilfe welcher Gleichnisse sie formuliert werden.

Die Männer der neuen Bewegung antworteten auf das Gerede vom Mißerfolg der Wissenschaft so: Man redet von einem »Mißerfolg«, weil man die Ziele der Wissenschaft nicht richtig definiert hat. Was man nicht erreichen konnte und wozu man »ignorabimus – wir werden es niemals wissen – « sagte, war ein Phantom, ein Hirngespinst, das mit Wissenschaft nichts zu tun hat. Wenn man das Ziel der Wissenschaft im Sinne des Positivismus und Pragmatismus definiert, so bedeutet das Ende des 19. Jahrhunderts ganz offensichtlich keine Krise, sondern eine Stufe in dem stetigen Fortschritt der Wissenschaft ihrem Ziele entgegen. Und dieses Ziel sah man nun darin, ein Werkzeug zu schaffen, mit dem sich die Vorgänge des Lebens vorhersagen und beherrschen ließen.

Positivismus und Pragmatismus, die so charakteristisch für die Wende des Jahrhunderts waren, gehörten so gewissermaßen in die Reihe der Bewegungen, die gegen die Überschätzung der Rolle des Intellektes gerichtet waren. Professor R. B. Perry sagt sehr richtig:

»Am spitzfindigsten und zur gleichen Zeit am charakteristischsten für unsere Zeit war die anti-intellektuelle Haltung, die man dann ›Instrumentalismus‹ genannt hat, und die zur Zeit von James und Dewey in Amerika und ihren Nachfolgern vertreten wird... Nach dieser Auffassung ist der Verstand kein Orakel, sondern ein Instrument der Praxis, das nach den Erfolgen, die es hat, beurteilt werden muß.«

Aber die neue Bewegung, mag man sie Pragmatismus, Positivismus oder Instrumentalismus nennen, konnte nur insofern als dem Intellekt feindlich bezeichnet werden, als sie davor warnte, dem Intellekt sinnlose Aufgaben zu stellen. Der Intellekt, sagte sie auf der einen Seite, ist unfähig, die hinter den Erscheinungen steckende metaphysische Wirklichkeit zu entdecken. Aber das ist keine Herabsetzung seiner Aufgabe. Denn es hat keinen Sinn für die Wissenschaft, von einer solchen metaphysischen Wirklichkeit zu sprechen. Diese Ausdrucksweise ist unfruchtbar und führt nur zur Verwirrung. Die Schaffung des »Werkzeuges«, als das man nun die »Wissenschaft« auffaßte, kann andererseits nur mit Hilfe des Intellektes gelingen, wenn wir auch keine Methode angeben können, wie man einen allgemeinen Satz wie das Energieprinzip oder das Trägheitsgesetz finden kann. Einen solchen Satz zu finden, ist ein Werk des Genius genau so wie das Komponieren einer Symphonie. Aber wenn der allgemeine Satz einmal da ist, so ist es ein Werk des methodisch vorgehenden Intellektes, dessen Bedeutung allen klarzumachen; nur der Intellekt kann nachprüfen und ein Urteil fällen, ob der Satz wahr, d. h. für die Ziele der Wissenschaft wertvoll ist.

So endet das 19. Jahrhundert mit der Erschütterung des Glaubens, daß die Wissenschaft uns die hinter den Erscheinungen liegende Wirklichkeit enthüllen könne. Dafür taucht der nüchterne Trost des Positivismus auf, daß darin kein Bankerott der Wissenschaft liegt, sondern nur die richtige Bestimmung ihrer Aufgabe. In diesem Zwielicht von Abwertung des Intellekts und Aufwertung der Tat taucht wie ein Silberstreif am Horizont die Hoffnung auf, daß eine größere Schärfe in der logischen Analyse uns ganz neue Formen der auf dem methodisch arbeitenden Intellekt beruhenden Wissenschaft bringen werde. Mit diesem Silberstreif kündigt sich das 20. Jahrhundert an.

EDGAR ZILSEL (1891–1944)
Probleme des Empirismus (1941)

[118]* Der Niedergang der mechanischen Auffassung der Natur

In der zweiten Hälfte des 19. Jhs. führten wichtige physikalische Entdeckungen zu dem Zusammenbruch der mechanischen Theorien des Lichts, der Elektrizität und des Magnetismus. Da die Philosophie seit der Zeit Galileis durch die Physik in weit höherem Maße beeinflußt worden war als von jeder anderen empirischen Wissenschaft, formte diese physikalische Revolution auch das philosophische Denken und die Analyse der Erkenntnis um.

Der Prozeß begann mit Maxwells Untersuchung der Elektrizität (1865). In Anwendung der Experimente und Gedanken von Faraday (1791–1867) gelang es Maxwell, alle Gesetze der Ausdehnung elektromagnetischer Wellen in zwei fundamentalen Gleichungen zusammenzufassen. Faraday hatte die elektromagnetischen Abläufe mechanisch interpretiert und hatte elektrische sowie magnetische Kraftlinien als unsichtbare Seile entworfen, die mechanischen Gesetzen entsprechend wirken. Auch Maxwell erhielt seine Gleichungen mit Hilfe einer mechanischen (nämlich einer hydrodynamischen) Analogie, aber das mechanische Modell stellte sich diesmal als äußerst kompliziert heraus. Maxwell war gezwungen, ein Modell zu ersinnen, das aus rotierenden, unsichtbaren Ätherwirbeln bestand und aus eingestreuten unsichtbaren Partikeln, die durch die Rotation ausgestoßen wurden. Zusätzlich verbanden seine Gleichungen die Elektrodynamik mit der Optik, da sie die Lichtgeschwindigkeit als wesentliche Konstante enthielten und alle Gesetze der Übertragung von Lichtwellen abdeckten.

---

* Zilsel [1976], S. 194–198

Als H. Hertz zwanzig Jahre später (1888) zum ersten Male mit Hilfe seiner berühmten Experimente die Existenz elektromagnetischer Wellen fand, wurde die Wellentheorie des Lichts endgültig ein Teil von Maxwells Theorie des Elektromagnetismus. Immer noch wurde angenommen, daß elektromagnetische Wellen sich als eine besondere Bewegungsform im Äther ausbreiten. Der Äther jedoch mußte einerseits alles durchdringen und sich andererseits mechanisch als fester Körper verhalten, wenn man die beobachteten optischen Phänomene korrekt darstellen wollte. Daher betrachtete man die mechanischen Modelle allmählich als Werkzeuge, die die Wissenschaft möglicherweise entbehren könnte. Warum sollte man sowohl die elektromagnetischen als auch die optischen Gesetze von mechanischen Gesetzen mit Hilfe höchst komplizierter Modelle ableiten, wenn alle optischen Gesetze direkt von einfach aufgebauten elektromagnetischen Gleichungen abgeleitet werden können? Möglicherweise nimmt der Mechanismus keinen bevorzugten Platz in bezug auf die anderen physikalischen Phänomene ein. Wenn Gleichungen, wovon auch immer sie abgeleitet sind, alle beobachtbaren Fakten auf die einfachstmögliche Weise darstellen, dann können sie sehr wohl die Aufgabe der Wissenschaft besser erfüllen, als Theorien, die eine »wirkliche« Welt hinter den Phänomenen zu enthüllen versuchten.

Am Anfang wagten sich derartige Gedanken nur zögernd vorwärts, und ihre Implikationen wurden entweder nicht bemerkt oder die Physiker begegneten ihnen mit erheblicher Zurückhaltung. Schon vor den Experimenten von Hertz verfocht Kirchhoff, der Begründer der modernen Astrophysik, in seinen »Vorlesungen über die mathematische Physik« (1874) die Auffassung, daß die Physik Phänomene eher zu beschreiben als zu erklären habe. Ähnliche Vorstellungen unterstützte Helmholtz vier Jahre später in seinen »Tatsachen der Wahrnehmung« (1879). Die physikalischen und die epistemologischen Implikationen solcher Gedanken wurden mit größerer Radikalität von dem philosophischen Physiker Ernst Mach in »Die Mechanik in ihrer Entwicklung« (1883) entwickelt. Mach analysierte und widerlegte konsequent den Glauben an die Priorität der Mechanik in bezug auf die anderen Zweige der Physik. In seiner Auffassung der Wissenschaft ist wissenschaftliche Erklärung gleichbedeutend mit »ökonomischer Be-

196

schreibung« von beobachteten Fakten; Wissenschaft muß, wie er
herausstellte, möglichst viele Fakten durch möglichst wenige Begriffe darstellen, und es ist irrelevant, ob die benützten Begriffe
aus der Mechanik oder sonstwoher genommen werden. Darüber
hinaus deckte Mach die philosophischen Pseudoprobleme auf, die
dem mechanischen Begriff der Natur entspringen. Der Gegensatz
einer objektiven Welt der Quantitäten und einer subjektiven Welt
der Qualitäten, der drei Jahrhunderte lang die Philosphie verwirrt
hatte, wurde mit seiner Analyse der wissenschaftlichen Erkenntnis
überwunden. Von verschiedenen Problemen ausgehend, halfen
der Physikhistoriker Pierre Duhem und der Chemiker Wilhelm
Ostwald, das mechanische Vorurteil zu zerstören. Duhem wies (in:
La Théorie physique, son object, sa structure, 1906) auf die verschiedenen Denkarten hin, die von Engländern bzw. von Franzosen in ihren physikalischen Theorien bevorzugt wurden; er stellte
fest, daß die Theorien der Franzosen, die die Fakten lediglich mit
Hilfe mathematischer Gleichungen darstellten, nicht weniger wirkungsvoll waren, als die englischen Theorien, die auf mechanischen Modellen fußten. Daneben war auch der allgemeine Ener-
getismus, der von Ostwald verfochten wurde, brauchbar, die
Überbewertung der Mechanik zu schwächen; denn der Energetis-
mus beschränkte sich darauf, die Transformationen der Energie
auf allen Gebieten gleichartig zu diskutieren und wies mechanische Modelle ab.

Jedoch erlitt der Mechanismus seine entscheidende Niederlage
mit der Relativitätstheorie und der modernen Atomphysik. Beeinflußt von Machs Gedanken publizierte Einstein seine grundlegenden Schriften über die spezielle Relativitätstheorie im Jahre 1905
und über die allgemeine Theorie im Jahre 1916. Bekanntlich wies
die Relativitätstheorie den Zusammenhang zwischen gewissen Pa-
radoxien der Lichtausbreitung und allen räumlichen und zeitlichen
Messungen und der Graviation auf. Solche sehr allgemeinen Verbindungen konnten nicht länger durch mechanische Vorgänge
eines Äthers dargestellt werden. Ein mechanisches Modell aller
relativistischen Gesetze ist bis heute nicht bis in jedes mathematische Detail aufgestellt worden. Ein Physiker, der nach der Relati-
vitätsstheorie immer noch ein Mechanist sein wollte, müßte seine
Zuflucht zu einem »groß-«, wenn nicht sogar zu einem »groß-groß-

Äther« hinter dem Äther nehmen, um alle relativistischen Fakten darzustellen. Offensichtlich überkompliziert und zusammengestückelt, könnte ein solcher Mechanismus nicht mit der mathematischen Prägnanz der relativistischen Gleichungen in Konkurrenz treten. Und endlich erschien im Jahre 1913 Niels Bohrs Schrift, die das Wasserstoffatom durch ein Planetensystem von Elektrizitäts-Partikeln darstellte. Von diesem Tage an hat die moderne Atomphysik mit zunehmendem Erfolg alle Eigenschaften der Materie – unter ihnen Druck und Stoß – aus den Wirkungen der Elektrizitäts-Partikeln abgeleitet. Diese Wirkungen folgen allesamt nichtmechanischen Gesetzen. Es kann nur durch die Geschichte erklärt werden, warum die moderne Mikrophysik Quantenmechanik genannt worden ist. Bekanntlich wurde Bohrs ursprüngliches Modell eines elektrischen planetarischen Systems aufgegeben und nur die Gleichungen blieben übrig. In der Quantenmechanik von Heisenberg, Dirac und Schrödinger gibt es zum größten Teil keine Frage nach den gleichmäßigen räumlichen Bewegungen von Partikeln, erst recht nicht nach ihrem Druck und Stoß. Auf diese Weise sind wir zu der Einsicht gelangt, daß es auf dasselbe hinausläuft, ob die Anziehung der elektrischen Ladung durch den Zug unsichtbarer Seile erklärt wird, oder das Ziehen der Seile durch das Verhalten von Elektronen und Protonen. Wir akzeptieren diejenige Theorie, welche die beobachtbaren Phänomene deckt und welche gleichzeitig umfassender, konsistenter und einfacher ist. Das mechanistische Vorurteil ist endlich überwunden worden. Es braucht keiner Erwähnung, daß der Zusammenbruch der mechanistischen Konzeption keineswegs eine Rückkehr zu vormechanischen, animistischen oder teleologischen Vorstellungen bedeutet. Die statistischen Gesetze der Quantenmechanik sind so rational und mathematisch wie die Gesetze der klassischen Mechanik und dem Verhalten lebender Wesen oder Geister nicht ein bißchen näher.[1]

Der Zusammenbruch der mechanistischen Physik fand in einer Periode der vollständigen Revolution der Technologie statt. Die Hebel und Rollen des 17. Jhs. waren lange zuvor in den Hintergrund getreten. Die Dampfmaschine und in der zweiten Hälfte des 19. Jhs. der Elektromotor, der Dynamo und die Verbrennungsmaschine hatten ihren Platz eingenommen. Die Arbeit all dieser ba-

198

siert auf nichtmechanischen Abläufen. Rein mechanische Maschinen, wie z. B. das Fahrrad, die Schreibmaschine und die tretbare Nähmaschine, waren in der Ökonomie der letzten 60 Jahre vergleichsweise unwichtig. Die Textilindustrie, in der der Mechanismus eine vergleichsweise große Rolle spielte, war bis ins frühe 19. Jh. die führende Industrie, war aber 50 Jahre später in ihrer ökonomischen Bedeutung bei weitem duch die elektrische und später durch die chemische Industrie überrundet. Die Menschen und sogar die Kinder des 20. Jhs. empfinden nichts Merkwürdiges bei der Arbeit einer elektrischen Pumpe, eines Telefons, einer Photokamera, eines Radioapparates; und was wichtiger ist, sie bemerken in der Arbeit dieser Geräte keinen Unterschied zur Arbeit einer Schreibmaschine. Die Bewegungen, mit denen der Mensch seine Umgebung beeinflußt, sind mit der Technologie des 20. Jhs. in vielen Fällen auf die Drehung eines Knopfes beschränkt; die hierdurch veranlaßten elektromagnetischen, chemischen und wärmeerzeugenden Vorgänge verrichten den Rest. Wenn der Mensch dazu neigt, Naturprozesse nach dem Muster seiner Beeinflussung der Natur zu verstehen, dann ist es kaum eine Überraschung, daß die Priorität der Mechanik vollständig dahingeschwunden ist. Gewiß haben die modernen Technologien und die Ökonomie nicht nur die modernen physikalischen Theorien beeinflußt, sondern sind ihrerseits auch von ihnen beeinflußt worden. Der Elektroingenieur Marconi folgte zwar auf die Theoretiker Hertz, Maxwell und Mach. Auf der anderen Seite aber folgte Mach auf die dampfgetriebenen Fabrikanlagen, den Dynamo und den Elektromotor; und sicher trugen die Elektrotechnik und der Radiorundfunk stark dazu bei, die nichtmechanische Konzeption der Natur weniger paradox zu machen.

Anmerkungen

1 Vgl. Ph. Frank: Interpretation and Misinterpretations of Modern Physics. Paris 1938.

Autoren- und Quellenverzeichnis

Francesco Graf von Algarrotti (1712–1764)

Texte: [68]
Italienischer Literat, der an den Höfen der aufgeklärten Fürsten
verkehrte und in seinen Schriften wissenschaftliche Gegenstände
im Stile der Zeit behandelte. Er war mit Voltaire befreundet und
hielt sich von 1740–1753 am Hofe Friedrich des Großen auf.
Außer dem »Newtonianismo per le donne ovvero dialoghi sopra la
luce e i colori« (1737), dem unser Text entnommen ist, gehören die
»Lettere sulla Russia« (1733) zu seinen bekanntesten Werken. –
Über die allgemeinverständliche Physikliteratur der französischen
Aufklärung findet man weitere Informationen bei Kleinert [1974].

Dominique François Arago (1786–1853)

Texte: [74]
Einflußreicher französischer Physiker der nachnapoleonischen
Zeit. 1848 vorübergehend Kriegs- und Marineminister. Zahlreiche
Beiträge zur Optik und Wegbereiter der Fresnelschen Wellentheo-
rie. War mit Alexander von Humboldt befreundet, der auch die
Übersetzung seiner »Sämmtlichen Werke« ins Deutsche veran-
laßte.
*Werke: D. F. J. Arago: Ouevres Complètes, herausgegeben von
M. J. A. Barral. 17 Bände, Paris 1854–1862.*

Francis Bacon (1561–1626)

Texte: [25]–[26]
Englischer Gelehrter und Politiker. 1618 zum Lordkanzler ernannt. Gilt als Begründer des Empirismus in der modernen Naturwissenschaft.
Werke: F. Bacon: The Works. 14 Bände, London 1857–1874. – Instauratio Magna, London 1620.

Emil Du Bois Reymond (1818–1896)

Texte: [54]
Deutscher Physiologe und Studienfreund von Hermann von Helmholtz. In seinen bekannten »Untersuchungen über thierische Electricität« (1848–1884) trat er als Gegner des Vitalismus für eine physikalische Deutung der physiologischen Erscheinungen ein. Sein antimechanistisches Denken wird bei Herneck (1960) und Jost (1983) behandelt.
Werke: Du Bois Reymond: Reden, herausgegeben von Estelle Du Bois-Reymond. 2 Bände, Leipzig 1885–1887.

Ludwig Boltzmann (1844–1906)

Texte: [89]–[92]; [103]
Begründer der statistischen Auffassung des zweiten Hauptsatzes der mechanischen Wärmetheorie und engagierter Wegbereiter der Atomistik in der Physik. Boltzmanns Arbeiten gaben Planck wichtige Anregungen bei der Aufstellung des quantentheoretischen Strahlungsgesetzes. – Eine ausgezeichnete Würdigung seines wissenschaftlichen Werkes findet man bei Lorentz (1907) und Klein (1973).
Werke: Ludwig Boltzmann: Wissenschaftliche Abhandlungen. 3 Bände. Leipzig 1909. – Populäre Schriften. Leipzig 1905.

David Brewster (1781–1868)

Texte: [6]
Britischer Gelehrter und erfolgreicher Autor naturwissenschaftlicher Darstellungen. Beschäftigte sich besonders mit optischen Problemen. Veranlaßte die Gründung der British Association for the Advancement of Science, die ähnlich wie die Deutsche Naturforscherversammlung alljährlich zusammentritt. – Eine biographische Studie von O. P. Krätz findet man im Anhang zu Brewster [1833a].
Werke: Auswahl der wichtigsten Schriften in A. D. Morrison und J. R. R. Christie, Hrsg.: »Martyr of Science«: Sir David Brewster, 1781–1868. Edinburgh 1984.

Ernst Cassirer (1874–1945)

Texte: [1]–[3]; [75]
Philosoph der Marburger Schule. Lehrte an der Hamburger Universität und ging 1933 in die Emigration. Er verfaßte wichtige Werke zur Philosophie der Aufklärung und über erkenntnistheoretische Probleme der modernen Physik. – Eine Würdigung seines Werkes findet man in dem von P. A. Schilpp herausgegebenen Band: The Philosophy of Ernst Cassirer, Evanston 1949.

Rudolf Clausius (1822–1888)

Texte: [87]
Wirkte zunächst als Lehrer der Physik an der königlichen Artillerie- und Ingenieurschule in Berlin und wurde dann 1857 zum Professor an das Züricher Polytechnikum berufen. Seit 1869 lehrte er in Bonn. Clausius gilt als Begründer der mechanischen Wärmetheorie. Der 1865 von ihm formulierte zweite Hauptsatz der Wärmetheorie widersetzte sich jedoch einer molekular-mechanischen Deutung und leitete damit die Krise der Mechanik ein. – Sein wissenschaftliches Werk wurde insbesondere durch Gibbs (1889) und Klein (1969) gewürdigt.

Werke: R. Clausius: Die mechanische Wärmetheorie. 3 Teile. Braunschweig 1865–1867.

Roger Cotes (1682–1716)

Texte: [46]–[53]
Professor der Mathematik und Physik in Cambridge, der in seinen Schriften Newtons Lehren verteidigte. Newton vertraute ihm die zweite Ausgabe seiner »Principia« (1713) an, die er durch ein ausgezeichnetes Vorwort bereicherte, in dem auch die allgemeinen philosophischen Grundlagen des Werkes erläutert werden. – Sein Briefwechsel mit Newton wurde 1850 durch J. Edleston ediert.

René Descartes (1596–1650)

Texte: [28]–[31]
Während seiner ausgedehnten Reisen in den Jahren des Dreißigjährigen Krieges verarbeitete er das umfangreiche Wissen seiner Zeit zu einem geschlossenen philosophischen System, das bereits das Programm einer mechanischen Grundlegung der gesamten Naturwissenschaft enthielt. – Unter den zahlreichen Studien, die sich mit diesem Philosophen befassen, sind für den naturwissenschaftlich interessierten Leser von besonderem Interesse die von Koyré [1923], Cassirer [1942] und Scott [1952].
Werke: R. Descartes: Oeuvres complètes, herausgegeben von Ch. Adam und P. Tannery. 13 Bände. Paris 1897–1913.

Eric Jan Dijksterhuis (1892–1965)

Texte: [9]; [27]
Holländischer Wissenschaftshistoriker und Professor in Leiden und Utrecht. Veröffentlichte wichtige Arbeiten über Archimedes und die neuzeitliche Naturwissenschaft. – Eine biographische Würdigung lieferte Hooykaas (1967).

Pierre Duhem (1861–1916)

Texte: [32]
Französischer Physiker und Wissenschaftshistoriker in Bordeaux, der ebenso wie Ernst Mach die atomistisch-mechanistische Naturbeschreibung ablehnte. Wichtig sind insbesondere seine Beiträge zur Geschichte der mittelalterlichen Physik, der man bis dahin nur ein geringes Interesse geschenkt hatte. – Biographische Studien über ihn wurden von Picard [1922] und Jaki [1984] durchgeführt.
Werke: P. Duhem: Le système du monde. Histoire des doctrines cosmologiques de Platón a Copernic. 10 Bände. Paris 1913–1959. – Études sur Léonard de Vinci. 3 Bände. Paris 1906–1913.

Leonhard Euler (1707–1783)

Texte: [65]–[67]
Als Schüler des Basler Mathematikers Johann Bernoulli schon mit 20 Jahren an die Petersburger Akademie der Wissenschaften berufen. Von 1741–1766 wirkte er an dem Aufbau der Berliner Akademie Friedrich des Großen mit, um dann wieder nach Rußland zurückzukehren. – Entwickelte die newtonsche Mechanik weiter und verfaßte mehrere Lehrbücher der theoretischen und praktischen Mechanik. – Eine interessante Euler-Biographie verfaßte O. Spieß [1929].
Werke: Leonhard Euler: Opera Omnia. Series 1–4. Leipzig, Zürich, Basel 1911 ff.

Philipp Frank (1884–1966)

Texte: [117]
Prager Physiker und Mathematiker, der nach 1938 in die U.S.A. emigrierte und hier eine einflußreiche Schule des logischen Positivismus begründete. – Eine allgemeine Auseinandersetzung mit seinem Werk findet man bei Cohen und Wartofsky [1965].

Galileo Galilei (1564–1642)

Texte: [20]–[24]
Galileis Beiträge zur Mechanik werden in zahllosen Studien behandelt. Eine Zusammenstellung dieser Literatur findet man bei Carli und Favaro (1896) und Boffito (1943). In den letzten Jahrzehnten wurde als Reaktion auf die Veröffentlichungen von Alexandre Koyré [1966] erneut die Frage der empirischen Wurzeln der galileischen Physik durch Stillmann Drake [1970] und andere aufgrund der neuen Quellenfunde aufgerollt.
Werke: Galileo Galilei: Le Opere. Edizione Nazionale. 20 Bände. Florenz 1890–1909.

Gottlieb Gamauf (1772–1841)

Texte: [71]
Prediger im ungarischen Ordenburg, der Lichtenbergs Vorlesungen in Göttingen besucht hatte und seine ausgearbeiteten Mitschriften später veröffentlichte.

Johann Samuel Traugott Gehler (1751–1795)

Texte: [7]–[8]
Dozent der Mathematik an der Leipziger Universität und später auch Ratsherr. Verfaßte das bis dahin größte Wörterbuch der Physik, das für die Entwicklung dieser Disziplin von großem Einfluß war und im frühen 19. Jahrhundert eine elfbändige Neuauflage erlebte.

Ernst Gerland (1838–1910)

Texte: [33]
Professor der Physik an der Bergakademie in Clausthal. Verfaßte zahlreiche Beiträge und Werke zur Physikgeschichte. Einen Nachruf mit Schriftenverzeichnis schrieb Rothe (1910).

Tiedemann Giese (1480–1550)

Texte: [16]
Mit Kopernikus befreundeter Domherr von Frauenburg und späterer Bischof von Kulm und Ermland.

Johann Wolfgang von Goethe (1749–1832)

Texte: [5]; [72]
Maß seinen naturwissenschaftlichen Schriften große Bedeutung bei und vertrat besonders in seiner Farbenlehre einen der newtonschen Lehre entgegengesetzten ganzheitlichen Standpunkt. Mit Goethes naturwissenschaftlichen Auffassungen setzten sich zahlreiche Forscher der nachfolgenden Generationen wie Helmholtz (1853), Du Bois-Reymond (1882) und Heisenberg (1967) auseinander.
Werke: J. W. von Goethe: Zur Farbenlehre. 2 Bände. Tübingen 1810. – Die Schriften zur Naturwissenschaft, herausgegeben von K. L. Wolf u. a. Weimar 1947 ff.

Georg Wilhelm Friedrich Hegel (1770–1831)

Texte: [78]
Obwohl Hegel in seinen philosophischen Schriften vielfach naturwissenschaftliche Fragen behandelte, blieb sein Einfluß auf das naturwissenschaftliche Denken seiner Zeit gering. Viel bespottet wurde seine spekulative Habilitationsschrift aus dem Jahre 1801, der wir den oben angegebenen Text entnommen haben. – Hegels Naturphilosophie wird u. a. bei Moog [1930] behandelt.
Werke: G. W. F. Hegel: Sämtliche Werke, herausgegeben von G. Lasson. 21 Bände. Leipzig 1913–1928.

Georg Ferdinand Helm (1851–1923)

Texte: [104]
Schüler von Carl Neumann, der seit 1888 am Polytechnikum in Dresden mathematische Physik lehrte. Als Hauptvertreter der damaligen Energetik war er ein entschiedener Gegner atomistischer Betrachtungsweisen. – Über seine Auffassungen informiert sein längerer Artikel über »Energielehre« in dem Handwörterbuch der Naturwissenschaften, Band 3, S. 508–527 (1913).

Hermann von Helmholtz (1821–1894)

Texte: [82]–[86]
Nach anfänglicher Beschäftigung mit der Physiologie 1871 zum Professor für Physik an die Berliner Universität berufen. 1888 zum Präsidenten der neugegründeten Physikalisch-Technischen Reichsanstalt ernannt. Seine bedeutendste Leistung war die allgemeine Formulierung des Energieerhaltungssatzes, der eine einheitliche mechanistische Beschreibung aller physikalischer Vorgänge vorsah. – Seine wissenschaftliche Biographie schrieb Leo Koenigsberger [1902/1903]. Neuere wissenschaftshistorische Studien über seine Physik findet man bei Elkana (1970) und Wise (1981).
Werke: H. von Helmholtz: Wissenschaftliche Abhandlungen. 3 Bände. Leipzig 1882–1895.

Christiaan Huygens (1629–1695)

Texte: [34]–[36]
Holländischer Physiker und einer der bedeutendsten Zeitgenossen Newtons, der von 1666–1681 als Mitglied der französischen Akademie der Wissenschaften in Paris wirkte. Er verfaßte zahlreiche Beiträge zur Mechanik, wozu damals auch die Lichterscheinungen gehörten, die er in seinem »Traité de la lumière« mechanisch behandelt hat. – Seine Biographie verfaßte E. J. Dijksterhuis [1951], einer der Herausgeber seiner Werke.

Werke: Chr. Huygens: Oeuvres complètes, publiées par la Société Hollandaise des Sciences. 22 Bände. Den Haag 1888–1950. (Nachdruck Amsterdam 1967).

Immanuel Kant (1724–1804)

Texte: [73]

Kants Einfluß auf die Naturwissenschaft des frühen 19. Jahrhunderts war besonders in Deutschland recht bedeutend. In einer Erstlingsschrift aus dem Jahre 1746 hatte er sich an einem Disput über das wahre Maß der sogenannten lebendigen Kräfte (worunter wir heute die kinetische Energie verstehen) beteiligt. An Kant knüpft die naturphilosophische Schule der Dynamisten an, die alle physikalischen Erscheinungen aus einem Widerstreit anziehender und abstoßender Kräfte erklären wollte. – Mit Kants Physik befassen sich zahlreiche Studien, von denen wir besonders die neueren von Hoppe [1969] und Gulyga [1981] erwähnen.

Werke: I. Kant: Gesamte Schriften (Akademie-Ausgabe). 23 Bände. Berlin 1900–1955.

Johannes Kepler (1571–1630)

Texte: [17]–[19]

Außer seinen astronomischen Schriften lieferte Kepler wichtige Beiträge zur Optik. Er gehört zu den frühesten Anhängern der kopernikanischen Lehre. – Sein Leben und Werk ist bei Kaspar [1948] und bei Gerlach und List [1966] behandelt.

Werke: J. Kepler: Gesammelte Werke, herausgegeben von W. von Dyck u. a. 24 Bände, München 1937 ff.

Nikolaus Kopernikus (1473–1543)

Texte: [15]
Nach einem zehnjährigen Studienaufenthalt in Italien wurde Kopernikus 1506 Leibarzt und Sekretär des Bischofs von Ermland. 1512 wurde Kopernikus zum Domherrn von Frauenburg ernannt. Obwohl sein heliozentrisches System schon um 1507 vorlag und in den folgenden Jahren weiter von ihm ausgebaut worden war, veröffentlichte er seine Ergebnisse erst kurz vor seinem Tode. – Eine ausführliche Biographie wurde von Prowe [1883/1884] verfaßt. Mit den Auswirkungen seines Werkes setzt sich die Studie von Th. S. Kuhn [1981] auseinander.
Werke: N. Copernicus: Gesamtausgabe, herausgegeben von H. M. Nobis. Hildesheim 1974ff.

Pierre Simon de Laplace (1749–1827)

Texte: [76]
Einflußreichster Physiker des späten 18. Jahrhunderts, der mit großer Meisterschaft die newtonsche Mechanik auf zahlreiche astronomische und terrestrische Probleme anwendete. Er übte einen starken Einfluß auf die Entwicklung der mathematischen Physik des frühen 19. Jahrhunderts aus und prägte den Begriff des Laplaceschen Determinismus. – Eine biographische Studie verfaßten Danjon [1957] und Fox und Grattan-Guinnes (1978).
Werke: P. S. de Laplace. Oeuvres complètes. 14 Bände. Paris 1878–1912.

Gottfried Wilhelm Leibniz (1646–1716)

Texte: [55]–[61]
Nach einem Studium der Philosophie und der Rechte besuchte er im Auftrage seines Fürsten Paris und London und lernte dort die bedeutendsten Gelehrten seiner Zeit (wie Huygens, Malebranche, Oldenburg, Boyle und Hookes) kennen. Seit 1676 war er Hofrat und Bibliothekar in Braunschweig. Mit seinem philo-

sophischen System und seinen physikalischen Auffassungen stand er oft im Gegensatz zu Newton. Infolge einer Verfügung des englischen Thronfolgers aus dem Hause Hannover wurde sein Nachlaß nach seinem Tode für viele Jahre gesperrt und so die Wirkung seiner Ideen verhindert. – Eine Chronologie seines Lebens und seines Werkes lieferten Müller und Krönert [1969]. Eine neuere wissenschaftliche Biographie verfaßte E. J. Aiton [1985].

Werke: G. W. Leibniz Sämtliche Schriften und Briefe, herausgegeben von der Deutschen Akademie der Wissenschaften. Berlin 1923 ff.

Georg Christoph Lichtenberg (1742–1799)

Texte: [70]
Professor der Physik in Göttingen. Neben seinen wissenschaftlichen Abhandlungen verfaßte er zahlreiche literarische Aufsätze und Aphorismen. – Sein Leben und sein Werk werden bei Hahn [1927] behandelt.

Werke: G. Ch. Lichtenberg: Schriften und Briefe, herausgegeben von W. Promies. 4 Bände, München 1967–1974. Eine erweiterte Neuausgabe seines umfangreichen Briefwechsels wird zur Zeit unter der Leitung von Albrecht Schöne durch die Akademie der Wissenschaften zu Göttingen herausgegeben.

Ernst Mach (1838–1916)

Texte: [4]; [100]–[102]
Österreichischer Physiker und Erkenntniskritiker, der die mechanistische Grundlegung der Naturwissenschaft nur als ein Provisorium anerkennen wollte. Anstelle von Theorien, die auf metaphysischen Voraussetzungen aufbauen, empfahl er eine phänomenologische Beschreibung, welche nur Sinnesdaten verwendet und die Tatsachen in denkökonomischer Weise anordnet. – Unter den neueren wissenschaftlichen Biographien sind von besonderem Interesse die Werke von Blackmore [1972] und Wolters [1987]. Eine Ausgabe der gesammelten Werke steht noch aus.

James Clerk Maxwell (1831–1879)

Texte: [88]
Professor in Aberdeen (1856–1860), London (bis 1865) und Cambridge. Begründete die moderne Elektrodynamik und lieferte bedeutende Beiträge zur statistischen Wärmetheorie. – Eine Biographie, die auch auf seine Korrespondenz zurückgreift, lieferten Campbell und Garnett [1882].
Werke: J. C. Maxwell: The scientific papers, herausgegeben von W. D. Niven. 2 Bände. Cambridge 1890.

Georg Wilhelm Muncke (1772–1847)

Texte: [69]
Professor der Physik in Marburg und ab 1817 in Heidelberg. Gab mit Heinrich Wilhelm Brandes, Leopold Gmelin, Johann Kaspar Horner, Christian Heinrich Pfaff und Karl-Ludwig von Littrow eine gänzlich neu bearbeitete und erweiterte Auflage des Gehlerschen physikalischen Wörterbuches in 11 Bänden heraus, das einen sehr großen Einfluß auf die Entwicklung der Physik in der ersten Hälfte des 19. Jahrhunderts ausübte.

Isaac Newton (1642–1727)

Texte: [37]–[45]
Newtons »Principia« von 1687 gilt als das einflußreichste naturwissenschaftliche Werk der Neuzeit, welches das naturwissenschaftliche Weltbild unserer Zeit prägte. Außer seiner »Optik« von 1704 verfaßte er noch viele weitere mathematische und physikalische Abhandlungen, die in ihrer Gesamtheit erst in den letzten Jahrzehnten unseres Jahrhunderts publiziert wurden. Besonders umstritten sind seine alchemischen Schriften, die man lange Zeit als eine bedauerliche Begleiterscheinung des großen Gelehrten angesehen hat. – Die umfassendste Biographie Newtons verfaßte Westfall [1980]. Einen Überblick über die große Fülle von Schriften und anderen Fakten über Newton vermittelt das Handbuch

von Gjertsen [1986]. Eine Einführung in das grundlegende Werk findet man bei Cohen [1971] und Cohen [1980].

Werke: I. B. Cohen: Isaac Newton's papers and letters on natural philosophy. Cambridge, Mass. 1978. – D. T. Whiteside: The mathematical papers of Isaac Newton. 8 Bände. Cambridge 1967–1981. H. W. Turnbull, J. F. Scott and A. R. Hall: The correspondence of Isaac Newton. 7 Bände. Cambridge 1959–1977.

Andreas Osiander (1498–1552)

Texte: [14]
Protestantischer Theologe in Nürnberg, der Kopernikus' Werk 1543 herausgab. In seiner anonymen Vorrede hatte er das neue kopernikanische System lediglich als ein bequemeres Denkmodell vorgestellt, dem keine reale Bedeutung beizumessen sei. Obwohl er wahrscheinlich nur die Konfrontation mit der Kirche vermeiden wollte, hat er damit die Wirkung des Werkes verzögert. – Weitere Einzelheiten findet man in den Studien von Rosen (1943) und Westman (1980).

Max Planck (1858–1947)

Texte: [115]
Als Planck sein Studium begann, wurde ihm die Physik als ein bereits abgeschlossenes Gebiet vorgestellt, auf dem es nichts wesentliches mehr zu entdecken gäbe. Bei der Suche nach einer theoretischen Begründung des durch die Experimente nahegelegten Strahlungsgesetzes führte Planck die mit den Vorstellungen der klassischen Physik unvereinbare Hypothese der Energiequanten ein. Die so begründete Quantentheorie revolutionierte die gesamte Physik und bildete die Grundlage für unser Verständnis der atomaren und subatomaren Vorgänge. – Biographisches findet man bei Hermann [1973] und Heilbron [1986].

Werke: M. Planck: Physikalische Abhandlungen und Vorträge. 3 Bände. Braunschweig 1958.

Jules Henri Poincaré (1854–1912)

Texte: [105]–[114]
Einer der fruchtbarsten Mathematiker des späten 19. Jahrhunderts; lieferte zahlreiche Beiträge zur mathematischen Physik. Besonders in seinen allgemeinverständlichen Büchern setzte er sich mit erkenntnistheoretischen Fragen auseinander und übte damit einen großen Einfluß auf die nachfolgenden Generationen aus. – Einen kurzen biographischen Aufsatz über Poincaré verfaßte W. Wien (1921).
Werke: J. H. Poincaré: Oeuvres, herausgegeben von G. Darboux. 11 Bände; Paris, 1916–1954. – La science et l'hypothèse. Paris 1902.

Georg Joachim Rhetikus (1514–1574)

Texte: [11]–[13]
Mit Kopernikus befreundeter junger Mathematiker aus Wittenberg, der 1540 in Danzig einen »ersten Bericht« über die kopernikanische Lehre veröffentlichte. – Eine wissenschaftshistorische Studie über Rhetikus findet man bei Westman (1975).

Julius Schaller (1810–1868)

Texte: [77]
Philosoph der hegelschen Richtung, der 1838 als außerordentlicher Professor an die Universität in Halle berufen wurde.
Werke: J. Schaller: Geschichte der Naturphilosophie von Bacon bis auf unsere Zeit. 2 Bände. Leipzig 1841–1846.

Nikolaus Schonberg (1472–1537)

Texte: [10]
Kaiserlich gesinnter Kardinal und Vertrauter des Papstes, der Kopernikus in einem Schreiben vom 1. November 1536 zur Veröffentlichung seiner wissenschaftlichen Ergebnisse aufforderte. Sie kannten sich möglicherweise aus der Zeit Schonbergs als Gesandter bei dem Großmeister des Kreuzritterordens Albrecht von Hohenzollern im Ermland.

William Thomson (1824–1907)

Texte: [98]–[99]
Nach seinem Studium in Glasgow und Cambridge verbrachte er einen längeren Aufenthalt in Paris, bevor er 1846 in Glasgow eine Professur für theoretische Physik übernahm. Er war einer der einflußreichsten Gelehrten der victorianischen Epoche, lieferte wichtige Beiträge zur Thermodynamik und stellte eine mechanische Theorie des elektromagnetischen Äthers auf. – Seine Biographie schrieb S. P. Thompson [1910]. Unter den wissenschaftshistorischen Arbeiten sind besonders die von Silliman (1963) und die Aufsatzsammlung von Kargon und Achinstein [1987] von Interesse.
Werke: W. Thomson (Kelvin): Mathematical and physical papers. 6 Bände. Cambridge 1882–1911. – Popular lectures and adresses. 3 Bände 1891.

John Tyndall (1820–1893)

Texte: [79]–[81]
Irischer Gelehrter. Nach seiner Rückkehr von einem längeren Studienaufenthalt in Deutschland wurde er zum Physikprofessor an der Royal Institution in London ernannt, die damals noch unter Faradays Leitung stand. 1867 wurde er dort Faradays Nachfolger. Seine populären Schriften wurden von Helmholtz und Wiedemann auch ins Deutsche übertragen. – Biographisches erfährt man bei Eve und Creasey [1945] und bei Barton (1987).

Voltaire (1694–1778)

Texte: [62]–[64]
Besuchte im Jahre 1726 England und lernte dort Newtons Schriften kennen. In seinen »Lettres philosophiques« von 1734 preist er die englischen Zustände und die newtonsche Philosophie. 1750 folgt er einer Einladung Friedrich des Großen nach Berlin; doch er mußte die Stadt 1753 wegen seiner Streitigkeiten mit dem Akademiepräsidenten Maupertuis wieder verlassen. Seine englischen Briefe wurden auch in deutscher Sprache unter dem Titel »Sammlung verschiedener Briefe des Herrn Voltaire die Engländer und andere Sachen betreffend« 1747 in Jena herausgebeben.
Werke: Voltaire: Oeuvre complètes, herausgegeben von P. de Beaumarchais. 70 Bände. Paris 1784.

Wilhelm Wien (1864–1928)

Texte: [116]
Als Helmholtz' Assistent an der Physikalisch-Technischen Reichsanstalt befaßte er sich mit dem Problem der schwarzen Wärmestrahlung. Dabei entdeckte er das nach ihm benannte Gesetz, welches den Anstoß zur Aufstellung der Quantenhypothese gab. – Einen biographischen Aufsatz verfaßten von Laue und Rüchardt (1929).

Edgar Zilsel (1891–1944)

Texte: [118]
Österreichischer Gelehrter und Mitglied des Wiener Kreises um Moritz Schlick. Emigrierte 1939 in die U.S.A. und unterrichtete dort an verschiedenen Colleges.
Werke: E. Zilsel: Die sozialen Ursprünge der neuzeitlichen Wissenschaft, herausgegeben von W. Krohn. Frankfurt a. M. 1976.

Literaturverzeichnis

E. J. Aiton [1985]: Leibniz. A Biography. Adam Hilger Ltd., Bristol und Boston 1985.

F. Algarotti [1745]: Newtons Weltwissenschaft für das Frauenzimmer. Verlegt bei Lud. Schröders Wittwe, Braunschweig 1745

F. Arago [1854/1860]: Sämmtliche Werke. Herausgegeben von W. G. Hankel. 16 Bände, Verlag von Otto Wigand, Leipzig 1854–1860

F. Arago: Kopernikus. Sämmtliche Werke, *3*, S. 138–148

F. Arago: Huygens. Sämmtliche Werke *3*, S. 255–258

F. Arago: Über die angeblichen Wirkungen des Mondes auf die organische Natur, auf Krankheiten usw. Sämmtliche Werke, *8*, S. 55–69

F. Arago: Von der Vorhersage des Wetters. Sämmtliche Werke, *8*, S. 3–21

F. Arago: Von den Stillständen und Rückläufen der Planeten. Theorie der Epycykeln. Geschichtliches über die Umlaufsbewegung der Erde um die Sonne. Sämmtliche Werke, *12*, S. 208–226

F. Arago: Historisches über die Entdeckung der Umdrehungsbewegung der Erde. Materielle Beweise für die Umdrehungsbewegung der Erde. Sämmtliche Werke, *13*, S. 21–46

F. Arago: Störungen der Planetenbewegungen. Sämmtliche Werke, *14*, S. 16–22

F. Arago: Von Ebbe und Flut. Sämmtliche Werke, *14*, S. 87–95

F. Arago: Über die Fortpflanzung der Anziehungskraft. Sämmtliche Werke, *14*, S. 97–99

A. Armitage [1957]: Copernicus. The founder of modern astronomy. Thomas Yoseloff, New York, London 1957

A. Armitage [1972]: The world of Copernicus. (Originally titled ›Sun stand than still‹.) The Scolar Press Ltd., Ilkley, West Yorkshire 1972

F. Bacon [1870]: Neues Organum. Ins Deutsche übersetzt und mit einer Lebensbeschreibung Bacons von J. H. v. Kirchmann. Leipzig 1870

F. Bacon [1974]: Neues Organ der Wissenschaften. Übersetzt und herausgegeben von A. T. Brück, Darmstadt 1974

F. Bacon [1982]: Das neue Organon. Herausgegeben von M. Buhr. Akademie-Verlag, Berlin [2]1982

F. Bacon [1959]: Neu-Atlantis. Hrsg. G. Gerber. Berlin 1959

R. Barton (1987): John Tyndall, Pantheist. Osiris *3*, 111–134 (1987)

C. Baumgardt [1953]: Johannes Kepler. Leben und Briefe. Wiesbaden 1953

F. Beckmann [1861]: Zur Geschichte des copernicanischen Systems. 1861

R. Bentley [1976]: Eight Boyle lectures on atheism, 1692/1693. New York 1976

R. v. Bitter [1978]: Voltaire. Leben und Werk in Daten und Bildern. Frankfurt a. M. 1978

J. T. Blackmore [1972]: Ernst Mach. His Work, Life, and Influence. University of California Press, Berkeley 1972

H. Blumenberg [1965]: Die kopernikanische Wende. Suhrkamp, Frankfurt a. M. 1965

M. Boas [1965]: Die Renaissance der Naturwissenschaften 1450–1630. Das Zeitalter des Kopernikus. Gütersloh 1965

G. Boffito [1943]: Bibliografia galileana, Supplemento. Rom 1943

E. Du Bois-Reymond (1882): Goethe und kein Ende. In Du Bois-Reymond [1885/1887], Band 2, S. 157–183.

E. Du Bois-Reymond [1885/1887]: Reden, in zwei Bänden, Leipzig 1885 und 1887.

E. Du Bois-Reymond [1974]: Vorträge über Philosophie und Gesellschaft, Herausgegeben von S. Wollgast, Felix Meiner Verlag Hamburg 1974

E. Du Bois-Reymond (1872): Über die Grenzen des Naturerkennens. In Du Bois-Reymond [1974], S. 54–77

L. Boltzmann (1896): Models. Encyclopedia Britannica, 11. Auflage 1896, Band 17, S. 736

L. Boltzmann [1896/1898]: Vorlesungen über Gastheorie, 1. und 2. Teil. Verlag von Johann Ambrosius Barth, Leipzig 1896/1898

L. Boltzmann (1896): Über die Unentbehrlichkeit der Atomistik in der Naturwissenschaft. In Boltzmann [1905], S. 141–157

L. Boltzmann (1899): Über die Grundprinzipien und Grundgleichungen der Mechanik. In Boltzmann [1905], S. 253–307

L. Boltzmann (1899): Über die Entwicklung der Methoden der theoretischen Physik in neuerer Zeit. Vortrag auf der Münchener Naturforscherversammlung, 22. September 1899. In Boltzmann [1905], S. 198–227

L. Boltzmann (1902): II. Antrittsvorlesung, gehalten in Wien im Oktober 1902. Physik.Z. 4, 274–277 (1902)

L. Boltzmann (1904): Über statistische Mechanik. In Boltzmann [1905], S. 345–363

L. Boltzmann [1905]: Populäre Schriften. Verlag von Johann Ambrosius Barth, Leipzig 1905

H. H. Borzeszkowski und R. Wahsner [1980]: Newton und Voltaire. Akademie-Verlag, Berlin 1980

H. J. M. Bos (1972): Christiaan Huygens. Dictionary of Scientific Biography. Band 6, S. 597–613. Charles Scribner's Sons, New York 1972

A. Brachner (1979): Geheimnisvolles Vakuum. Kultur u. Technik 2/1979, 18–26 (1979)

D. Brewster [1833a]: Briefe über die natürliche Magie an Sir Walter Scott. Aus dem Englischen übersetzt und mit Anmerkungen begleitet von

F. Wolff. Berlin 1833. (Nachdruck mit einem Nachwort von O. P. Krätz als Band 7 der Dokumente zur Geschichte von Naturwissenschaft, Medizin und Technik. Verlag Chemie GmbH, Weinheim 1984)

D. Brewster [1833b]: Sir Isaac Newton's Leben nebst einer Darstellung seiner Entdeckungen. Übers. von B. B. Goldberg. Leipzig 1833

C. v. Brockdorff [1923]: Descartes und die Fortbildung der Kartesianischen Lehre. Verlag Ernst Reinhardt, München 1923

S. G. Brush [1970]: Kinetische Theorie. Band I und II. Friedrich Vieweg und Sohn, Braunschweig 1970

S. G. Brush [1976]: The Kind of Motion we call Heat. North-Holland, Amsterdam 1976.

S. G. Brush (1976): Irreversibility and Indeterminism: Fourier to Heisenberg. Journal for the History of Ideas *37*, 603–630 (1976)

W. Büchel [1975]: Gesellschaftliche Bedingungen der Naturwissenschaft. Verlag C. H. Beck, München 1975

L. Büchner [1855]: Kraft und Stoff. Meidinger, Frankfurt a. M. 1855

L. Campbell und W. Garnett [1882]: The life of James Clerk Maxwell. London 1882.

G. N. Cantor und M. J. S. Hodge, Hrsg. [1981]: Conceptions of ether. Studies in the history of ether theories 1740–1900. Cambridge 1981.

A. Carli und A. Favaro [1896]: Bibliografia galileana, 1568–1895. Rom 1896.

M. Caspar und W. v. Dyck [1930]: Johannes Kepler in seinen Briefen. Band I und II. München und Berlin 1930

M. Caspar [1948]: Johannes Kepler. W. Kohlhammer Verlag, Stuttgart 1948

E. Cassirer [1906]: Das Erkenntnisproblem in der Philosophie und Wissenschaft der neueren Zeit. Band I. Berlin 1906, ³1922

E. Cassirer [1932]: Die Philosophie der Aufklärung. Tübingen 1932

E. Cassirer (1932): Die Antike und die Entstehung der exakten Wissenschaft. Die Antike *13*, 276–300 (1932)

E. Cassirer (1937): Determinismus und Indeterminismus in der modernen Physik. In Cassirer [1964], S. 129–376

E. Cassirer [1939]: Descartes. Lehre-Persönlichkeit-Wirkung. Stockholm 1939

E. Cassirer [1942]: Descartes. Paris 1942

E. Cassirer [1964]: Zur modernen Physik. Wissenschaftliche Buchgesellschaft, Darmstadt 1964

E. Cassirer [1969]: Philosophie und exakte Wissenschaft. Eingeleitet und erläutert von Wilhelm Krampf. Vittorio Klostermann, Frankfurt a. M. 1969

A. C. Clairaut (1743): Theorie der Erdgestalt nach Gesetzen der Hydrostatik. In das Deutsche übertragen und herausgegeben von Ph. E. B. Jourdain und A. v. Oettingen. Oswalds Klassiker der exakten Wissenschaften Nr. 193. Leipzig 1913

R. Clausius [1898]: Über die bewegende Kraft der Wärme und die Gesetze, welche sich daraus für die Wärmelehre selbst ableiten lassen. Herausgegeben von Max Planck. Oswalds Klassiker der exakten Wissenschaften Nr. 99. Verlag von Wilhelm Engelmann, Leipzig 1898

I. B. Cohen [1971]: Introduction to Newton's Principia. Cambridge 1971

I. B. Cohen [1980]: Album of Science. From Leonardo to Lavoisier; 1450–1800. New York 1980

I. B. Cohen [1980b]: The Newtonian Revolution. Cambridge 1980

I. B. Cohen [1985]: Revolution in Science. Cambridge, Mass. 1985

I. B. Cohen und R. E. Schofield, Hrsg. [1978]: Isaac Newton's papers and letters on natural philosophy and related documents. Harvard University Press, Cambridge, Mass. ^{2}1978

R. S. Cohen und M. W. Wartofsky, Hrsg. [1965]: Festschrift für Philipp Frank. Boston Studies in the Philosophy of Science. Dordrecht 1965

R. Cotes (1713): Vorrede zur zweiten Ausgabe von Newtons Principia. In Newton [1872], S. 4–19

E. Danjon, et al. (1957). Pierre Simon Marquis de Laplace, 1749–1827. In: Notices et Discours. Académie des Sciences 3, Paris 1957

F. Dannemann [1920/1923]: Die Naturwissenschaften in ihrer Entwicklung. 4 Bände. Leipzig 1920–1923

C. G. Darwin [1953]: Die nächsten Millionen Jahre. Braunschweig 1953

R. Descartes [1908]: Die Prinzipien der Philosophie. Herausgegeben von A. Buchenau. Verlag der Dürr'schen Buchhandlung, Leipzig ^{3}1908

R. Descartes [1949]: Briefe 1629–1650. Herausgegeben, eingeleitet und mit Anmerkungen versehen von M. Bense. Übersetzt von F. Baumgart. Staufen-Verlag, Köln und Krefeld 1949

R. Descartes [1953]: Oeuvres et Lettres. Textes présentés par André Bridoux. Paris 1953

F. Dessauer [1945]: Weltfahrt der Erkenntnis. Leben und Werk Isaac Newtons. Rascher-Verlag, Zürich 1945

E. J. Dijksterhuis [1951]: Christiaan Huygens. Haarlem 1951

E. J. Dijksterhuis [1954]: Simon Stevin. s'Gravenhage 1954

E. J. Dijksterhuis [1956]: Die Mechanisierung des Weltbildes. Springer-Verlag, Berlin, Göttingen, Heidelberg 1956

St. Drake [1970]: Galilei Studies. Ann Arbor 1970

P. Duhem [1912]: Die Wandlung der Mechanik und der mechanischen Naturerklärung. Leipzig 1912

P. Duhem [1978]: Ziel und Struktur der physikalischen Theorien. Felix Meiner Verlag, Hamburg 1978

E. Dühring [1887]: Kritische Geschichte der allgemeinen Principien der Mechanik. Leipzig ^{3}1887

A. Einstein (1917): Marian von Smoluchowski: Naturwiss. 5, 737–739 (1917)

A. Einstein (1927): Newtons Mechanik und ihr Einfluß auf die Gestaltung der theoretischen Physik. Naturwiss. 15, 273–276 (1927)

I. Ekeland [1985]: Das Vorhersehbare und das Unvorhersehbare. München 1985

Y. Elkana (1970): Helmholtz' »Kraft«: An illustration of concepts in flux. Historical Studies in the Physical Sciences 2, 263–299 (1970).

Y. Elkana [1974]: The Discovery of the Conservation of Energy. Cambridge, Mass. 1974

L. Euler [1986]: Briefe an eine deutsche Prinzessin über verschiedene Gegenstände aus der Physik und Philosophie 1.–3. Teil. Leipzig 1769–1773. Neuausgabe, herausgegeben von R. U. Sexl u. K. v. Meyenn. Edition Vieweg, Band 3. Braunschweig/Wiesbaden 1986

A. S. Eve und C. H. Creasey [1945]: Life and work of John Tyndall. London 1945

F. M. Feldhaus [1922]: Leonardo als Techniker und Erfinder. Jena 1922

K. Fischer [1856]: Francis Bacon und seine Schule. Leipzig 1856

J. C. Fischer [1798/1804]: Physikalisches Wörterbuch oder Erklärung der vornehmsten zur Physik gehörigen Begriffe und Kunstwörter sowohl nach atomistischer als auch nach dynamischer Lehrart betrachtet. 5 Theile. Göttingen 1798–1804

J. C. Fischer (1799): Grundkräfte. In Fischer [1798/1804], 2. Theil, S. 821–841

J. C. Fischer [1801/1810]: Geschichte der Physik seit der Wiederherstellung der Künste und Wissenschaften bis auf die neueste Zeit. 7 Bände. Göttingen 1801–1810

R. Fox und I. Grattan-Guinnes (1978): Pierre Simon Marquis de Laplace, 1749–1827. Dictionary of Scientific Biography, Band 15, S. 273–403. New York 1978.

Ph. Frank (1935): Das Ende der mechanistischen Physik. Einheitswissenschaft 5, 23–25 (1935)

Ph. Frank [1979]: Albert Einstein. Sein Leben und seine Zeit. Friedrich Vieweg und Sohn, Braunschweig/Wiesbaden 1979

W. Frost [1910]: Naturphilosophie. Leipzig 1910

W. Frost [1927]: Bacon und die Naturphilosophie. München 1927

Galileo Galilei [1964]: Unterredungen und mathematische Demonstrationen. Über zwei neue Wissenszweige, die Mechanik und die Fallgesetze betreffend. Erster bis sechster Tag. Arcetri, 6. März 1638. Herausgegeben von A. v. Oettingen. Wissenschaftliche Buchgesellschaft, Darmstadt 1964

Galileo Galilei [1982]: Dialog über die beiden hauptsächlichen Weltsysteme, das ptolemäische und das kopernikanische. Aus dem Italienischen übersetzt und erläutert von Emil Strauss. Herausgegeben von R. U. Sexl und K. v. Meyenn, B. G. Teubner, Stuttgart 1982

G. Gamauf [1808/1812]: Erinnerungen aus Lichtenbergs Vorlesungen über Erxlebens Anfangsgründe der Naturlehre. 3 Teile. Wien und Triest 1808–1812

P. Gassendi (1655): Nicolai Copernici vita. Hagae-Comitum 1655

J. S. T. Gehler [1787/1795]: Physikalisches Wörterbuch. (5 Theile). Leipzig, im Schwickertschen Verlage, 1787, 1789, 1790, 1791, 1795

J. S. T. Gehler [1825/1845]: Physikalisches Wörterbuch, neu bearbeitet von Brandes, Gmelin, Hoerner, [Littrow], Muncke und Pfaff. 11 Bände. E. B. Schwickert, Leipzig 1825–1845

J. S. T. Gehler (1787): Automate. In J. S. T. Gehler [1787/1795]. Erster Theil, S. 221–225

W. Gerlach und M. List [1966]: Johannes Kepler. 1571 Weil der Stadt – 1630 Regensburg. Dokumente zu Lebenszeit und Lebenswerk. München 1966

W. Gerlach, Hrsg. [1967]: Der Natur die Zunge lösen. Leben und Leistung großer Forscher. München 1967

E. Gerland und F. Traumüller [1899]: Geschichte der physikalischen Experimentierkunst. Leipzig 1899

E. Gerland (1908): Über die Stetigkeit der Entwicklung der physikalischen Erkenntnisse. Physik. Z. *9*, 609–615 (1908)

E. Gerland [1913]: Geschichte der Physik. Verlag von R. Oldenbourg, München und Berlin 1913

J. W. Gibbs (1889): Rudolf Julius Emmanuel Clausius. Proceedings of the American Academy of Arts and Sciences *16*, 458–465 (1889)

Ch. Girtanner [1795]: Anfangsgründe der antiphlogistischen Chemie. Berlin ^{2}1795

D. Gjertsen [1986]: The Newton Handbook. London und New York 1986

J. Gleick [1988]: Chaos – Die Ordnung des Universums. München 1988

J. W. von Goethe [1963]: Schriften zur Farbenlehre I und II. J. G. Cotta-'sche Buchhandlung, Nachfolger, Stuttgart 1963

E. Grant [1980]: Das physikalische Weltbild des Mittelalters. Zürich und München 1980

W. J. s'Gravesande [1747]: Mathematical Elements of Natural Philosophy, confirmed by Experiments. Or an Introduction to Sir Isaac Newton's Philosophy. Vol. II. London ^{6}1747

H. Grundmann (1960): Naturwissenschaft und Medizin in mittelalterlichen Schulen und Universitäten. Deutsches Museum. Abh. und Berichte *28* (2), 1–39 (1960). München 1960

O. v. Guericke [1672]: Experimenta nova Magdeburgica de vacuo spatio.

O. v. Guericke [1968]: Neue Magdeburger Versuche über den leeren Raum. Übersetzt und herausgegeben von H. Schimank unter Mitwirkung von H. Gossen, G. Maurach und F. Krafft. Düsseldorf 1968

A. Gulyga [1981]: Immanuel Kant. Frankfurt a. M. 1981

Guyot [1770/1777]: Neue physikalische und mathematische Belustigungen. (Übersetzung aus dem Französischen). Augsburg 1770–1777

P. Hahn [1927]: G. Ch. Lichtenberg und die exakten Wissenschaften. Göttingen 1927

R. Hahn [1971]: The Anatomy of a Scientific Institution. The Paris Academy of Science, 1666–1803. Berkeley/London 1971

A. R. Hall [1980]: Philosophers at war. Cambridge 1980

A. R. Hall und M. B. Hall, Hrsg. [1962]: Unpublished Scientific Papers of Isaac Newton. Cambridge 1962

J. S. Halle [1784/1787]: Magie, oder die Zauberkräfte der Natur, so auf den Nutzen und die Belustigung angewandt worden. (4 Teile). Berlin 1784–1787

P. A. Hanle (1979): Indeterminacy before Heisenberg. Historical Studies in the Physical Sciences *10*, 225–269 (1979)

G. Harig [1981]: Physik und Renaissance. Oswalds Klassiker der exakten Wissenschaften. Band 260. Leipzig 1981

T. L. Heath, Hrsg. [1914]: Archimedes' Werke. Deutsch von F. Kliem. Berlin 1914

G. W. F. Hegel [1928]: Sämtliche Werke. Herausgegeben von G. Lasson. Band 1: Erste Druckschriften. Felix Meiner Verlag, Leipzig 1928

J. L. Heilbron [1986]: The dilemmas of an upright man. Max Planck as spokesman for german science. Berkeley 1986

K. J. Heinisch, Hrsg. [1960]: Der utopische Staat. Hamburg 1960

W. Heisenberg (1967): Das Naturbild Goethes und die technisch-naturwissenschaftliche Welt. In Heisenberg [1977], S. 243–262

W. Heisenberg (1971): Abschluß der Physik? Universitas *26*, 1–7 (1971)

W. Heisenberg [1977]: Schritte über Grenzen. München 1977.

G. Helm [1898]: Die Energetik nach ihrer geschichtlichen Entwicklung. Verlag von Veit und Comp., Leipzig 1898

H. von Helmholtz (1853): Über Goethes naturwissenschaftliche Arbeiten. In Helmholtz [1884], Band 1, S. 1–24

H. v. Helmholtz (1874): Über das Streben nach Popularisierung der Wissenschaft. In »Vorträge und Reden« 2. Band. Braunschweig 1884, S. 350–364

H. v. Helmholtz [1884]: Vorträge und Reden. 1. und 2. Band. Friedrich Vieweg und Sohn, Braunschweig 1884

H. v. Helmholtz [1889]: Über die Erhaltung der Kraft. Herausgegeben und mit Zusätzen versehen von H. von Helmholtz. Oswalds Klassiker der exakten Wissenschaften Nr. 1. Verlag von Wilhelm Engelmann, Leipzig 1889

J. W. Herivel (1966): Aspects of french theoretical physics in the nineteenth century. British Journal for the History of Science *3*, 109–132 (1966).

A. Hermann (1968): Die Entdeckung der Fallgesetze und Galileis wissenschaftliche Methode. In *Rechenpfennige*, Festschrift für K. Vogel. München 1986, S. 151–165

A. Hermann [1973]: Max Planck in Selbstzeugnissen und Bilddokumenten. Reinbek bei Hamburg 1973

F. Herneck (1960): Emil Du Bois-Reymond und die Grenzen der mechanischen Naturauffassung. In »Forschen und Wirken«. Festschrift zur 150-Jahr-Feier der Humboldt-Universität zu Berlin. Band I, Berlin 1960

H. Hertz (1889): Über die Beziehungen zwischen Licht und Electricität. Vortrag bei der 62. Versammlung deutscher Naturforscher und Ärzte zu Heidelberg am 20. September 1889. Enthalten in Gesammelte Werke. Band I. S. 339–354

H. Hertz [1894/1963]: Die Prinzipien der Mechanik. Leipzig 1894. Nachdruck Darmstadt 1963

G. Holton (1956): Keplers Universum: Seine Physik und Metaphysik. In Holton [1984], S. 28–45

G. Holton [1984]: Themata. Zur Ideengeschichte der Physik. Braunschweig/Wiesbaden 1984

R. Hooykaas (1967): Eduard Jan Dijksterhuis. Isis *58*, 223–225 (1967)

H. Hoppe [1969]: Kants Theorie der Physik. Frankfurt 1969

A. v. Humboldt [1845/1862]: Kosmos. Entwurf einer physischen Weltbeschreibung. 4 Bände. Stuttgart und Tübingen 1845–1862

D. Hume [1748]: An Enquiry Concerning Human Understanding. London 1748

E. Hunger [1964/1966]: Die naturwissenschaftliche Erkenntnis. 3 Bände. Friedrich Vieweg und Sohn, Braunschweig 1966

K. Hutchinson (1982): What happened to the occult qualities in the scientific revolution. Isis *73*, 233–253 (1982)

Chr. Huygens [1888/1950]: Oeuvres complètes, publiées par la Société Hollandaise des Sciences. 22 Bände. Den Haag 1888–1950. (Nachdruck Amsterdam 1967)

Chr. Huygens [1913]: Die Pendeluhr (1673). Übersetzt und herausgegeben von A. Heckscher und A. von Oettingen. Oswalds Klassiker der exakten Wissenschaften Nr. 192. Leipzig 1913. (Originalfassung in Huygens [1888/1950], Band 18)

Chr. Huygens [1896]: Abhandlung über die Ursache der Schwere (1690). Deutsch herausgegeben von R. Mewes. Berlin 1896

Chr. Huygens [1903]: Über die Bewegung der Körper durch den Stoss. Über die Centrifugalkraft (1659/1669). Oswalds Klassiker der exakten Wissenschaften Nr. 138. Leipzig 1903

Chr. Huygens [1890]: Abhandlung über das Licht (1678). Oswalds Klassiker der exakten Wissenschaften Nr. 20. Herausgegeben von E. Lommel. Verlag von Wilhelm Engelmann, Leipzig 1890

S. Jaki [1984]: Uneasy Genius: The Life and Work of Pierre Duhem. The Hague 1984

J. Jeans [1944]: Physik und Philosophie 1944

R. Jost (1983): Das Wesen von Materie und Kraft. Emil du Bois-Reymonds Weltmodell. Vierteljahresschrift der Naturforschenden Gesellschaft Zürich *128*, 145–165 (1983)

I. Kant [1960]: Vorkritische Schriften bis 1768. Wiesbaden 1960

I. Kant [1977]: Werkausgabe. Band I–XII. Suhrkamp, Frankfurt a. M. 1977

I. Kant (1755): Allgemeine Naturgeschichte und Theorie des Himmels. (In Kant [1977], Band I)

I. Kant [1786]: Metaphysische Anfangsgründe der Naturwissenschaft. Zitiert nach Hunger [1964/1966], 1. Band, S. 58

I. Kant [1787]: Kritik der reinen Vernunft. Riga [2]1787

R. Kargon und P. Achinstein, Hrsg. [1987]: Kelvin's Baltimore Lectures and Modern Theoretical Physics: Historical and Philosophical Perspectives. Cambridge, Mass. 1987

M. Kaspar [1948]: Johannes Kepler. Stuttgart 1948

H. Keferstein [1911]: Große Physiker. Bilder aus der Geschichte der Astronomie und Physik. Leipzig und Berlin 1911

J. Kepler [1929]: Neue Astronomie. Übersetzt und eingeleitet von Max Caspar. Verlag von R. Oldenbourg, München und Berlin 1929

J. Kepler [1936]: Das Weltgeheimnis. Mysterium Cosmographicum. Übersetzt und eingeleitet von Max Caspar. Verlag von R. Oldenbourg, München und Berlin 1936

J. Kepler [1939]: Weltharmonik. Übersetzt und eingeleitet von Max Caspar. R. Oldenbourg Verlag, München 1939

J. Kepler [1858/1871]: Opera omnia. 8 Bände. Frankfurt 1858–1871

J. Kepler [1971]: Selbstzeugnisse. Ausgewählt und eingeleitet von Franz Hammer. Stuttgart-Bad Cannstatt 1971

G. Kirchhoff [1876]: Vorlesungen über mathematische Physik. 1. Band: Vorlesungen über Mechanik. Leipzig 1876, [4]1897

G. Klaus, Hrsg. [1959]: Nicolaus Copernicus. Über die Kreisbewegungen der Weltkörper. Erstes Buch. (Deutsch-Lateinische Ausgabe). Akademie-Verlag, Berlin 1959

M. J. Klein (1969): Gibbs on Clausius. Historical Studies in the Physical Sciences *1*, 127–149 (1969)

M. J. Klein (1970): Maxwell, His Demon, and the Second Law of Thermodynamics. American Scientist *58*, 84–97 (1970)

M. J. Klein (1972): Mechanical Explanation at the End of the Nineteenth Century. Centaurus *17*, 58–82 (1972)

M. J. Klein (1973): The Development of Boltzmann's Statistical Ideas. Acta Physica Austriaca, Suppl. X, 53–106 (1973)

A. Kleinert [1974]: Die allgemeinverständlichen Physikbücher der französischen Aufklärung. Aarau 1974

F. Klemm [1954]: Technik. Eine Geschichte ihrer Probleme. München 1954

F. Klemm (1958): Die Physik im Zeitalter der Aufklärung. BASF *8*, 99–108 (1958)

F. Klemm (1967): Leonardo da Vinci. In Gerlach [1967], S. 11–19

F. Klemm (1970): Galilei und die Technik. Technikgeschichte *37*, 13–26 (1970)

F. Klemm [1979]: Zur Kulturgeschichte der Technik. Aufsätze und Vorträge 1954–1978. München 1979

A. Koestler [1959]: Die Nachtwandler. Bern, München, Wien 1959

Leo Königsberger [1902/1903]: Hermann von Helmholtz, Bd. 1–3. Friedrich Vieweg und Sohn. Braunschweig 1902–1903

N. Kopernikus [1540/1948]: Commentariolus. Deutsche Übersetzung in F. Roßmann [1948]: N. Kopernikus. Erster Entwurf seines Weltsystems. München 1948

N. Kopernikus [1543]: De revolutionibus orbium coelestium libri VI. Nürnberg 1543

A. Koyré [1923]: Descartes und die Scholastik. Bonn 1923

A. Koyré [1966]: Études Galiléennes. Paris [2]1966

F. Krafft und A. Meyer-Abich, Hrsg. [1970]: Große Naturwissenschaftler. Biographisches Lexikon. Frankfurt a. M. und Hamburg 1970

O. Kraus (1919): Francis Bacon, der Philosoph des Machtgedankens. Naturwiss. 7, 33–39 (1919)

T. S. Kuhn [1981]: Die kopernikanische Revolution. Braunschweig 1981

J. O. de Lamettrie [1919]: Maschine Mensch (1748). Hrsg. von M. Brahn. Philos. Bibl. Leipzig 1919

F. A. Lange [1866]: Geschichte des Materialismus. 2 Bände. Leipzig 1866, ^{3}1876

P. S. Laplace [1797]: Darstellung des Weltsystems. Frankfurt a. M. 1797

P. S. de Laplace [1932]: Philosophischer Versuch über die Wahrscheinlichkeit (1812). Herausgegeben von R. v. Mises. Akademische Verlagsgesellschaft M.B.H., Leipzig 1932

M. v. Laue (1921): Das physikalische Weltbild. Vortrag, gehalten auf der Kieler Herbstwoche 1921. Karlsruhe 1921. (Auch enthalten in M. v. Laue [1961], S. 25–47)

M. v. Laue (1949): Trägheit und Energie. In: Albert Einstein als Philosoph und Naturforscher, herausgegeben von P. A. Schilpp. Stuttgart 1955, S. 364–388.

M. v. Laue [1961]: Aufsätze und Vorträge. Braunschweig 1961

M. von Laue und E. Rüchardt (1929): Willy Wien. Naturwissenschaften 17, 675–681 (1929)

K. Laßwitz [1890]: Geschichte der Atomistik vom Mittelalter bis Newton. 2 Bände. Hamburg und Leipzig 1890

W. Lehmann, Hrsg. [1964]: Johannes Kepler. Unterredung mit dem Sternboten. Übersetzt und mit einem Nachwort versehen von F. Hammer. Hamburg 1964

G. W. Leibniz [1904/1906]: Hauptschriften zur Grundlegung der Philosophie. Übersetzt von A. Buchenau. Durchgesehen und mit Einleitungen und Erläuterungen herausgegeben von E. Cassirer. Band I und II. Verlag von Felix Meiner, Leipzig 1904/1906

G. Chr. Lichtenberg [1967/1974]: Schriften und Briefe. Herausgegeben von W. Promies. 4 Bände. Carl Hanser Verlag, München 1967–1974

J. von Liebig [1863]: Über Francis Bacon von Verulam und die Methode der Naturforschung. München 1863

D. C. Lindberg, Hrsg. [1978]: Science in the middle ages. Chicago 1978

Leonardo da Vinci, der Denker, Forscher und Poet. Auswahl in deutscher Übersetzung von M. Herzfeld, Jena ^{3}1911

M. List, Hrsg. [1953]: J. Kepler. Der Mensch und die Sterne. Aus seinen Werken und Briefen. Hg. v. M. List. Wiesbaden 1953

J. A. Lohne (1968): »Experimentum Crucis«. Notes and Records of the Royal Soc. of London. 23, 193–196 (1968)

H. A. Lorentz (1907): Das Licht und die Struktur der Materie. Physik. Z. 8, 542–549 (1907)

H. A. Lorentz (1900): Elektromagnetische Theorien physikalischer Erscheinungen. Physik. Z. 1, 498–501, 514–519 (1900)

H. A. Lorentz (1907): Ludwig Boltzmann. Verhandlungen der Deutschen Physikalischen Gesellschaft 5, 206–238 (1907)

E. Mach (1871): Die Symmetrie. In Mach [1897], S. 101–118

E. Mach (1882): Die ökonomische Natur der physikalischen Forschung. In Mach [1897], S. 208–236

E. Mach (1894): Über das Prinzip der Vergleichung in der Physik. In Mach [1897], S. 258–281

E. Mach (1895): Über den Einfluß zufälliger Umstände auf die Entwicklung von Erfindungen und Entdeckungen. In Mach [1897], S. 282–304

E. Mach (1896): Der Sinn für das Wunderbare. In Mach [1900], S. 367–379

E. Mach [1897]: Populär-Wissenschaftliche Vorlesungen. Verlag von Johann Ambrosius Barth, Leipzig [2]1897

E. Mach [1900]: Die Principien der Wärmelehre. Historisch-kritisch entwickelt. Verlag von Johann Ambrosius Barth, Leipzig [2]1900

E. Mach [1921]: Die Mechanik in ihrer Entwicklung (1883). Leipzig [8]1921

A. Maier [1938]: Die Mechanisierung des Weltbildes. Leipzig 1938

S. F. Mason [1961]: Geschichte der Naturwissenschaften in der Entwicklung ihrer Denkweisen. Stuttgart 1961

J. C. Maxwell [1878]: Theorie der Wärme. Übersetzt nach der vierten Auflage des Originals von F. Neesen. Verlag von Friedrich Vieweg und Sohn, Braunschweig 1878

C. L. Menzzer, Hrsg. [1879/1939]: N. Copernikus. Über die Kreisbewegungen der Weltkörper. Thorn 1879. Nachdruck (mit einem Vorwort von J. Hopmann) Leipzig 1939

J. T. Merz [1904/1912]: A History of European Though in the Nineteenth Century. 4 Bände. London 1904–1912.

K. von Meyenn (1987): »Die Principia«: Ein Buch verändert die Welt. Physik. Bl. 43, 441–445 (1987)

W. Moog [1930]: Hegel und die Hegelsche Schule. München 1930

K. Müller und G. Krönert [1969]: Leben und Werk von G. W. Leibniz. Eine Chronik. Frankfurt 1969

G. W. Muncke (1833): Die Geschichte der Physik seit der Wiederbelebung der Wissenschaften bis Newton. In: J. S. T. Gehler's Physikalisches Wörterbuch, neu bearbeitet... Band 7, Leipzig 1833, S. 540 bis 544

G. W. Muncke (1836): Natürliche Magie. In: J. S. T. Gehler's Physikalisches Wörterbuch, neu bearbeitet... Band 6, Leipzig 1836, S. 629–635

R. Naylor (1976): Galileo: Real Experiment and Didactic Demonstration. Isis 67, 398–419 (1976)

I. Newton [1872]: Mathematische Principien der Naturlehre. Herausgegeben von J. Ph. Wolfers. Verlag von Robert Oppenheim, Berlin 1872

I. Newton [1932]: »Principia«. 2 Teile. Herausgegeben von H. S. E. Beth. Groningen 1932

I. Newton [1983]: Optik oder Abhandlung über Spiegelungen, Brechungen, Beugungen und Farben des Lichts. Übersetzt und herausgegeben von W. Abendroth. Neuausgabe, eingeleitet und erläutert von M. Fierz. Edition Vieweg, Band 1, Braunschweig/Wiesbaden 1983

J. Neyman, Hrsg. [1974]: The Heritage of Copernicus: Theories »Pleasing to the Mind«. Cambridge, Mass. 1974

Oersted: Die Naturwissenschaft als einer der Grundbestandtheile der Bildung des Menschen betrachtet. Neues Abendblatt 1824

W. Ostwald [1895]: Die Überwindung des naturwissenschaftlichen Materialismus. Leipzig 1895

W. Ostwald [1919]: Grosse Männer. Leipzig [5]1919

B. Pascal (1647): Abhandlung über den leeren Raum.

E. Picard [1922]: La vie et l'oeuvre de Pierre Duhem. Paris 1922

M. Planck [1958]: Physikalische Abhandlungen und Vorträge. Band I–III. Friedrich Vieweg und Sohn, Braunschweig 1958

M. Planck [1887]: Das Prinzip der Erhaltung der Energie. Leipzig 1887

M. Planck: Antrittsrede, gehalten am 28. Juni 1894 zur Aufnahme in die Akademie. Sitzungsberichte der Preußischen Akademie der Wissenschaften. 1894, S. 641–644

M. Planck (1910): Die Stellung der neueren Physik zur mechanischen Naturanschauung. Physik. Z. *11*, 922–932 (1910)

M. Planck (1914): Das Prinzip der kleinsten Wirkung. In: Die Kultur der Gegenwart. Leipzig 1914. T. 3, Abt. 3, Bd. 1, S. 714–731

M. Planck [1933]: Wege zur physikalischen Erkenntnis. Reden und Vorträge. Leipzig 1933

M. Planck (1909): Die Einheit des physikalischen Weltbildes. Physik Z. *10*, 62–75 (1909)

J. G. Poggendorff [1879]: Geschichte der Physik. Vorlesungen, gehalten an der Universität zu Berlin. Leipzig 1879

H. Poincaré [1904]: Wissenschaft und Hypothese. Leipzig 1904

H. Poincaré (1904b): Die Physik und der Mechanismus. In: Wissenschaft und Hypothese. Leipzig 1904, [2]1906, S. 168–183

H. Poincaré [1914]: Wissenschaft und Methode. Verlag von B. G. Teubner, Leipzig und Berlin 1914

H. Poincaré (1959): Der Stand der theoretischen Physik an der Jahrhundertwende. Vortrag in St. Louis 1904. Physik. Bl. *15*, 145–149, 193–201 (1959)

L. Prowe [1883/1884]: Nicolaus Copernikus. 2 Bände; Berlin 1883–1884

G. Rees (1977): Matter Theory: A Unifying Factor in Bacon's Natural Philosophy. Ambix *24*, 110–125 (1977)

G. Rees (1980): Atomism and ›Subtlety‹ in F. Bacon's Philosophy. Ann. Sci. *37*, 549–571 (1980)

L. Reti (1967): The Leonardo da Vinci Codices in the Biblioteca Nacional de Madrid. Technology and Culture *8*, 437–445 (1967)

G. J. Rhetikus [1943]: Erster Bericht über die 6 Bücher des Kopernikus von den Kreisbewegungen der Himmelsbahnen (1540). Übersetzt und eingeleitet von K. Zeller. München und Berlin 1943

C. A. Ronan [1984]: The Cambridge illustrated History of the World's Science. Cambridge University Press, Cambridge 1984

E. Rosen (1943): The authentic title of Copernicus' mayor work. Journal of the History of Ideas 4, 457 (1943)

F. Rosenberger [1882/1890]: Die Geschichte der Physik. 1.–3. Teil. Braunschweig 1882, 1884 und 1887–1890

F. Rosenberger [1895]: Isaac Newton und seine physikalischen Principien. Ein Hauptstück aus der Entwicklungsgeschichte der modernen Physik. Leipzig 1895. Neuauflage Wissenschaftliche Buchgesellschaft, Darmstadt 1987

F. Roßmann (1947): Der Commentariolus von Nikolaus Kopernikus. Naturwiss. 34, 65–69 (1947)

F. Roßmann, Phs. [1948]: Nikolaus Kopernikus. Erster Entwurf seines Weltsystems. München 1948

R. Rothe (1910): E. Gerland zum Gedächtnis. Clausthal 1910

W. H. Ryffs [1547]: Geometrische Büchsenmeisterei. Nürnberg 1547

S. Sambursky [1965]: Das physikalische Weltbild der Antike. Zürich und Stuttgart 1965

S. Sambursky [1975]: Der Weg der Physik. 2500 Jahre physikalischen Denkens. Texte von Anaximander bis Pauli. Zürich 1975

J. Schaller [1855]: Briefe über Alexander von Humboldts Kosmos. Zweiter Theil. T. O. Weigel, Leipzig ^{2}1855

P. A. Schilpp, Hrsg. [1949]: The Philosophy of Ernst Cassirer. Evanston 1949.

H. Schimank [1930]: Epochen der Naturforschung. Berlin 1930

H. Schimank (1946): Naturwissenschaft und Technik im Zeitalter des Barock. In: G. W. Leibniz. Vorträge zu seinem 300. Geburtstage. Hamburg 1946, S. 172–185

H. Schimank (1947a): Die Physik des 19. Jahrhunderts. Geistesgeschichtliche Züge ihres Bildes und ihre Entwicklung zumal in Deutschland. Naturwiss. 34, 2–10 (1947)

H. Schimank (1947b): Newton und Leibniz. Physik. Bl. 3, 345–352 (1947)

H. Schimank (1950): William Gilberts »Neue Naturlehre vom Magneten«. Physik. Bl. 6, 550–553 (1950)

H. Schimank (1955): Aristotelische, scholastische und galileische Physik. Physikertagung Hamburg 1954. Mosbach 1955. S. 1–25

H. Schimank (1968): Stand und Entwicklung der Naturwissenschaft im Zeitalter der Aufklärung. In: Lessing und die Zeit der Aufklärung. Göttingen 1968, S. 30–76

H. Schimank (1969): Die Wandlung des Begriffes ›Physik‹ während der 1. Hälfte des 18. Jahrhunderts. In: K.-H. Manegold (Hrsg.): Wissenschaft, Wirtschaft und Technik. Studien zur Geschichte. München 1969, S. 454–568

H. Schimank (1971): Die experimentelle Physik des 19. Jahrhunderts und ihre handwerklich-technischen Hilfsmittel. Technikgeschichte in Einzeldarstellungen 19, 5–53 (1971)

C. Schott [1657]: Magia universalis naturae et artis. (4 Teile). Frankfurt 1657

E. Schrödinger (1929): Was ist ein Naturgesetz? Naturwiss. *17*, 9–11 (1929)

K. Schwarzschild (1903): Über Himmelsmechanik. Physik. Z. *4*, 765–773 (1903)

D. Schwenter [1651]: Mathematische und philosophische Erquickungsstunden. Nürnberg 1651

J. F. Scott [1952]: The scientific work of René Descartes. London 1952

M. Segre (1980): The Role of Experiment in Galileos Physics. Arch. Hist. Ex. Sci. *23*, 227–252 (1980)

R. H. Silliman (1963): William Thomson: Smoke rings and nineteenth century atomism. Isis *54*, 461–474 (1963)

Ch. Singer [1958]: From Magic to Science. Essays on the Scientific twilight. New York 1958

A. Sommerfeld (1917): Goethes Farbenlehre im Urteile der Zeit. Deutsche Revue 1917, S. 100–106

R. Specht [1966]: René Descartes in Selbstzeugnissen und Bilddokumenten. Hamburg 1966

O. Spiess [1929]: Leonhard Euler. Ein Beitrag zur Geistesgeschichte des XVIII. Jahrhunderts. Frauenfeld/Leipzig 1929

Th. Sprat [1667]: The History of the Royal Society. London 1667

J. B. Stallo [1901]: Die Begriffe und Theorien der modernen Physik. Übersetzt und herausgegeben von H. Kleinpeter. Mit einem Vorwort von E. Mach. Leipzig 1901

I. Szabó [1977]: Geschichte der mechanischen Prinzipien. Basel 1977

N. Tartaglia [1537]: La nova scientia, civè inventione unovamente trovata per ciascuno speculativo matematico bombardiero e altri. Ventia 1537

J. Teichmann [1980]: Wandel des Weltbildes. München 1980

S. P. Thomson [1910]: The life of William Thomson, Baron Kelvin of Largs. 2 Bände. London 1910

W. Thomson [1909]: Vorlesungen über Molekulardynamik und die Theorie des Lichts. Deutsch herausgegeben von B. Weinstein. B. G. Teubner, Leipzig und Berlin 1909

D. R. Topper (1970/1971): Commitment to mechanism: J. J. Thomson, the early years. Archive for History of Exact Sciences 7, 393–410 (1970/1971)

C. Truesdell [1968]: Essays in the History of Mechanics. Springer Verlag, Berlin, Heidelberg, New York 1968

C. Truesdell (1968a): The Mechanics of Leonardo da Vinci. In Truesdell [1968], S. 1–83

C. Truesdell (1968b): A Program toward Rediscovering the Rational Mechanics of the Age of Reason. In Truesdell [1968], S. 85–137 (Auch in Arch. Hist. Exact Sci. *1*, 3–36 (1960)

C. Truesdell (1968c): Reaction of Late Baroque Mechanics to Success, Conjecture, Error, and Failure in Newton's Principia. In Truesdell [1968], S. 138–183

J. Tyndall [1867]: Die Wärme, betrachtet als eine Art der Bewegung. Autorisierte deutsche Ausgabe, bearbeitet von Anna von Helmholtz und Clara Wiedemann. Friedrich Vieweg, Braunschweig 1867

M. G. Voigt [1670]: Physikalischer Zeitvertreiber. Rostock 1670. (Nachdruck in den »Facetten der Physik«, Band 6. Braunschweig/Wiesbaden 1980)

P. Volkmann [1910]: Erkenntnistheoretische Grundzüge der Naturwissenschaften. Leipzig 1910

P. Volkmann [1913]: Einführung in das Studium der theoretischen Physik. Leipzig ²1913

Voltaire [1970]: Werke. Band I und II. Winkler-Verlag, München 1970

Voltaire [1747]: Sammlung verschiedener Briefe des Herrn von Voltaire die Engelländer und andere Sachen betreffend. (Deutsche Übersetzung der 1733 in englischer Sprache veröffentlichten »Letters concerning the English Nation«.) Jena 1747

J. D. van der Waals (1903): Die statistische Naturanschauung. Physik. Z. 4, 508–514 (1903)

B. L. van der Waerden (1943): Die Vorgänger des Kopernikus im Altertum. Proteus 3, 100–104 (1943)

V. F. Weisskopf (1975): Of atoms, mountains, and stars: A study in qualitative Physics. Science 187, 605–612 (1975)

R. S. Westfall [1971/1979]: The Construction of Modern Science. Cambridge ²1979

R. S. Westfall [1980]: Never at Rest. A Biography of Isaac Newton. Cambridge 1980

R. S. Westman (1975): The Melanchton circle, Rheticus, and the Wittenberg interpretation of the Copernican theory. Isis 66, 165–193 (1975)

R. S. Westman (1980): The astronomer's role in the sixteenth century: A preliminary study. History of Science 18, 105–147 (1980).

J. Chr. Wiegleb [1779]: Die natürliche Magie. Berlin und Stettin 1779

W. Wien (1915): Ziele und Methoden der theoretischen Physik. Jahrbuch der Radioaktivität und Elektronik 12, 241–259 (1915)

W. Wien [1919]: Vorträge über die neuere Entwicklung der Physik und ihrer Anwendungen. Verlag von Johann Ambrosius Barth, Leipzig 1919

W. Wien (1921): Die Bedeutung Henri Poincarés für die Physik. In Wien [1921], S. 99–102

W. Wien [1921]: Aus der Welt der Wissenschaft. Vorträge und Aufsätze. Verlag von Johann Ambrosius Barth, Leipzig 1921

W. Wien (1923): Goethe und die Physik. In Wien [1930], S. 77–102

W. Wien [1930]: Aus dem Leben und Wirken eines Physikers. Verlag von Johann Ambrosius Barth, Leipzig 1930

L. P. Williams [1978]: Album of Science. The Nineteenth Century. New York 1978

L. P. Williams (1962): The physical sciences in the first half of the nineteenth century: problems and sources. History of Science 1, 1–15 (1962)

W. L. Wisan (1984): Galilei and the process of scientific creation. Isis *75*, 269–286 (1984)

M. N. Wise (1981): German concepts of force, energy, and the electromagnetic ether, 1845–1880. In Cantor und Hodge [1981], S. 269–307

E. Wohlwill (1884): Die Entdeckung des Beharrungsgesetzes. Zeitschrift für Völkerpsychologie und Sprachwiss. *15*, 337–387 (1884)

E. Wohlwill [1909]: Galilei und sein Kampf für die Kopernikanische Lehre. Hamburg 1909

G. Wolters [1987]: Mach I, Mach II, Einstein und die Relativitätstheorie. Eine Fälschung und ihre Folgen. Berlin, New York 1987

P. Zeeman (1900): Experimentelle Untersuchungen über Teile, welche kleiner als Atome sind. Physik. Z. *1*, 562–565 (1900)

K. Zeller, Hrsg. [1943]: Des Georg Joachim Rheticus Erster Bericht über die 6 Bücher des Kopernikus von den Kreisbewegungen der Himmelsbahnen. Verlag von R. Oldenbourg, München und Berlin 1943

E. Zilsel (1940): Copernicus and mechanics. Journal for the History of Ideas *1*, 113–118 (1940)

E. Zilsel [1976]: Die sozialen Ursprünge der neuzeitlichen Wissenschaft. Suhrkamp, Frankfurt a. M. 1976

Textnachweis

Nicht in allen Fällen konnten die Rechteinhaber der in diesem Band abgedruckten Texte ermittelt werden.

Folgenden Verlagen danken wir für die Abdruckgenehmigungen (die Zahlen in eckigen Klammern verweisen auf die Textnummern, Verweise auf das Literaturverzeichnis finden sich zu Beginn jedes Textes):

Akademie-Verlag, Berlin (DDR): [15], [25], [62]

J. A. Barth, Leipzig: [116]

Vittorio Klostermann, Frankfurt: [1], [2], [3]

Felix Meiner, Hamburg: [32]

R. Oldenbourg, München: [17], [18], [19]

Springer, Berlin, Göttingen, Heidelberg: [9]

Suhrkamp, Frankfurt [118]

VCH Verlagsgesellschaft, Weinheim: (vgl. Vorwort S. 19)

Veit und Comp., Leipzig: [104]

Friedrich Vieweg und Sohn: [26], [45], [98], [105], [115], [117]

Winkler, München: [63], [64]

Wissenschaftliche Buchgesellschaft, Darmstadt: [75]

Richard P. Feynman

»Sie belieben wohl zu scherzen, Mr. Feynman!«

Abenteuer eines neugierigen Physikers
Gesammelt von Ralph Leighton. Herausgegen von Edward Hutchings.
Vorwort zur deutschen Ausgabe von Harald Fritzsch.
Aus dem Amerikanischen von Hans-Joachim Metzger.
463 Seiten. Leinen

»Interessieren Sie sich für Physik? Nein? Dann sollten Sie unbedingt das
Feynman-Buch lesen. Interessieren Sie sich für Physik? Ja? Dann sollten Sie
unbedingt das Feynman-Buch lesen.
Ein Feuerwerk von Pointen und Überraschungsgags, von spitzen
Formulierungen und vielen Streichen.
So lernt man in seinem Buch einen intelligenten, furchtbar neugierigen,
humorvollen und grundehrlichen Menschen kennen.
Nur: Stellen Sie keine Erwartungen an das Buch – es wird doch ganz anders
kommen. Lesen Sie es einfach – aber lassen Sie es nicht rumliegen. Wer erst
mal die Nase reinsteckt, steckt das ganze Buch ein.«

Frank Elstner, Die Welt

Vom selben Autor ist lieferbar:

QED – Die seltsame Theorie des Lichts und der Materie

Aus dem Amerikanischen von Siglinde Summerer und Gerda Kurz.
200 Seiten mit 93 Abbildungen. Geb.

PIPER

Harald Fritzsch

Eine Formel verändert die Welt

Newton, Einstein und die Relativitätstheorie
346 Seiten mit 82 Abbildungen. Geb.

Harald Fritzsch, der mit »Quarks – Urstoff unserer Welt« und »Vom Urknall zum Zerfall« bereits ein großes Publikum erreichen konnte, bringt dem Leser in seinem Buch Einsteins Relativitätstheorie auf besonders eingängige Weise nahe: Newton, Einstein und der erfundene zeitgenössische Physiker Haller erklären sich gegenseitig und damit auch dem Leser die Relativitätstheorie und ihre Folgen.

QUARKS

Vorwort von Herwig Schopper.
320 Seiten mit 91 Abbildungen. Serie Piper 332

»Dem mit physikalischen Grundprinzipien vertrauten Leser wird dieses Buch eine Fülle neuer Einsichten vermitteln.«   Süddeutsche Zeitung

Vom Urknall zum Zerfall

Die Welt zwischen Anfang und Ende
351 Seiten mit 55 Abbildungen. Serie Piper 518

»Aber das Besondere ist wohl, daß sich die Darstellung so spannend und überzeugend liest und daß man das Gefühl hat, hervorragend informiert zu werden.«   Heinz Maier-Leibnitz

»Gemessen an der Komplexität der Phänomene versteht es der Autor aber gekonnt, auch komplizierteste Zusammenhänge klar und verständlich auf ihren wesentlichen Kern zu reduzieren.«   Bernd Kröger, DIE ZEIT

PIPER

Alfred Gierer

Die Physik, das Leben und die Seele

Anspruch und Grenzen der Naturwissenschaft
310 Seiten mit 19 Abbildungen. Geb.
(Auch in der Serie Piper 927 lieferbar)

In diesem Buch zeigt der Physiker und Biologe Alfred Gierer die Reichweite, aber auch die prinzipiellen Grenzen naturwissenschaftlichen Denkens auf. Beides wird besonders deutlich im Verhältnis der Biologie zur Physik. Hier stellen sich die Fragen, was Leben ist, wie es entstand und sich bis zur Höhe des Menschen entwickelte, wie der Reichtum der Formen zu verstehen ist und in welcher Beziehung das Bewußtsein, die »Seele«, zu einem wissenschaftlichen Verhältnis der Lebensvorgänge steht.

»Gierers Buch war überfällig. Er überläßt die Diskussion um die unüberschaubare Komplexität der Wirklichkeit nicht länger den Philosophen, Theologen und Mystikern.«   Die Zeit

»Gierer hat hier zweifelsohne ein sehr lesenswertes – im übrigen auch gut lesbares – Buch vorgelegt, das für jeden an den Grundproblemen eines naturwissenschaftlichen Weltbildes interessierten Leser einiges an Perspektiven bietet.«   Spektrum der Wissenschaft

»Ein vorzügliches Buch, das die wissenschaftlichen Erkenntnisse von Logik, Erkenntnistheorie, Physik und Biologie auf dem neuesten Stand diskutiert.«
                    Frankfurter Allgemeine Zeitung

PIPER

John Gribbin

Auf der Suche nach Schrödingers Katze
Quantenphysik und Wirklichkeit
Aus dem Englischen von Friedrich Griese. Wissenschaftliche
Beratung für die deutsche Ausgabe: Helmut Rechenberg.
325 Seiten mit 60 Abbildungen. Leinen

Die Quantenphysik gilt als eine der größten geistigen Leistungen
unseres Jahrhunderts – und als eine der folgenreichsten. Ohne
Quantenphysik gäbe es weder Atomphysik noch Molekularbiologie,
blieben chemische Bindungen ohne Erklärung, wären weder Laser
noch Computer denkbar – kurz: Die gesamte moderne
Naturwissenschaft steht auf der Grundlage der Quantenphysik. Der
englische Physiker und Publizist John Gribbin erzählt in diesem Buch
ihre Geschichte von den Anfängen der Atomtheorie im 19. Jahrhundert
bis zu den gegenwärtigen Forschungen. Er stellt die Physiker vor, die
an der Erforschung des Atoms beteiligt waren, von Albert Einstein, der
sich heftig gegen die letzte Formulierung in der Quantenmechanik
sträubte (»Gott würfelt nicht«), über Werner Heisenberg und Wolfgang
Pauli bis zu Erwin Schrödinger.
Die Quantenphysik, die für sich in Anspruch nehmen kann, das
Innerste der Welt erklärt zu haben, verändert auch das allgemeine
Weltbild. Die Suche nach Schrödingers Katze ist die Suche nach der
physikalischen Realität – was ist wirklich in der uns umgebenden Welt,
und was ist abhängig vom jeweiligen Beobachter?
In einer klaren und anschaulichen Sprache führt dieses Buch in die
Welt der Quantenphysik ein und macht auch dem Laien die neue Sicht
der Dinge in der »aufregendsten Wissenschaft des Jahrhunderts«
(Heisenberg) deutlich.

»Gribbin vermag es, den naturwissenschaftlichen Laien mit den
Ergebnissen und der Interpretation der Quantenmechanik vertraut zu
machen.«   H. Rechenberg, Physikalische Blätter

Piper 75/1 c

PIPER

John D. Barrow / Joseph Silk
Die asymmetrische Schöpfung
Ursprung und Ausdehnung des Universums.
Mit einem Vorwort von Rudolf Kippenhahn. Aus dem Engl. von
Gerda Kurz und Siglinde Summerer. 270 Seiten. Geb.

Ernst Peter Fischer
Niels Bohr
Die Lektion der Atome.
131 Seiten mit 10 Abb. Serie Piper 5226

Ernst Peter Fischer
Das Atom der Biologen
Max Delbrück und der Ursprung der Molekulargenetik.
282 Seiten. Serie Piper 759

Henning Genz
Symmetrie – Bauplan der Natur
465 Seiten mit 132 schwarzweißen und 6 vierfarbigen Abb. Leinen

Werner Heisenberg
Der Teil und das Ganze
Gespräche im Umkreis der Atomphysik.
366 Seiten mit 16 Abb. Geb.

Rudolf Kippenhahn
Hundert Milliarden Sonnen
Geburt, Leben und Tod der Sterne.
278 Seiten mit 6 Farbtafeln. Serie Piper 343

Rudolf Kippenhahn
Licht vom Rande der Welt
Das Universum und sein Anfang. 384 Seiten mit 88 Abb. Serie Piper 562

Steven Weinberg
Die ersten drei Minuten
Der Ursprung des Universums. Vorwort von Reimar Lüst.
Aus dem Amerik. von Friedrich Griese.
269 Seiten mit 12 Abb. Geb.

PIPER